Beschorner/Peemöller • Allgemeine
Betriebswirtschaftslehre

NWB-Studienbücher · Wirtschaftswissenschaften

Allgemeine Betriebswirtschaftslehre

Grundlagen und Konzepte

Von
Professor Dr. Dieter Beschorner und
Professor Dr. Volker H. Peemöller

2., überarbeitete Auflage

Verlag Neue Wirtschafts-Briefe
Herne/Berlin

ISBN-13: 978-3-482-**46642**-7
ISBN-10: 3-482-**46642**-4 – 2., überarbeitete Auflage 2006

© Verlag Neue Wirtschafts-Briefe GmbH & Co. KG, Herne/Berlin, 1995
www.nwb.de

Druck: Griebsch & Rochol Druck GmbH & Co. KG, Hamm

Vorwort

Wie wir schon im Vorwort zur 1. Auflage geschrieben haben, bleibt die Tatsache bestehen und hat sogar an Bedeutung gewonnen, dass Grundkenntnisse der Betriebswirtschaftslehre zum Rüstzeug Aller gehören, die erfolgreich am Arbeitsleben eines Industriestaates teilnehmen wollen. Dies gilt nicht nur für Kaufleute, sondern ebenso für Ingenieure, Techniker und Informatiker, wie auch für Juristen und Mediziner. An diese Zielgruppe wendete sich damals die 1. Auflage unseres Lehrbuches und das bleibt auch weiter so bestehen. Darüber hinaus hat sich aber die so genannte Bildungslandschaft in den letzten Jahren starken Veränderungen gefügt bzw. fügen müssen. Nicht unerwähnt bleiben soll dabei die dem so genannten Bologna-Prozess folgende Aufteilung des Studiums in einen grundlegenden Teil mit dem Abschluss Bachelor und einem weiterführenden Teil mit dem Abschluss Master. Auch hat der Sektor der Berufsakademien und Fachhochschulen weiterhin starken Zulauf bekommen. Überall dort ist es wichtig, den Studierenden eine Gesamtdarstellung des Stoffes „Allgemeine Betriebswirtschaftslehre" zu unterbreiten, die als Orientierungshilfe für wirtschaftliche Zusammenhänge und Fragestellungen dient und Grundlage für weiterführende Studien ist.

Neben klassischen Standardwerken, die vom Umfang her das gesamte Wissen der BWL in zum Teil bereits vertiefender Form präsentieren, und neueren Darstellungen, die anderen didaktischen Ansätzen und häufig mehr den Managementansatz folgen als dem traditionellen betriebswirtschaftlichen, soll dieses Werk eine Einführung in alle Problemkreise der Betriebswirtschaftslehre in überschaubarem Umfang bieten. Die Begriffe und Methoden, die Strukturen und Funktionen der Betriebswirtschaftslehre werden so aufbereitet, dass die Grundlagen und die für diese Zielgruppe relevanten Teile stärkere Berücksichtigung finden. Dabei werden die Wissensgebiete überschaubar und anwendungsorientiert vermittelt und aktuelle Entwicklungen aufgezeigt. Übersichten und Abbildungen erleichtern das Verständnis, und die kapitelweise angebrachten Literaturangaben dienen zur Vertiefung und Orientierung.

Die Konzeption der hier vorliegenden Einstiegshilfe, den Stoff komprimiert und anschaulich zu vermitteln, soll das Interesse am Fachgebiet
wecken, den Studierenden die erforderlichen Kenntnisse vermitteln, den
Wunsch nach Vertiefung und Spezialisierung auslösen und dem Prakti-
ker Hilfestellung für betriebswirtschaftliche Fragestellungen geben.
Veränderungen am Umfang wurden daher gegenüber der ersten Auflage
nur geringfügig vorgenommen, um das Buch handlich und dem Gegenstand für die oben genannten Zielgruppen überschaubar zu halten. Vor
allem für die Studierenden in den neuen Bachelor-Studiengängen und
für jene, die Wirtschaftswissenschaften insbesondere BWL als Wahlfach
oder Nebenfach gewählt haben, ist dieses Werk geeignet, eine betriebswirtschaftliche Grundlage zu schaffen. Aber neben dem Charakter als
Einführungswerk ist es auch durchaus als Nachschlagewerk geeignet,
um für bestimmte Probleme wieder die betriebswirtschaftliche Veror-
tung zu haben und über die angegebene weiterführende Literatur zu
Vertiefungen zu gelangen.

Den Mitarbeiterinnen und Mitarbeitern, die an dem Buch mitgewirkt
haben, gilt unser besonderer Dank: Dipl.-Math. WiWi Michael Seyboth
und Dipl.-Kfm. Frank Klüber sowie stud. rer. pol. Joachim Höfken,
Florian Link und Nadine Schlesiger. Der Dank der Herausgeber geht
auch an den Verlag Neue Wirtschafts-Briefe, und speziell an Herrn Dr.
Frank Stüllenberg, für die kompetente und unkomplizierte Verlags-
betreuung.

Ulm/Nürnberg, im Juni 2006   Dieter Beschorner und
                                               Volker H. Peemöller

Inhaltsverzeichnis

Abbildungsverzeichnis

A Grundlagen der Betriebswirtschaftslehre

A.1 Gegenstand wissenschaftlicher Tätigkeit

Wissenschaft ist ein System von methodisch gesicherten, objektiven Sätzen über einen Gegenstandsbereich. Als Gegenstandsbereich kommt jeder unmittelbar oder mit Hilfe instrumenteller Hilfsmittel erfassbare Sachverhalt in Frage.

Jede Wissenschaft entwickelt die für die Erforschung ihres Gegenstandsbereichs notwendigen Methoden oder übernimmt sie von anderen Wissenschaften. Die Wissenschaftstheorie befasst sich mit den Regeln der wissenschaftlichen Arbeit. Wesentliche Impulse verdankt sie K. R. Popper. Allerdings sind die grundlegenden Fragen der Wissenschaft auch heute noch nicht einheitlich und endgültig bearbeitet. Zu den Grundfragen der wissenschaftlichen Arbeit zählen die Fragen

- nach dem Wissenschaftsziel,
- nach den zu erforschenden Problemen,
- nach der Methodik.

A.2 Betriebswirtschaftslehre als Wissenschaft

Die Betriebswirtschaftslehre ist eine Realwissenschaft, die über tatsächliche oder mögliche Eigenschaften von realen Objekten und Sachverhalten informiert. Innerhalb der Realwissenschaften ist die Betriebswirtschaftslehre den Sozialwissenschaften zuzurechnen (**Abbildung 1**), bei denen es um Aspekte des menschlichen Verhaltens geht. Das Auswahlprinzip für die Problemabgrenzung der Wirtschaftswissenschaften, zu denen die Volks- und Betriebswirtschaftslehre gehören, ist die Güterknappheit und -lenkung. Die Betriebswirtschaftslehre beschäftigt sich speziell mit dem Wirtschaften von Betrieben.

Die Zielsetzungen der Betriebswirtschaftslehre bestehen in der

- *Erklärungsaufgabe:* Die betrieblichen Sachverhalte werden erläutert und das Zusammenwirken der Produktionsfaktoren erklärt.

- *Gestaltungsaufgabe:* Handlungsmöglichkeiten werden aufgezeigt und Kriterien für ihre Bewertung geliefert, so dass Gestaltungsempfehlungen gegeben werden können.

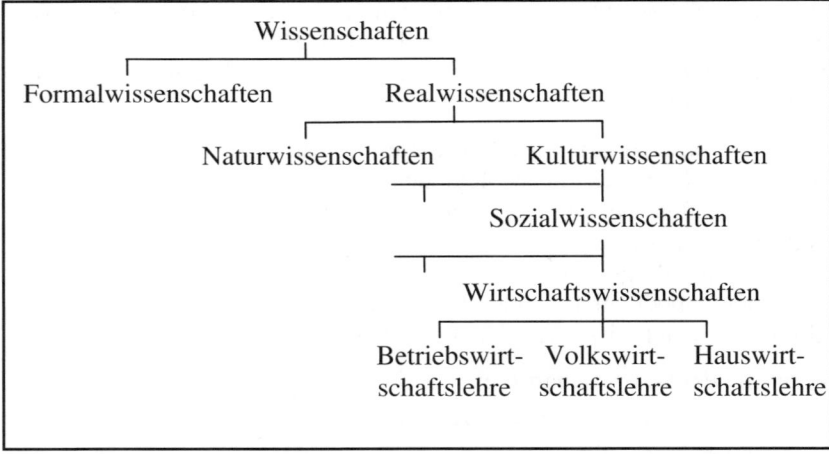

Abb. 1: Betriebswirtschaftslehre im System der Wissenschaften

A.3 Gegenstandsbereich der Betriebswirtschaftslehre

Die Abgrenzung wissenschaftlicher Arbeitsgebiete erfordert eine Problemabgrenzung. Diese Abgrenzung soll die Wissenschaften nicht voneinander trennen, sondern die Bildung von Arbeitsbereichen ermöglichen, wobei die Grenz- und Randgebiete besonders förderungswürdig sind, ihre Bearbeitung aber auch sehr sorgfältig und vorsichtig zu erfolgen hat, wenn man sich nicht des Dilettantismus-Vorwurfs aussetzen will.

Die Abgrenzungsversuche von Problemkreisen zu wissenschaftlichen Disziplinen sind ein Produkt der geschichtlichen Entwicklung, der Organisation der wissenschaftlichen Tätigkeit und der subjektiven Festlegungen der Wissenschaftler. Das Auswahlprinzip der Betriebswirtschaftslehre ist das Wirtschaften von Betrieben.

Jedes Wirtschaften besteht im „Geeignetermachen" von Mitteln zur Bedarfsdeckung. Es erfolgt allerdings nur eine Bewirtschaftung knapper Mittel. Ihr „Geeignetermachen" soll zu bedarfsgerechten Leistungen führen. Der Grad der Eignung bestimmt zusammen mit der Art der Bedürfnisse auch den Wert der bewirtschafteten Güter. Sie werden insofern geeigneter gemacht, als die Spannungen, die zwischen dem Verbraucher auf der einen und den Mitteln auf der anderen Seite bestehen, überbrückt werden. Diese Überbrückung von Spannungen umfasst einen technisch-wirtschaftlichen Prozess, wobei sich die Betriebswirtschaftslehre mit der wirtschaftlichen Seite dieses Vorganges beschäftigt, der die Be- oder Verarbeitung oder den Kauf und Verkauf beinhaltet.

Verfolgt man die Kette zur Erstellung der Leistungen bis zu ihrem Anfang zurück, gelangt man zu den Naturvorkommen mineralischer, pflanzlicher oder tierischer Art. Am Ende des Prozesses steht jeweils der Mensch als Abnehmer und Verbraucher der Leistungen.

Das Wirtschaften erfolgt in den Betrieben, bei denen es sich um geschlossene Einheiten aus der Kombination von Arbeitskräften, Betriebsmitteln und Werkstoffen zur Erstellung von Leistungen handelt. Betriebe werden als Produktiveinheiten verstanden, die Sachgüter oder Dienstleistungen erbringen. Sie lassen sich nach einer ganzen Reihe von Kriterien unterteilen:

*   nach Wirtschaftszweigen in Industrie-, Handels-, Versicherungs-, Bank-, Verkehrs- und sonstige Dienstleistungsbetriebe,
*   nach der Art der erstellten Leistung in Sachleistungs- und Dienstleistungsbetriebe,
*   nach der Art der Leistungserstellung in Betriebe der Massen-, Serien- und Einzelfertigung usw.,
*   nach dem vorherrschenden Produktionsfaktor in arbeits-, anlagen- und materialintensive Betriebe,
*   nach der Betriebsgröße in Klein-, Mittel- und Großbetriebe,
*   nach der Rechtsform in Einzel-, Personen- und Kapitalgesellschaften.

Die Betriebswirtschaftslehre wird in die Allgemeine und die Speziellen Betriebswirtschaftslehren gegliedert. Gegenstand der Allgemeinen Betriebswirtschaftslehre sind Problemstellungen, die für alle Betriebe Gültigkeit besitzen. Sie können in die Grundlagen, die Faktoren und die Betriebsprozesse eingeteilt werden, wie es die **Abbildung 2** zeigt.

Allgemeine Betriebswirtschaftslehre (ABWL)	
Grundlagen	Wissenschaftstheorie Geschichte Umweltzusammenhänge
Faktoren	Führung Arbeit Betriebsmittel, Werkstoffe
Prozesse	Umsatzprognosen Entscheidungsprozess

Abb. 2: Einteilung der Allgemeinen Betriebswirtschaftslehre

Die Speziellen Betriebswirtschaftslehren werden üblicherweise entweder nach Branchen oder nach betrieblichen Funktionen aufgegliedert; beide können aber auch kombiniert werden, wie es die **Abbildung 3** zeigt.

Spezielle Betriebswirtschaftslehren	
Branchen	BWL des Handwerks BWL der Industrie BWL des Handels BWL der Banken BWL der Versicherungen
Funktionen	BWL der Beschaffung BWL der Fertigung BWL des Absatzes BWL des Rechnungswesens BWL der Führung
Branchen/ Funktionen	BWL der Führung von Industriebetrieben BWL des Rechnungswesens von Banken

Abb. 3: Spezielle Betriebswirtschaftslehren

A.4 Nachbarwissenschaften

Neben der Betriebswirtschaftslehre beschäftigt sich noch eine Reihe anderer Wissenschaften mit dem Betrieb. Diese Nachbardisziplinen betrachten das Erfahrungsobjekt „Betrieb" unter anderen Aspekten als die Betriebswirtschaftslehre, wie es die **Abbildung 4** verdeutlicht.

Realphänomen „Betrieb"	
Betriebswirtschaftslehre	Einzelwirtschaftlicher Aspekt
Volkswirtschaftslehre	Gesamtwirtschaftlicher Aspekt
Wirtschaftsgeographie	Geographischer Aspekt
Wirtschaftsgeschichte	Historischer Aspekt
Ingenieurwissenschaften	Technischer Aspekt
Betriebssoziologie	Soziologischer Aspekt
Betriebspsychologie	Psychologischer Aspekt
Betriebsmedizin	Medizinischer Aspekt
Unternehmensrecht	Juristischer Aspekt

Abb. 4: Der Betrieb als Gegenstand der Wissenschaften

A.5 Methoden der Betriebswirtschaftslehre

Wissenschaftliches Arbeiten verlangt methodisches Vorgehen,

- um die intersubjektive Nachprüfbarkeit zu ermöglichen und
- um Zufälligkeiten und planloses Suchen zu vermeiden.

Unter einer Methode versteht man im Allgemeinen die Art und Weise, wie man zur Erreichung bestimmter Ziele bzw. zur Lösung bestimmter Probleme gelangt. An wissenschaftliche Methoden werden die Anforderungen

- definierte Verfahrensregeln,
- intersubjektiv nachvollziehbare Verfahrensschritte,
- intersubjektiv nachprüfbare Ergebnisse gestellt.

Eine allgemein anerkannte Methodenklassifikation liegt bisher nicht vor. Die wichtigsten Methoden sollen kurz dargestellt werden.

Hermeneutik: Diese Methode will den „Sinn" von Erscheinungen erfassen und durch ganzheitliche Interpretation im Lichte der Lebenserfahrung deuten. Sie wird auch als „Methode des nachfühlenden Verstehens" bezeichnet. Sie ermöglicht damit die Vorselektion von Erklärungshypothesen und ökonomisiert den Forschungsprozess.

Induktion: Einzelbeobachtungen werden durch einen induktiven Schluss verallgemeinert, um Gesetzmäßigkeiten nachzuweisen. Es ist ein Verdienst Poppers (Popper 1994, S. 3), herausgestellt zu haben, dass Gesetzmäßigkeiten durch Induktion nicht zu begründen sind. Allerdings besitzt sie als Methode zur Gewinnung von Hypothesen nach wie vor ihre Bedeutung.

Deduktion: Das Kennzeichen der deduktiven Methode besteht darin, eine Aussage mit Hilfe bestimmter Schlussregeln aus den Annahmen abzuleiten. Es handelt sich dabei um Schlüsse von allgemeinen auf besondere Sätze. Als Formen der Deduktion werden unterschieden:

Axiomatisch deduktive Modellanalyse: Aus grundlegenden, empirisch nicht überprüften Annahmen werden durch logische Verfahrensstufen Schlussfolgerungen abgeleitet. Die Kritik am „Modell-Platonismus" (Albert 1967, S. 338) bezieht sich auf den geringen Wirklichkeitsgehalt dieses logischen Modellansatzes.

Realtheoretische Methoden der Modellanalyse: Modelle haben danach die Aufgabe, empirisch gehaltvolle Theorien auf betriebswirtschaftliche Probleme zu konkretisieren.

Deduktiv-nomologische Erklärungsmodelle: Aus einer erklärenden Aussagenmenge – dem Explanans – wird das Explanandum logisch abgeleitet und erklärt. Das Explanans enthält zwei verschiedene Aussagen, nämlich eine Hypothese als Wenn-Dann-Aussage und eine Anfangsbedingung, die feststellt, ob die in der Hypothese aufgestellten Bedingungen auch faktisch vorliegen.

Deduktive Deutungsansätze der Erklärung: Deutungsansätze bedienen sich allgemeiner, aber nicht gesetzesartiger Aussagen, aus denen die interessierenden Sachverhalte gefolgert und erklärt werden. Nicht so sehr die logische Struktur, als vielmehr die inhaltliche Festlegung auf einen bestimmten Erklärungshintergrund kennzeichnen die Deutungsansätze.

Der Methodenstreit, der die Betriebswirtschaftslehre lange Zeit beschäftigt hat, ist überwunden. Eine allein richtige Methode gibt es nicht. In der kritischen Diskussion der letzten Jahre hat sich die Methode der deduktiv-nomologischen Erklärungsmodelle als relativ leistungsfähig herausgestellt.

A.6 Begriffsbildung, Theorien und Modelle

Am Beginn der wissenschaftlichen Tätigkeit steht die Begriffsbildung. Nach DIN 2330 ist ein **Begriff** „eine Denkeinheit, in der Eigenschaften und Zusammenhänge von Gegenständen erfaßt sind ... Ausdruck des Begriffs ist gewöhnlich ein Wort oder eine Wortgruppe, seine Benennung. Es können aber auch ... andere Ausdrucksmittel benutzt werden".

Der Begriff (**Abb. 5**) ist durch drei Gesichtspunkte gekennzeichnet:

* durch die Bindung an ein Subjekt (Begriff als Denkgebilde),
* durch die Verweisung auf Gegenstände (Begriff als Sachgebilde),
* durch die Kopplung an ein Wort (Begriff als Sprachgebilde).

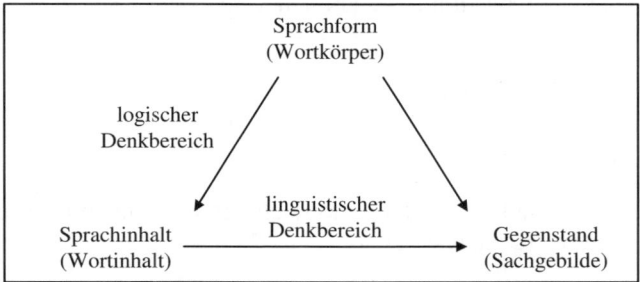

Abb. 5: Kennzeichnung Begriff

Die Beurteilung vorliegender Begriffe ist lediglich nach den Kriterien der Zweckmäßigkeit möglich. Diese Zweckmäßigkeit muss an den Funktionen gemessen werden, die von Begriffen zu erfüllen sind. Dazu gehört einmal die sprachliche Strukturierung der Gegenstandsordnung, um jederzeit eine Identifikation vornehmen zu können. Zum anderen dienen Definitionen der Kommunikation und stellen Verwendungsregeln dar, wie ein Wort zu gebrauchen ist.

Theorien sind empirisch oder deduktiv gewonnene, zusammenfassende Darstellungen gesicherter Erkenntnisse eines Wissensbereichs, in dem

alle Einzelphänomene erklärbar sind. Jede Wissenschaft strebt die Umwandlung der Hypothesen in Theorien an. Hypothesen sind Produkte
menschlicher Phantasie, sie werden erfunden. Jeder wissenschaftlichen
systematischen Untersuchung geht eine Hypothese voraus, die verifi-
ziert oder falsifiziert wird. Eine Theorie wird durch vier Sachverhalte
gekennzeichnet (Schneider 1993, S. 158 ff.), nämlich

- eine Problemstellung,
- einen Strukturkern in Form logischer Schlussfolgerungen,
- durch Musterbeispiele und
- durch Hypothesen.

Die Betriebswirtschaftslehre nimmt die vereinfachende Abbildung
komplexer Sachverhalte mit Hilfe von Modellen vor. **Modelle** sind inhaltlich interpretierte formale Kalküle. Die Brauchbarkeit der Modelllö-
sungen als Hypothese zur Erklärung empirischer Zusammenhänge wird
von dem vereinfachten Abbild der Realität, der Realstruktur, so wie sie
der Forscher sieht, bestimmt. Es können

- Beschreibungsmodelle,
- Erklärungsmodelle und
- Entscheidungsmodelle

abgegrenzt werden.

Beschreibungsmodelle bilden empirische Erscheinungen ab, ohne sie
zu erklären oder zu analysieren.

Mit Hilfe von **Erklärungsmodellen** werden die Ursachen betrieblicher
Prozessabläufe erklärt. Es handelt sich um Hypothesen über betriebliche
Zusammenhänge.

Entscheidungsmodelle dienen der Auswahl optimaler Handlungsmöglichkeiten.

Bei der Beschäftigung mit der Betriebswirtschaftslehre als Wissenschaft
ist zu beachten, dass es nicht mehr um wirtschaftliche Erscheinungen
geht, sondern um deren sprachliche Formulierung. Gerade bei solchen
Untersuchungen, die sich mit dem Aufbau der wissenschaftlichen Sprache befassen, ist es notwendig, zwischen der Sprache, über die gesprochen wird, und der Sprache, in der über eine Sprache gesprochen wird,

zu unterscheiden. Die Sprache, über die gesprochen wird, ist die Objektsprache. Die Sprache, in der über die Objektsprache gesprochen wird, ist die Metasprache.

A.7 Wertfreiheit der Betriebswirtschaftslehre

Die Diskussion über die Wertfreiheit der Betriebswirtschaftslehre ist auch heute noch nicht beendet. Dies ergibt sich aus der begrifflichen Mehrdeutigkeit von Werturteilen, die nicht klar abgegrenzt werden (Schneider 1993, S. 222 ff.):

Werturteile als Handlungsempfehlungen

Wenn Basiswerturteile zugelassen werden, müssen auch Werturteile im Aussagezusammenhang erlaubt sein. Nur wer ausdrücklich keine Werturteile nennt, darf auch keine wertenden Aussagen machen.

Werturteile als vorausgesetztes Datenbündel des Forschers aus Zielen, Handlungsmöglichkeiten und Mitteln

Werden die Werturteile ausdrücklich genannt, ist das Ergebnis der Arbeit der Kritik anderer ausgesetzt. Widerlegt werden können die Ergebnisse durch den Nachweis der Nicht-Zielentsprechung.

Damit ist das Problem der werturteilsfreien Betriebswirtschaftslehre kein Sach-, sondern ein Sprachproblem.

A.8 Entwicklung der Betriebswirtschaftslehre

Im Vergleich mit anderen Wissenschaften ist die Betriebswirtschaftslehre eine relativ junge Wissenschaft. Denn erst ab ca. 1900 erhielt sie die methodische Fundierung, die sie als wissenschaftliche Einzeldisziplin auswies.

Die Ursprünge allerdings lassen sich sehr weit zurückverfolgen, wenn man die kaufmännischen Techniken betrachtet. Wirtschaftliche Gesichtspunkte haben schon immer eine Rolle im menschlichen Leben gespielt. Aufzeichnungen darüber stammen aus der Zeit um 2800 bis 3000 v. Chr. in Form von Tontafeln als Buchungsbeleg.

Als Frühzeit verkehrs- und rechnungstechnischer Anleitungen gilt die Zeit von 1300 bis 1600 n. Chr. Die Autoren beschäftigten sich mit dem Schriftverkehr, dem Rechnungswesen und den Handelsbräuchen. Im Vordergrund stehen die Dokumentation und die Ermittlung von Rechengrößen. Es handelt sich um Erfahrungen und Grundsätze kaufmännischer Betriebsführung.

Der Beginn der systematischen Handelswissenschaft wird mit der Veröffentlichung des Werkes von Jaques Savary verbunden. Gegenstand seiner und der nachfolgenden Veröffentlichungen sind Handelstechnik und -geschäfte, die nun zu allgemeinen Regeln und Richtlinien für den Kaufmann entwickelt und systematisch dargestellt wurden.

Im 19. Jahrhundert erfolgte eine Vernachlässigung der Handlungswissenschaften. Während die Volkswirtschaftslehre an den Universitäten Einzug hielt, verkümmerte die Betriebswirtschaftslehre zu einer Vermittlung der Buchhaltungstechnik.

Mit der Gründung der Handelshochschulen in Leipzig, St. Gallen, Aachen und Wien im Jahr 1898 verbindet man den Beginn der wissenschaftlichen Betriebswirtschaftslehre. Durch die methodische und fachliche Fundierung entstand eine einzelwissenschaftliche Disziplin. Die Werke, die in diesen Jahren erschienen, waren ein Neuanfang. Man knüpfte nicht an die Handlungswissenschaft an, sondern begann mit der Detailforschung.

Das Ergebnis der Aufbauzeit waren Werke, die sich um eine einheitliche Sicht des gesamten betrieblichen Problemkreises bemühten. Es erschienen in den Jahren 1910 bis 1912:

- Josef Hellauer: System der Welthandelslehre, 1. Bd. Allg. Welthandelslehre.
- Johann Friedrich Schär: Allgemeine Handelsbetriebslehre, 1. Teil.
- M. Weyermann und H. Schönitz: Grundlegung und Systematik einer wissenschaftlichen Privatwirtschaftslehre und ihre Pflege an den Universitäten und Fach-Hochschulen.
- Heinrich Nicklisch: Allgemeine kaufmännische Betriebslehre als Privatwirtschaftslehre des Handels und der Industrie.

Nach dem ersten Weltkrieg wurde eine Fülle von Problemen durch die Betriebswirtschaftslehre angegangen. Die bekanntesten Fachvertreter waren Eugen Schmalenbach, Wilhelm Rieger, Heinrich Nicklisch und Fritz Schmidt.

Schmalenbach setzte sich sowohl mit methodischen Fragen als auch mit dem Rechnungswesen auseinander.

Wilhelm Rieger veröffentlichte die Privatwirtschaftslehre, die sich durch ihre innere Geschlossenheit und Einheitlichkeit auszeichnet. Er gilt als eigenwilliger Wissenschaftler, dem es um den theoretischen Standort ging.

Heinrich Nicklisch gilt als der bekannteste Vertreter der ethisch-normativen Wissenschaft. Ihr Anliegen ist es, Normen für wirtschaftliches Handeln aus allgemeingültigen ethischen Grundwerten abzuleiten und daraus Gestaltungsempfehlungen für die Wirtschaft zu entwickeln.

Fritz Schmidt ist als Herausgeber des Sammelwerkes „Die Handelshochschule" und durch seine „Organische Bilanz" bekannt. Er gründete 1924 die Zeitschrift für Betriebswirtschaft (ZfB), die heute noch existiert.

Die **Abbildung 6** gibt eine Übersicht über die wichtigsten Autoren der Betriebswirtschaftlehre bis zum zweiten Weltkrieg.

In den weiteren Jahren standen Fragen der theoretischen Vertiefung einzelner Gebiete im Vordergrund. Besonders der Handelsbetrieb, der Bankbetrieb, das industrielle Rechnungswesen und die Bilanzierung wurden erforscht. Gebiete wie die Fertigung oder die Organisation traten dagegen in den Hintergrund der Bearbeitung. Die Vormachtstellung des Rechnungswesens wurde 1951 mit dem Erscheinen von Erich Gutenbergs „Produktion" gebrochen. Gutenberg lenkte den Blick auf die Vorgänge der betrieblichen Leistungserstellung. Die sich an sein Werk anschließende Diskussion und die von diesem Buch angeregten Arbeiten haben die deutsche Betriebswirtschaftlehre in den fünfziger Jahren maßgeblich bestimmt.

Die Entwicklung der Betriebswirtschaftlehre in den vergangenen zwanzig Jahren führte zu einer Neuorientierung, die anhand der wichtigsten Forschungsrichtungen aufgezeigt werden soll.

Frühzeit ver- kehrs- und rechnungstech- nischer Anlei- tungen	F.B. Pegalotti: Luca Pacioli: Ulrich Wagner: Loreenz Meder: Giovanni Domenico Peri:	Practica Della Mercatura (1335-1345) Summa de Arithmetica, Geometria Proportioni et Proportionalita (1494) "Rechenbüchlein" (1482) Handel Buch (1558) Il Negotiante (1683)
Systematische Handels- wissenschaft (Ende 17. Jahrhundert)	Jaques Savary (1622-1690): Paul Jacob Marperger (1656- 1730): Karl Günther Ludovici (1707- 1778): Johann Michael Leuchs	Le Parfait Negociant (1675) Kaufmannsmagazin (1710) Eröffnete Akademie der Kaufleute oder vollstän- diges Kaufmannslexikon (1752-1756) System des Handels (1804)
Niedergangs- zeit der Hand- lungswissen- schaften	Im 19. Jahrhundert Vernachlässigung der Handlungswissenschaften. Die wissenschaftlichen Werke blieben ohne Einfluss.	
Wissenschaft- liche Betriebs- wirtschaftslehre ab 1900	Josef Hellauer (1871-1956): Johann Friedrich Schär (1846-1924): Heinrich Nicklisch (1876-1946): Eugen Schmalenbach (1873-1971): Wilhelm Rieger (1878-1971): Fritz Schmidt (1892-1950):	System der Welthandelslehre (1910) Allgemeine Handelsbetriebslehre (1911) Allgemeine kaufmännische Betriebslehre Grundlagen dynamischer Bilanzlehre (1920) Einführung in die Privatwirtschaftslehre (1928) Die organische Bilanz im Rahmen der Wirtschaft (1921)

Abb. 6: Überblick über die wichtigsten Autoren der Betriebswirtschaftslehre
bis 1940

Faktortheoretischer Ansatz

Im Mittelpunkt dieses Ansatzes von Gutenberg steht das Gesetz der industriellen Faktorkombination, das die Basis einer Produktions- und Kostentheorie liefert. Die Beziehung zwischen den Faktoreinsatzmengen und dem Faktorertrag steht im Vordergrund der Überlegungen.

„Bezeichnet man die Arbeitsleistungen und die technischen Einrichtungen als Produktionsfaktoren und das Ergebnis der von diesen Produktionsfaktoren eingesetzten Mengen als Produktmengen, Ausbringungen oder Ertrag (physisch-mengenmäßig gesehen), dann erhält man eine Beziehung zwischen dem Faktorertrag und dem Faktoreinsatz." (Gutenberg 1961, S. 25)

Dieser Ansatz löste eine zur Mathematisierung neigende Forschungsrichtung aus, die eine Erweiterung und Verfeinerung versuchte. Es wäre allerdings verfehlt, von einer mathematischen Methode in der Betriebswirtschaftslehre zu sprechen. Die Betriebswirtschaftslehre muss sich ihrer eigenen Methoden bedienen.

Systemtheoretischer Ansatz

Diese Forschungsrichtung untersucht die Gestaltungs- und Führungsprobleme von produktiven sozialen Systemen. Sie will als angewandte Wissenschaft den realen Problemstellungen nachgehen. Durch den relativ hohen Abstraktionsgrad des Grundkonzepts soll der Ausschluss problemrelevanten Wissens vermieden werden. Der systemorientierte Bezugsrahmen bildet danach ein Leerstellengerüst für Sinnvolles, d. h. es können psychologische, soziologische, ökonomische und technologische Aspekte berücksichtigt werden.

„Das systemorientierte Denken führt notwendigerweise zu einer interdisziplinären und problembezogenen Betrachtungsweise, die nicht einen wirtschaftswissenschaftlichen Standpunkt kultiviert, sondern Erkenntnisse aus allen Basiswissenschaften übernimmt, sofern sie geeignet erscheinen, etwas zur Lösung von Managementproblemen beizutragen." (Ulrich et al. 1976, S. 149)

Entscheidungstheoretischer Ansatz

Der entscheidungstheoretische Ansatz nimmt die Ziele im Betrieb als gegeben hin und zeigt Wege zu ihrer Erfüllung auf. Dazu werden die betrieblichen Entscheidungssituationen analysiert und systematisiert und schließlich in eine betriebswirtschaftliche Entscheidungstheorie überführt. Diese erfüllt damit zwei Aufgaben:

Erstens können die Elemente eines Betriebes und die Zusammenhänge zwischen diesen und dem Markt erklärt und der Betriebsprozess aufgezeigt werden. Zweitens werden typische Entscheidungssituationen dargestellt und Regeln entwickelt, wie die beste Entscheidung für jede einzelne Entscheidungssituation zu finden ist. Die entscheidungsorientierte Betriebswirtschaftslehre ist also zunächst deskriptiv, um realistische Prämissen zu setzen. Zum anderen ist sie praktisch-normativ, indem sie ihre Probleme in den logischen Kategorien eines Entscheidungsprozesses formuliert.

„Neu und für die Zukunft richtungsweisend ist nicht so sehr die Tatsache, daß sich die Betriebswirtschaftslehre mit Entscheidungen befasst, sondern die Art und Weise, die Methodik, wie sie Entscheidungen untersucht." (Heinen 1969, S. 208)

Verhaltenstheoretischer Ansatz

Im Mittelpunkt des verhaltenstheoretischen Ansatzes steht das Individuum. Betriebe sind von Menschen für Menschen geschaffene soziale Gebilde. Über einen sozialen Prozess der Verknüpfung aller Mitglieder werden die Ziele dieses Gebildes bestimmt. Dabei werden vor allem Fragen der Veranlassung zum Handeln, des Ablaufs der zwischenmenschlichen Handlungen, der dabei entstehenden Konflikte und Innovationen betrachtet.

„Wenn wir interpersonelles Verhalten oder das Quasiverhalten sozialer Institutionen (z.B. Unternehmungen) verstehen wollen, dann ist es erforderlich, die allgemeinen Gesetzmäßigkeiten individuellen Verhaltens zu erkennen. Dabei sind insbesondere Fragen der Motivation, der Wahrnehmung, des Denkens und Lernens angesprochen; Sachverhalte also, die man mit einiger Berechtigung als „die menschliche Natur ausmachend" bezeichnen kann." (Schanz 1995, S. 18)

Diese Forschungsansätze sind als Entwicklung zu verstehen, die neue Aspekte im Rahmen der herkömmlichen Betriebswirtschaftslehre berücksichtigen. Der Schwerpunkt der Forschung verlagert sich und macht damit den Blick frei für die Zusammenhänge, die den jeweiligen gesellschaftlich-menschlichen Strukturen entsprechen.

In den letzten 10-15 Jahren hat die Allgemeine BWL an Einfluss verloren. In den Vordergrund sind die Einzeldisziplinen getreten, die auch Gegenstand der Allg. BWL sind; allerdings nur soweit als sie zum Verständnis des gesamten Gebildes Betrieb bzw. Unternehmens beitragen.

Die Focusierung auf Absatz, Produktion, Rechnungswesen usw. ergibt in Gänze aber keine Allg. BWL. Insofern geht der Zusammenhang verloren und die Beurteilung der Einzelteile wird erschwert.

Die Vernachlässigung der Allg. BWL ist auch Folge neuer Sichtweisen, die z. T. zu weitgreifenden Änderungen in der Ausrichtung der BWL geführt haben. Der Shareholder Value Ansatz oder auch die Balanced Scorecard sind ganzheitliche Ansätze, die aber unter einen speziellen Sichtweise stehen und eine Neuorientierung verlangen. Eine Allgemeine BWL mit einem breiteren Ansatz erscheint dann nicht noch möglich.

Für die Zukunft der Allg. BWL gilt aber:

- Ohne ein Gesamtwerk ist eine spezielle BWL nur Stückwerk.

- Verstehen und Erklären von betrieblichen Vorgängen verlangt eine solide Basis des Gesamtbetriebs.

- Die Defizite in der Vermittlung einer Allg. BWL, z. B. im Grundstudium, versucht man durch Module auszugleichen, die die Gesamtzusammenhänge verdeutlichen sollten. Dieser Prozess wird zunehmen auch durch den Einfluss neuer Studiengänge und -abschlüsse.

- Eine Wissenschaft, die sich nicht noch mit ihren Grundlagen auseinandersetzt, verkommt zu einer Techniklehre.

A.9 Wissenschaftlicher Fortschritt oder Rückschritt in der auf den Einkommensaspekt bezogenen Theorie

Der Überblick über die Wissenschaftsgeschichte einzelwirtschaftlichen Denkens zeigt, dass wissenschaftliches Arbeiten in der Einzelwirtschaftslehre kein gerader Weg, sondern eher eine zeitraubende Annäherung auf Umwegen ist. Selbst wenn das Urteil über die heutige einzelwirtschaftliche Theorie Stagnation oder Rückschritt lauten sollte, wäre es falsch, in vorhergehende Wissenschaften zurückzufallen oder auf andere Fragestellungen auszuweichen.

Dies zeigt sich auch im Methodenstreit der Betriebswirtschaftslehre, der mit einer Kontroverse über die Anwendungs- oder Theorieorientierung verbunden ist.

Die erste Diskussion verbindet sich mit den Namen Schmalenbach und Rieger. Schmalenbach sieht die Betriebswirtschaftslehre als Kunstlehre und nicht als Wissenschaft, denn sie soll praktisch verwertbares Wissen (Verfahrensregeln) zur Verfügung stellen. Rieger hingegen sieht in der Betriebswirtschaftslehre eine reine Wissenschaft. Er fasst sie als Theorie der kapitalistischen Unternehmung auf, die keine praktischen Empfehlungen liefern soll.

Im Rahmen einer Auseinandersetzung zwischen Gutenberg und Mellerowicz lebte die Kontroverse über die theoretische oder angewandte Betriebswirtschaftslehre in der 50er Jahren wieder auf. Gutenberg entwickelte eine geschlossene Theorie, die in Anlehnung an Theorien der neoklassischen Nationalökonomie auf hohem Abstraktionsniveau entstand. Er lehnt Gebrauchsanweisungen und Regeln für die Praxis ab und sieht die Aufgabe der Betriebswirtschaftslehre darin, die Logik der betrieblichen Sachverhalte aufzuspüren und geistig zu durchdringen. Der wissenschaftliche Wert einer betriebswirtschaftlichen Untersuchung hängt für ihn nicht von der praktischen Bedeutung ab.

Mellerowicz vertritt dagegen im Wesentlichen den Standpunkt von Schmalenbach. Er sieht die Gefahr der Entwicklung einer Theorie der Betriebswirtschaftslehre darin, dass die theoretischen Erkenntnisse nicht mehr in der Praxis verwertbar sind.

Die starke methodologische Diskussion zeigt, dass die Fundamente der Betriebswirtschaftslehre durchaus noch nicht unerschütterlich sind.

Es ist aber zu bezweifeln, dass eine auf den Einkommensaspekt bezogene Theorie Ergebnis eines degenerativen Forschungsprogramms ist. Zum einen bildet die Fülle an Veröffentlichungen zu den neueren Ansätzen der Theorie der Unternehmung, der Finanzierungs- und Kapitalmarkttheorie und des Rechnungswesens ein Indiz dafür. Andererseits kann ein Urteil über die Theorie anhand der erarbeiteten Merkmale für den wissenschaftlichen Fortschritt und Rückschritt gebildet werden.

Ausgewählte Musterbeispiele für die Entwicklung von Theorien belegen den geschichtlichen Wechsel zwischen wissenschaftlichem Fortschritt, Stagnation und häufig auch Rückschritt. Der entscheidende Grund für das zeitweilige Rückschreiten im erfahrungswissenschaftlichen Problembewusstsein der Einzelwirtschaftslehre liegt dabei in einem Mangel an wissenschaftsgeschichtlichem Interesse, welcher durch verschiedene Tatsachen belegbar ist.

Erstens wird durch einen akademisch erfolgreichen Zweig, die angelsächsische Neoklassik, der empirische Gehalt in Hypothesen verdrängt. Was bleibt, ist im Grunde die recht triviale Entscheidungslogik unter Sicherheit.

Zweitens bewirkt das mangelnde Geschichtsbewusstsein der ersten beiden Generationen betriebswirtschaftlicher Hochschullehrer, dass erst nach 1950 betriebliche Planung und Soll-Ist-Vergleiche entdeckt werden.

Drittens fördert die Missachtung der Wissenschaftsgeschichte und der Metrisierungsaufgabe bei der Theorienbildung das unkritische Zurückgreifen auf praktische Konventionen in der steuer- und handelsrechtlichen Rechnungslegung.

Viertens verführt die Sichtweise einer anwendungsorientierten Wissenschaft dazu, Handlungsempfehlungen zu erarbeiten, ohne den Umweg der Theorienbildung anhand von Erklärungsmodellen oder metrisierenden Theorien zu gehen.

Fünftens verursacht das Bequemlichkeitsverständnis von wissenschaftlichem Arbeiten in der Einzelwirtschaftslehre eine Fehleinschätzung mathematisch logischer Techniken, d. h. sowohl ihre Über- als auch Unterschätzung.

Als zweites Beurteilungskriterium ist die Syntax der Wissenschaftssprache heranzuziehen. Sie verkörpert bei den Vorläufern der Betriebswirtschaftslehre das Leitbild vom vernünftigen Gestalten. Weil damit aber objekt- und metasprachliche Aussagen miteinander vermengt werden, ist diese ganzheitliche Sicht zu ersetzen. Da aber das Denken nach dem Leitbild der Trennbarkeit in gewissen Problemstellungen versagt, scheint eine Rückkehr zu den klassischen Quellen des Denkens in Unternehmerfunktionen notwendig.

Im Hinblick auf die semantischen Zusatzbedingungen der Wissenschaftssprache ergeben sich aus dem Aspekt der Wirklichkeit Rückwirkungen für das Erreichen der einzelnen Wissenschaft. Die einzelwirtschaftlichen Wissenschaften um die heute gelehrte Wirtschaftstheorie sind aus ethischen bzw. gesellschaftlich verpflichteten Problemstellungen entstanden.

Erklärende Theorien können einen Versuchs- und Irrtumspfad mit Begriffen bestreiten, die nicht beobachtbaren Sachverhalten entsprechen. Sie können hoffen, über testbare Hypothesen und deren Prüfung zusätzliche Einsicht zu erlangen. Praktisch-gestaltende Theorien setzen solches Wissen voraus. Gesellschaftlich verpflichtete Theorien verlangen zusätzlich, dass die Messbarkeitsprobleme beim Aufstellen einer Sozialwahlfunktion gelöst sind.

Hinsichtlich der Benutzer einer Wissenschaftssprache sind Einzelheiten der Forscher zurückzustellen. Denn gerade um ein erfahrungswissenschaftliches Problembewusstsein hervorzurufen, muss die Kritik an Voraussetzungen und Folgerungen in wissenschaftlichen Aussagen und nicht die Beurteilung der Personen im Vordergrund stehen.

Zusammenfassend ist zu bemerken, dass der wissenschaftliche Fortschritt in der deutschen Betriebswirtschaftslehre in Theorien zum Zahlungsbereich und zur Kontrolle zu finden ist. Ihre wachsende Bestimmtheit bei nicht sinkendem Tatsachengehalt erreichen sie über eine Zuwendung zum Leitbild der Trennbarkeit. Hinsichtlich der Schwachstellen der Allgemeinen Betriebswirtschaftslehre ist festzustellen, dass ein Fortschritt in der Lehre der Unternehmensführung und des Marktverhaltens erst durch die Auseinandersetzung mit neueren Ansätzen zur Theorie der Unternehmung erreichbar ist.

A.10 BWL und Ökologie

„Ökologische Betriebswirtschaftslehre" ist nicht weiter ein undefinierter oder nur theoretischer Begriff einiger Wirtschaftswissenschaftler. Vielmehr hat die „Ökologisierung" der Betriebswirtschaftslehre in den Universitäten in Lehre und Forschung stattgefunden. Auch die Umsetzung ökologisch orientierter betriebswirtschaftlicher Erkenntnisse in der Praxis zeigt eine wachsende Tendenz, angefangen bei Bemühungen um ökologische Beschaffung, ökologisch ausgerichtete Produktion, umweltfreundliche Produkte bis hin zu ökologischem Marketing.

Keine Übereinstimmung herrscht allerdings darüber, ob eine eigenständige ökologische BWL konzipiert werden soll, als Teil-Disziplin einer Supra-Wissenschaft „Ökologie", oder ob es ausreicht, der Praxis einige Verfahrensregeln anzubieten, wie z.b. Hinweise zu ökologischem Marketing, Öko-Controlling, ökologisch ausgerichteter Beschaffungspolitik und dergleichen mehr (Stitzel/Wank 1990, S. 105). Zwischenzeitlich weitgehend als Gemeingut angesehen wird die Tatsache, dass eine ökologische Orientierung einzelwirtschaftlichen Handelns ein systemisches Denken voraussetzt. Zur nationalen Umsetzung dieser Einsichten ist es noch ein langer Weg, der in der Europäischen Union durch Richtlinien und Verordnungen in gewisser Weise für die Unternehmen vorgezeichnet ist (vgl. z.B. die Verordnung (EWG) Nr. 1836/93 des Rates vom 29.06.1993 über die freiwillige Beteiligung gewerblicher Unternehmen an einem Gemeinschaftssystem für das Umweltmanagement und die Umweltbetriebsprüfung); globales betriebswirtschaftlich fundiertes Denken und Handeln, und da sollten wir uns keiner Täuschung hingeben, ist noch nicht in Sicht, auch wenn die UNO-Konferenz für Umwelt und Entwicklung in Rio de Janeiro 1992 (Ramphal 1992, S. 48 ff.) ein erster vielbeachteter Schritt auf dem Weg zu einer umweltgerechteren Wirtschaftsweise war.

Einzelheiten zu ökologisch orientierten Ansätzen finden sich in den Abschnitten B. 4, E. 2.4, E. 3.4, F. 4.5.

Literaturhinweise

Albert, H.: Marktsoziologie und Entscheidungslogik, 2. Aufl., Tübingen 1998.

Bea, F. X./ Dichtl, E./ Schweitzer, M. (Hrsg.): Allgemeine Betriebswirtschaftslehre, Band 1: Grundfragen, 8. Aufl., Stuttgart/Jena 2000.

Behrens, G.: Wissenschaftstheorie und Betriebswirtschaftslehre, in: Wittmann, W. et al. (Hrsg.): Handwörterbuch der Betriebswirtschaft, 5. Aufl., Stuttgart 1993, Sp. 4763-4772.

Beschorner, D.: Umweltschutz aus betriebswirtschaftlicher Sicht, in: Jahrbuch der TU München 1984, München 1985, S. 98-108.

Beschorner, D.: Ökologische Umwelt: Herausforderung für innovatives Unternehmertum, in: Laub, U. D./ Schneider, D. (Hrsg.): Innovation und Unternehmertum, Wiebaden 1991, S. 299-321.

Carnap, R.: Induktive Logik und Wahrscheinlichkeit, bearbeitet von Stegmüller, W., Wien 1959.

Chmielewicz, K.: Forschungskonzeptionen der Wirtschaftswissenschaft, 3. Aufl., Stuttgart 1994.

Freimann, J. (Hrsg.): Ökologische Herausforderung der Betriebswirtschaftslehre, Wiesbaden 1990.

Freimann, J./ Pfriem, R. (Hrsg.): Ökologische Betriebswirtschaftslehre und -praxis. Schriftenreihe des Instituts für ökologische Wirtschaftsforschung, Nr. 12, Berlin 1988.

Gutenberg, E.: Betriebswirtschaftslehre als Wissenschaft, Kölner Universitätsreden, 2. Aufl., Krefeld 1961.

Heinen, E.: Zum Wissenschaftsprogramm der entscheidungsorientierten Betriebswirtschaftslehre, in: ZfB 1969, S. 207-220.

Kroeber-Riel, W.: Wissenschaftstheoretische Sprachkritik in der Betriebswirtschaftslehre, Berlin 1969.

Popper, K. R.: Logik der Forschung, 10. Aufl., Tübingen 1994.

Ramphal, S.: Das Umweltprotokoll, 1. Aufl., Frankfurt/M./Berlin 1992.

Schanz, G.: Verhaltenstheoretische Betriebswirtschaftslehre und soziale Praxis, in: Ulrich, H. (Hrsg.): Zum Praxisbezug der Betriebswirtschaftslehre in wissenschaftstheoretischer Sicht, Bern/Stuttgart 1995, S. 13-32.

Schneider, D.: Betriebswirtschaftslehre, Band 1: Grundlagen, 2. Aufl., München 1995.

Seidel, E. (Hrsg.): Betrieblicher Umweltschutz, Landschaftsökologie und Betriebswirtschaftslehre, Wiesbaden 1992.

Stahlmann, V.: Umweltorientierte Materialwirtschaft, Wiesbaden 1988

Steinmann, H.: Die Betriebswirtschaftslehre als normative Handlungswissenschaft, in: Steinmann, H. (Hrsg.): Betriebswirtschaftslehre als normative Handlungswissenschaft, Wiesbaden 1978, S. 73-102.

Steinmann, H./ Scherer, A. G.: Wissenschaftstheorie, in: Corsten, H. (Hrsg.): Lexikon der Betriebswirtschaftslehre, 4. Aufl., München/Wien 2000, S. 940-946.

Stitzel, M./ Wank, L.: Was kann die Lehre vom Strategischen Management zur Entwicklung einer ökologischen Unternehmensführung beitragen?, in: Freimann, J. (Hrsg.), Ökologische Herausforderung der Betriebswirtschaftslehre, Wiesbaden 1990, S. 105-131.

Ulrich, H./ Krieg, W./ Malik, F.: Zum Praxisbezug einer systemorientierten Betriebswirtschaftslehre, in: Ulrich, H. (Hrsg.): Zum Praxisbezug der Betriebswirtschaftslehre in wissenschaftstheoretischer Sicht, Bern/Stuttgart 1976, S. 135-151.

Verordnung (EWG) Nr. 1836/93 des Rates vom 29.06.1993 über die freiwillige Beteiligung gewerblicher Unternehmen an einem Gemeinschaftssystem für das Umweltmanagement und die Umweltbetriebsprüfung in: Amtsblatt der Europäischen Gemeinschaften Nr. L 168/1-L 168/18.

Wöhe, G.: Einführung in die Allgemeine Betriebswirtschaftslehre, 22. Aufl., München 2005.

B Rahmenbedingungen

Unternehmen sind in ihren Entscheidungen nicht völlig frei. Sie müssen sich an ihrer Umwelt orientieren, die eine Vielzahl von natürlichen und künstlichen, d.h. vom Menschen geschaffenen Rahmenbedingungen setzt.

Natürliche Rahmenbedingungen sind die Knappheit der natürlichen Ressourcen, geographische und klimatische Gegebenheiten. Künstliche Rahmenbedingungen ergeben sich aus dem Stand der Technik, aus der sozialen und kulturellen Entwicklung der Gesellschaft, aus dem Wirtschaftssystem und aus der politischen und rechtlichen Situation des Landes, in dem das Unternehmen sich befindet.

Diese Rahmenbedingungen engen den Entscheidungsspielraum der Unternehmen ein. Sie schaffen aber zugleich die Basis für unternehmerisches Wirken. Im Folgenden sollen die wichtigsten Rahmenbedingungen betrachten werden.

B.1 Wirtschaftsrecht

Der Begriff des Wirtschaftsrechts ist nicht einheitlich festgelegt. Im Allgemeinen versteht man darunter diejenigen Gesetze und Verordnungen, die in irgendeiner Form die selbständige Erwerbstätigkeit von Unternehmen (Industrie, Handel, Handwerk, Landwirtschaft, Verkehr, freie Berufe) betreffen. Einen Überblick über dieses umfangreiche Rechtsgebiet gibt **Abbildung 7**. Neben länderspezifischen Gesetzen gewinnen zunehmend Europäische Vorschriften für die Mitgliederstaaten der EU an Bedeutung. Diese Entwicklung zeigte sich in den 1980er Jahren mit der Harmonisierung der Vorschriften des Handelsrechts und der Bilanzierung und in den 90er Jahren mit der Umweltbetriebsprüfung im Rahmen des Öko-Auditing, die seit 1995 gilt und heute als EMAS II (Environmental Management and Audit Scheme) bezeichnet wird.

Abb. 7: Wirkungen der rechtlichen Umwelt auf den Betrieb

Zum Wirtschaftsrecht gehören demnach nicht nur rechtliche Normen, die die Verhältnisse zwischen den Unternehmen und ihren Partnern (Staat, Arbeitnehmer, Kunden, Lieferanten, Kreditgeber u.a.) oder ihren Mitbewerbern regeln, sondern auch solche, die die Zulassung zum Beruf oder Gewerbe oder den rechtlichen Aufbau der Unternehmen zum Inhalt haben. Zum Wirtschaftsrecht wird häufig auch das Steuerrecht gezählt, das in Kapitel B.2 getrennt dargestellt wird.

Durch die zunehmende internationale Verflechtung der Wirtschaft besteht in den letzten Jahren ein starker Trend, nationales Recht durch länderübergreifende Vorschriften zu ergänzen oder daran anzupassen. Für die Bundesrepublik Deutschland haben hier vor allem die Normen der Europäischen Union große Bedeutung.

Aus den weit über 100 Gesetzen und Verordnungen, die in Deutschland für Unternehmen von unmittelbarer Bedeutung sind, wollen wir im Folgenden nur die wichtigsten Rechtsgebiete und Gesetzeswerke darstellen, um einen Überblick darüber zu geben, wo unternehmerische Entscheidungen durch gesetzgeberische Maßnahmen tangiert werden.

Gesetze und Verordnungen haben keinen statischen Charakter; sie werden im Laufe der Zeit den ständig sich ändernden politischen und wirtschaftlichen Erfordernissen angepasst. Die Ausführungen im vorliegenden Buch orientieren sich am aktuell zugänglichen Rechtsstand.

1.1 Bürgerliches Recht

Das Bürgerliche Gesetzbuch (BGB) bildet die Grundlage des gesamten bürgerlichen Rechts (Privatrechts) in Deutschland. Es regelt die Rechtsverhältnisse der einzelnen Bürger untereinander (im Gegensatz zum öffentlichen Recht, das die Rechtsverhältnisse zwischen dem Bürger und dem Staat oder den staatlichen Organen untereinander regelt). Das BGB ist unter dem Datum des 18.08.1896 verkündet worden und am 01.01.1900 innerhalb des Gebietes des damaligen Deutschen Reiches in Kraft getreten. Es enthält 5 Teile („Bücher", **Abbildung 8**).

Bürgerliches Gesetzbuch (BGB)				
1. Buch	2. Buch	3. Buch	4. Buch	5. Buch
§§ 1 - 240	§§ 241 - 853	§§ 854 - 1296	§§ 1297 - 1921	§§ 1922 - 2385
Allgemeiner Teil	Schuldrecht	Sachenrecht	Familienrecht	Erbrecht

Abb. 8: Bücher des BGB

1. Buch: Allgemeiner Teil (§§ 1 - 240). Regelt rechtliche Grundtatbestände und für das ganze bürgerliche Recht geltende Rechtsbegriffe. Hier finden sich u.a. Vorschriften zum Personenrecht (Recht der natürlichen und juristischen Personen und der Personenvereinigungen) sowie zu Fristen, Terminen, Verjährung, Rechtsgeschäften, Stellvertretung und Vollmacht.

2. Buch: Schuldrecht (§§ 241 - 853). Enthält Regelungen zu den Schuldverhältnissen, d.h. den rechtlichen Beziehungen, die zwischen leistungsberechtigten (Gläubiger) und den zu einer Leistung verpflichteten Personen (Schuldner) bestehen. Typische Schuldverhältnisse wie Kauf, Tausch, Miete, Pacht, Dienstvertrag und Werkvertrag werden detailliert geregelt. Spezielle Schuldverhältnisse, die aus dem Handelsverkehr resultieren, finden sich im HGB.

3. Buch: Sachenrecht (§§ 854 - 1296). Regelt das Verhältnis zwischen Person und Sache, also das dingliche Recht an der Sache wie Besitz, Eigentum oder Pfandrecht. Das Sachenrecht umfasst dabei nicht nur das Recht an beweglichen Sachen, sondern auch an unbeweglichen Sachen (Grundstücken).

Die Trennung in Schuldrecht und Sachenrecht (Abstraktionsprinzip) lässt eine sehr wesentliche Technik des bürgerlichen Rechts erkennen: Das BGB trennt sehr genau zwischen einem Grundgeschäft, durch das sich jemand zu etwas verpflichtet (z.b. verpflichtet der Kaufvertrag den Verkäufer zur Verschaffung des bestimmten Gegenstands, den Käufer zur Bezahlung der vereinbarten Geldsumme) und der Erfüllung dieser Verpflichtung (Verfügungsgeschäft), die vom Grundgeschäft losgelöst, d.h. abstrahiert wird (für das o.g. Beispiel: Lieferung der Ware durch den Verkäufer, Übergabe des Kaufpreises an den Verkäufer).

4. Buch: Familienrecht (§§ 1297 - 1921). Behandelt in den drei Abschnitten Ehe, Verwandtschaft und Vormundschaft die persönliche und wirtschaftliche Stellung von Mitgliedern einer Familie untereinander und zu Dritten.

5. Buch: Erbrecht (§§ 1922 -2385). Regelt den Übergang des Vermögens eines Verstorbenen auf die Erben (Erbfolge, Testament, rechtliche Stellung der Erben, Erbvertrag).

Obwohl Familien- und Erbrecht nur in untergeordnetem Maße für unternehmerische Entscheidungen von Bedeutung sind, haben dennoch verschiedene Bestimmungen aus diesen Büchern, beispielsweise bei der Gestaltung der Rechtsform oder bei der Vererbung von Geschäftsanteilen, erhebliche Auswirkungen.

1.2 Handelsrecht

Das Handelsrecht ist Teil des Privatrechts. Es umfasst die für Kaufleute geltenden Sondervorschriften. Subsidiär, d.h. nachrangig gilt das BGB, soweit das Handelsrecht keine speziellen Vorschriften enthält. Man unterscheidet:

- das Handelsrecht im engeren Sinne, das im Handelsgesetzbuch (HGB) niedergelegt ist, und

- das Handelsrecht im weiteren Sinne, zu dem über das HGB hinaus besondere Vorschriften wie das Gesellschaftsrecht, das Wertpapierrecht oder das Wettbewerbsrecht gezählt werden.

Das Handelsrecht kommt in der Regel zur Anwendung, wenn bei einem Rechtsgeschäft mindestens ein Partner die Kaufmannseigenschaft besitzt. Grundgedanken des Handelsrechts sind:

- verstärkter Vertrauensschutz (z.b. Schweigen gilt als Zustimmung)
- rasche Abwicklung (daraus resultierend: besonders einschneidende Maßnahmen bei Terminüberschreitung)
- Entgeltlichkeit der Geschäftsbesorgung.

Das Handelsrecht wird in nicht unerheblichem Maße vom Gewohnheitsrecht der Kaufleute (in langjähriger Übung herausgebildete Regeln) und vom Handelsbrauch (keine Rechtsnorm) bestimmt. In beiden Fällen handelt es sich um nicht kodifizierte, aber dennoch von der Kaufmannschaft befolgte Regeln.

1.2.1 Handelsgesetzbuch (HGB)

Wichtigste Quelle des Handelsrechts ist das am 01.01.1900 in Kraft getretene HGB vom 10.05.1897 mit seinen fünf Büchern (**Abbildung 9**). Wesentliche Änderungen erfuhr das HGB durch das Bilanzrichtlinien-Gesetz (BiRiLiG) vom 19.12.1985, mit dem in der Bundesrepublik Deutschland die Vierte EG-Richtlinie (Einzelabschluss-Richtlinie), die Siebte EG-Richtlinie (Konzern-Richtlinie) und die Achte EG-Richtlinie (Bilanzprüfer-Richtlinie) in nationales Recht umgesetzt wurden.

1. Buch: Handelsstand (§§ 1 - 104). Behandelt wird der Handelsstand (Kaufmannseigenschaft) und das Anwendungsgebiet des Handelsrechts, Handelsregister, Firmenrecht (Namensgebung der Unternehmung) und das Recht der kaufmännischen Hilfspersonen (Prokura, Handelsvertreter, -makler).

2. Buch: Handelsgesellschaft und stille Gesellschaft (§§ 125 - 237). Kodifiziert das Recht der Personengesellschaften OHG und KG sowie der stillen Gesellschaft.

3. Buch: Handelsbücher (§§ 238 - 339). Enthält umfangreiche Vorschriften zu Buchführung und Bilanzierung.

4. Buch: Handelsgeschäfte (§§ 343 - 460). Für Handelsgeschäfte gilt eine Reihe von Sondervorschriften. Wichtige Sonderformen des Handelsgeschäfts sind hier eigens geregelt: Handelskauf (Kauf von Waren oder Wertpapieren), Kommissionsgeschäft, Speditionsgeschäft, Lagergeschäft, Frachtgeschäft u.a.

5. Buch: Seehandel (§§ 476 - 905). Trägt den speziellen Erfordernissen Rechnung, die aus dem Seehandel resultieren.

Von diesen fünf Büchern fallen nur der „Handelsstand", „Handelsbücher" und „Handelsgeschäfte" unter den Begriff des Handelsrechts im engeren Sinne.

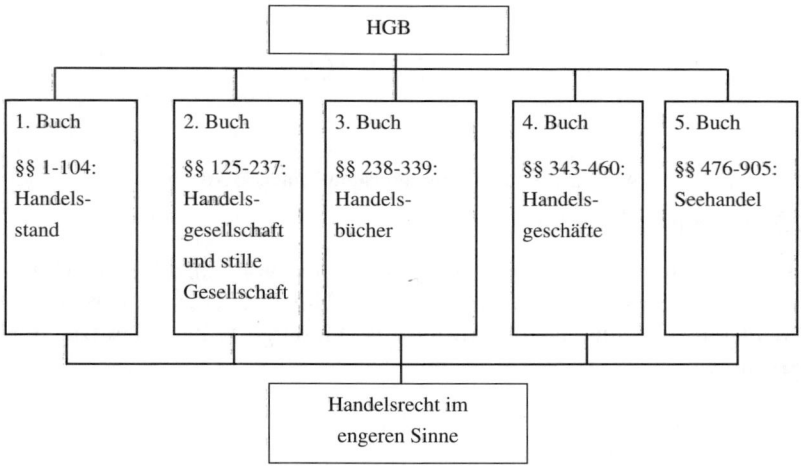

Abb. 9: Bücher des HGB

Zentraler Begriff des Handelsrechts ist der Kaufmann. Dieser Rechtsbegriff weicht vom allgemeinen Sprachgebrauch ab. Er umfasst nicht nur den, der Waren umsetzt, sondern bezeichnet alle Gewerbetreibende als Kaufleute, die eines der im HGB genannten Grundhandelsgewerbe **(Abbildung 10)** und/oder einen Gewerbebetrieb betreiben, der einen nach Art und Umfang in kaufmännischer Weise eingerichteten Geschäftsbetrieb erfordert. Kaufleute sind ferner kraft Rechtsform die Handelsgesellschaften OHG, KG, GmbH, AG und die Genossenschaften.

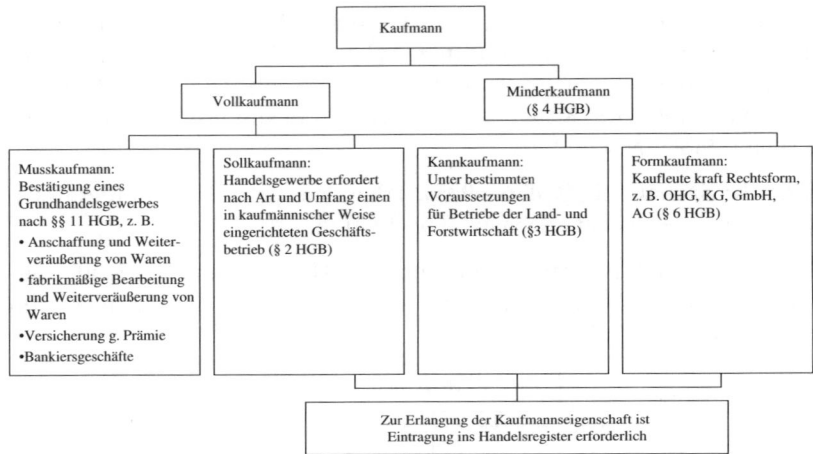

Abb. 10: Kaufmannseigenschaft nach HGB

1.2.2 Gesellschaftsrecht

Das Gesellschaftsrecht besteht aus einer Reihe von Einzelgesetzen. Es ist das Recht der Personenvereinigungen. Unter wirtschaftsrechtlichen Gesichtspunkten sind in die **Abbildung 11** dargestellten Gesetze von Bedeutung:

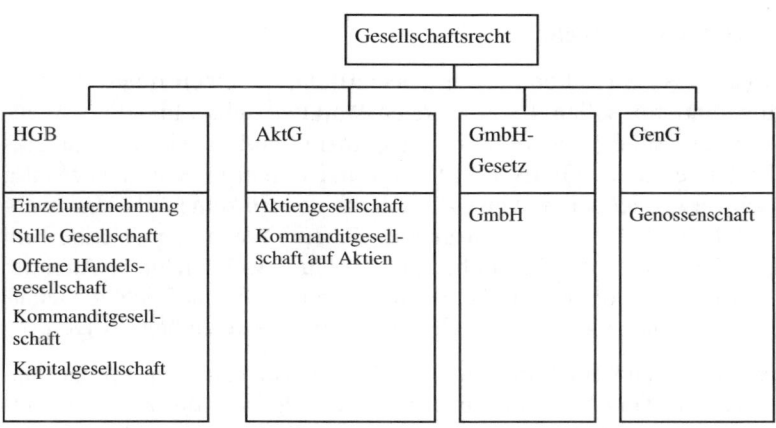

Abb. 11: Gesellschaftsrecht

Die Gesetzestexte, die sich mit diesen Gesellschaftsformen beschäftigen, sind weitgehend nach dem gleichen Prinzip aufgebaut und regeln (soweit erforderlich):

- Gründung der Gesellschaft
- Rechtsverhältnisse der Gesellschaft zu Dritten
- Rechtsverhältnisse der Gesellschafter untereinander
- Aufbau und Organe der Gesellschaft
- Rechnungslegung, Gewinn-/Verlustverteilung, Gewinnverwendung
- Auflösung der Gesellschaft
- Änderungen des Gesellschaftsvertrages.

Weitere wichtige Rechtsnormen zum Gesellschaftsrecht betreffen die

- Kapitalerhöhung
- Verschmelzung von Unternehmen
- Umwandlung, d.h. den Wechsel der Rechtsform von Gesellschaften
- Rechnungslegung, Prüfung und Publizität von Jahresabschlüssen bei bestimmten Unternehmen
- Unternehmenszusammenschlüsse.

1.3 Wettbewerbsrecht

Zum Handelsrecht gehören auch Vorschriften, die einen freien Wettbewerb garantieren sollen. In einer freien Marktwirtschaft bildet der Wettbewerb das vorherrschende Ordnungsprinzip, weil er wie kein anderes
die Initiative und den Fortschritt fördert und weil er in einer anderweitig
nur schwer erreichbaren Weise die Rechte des Einzelnen als Unternehmer, Arbeitnehmer oder Konsument sichert. Wenn der Wettbewerb
funktioniert, wenn also für ein bestimmtes Gut jeweils mehrere Anbieter
und Nachfrager vorhanden sind, kann es keine wirtschaftlichen Macht-
positionen geben, die eine Benachteiligung des Anderen begünstigen.

Andererseits kann der Kampf um den Markt sehr hart sein. Es liegt nahe, dass sich dann Wettbewerbshandlungen ergeben, die zu einer Umgehung oder gänzlichen Ausschaltung des Wettbewerbs führen. Jeder
Wettbewerb bedarf deshalb gewisser Regeln und einer Überwachung,
um Fairness sicherzustellen und Nachteile für Mitbewerber oder Konsumenten zu reduzieren.

Drei wichtige Gesetze regeln den Wettbewerb und sollen helfen, Aus-
wüchse und eine zu weitgehende Machtbildung am Markt zu vermeiden
(**Abbildung 12**).

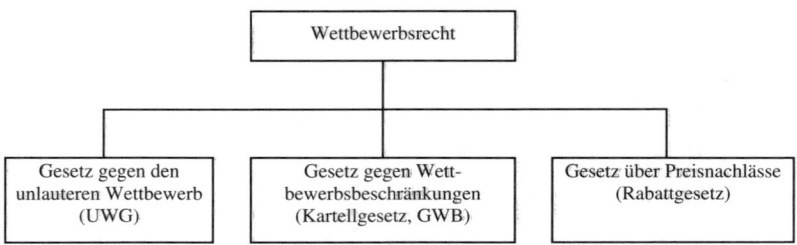

Abb. 12: Wettbewerbsrecht

1) Das **Gesetz gegen den unlauteren Wettbewerb (UWG)** wurde bereits 1909 erlassen. Ziel dieses Gesetzes ist der Schutz von Mitbewerbern oder Kunden vor unfairen Geschäftspraktiken. Das UWG arbeitet
mit einer Generalklausel (§ 1), die jedem Mitbewerber einen Anspruch
auf Unterlassung oder Schadenersatz bei unlauteren Wettbewerbsprakti-
ken gewährt. Derartige Praktiken sind z.B. nach Ansicht der Rechtsprechung:

- Lockvogelangebote
- Vergleichende Werbung
- Erwecken falscher Qualitätsvorstellungen
- Anreißerische Werbung.

Ferner sind im UWG geregelt:

- Konkurswarenverkauf
- Aus- und Räumungsverkauf
- Unwahre Behauptungen über Mitbewerber
- Schutz geschäftlicher Bezeichnungen
- Irreführende Werbung.

2) Das **Gesetz gegen Wettbewerbsbeschränkungen (GWB)**, auch Kartellgesetz genannt, regelt vor allem das Kartellrecht. Unter einem Kartell versteht man einen relativ engen und dauerhaften vertraglichen Zusammenschluss rechtlich selbständig bleibender Unternehmen zur Regelung bestimmter Wettbewerbsverhältnisse (vgl. Kapitel D.2).

Das GWB regelt außerdem Wettbewerbsbeeinträchtigungen wie:

- Preisbindung der zweiten Hand,
- marktbeherrschende Unternehmen,
- andere Formen wettbewerbsbeschränkenden und diskriminierenden Verhaltens.

3) **Das Gesetz über Preisnachlässe (Rabattgesetz)** wurde 1933 erlassen und regelt die Möglichkeiten zur Gewährung von Peisnachlässen im Einzelhandel oder auf gewerbliche Leistungen des täglichen Bedarfs. Durch die Aufhebung der Preisbindung der zweiten Hand auch für Markenartikel hat dieses Gesetz stark an Bedeutung verloren. Wichtig sind aber noch Bestimmungen über

- Barzahlungsnachlässe (Skonti)
- Mengennachlässe
- Sondernachlässe an bestimmte Personengruppen.

Nach einer umfassenden Reform des Rabattgesetzes im Jahr 2001 ist es auch Privatpersonen möglich in Geschäften über Skonti o. Ä. zu verhandeln. Das Rabattgesetz hat dadurch weiter an Bedeutung verloren.

Zum Wettbewerbsrecht zählt im weiteren Sinne auch das Recht der gesetzlichen Monopole wie

- Patentrecht
- Recht der Gebrauchsmuster und
- Warenzeichengesetz,

durch die bestimmte technische Erfindungen geschützt werden oder durch die es Unternehmen ermöglicht wird, sich durch äußere Merkmale von Mitbewerbern zu unterscheiden.

1.4 Arbeitsrecht

1.4.1 Zielsetzung

Das heutige Arbeitsrecht ist Ergebnis einer mehr als 100 Jahre alten Entwicklung. Es umfasst alle Rechtsnormen, die sich auf die mit einer unselbständigen Beschäftigung zusammenhängenden rechtlichen Fragen beziehen. Zum Arbeitsrecht gehört eine Vielzahl einzelner Gesetze, die jeweils bestimmte Teilgebiete oder Personengruppen betreffen. Es hat zum Inhalt die Rechtsbeziehungen

- zwischen dem einzelnen Arbeitnehmer und dessen Arbeitgeber (Individualarbeitsrecht = Recht des einzelnen Arbeitsvertrages)
- zwischen den Vertretern oder Zusammenschlüssen der Arbeitnehmer (Betriebsräte, Gewerkschaften) und den Arbeitgebern oder deren Zusammenschlüssen in Arbeitgeberverbänden (Kollektivarbeitsrecht).

In letzterem Fall werden gleiche Arbeitsbedingungen (z. B. 37,5 Stundenwoche) oder Mindestansprüche (Mindestlöhne) vereinbart, die für alle Arbeitnehmer eines Betriebes (Betriebsvereinbarung) oder für alle Arbeitnehmer eines regionalen Bereiches und einer einheitlichen Branche gelten (Tarifvertrag).

Da die Vergangenheit gezeigt hat, dass der einzelne Arbeitnehmer seine Interessen als Individuum gegenüber dem Arbeitgeber nur sehr schwer durchzusetzen vermag, ist das heutige Arbeitsrecht stark vom Schutzgedanken der Arbeitnehmer geprägt, um sicherzustellen, dass – wie im 19. und z.T. im 20. Jahrhundert noch der Fall – keine Übervorteilung der Arbeitnehmer erfolgt. Des Weiteren will das heutige Arbeitsrecht auch für einen fairen Interessenausgleich zwischen den beiden Vertragsparteien sorgen und den jeweils Schwächeren vor gravierenden Nachteilen schützen (z.b. Schutz der Arbeitnehmer vor nicht gerechtfertigter Kündigung, Schutz des Arbeitgebers vor wilden Streiks). Arbeitnehmer und Arbeitgeber werden heute als Sozialpartner gesehen, die beide aufeinander angewiesen sind, wobei das Arbeitsrecht eine koordinierende Rolle übernimmt.

1.4.2 Arbeitsrechtliche Vorschriften

Die Grundregeln des Arbeitsrechts sind enthalten

- im Grundgesetz, das dem Arbeitnehmer die freie Wahl von Beruf, Arbeitsplatz und Ausbildungsstätte garantiert und den Arbeitnehmern und Arbeitgebern das Recht auf Bildung von Interessenvereinigungen einräumt,
- im BGB, in dem sich die Rechtsnorm des Dienstvertrages findet, die Grundlage des individuellen Arbeitsvertrages ist,
- in der Gewerbeordnung (Sondervorschriften zum Recht der gewerblichen Arbeitnehmer),
- im HGB (Handelsgehilfen und Handlungslehrlinge).

Daneben gibt es eine Reihe von speziellen Arbeitsgesetzen. Diese haben zum Inhalt:

1) den Schutz der Arbeitnehmer in bestimmten Situationen:

- Kündigungsschutz,
- Lohnfortzahlung im Krankheitsfall,
- Arbeitszeit,
- Arbeitssicherheit,
- Arbeitsförderung,

- Betriebliche Altersversorgung,

- Arbeitnehmererfindungen,

- Sozialplan;

2) den Schutz von bestimmten Arbeitnehmergruppen:

- Mutterschutz,

- Schutz jugendlicher Arbeitnehmer,

- Schutz von Schwerbehinderten,

- Schutz älterer Arbeitnehmer.

Für das kollektive Arbeitsrecht sind die wichtigsten Rechtsquellen:

- das Montan-Mitbestimmungsgestz (Montan-MitbestG) von 1951 in der Fassung von 19.12.1985, zuletzt geändert durch Gesetz am 4. Dezember 2004 (BGBl I 2355)

- das Tarifvertragsgesetz (TVG) in der Fassung von 1969 mit späteren Änderungen

- das Betriebsverfassungsgesetz (BetrVG) von 1972 in der Fassung vom 25. September 2001, zuletzt geändert durch Gesetz am 18. Mai 2004 (BGBl 189 I 1)

- das Mitbestimmungsgesetz (MitbestG) vom 04.05.1976 in der Fassung vom 26.06.1990, zuletzt geändert durch Gesetz am 18. Mai 2004 (BGBl 1206)

Das Tarifvertragsgesetz behandelt die unternehmensübergreifende Rechtsgültigkeit von ausgehandelten Tarifverträgen. Betriebsverfassungsgesetz und Mitbestimmungsgesetz haben das Rechtsverhältnis zwischen Arbeitnehmervertretern und Arbeitgeber im Unternehmen zum Inhalt, wobei das Mitbestimmungsgesetz die Mitsprache der Arbeitnehmervertreter (über den Aufsichtsrat) an unternehmerischen Entscheidungen regelt (unternehmerische Mitbestimmung) und das Betriebsverfassungsgesetz die Mitwirkung an weitreichenden Entscheidungen der Unternehmensleitung über personelle, organisatorische oder soziale Maßnahmen (betriebliche Mitbestimmung, Mitbestimmung am Arbeitsplatz), z.B. bei Kündigung von Arbeitnehmern, Aufstellung von Sozialplänen, Festlegung von Werksferien oder der Arbeitszeitgestaltung, behandelt.

Unter Mitbestimmung versteht man die durch Gesetz legitimierte Beteiligung der Arbeitnehmer an betrieblichen und unternehmerischen Entscheidungen. Die unternehmerische Mitbestimmung wurde bereits 1951 für Unternehmen des Bergbaus und der Eisen und Stahl erzeugenden Industrie eingeführt (Montan-Mitbestimmung).

Obwohl die Mitbestimmung auf den ersten Blick nicht mit dem Wirtschaftssystem der Bundesrepublik Deutschland zu vereinbaren scheint, da die Entscheidungen an sich allein in das Recht der Kapitaleigner fallen, wurde sie aus dem Gesichtspunkt des Abbaus von sozialen Spannungen, des besonderen Charakters des Arbeitsverhältnisses und der erweiterten Mitverantwortung der Arbeitnehmer eingeführt (Gedanke der sozialen Marktwirtschaft i.w.S.).

1.5 Harmonisierung innerhalb der EU am Beispiel der Rechnungslegung

Die Bestrebungen zur Harmonisierung der Rechnungslegungssysteme innerhalb der EU gehen bereits auf die römischen Verträge aus dem Jahr 1957 zurück, in denen die Grundlage für einen engeren Zusammenschluss der europäischen Völker geschaffen wurde. Mit der Umsetzung der 4. (Einzelabschluss), 7. (Konzernabschluss) und 8. (Prüfung) EG-Richtlinie in nationales Recht wurde erstmals eine Angleichung zwischen den unterschiedlichen europäischen Rechnungslegungs- und Prüfungsvorschriften erreicht. Trotz dieser Harmonisierungsbestrebungen der europäischen Instanzen, insbesondere der EU-Kommission und der ihr zugeordneten Gremien (Kontaktausschuss und Forum für Rechnungslegung), bestehen in den einzelnen Mitgliedsländern der EU zahlreiche unterschiedliche Wahlrechte, die sich auf alle Grundsatzfragen der Bilanzierung beziehen.

Die in den vergangenen zehn Jahren wachsende Internationalisierung der Geschäftstätigkeiten und die zunehmende Verflechtung der Märkte, insbesondere der Finanz- und Kapitalmärkte, hat einen internationalen Harmonisierungsprozess der Rechnungslegung ausgelöst, der über die Grenzen der EU hinausgeht und einen Wandel der externen Rechnungslegung vom „*Financial Accounting*" zum „*Business Reporting*" bewirkt. Als Ursache dieser Internationalisierungs- und Globalisierungstendenzen lassen sich der technische Fortschritt, die freie und sekundenschnelle Verfügbarkeit von Informationen, die Konkurrenz der Wirtschaftsräume sowie das Streben nach wirtschaftlichem Fortschritt anführen.

Derzeit gibt es mit den IAS/IFRS (International Accounting Standards/International Financial Reporting Standards) und den US-GAAP zwei international anerkannte und gegenseitig konkurrierende Rechnungslegungsstandards, an denen sich eine Neuausrichtung der nationalen Vorschriften orientieren kann. Insbesondere den vom IASB herausgegebenen IAS/IFRS werden gute Chancen eingeräumt, zum künftigen Weltstandard der Rechnungslegung zu avancieren, da sie von einem supranationalen Standardsetter erlassen und von der weltweiten Vereinigung der Börsenaufsichtsbehörden (IOSCO) unterstützt werden. Aus diesem Grund präferiert insbesondere die EU-Kommission die Anwendung der IAS/IFRS und die entsprechende Anpassung der EG-Richtlinien an das IAS/IFRS-Regelwerk. Die breite Anwendbarkeit der IAS/IFRS ist jedoch insofern eingeschränkt, als die amerikanische Börsenaufsichtsbehörde SEC, die eine bedeutende Stellung innerhalb der IOSCO einnimmt, von in- und ausländischen Unternehmen, die den bedeutenden amerikanischen Kapitalmarkt in Anspruch nehmen wollen, Abschlüsse nach US-GAAP verlangt. Mit einer Anerkennung der IAS/IFRS durch die SEC würde der Weg für die IAS/IFRS weltweit frei werden.

Die EU-Kommission in Brüssel unterstützt die Einführung der IAS/IFRS in Europa. Nach diesen Vorstellungen sollen alle börsennotierten Gesellschaften in der EU ihren Konzernabschluss zwingend nach IAS/IFRS aufstellen. Den Nationalstaaten wird es dabei freigestellt, diese Regelung auf alle Kapitalgesellschaften zu erweitern.

Durch ein spezielles Verfahren zur Umsetzung der IAS/IFRS in der EU, dem sog. Komitologieverfahren sollen die IAS/IFRS in den Ländern der EU zur Anwendung kommen. Dieses Verfahren legt fest, dass über die Anwendung der IAS/IFRS im Einzelnen die Kommission entscheidet. Sie wird dabei von einem „Regelungsausschuss auf dem Gebiet der Rechnungslegung" unterstützt, der sich aus Vertretern der Mitgliedstaaten zusammensetzt und dessen Vorsitz ein Vertreter der Kommission innehat. Der Kommission gebührt alleiniges Vorschlagsrecht. Eine Ablehnung des Kommissionsvorschlages ist nur durch 70 % der Stimmen zu erreichen.

Im Ergebnis kommt es damit zu einer Machtkonzentration bei der EU-Kommission, die kritisch zu betrachten ist, da die Mitgliedstaaten ihre Befugnisse weitgehend abgeben.

Die Anpassungsprozesse in der EU umfassen immer weitere Bereiche. Mit einer einheitlichen Währung ist ein wesentlicher Meilenstein eines gemeinsamen Europas erreicht worden. Dabei macht die EU immer häufiger vom Instrument der Verordnung Gebrauch, das unmittelbar in den einzelnen Ländern zur Anwendung ohne eine Transformation führt. Damit steht nicht mehr die Harmonisierung, sondern die Vereinheitlichung im Vordergrund.

1.6 Prüfung der Rechnungslegung

Eine einheitliche Rechnungslegung wird nur dann erreicht, wenn die Einhaltung der Vorschriften gewährleistet ist. Die 8. EG-Richtlinie verlangt die Prüfung des Jahresabschlusses und des Lageberichtes von Kapitalgesellschaften.

Durch das Urteil des Prüfers soll die Glaubwürdigkeit der Rechnungslegung in der Öffentlichkeit erreicht werden. Es handelt sich dabei um eine Prüfung im Interesse Dritter. Die unterschiedlichen Interessen am Jahresabschluss bezüglich der Informationsverteilung sollen geregelt werden.

Die Jahresabschlussprüfung ist eine Ordnungsmäßigkeitsprüfung. Interessenten erwarten aber eine Beurteilung der wirtschaftlichen Lage. Als Folge entsteht die Erwartungslücke der Öffentlichkeit. Tatsächlich bezieht sich der gesetzliche Prüfungsauftrag nur auf die Ordnungsmäßigkeit, d.h., vom Abschlussprüfer ist festzustellen, ob das Unternehmen die Grundsätze ordnungsmäßiger Buchführung, die gesetzlichen Vorschriften und die in der Satzung oder im Gesellschaftsvertrag festgelegten Regeln eingehalten hat. Darüber berichtet der Bestätigungsvermerk. § 322 HGB in der Fassung des KonTraG sieht dabei einen frei zu formulierenden Bestätigungsbericht mit einem beschreibenden Abschnitt, dem Prüfungsurteil zu Jahresabschluss und Konzernabschluss, der Angabe bestandsgefährdender Risiken sowie dem Urteil zum Lagebericht vor. In die neue Gesetzesfassung wurden die bisherigen Bestimmungen über den Ergänzungsteil (§ 322 Abs. 2 HGB a.f.) nicht übernommen. Sofern Einwendungen zu erheben sind, ist der Bestätigungsvermerk einzuschränken oder zu versagen (mit Begründung).

Der Bestätigungsvermerk ist das zu veröffentlichende Gesamturteil des Abschlussprüfers. Er ist vom Prüfer einzuschränken, wenn Einwendungen zu erheben sind – aufgrund von wesentlichen und eindeutig abgrenzbaren Mängeln –, der Positivbefund aber insgesamt erhalten bleibt. Der Bestätigungsvermerk ist zu versagen, wenn ein Positivbefund zu wesentlichen Teilen der Rechnungslegung nicht möglich ist bzw. ein Nichtigkeitsgrund für den Jahresabschluss vorliegt. Es muss sich dabei um wesentliche Verstöße handeln, die den geforderten Einblick nicht mehr ermöglichen.

Der Prüfungsgegenstand ist in § 317 HGB geregelt. Danach sind Buchführung, Jahresabschluss und Lagebericht zu prüfen. Bei einer Aktiengesellschaft, die Aktien mit amtlicher Notierung ausgegeben hat, ist außerdem zu beurteilen, ob der Vorstand ein leistungsfähiges Überwachungssystem gem. § 91 Abs. 2 AktG eingerichtet hat (§ 317 Abs. 4 HGB).

Das Pendant zur Internationalen Rechnungslegung ist die Harmonisierung der Abschlussprüfungsnormen. Dabei ist festzustellen, dass der Umfang der Regelungen der Rechnungslegung ein Vielfaches dessen umfasst, was an Regelungen zur Prüfung vorgegeben wird. Eine internationale Vergleichbarkeit dieser Regelungen ist nur gewährleistet, wenn ihre Einhaltung überprüft wird. Zur Zeit stehen den zwei Rechnungslegungssystemen auch zwei Systeme der Abschlussprüfungsnormen gegenüber:

- International Standards on Auditing (ISA) (Internatione Prüfungsgrundsätze)
- Statements of Auditing Standards (SAS) (US-amerikanische Prüfungsgrundsätze)

IDW und die WPK haben sich verpflichtet, die ISA (International Standards on Auditing) in Deutschland umzusetzen. Sie würden dann für alle Abschlussprüfungen gelten.

Im Gegensatz zu den IAS/IFRS, die durch Verordnung in den einzelnen Mitgliedstaaten gelten, werden die ISA durch das IDW in nationalen Prüfungsstandards umgesetzt.

1.7 Globalisierung

Globalisierung ist an und für sich nichts grundsätzlich Neues. Schon im römischen Weltreich gab es Entwicklungen, die wir durchaus aus heutiger Sicht als Globalisierungstendenzen oder schon eine bestimmte Art von Globalisierung bezeichnen können, und auch das Heilige Römische Reich Deutscher Nation lässt sich hier einordnen. Im auf die Entdeckung der Seewege nach Amerika und Asien folgenden Jahrhundert können wir durchaus von einer Globalisierung im heutigen Sinne sprechen, wenn auch in anderem Maßstab, da hier bereits wirklich der Globus umspannt wurde.

Etwas verallgemeinernd lässt sich sagen, dass die Neugier des Menschen, Grenzen zu überschreiten und Neues zu entdecken, erforschen und verwerten, ein Antrieb für die Globalisierung sein könnte. Kritisch lässt sich anmerken, dass aus der Neugier häufig Gier wurde und negative Aspekte der Entwicklung zu erkennen und beklagen waren. Mit Hilfe von fünf Punkten soll ein besseres Verstehen der Globalisierung und ihrer möglichen Folgen erreicht werden:

I. Der Begriff der Globalisierung ist mehrdeutig und steht für die heutigen Veränderungen der ökonomischen, politischen, sozialen, kulturellen und ökologischen Prozesse in der Welt. Sowohl aus betriebs- als auch aus volkswirtschaftlicher Sicht gib es eine Vielzahl von Definition des Begriffs der Globalisierung (vgl. Gehrmann et al., 1996), welche das Phänomen, jeweils aus einer anderen Sichtweise beleuchten. Aus einzelwirtschaftlicher Sicht ist folgende Definition angebracht: Globalisierung ist eine strategische Entscheidung eines Unternehmens, mit der wirtschaftlichen Betätigung des Unternehmens in allen Ländern der Erde Präsenz anzustreben bzw. kein Land der Erde von der wirtschaftlichen Betätigung des Unternehmens auszuschließen (vgl. Hauschildt, 1993). Zu unterscheiden sind drei einander bedingende Globalisierungsformen:

1. Die Internationalisierung der Absatzmärkte, welche sich in zunehmendem internationalem Handel zeigt und auf Unternehmensebene der Unternehmensfunktion Export entspricht.

2. Die Transnationalisierung der Produktionsstandorte, welche sich in der Auslandsfertigung der Unternehmen konkretisiert und

3. die globale Innovationskonkurrenz, welche Unternehmen aufgrund der immer schwieriger werdenden Beherrschung neuer Technologien zu interorganisatorischen Strukturen für langfristige Innovationsprozesse auf globaler Ebene zwingt, was sich letztlich in globaler Fertigungs- und Entwicklungspräsenz niederschlägt.

Am Ende des Internationalisierungsprozesses steht das transnationale Unternehmen, welches die Märkte mehrerer Länder – im Grenzfall der ganzen Welt – als einen einzigen großen Markt betrachtet, mit der Folge, dass

- die Fertigungsbetriebe nach Maßgabe der Anforderungen des Vertriebssystems und der Unterschiede in den Produktionskosten der einzelnen Staaten regional verteilt sind,

- die Marketingpolitik – unter Berücksichtigung ihrer lokalen und individuellen Bedürfnisse – an den Anforderungen der multinationalen Abnehmer orientiert ist, und

- die Beschaffung der Finanzmittel dort erfolgt, wo die Marktbedingungen am günstigsten sind (vgl. Hinterhuber, 1993).

Auf ein höheres Abstraktionsniveau gehend, ist festzuhalten, dass unter Globalisierung so genannte makro-oligopolistische Maßnahmen und Politiken von Staaten zu verstehen sind, die darauf zielen, Rahmenbedingungen dafür zu schaffen, dass Unternehmen ihre mikro-oligopolistischen Strategien im internationalen Wettbewerb realisieren können (vgl. Kumar/Hausmann, 1992, S. 3).

II. Eine erfolgreiche Teilnahme am Globalisierungsprozess bedarf eines ganzheitlichen Konzeptes für alle Stufen auf dem Weg zu seiner Realisierung und sollte Beschaffungsmärkte, Personal, Organisation, Technologie, Produktion und Absatzmärkte einschließen.

In unserer heutigen Wirtschaft beruhen die Vorteile, die sich aus einer Globalisierung ergeben können, vor allem auf den Potenzialen der informations- und kommunikationstechnischen Infrastrukturen und damit auf deren Verteilung über nationale Grenzen hinaus, also auf ihre Globalisierung. Das etwas verkürzende Schlagwort hierzu heißt World Wide Web oder Internet.

Die Nutzung dieser neuartigen Informations- und Kommunikationstechnik erfolgt vor allem auf politischen Feldern, dann aber mit stark wachsender Tendenz in Unternehmungen und an dritter Stelle im privaten Sektor. Im politischen Bereich haben sich Informationsnetze ausgehend von militärischen Anwendungen in der Zwischenzeit global etabliert und ihre Nützlichkeit in Krisensituationen wie auch im Alltag unter Beweis gestellt. Im Hinblick auf eine postglobale Situation als Folge der Globalisierung ist davon auszugehen, dass diese Netze in ihrer Verdichtung im politischen Bereich wachsen werden.

III. Mit der wachsenden Verbreitung der Informationstechnologie verändert sich die Frage der individuellen Verantwortlichkeit im Rahmen des organisationellen Handelns. Es entstehen neue Organisations- und Unternehmensstrukturen, wie sie zum Beispiel in den letzten Jahrzehnten durch die Entwicklung vom Taylorismus zur Reintegration der Funktionen bis hin zum Denken in Prozessketten zu beobachten waren.

Diese Umbrüche der Arbeitswelt, die wir zum Teil der Globalisierung und dem dadurch veränderten Wettbewerb anrechnen müssen, verschärfen das Problem der Arbeitslosigkeit. Denkbar und bereits zum Teil realisiert sind global unterschiedliche Standorte für z.B. Innovations- und Technik-Zentren in Deutschland und Ausführung, also Produktion und Montage vor Ort. Als ausgesprochen schwierig stellt sich die Problematik der Beschäftigung vor allem in globalem Zusammenhang dar, da wir lokale Lösungen in Deutschland oder auch Europa sicher nicht zielführend realisieren können. Entweder fallen wir zurück in eine Welt des Abschottens, die dann über Zölle oder Tarife, technische oder ökologische Standards geteilt wird, oder wir versuchen, Schritt für Schritt in die Richtung des „Eine-Welt-Gedankens" zu denken und zu gehen. Dass wir nicht an fehlender Arbeit leiden, ist ja weithin erkannt worden; das Problem liegt eben in der Frage, welche Bezahlung für welche Arbeit angemessen ist. Und dieses Problem ist eben nicht nur ein individuelles und deutsches Problem, sondern durch die weltweite Verflechtung zu einem global bestimmten und bestimmendem Problem geworden.

IV. In diesen Zusammenhang gehören auch so unterschiedliche Begriffe wie Globalisierung, Internationalisierung, Transnationalisierung sowie Multinationalisierung. Hier haben wir unterschiedliche Phänomene mit unterschiedlichen Akteuren.

Internationalisierung: Geht von Nationen als Akteuren aus; Behörden sind Träger staatlicher Befugnisse. Sie lenken/kontrollieren Dienstleistungen, Güter-, Waren- und Informationsaustausch durch monetäre Instrumente wie Steuer- und Fiskalpolitik, Ausgaben des Staates, Gesetze, Verordnungen, Vorschriften. Der Austausch findet grenzüberschreitend zwischen unabhängigen Wirtschaftsakteuren statt. Konkurrierende Unternehmen stellen für die jeweilige Nation ein Instrument zur Erlangung positiver Handelsbilanzen dar (vgl. z.B. GATT).

Multinationalisierung: Gekennzeichnet durch Verlagerung von Ressourcen, vor allem Kapital und Arbeit von einer Volkswirtschaft zur anderen. Produktionskapazitäten von Unternehmen werden durch Töchter oder Übernahmen in andere Länder verlegt. Die Optimierung der Produktionsfaktoren findet nicht mehr nur im nationalen Rahmen statt (vgl. z.B. die Diskussion um MAI (Multilateral Agreement on Investment)).

Transnationalisierung: Koordination und Integration wirtschaftlicher Einheiten an verschiedenen Orten. Unabhängige nationale Unternehmen/Töchter/Beteiligungen werden durch eine einzige zentrale Strategie gelenkt. Transnationalisierung folgt der „Logik der Produktion". Organisationen an verschiedenen Orten, die durch ihren komparativen Standortvorteil gekennzeichnet sind, werden zusammengefasst um Unwirtschaftlichkeit zu beseitigen/Kosten zu senken.

Diese drei Erscheinungen müssen nicht in Reinform vorkommen, sondern sind kombinatorisch in der Praxis anzutreffen. So stellt sich zum Beispiel die Frage, ob DaimlerChrysler heute noch ein deutsches Unternehmen ist oder ein Unternehmen globaler Dimension. Auch die Ersetzung der Herkunftsbezeichnung „Made in Germany" durch „Made by Mercedes" ist nicht zielführend, da Einzelteile und Baugruppen konzernübergreifend produziert werden und zum Teil auch von Konkurrenten stammen. Auch die Frage, was ist noch deutsch an Hoechst, lässt sich so nicht mehr einfach beantworten. Betriebswirtschaftlich wird in der Regel von internationalen Unternehmen unterschiedlichen Ausmaßes gesprochen (vgl. z.b. Kumar/Hausmann, 1992).

V. Von der Globalisierung zur postglobalen Welt.

Bezogen auf die wirtschaftlichen Entwicklungsperspektiven für eine postglobale Welt lässt sich die Tendenz zur Bildung virtueller Unternehmungen fortschreiben und eine postglobale Welt sich vorstellen, in der die Standortauflösung zu einer völlig neuartigen Unternehmenswelt geführt haben wird. Ein virtuelles Unternehmen ist dabei ein Netzwerk von unabhängigen Leistungszentren, die sich je nach Markterfordernis zur Maximierung des Kundennutzens zusammenschließen. Aus organisationstheoretischer Sicht ist das virtuelle Unternehmen zwischen Hierarchie und Markt einzuordnen. Dieser Prozess ist bereits eingeleitet worden auf den Ebenen:

* neuer technischer Möglichkeiten, insbesondere der IuK-Technik,
* ökonomischer Motivationskriterien,
* Folge des Wertewandels und damit neuer Ziele des Individuums, wie z.B. Selbstbestimmung, Unabhängigkeit und Mobilität,
* Internationale Abkommen wie GATT, WTO, MAI (Multilateral Agreement on Investment).

So ist neben den feststellbaren Nachteilen auf dem Weg zu einer globalen Welt durchaus auch manches Positive zu finden. So kann die Globalisierung dann konstruktiv genutzt werden, wenn kooperative Maßnahmen an Stelle von Hegemoniestreben auf dem Weg zur postglobalen Welt genutzt werden und wenn wir heute schon eine Entwicklung (politisch, wirtschaftlich, bevölkerungsmäßig, ...) einschlagen, die die Bedürfnisse der Gegenwart einlöst ohne die Fähigkeit der künftigen Generationen, ihre Bedürfnisse zu erfüllen, beeinträchtig.

Literaturhinweise

Beck, Ulrich: Was ist Globalisierung? Irrtümer des Globalismus – Antworten auf Globalisierung, Frankfurt am Main 1997.

Beschorner, Dieter: Wirtschaftliche Entwicklungsperspektiven der Triade EU, Japan, USA, in: Frank Stehling et al. (Hrsg.): Zukunftsperspektiven der Europäischen Union, Bielefeld 1996, S. 70-95.

Beschorner, Dieter/Stehr, Christopher (Hrsg.): Globalisierung – Chancen und Risiken. Weihungszell 2003.

Beschorner, Dieter/Stehling, Frank (Hrsg.): Umweltschutz und Krisenmanagement: Die Leitidee einer nachhaltigen Entwicklung als internationale Herausforderung, Ulm 1997.

Capelle, K./Canaris, C.-W.: Handelsrecht, 21. Aufl., München 1989.

Gehrmann, Harald/Rürup, Bert/Setzer, Martin: Globalisierung der Wirtschaft: Begriff, Bereiche, Indikatoren, in: Ulrich Steger (Hrsg.): Globalisierung der Wirtschaft: Konsequenzen für Arbeit, Technik und Umwelt, Berlin-Heidelberg-New York, Springer-Verlag 1996, S. 18-55.

Hauschildt, Jürgen: Globalisierung der Wirtschaft – zum Wohle der Betriebswirtschaftslehre, in: Matthias Haller et al. (Hrsg.): Globalisierung der Wirtschaft – Einwirkungen auf die Betriebswirtschaftlehre, Bern-Stutttgart-Wien, 1993, S. 5-8.

Hinterhuber, Hans: Globalisierung der Märkte und Internationalisierungsprozesse, in: Richard Hammer et al. (Hrsg.): Strategisches Management Global: Unternehmen, Menschen, Umwelt erfolgreich gestalten und führen, Wiesbaden 1993, S. 151-173.

Hueck, A.: Gesellschaftsrecht, 19. Aufl., München 1991.

Kumar, Brij N./Hausmann, Helmut (Hrsg.): Handbuch der internationalen Unternehmenstätigkeit, München 1992.

Martin, Hans-Peter/Schuhmann, Harald: Die Globalisierungsfalle, Reinbek 1996.

Mayer, Lothar: Ausstieg aus dem Crash, Oberursel 1999.

Modelski, George: Principles of World Politics, New York 1972.

Schmid, H.D.: Grundzüge des Arbeitsrechts, 2. Aufl., München 1981.

Stiglitz, Joseph: Die Schatten der Globalisierung, Berlin 2002.

B.2 Die Steuern der Unternehmung

2.1 Begriff, Entwicklung und Einteilung

Der **Begriff** der Steuern ist gesetzlich festgelegt: „Steuern sind Geldleistungen, die nicht eine Gegenleistung für eine besondere Leistung darstellen und von einem öffentlich-rechtlichen Gemeinwesen zur Erzielung von Einnahmen allen auferlegt werden, bei denen der Tatbestand zutrifft, an den das Gesetz die Leistungspflicht knüpft; die Erzielung von Einnahmen kann Nebenzweck sein. Zölle und Abschöpfungen sind Steuern im Sinne dieses Gesetzes." (§ 3 Abs. 1 AO).

Im Einzelnen lauten die Definitionen:

Abgaben (genauer: Finanz-Abgaben) sind der Sammelbegriff für alle kraft öffentlicher Finanzhoheit zur Erzielung von Einnahmen erhobenen Zahlungen.

Steuern sind Abgaben, die keine Gegenleistung für eine besondere Leistung eines öffentlich-rechtlichen Gemeinwesens (Bund, Länder, Gemeinden) darstellen und allen auferlegt werden, bei denen der Tatbestand des jeweiligen Steuergesetzes zutrifft.

Gebühren sind Abgaben, die für besondere Einzelleistungen der öffentlichen Hand erhoben werden, z.B. Pass-, Zollabfertigungs-, Müllabfuhr- oder Parkgebühren.

Beiträge sind Abgaben, die von jedem erhoben werden, dem ein dauernder Vorteil aus einer öffentlichen Einrichtung geboten wird, unabhängig von dem Ausmaß der Inanspruchnahme des Vorteils; also z.B. Straßenanlieger-, Krankenkassen- oder IHK-Beiträge.

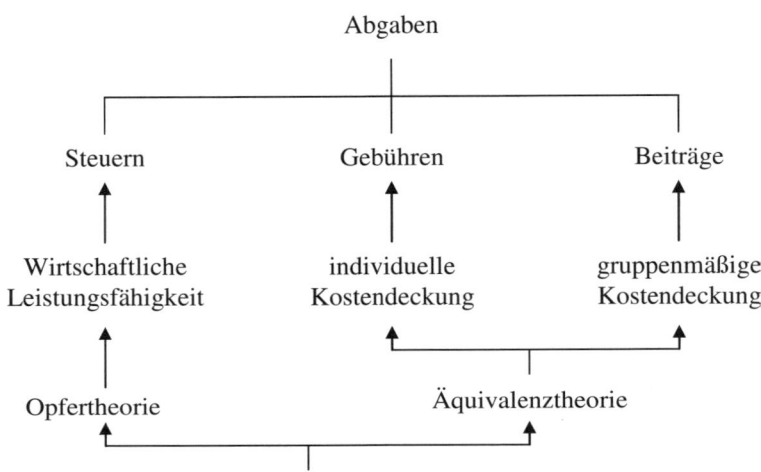

Abb. 13: Begriffe der Abgabenordnung (in Anlehnung an Haberstock 1992)

Die Entwicklung der Steuern zeigt sich bereits in den antiken Finanzwissenschaften. Im europäischen Mittelalter und zu Beginn der Neuzeit dominierten noch Erträge aus Domänen und Regalien als Geldbeschaffungsmittel vor den Steuern. Mit dem Absolutismus begann ihre ungebrochene Bedeutungszunahme für die Staatseinnahmen.

Steuern besitzen eine große Bedeutung für den Betrieb: Es gibt kaum eine betriebliche Entscheidung, die nicht auch steuerliche Konsequenzen hätte. In der Bundesrepublik gibt es rund 40 verschiedene **Steuerarten**. Die wichtigsten Steuerarten zeigt die folgende Zusammenstellung:

1. Direkte Steuern

(1) Personen- (Subjekt-)steuern

(Unmittelbare Erfassung der Leistungsfähigkeit einer natürlichen oder juristischen Person bzw. Belastung von Gewinn und Vermögen)

a)   Einkommensteuer,
b)   Körperschaftsteuer,
c)   Erbschaftsteuer bzw.   Schenkungsteuer,
d)   Kirchensteuer (betrifft nur Angehörige von erhebungsberechtigten Religionsgemeinschaften)

(2) Sach- (Objekt-, Real-)steuern

(Unmittelbare Erfassung der Leistungsfähigkeit (Ertragsfähigkeit) eines Objekts bzw. Belastung von Ertrag und Vermögen)
a)   Gewerbesteuer,
b)   Grundsteuer.

2. Indirekte Steuern

(Mittelbare Erfassung der Leistungsfähigkeit über Vorgänge des Vermögensverkehrs und der Einkommensverwendung)

(1) Verkehrsteuern

a)   Umsatzsteuer,
b)   Grunderwerbsteuer,
c)   Versicherungsteuer,
d)   Kraftfahrzeugsteuer,
e)   Rennwett- und Lotteriesteuer.

(2) Verbrauchsteuern

a)   Mineralölsteuer,
b)   Tabaksteuer,
c)   Steuern auf Lebensmittel und Getränke,
d)   sonstige Verbrauch- und Aufwandsteuern.
e)   Ökosteuer

(3) Zölle

2.2   Die wichtigsten Steuern des Betriebes
Die für den Betrieb wichtigsten Steuern sollen nun kurz vorgestellt werden.

a) **Einkommensteuer** (Rechtsquellen: EStG, EStDV, EStR, LStDV, LStR)

Einkommensteuerpflichtig sind die natürlichen Personen, d.h. Betriebe sind nicht einkommensteuerpflichtig, sondern die Eigentümer der Betriebe. (Soweit Betriebe juristische Personen sind, zahlen sie Körperschaftsteuer.)

Ermittlung des zu versteuernden Einkommens:

1.	Einkünfte aus Land- und Forstwirtschaft (§ 13 EStG)
2.	Einkünfte aus Gewerbebetrieb (§ 15 EStG)
3.	Einkünfte aus selbständiger Arbeit (§ 18 EStG)
4.	Einkünfte aus nichtselbständiger Arbeit (§ 19 EStG)
5.	Einkünfte aus Kapitalvermögen (§ 20 EStG)
6.	Einkünfte aus Vermietung und Verpachtung (§ 21 EStG)
7.	Sonstige Einkünfte im Sinne des § 22 EStG
=	**Summe der Einkünfte** (§ 2 Abs. 2 EStG)
./.	Alterentlastungsbetrag (§ 24a EStG)
./.	Abzug für Land- und Forstwirte (§ 13 Abs. 3 EStG)
=	**Gesamtbetrag der Einkünfte** (§ 2 Abs. 4 EStG)
./.	Verlustabzug nach § 10d EStG
./.	Sonderausgaben (§§ 10, 10b, 10c EStG)
./.	außergewöhnliche Belastungen (§§ 33 bis 33c EStG)
./.	Sonstige Abzugsbeträge (z.B. §§ 10e bis 10h EStG und § 7 FördG)
=	**Einkommen** (§ 2 Abs. 4)
./.	Freibeträge für Kinder (§§ 31, 32 Abs. 6 EStG)
./.	Haushaltsfreibetrag (§ 32 Abs. 7 EStG)
./.	Härteausgleich nach § 46 Abs. 3, § 70 EStDV)
=	**zu versteuerndes Einkommen** (§ 2 Abs. 5 EStG)
	Anwendung des ESt-Tarifs (Grundtabelle bzw. Splittingtabelle)

Abb. 14: System der Einkommensteuer

Spezielle Formen der Einkommensteuer sind Lohnsteuer und Kapitalertragsteuer. Diese Steuern werden durch Steuerabzug erhoben, d.h. sie werden direkt vom Arbeitgeber bzw. Kapitalschuldner abgeführt.

Zur Einkommensteuer und zur Körperschaftsteuer wird ein Solidaritätszuschlag von 5,5% (vor 1998: 7,5%) der festgesetzten Einkommensteuer oder Körperschaftsteuer erhoben (§ 3 SolZG 1995).

Im EStG von 1997 wurde gesetzlich festgelegt, wie der Einkommensteuertarif ab 1998 Jahr für Jahr bis ins Jahr 2005 Schritt für Schritt angepasst wird. Einen Vergleich der Einkommensteuertarife 1998 und 2005 zeigt die **Abbildung 15:**

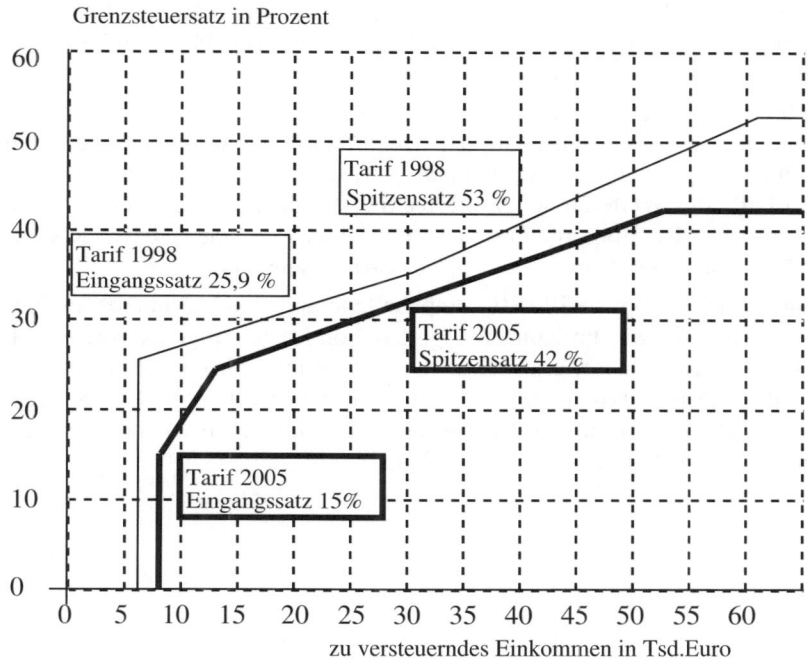

Abb. 15: Vergleich der Tarife im Jahr 1998 und 2005

Gewinnbegriff des EStG: „Gewinn ist der Unterschiedsbetrag zwischen dem Betriebsvermögen am Schluss des Wirtschaftsjahres und dem Betriebsvermögen am Schluß des vorangegangenen Wirtschaftsjahres, vermehrt um den Wert der Entnahmen und vermindert um den Wert der Einlagen." (§ 4 Abs. 1 Satz 1 EStG.). Zur Gewinnermittlung stellt man eine Steuerbilanz auf. Der so ermittelte Gewinn ist auch bei der Ermittlung der Körperschaft- und der Gewerbeertragsteuer maßgeblich.

b) **Körperschaftsteuer** (Rechtsquellen: KStG, KStDV, KStR)

Die Körperschaftsteuer (KSt) kann als die Einkommensteuer der juristischen Personen (z.B. Kapitalgesellschaften wie AG, GmbH) bezeichnet werden. Besteuerungsgrundlage ist – ebenso wie für die Einkommensteuer – das Einkommen, das die Körperschaft innerhalb des Kalenderjahrs bezogen hat. Dieses wird durch die Nichtabzugsfähigkeit bestimmter Aufwendungen in der Regel erhöht.

Körperschaftsteuer und Einkommensteuer bestehen nebeneinander. Ein von einer Kapitalgesellschaft erwirtschafteter Gewinn rechnet daher zur Bemessungsgrundlage der Körperschaftsteuer der Kapitalgesellschaft. Im Falle der Weiterausschüttung rechnet er außerdem zur Bemessungsgrundlage der Einkommensteuer (natürliche Personen) bzw. Körperschaftsteuer (juristische Personen) des Anteilseigners.

Die Steuer beträgt ab 2001 für einbehaltene und ausgeschüttete Gewinne einheitlich 25%. Für Konzerne gelten Sonderregelungen (Organschaft §§ 14-19 KStG). Bei einer Gewinnausschüttung wird anschließend außerdem grundsätzlich 20% Kapitalertragsteuer erhoben. Die Körperschaftsteuer kann seit 2002 weder zurückerstattet noch von der persönlichen Steuerschuld abgezogen werden.

	"zu versteuerndes Einkommen" (Gewinn der Kapitalgesellschaft vor KSt)	1.000
-	Körperschaftsteuer (25% von 10.000)	250
=	Bar-Dividende	750
-	einbehaltene Kapitalertragsteuer (20% der Bar-Dividende)	150
=	vorläufige Netto-Dividende	600
+/-	Steuererstattung/Zusatzzahlung (siehe unten)	37,5
=	Netto-Dividende	637,5

Bestimmung der pers. Einkommensteuer (Halbeinkünfteverfahren)

	zu versteuernde Dividendeneinnahmen (50% der Bar-Dividende)	375
	auf die Dividende entfallende Einkommensteuer (30% der halben Bar-Dividende)	112,5
-	einbehaltene Kapitalertragsteuer	150
=	Steuererstattung (zu viel gezahlte Kapitalertragsteuer)	-37,5

Abb. 16: Schema des Halbeinkünfteverfahrens

Allerdings wird die körperschaftsteuerliche Vorbelastung beim Anteilseigner dadurch berücksichtigt, dass die Dividenden nur zur Hälfte in die
Bemessungsgrundlage für die persönliche Einkommensteuer einbezogen
werden. Man spricht vom sog. "Halbeinkünfteverfahren", das in der
Abbildung 16 schematisch dargestellt ist. Die Berechnung erfolgte unter
Annahme eines persönlichen Einkommensteuersatzes von 30% und
ohne Berücksichtigung des Solidaritätszuschlages.

c) **Gewerbesteuer** (Rechtsquellen: GewStG, GewStDV, GewStR)

Die Gewerbesteuer (GewSt) belastet das Objekt "Gewerbebetrieb" und
seine objektive Ertragskraft. Es spielt keine Rolle, wem der Betrieb
gehört, wem die Erträge des Betriebs zufließen und wie die persönlichen
Verhältnisse des Betriebsinhabers sind. Es wird also nicht die Leistungsfähigkeit einer Person berücksichtigt, sondern die Sache, nämlich der
Gewerbebetrieb besteuert.

Gewerbebetrieb (Def.): Eine selbständige nachhaltige Betätigung im
Inland, die mit Gewinnabsicht unternommen wird und sich als Beteiligung am allgemeinen wirtschaftlichen Verkehr darstellt, wenn die Betätigung weder als Ausübung von Land- und Forstwirtschaft noch als

Ausübung eines freien Berufs noch als eine andere selbständige Arbeit anzusehen ist. (vgl. EStG § 15 (2))

Als Gewerbebetrieb gilt stets die mit Einkünfteerzielungsabsicht unternommene gewerbliche Tätigkeit einer OHG, KG, anderen Personengesellschaft sowie einer gewerblich geprägten Personengesellschaft.

Als Gewerbebetrieb gilt stets und in vollem Umfang die Tätigkeit der Kapitalgesellschaften (Aktiengesellschaften, Kommanditgesellschaften auf Aktien, Gesellschaften mit beschränkter Haftung), der Erwerbs- und Wirtschaftsgenossenschaften und der Versicherungsvereine auf Gegenseitigkeit (VVaG). (vgl. GewStG §2 (2))

Eine Betätigung, die als Ausübung von Land- und Forstwirtschaft oder als Ausübung eines freien Berufs oder als eine andere selbstständige Arbeit anzusehen ist, unterliegt nicht der Gewerbesteuer.

Besteuerungsgrundlage ist der Gewerbeertrag.

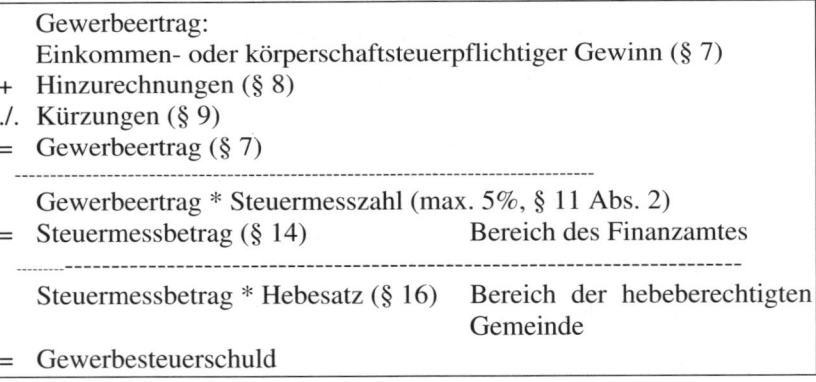

Gewerbeertrag:	
Einkommen- oder körperschaftsteuerpflichtiger Gewinn (§ 7)	
+ Hinzurechnungen (§ 8)	
./. Kürzungen (§ 9)	
= Gewerbeertrag (§ 7)	
Gewerbeertrag * Steuermesszahl (max. 5%, § 11 Abs. 2)	
= Steuermessbetrag (§ 14)	Bereich des Finanzamtes
Steuermessbetrag * Hebesatz (§ 16)	Bereich der hebeberechtigten Gemeinde
= Gewerbesteuerschuld	

Abb. 17: Schema der Gewerbesteuerermittlung

Der Hebesatz variiert von Gemeinde zu Gemeinde mit Werten von etwa 300 v. H. - 500 v. H. Eine Besonderheit der Gewerbeertragsteuer ist ihre Abzugsfähigkeit von ihrer eigenen Bemessungsgrundlage, dem Gewerbeertrag, vor Abzug der Gewerbeertragsteuer. Mit den Symbolen

m	=	Steuermesszahl (5%)
h	=	Hebesatz
GE	=	Gewerbeertrag (vor Steuerabzug)
S_{GE}	=	Gewerbeertragsteuer

gilt dann:

$$S_{GE} = m * h * (GE - S_{GE})$$

$$S_{GE} = \frac{m * h}{1 + m * h} * GE$$

d) **Umsatzsteuer** (Rechtsquellen: UStG, UStDV)

Die Umsatzsteuer (USt) belastet als indirekte Steuer folgende Umsätze eines Unternehmers im Rahmen seines Unternehmens:

a) Lieferungen und Leistungen,

b) Eigenverbrauch,

c) unentgeltliche Leistungen von Vereinigungen jeder Art an ihre Mitglieder,

d) Einfuhr,

e) innergemeinschaftlicher Erwerb.

Sie ist eine **Netto-Allphasenumsatzsteuer** mit Vorsteuerabzug (Mehrwertsteuer) und belastet die Wertschöpfung eines Betriebes. Sie wird i.d.R. vom Endverbraucher getragen, stellt also für den Betrieb einen durchlaufenden Posten dar, den er an das Finanzamt abführt. Der Normalsteuersatz beträgt derzeit 16% auf das Nettoentgelt. Bestimmte Umsätze werden nur mit 7 % belastet bzw. sind steuerfrei. Das folgende Zahlenbeispiel zeigt die Ermittlung der Umsatzsteuer:

Stufe	Nettopreis	Ust 16%	Bruttopreis	Zahllast
Großhandel				
Einkaufspreis	95.000	15.200	110.200	-
+Werschöpfung	15.000	2.400	17.400	
=Verkaufspreis	110.000	17.600	127.600	2.400
Einzelhandel				
Einkaufspreis	110.000	17.600	127.600	-
+Wertschöpfung	20.000	3.200	23.200	
=Verkaufspreis	130.000	20.800	150.800	3.200

Abb. 18: Wirkung der Umsatzsteuer

e) **Ökosteuer** (Rechtsquellen: UStG, UStDV)

Durch das Gesetz zum Einstieg in die ökologische Steuerreform vom 24.3.1999 wurden eine Erhöhung der Mineralölsteuer, von der Kraft- und Heizstoffe wie Benzin, Diesel, Heizöl und Gas betroffen sind, sowie die Einführung einer Stromsteuer, beschlossen.

Der Anlass zur Einführung einer Ökosteuer war die Einsicht, dass die fossilen Energieträger wie Kohle, Öl und Gas der Menschheit nur in begrenztem Maße zur Verfügung stehen, gleichzeitig aber Energie gewonnen wird unter Inkaufnahme zahlreicher negativer externer Effekte (z.B. Ausstoß klimaschädlicher Gase, Erderwärmung durch CO_2, ...)

Die Idee der ökologische Steuerreform ist es, zugunsten des Klimaschutzes einen Anreiz zu schaffen, Energie zu sparen und effizienter einzusetzen und die Industrie zu veranlassen, energie- und umweltschonende Produkte zu entwickeln, sowie die Endverbraucher zu sensibilisieren.

Im Gesetz zur Fortführung der ökologischen Steuerreform vom 16.12.1999 wurden vier weitere Stufen der Erhöhung (1.1.2000, 1.1.2001, 1.1.2002 und 1.1.2003) festgelegt. Die letzte Stufe wurde durch das Gesetz zur Fortentwicklung der ökologischen Steuerreform noch einmal modifiziert. Die aktuellen Steuersätze (Stand 01/2004) auf Benzin, Diesel, Heizöl, Erdgas und Strom und deren Entwicklung durch die ökologische Steuerreform zeigt die Abb. 19. Dabei setzt sich der angegebene Steuersatz aus dem ökologischen Steuersatz und dem Mineralölsteuersatz zusammen.

Mineralöl/ Strom	Erhöhung durch das Gesetz vom			Steuersatz
	zum Einstieg in die	zur Fortführung der	zur Fort- entwicklung der	
	ökologische/n Steuerreform um			Stand 01/2004
Benzin	3,07 Cent/Liter	12,28 Cent / Liter	0	65,45 Cent / Liter
Diesel	3,07 Cent/Liter	12,28 Cent / Liter	0	47,04 Cent / Liter
Heizöl	2,05 Cent/Liter	0	0	6,14 Cent / Liter
Erdgas	0,16 Cent/KWh	0	0,20 Cent / KWh	0,55 Cent / KWh
Strom	1,02 Cent / KWh	1,03 Cent / KWh	0	2,05 Cent / KWh

Abb. 19: Entwicklung der Ökosteuer

Aus wirtschafts-, umwelt- und sozialpolitischen Gründen mussten im Rahmen der ökologischen Steuerreform mineralöl- und stromsteuerliche Begünstigungen geschaffen werden. Steuerliche Begünstigungen gelten u.a. für folgende Bereiche:

- Unternehmen des produzierenden Gewerbes und der Land- und Forstwirtschaft
- Kraft-Wärme-Kopplungsanlagen
- Strom aus erneuerbaren Energieträgern
- Öffentlicher Personennahverkehr / Schienenverkehr
- Nachtspeicherheizungen
- Gasbetriebene Fahrzeuge
- Biokraftstoffe

Das Steueraufkommen, also die Einnahmen aus diesen Steuererhöhungen, werden hauptsächlich zu zwei Zwecken verwendet:

- Stabilisierung der Alterssicherungssysteme, insbesondere der Rentenversicherungsbeiträge

- Programm zur Förderung von Maßnahmen zur Nutzung erneuerbarer Energien; gefördert werden z.b. Solarkollektoren, Photovoltaik- und Biomasseanlagen.

2.3 Der Einfluss der Besteuerung auf betriebliche Entscheidungen

Der Einfluss der Besteuerung auf die betrieblichen Entscheidungen äußert sich in folgenden **Bereichen**:

a) Einfluss auf die **Wahl der Rechtsform**. Personen- und Kapitalgesellschaften werden unterschiedlich besteuert.

b) Einfluss auf die **Unternehmenszusammenschlüsse**. Die Konzentration wird steuerlich gefördert (Organschaft, vgl. KStG §§ 14 - 19).

c) Einfluss auf den **Wechsel der Rechtsform**. Umwandlungen bzw. Umgründungen können verschiedene steuerliche Konsequenzen auslösen (vgl. UmWStG).

d) Einfluss auf die **Standortwahl**. Innerhalb der Bundesrepublik gibt es lokale Steuerdifferenzierungen (z.B. Gewerbesteuer). Im internationalen Rahmen ist das Steuergefälle groß („Steueroasen" – „Steuerwüsten"). Das Außensteuergesetz erschwert die „Steuerflucht".

e) Einfluss auf das **Rechnungswesen**. Steuerliche Vorschriften übertragen dem betrieblichen Rechnungswesen umfangreiche Aufgaben (z.b. Lohnsteuer, Kirchensteuer, Umsatzsteuer jeweils berechnen, einbehalten und abführen). Für die vom Betrieb bzw. Unternehmer zu zahlenden Steuern sind die Bemessungsgrundlagen zu ermitteln (Ertrag, Gewinn und Umsatz).

f) Einfluss auf die **Produktion**. Die Besteuerung beeinflusst das Kostenniveau des Betriebes, indem die Produktionsfaktoren steuerlich belastet werden.

g) Einfluss auf den **Absatz**. Die betriebliche Preispolitik will eine Überwälzung der Steuern vornehmen. Auch die anderen absatzpolitischen Instrumente unterliegen steuerlichen Einflüssen (z.b. Einfluss auf die Produktgestaltung durch die Kfz-Steuer).

h) Einfluss auf **Finanzierung** und **Investition**. Die Besteuerung fördert oder hemmt bestimmte Finanzierungsformen (z.b. steuerfreie Rücklagen). Die Einflussgrößen einer Investitionsentscheidung werden steuerlich verändert (z.b. Veränderung der wirtschaftlichen Nutzungsdauer durch Abschreibungsvorschriften und/oder besondere Eigenschaften, wie z.B. Investitionen, die überwiegend dem Umweltschutz dienen).

Aus diesen verschiedenen steuerlichen (vornehmlich steuerbilanzpolitischen) Einflüssen lässt sich eine allgemeingültige steuerpolitische Zielfunktion definieren: Maximiere den Barwert des Erfolges, der sich durch die Wirkungen des Einsatzes eines steuerpolitischen Mittels auf die Größen Steuerhöhe und Zahlungszeitpunkt erzielen lässt, und beachte hierbei alle individuellen Nebenbedingungen des Steuerpflichtigen.

Literaturhinweise

Beschorner, D./Konrad E.: Von Umweltabgaben über Ökosteuern zur ökologischen Steuerreform, in: Steuer & Studium, 10/1998, S. 439-453.

Bödefeld, R./Bolk, W./Deppe, E./Peitz, G.: Lehrbuch für Steuerrecht und Buchführung, 14. erneuerte Aufl., Herne/Berlin 1997.

Edinger, L.: Betriebliche Steuerlehre. 5. Aufl., Ludwigshafen (Rhein) 1995.

Haberstock, L.: Einführung in die Steuerlehre, 8. Aufl., Hamburg 1998.

Heinhold, M.: Grundlagen der Steuerlehre in Fallbeispielen, 2. Aufl., Stuttgart 1994.

Internetseite zur ökologischen Steuerreform des BMF, Internet: www.bundesfinanzministerium.de/steuern-und-zölle/ökologische-Steuerreform-.727.htm, 2002

Keil, T.: Allphasen-Ökosteuer, 1.Aufl., Taunusstein 1997

Rose, G.: Betriebswirtschaftliche Steuerlehre – Einführung für Fortgeschrittene, 3. Aufl., Wiesbaden, 1992.

Scheffler, W.: Besteuerung von Unternehmen, Bd. I: Ertrag-, Substanz- u. Verkehrsteuern, 8. Aufl., Heidelberg, 2005.

Scheffler, W.: Besteuerung von Unternehmen, Bd. II: Steuerbilanz und Vermögensaufstellung, 4. Aufl., Heidelberg, 2006.

Wöhe, G./Bieg, H.: Grundzüge der Betriebswirtschaftlichen Steuerlehre, 4. Aufl., München, 1995.

B.3 Wirtschaftliche Rahmenbedingungen

3.1 Marktwirtschaft und Planwirtschaft

In der Marktwirtschaft steht die freie Entfaltung des Einzelnen im Vordergrund, soweit nicht die Belange anderer Personen gestört werden. In der Zentralverwaltungswirtschaft sollen dagegen übergeordnete, gesellschaftliche Ziele verfolgt werden (Gutenberg 1958, S. 189 ff.).

Marktwirtschaft	Planwirtschaft
Autonomieprinzip	Organprinzip
Alleinbestimmungsrecht	Mitbestimmungsrecht
Erwerbswirtschaftliches Prinzip	Gemeinwirtschaftliches Prinzip
Selbstvermarktung der Leistungen	Verteilung der Leistungen

Abb. 20: Gegenüberstellung von Markt- und Planwirtschaft

Die Gegenüberstellung von Markt- und Planwirtschaft (Abb. 20) hat nach der Wende im Ostblock an Bedeutung verloren. Deshalb sollen auch nur die Prinzipien der Marktwirtschaft behandelt werden. In der Verkehrswirtschaft können die einzelnen Marktteilnehmer ihre Entscheidungen frei bestimmen. Die einzelnen Wirtschaftssubjekte treffen ihre Entscheidungen auf Grund eigener Wirtschaftspläne; sie handeln autonom.

Der Autonomie nach außen entspricht das Alleinbestimmungsrecht nach innen. Dem Eigentümer steht zunächst das Recht zu, über sein Eigentum allein, ohne Einfluss anderer zu entscheiden. Dieses Recht ist in der Bundesrepublik Deutschland durch eine Reihe von Schutzrechten eingeschränkt.

Das erwerbswirtschaftliche Prinzip beinhaltet das Gewinnstreben als einkommenswirtschaftliches Prinzip in Form des Gehalts und das kapitalwirtschaftliche Prinzip mit der Verzinsung des Kapitals. Daneben existiert noch das genossenschaftliche Prinzip, das auf der Zusammenfassung der kleinen und schwachen Wirtschaftsteilnehmer basiert, die gleiche Ziele verfolgen und gemeinsam ein- oder verkaufen.

Das gemeinwirtschaftliche Prinzip soll dazu beitragen, dass im Interesse der Allgemeinheit öffentlicher Bedarf durch öffentliche Betriebe gedeckt wird, wo noch nicht, nicht mehr oder überhaupt nicht private Unternehmen die Aufgaben übernehmen können. Dies trifft auf die Bereiche Versorgung und Verkehr, Gesundheitsdienste, kulturelle Aufgaben, Erziehungs-, Bildungs- und soziale Aufgaben zu. Aber auch diese Aufgaben stehen heute in der Diskussion, ob sie privatwirtschaftlich ökonomisch gelöst werden können.

In der Marktwirtschaft muss sich jedes Unternehmen um die Vermarktung seiner Produkte und Leistungen selbst kümmern.

3.2 Koordination von Betrieb und Markt

Jede Wirtschaftseinheit ist eingebettet in eine Umwelt, von der sie geprägt wird, auf die sie aber auch Einfluss hat. Die einzelnen Wirtschaftseinheiten stehen nicht unabhängig nebeneinander, sondern sind zu einer Wirtschaftsgemeinschaft verflochten. Die Verkehrswirtschaft ist geprägt von der Arbeitsteilung; aus der alles deckenden Vollarbeit des Einzelnen ist die nur einen Bruchteil der Bedarfsgüter direkt deckende Teilarbeit geworden. Daraus ergibt sich, dass ein ständiger Austausch der Produkte stattfinden muss, wenn die Bedarfsdeckung des Einzelnen und damit auch der gesamten Volkswirtschaft gesichert werden soll. Die Bedarfsdeckung der Wirtschaftsgemeinschaft kann nur dann befriedigend durchgeführt werden, wenn die Anpassung an die Marktgegebenheiten gelingt.

Die Lenkung dieses arbeitsteiligen Gesamtzusammenhanges, von dem die Versorgung jedes Menschen mit Gütern abhängt, wird durch den Markt vorgenommen. In der arbeitsteiligen Wirtschaft stehen die Wirtschafteinheiten sowohl auf der Beschaffungs- als auch auf der Absatzseite in Beziehung zu den anderen Wirtschaftseinheiten. Diese zweiseitige Marktverbundenheit erfordert die Abstimmung der Einzelpläne der Wirtschaftssubjekte in der Verkehrswirtschaft in Form einer Koordination, die über die Märkte erfolgt. Durch das Zusammentreffen von Angebot und Nachfrage kommt ein planvolles und systematisches Zusammenwirken und Ineinandergreifen der Marktteilnehmer zustande. Kurzfristig wird diese Koordination in Bezug auf die Produktionshöhe und die Gestaltung der erzeugten Leistungen vorgenommen. Langfristig sind davon aber auch die Produktionsfaktoren in ihrer Zusammensetzung und in ihrem Umfang betroffen.

Die Zweckerreichung im marktwirtschaftlichen Wirtschaftssystem ist dem Unternehmen nur durch den Absatz der Leistungen im Markt möglich. Das Wirtschaften im Unternehmen hat nur dort einen Sinn, wo Bedarf im Markt vorhanden ist oder wo er geweckt werden kann. Diese Koordination von Unternehmung und Markt muss unter dem Aspekt knapper Ressourcen, Rohstoffe wie Energie, besonders verantwortungsvoll, problembewusst und innovativ erfolgen. Die Entscheidung über die Art der Koordination, die keineswegs nur die passive Marktanpassung umfaßt, sondern auch ein aktives Einwirken, benötigt Daten der Umwelt. Mögliche Analysefelder zeigt die **Abbildung 21.**

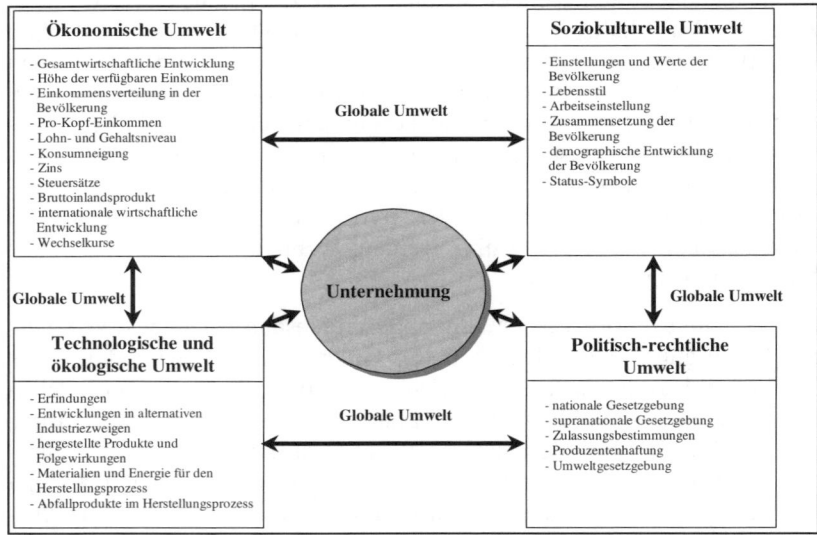

Abb. 21: Klassifizierung von Umweltbedingungen

3.3 Die Integration des Betriebes

Die Unternehmen sind leistungsmäßig in die Gesamtwirtschaft eingebettet und stehen insgesamt gesehen als Vermittler zwischen der Natur, aus der sie letztendlich ihre Ausgangsstoffe beziehen, und der Kultur, d.h. dem Menschen als Bedarfsträger. Ihre Aufgabe besteht jeweils darin, die Leistungen für den menschlichen Bedarf geeigneter zu machen. Es handelt sich dabei um eine Reifeleistung. Daraus ergibt sich die besondere Stellung der Unternehmung. Sie ist Mittel zum Zweck der Bedarfsdeckung, sie darf und kann nicht Selbstzweck sein.

Die Unternehmung erbringt eine geistige und eine technische Leistung. Die geistige Leistung besteht in der Mittelbeschaffung und dem Absatz der Leistungen. Die technische Leistung ergibt sich aus der Umformung, der Be- und Verarbeitung.

Der Staat regelt den Markt durch die Marktgesetzgebung. Für die freie Marktwirtschaft stehen zwei Zielrichtungen im Vordergrund: Die Marktintegration und die Erhaltung des Wettbewerbs. Das Ziel der Marktintegration ist die Förderung der internationalen Arbeitsteilung durch den Abbau protektionistischer Schranken. Ziel der Wettbewerbspolitik ist die Erhaltung der Funktionsfähigkeit des marktwirtschaftlichen Wirtschaftssystems.

In der sozialen Marktwirtschaft muss der Einzelne seine Interessen selbst vertreten und durchsetzen. Die Durchsetzung wird erleichtert, wenn sich die Betroffenen zu Interessengemeinschaften zusammenschließen. Daraus resultieren das Entstehen der Verbände und der Lobbyismus.

Für die Unternehmen sind folgende Organisationen von Bedeutung:

- Arbeitgeberverbände umfassen nach Branchen und Regionen zusammengeschlossene Arbeitgeber. Die regionalen Arbeitgeberverbände sind nach Branchen zu Fachspitzenverbänden zusammengeschlossen. Auf Bundesebene sind sie in der Bundesvereinigung der Deutschen Arbeitgeberverbände zusammengefasst. Zu den Aufgaben der Arbeitgeberverbände gehören z.B. der Abschluss von Lohn- und Tarifverträgen und die Vertretung des Arbeitgebers in arbeitsrechtlichen Fragen.

- Wirtschaftsfachverbände sind freiwillige Vereinigungen von Unternehmen des gleichen Wirtschaftszweiges zur Vertretung ihrer Interessen. Im Vordergrund steht die Beratung der Mitglieder durch Informationen und Vergleichszahlen und die Interessenvertretung gegenüber staatlichen Stellen und die Öffentlichkeit. Beispiele sind der Verband der Chemischen Industrie und der Verband der Deutschen Automobilindustrie. Die einzelnen Verbände sind in Spitzenverbänden zusammengefasst. Der Bundesverband der Deutschen Industrie ist z. B. in ca. 40 Industrieverbände gegliedert.

- Kammern sind körperschaftliche Selbstverwaltungseinrichtungen mit staatlich festgelegten Aufgaben und organisatorischen Regelungen sowie mit Pflichtmitgliedschaft. Zu den Aufgaben der Industrie- und Handelskammern gehört z. B. die Förderung der Gesamtinteressen ihrer Mitglieder und der gewerblichen Wirtschaft. Ähnlich ist die Aufgabenstellung der Handwerkskammern und der berufsständischen Kammern ausgerichtet. Wesentliche berufsständische Kammern sind die Wirtschaftsprüferkammer, die Berufskammer der Steuerberater und Steuerbevollmächtigten und die Rechtsanwaltskammern.

- Gewerkschaften sind rechtlich anerkannte und wirtschaftlich bedeutsame Organisationen zur Durchsetzung der Interessen der Arbeitnehmer. Ein- und Austritt sind freiwillig. Wesentliche Aufgaben bestehen z. B. in der Gestaltung der Arbeitsbedingungen über Tarifverträge und der Unterstützung von Arbeitnehmern in arbeitsrechtlichen Angelegenheiten. Die größten Gewerkschaften in Deutschland sind der Deutsche Gewerkschaftsbund, der Deutsche Beamtenbund und der Christliche Gewerkschaftsbund. Der Organisationsgrad wird mit ca. 34 % angegeben. Der DGB besteht aus 8 Einzelgewerkschaften, die für die verschiedenen Wirtschaftsbereiche zuständig sind.

- Verbraucherverbände sind reine Interessenvertreter der Verbraucher. Sie informieren die Haushalte über Qualität und Preis von Angeboten und versuchen, Verbraucherinteressen bei den Marktpartnern durchzusetzen. Ihr Dachverband bildet die Arbeitsgemeinschaft der Verbraucher, dem mit der Stiftung Warentest eine Einrichtung zur Durchführung und Veröffentlichung von Warentests zur Verfügung steht.

3.4 Betrieb und Wettbewerb

Unter Konkurrenz wird das soziale Verhältnis zwischen den Betrieben verstanden, die das gleiche Ziel im Wettbewerb mit den anderen Betrieben anstreben. Diese Konkurrenzbeziehungen können nach verschiedenen Gesichtspunkten abgegrenzt werden. Betrachtet man die Leistung, lassen sich Produkt-, Verwendungs- und Kaufkraftkonkurrenz unterscheiden. Sollen Aussagen über die Art und Weise des Wettbewerbs gemacht werden, greift man auf die Marktformen zurück (**Abb. 22**).

Nachfrage Angebot	Einer	Wenige	Viele
Einer	Bilaterales Monopol	Beschränktes Angebotsmonopol	Angebotsmonopol
Wenige	Beschränktes Nachfragemonopol	Zweiseitiges Oligopol	Angebotsoligopol
Viele	Nachfragemonopol	Nachfrageoligopol	Polypolistische Konkurrenz

Abb. 22: Marktformen

Stärker als die Anzahl der Anbieter und Nachfrager werden die Verhaltensweisen der Marktteilnehmer ihre Strategie bestimmen. Sie werden beeinflusst von der Marktstellung der Betriebe, der Zugehörigkeit zu Vereinigungen, der Kooperation mit anderen Betrieben, aber auch von der Kundenbindung.

Der Wettbewerb wird auch durch die Marktbarrieren geprägt. Zugangsbeschränkungen rechtlicher Art durch Patente und Lizenzen, technischer Art durch das erforderliche Produktionspotential und die technischen Kenntnisse und wirtschaftlicher Art bezüglich der finanziellen Mittel oder der Dauer der Errichtung des Betriebes schließen potentielle Konkurrenten vorübergehend oder auch auf Dauer aus.

Das Markthandeln eines Betriebes muss diese Zusammenhänge würdigen. Dies geschieht durch Systemdenken und Planmäßigkeit. Systemdenken bedeutet dabei die Berücksichtigung und Einbeziehung über- und nebengeordneter Gesichtspunkte und Tatbestände. Planmäßigkeit liegt dann vor, wenn die Überlegungen und Entscheidungen für die zu konkretisierenden Zielsetzungen einem rationalen Ablauf unterzogen werden.

Ein Ansatz, der die Umwelt- und Ressourcenanalyse verknüpft, ist die Analyse der Branchenstruktur nach Porter (Porter 2000, S. 34 ff.).

Porter geht von den strukturellen Merkmalen einer Branche aus und schätzt damit die Wettbewerbssituation und das Gewinnpotential ab. Die Wettbewerbssituation einer Branche entsteht durch das Zusammenwirken von fünf Bestimmungsfaktoren (Wettbewerbskräften). Die externen Analysefelder (z. B. Staat, Gesellschaft, Technologie) werden dabei nicht als eigenständige Wettbewerbskräfte betrachtet, sondern wirken über die fünf Strukturdimensionen auf den Wettbewerb ein. **Abbildung 23** verdeutlicht das Zusammenspiel der fünf Wettbewerbskräfte.

Diese Branchenstruktur-Analyse versetzt ein Unternehmen in die Lage, die eigenen Stärken und Schwächen im Verhältnis zu den zentralen Strukturdimensionen einer Branche zu bestimmen. Daraus ist eine Wettbewerbsstrategie abzuleiten, d. h. die Wahl offensiver oder defensiver Maßnahmen, um eine verteidigungsfähige Position gegenüber den fünf Wettbewerbskräften aufzubauen.

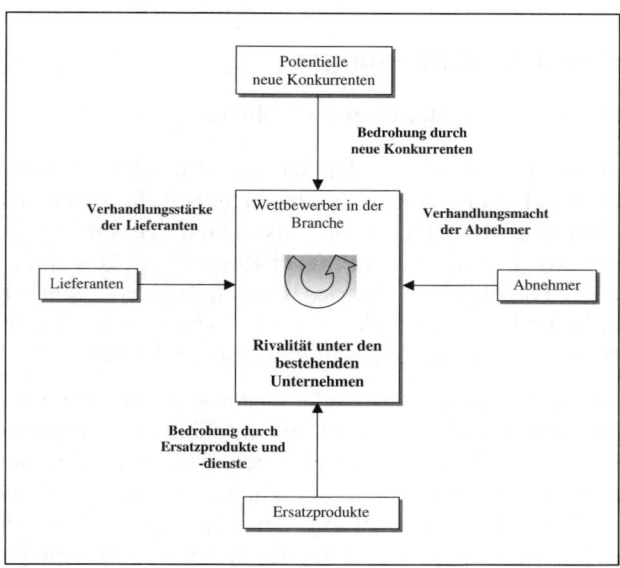

Abb. 23: Wettbewerbskräfte nach Porter (Porter 1999, S. 34)

Literaturhinweise

Bea, F. X./ Dichtl, E./ Schweitzer, M. (Hrsg.): Allgemeine Betriebswirtschaftslehre, Band 1: Grundfragen, 8. Aufl., Stuttgart/Jena 2000, S. 143 - 158.

Blum, R.: Marktwirtschaft, soziale, in: Albers, W. u.a. (Hrsg.): Handwörterbuch der Wirtschaftswissenschaften, 5. Band, Stuttgart 1988, S. 153 - 166.

Gutenberg, E.: Einführung in die Betriebswirtschaftslehre, Wiesbaden 1958.

Peters, H.-R.: Einführung in die Theorie der Wirtschaftssysteme, 4. Aufl., München/Wien 2002.

Porter, M. E.: Wettbewerbsstrategie, 10. Aufl., Frankfurt 1999.

Schäfer, E.: Die Unternehmung – Einführung in die Betriebswirtschaftslehre, 10. Aufl., Wiesbaden 1980.

B.4 Ökologische Bedingungen

4.1 Betriebswirtschaftslehre und Ökologie

Die Umweltökonomik, ein Teilgebiet der Wirtschaftswissenschaften, das die Bewirtschaftung der natürlichen Umwelt zum Gegenstand hat, und ökologische Sachverhalte in ihr Aussagensystem einbezieht, befasst sich aus volkswirtschaftlicher (Umwelt-Ressourcenökonomik, umweltökonomische Theorie) und betriebswirtschaftlicher Sicht (Einflüsse gesellschaftlicher Umweltpolitik auf die Entscheidungsfelder der einzelnen Unternehmung) mit der Auswirkung externer Effekte.

Der Faktorkombinationsprozess jeder Unternehmung bedingt eine Benutzung der Umwelt und bewirkt für diese positive und negative Folgen, die in der Literatur als externe Effekte beschrieben werden; diese können positiver, also für die Umwelt nützlicher Art, oder auch negativer, also für die Umwelt schädlicher Art, sein. Entzug der Umweltnutzung durch eine Unternehmung ohne dafür einen Preis zu bezahlen heißt, die Kosten der Umweltbelastung auf Dritte abzuwälzen. Eine solche Verhaltensweise führt zu negativen, externen Effekten und zwar in Höhe der Differenz der einzelwirtschaftlich verrechneten und gesamtwirtschaftlich entstandenen Kosten.

Als Belastungen unserer Umwelt, die gleichzeitig unsere Mitwelt ist und nicht als etwas Unter- oder Nachgeordnetes zu betrachten ist, durch die Individuen als solche und die Unternehmungen als organisierte Gruppe von Individuen lassen sich vier Grundtypen von Umweltbelastung bilden:

1) Landverschmutzung,

2) Wasserverschmutzung,

3) Luftverschmutzung,

4) Lärmverschmutzung.

Daneben kann Umweltbelastung als ein qualitatives und ein quantitatives Phänomen betrachtet werden. Es ist nämlich nach der Art der Stoffe und der Energie zu fragen, die bei Entnahme aus der Umwelt oder bei

Abgabe an die Umwelt zu Schäden führen können; zugleich aber interessieren die Mengen dieser verbrauchten oder emittierten Stoffe und Energien, bei denen von Umweltbelastung gesprochen werden muss. Umweltgefährdung hat zunächst materielle Ursachen, ist jedoch ein geistiges Problem erster Ordnung, das aus gewissen Einstellungen der Menschen zu ihrer Umwelt (Mitwelt) entstand und nur durch die Änderung dieser vorwiegend materiellen Einstellungen und materialistischen Lebensgewohnheiten eingedämmt werden kann; die technischen und finanziellen Probleme zur Lösung von Umweltschutzaufgaben sind dann sekundär.

Gegenstand der folgenden Betrachtung ist der Zusammenhang Umwelt, Umweltbelastung und Unternehmung. Die zunächst naturwissenschaftlich-technische Erscheinung Umweltbelastung ist zugleich ein Vorgang von ökonomischer Tragweite:

- die wirtschaftliche Tätigkeit ist unmittelbar Ursache von Umweltschäden,

- die Umwelt zeigt sich als knappes Gut, das nicht nur bewirtschaftet werden muss, wie andere knappe Güter auch, sondern vorrangig vor diesen, da es menschliche Existenzgrundlage ist.

Diese Einsicht kommt auch im Umweltprogramm der Bundesregierung vom 29.09.1971 (und diversen Fortschreibungen) zum Ausdruck. Darin werden Ziele und Instrumentarium der Umweltpolitik dargelegt. „Umweltpolitik" versteht die Bundesregierung als Gesamtheit aller Maßnahmen, die notwendig sind um

- den Menschen eine Umwelt zu sichern, wie er sie für seine Gesundheit und ein menschenwürdiges Dasein braucht,

- Boden, Luft und Wasser, Pflanzen- und Tierwelt vor nachteiligen Wirkungen menschlicher Eingriffe zu schützen,

- Schäden und Nachteile aus menschlichen Eingriffen zu beseitigen.

Auf der Basis dieser politischen Zielvorstellungen sind die technischen und betriebswirtschaftlichen Möglichkeiten zu untersuchen, um ein umweltverträgliches Wirtschaften zu ermöglichen. Für die Unternehmungen bedeutet ernstgemeinter Umweltschutz nicht nur eine neue

Zielvariable, sondern ein neues Ziel für einen geänderten Entscheidungsprozess.

Werden die verschiedenen Kosten des Umweltschutzes als bekannt vorausgesetzt, erhebt sich anschließend die Frage nach dem oder den Träger(n) dieser Kosten. In der Praxis haben sich zu diesem Fragenkomplex zwei Instrumentengruppen durchgesetzt:

- das Verursacherprinzip und
- das Gemeinlastprinzip.

Betreffen diese beiden Grundsätze die jeweiligen Träger der entstandenen Umweltkosten in ihrer Eigenschaft als direkt verantwortliche Verursacher oder als direkt betroffene Allgemeinheit, beschreiben das Vermeidungsprinzip (Vorsorgeprinzip) und das Kompensationsprinzip die Art der Einschränkung von Umweltschäden. Eine Zusammenfassung dazu gibt die **Abbildung 24**.

("Wer zahlt?") Träger der Umweltkosten	("Wann wird wofür bezahlt"?) Art und Weise der Beseitigung der Umwelt-Schäden	relevantes Prinzip	Oberbegriff für den Kostenträger
Lieferant	I. nachträgliche Beseitigung der entstandenen Schäden, Bezahlung durch Gebühr.	Kompensations- prinzip	Verursacher- prinzip
Kunde (Konsument)	II. Änderung der Produktions- weise vermeidet weitest- gehend eine Umweltschä- digung. Umweltkosten fallen vor und während der Pro- duktion an	Vermeidungs- prinzip	
Allgemeinheit (in Form von Subventionen und/oder Um- weltsteuern)	siehe oben I. Zurechnung über Abgaben	Kompensations- prinzip	Gemeinlast- prinzip
	siehe oben II. Zurechnung über Auflagen	Vermeidungs- prinzip	

Abb. 24: Belastungsmöglichkeiten für Umweltkosten

Die Möglichkeiten der darin angesprochenen Schadensverhütung und/oder Schadensbeseitigung zeigt die **Abbildung 25.**

Gebührenarten	Ausprägungsformen	Auswirkungen auf den	
		Produzenten	Konsumenten
1. Input- oder Faktor- gebühr	Besonders umwelt- schädigende Inputs (Produktionsfaktoren) werden mit Gebühren belastet	Die Verwendung von gebührenfreien (um- weltfreundlichen) Faktoren wird geför- dert	Indifferent
2. Produkt gebühr	Das umweltschädigende Produkt wird mit einer Gebühr belastet	Veränderungen der Preisstruktur zuguns- ten der umwelt- freundlichen Güter	Nachfragezusam- mensetzung ändert sich, Anstoß für eine Änderung der Produktionszu- sammensetzung
3. Techno- logiegebühr	Das umweltschädigende Produktionsverfahren wird gebührend belastet	Anreiz zur Einfüh- rung neuer Produkti- onsverfahren	Indifferent
4. Schad- stoff- gebühr	Bemessungsgrundlage für die Gebühr ist die Menge an Abfall- produkten (Schadstof- fen), die an die ver- schiedenen Umweltme- dien abgeführt wird.	Verteuerung des umweltschädigenden Produktes proportio- nal dem Produktions- verfahren und den Einsatzfaktoren. (€ /Schadstoffein- heit)! Stärkster Zwang zur umwelt- freundlichen Produk- tion	Nachfrage- verschiebung
5. Kombina- tionen d. Gebüh- renarten 1.-4.	Anmerkung: Die Gebührenart 1 entspricht dem Gedanken des Ver- meidungsprinzips, die Arten 2 - 4 entsprechen dem des Kompensati- onsprinzips.		

Abb. 25: Gebührenarten und Auswirkungen

Die Konzeption des Verursacherprinzips beruht auf der Forderung, die Preisstruktur der Produkte und Leistungen der volkswirtschaftlichen Kostenstruktur anzupassen. Die Bundesregierung verfolgt mit der Durchsetzung des Verursacherprinzips das Ziel, die Kosten zur Vermeidung, zur Beseitigung oder zum Ausgleich von Umweltbelastungen dem Verursacher zuzurechnen.

4.2 Übergreifende Lösungsansätze

Der Schutz der Umwelt als eine der wichtigsten Aufgaben unserer Zeit orientiert sich in Form der Umweltpolitik der Bundesregierung an den folgenden Grundforderungen:

- Umweltpolitik ist im Rahmen der sozialen Marktwirtschaft zu vollziehen und fortzuentwickeln,

- der technische Fortschritt ist in den Dienst des Umweltschutzes zu stellen,

- Umweltschutz setzt auf die Mitwirkung aller Bürger und aller Gruppen der Gesellschaft,

- die internationale Zusammenarbeit auf dem Gebiet des Umweltschutzes ist zu intensivieren.

Unter umweltpolitischen Instrumenten sind diejenigen Maßnahmen des Staates zu verstehen, mit denen dieser seine umweltpolitischen Zielvorstellungen durchsetzen will. Diese Instrumente können nach verschiedenen Kriterien gegliedert werden, z. B. danach, ob sie mit öffentlichen Einnahmen und Ausgaben verbunden sind oder ob sie sich am Verursacher- bzw. am Gemeinlastprinzip orientieren.

Nach dem erstgenannten Kriterium ergibt sich folgende Einteilung (z. B. Wicke 1993):

- Nicht-fiskalische Instrumente der Umweltpolitik (z. B. Umweltauflagen, umweltrelevante Änderungen der eigentumsrechtlichen Rahmenbedingungen etc.),

- Umweltpolitik mit öffentlichen Ausgaben (z. B. direkter öffentlicher Umweltschutz mit Gebühren und Beitragsfinanzierung, direkter öffentlicher Umweltschutz mit Steuerfinanzierung etc.),

- Umweltpolitik mit öffentlichen Einnahmen (z. B. Umweltlizenzen, Umweltabgaben).

Umweltverträgliches Wirtschaften erfordert Information. Produzenten und Konsumenten können nur dann umweltschonend handeln, wenn sie die ökologischen Folgen ihres Verhaltens kennen. Diese Aussage impliziert die Forderung nach der totalen Kenntnis aller umweltschädigenden Größen, Verfahren, Produktionen etc. sowie deren einzel- und gesamtwirtschaftlichen Kosten. Dieser Anspruch ist momentan nicht zu verwirklichen, jedoch sind Anstrengungen in eine Richtung höherer Zielerreichung bezüglich dieses gesetzten Anspruchs durchaus möglich und realisierbar. Aus betriebswirtschaftlicher Sicht wird ein Aspekt dieser Betrachtungsweise im Rahmen des „Management strategisch wichtiger Sachverhalte" und der strategischen Marktforschung erfasst und berücksichtigt. Neben das dominierende ökonomische Ziel des Gewinnstrebens tritt als ökologisches Ziel der Umweltschutz. Von Bedeutung ist dabei die Operationalisierung der Zielgröße „Umweltschutz".

Ansätze und Instrumente für eine Operationalisierung sind unter anderem die folgenden:

- Scoring-Modell/Nutzwertanalyse,
- Umweltverträglichkeitsprüfung,
- Technologiefolgeabschätzung,
- Produktlinienanalyse,
- Erweiterte Wirtschaftlichkeitsrechnung,
- Ökologische Buchhaltung,
- Umweltorientierte Kosten- und Leistungsrechnung,
- Öko-Bilanzen,
- Ökologische Kennzahlen,
- ABC-Analyse.

Aus wirtschaftswissenschaftlicher wie auch technischer Sicht sind in der Literatur genügend Ansätze dazu beschrieben (Beschorner 1993). Auch existieren erste Erfahrungsberichte aus der Praxis. Zeitlich weiterreichende Instrumente, so genannte strategische, werden in Kapitel E.3.4 beschrieben.

4.3   Gesellschaftsbezogene Rechenschaftslegung

Eine weitere Möglichkeit einer in der Regel qualitativen Darstellung
von Maßnahmen zum Umweltschutz bietet sich im Rahmen der sogenannten Sozialbilanz. Sie stellt den sozialen Kosten (i. d. R. quantifizierbar) den sozialen Nutzen (nur zum geringeren Teil quantifizierbar,
überwiegend qualitative Beschreibung) gegenüber; diese Art der Rechnungslegung nimmt unter anderem zum Problem der sozialen Kosten
durch negative externe Effekte der unternehmerischen Tätigkeit auf die
Umwelt Stellung, bietet aber selbst keine Basis für irgendwie geartete
Ansprüche auf fiskalische Maßnahmen. Die gesellschaftsbezogene
Rechnungslegung dient in ihrem derzeitigen Entwicklungsstadium vor
allem der unternehmerischen Selbstdarstellung, birgt in ihrem Kern aber
die Systemdenkweise einer zukünftigen Rechnungslegung. Unterteilt in
eine gesellschaftsbezogene Erfolgs- und Bestandsrechnung gibt sie
Nachweis darüber, wie die Unternehmensleitung ihre soziale Verantwortung wahrgenommen hat (vergleiche dazu **Abbildung 26**). Die angebotenen Ansätze für die Bewältigung dieser Aufgabe weisen noch in
keine einheitliche Richtung, legen jedoch Zeugnis ab für das rege Interesse, welches bereits vor Einführung gesetzlicher Normen zu diesem
Problemfeld besteht. Sie sollten weder in modischer Überschätzung als
Allheilmittel zur alleinigen Lösung umwelt- und sozialpolitischer Probleme verwendet werden, noch zu voreiligem Skeptizismus verleiten.

Umweltpolitische Instrumente als Hilfsmittel zur Verringerung von
Umweltschäden durch Produktion und Konsum versuchen durch Vermeidung, Einschränkung und/oder nachträgliche Teilung, die Nachteile
von Umweltbelastungen zwischen Schädiger und Geschädigtem mone-
tär auszugleichen. Ihr Einsatz muss dem jeweiligen Umweltproblem
angepasst sein, d. h. es sind die ökologische Effektivität, die ökonomische Effizienz, die politische Realisierbarkeit, sowie die Praktikabilität
zu untersuchen und zu vergleichen.

Umweltpolitische Instrumente sind:

- Umweltauflagen,
- Umweltabgaben,
- Umweltzertifikate,

- Verhandlungs- und Kooperationslösungen,
- staatlich bzw. öffentlich finanzierte Umweltschutzmaßnahmen,
- Förderung des Umweltbewusstseins,
- Förderung umweltrelevanter Forschung und Entwicklung,
- Umweltplanung.

Dabei entsprechen die ersten vier Instrumente dem Verursacherprinzip und die letztgenannten vier dem Gemeinlastprinzip.

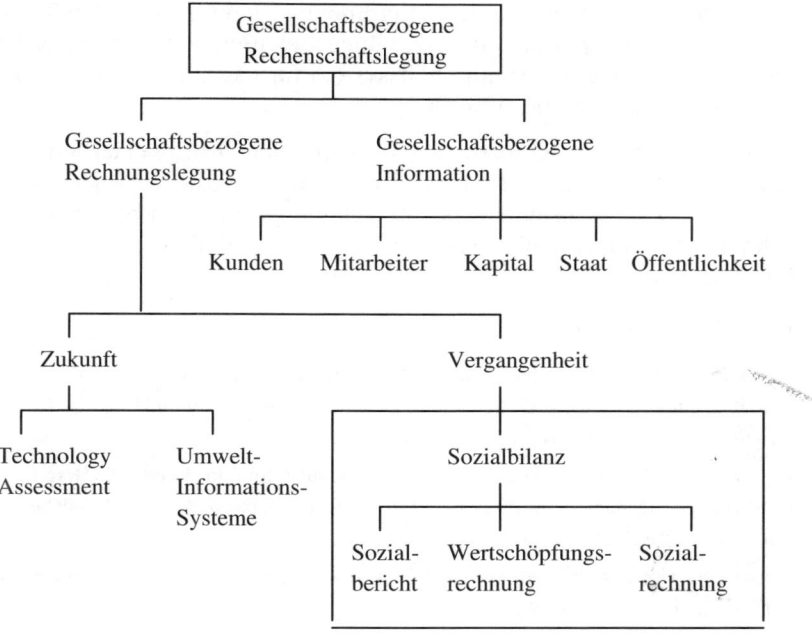

Abb. 26: Zur Einordnung des Begriffes „Sozialbilanz"

Sieht also der Unternehmer den Umweltschutz nicht als lästige Größe, sondern als Chance, so wirkt das ökologische Ziel als Anreiz bei der Produkt- und Verfahrensgestaltung (Beschorner 1991). Die so erreichbaren Kosten- und Ertragsvorteile (Umweltschutzinnovationen) führen auch zu ökologischen Verbesserungen. Zusätzlich kann der Umwelt-

schutz in die Öffentlichkeitsarbeit des Unternehmens integriert werden.
Auch können freiwillige Umweltschutzmaßnahmen heute betriebswirtschaftlich gesehen durchaus rational sein, wenn sie aufgrund erkennba-
rer Entwicklungen des Umweltrechtes oder des gesellschaftlichen Um-
weltverhaltens später ohnehin durchgeführt werden müssen; diese späte-
re Durchführung ist in der Regel mit höheren Kosten verbunden und ist
demnach zu vermeiden, was wiederum auf den Informationsaspekt hin-
weist. Als aktuelles Beispiel für derartige Verhaltensweisen kann die
freiwillige Durchführung der sogenannten EG-Öko-Audit-Verordnun-
gen (EMAS) gesehen werden (Verordnung (EWG) Nr. 1836/93 des
Rates vom 29.6.1993 über die freiwillige Beteiligung gewerblicher Unternehmen an einem Gemeinschaftssystem für das Umweltmanagement
und die Umweltbetriebsprüfung).

Durch Anwendung des betriebswirtschaftlichen Instrumentariums, vor
allem der Darstellung der zu internalisierenden Kosten, ist der Anstoß
zum Einsatz umweltfreundlicherer Technologie gegeben und eine Ver-
söhnung der nur scheinbar konkurrierenden Ziele Ökonomie und Ökologie sichtbar.

Literaturhinweise

Beschorner, D.: Ökologische Umwelt: Herausforderung für innovatives Unternehmertum in: Laub, U.D./Schneider, D. (Hrsg.): Innovation und Unternehmertum, 1. Aufl., Wiesbaden 1991, S. 299-321.

Beschorner, D.: Grundlagen des ökologischen Controlling, in: Ebert, G. (Hrsg.):
Controlling – Managementfunktion und Führungskonzeption, 4. Aufl., Landsberg
Lech 1993, Abschnitt VII, S. 1-39.

Strebel, H.: Umwelt und Betriebswirtschaft – die natürliche Umwelt als Gegenstand
der Unternehmenspolitik, Berlin 1980.

Verordnung (EWG) Nr. 1836/93 des Rates vom 29.06.1993 über die freiwillige
Beteiligung gewerblicher Unternehmen an einem Gemeinschaftssystem für das
Umweltmanagement und die Umweltbetriebsprüfung, in: Amtsblatt der Europäi-
schen Gemeinschaften Nr. L 168/1-L 168/18.

Wicke, L.: Umweltökonomie, 4. Aufl., München 1993.

Winter, G.: Das umweltbewußte Unternehmertum. Ein Handbuch der Be-
triebsökologie mit 22 Checklisten für die Praxis, 5. Aufl., München 1993.

C Faktoren

C.1 Führung

1.1 Grundlagen der Führung

Führung ist ein Grundtatbestand, der in allen organisierten Gruppen auftritt, die gemeinsame Ziele verfolgen. Der Führung obliegt es, auf die Personen in geeigneter Weise einzuwirken, um alle Ziele durch kollektives Handeln zu erreichen.

Die begriffliche Abgrenzung der Führung bereitet Schwierigkeiten, wie die mannigfaltigen Begriffsbestimmungen zeigen. Zwei mögliche Erklärungsansätze kommen in Frage:

Institutionale Erklärung der Führung

Jeder Betrieb weist eine hierarchische Ordnung auf, die bei Großunternehmen tief gestaffelt sein kann. Mitarbeiter mit Personalverantwortung gehören zur Führung, die sich in verschiedene Ebenen einteilen lässt **(Abb. 27)**:

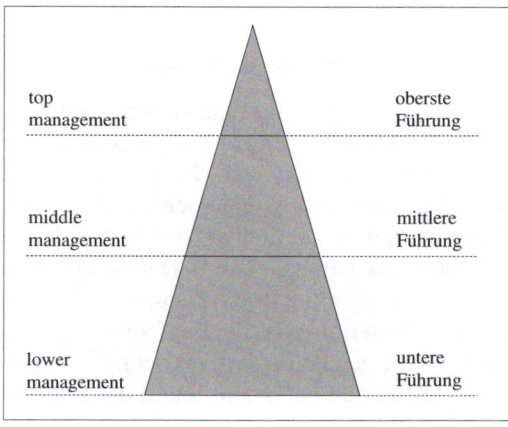

Abb. 27: Führungsebenen der Institution Führung

Der institutionale Ansatz beschäftigt sich also mit den Personen (Gruppen), die Führungsaufgaben wahrnehmen; er beschreibt ihre Tätigkeiten und Rollen (Staehle 1999, S. 89ff).

Funktionale Erklärung der Führung

Die Führung ist eine betriebliche Institution und kann nur über ihre Funktionen erklärt werden. Dafür kommen zwei Möglichkeiten in Frage – die multifunktionale und die monofunktionale Erklärung (**Abb.** 28):

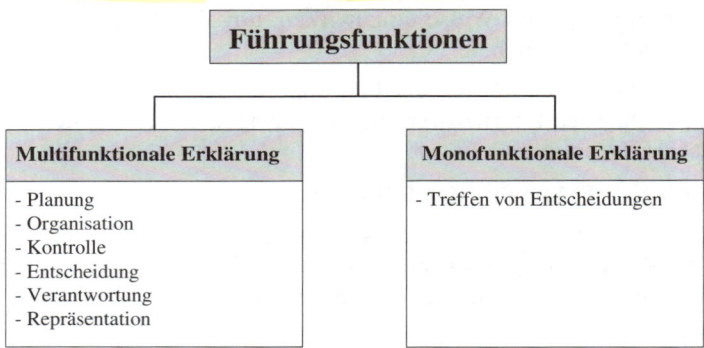

Abb. 28: Führungsfunktionen

Wie die Abbildung zeigt, beschränkt man sich bei der monofunktionalen Erklärung auf die Funktion „Treffen von Entscheidungen", da diese Tätigkeit führungsspezifisch sein soll. Es ist jedoch einsichtig, dass damit keine eindeutige Abgrenzung gegeben ist, denn nahezu jeder Mitarbeiter trifft Entscheidungen. Es ist deshalb erforderlich, die Art der Entscheidungen näher zu kennzeichnen. Dies kann sowohl nach der Bedeutung als auch nach dem Inhalt erfolgen. Die Abgrenzung nach der Bedeutung greift auf Kriterien wie „Zukunftsbezogenheit" und „Langfristigkeit" zurück; doch erscheint eine eindeutige Abgrenzung danach nicht möglich. Die Aufteilung nach dem Inhalt der Entscheidungen führt zu Ziel- und Mitarbeiterentscheidungen.

Die multifunktionale Erklärung will das Führungsphänomen über die Angabe typischer Führungsfunktionen charakterisieren. Zur Systematisierung der Führungsfunktionen wird meist eine prozessuale Reihenfolge mit verschiedenen Führungsphasen bzw. Teilprozessen hergestellt (Horváth 2003, S. 111 f.).

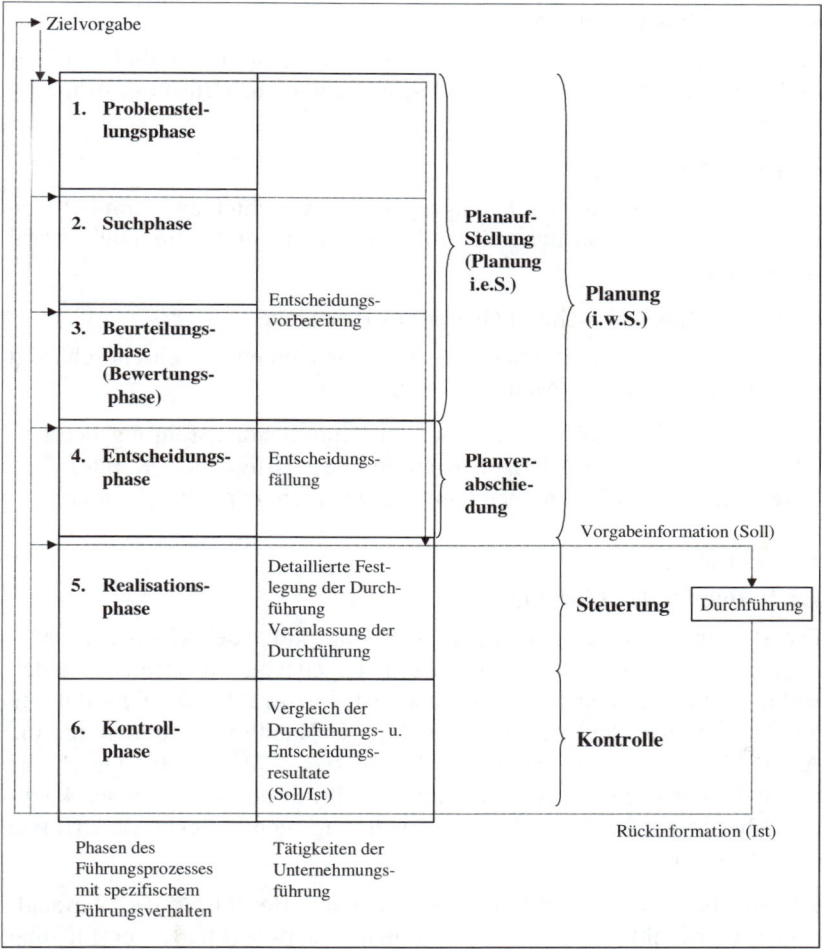

Abb. 29: Führungsprozess (Hahn/ Hungenberg 2001, S. 46)

Der dargestellte Führungsprozess bildet die Basis für die weitere Betrachtung. Für das gesamte Gebiet wird häufig auch der Begriff „Management" verwendet. Das Managementwissen gliedert sich in drei Bereiche (Staehle 1999, S. 72 f.):

- Unternehmensführung:

Sie ist auf wirtschaftliche Institutionen bezogen und bildet den betriebswirtschaftlichen Teil des Managementwissens (Business Administration).

- Personalführung:

Sie ist auf Personen und Kleingruppen ausgerichtet und umfasst den verhaltenswissenschaftlichen Teil des Managementwissens (Behavioral Sciences).

- Unternehmensforschung/Operations Research:

Als formalwissenschaftlicher Teil des Managementwissens beschäftigt sie sich mit Verfahren (Management Sciences).

Im folgenden Kapitel wird der Bereich Unternehmensführung betrachtet; mit Aspekten der Personalführung beschäftigt sich Kapitel **C.2**, Fragen der Unternehmensforschung werden nicht explizit behandelt.

1.2 Planung

1.2.1 Begriff der Planung

Die Planung bildet den logischen Ausgangspunkt des klassischen Management-Prozesses. Es wird darüber nachgedacht, was erreicht werden soll und wie es am besten zu erreichen ist. Dazu zählen die Bestimmung der Zielrichtung, die Ermittlung zukünftiger Handlungsoptionen und die Auswahl unter diesen (Steinmann/Schreyögg 2005, S. 10). Durch die rationale Vorbereitung der Handlungen soll mit den vorhandenen knappen Mitteln ein Höchstmaß an Befriedigung menschlicher Bedürfnisse erreicht werden.

Planung bedeutet, zukünftiges Handeln unter Beachtung des Rationalprinzips gedanklich vorweg zu nehmen. Hauptmerkmale der Planung sind damit Zukunftsbezogenheit und Rationalität. Eine mögliche Differenzierung der Planung nach ihren Ebenen, ihrem Inhalt und ihren Bereichen zeigt die **Abbildung 30**:

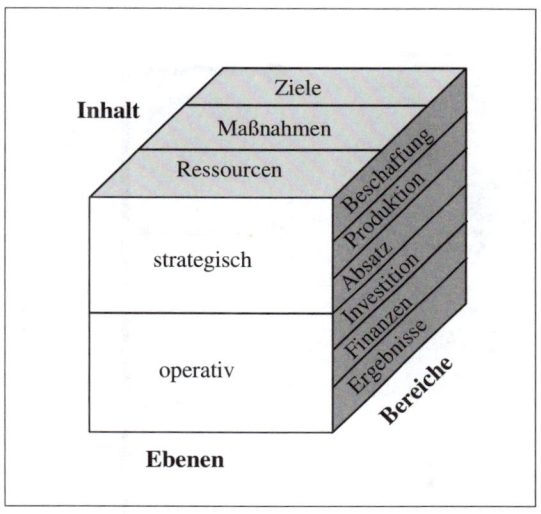

Abb. 30: Differenzierung der Planung

Die folgenden Ausführungen werden nach den Ebenen der Planung in die strategische und operative Planung gegliedert.

1.2.2 Strategische Planung

Bei der strategischen Planung handelt es sich selbst wieder um einen Prozess, in dem eine Analyse der gegenwärtigen Situation sowie der zukünftigen Chancen und Risiken stattfindet und der zur Formulierung von Absichten, Zielen, Strategien und Maßnahmen führt. Diese zeigen auf, wie das Unternehmen seine vorhandenen Ressourcen optimal einsetzt, um die umweltbedingten Möglichkeiten zu nutzen und die Bedrohungen abzuwehren (Kreikebaum 1997, S. 21).

Die strategische Planung fällt in den Aufgaben- und Verantwortungsbereich der Unternehmensleitung. Ihre Grundstruktur zeigt **Abbildung 31.**

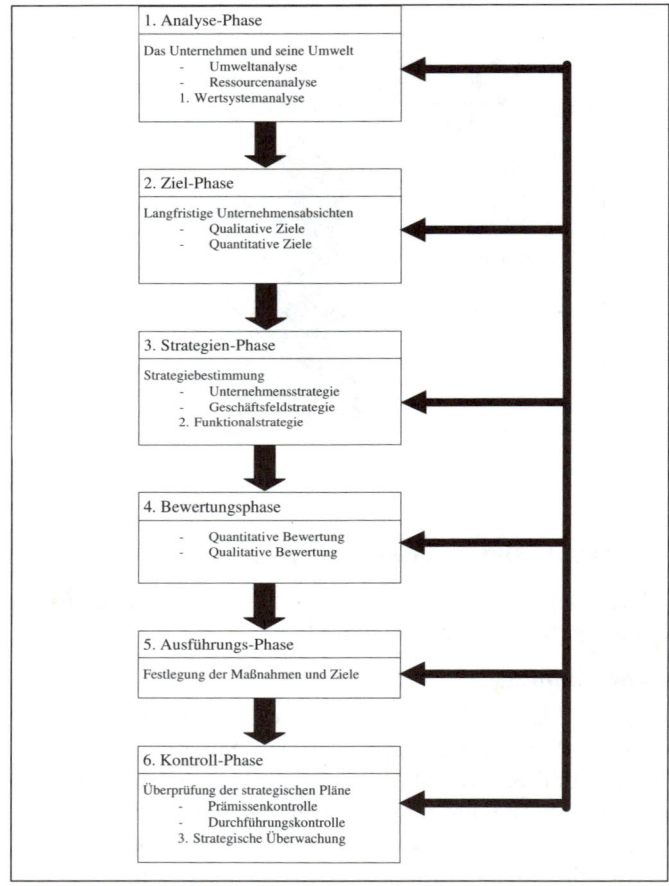

Abb. 31: Grundstruktur der strategischen Unternehmensplanung

1.2.2.1 Strategische Analyse

Das tragende Fundament des weiteren Planungsprozesses bildet die strategische Analyse. Sie soll die gegenwärtige Unternehmenssituation untersuchen, indem sie alle internen und externen Daten auswertet, die für das Unternehmen wichtig sein können. Die strategische Analyse umfasst sowohl das Gesamtunternehmen als auch einzelne homogene Tätigkeitsbereiche, die so genannten strategischen Geschäftseinheiten.

Zur strategischen Analyse zählen Umwelt- und Ressourcenanalyse.

• **Umweltanalyse**

Mit Hilfe der Umweltanalyse sollen der Unternehmensführung möglichst vollständige, sichere und genaue Informationen über das betriebliche Umfeld zur Verfügung gestellt werden. Die Analyse und Prognose der Umweltbedingungen und -trends bezieht sich sowohl auf jede einzelne strategische Geschäftseinheit als auch auf die Unternehmung als Ganzes.

Da nicht jedes Ereignis bzw. jeder Umweltzustand für die Strategieformulierung von Bedeutung ist, müssen aus der Vielzahl von Einflussfaktoren diejenigen ausgewählt werden, die für die Unternehmung bzw. die Unternehmungsziele und ihre aktuellen oder potentiellen Strategien von Bedeutung sein könnten.

Um die unterschiedliche Bedeutung der einzelnen Umweltfaktoren für die Unternehmung und deren voraussichtliche Entwicklung differenzierter analysieren zu können, hat es sich als zweckmäßig erwiesen, verschiedene Umweltschichten voneinander abzugrenzen. Es lassen sich globale Umwelt und Branchenmarkt trennen. Nimmt man eine Einordnung bzw. Strukturierung vor, so könnte dies folgendermaßen aussehen (**Abbildung 32**).

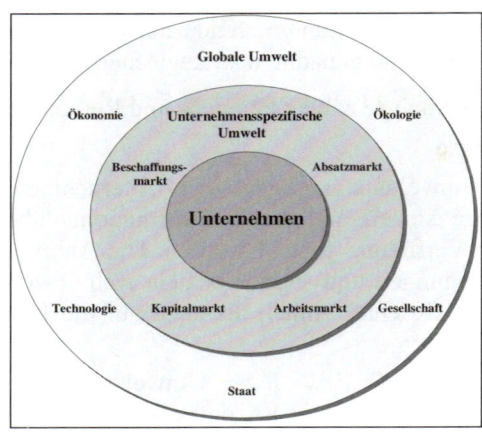

Abb. 32: Einbettung der Unternehmung in die Umwelt
(Götze/ Rudolph 1994, S. 7)

Die eigene Unternehmung ist in eine engere Wettbewerbsumwelt eingebettet, die durch die Branche und den relevanten Markt geprägt ist, welche wiederum als Bestandteil der globalen Umwelt anzusehen ist.

- **Unternehmensanalyse**

In diesem Planungsschritt geht es um die Ermittlung der internen Situation. Mit der Unternehmungs- bzw. Ressourcenanalyse soll festgestellt
werden, wo die spezifischen Stärken und Schwächen der Unternehmung
im Verhältnis zur Konkurrenz liegen. Dazu sind die vorhandenen Un-
ternehmungsressourcen aus einem strategischen Blickwinkel zu ordnen
und zu beschreiben (Vgl. Welge/Al-Laham 1992, S. 57)

Ziel dieser Ressourcenanalyse ist jedoch nicht nur die Beschreibung
aller Ressourcen und deren Entwicklung, sondern auch die Erfassung
von Steuerungsgrößen, die die Ressourcen bewegen. Dabei sind besonders die Erfolgsfaktoren zu berücksichtigen, die mit Hilfe der Umweltanalyse identifiziert wurden. Die Ressourcen der Unternehmung
sind dabei mit den gegenwärtigen und den zukünftigen Umweltbedingungen zu vergleichen.

1.2.2.2 Zielformulierung

Als nächster Schritt ist die Zielsetzung des Unternehmens zu bestimmen. Unter Zielen werden dabei erwünschte Zustände oder Zustandsfolgen oder auch Leitwerte für zu koordinierende Aktivitäten verstanden, von denen ungewiss ist, ob sie erreicht werden. Die konkrete Zielbildung in einem Unternehmen erweist sich als komplexes Problem, da es eine eindimensionale Zielsetzung (z. B. Gewinnmaximierung) nicht gibt. Werden mehrere Ziele verfolgt, sind ihre Zielverträglichkeiten zu untersuchen (vgl. **Abb. 33**).

Die Zielsetzung des Unternehmens besteht immer aus einer Kombination von quantitativen und qualitativen Zielen, die aufeinander abzustimmen sind.

- Qualitative Ziele

Jedes Unternehmen verfügt über eine Unternehmensphilosophie (unternehmerische Vision), die sich in der Unternehmenspolitik konkretisiert. Sie wiederum findet ihren Ausdruck im Leitbild des Unternehmens. Es wird aus den Ergebnissen der Umwelt- und Unternehmensanalyse formuliert und beinhaltet ökonomische, ökologische und soziale Aufgaben, in denen das Unternehmen seine Existenzberechtigung sieht.

- Quantitative Ziele

Bei den quantitativen Zielsetzungen handelt es sich um ökonomische, ökologische und soziale Aufgaben in Form von rechnerischen Vorgaben. Sie sind kurz- und mittelfristig anzustreben, um das Leitbild zu erreichen. Die letzten Jahre waren geprägt von der Diskussion über den Shareholder Value und den Stakeholder Value (vgl. **Abb. 34**).

Zielverträg- lichkeiten Erklärung und Handlun- gen	Ziel- identität	Zielkomple- mentarität	Ziel- neutralität	Ziel- konkurrenz	Ziel- antinomie
Erklärung	Die Ziele sind voll- ständig deckungs- gleich.	Die Verfol- gung eines Zieles fördert gleichzeitig ein anderes.	Die Erfül- lung der Ziele ist voneinander unabhängig.	Die Erfül- lung eines Zieles beein- trächtigt die Erfüllung anderer Ziele.	Die Erfül- lung der Ziele schließt sich aus.
Handlungen	Aus Gründen der Über- sichtlichkeit verzichtet man auf die vollständige Formulie- rung aller Ziele.	Es werden Ziel- pyramiden entwickelt, die die Über- und Unter- ordnung der komplemen- tären Ziele anzeigen. Die Unter- ziele werden verfolgt, um das Überziel zu erreichen.	Bei diesem relativ seltenen Fall der betrieb- lichen Praxis können die Ziele voll- ständig übernommen werden.	Es werden Entschei- dungsregeln für die Behandlung konfliktärer Ziele entwi- ckelt, z.B. Zieldo- minanz, Nutzenma- ximierung, Zielteilung, Zielquanti- fizierung.	Aus den Wertvorstel- lungen der Entschei- dungsträger werden die Ziele ausge- wählt, die sich nicht mehr aus- schließen.

Abb. 33: Zielzusammenhänge

	Stakeholder-Ansatz	Shareholder-Ansatz
Hintergrund	Das Unternehmen existiert, um die Ansprüche aller Interessengruppen umzusetzen	Das Unternehmen existiert, um das Vermögen seiner Eigentümer zu mehren
Erfolgsmaßstab	Maximierung der Differenz zwischen den Anreizen und Beiträgen aller Gruppen	Maximierung der zukünftigen diskontierten Zahlungen an die Eigentümer
Beurteilung	Nicht operational, da auf interpersonellen Nutzenvergleichen aufbauend; pluralistisch	Operational, da auf Markt- und Ressourceneffizienz ausgerichtet; monistisch
Unternehmensziel	**Maximierung des Stakeholder Value**	**Maximierung des Shareholder Value**

Abb. 34: Stakeholder- und Shareholder-Ansatz im Vergleich

1.2.2.3 Strategieentwicklung

Sind die Ziele festgelegt, müssen Strategien entwickelt werden. Dabei handelt es sich um langfristig wirksame Maßnahmenbündel, die den Weg der Zielerreichung bestimmen und die Abstimmung des Unternehmens mit der Umwelt gewährleisten.

Hierzu ist das strategische Problem zu präzisieren: Die bisherige Strategie wird der Umweltentwicklung, der Ressourcensituation und den Unternehmenszielen gegenübergestellt, um Lücken aufzuspüren und die zentralen strategischen Ansatzpunkte zu erkennen. (Steinmann/Schreyögg 2005, S. 219).

Die Formulierung der Strategien erfolgt sowohl auf Unternehmensebene (corporate strategy) als auch auf der Ebene der strategischen Geschäftseinheiten (business strategy). Ferner sind für die einzelnen betrieblichen Funktionalbereiche strategische Entscheidungen zu treffen (functional area strategy) (Hofer/Schendel 1989, S. 27).

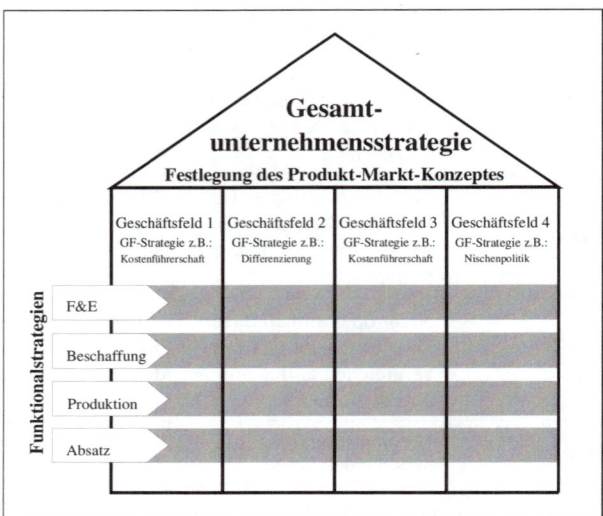

Abb. 35: Zusammenhang zwischen Gesamtunternehmens-, Geschäftsfeld- und Funktionalstrategie

Unternehmensstrategie

Die Gesamt- oder Unternehmensstrategie legt Art und Richtung der Unternehmensentwicklung fest. Im Einzelnen sind zwei Aspekte zu bestimmen:

- In welchen Märkten, Marktsegmenten oder Marktnischen will das Unternehmen aus welchen Gründen tätig sein (Festlegung des Produkt-Markt-Konzeptes).

- Wie sind die strategischen Geschäftseinheiten (SGE), die in den definierten Märkten und Marktsegmenten operieren, in ihrer Gesamtheit zu führen, um langfristig die Gewinnperspektiven des Unternehmens zu verbessern.

Zur Fixierung des ersten Bereiches müssen auf Basis der bisher durchgeführten Schritte das Gewinnpotential und die Attraktivität bestehender und/oder neuer Märkte kritisch geprüft werden.

Zur Führung der strategischen Geschäftseinheiten dient die Portfolio-Analyse. Sie stammt ursprünglich aus dem finanzwirtschaftlichen Bereich und wurde für die strategische Planung weiterentwickelt. Hier soll sie „... unter Berücksichtigung der Gesamtzielsetzung des Unternehmens im Planungszeitraum die Kombination von strategischen Geschäftseinheiten bewirken, die dieser Zielsetzung bestmöglich entspricht." Als analytisches Hilfsmittel dient eine Portfolio-Matrix, in die alle strategischen Geschäftseinheiten eingetragen werden. Damit kann man eine „strategische Bestandsaufnahme" vornehmen und „Normstrategien" entwickeln.

Als klassischer Ansatz gilt das Marktwachstum-Marktanteil-Portfolio der Boston Consulting Group (BCG). Es basiert auf dem Produktlebenszyklus, dem Erfahrungskurven-Effekt und Erkenntnissen aus dem PIMS-Programm. Der Produktlebenszyklus umfasst einen idealtypischen Verlauf und das „Werden und Vergehen" von Produkten. Produkte werden in den Markt eingeführt, treffen bei Nachfragern auf Akzeptanz und erzielen Umsatz- und Absatzzuwächse, erreichen nach einer entsprechenden Zeitspanne ein Absatzmaximum und werden später durch Wettbewerbsprodukte vom Markt verdrängt. So unterscheidet man auch üblicherweise in Entstehungsphase, Wachstumsphase, Reifephase und Sättigungsphase. Der Erfahrungskurveneffekt betrifft alle Kosten, inklusive Entwicklungs-, Marketing-, Produktions-, Verwaltungs- und Kapitalkosten. Er greift aus diesem Grund weiter als der Lernkurveneffekt, der lediglich aussagt, dass mit steigender Produktionsmenge die Lohnkosten pro Stück fallen. PIMS steht für Product Impact of Market Strategy. Ursprünglich handelte es sich dabei um eine empirische Studie, die nach Marktgesetzen bzw. Erfolgsfaktoren suchte, die den operativen Erfolg einer SGE bestimmen.

Zur Visualisierung der Unternehmensstrategie werden die einzelnen SGEs in einer Vierfelder-Matrix positioniert. Maßgrößen sind:

Relativer Marktanteil

Der Marktanteil der eigenen SGE wird in Bezug zum Marktanteil des stärksten Konkurrenten gesetzt und in logarithmischem Maßstab abgetragen. Z.B.

- absoluter Marktanteil eigene SGE: 30 %,
- absoluter Marktanteil Hauptkonkurrent: 20 %,
- Ergebnis: eigener relativer Marktanteil: 1,5.

Marktwachstum

- Erwartete jährliche Wachstumsrate des relevanten Marktes in %

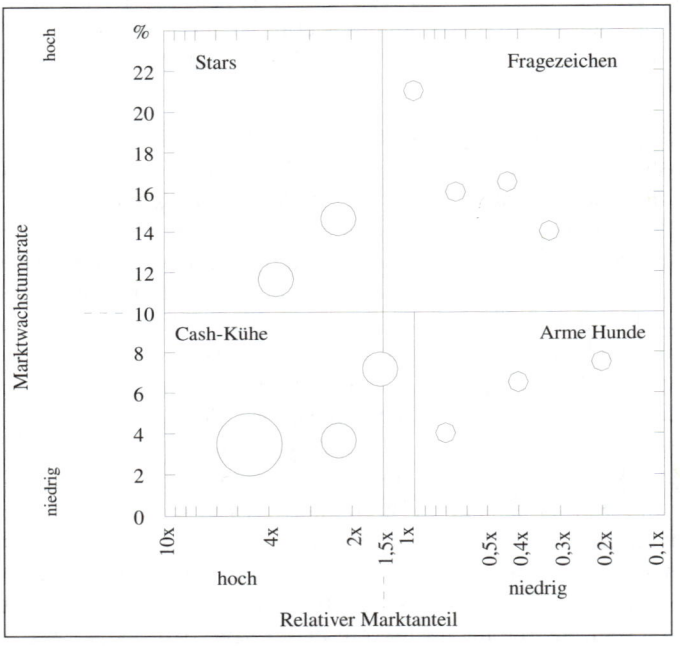

Abb. 36: Marktwachstum-Marktanteil-Portfolio (Quelle BCG)

Geschäftsfeldstrategie

Die einzelnen strategischen Geschäftseinheiten des Unternehmens sind als relativ autonome Mikrounternehmen zu sehen. Sie besitzen eine konkrete Marktaufgabe, d. h. Produkte und Dienstleistungen, die speziellen Abnehmergruppen auf der Basis bestimmter Technologien zur Erfüllung bestimmter Funktionen angeboten werden. Damit die Geschäftseinheit aus ihrer gegenwärtigen Position in die gewünschte Richtung gelangt, muss sie ihre relativen Wettbewerbsvorteile konsequent ausbauen. Dies erfordert die Wahl einer Wettbewerbsstrategie. Hier lassen sich drei Typen unterscheiden (Porter 2000, S. 70 ff.): die umfassende Kostenführerschaft, die Differenzierung sowie die Konzentration auf Schwerpunkte.

Funktionalstrategie

Die bisherigen Ausführungen haben gezeigt, dass ein Unternehmen mit mehreren strategischen Geschäftseinheiten über verschiedene Strategien verfügen kann. Da jede Strategie spezifische Maßnahmen in den Funktionalbereichen benötigt, muss die Unternehmensleitung sog. „funktionale Politiken" formulieren. Dabei handelt es sich um Richtlinien, die für die Tätigkeiten der Funktionalbereiche einen Rahmen setzen. Die funktionalen Politiken erfüllen drei Aufgaben. (vgl. Hinterhuber, H. H. 1996, S. 7):

*   Sie bilden eine Richtschnur für Entscheidungen und Aktionsprogramme in den Funktionalbereichen (Planungsfunktion).

*   Sie sichern eine korrekte Interpretation der Strategie in den Funktionalbereichen und sorgen dafür, dass alle zur Unterstützung der Strategien nötigen Entscheidungen von den zuständigen Führungskräften zur richtigen Zeit getroffen werden (Kohäsionsfunktion).

*   Sie ermitteln die Auswirkungen der Strategien auf die Funktionalbereiche und Aktionsprogramme, so dass Strategien auch rechtzeitig revidiert werden können (Kontrollfunktion).

Funktionalstrategien können sich bspw. auf die Bereiche FuE, Beschaffung, Produktion und Absatz beziehen. Wichtig ist, dass Funktionalstrategien den Aufbau und Erhalt von Erfolgspotentialen unterstützen.

Die Funktionalstrategien bedeuten eine Konkretisierung der Unternehmens- und Geschäftsfeldstrategie. Sie werden deshalb oft als Programmpläne bezeichnet und der Ausführungs-Phase zugerechnet. In jedem Fall müssen sukzessive immer konkretere Maßnahmenpläne erarbeitet werden.

Die Strategien der Funktionalbereiche sind untereinander verbunden und voneinander abhängig.

1.2.2.4 Wertorientierte Steuerungskonzepte zur quantitativen Strategiebewertung

Die Notwendigkeit wertorientierter Steuerungskonzepte ergibt sich aus den Unzulänglichkeiten der bisherigen Formen der Erfolgsmessung.

Die dynamischen Erfolgskonzepte, die Wachstum und Marktanteil als Determinanten des Unternehmenserfolgs sehen, sind einseitig, weil sie die Finanzierungsseite vernachlässigen und zum anderen z. T. unabhängig vom betriebswirtschaftlichen Erfolg gesehen werden.

Der Kapitalmarkt und die Analysten wollen deshalb eine Größe zur Messung, aber auch zur Steuerung von Unternehmen heranziehen, die den „richtigen" Erfolgsbeitrag misst. In der Zwischenzeit ist eine Vielzahl an Konzeptionen entstanden. Hier sollen drei Konzepte behandelt werden, die eine relativ weite Verbreitung in der Praxis gefunden haben (vgl. ausführlich zum Vergleich dieser Konzepte z.B. Pape 2000, S. 714 ff.):

- der Shareholder Value Ansatz von Rappaport,
- der EVA-Ansatz von Stern/Stewart und
- der CFROI-Ansatz der Boston Consulting Group.

Ein Konzept zur wertorientierten Steuerung muss folgende Anforderungen erfüllen:

- Es soll möglichst nicht zu manipulieren sein.
- Es soll Risikopräferenzen berücksichtigen.
- Es soll Zeitpräferenzen berücksichtigen.
- Es soll sich an den Investor als Adressaten richten.

Der Investor fordert

- eine angemessene Verzinsung seines Kapitals,
- offene Kommunikation und Informationsweitergabe,
- eine Rechnungslegung nach internationalen Standards.

Die wertorientierten Konzepte zielen darauf ab, den Unternehmenswert für den Anteilseigner zu maximieren. Die erwartete Verzinsung richtet sich nach der Verzinsung alternativer Anlagemöglichkeiten unter Berücksichtigung des Risikos.

Die nachhaltige Steigerung des Unternehmenswertes dient zunehmend auch als Maßstab zur Beurteilung der Leistung des Managements und als Bemessungsgrundlage für variable Entgeltbestandteile von Führungskräften.

Allen Konzepten der wertorientierten Steuerung ist gemeinsam, dass die Steuerung über die Kapitalkosten erfolgt. Eine Investition ist nur dann sinnvoll, wenn sie mindestens die Kapitalkosten erwirtschaftet. Die Ermittlung der Kapitalkosten erfolgt nach dem WACC-Ansatz (Weighted Average Cost of Capital). Es werden damit die gewichteten Kapitalkosten zu Grunde gelegt, die sich aus den Eigenkapitalkosten und den Fremdkapitalkosten ergeben.

1.2.3 Operative Planung

Die operative Planung umfasst den Zeitraum, der durch die Festlegung der Kapazitäten, der Leistungspotentiale, der Märkte, des Know-how und der finanziellen Mittel gekennzeichnet ist. Üblicherweise beträgt der Planungszeitabschnitt ein Jahr, die Planungsperiode einen Monat. Neben der Bindung an frühere Entscheidungen liegt ein weiteres Merkmal der operativen Planung in der wachsenden Planungstiefe. Detaillierungsgrad und Konkretisierung der Vorgaben nehmen zu. Weitere Unterschiede der operativen Planung zur strategischen Planung bestehen in der geringeren Ungewissheit, dem wesentlich höheren Informationsbedarf sowie stärkeren Interdependenzen.

1.2.3.1 Planung der Ziele und Maßnahmen

Mit der operativen Planung sind zahlreiche Probleme verbunden:

Koordination in vertikaler Hinsicht

Hier geht es um die Abstimmung der Pläne mit den über- und untergeordneten Stellen. Die Verfahren dazu sind die Zieldetaillierung, die Zielsuche und die Zielheuristik. Dabei handelt es sich um Verfahren zur Abstimmung zwischen der Einzel- und der Gesamtplanung im Unternehmen.

- Bei der Zieldetaillierung (Top-down-Verfahren) werden die globalen Jahresziele von der Unternehmensführung vorgegeben und daraus die Ziele und Maßnahmen aller organisatorischen Einheiten abgeleitet. Die Vorteile bestehen darin, dass die weitreichenden und zukunftsträchtigen Aspekte in die Planung einfließen und die Planungen widerspruchsfrei sind. Die Nachteile sind in der Vernachlässigung der Kenntnisse der Mitarbeiter zu sehen, woraus mangelnde Realitätsnähe und geringe Motivation der Mitarbeiter resultieren können.

- Bei der Zielsuche (Bottom-up-Verfahren) werden die Ziele von den Mitarbeitern unterer Leitungsebenen vorgegeben und über verschiedene Stufen zu den Gesamtzielen des Unternehmens zusammengefasst. Die Vorteile liegen hier in der Realitätsnähe und der Motivation der Mitarbeiter durch ihre Mitwirkung. Nachteilig sind die Vergangenheitsorientierung und die zum Teil geringere Anforderungshöhe. Zudem lassen sich die zentrifugalen Kräfte nicht immer vereinheitlichen, so dass Konflikte zwischen Abteilungen nicht ausbleiben.

- Die Zielheuristik (Gegenstromverfahren) soll die Nachteile der beiden Verfahren überwinden. Die Unternehmensleitung gibt die globalen und zukunftsbezogenen Werte vor, die dann auf den verschiedenen Stufen der Hierarchie den Gegebenheiten und Möglichkeiten angepasst werden. Diesen Überlegungen liegt der iterative Planungsgedanke zugrunde. Damit soll ein Dialog zwischen den Planern oberer und unterer Ebenen entstehen. Der iterative Prozess findet sein Ende, wenn eine Konvergenz zwischen den Größen Reichweite und Detail erreicht ist.

Koordination in horizontaler Hinsicht

Horizontale Koordinationsaspekte ergeben sich daraus, dass Teilbereiche aufgabenlogisch verflochten sind, gleichzeitig aber isoliert planen. In welchem Umfang Abstimmungen in horizontaler Hinsicht erforderlich werden, hängt entscheidend von der Organisationsstruktur des Unternehmens ab. Während autonome Sparten keine oder nur geringe Anpassungen erfordern, resultiert aus einer funktionalen Gliederung ein sehr hoher Anpassungsbedarf. Zur Abstimmung dienen folgende Instrumente: Steuerung über die Finanzplanung, Steuerung über Budgetsysteme, Steuerung über Kennziffern sowie Steuerung über Verrechnungspreise.

Art der Ableitung	Top-down Ansatz	Bottom-up Ansatz	Gegenstrom-verfahren
Vorgehensweise	Formulierung der Unternehmensgesamtziele durch die Führungsspitze	Ermittlung der Umsatzziele z.B. über Außendienstmitarbeiter anhand von Schlüsselkunden	Vorgabe der Gesamtziele durch die Führungsspitze
	Ableitung über die Hierarchiestufen	Zusammenfassung aller daraus abgeleiteten Werte über die Hierarchiestufen bis zur Führungsspitze	Beurteilung und Anpassung der Größen auf jeder Hierarchiestufe nach den Gegebenheiten
Vorteile	Berücksichtigung strategischer Aspekte	Einbindung der Kenntnisse vor Ort	Dialog zwischen strategischen Aspekten und Realität
	Widerspruchsfreie Ziele	Motivation der Mitarbeiter	Motivierung der Mitarbeiter
	Schnelle Ableitung	Stärkere Marktorientierung	Widerspruchsfreie Ziele
Nachteile	Mangelnde Realitätsnähe	Vergangenheitsorientierung	Zeitaufwendiges Verfahren der iterativen Zyklen
	Geringere Motivation und Akzeptanz	Abteilungskonflikte	Verteilungskämpfe der beteiligten Einheiten
	Aufwendige Rückkopplung erforderlich	geringe Anforderungshöhe	Im Konflikt dominiert die Führungsspitze

Abb. 37: Ableitungsrichtungen der Planung

Koordination in zeitlicher Hinsicht

Die Abstimmung in zeitlicher Hinsicht beinhaltet die Integration von lang-, mittel- und kurzfristiger Planung. Auch dazu wurden zahlreiche

Verfahren entwickelt. Als Beispiel soll die rollierende Planung dienen (**Abb. 38**):

Planungszyklus 1	lfd. Jahr	2. Jahr	3. Jahr	4. Jahr	5. Jahr		
Planungszyklus 2		lfd. Jahr	2. Jahr	3. Jahr	4. Jahr	5. Jahr	
Planungszyklus 3			lfd. Jahr	2. Jahr	3. Jahr	4. Jahr	5. Jahr
Planungszyklus ...							

Abb. 38: Rollierende Planung (Peemöller 2005, S. 225)

Bei dieser Methode wird der gesamte Planungsprozess jährlich von neuem für eine gleichlange Planperiode durchlaufen. Sie ist damit relativ stark in der Vergangenheit verwurzelt.

• Koordination nach der Verwendung

Die Planung im Unternehmen bezieht sich zunächst auf bestimmte Zeiträume. Innerhalb dieser Zeiträume werden die wichtigsten Größen wie Umsatz, Gewinn und Kosten für organisatorische Einheiten, d.h. einzelne Abteilungen geplant. Daneben werden im Unternehmen Vorhaben verfolgt, die nicht auf bestimmte Zeiträume ausgerichtet sind. Diese Projekte sind gesondert zu planen. Projektbezogene Pläne werden häufig direkt aus den betrieblichen Zielen abgeleitet; sie müssen sich jedoch organisch in die periodenbezogenen Pläne einfügen lassen.

1.2.3.2 Budgetierung

Sind für die einzelnen Verantwortungsbereiche Leistungsziele definiert, müssen ihnen auch die Kosten vorgeschrieben werden, die höchstens entstehen dürfen. Die geschlossene Vorgabe von Leistungszielen und Kosten für die einzelnen Bereiche stellen die Budgets dar. Durch die Kostenvorgaben verfügt der Leiter eines jeden Verantwortungsbereiches über Steuerungsgrößen, die weder insgesamt noch bei den verschiedenen Kosten überschritten werden dürfen. Durch die Vorgabe der Budgets an die Entscheidungsträger entstehen Verantwortlichkeiten. Das Budget umfasst damit den zahlenmäßigen Teil der operativen Planung. Es ist perioden- und/oder projektbezogen und hat die Inhalte Leistung,

Maßnahmen und Kosten. Die Budgetierung ist in den Planungsablauf eingebunden.

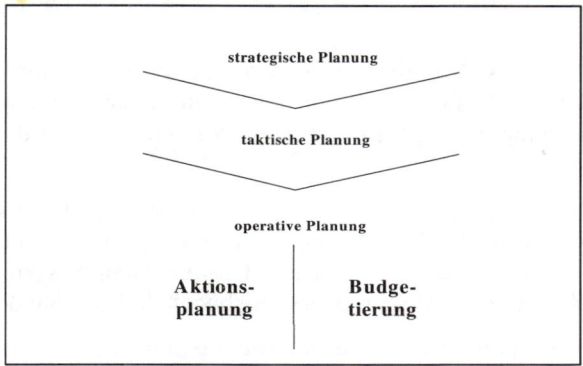

Abb. 39: Hierarchie des Planungssystems

Nach der Verabschiedung und Freigabe der Mittel werden das Budget zum Ziel und die Einzelkomponenten zu Leistungsmaßstäben für die Entscheidungsträger im Unternehmen. Im Rahmen der Budgetierung lassen sich verschiedene Budgetarten unterscheiden. Eine Übersicht gibt die nachfolgende **Abbildung 40**:

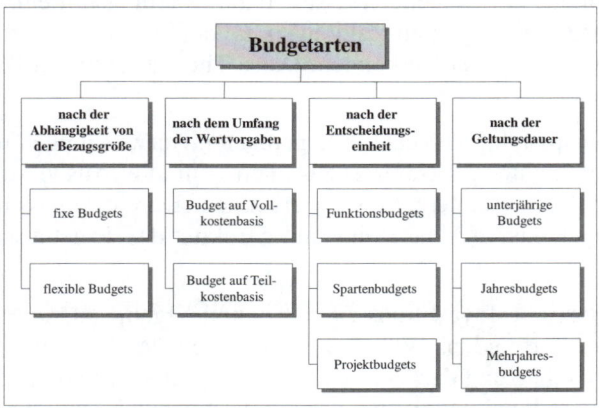

Abb. 40: Budgetarten (Peemöller 2005, S. 38)

1.2.3.3 Kostenplanung

Im Rahmen der operativen Planung ist eine Kostenplanung vorzunehmen.

Dazu sind zunächst Vorarbeiten der Kostenermittlung erforderlich wie Kostenanalyse und Einsatz von Verfahren zur Kostensenkung. Das bekannteste Verfahren – die Gemeinkosten-Wertanalyse – wird im Kapitel **F.5** erläutert.

Die eigentliche Planung der Kosten erstreckt sich auf die Planung von Faktorpreisen, Einzelkosten, Sondereinzelkosten sowie Gemeinkosten. Sie erfolgt mit Hilfe der verschiedenen Kostenrechnungssysteme. Diese werden in Kap. **E.2** im Abschnitt Betriebsbuchhaltung behandelt.

1.2.3.4 Investitions-, Finanz- und Ergebnisplanung

Die Investitionsplanung beschäftigt sich mit Fragen der Durchführung oder Unterlassung von Investitionen, der Auswahl zwischen verschiedenen Investitionsobjekten sowie der Optimierung in zeitlicher Hinsicht. Eine ausführliche Darstellung erfolgt in Kapitel **F.6**.

Die Finanzplanung als Teil der betrieblichen Gesamtplanung muss sämtliche Zukunftsereignisse eines Unternehmens mit Konsequenzen für die Zahlungsmittelebene erfassen, damit Zahlungsmittelüberschüsse ertragsgünstig angelegt und Zahlungsmitteldefizite rechtzeitig und kostengünstig gedeckt werden können. Diese Thematik wird in Kapitel **F.5** näher erläutert.

Die Ergebnisplanung versucht, alle geplanten Aufwendungen und Erträge im Unternehmen zusammenzustellen, um die Auswirkungen der Werte auf das Gesamtergebnis zu erkennen. Durch Anpassungen und Umstellungen lassen sich Höhe und Struktur des Ergebnisses beeinflussen.

Die drei Bereiche Investitions-, Finanz- und Ergebnisplanung sind eng miteinander verbunden: Während im Rahmen der Investitionsplanung eine Vorausschätzung der Verwendung finanzieller Mittel für materielle oder immaterielle Güter erfolgt, schätzt die Finanzplanung die Herkunft der finanziellen Mittel. Die Ergebnisplanung hat die daraus resultierenden Aufwendungen und Erträge zu prognostizieren.

1.3 Organisation
1.3.1 Begriff der Organisation

Das gesamte Unternehmensgeschehen muss sich in einer bestimmten Ordnung, also nach bestimmten Regelungen, vollziehen. Diese sind zunächst zu planen und schließlich mit Hilfe organisatorischer Maßnahmen zu verwirklichen. So versteht man unter Organisation einerseits den Prozess der Entwicklung dieser Ordnung aller betrieblichen Tätigkeiten, andererseits das Resultat dieses Gestaltungsprozesses, d.h. die Gesamtheit aller Regelungen (Wöhe 2005, S. 132).

Es lassen sich die Aufbau- und die Ablauforganisation unterscheiden: Die Aufbauorganisation führt zur Schaffung von überschaubaren Aufgabeneinheiten (Stellen und Abteilungen) und der Zuweisung von entsprechenden Kompetenzen und Weisungsbefugnissen. Darüber hinaus ist die horizontale und vertikale Verknüpfung der Stellen und Abteilungen herzustellen (Steinmann/Schreyögg 2005, S. 11). Die Ablauforganisation bewirkt dagegen die Ordnung der Arbeitsprozesse.

Die Trennung von Aufbau und Ablauf soll die wissenschaftliche Durchdringung erleichtern. In der Praxis sind Strukturen und Abläufe untrennbar verbunden und synchron zu gestalten.

1.3.2 Aufbauorganisation

In der traditionellen Organisationstheorie werden die Aufgaben zur Zielerreichung aus dem Unternehmenszweck abgeleitet. Die Organisation determiniert das Handlungs- und Entscheidungssystem des Unternehmens. Dagegen sieht die moderne Organisationstheorie das Unternehmen als ein soziales Gebilde, das über einen sozialen Prozess der Verknüpfung aller Mitglieder zur Organisation wird. Das Endprodukt dieses Austausch- und Beeinflussungsprozesses zwischen den einzelnen Entscheidungsträgern mit ihren Zielvorstellungen ist die Organisation. Die moderne Organisationstheorie unterstellt damit die Entstehung der Organisationsziele aus den Einzelzielen der Mitarbeiter, während die traditionelle Theorie die Auflösung eines gesetzten Organisationsziels in Individualziele annimmt.

Die Organisation verfolgt den Zweck, die ihr vorgegebenen betrieblichen Ziele zu verwirklichen. Die Entscheidungen der beteiligten Personen werden in den Dienst dieser Zielsetzung gestellt. Deshalb soll hier der Weg beschritten werden, vom Unternehmen mit seiner Zielsetzung und seiner Gesamtaufgabe auszugehen. Die Aufgabe stellt den zentralen Angelpunkt der weiteren Ausführungen dar. Im Anschluss an die Aufgabe können dann die Anforderungen der Aufgabenträger berücksichtigt werden, wodurch verhaltenswissenschaftliche Aspekte einfließen.

Die Grundkonzeption der deutschen betriebswirtschaftlichen Organisationslehre zeigt **Abbildung 41**:

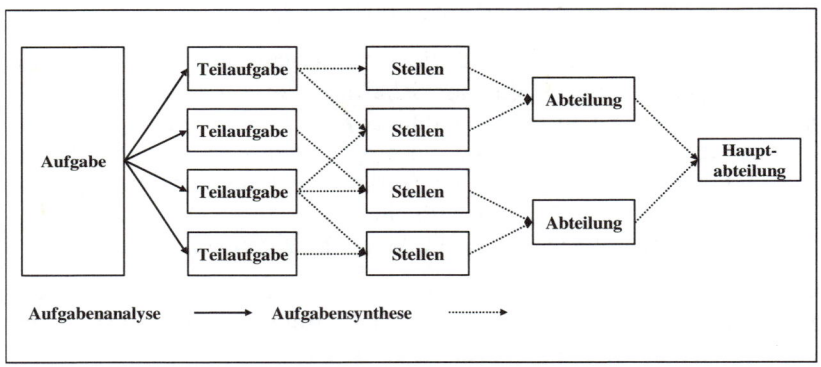

Abb. 41: Grundkonzept der deutschen Organisationslehre (Steinmann/Schreyögg 2005, S. 444 in Anlehnung an Frese 1988, S. 114)

1.3.2.1 Aufgabenanalyse

Der gedanklich-logische Weg des Organisierens geht vom Ziel des organisatorischen Gebildes aus. Zu unterscheiden sind Sach- und Formalziel. Das Sachziel besteht in der Erstellung und dem Vertrieb bestimmter Produkte oder Leistungen für den Markt.

Ausgangspunkt der Organisationsarbeit ist dieses Sachziel in Form der Gesamtaufgabe, die sich aus mehreren Teilaufgaben zusammensetzt. Der Prozess der Zergliederung der Gesamtaufgabe nach organisatorisch-formalen Prinzipien kann bis zu beliebig kleinen analytischen Teilaufgaben fortgesetzt werden. Diese Aufgabenanalyse wurde in der deutschen Organisationslehre maßgeblich von Erich Kosiol entwickelt (Kosiol 1962).

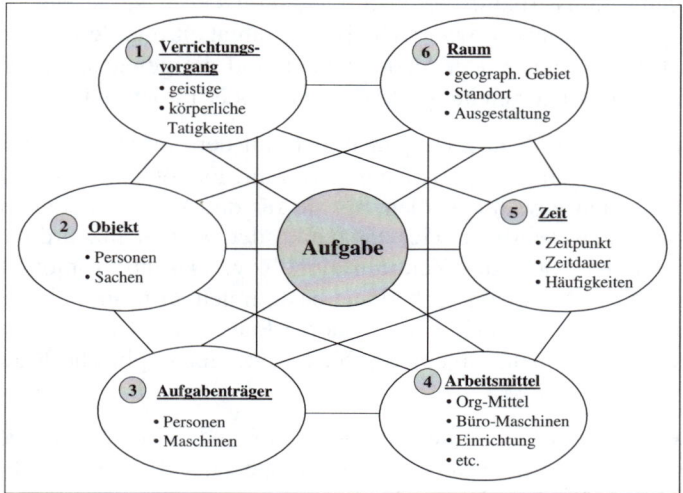

Abb. 42: Elemente der Aufgabe

Die Aufgabenmerkmale zeigen, nach welchen Gesichtspunkten die Aufgabenanalyse erfolgen kann. Betrachtet werden zunächst die Verrichtungen oder Funktionen, die zur Erfüllung der Gesamtaufgabe durchzuführen sind, und zum anderen die Objekte, an denen diese Verrichtungen vollzogen werden. Als weitere Kriterien kommen die Subjekte und geographischen Räume hinzu.

1.3.2.2 Stellen-, Instanzen- und Abteilungsbildung

Nach Kosiol sind in einem zweiten Schritt – der Aufgabensynthese – organisatorische Einheiten zu bilden. Dabei handelt es sich um Stellen, Instanzen und Abteilungen.

Werden die einzelnen Teilaufgaben Organisationsträgern zugeordnet, entstehen Stellen als elementare organisatorische Gliederungseinheiten der betrieblichen Struktur.

Im Rahmen der Stellenbildung müssen drei Größen beleuchtet werden: Einflussfaktoren, Dimensionen der Organisationsstruktur und Effizienz.

Zu den Einflussfaktoren gehören z. B. die Umwelt, die Unternehmensgröße, das Leistungsprogramm und die Technologie. Die Dimensionen der Organisationsstruktur bestehen im Zentralisierungsgrad, der Spezialisierung der Aufgabe sowie der Leistungsfähigkeit und dem Leistungswillen der Mitarbeiter. Der letzte Aspekt sind die gewünschten Ergebnisse wie z. B. Zielerreichung, Produktivität oder Flexibilität.

Die Stellenbildung baut zwar gedanklich auf der Aufgabenanalyse auf, ist aber theoretisch völlig unabhängig von ihr. Es können andere Zuordnungsprinzipien gewählt werden, als sie für die Analyse herangezogen wurden. Der wesentliche Gesichtspunkt der Aufgabenzuordnung ist stets die Frage nach der Zentralisation bzw. Dezentralisation. Dabei bedingt die Zentralisation nach einem bestimmten Kriterium gleichzeitig eine Dezentralisation nach einem anderen Punkt. Als Kriterien kommen wiederum Funktionen, Objekte, Subjekte und geographische Räume in Frage.

Üblicherweise wird von einer funktionalen Gliederung ausgegangen, da sie die größten Vorteile hinsichtlich der Spezialisierung und Rationalisierung bietet. Sind die Unterschiede zwischen den erstellten Leistungen oder den Kunden oder den geographischen Räumen sehr groß, wird nach diesen Kriterien gegliedert.

Die Instanz unterscheidet sich von der Stelle durch die in ihrem Aufgabenkomplex enthaltenen Leitungsaufgaben. Damit sind Instanzen mit Kompetenz ausgestattete Stellen. Es lassen sich Entscheidungs-, Anordnungs-, Verpflichtungs-, Verfügungs- und Informationsbefugnisse unterscheiden.

Bei der Instanzenbildung ist eine Entscheidung über die Größe der Kontrollspanne zu treffen. Unter Kontrollspanne ist die Zahl der Mitarbeiter zu verstehen, die einer Instanz direkt unterstellt sind. Die als optimal betrachteten Spannen sind abhängig von der Komplexität der Aufgabe und dem daraus resultierenden Koordinationsaufwand und schwanken zwischen drei und zehn Mitarbeitern.

Die Zusammenfassung mehrerer Stellen unter der Leitung einer Instanz wird als Abteilung bezeichnet. Mehrere Abteilungen können dann weiter zu Hauptabteilungen zusammengefasst werden.

1.3.2.3 Leitungssysteme

Durch die Kompetenzverteilung im Unternehmen entstehen die so genannten Leitungssysteme. Hinsichtlich der Struktur der Weisungsbeziehungen lassen sich drei Grundmodelle unterscheiden:

- Einliniensystem

Beim Liniensystem, oder präziser beim Einliniensystem, erhält eine Stelle nur von einer Instanz Anordnungen („one man, one boss"). Sie ist nur über eine Linie, die Befehlslinie, mit der übergeordneten Stelle verbunden. Damit gilt das Prinzip der Einheit der Auftragserteilung, das von Fayol 1916 formuliert wurde. Das Einliniensystem sichert zwar die Einheitlichkeit der Leitung, ist aber sehr schwerfällig.

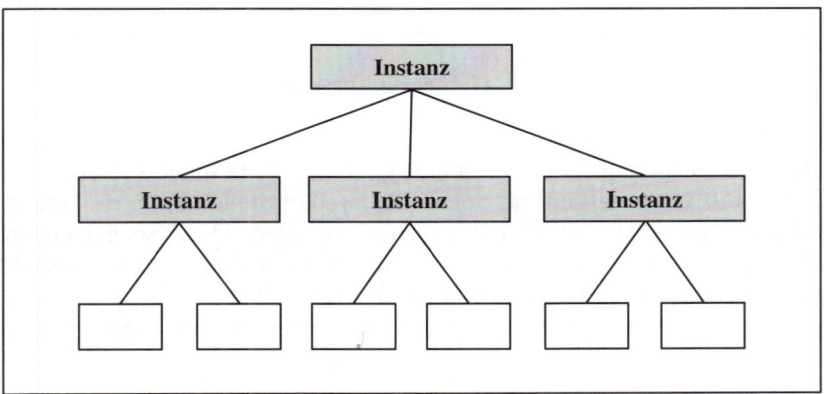

Abb. 43: Einliniensystem

- Mehrliniensystem

Das Mehrliniensystem geht auf das von Taylor 1911 entwickelte Funktionsmeistersystem zurück. Dabei werden jeder Stelle mehrere Instanzen vorgesetzt. Diese Mehrfachunterstellung fördert die Spezialisierung von Leitungsfunktionen und verkürzt die Kommunikationswege.

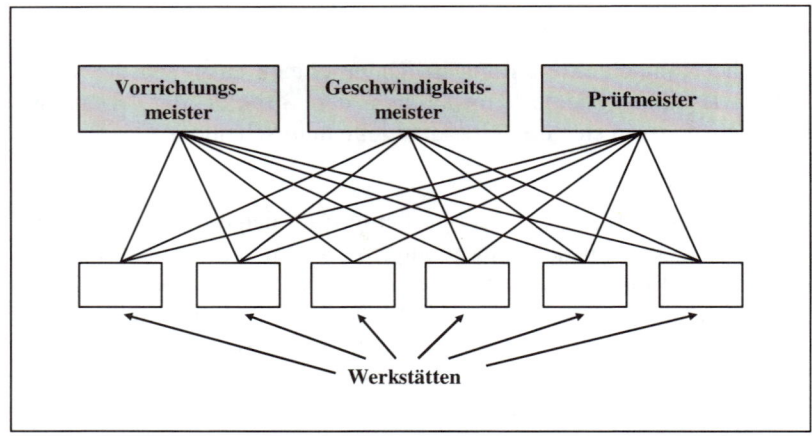

Abb. 44: Mehrliniensystem

- Stab-Linien-System

Bei diesem Modell wird das Liniensystem durch besondere Stellen ergänzt, die weder Instanzen, noch ausführende Stellen sind. Sie sollen fachlich beraten und Entscheidungen vorbereiten. Diese so genannten Stabsstellen oder Stäbe besitzen keine Entscheidungs- oder Anordnungskompetenz und sind damit Leitungshilfsstellen.

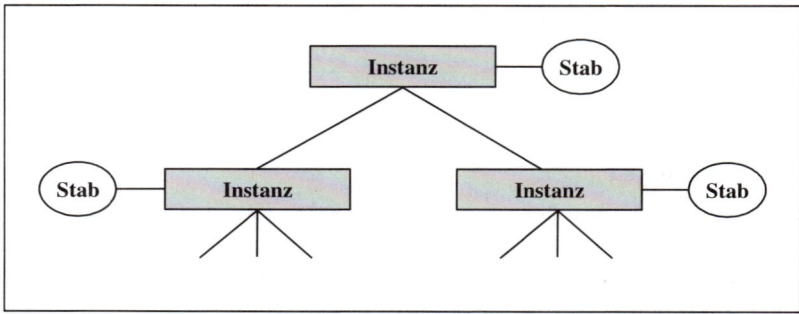

Abb. 45: Stab-Linien-System

1.3.2.4 Praxisrelevante Strukturierungskonzeptionen

Der Ansatz von Kosiol hat sich für die Praxis als kaum praktikabel erwiesen, da er zu formal und zu aufwendig angelegt ist. Die Organisationspraxis orientiert sich zwar an der klassischen Aufgabenanalyse mit einer Differenzierung nach Verrichtungen und Objekten, geht aber pragmatischer vor (Steinmann/Schreyögg 2005, S. 444 f.). Daraus entstanden folgende Organisationsformen (Welge 1987, S. 481 f.):

- Funktionale Organisation

Wird die Gesamtaufgabe eines Unternehmens auf der zweiten Hierarchieebene nach Sachfunktionen gegliedert, entsteht eine funktionale Organisation. In einem Industriebetrieb erfolgt so z. B. eine Spezialisierung nach den Funktionen Einkauf, Produktion, Marketing. Zur Unterstützung sind weitere Funktionen wie Personal oder Finanzierung erforderlich.

Die Weisungsbeziehungen beruhen auf dem Einliniensystem. Die funktionale Organisation versucht damit, die Vorteile des Einliniensystems mit den Vorteilen der funktionalen Spezialisierung zu verknüpfen.

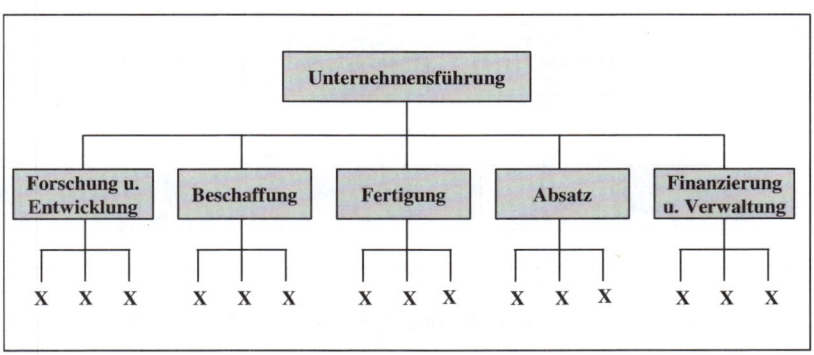

Abb. 46: Funktionale Organisation (Grochla 1995, S. 132)

- Divisionale Organisation (Spartenorganisation)

Eine Gliederung auf der zweiten Hierarchieebene nach Objekten führt zur divisionalen Organisation. Hier stehen Produkte oder Produktgruppen im Vordergrund der Arbeitsteilung und Spezialisierung. In einem Chemieunternehmen sind z.B. die Sparten Pharma, Düngemittel, Insektizide, Pestizide und Kosmetika denkbar.

Erhalten diese Teilbereiche auch die wichtigsten Sachfunktionen zugewiesen, z. B. Produktion und Vertrieb, werden sie zu Geschäftsbereichen. Diese besitzen Ergebnisverantwortung und stellen Profit-Center dar. Sie verfügen über erhebliche Entscheidungsbefugnis und Autonomie, d. h. sie werden wie Unternehmen im Unternehmen geführt.

Die Gestaltung der Weisungsbeziehungen ist auch hier von der Anwendung des Einliniensystems geprägt.

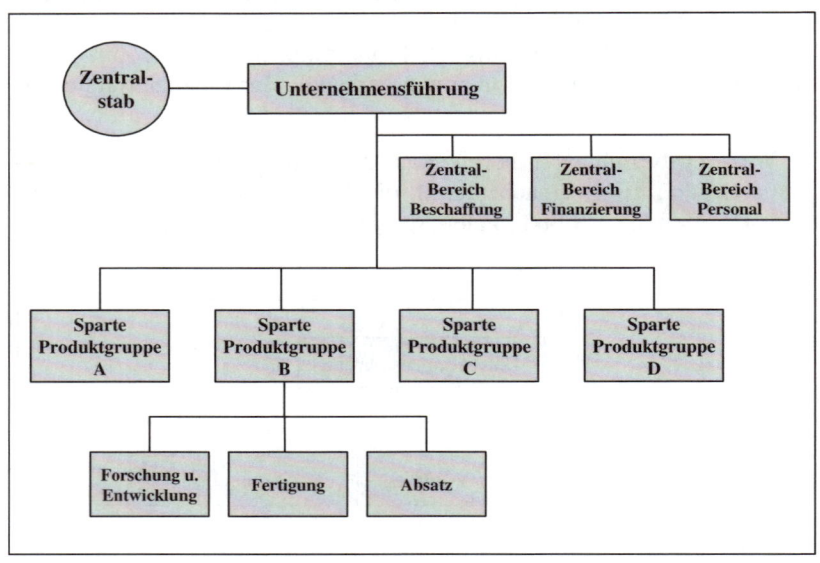

Abb. 47: Divisionale Organisation (Grochla 1995, S. 138)

- Matrix-Organisation

Kennzeichen der Matrix-Organisation ist die Überlagerung der nach Funktionen gegliederten Organisation von einer produktorientierten Organisation. Diese Form gleicht einer Matrix und führt zur Überschneidung von zwei Kompetenzsystemen. Durch das Aufeinandertreffen von Interessen der Sachfunktionen und der Produktseite entstehen permanente Konflikte, die produktiv gelöst werden sollen. Diese Form bedeutet eine Abkehr vom Prinzip der Einheit der Auftragserteilung.

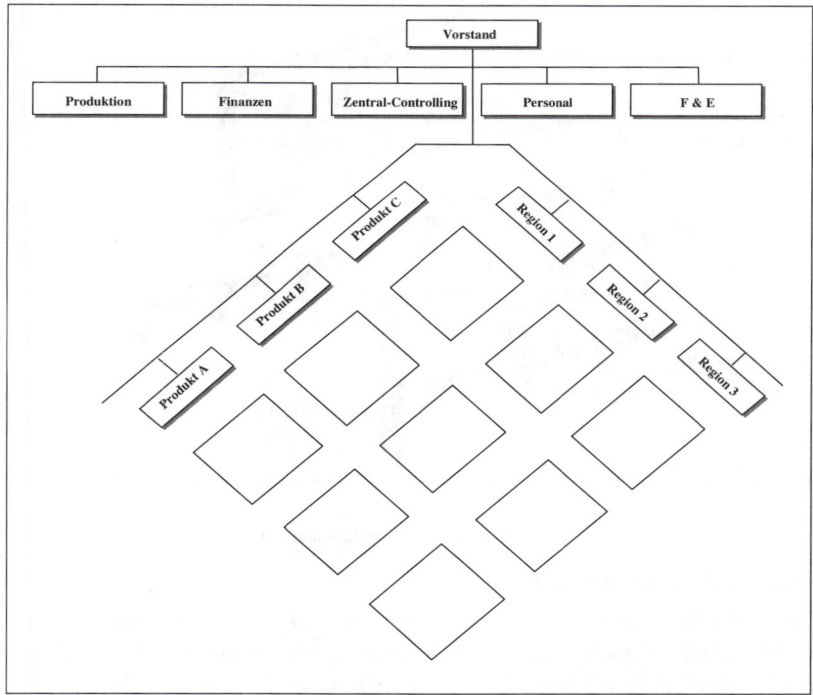

Abb. 48: Matrix-Organisation (In Anlehnung an Ziener 1985, S. 184)

- Projekt-Organisation

Projektorientierte Organisationsformen entstanden aus der Erfahrung, dass neuartige oder komplexe Probleme von traditionellen Organisationsformen nur schwer gelöst werden können, da sie einen zusätzlichen Koordinations- und Steuerungsbedarf haben. Eine strukturelle Lösung liegt darin, zeitlich befristete Organisationseinheiten zu bilden, die solche Projektaufgaben erledigen. Möglich ist damit eine vorübergehende Konzentration von Fachkräften, die ihre gesamte Arbeitszeit dem Projekt widmen. Dabei kann die Zusammensetzung der Projektgruppe im Verlauf des Projektfortschritts variieren.

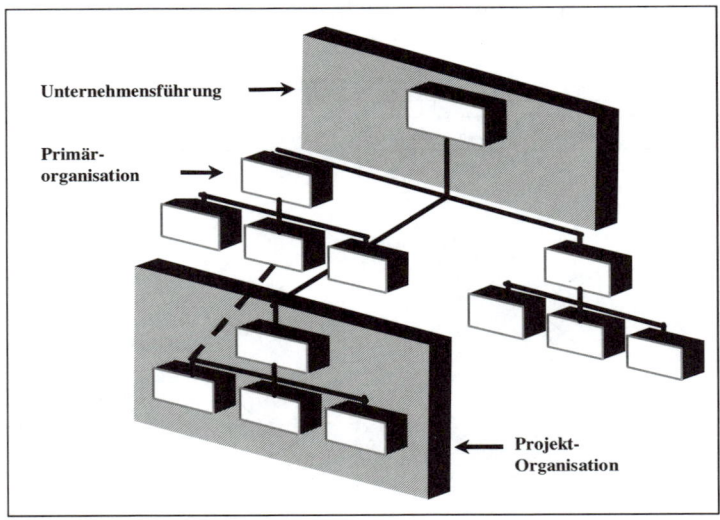

Abb. 49: Projekt-Organisation

1.3.3 Ablauforganisation

Die Ablauforganisation lässt sich als produkt- oder dienstleistungs- bezogene Koordination der durch die Aufbauorganisation spezialisierten Erfüllungseinheiten verstehen. Sie bewirkt die Ordnung von Arbeitspro- zessen.

Durch die statische, in spezialisierte Stellen gegliederte Struktur verlau- fen dynamisch die einzelnen Herstellungsprozesse. Sie berühren dabei in organisatorisch festzulegender Reihenfolge alle jene Stellen, deren Spezialaufgaben zur Erfüllung der gewünschten Leistung notwendig sind.

In vielen Fällen werden ablauforganisatorische Überlegungen erst nach jenen zur Aufbauorganisation angestellt. Man geht von einem vorhan- denen, in bestimmter Weise strukturierten Betrieb aus und überlegt, welche Stellen einzuschalten sind, um ein gewünschtes Produkt herzustellen oder eine gewünschte Dienstleistung zu erbringen. In der Praxis ist auch der umgekehrte Weg festzustellen: Ein Betrieb wird organisatorisch anhand vorgegebener technischer oder wirtschaftlicher Abläufe aufgebaut.

1.4 Kontrolle

1.4.1 Begriff der Kontrolle

Die letzte Phase des Management-Prozesses bildet die Kontrolle. Sie soll die erreichten Ergebnisse registrieren und mit den Plandaten vergleichen. Dieser Soll-Ist-Vergleich soll aufzeigen, ob es gelungen ist, die Pläne in die Tat umzusetzen. Bei gravierenden Abweichungen ist zu untersuchen, ob die Einleitung von Korrekturmaßnahmen oder die Änderung der Pläne erforderlich ist. Die Kontrolle bildet somit gleichzeitig den Ausgangspunkt für die Neuplanung und den damit neu beginnenden Managementprozess. Da Kontrolle ohne Planung nicht möglich ist und andererseits jede neue Planung Kontrollinformationen benötigt, werden Planung und Kontrolle häufig als Zwillingsfunktionen bezeichnet (Steinmann/Schreyögg 2005, S. 12).

Terminologisch sind zu trennen:

- Ergebnisorientierte Kontrollen

Sie stellen Informationen über das Ergebnis betrieblichen Handelns bereit. Die geplante Gestaltung wird der tatsächlich realisierten in einem bestimmten Zeitraum gegenübergestellt und somit eine Aussage über das Ergebnis ermöglicht.

Hinsichtlich der Kontrollen kann unterschieden werden in eine Kontrolle der Termine, der Mengen, der Qualitäten sowie der Werte.

Dieser Bereich bildet einen wichtigen Ansatzpunkt für das Controlling. Die Aufgabe des Controlling besteht darin, die Unternehmensführung mit Informationen zu versorgen, die zur Planung, Steuerung und Kontrolle des Unternehmens erforderlich sind. Ihr wesentliches Instrument bildet die Plan-Kontrolle von Vorgabewerten. Controlling ist deshalb primär ergebnisorientiert (Peemöller 2005, S. 36). Eine ausführliche Darstellung des Controlling erfolgt in Kapitel **E.3**.

- Verfahrensorientierte Kontrollen

Verfahrensorientierte Kontrollen betreffen das Verhältnis von tatsächlich angewandten zu vorgeschriebenen Prozessen. Sie sind deshalb erforderlich, weil menschliches Handeln häufig unzulänglich oder fehlerhaft ist. Die Unternehmensführung hat sich deshalb davon zu überzeugen, ob die gegebenen Anordnungen und Richtlinien beachtet wurden. Da es der Führung von einer bestimmten Betriebsgröße an nicht mehr möglich ist, das Verhalten der untergeordneten Stellen persönlich zu überwachen, hat sie die Möglichkeit, diese Funktion zu verselbständigen und sie einer speziellen Abteilung – der Internen Revision – zu übertragen.

Analog der Differenzierung in strategische und operative Planung kann auch zwischen strategischer und operativer Kontrolle unterschieden werden.

1.4.2 Strategische Kontrolle

Nach traditionellem Verständnis stellt die Kontrolle einen Soll-Ist-Vergleich dar, der ex-post die Übereinstimmung von Planung und Vollzug beurteilt (Feedback-Kontrolle).

Gerade im Bereich der strategischen Planung, die sich in einer komplexen und unsicheren Umwelt bewegt, zeigt diese Konzeption grundlegende strukturelle Mängel:

- Die Kontrollinformationen kommen zu spät, so dass der richtige Zeitpunkt für eine Anpassung der Pläne versäumt wird (zeitlicher Aspekt).

- Die Kontrollergebnisse deuten möglicherweise auf eine Übereinstimmung zwischen Soll und Ist hin; dennoch kann eine Plananpassung dringend erforderlich sein, weil sich die Daten, die der Planung zugrunde liegen, gravierend verändert haben (sachlicher Aspekt).

Will man diese Betrachtung aufgeben und nicht nur feststellen, dass das „Kind bereits im Brunnen liegt" ist ein neues Kontrollkonzept erforderlich: Die Kontrolle tritt in diesem Fall aus dem Status eines nachgeordneten, an fertige Planung angeschlossenen Verfahrens heraus und begleitet den gesamten Planungs- und Realisierungsprozess wie ein Alarmsystem von Anfang an.

Eine solche Feedforward-Kontrolle überprüft laufend die Realisierbarkeit des strategischen Plans und identifiziert frühzeitig Störgrößen.

Das System der strategischen Kontrolle besteht aus drei Elementen: Der Prämissenkontrolle, der Durchführungskontrolle und der strategischen Überwachung.

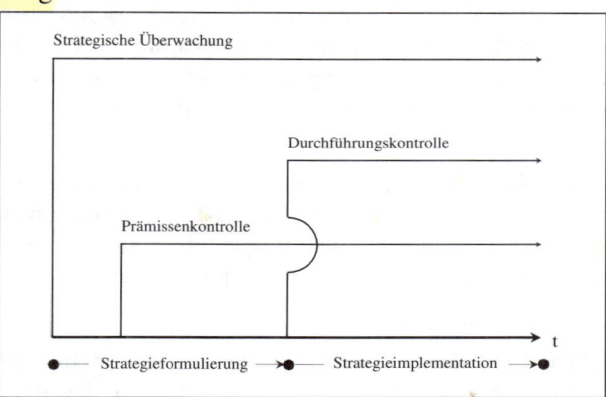

Abb. 50: Strategischer Kontrollprozess (Steinmann/Schreyögg 2005, S. 280)

1.4.2.1 Prämissenkontrolle

Der Prozess der strategischen Planung beginnt in t_0. Das Setzen von Prämissen in t_1 ist erforderlich, um die Entscheidungssituation zu strukturieren. Dabei werden jedoch viele mögliche Umweltzustände ausgeblendet.

Die Prämissenkontrolle hat die Aufgabe, die strategischen Schlüsselannahmen über die externe Umwelt und die interne Ressourcen-Situation permanent auf ihre Richtigkeit und Gültigkeit zu überprüfen.

1.4.2.2 Durchführungskontrolle

Wenn die Umsetzung der Strategie in t_2 beginnt, müssen darüber Informationen gesammelt werden.

Hier wird die strategische Durchführungskontrolle tätig. Sie untersucht die realisierten strategischen Handlungen auf ihre Wirkungen und stellt Abweichungen fest. Als Maßstab dienen strategische Zwischenziele, die so genannten Meilensteine. Hier handelt es sich z. B. um das Erreichen eines bestimmten Marktanteiles oder einer bestimmten Rentabilität.

1.4.2.3 Strategische Überwachung

Bei Prämissen- und Durchführungskontrolle handelt es sich um spezialisierte und selektive Kontrollaktivitäten. Die strategische Überwachung dagegen soll als Gesamtkontrolle die ausgewählten Geschäftsfelder, Strategien und Wettbewerbskonzepte „absichern". Sie ist nicht von vornherein auf ein konkretes Kontrollobjekt bezogen und soll z. B. generelle Krisenanzeichen beobachten.

Die drei Kontrollarten müssen aufeinander abgestimmt sein und eng zusammenwirken. Sie begleiten den Prozess der strategischen Planung permanent. Werden Abweichungen festgestellt, muss die strategische Planung an die sich ändernde Umwelt angepasst werden.

1.4.3 Operative Kontrolle

Im Unterschied zur strategischen Kontrolle wird die operative Kontrolle periodisch durchgeführt und zielt auf die Identifizierung von Abweichungen bei der Realisierung der operativen Pläne ab. Ihr Schwerpunkt liegt auf der Durchführungskontrolle bezüglich der Ergebnisse und Planfortschritte. Die operative Kontrolle weist folgende Phasen auf: Das Erfassen von Soll-Ist-Abweichungen, die Steuerung und die Berichterstattung.

1.4.3.1 Erfassen von Soll-Ist-Abweichungen

Die Vorgabe von Leistungszielen und Kostenwerten soll Abweichungen verhindern bzw. im Rahmen halten. Dazu müssen die Veränderungen der Kostenhöhe und der Leistungsziele zunächst erfasst werden. Daraus resultiert das Erfordernis der zeitlichen Entsprechung von Planungs- und Kontrollzeitpunkten und Zeiträumen. Weiterhin ist eine sachliche Entsprechung der Plan- und Ist-Werte erforderlich.

Zur Gewinnung von Kontrollinformationen kommen drei Vergleichsgrößen in Frage: Der Zeitvergleich, der Objektvergleich und der Planvergleich. Einen Überblick über diese Vergleichsarten gibt **Abbildung 51**:

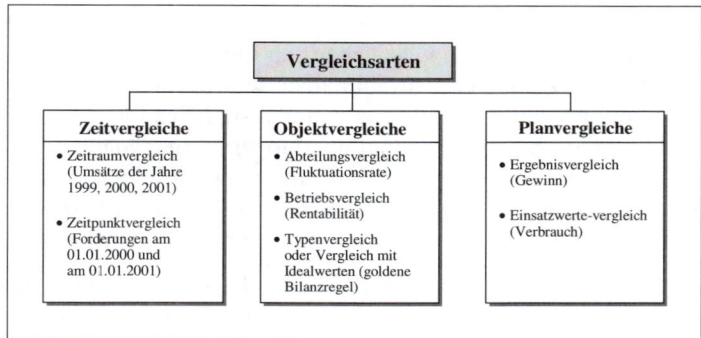

Abb. 51: Vergleichsarten zur Gewinnung von Kontrollinformationen (Peemöller 2005, S. 331)

1.4.3.2 Steuerung

Kontrollen sind vergangenheitsorientiert und zeigen die Abweichung zeitraum- oder zeitpunktbezogen bis zum Kontrollzeitpunkt auf. Ziel einer Abweichungsanalyse muss es sein, die Störgrößen und ihre Wirkungsweise zu erkennen. Einen Überblick über allgemeine Abweichungsursachen gibt **Abbildung 52**:

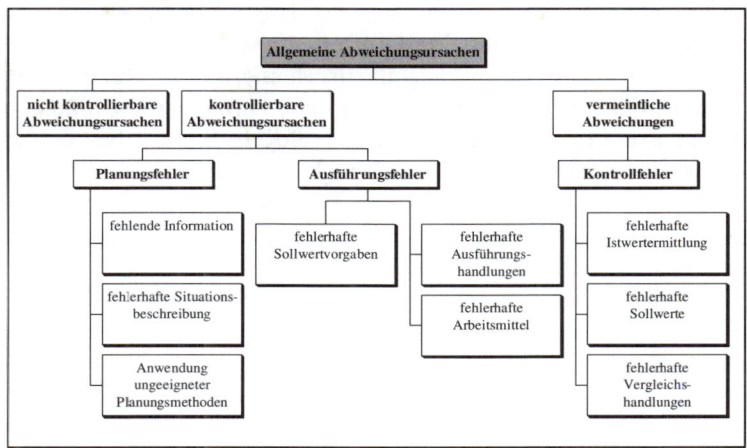

Abb. 52: Allgemeine Abweichungsursachen (Peemöller 2005, S. 339)

Sind Soll-Ist-Abweichungen erfasst und ihre Ursachen ermittelt, ist eine Anpassung des betrieblichen Geschehens an die vorgegebenen Planwerte vorzunehmen. Dazu sind institutionalisierte Verfahren zu entwickeln. Für die Einleitung von Korrekturmaßnahmen sind Gesprächskreise sinnvoll, die hierarchisch gegliedert und überlappend organisiert sein sollen. Damit können Abweichungen mit Auswirkungen auf benachbarte organisatorische Einheiten von deren Leitern abgestimmt und Abweichungen nach ihrer Bedeutung in der Hierarchie nach oben getragen werden.

Je nach Abweichungsursache sind verschiedene kurzfristig wirksame Korrekturmaßnahmen möglich. Für häufig auftretende Störungen lässt sich ein Korrekturmaßnahmenplan entwickeln, der den Verantwortlichen Hinweise auf bestimmte Maßnahmen in bestimmten Situationen gibt.

1.4.3.3 Berichterstattung

Informationen sind zweckorientiertes Wissen, das sich aus einzelnen Daten zusammensetzt. Diese müssen gesammelt, transformiert und übermittelt werden. Dazu ist ein geschlossenes Informationssystem erforderlich. Sein Inhalt leitet sich aus den Bedürfnissen der Informationsempfänger und damit aus den Informationszwecken ab.

Der Informationsinhalt lässt sich zunächst danach abgrenzen, ob es sich um betriebsinterne oder um Marktinformationen handelt. Hinsichtlich des Zeitbezuges können vergangenheitsorientierte oder zukunftsorientierte Informationen unterschieden werden. Ferner sind Umfang und Verdichtungsgrad der Informationen festzulegen. Einen Überblick über den Informationsinhalt gibt **Abbildung 53**:

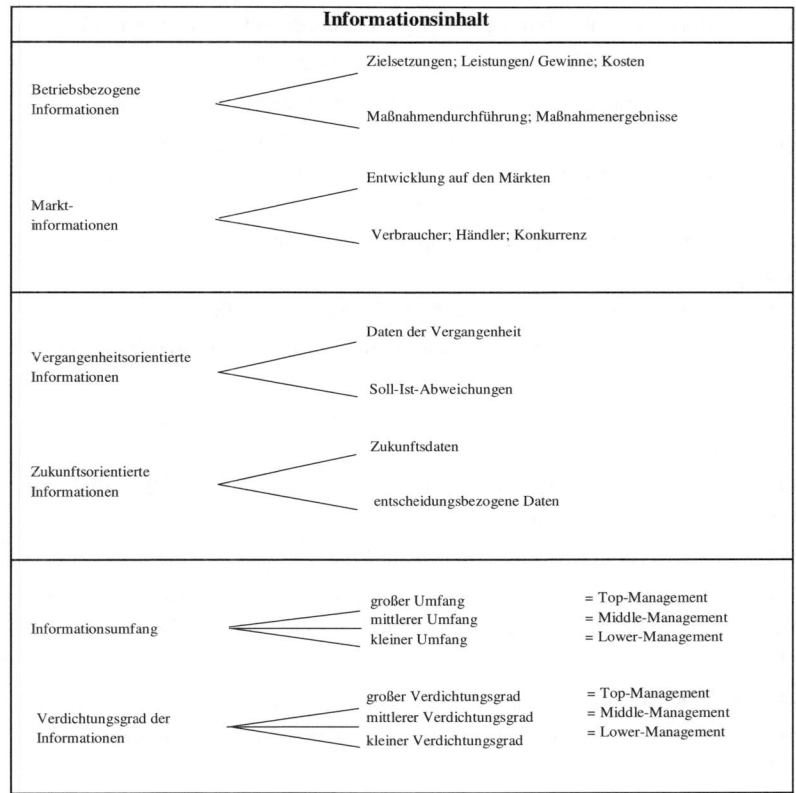

Abb. 53: Informationsinhalt (Meyer 1972, S. 30).

Literaturhinweise

Dörendahl, R.: Der Einsatz von PC (PC-Netzen) zur Unterstützung der Budgetierungsprozesse in dezentralen Unternehmungseinheiten, Köln 1986.

Frese, E.: Kontrolle, Organisation der, in: Frese, Erich (Hrsg.): Handwörterbuch der Organisation, Stuttgart 1969, Sp. 873 - 881.

Frese, E.: Unternehmungsführung, Landsberg 1987.

Frese, E. (Hrsg.): Handwörterbuch der Organisation, 3. Aufl., Stuttgart 1992.

Frese, E.: Grundlagen der Organisation, 4. Aufl., Wiesbaden 1988.

Grochla, E.: Grundlagen der organisatorischen Gestaltung, Stuttgart 1995.

Götze, U./Rudolph, F.: Instrumente der strategischen Planung, in: Bloech, J. et al. (Hrsg.): Strategische Planung: Instrumente, Vorgehensweisen und Informationssysteme, Heidelberg 1994, S. 1-56 (Instrumente).

Hahn, D./Hungenberg H.: PuK - Planungs- und Kontrollrechnung, 6. Aufl., Wiesbaden 2001.

Hahn, D.: PuK - Controllingkonzepte, 6. Aufl., Wiesbaden 2001.

Hill, W./Fehlbaum, R./Ulrich, P.: Organisationslehre 1, 5. Aufl., Bern/Stuttgart 1994.

Hinterhuber, H. H.: Strategische Unternehmensführung. I. Strategisches Denken, 6. Aufl., Berlin 1996.

Hofer, C./Schendel, D.: Strategy Formulation: Analytical Concepts, 2. Aufl., St. Paul u.a. 1989 (Strategy Formulation)

Horváth, P.: Controlling, 9. Aufl., München 2003.

Horváth, P. et al.: Die Budgetierung im Planungs- und Kontrollsystem der Unternehmung – Erste Ergebnisse einer empirischen Untersuchung, in: DBW 1985, S. 138 - 155.

Kieser, A./Walgenbach, P.: Organisation, 4. Aufl., Stuttgart 2003.

Kieser, A./Reber, G./Wunderer, R. (Hrsg.): Handwörterbuch der Führung, 2. Aufl., Stuttgart 1995.

Kosiol, E.: Organisation der Unternehmung, Wiesbaden 1962.

Kreikebaum, H.: Strategische Unternehmensplanung, 6. Aufl., Stuttgart/Berlin/Köln 1997.

Lachnit, L.: EDV-gestützte Unternehmensführung in mittelständischen Betrieben, München 1989, S. 115-243.

Liessmann, K.: Strategisches Controlling, in: Mayer, E. (Hrsg.): Controlling-Konzepte: Perspektiven für die 90er Jahre, 2. Aufl., Wiesbaden 1987, S. 85 - 149.

Meyer, C. W.: EDV als Mittel des Marketing, Herne/Berlin 1972.

Müller-Wünsch, M.: Computer-assistiertes Strategie Audit - ein wissensbasiertes System zur Strategieberatung, in: Information Management 2/1989, S. 26-30.

Pape, U.: Theoretische Grundlagen und praktische Umsetzung wertorientierter Unternehmensführung, in: BB 2000, S. 711-717.

Peemöller, V. H.: Controlling: Grundlagen und Einsatzgebiete, 5. Aufl., Herne/Berlin 2005.

Peemöller, Volker H.: Zielsysteme, in: Küpper, Hans-Ulrich/Wagenhofer, Alfred (Hrsg.): Handwörterbuch Unternehmensrechnung und Controlling, 4. Aufl., Stuttgart 2002.

Porter, M. E.: Wettbewerbsstrategie, 10. Aufl., Frankfurt 1999.

Porter, M. E.: Wettbewerbsvorteile: Spitzenleistungen erreichen und behaupten, 6. Aufl., Frankfurt 2000 (Wettbewerbsvorteile).

Ruhland, J./Wilde, K.: Experten-System für strategische Planung, in: Die Unternehmung 1987, S. 266-273.

Rühli, E.: Unternehmungsführung und Unternehmungspolitik, Bd. 1., 3. Aufl., Bern/Stuttgart 1996,

Rühli, E.: Unternehmungsführung und Unternehmungspolitik Bd. 2, 3. Aufl., Bern/Stuttgart 1993.

Staehle, W. H.: Management, 8. Aufl., München 1999.

Steinmann, H./Schreyögg, G.: Management: Grundlagen der Unternehmensführung, 6. Aufl., Wiesbaden 2005.

Szyperski, N. (Hrsg.): Handwörterbuch der Planung, Stuttgart 1989.

Weidner,W.: Organisation der Unternehmung, 6. Aufl., München/Wien 1998.

Weiners, B./Lelke, B.: Expertensystem zur Branchenstrukturanalyse, in: Kistner, K.-P. et al. (Hrsg.): Operations Research Proceedings 1989, Berlin u. a. 1990, S. 398-405.

Welge, M. K.: Unternehmungsführung, Bd. 1: Planung, Stuttgart 1985.

Welge, M. K.: Unternehmungsführung, Bd. 2: Organisation, Stuttgart 1987.

Welge, M./Al-Laham, A.: Planung: Prozesse - Strategien - Maßnahmen, Wiesbaden 1992.

Wöhe, G.: Einführung in die Allgemeine Betriebswirtschaftslehre, 22. Aufl., München 2005.

Ziener, M.: Controlling im multinationalen Unternehmen, Landsberg a.L. 1985.

C.2 Personalwirtschaft

2.1 Grundlagen

Der faktorielle Ansatz der Betriebswirtschaftslehre sieht den Menschen als Funktionsträger. Diese Reduzierung des arbeitenden Menschen auf die Rolle eines Produktionsfaktors hat dazu geführt, dass sich eine eigenständige Führungslehre nicht entwickeln konnte. Man beschäftigte sich mit fiktiven Personen und verlor die Probleme des arbeitenden Menschen aus den Augen. Der Mensch als sozio-emotionales Wesen muss aber in der Betriebswirtschaftslehre berücksichtigt werden. Dementsprechend sind seine Einstellungen und Verhaltensweisen, seine Motivationen und Interaktionen in sozialen Systemen zum Gegenstand der Betriebswirtschaftslehre zu machen.

Es kann heute nicht mehr von einem Menschen ausgegangen werden, dessen Verhalten im Dienste eines Organisationszwecks durch administrative Anordnungen und objektive Maßstäbe der Leistung determiniert wird. Das Bild vom Mitarbeiter kann durch folgende Formulierungen gekennzeichnet werden:

- Der Mensch ist überaus wandlungsfähig. Er verfügt über viele Motive, die nach ihrer individuellen Bedeutung hierarchisch miteinander verbunden und geordnet sind; diese Ordnung kann sich ständig verändern.

- Menschliche Motive werden bestimmt durch Erfahrungen.

- In verschiedenen Organisationen werden unterschiedliche Motive angesprochen und bei den Mitgliedern wirksam.

- Verschiedene Motive können dazu führen, dass der Mensch einen bestimmten Platz in der Organisation einnimmt. Die Motivation ist dabei nur eine Einflussgröße. Materielle Realitäten, Technologien, soziale Beziehungen und das persönliche Schicksal bestimmen ebenfalls darüber, wie befriedigend der Mensch seine Tätigkeit erlebt.

Die Personalwirtschaft beschäftigt sich mit diesen Fragestellungen. Sie hat das Leistungsverhalten des Menschen in Unternehmen und die Bestimmungsgründe des Leistungsverhaltens zu untersuchen und die Ergebnisse bei der Personalarbeit zu berücksichtigen. Daneben darf das Sachziel (**Abb. 54)** und das ökonomische Ziel des Betriebes nicht aus den Augen verloren werden. Die Aufgabe der Personalwirtschaft besteht in der Konfliktlösung zwischen dem Leistungsziel des Betriebes und dem Humanziel des Mitarbeiters.

Sachziel der Personalwirtschaft
Bereitstellung der erforderlichen personellen Kapazität zur Erreichung des Organisationszieles
a) in quantitativer Hinsicht b) in qualitativer Hinsicht (nach Leistungsfähigkeit und Leistungsbereitschaft) zur rechten Zeit und am rechten Ort

Unter Berücksichtigung von Wirtschaftlichkeit und Rentabilität als Beurteilungskriterium für die Effizienz personalpolitischer Maßnahmen	Unter Berücksichtigung der menschlichen Erwartungen (wie Sicherheit, Zufriedenheit usw.) als Voraussetzungen für den sozialen Bestand des Unternehmens
ökonomisch	sozial

Formalziele der Personalwirtschaft

Abb. 54: Ziele der Personalwirtschaft (Bisani 1992, S. 28)

2.2 Personalwirtschaftliche Ziele

Mit der Arbeitsleistung als ökonomische Effizienz sind folgende Sachverhalte (**Abb. 55**) verbunden:

Die Arbeit hat keinen Selbstzweck; sie kann nur als Mittel zum Zweck aufgefasst werden. Der Zweck besteht in der Erfüllung der Ziele des Betriebes in formeller und sachlicher Hinsicht. Für den Mitarbeiter kann aber die Arbeit einen eigenständigen Zweck erfüllen, was nicht vernachlässigt werden sollte.

Das Leistungsergebnis wird ermittelt, nicht das Bemühen des Mitarbeiters. Für die Beurteilung des Mitarbeiters sollte aber zumindest bei neuen Arbeitsgebieten auch die Anstrengung und der Einsatz gewürdigt werden.

Die Leistung des Mitarbeiters ist abhängig von den Arbeitsmitteln und den Anreizen. Sie haben für den Betrieb Kostencharakter und sind deshalb bei der Leistung zu berücksichtigen.

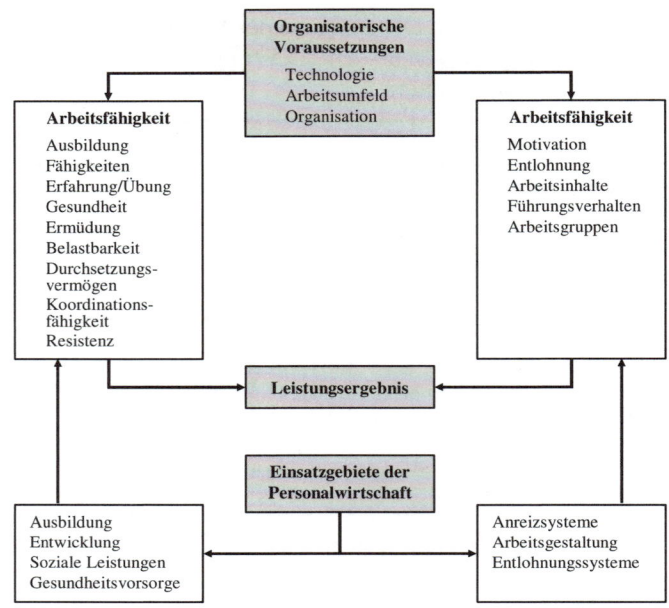

Abb. 55: Einflussfaktoren der Arbeitsleistung und die Ansatzpunkte der Personalwirtschaft

Die Erfassung und Beeinflussung der sozial-psychologischen Effizienz setzt die Kenntnis der Bedürfnisse der Mitarbeiter voraus. Dies ist Gegenstand der Bedürfnis- und Motivationsforschung. Für die personalwirtschaftliche Arbeit müssen Aussagen über die Dringlichkeit und das Ausmaß der Bedürfnisse möglich sein. Die Bedürfnisstrukturen sind allerdings sehr unterschiedlich, und der einzelne ist nicht in der Lage, seine Bedürfnisse selbst genau zu definieren. Eine Lösung des Problems ist in der Form möglich, dass gleichzeitig möglichst viele Bedürfnisse in Form des Cafeteriaansatzes befriedigt werden, um für jeden Mitarbeiter Anreize zu geben.

Soziale Effizienz ist nicht deckungsgleich mit dem Begriff Arbeitszufriedenheit. Arbeitszufriedenheit spiegelt das subjektive Empfinden des Mitarbeiters wider. Nachteilige Spätfolgen seiner Arbeit fließen damit ebenso wenig ein, wie z. B. monetäre Anreize, die nicht seine Bedürfnisstruktur betreffen.

Ein direkter Zusammenhang zwischen Arbeitszufriedenheit und Arbeitsleistung konnte in den empirischen Untersuchungen in dieser einfachen Form nicht bestätigt werden. Zwischen sozialer und ökonomischer Effizienz besteht aber Zielkomplementarität, da die sozialen Ziele nur verfolgt werden können, wenn die Existenz des Unternehmens gesichert ist. Die ökonomischen Ziele sind auf Dauer nur zu erreichen, wenn ein gewisses Maß sozialer Effizienz gegeben ist.

2.3 Motivation von Mitarbeitern

Die Frage nach der Motivation ist immer eine Frage nach dem warum:

- Warum verfolgen Menschen Leistungsziele in Beruf und Freizeit?
- Warum werden Ziele angestrebt, die über Gelderwerb und Sicherung des Lebensunterhalts hinausgehen?

Für das Unternehmen ist die Frage entscheidend, wie auf die Mitarbeiter eingewirkt werden kann, damit sie sich für betriebliche Problemlösungen und Ziele dauerhaft einsetzen.

Motivieren heißt eine Bereitschaft auslösen, sich für das Erreichen der gemeinsamen Ziele einzusetzen, und damit auch Erfolge zu erleben. Motivation betrifft die Frage, wie Verhalten aktiviert und aktiviertes Verhalten beibehalten werden kann. Sie bezieht sich auf alle Bereiche menschlichen Lebens. Arbeitsmotivation kennzeichnet die Motivation zur Arbeit in hierarchischen arbeitsteiligen Organisationen. Sie bezieht sich auf die Erfüllung der übertragenen Aufgaben.

Hinter den Verhaltensweisen der Menschen stehen ihre Verhaltensbereitschaften, die Motive (**Abb. 56**). Sie dienen dazu, Erlebens- und Verhaltensweisen erklärbar zu machen.

Abb. 56: Motive als Verhaltenserklärung

Ein Motiv ist ein denkbarer Beweggrund für ein bestimmtes Verhalten, wie z. B. Durst, Hunger und Macht. Sie werden auch als Trieb, Bedürfnis, Drang oder Begierde bezeichnet. Es lassen sich die Defizit- und die Wachstums-Motive unterscheiden. Die Defizit-Motive werden als Mangelzustand erlebt. Sie können endgültig beseitigt werden, sie können aber auch periodisch wieder auftreten. Die Wachstumsbedürfnisse werden nicht endgültig befriedigt, sondern sie bleiben, wie z. B. das Bedürfnis nach Selbstverwirklichung, immer wirksam.

Jeder Mensch verfügt über eine Motivstruktur. Damit stellt sich die Frage, wie der Mensch zu seinen Motiven kommt und wie sie verändert werden. Zunächst verfügt der Mensch über angeborene oder Primärbedürfnisse, wie z. B. nach Flüssigkeitsaufnahme. Hinzu kommen erworbene oder Sekundärbedürfnisse. Sie sind das Ergebnis eines Lernprozesses aus der Verquickung von Spannungen und Zielen. Änderungen der Motive ergeben sich aus Affekten, Stimmungen und Situationen. Diese Einflüsse verändern einzelne Motive, aber nicht die gesamte Motivstruktur. Die wesentlichen Faktoren, die zu einer Stabilität der Motive führen, sind:

- Die zentralen Motive beim einzelnen Menschen, wie Geltungsstreben oder Angst, führen im Laufe der Zeit zu einer Verfestigung.

- Der Wunsch nach Anpassung an die sozial-kulturelle Umwelt führt zu einer Verstärkung dieser Motive und vermittelt dem Einzelnen Sicherheit und soziale Anerkennung.

- Eigene Erfahrungen führen zu Gewohnheiten, die zur Verfestigung der Motivstruktur führen können.

- Ein wesentlicher Zug der menschlichen Charakterbildung ist die Herausbildung einer einheitlichen Grundgesinnung. Die menschliche

Persönlichkeit bekommt im Laufe der Zeit immer feinere und festere Züge. Dies kann bis zur Motiverstarrung, der Herausbildung so genannter Leitmotive führen.

Da immer eine Vielzahl von Motiven im Menschen wirksam ist und sich die Motive auch nicht ausschließen, entstehen Motivkonflikte. Bei der Betrachtung der Motivkonflikte sind die Zahl der Motive, die Richtung und die Intensität der Motive zu berücksichtigen. Dadurch wird letztendlich das eigentliche Verhalten bestimmt.

Die Motivationstheorien versuchen eine Erklärung menschlichen Verhaltens zu liefern. Sie lassen sich in Inhalts- und Prozesstheorien unterteilen. Inhaltstheorien versuchen zu erklären, was – welches Motiv – ein bestimmtes Verhalten auslöst. Hier werden Bedürfnisse und Anreize im Einzelnen aufgezeigt. Prozesstheorien versuchen zu erklären, wie ein bestimmtes Verhalten zustande kommt, wie es gelenkt und erhalten wird.

Zu den Inhaltstheorien gehören die Aktivationstheorie, die Bedürfnistheorie und die Zweifaktorentheorie. Die Aktivationstheorie von Berlyne ist ein energetisches Konzept, das einen Punkt optimaler Herausforderung unterstellt. Der Nullpunkt ist der gewohnte Standard. Unterhalb und oberhalb dieses Punktes wird die Arbeit als interessant, abwechslungsreich und lebendig erlebt. Dies wird auch als Neugierverhalten erklärt. Auswirkungen hatte diese Theorie bei der Anwendung der Konzepte der Anreicherung der Arbeit.

Die hierarchische Bedürfnistheorie von Maslow basiert auf der Klassifizierung menschlicher Bedürfnisse. Grundlage der Theorie war die Erkenntnis, dass nicht die täglich wechselnden Wünsche der Menschen ihr Verhalten bestimmen, sondern fundamentale Ziele und Bedürfnisse. Diese Grundbedürfnisse werden von Maslow in fünf Kategorien eingeteilt (**Abb. 57**).

Die Theorie von Maslow hat in der Praxis große Verbreitung gefunden, weil sie für den psychologischen Laien unmittelbar plausibel erscheint. Empirisch ist sie aber nicht uneingeschränkt bestätigt worden; sie wird im Gegenteil stark kritisiert. Der wesentliche Einwand richtet sich dagegen, die menschlichen Bedürfnisse auf die genannten Grundbedürfnisse zu reduzieren. Man kann eher davon ausgehen, dass sich die Theorie an der amerikanischen Mittelschicht orientiert hat und damit kulturspezifisch ist.

Die Zweifaktoren-Theorie von Herzberg ist eine Theorie der Arbeitszufriedenheit, welche die Humanisierung des Arbeitslebens maßgeblich beeinflusst hat. Ausgangspunkt der Theorie war die Annahme, dass der Mensch am Arbeitsplatz bestimmte Bedürfnisse befriedigen will. Welche Bedürfnisse das sind, wurde durch Befragungen bei Mitarbeitern verschiedener Firmen ermittelt. Als Ergebnis wurden zwei Gruppen von Faktoren unterschieden, die auf zwei verschiedenen Dimensionen liegen (**Abb. 58**): Motivationsfaktoren und Hygienefaktoren.

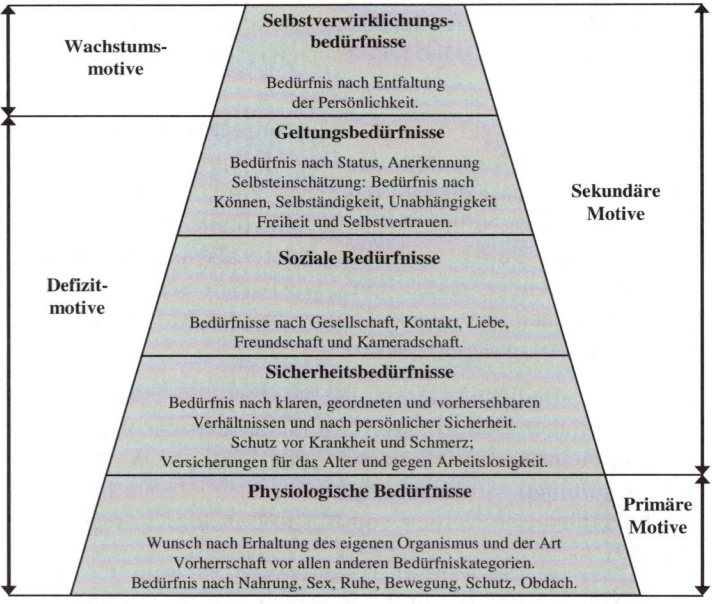

Abb. 57: Bedürfnishierarchie

	Faktoren liegen vor	Faktoren fehlen
Motivationsfaktoren	Arbeitszufriedenheit	keine Arbeitszufriedenheit
Hygienefaktoren	keine Arbeitsunzufriedenheit	Arbeitsunzufriedenheit

Abb. 58: Wirkungen von Motivations- und Hygienefaktoren

Herzberg vermutet die wahre Motivation im intrinsischen Bereich, also durch die Arbeit selbst. Motivation im Arbeitsbereich soll damit erreicht werden durch:

• Attraktivere Gestaltung des Arbeitsinhalts,

• Schaffung von Verantwortungsbereichen,

• Herausforderungen durch komplexe Aufgaben,

• Möglichkeit, mit der Aufgabe zu wachsen.

Abbildung 59 zeigt die Motivations- und Hygienefaktoren nach Herzberg.

Herzberg's Theorie hat eine ähnliche Breitenwirkung wie die von Maslow gehabt. Die Trennung der Faktoren ließ sich allerdings aufgrund weiterer Untersuchungen nicht aufrechterhalten. Zum anderen reagieren Menschen unterschiedlich, so dass ein Faktor auf verschiedene Personen unterschiedliche Wirkungen zeigen kann.

Zu den Prozesstheorien gehören die Anreiztheorien, die Theorie der Leistungsmotivation und das Erwartungs-Wert-Modell.

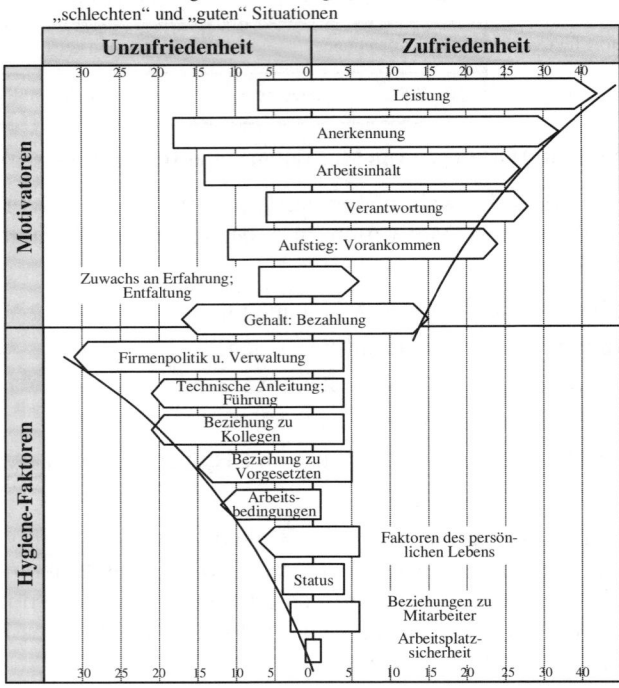

Prozentuale Häufigkeit der Nennung von Arbeitsfaktoren in „schlechten" und „guten" Situationen

Abb. 59: Motivations- und Hygienefaktoren nach Herzberg

Die Anreiztheorie von Barnard geht davon aus, dass der Mitarbeiter die durch seine Arbeit geleisteten Beiträge mit den dafür erhaltenen Anreizen vergleicht. Anreize sind alle monetären und nicht-monetären Leistungen des Betriebes für die Arbeitsbeiträge der Mitarbeiter. Alle angebotenen Anreize werden vom Mitarbeiter in einer einzigen Nutzengröße bewertet. Beiträge sind alle Leistungen, die von einem Mitarbeiter im Betrieb erbracht werden. Auch diese Größe wird in einer subjektiven Nutzenbewertung festgelegt.

Die Gestaltung einer ausgewogenen Anreiz-Beitrags-Struktur ist deshalb für die Sicherung des Mitarbeiterbestandes und zur Anwerbung neuer Mitarbeiter erforderlich. Allerdings wissen wir aus dieser Theorie noch nicht, was angestrebt und was vermieden wird. Diese Frage versucht die Lerntheorie zu lösen.

Die Theorie der Leistungsmotivation von Atkinson unterstellt, dass das Verhalten einer Person von der Person selbst und von der Situation bestimmt wird. Diese Theorien werden auch als Erwartungs-Wert-Theorien bezeichnet. Leistungsmotivation wird als Verhalten aufgefasst, nach Erfolg zu streben und sich über erbrachte Leistungen zu freuen. Sie ist abhängig vom Leistungsmotiv, der Wahrscheinlichkeit, bei einer Aufgabe Erfolg zu haben und von den Anreizen. Diese Elemente zur Beschreibung der Situation zeigt die **Abbildung 60**.

Die Personen zeigen unterschiedliche Ausprägungen ihres Verhaltens und zwar in Form von

- Hoffnung auf Erfolg oder
- Furcht vor Misserfolg.

Die zentralen Aussagen dieser Theorie besagen:

- Die drei Größen Leistungsmotiv, Erfolgswahrscheinlichkeit und Anreize werden multiplikativ verknüpft. Damit ist das Ergebnis immer Null, wenn eine der Größen den Wert Null aufweist. Erfolgsmotivierte Personen fühlen sich durch Aufgaben mittlerer Schwierigkeit besonders angezogen.

- Misserfolgsmeidende Personen dagegen werden durch besonders leichte Aufgaben, bei denen das Risiko des Scheiterns sehr gering ist, und durch sehr schwierige Aufgaben, bei denen ihnen das Scheitern nicht angelastet werden kann, zum Handeln veranlasst.

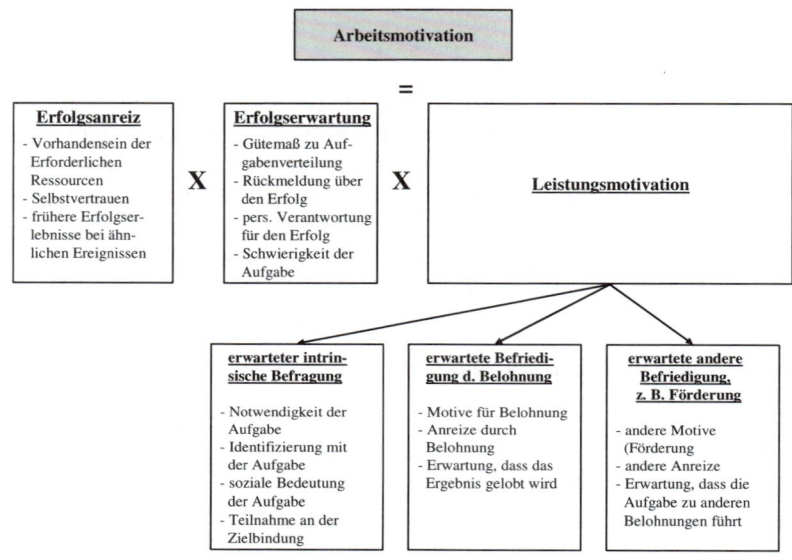

Abb. 60: Beziehung zwischen Leistungsmotiv, Erfolgserwartung und Erfolgsanreiz (Patchen 1970, S. 40)

Die Erwartungs-Wert-Theorie von Vroom gilt als Grundmodell der neueren Prozesstheorien. Sein Modell beruht auf dem Weg-Ziel-Gedanken, wonach ein Weg, z.b. eine Fortbildungsmaßnahme zu besuchen, vom Mitarbeiter nur dann gewählt wird, wenn er damit ein gewünschtes Ziel, wie z. B. Aufstieg oder bessere Bezahlung erreichen kann. Daraus ergeben sich drei zentrale Begriffe für diese Theorie:

- Wert (Valenz),
- Instrumentalität,
- Erwartung.

Wert ist der Ausdruck für den Aufforderungscharakter, der sich aus dem Ergebnis einer Handlung, wie z. B. einer höheren Bezahlung ergibt.

Instrumentalität bringt zum Ausdruck, inwieweit eine bestimmte Handlung als geeignetes Mittel zur Erlangung des angestrebten Ergebnisses gehalten wird. Eine höhere Bezahlung z.B. kann durch Aufstieg oder auch durch Überstunden erreicht werden.

Erwartung bringt die subjektive Wahrscheinlichkeit zum Ausdruck, die geeigneten Handlungen selbst erfolgreich durchzuführen.

Die Theorie lässt sich in folgenden Thesen zusammenfassen:

- Valenz, Instrumentalität und Erwartung sind multiplikativ verknüpft und ergeben die Motivation.
- Menschen schätzen Ergebnisse unterschiedlich attraktiv ein.
- Sie haben Erwartungen, dass ein bestimmtes Verhalten zu einem bestimmten Ergebnis führt.
- Sie haben ebenfalls Erwartungen, inwieweit die eigenen Handlungen zu einem bestimmten Ergebnis führen.
- Die momentanen Erwartungen und Präferenzen eines Menschen bestimmen seine Handlungen.

Die Ergebnisse, die aus diesen Motivationstheorien abgeleitet werden können, sind nicht einheitlich. Dennoch lassen sich einige gemeinsame Aussagen gewinnen.

1. Die Motivstrukturen der Menschen sind unterschiedlich.

2. Die Motivation gelingt nur, wenn gewährte Anreize auf die Motive der Mitarbeiter treffen.

3. Der Betrieb muss deshalb einen breiten Fächer von Anreizen gewähren.

4. Anstrengungen der Mitarbeiter sind von der Einschätzung der Zielerreichung abhängig. Schulungsprogramme und interne Stellenausschreibungen werden nur angenommen, wenn die Führungspositionen auch aus den eigenen Reihen besetzt werden.

5. Entscheidend ist, wie die Anreize erlebt und wahrgenommen werden, nicht, wie sie gemeint sind.

2.4 Personalwirtschaftliche Aktivitätsbereiche

2.4.1 Personalplanung

Unter Personalplanung wird der Prozess verstanden, durch den ein Unternehmen seine personellen Bedürfnisse nach Art, Menge und Zeit in der vorhersehbaren Zukunft zu befriedigen versucht. Dabei sollen die

Arbeitskräfte mit den Tätigkeiten betraut werden, für die sie sich im wirtschaftlichen Sinne am besten eignen und die ihnen die bestmögliche Entwicklung und Nutzung ihrer persönlichen Arbeitskraft gewährleisten.

Bei einer prozessualen Betrachtungsweise steht an erster Stelle der Personalplanung die Ermittlung des gegenwärtigen und künftigen Bedarfs des Unternehmens an personalen Arbeitsleistungen und der Vergleich mit den vorhandenen Deckungsmöglichkeiten. Diese Tätigkeiten kennzeichnen die Aufgabe der Personalbedarfsplanung, die in erster Linie eine Prognose und Gegenüberstellung von Bedarfs- und Deckungsziffern durchführt (**Abb. 61**), wobei die folgenden Größen zu bestimmen sind:

1. der geplante Personalbestand am Ende der Planungsperiode, der als Bruttopersonalbedarf bezeichnet wird,

2. der gegenwärtige Personalbestand und

3. die zu erwartenden Veränderungen des gegenwärtigen Personalbestandes bis zum Ende der Planungsperiode.

Mögliche Gründe für die zukünftige Veränderung des ...	
Ist-Personalbestand	**Soll-Personalbestand**
- Zukünftig beschaffte Mitarbeiter mit ihren Leistungen - Veränderungen der zukünftigen Arbeitszeit - Veränderung der Ausbildung - Fluktuation - Zukünftige Entsprechung von Betriebsleistung und Motivationsstruktur	- Bedürfnisverschiebungen - Veränderungen des Fertigungsprogrammes - Veränderungen des Einsatzes von Maschinen - Veränderungen der Prozessstruktur - Veränderung der menschlichen Leistungsnormen

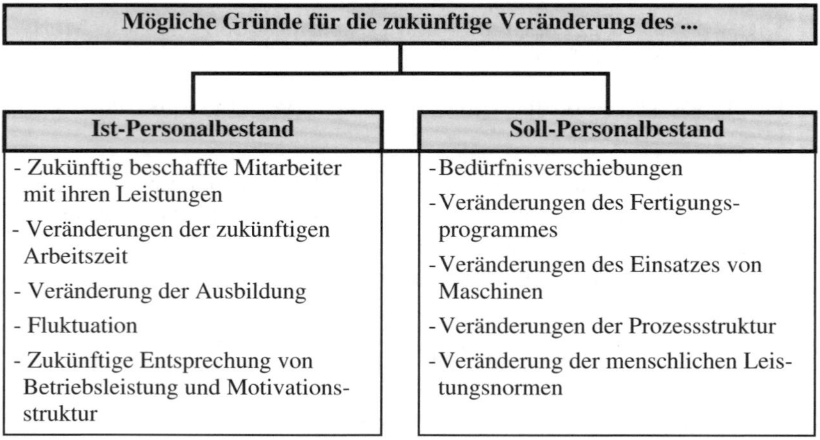

Abb. 61: Einflussgrößen auf den Personalbestand

Aus diesen Größen lässt sich der Nettopersonalbedarf ableiten, der bis zum Ende der Planungsperiode durch Beschaffungsmaßnahmen am externen und internen Arbeitsmarkt zu decken ist. Es wäre allerdings eine einseitige Betrachtung, wenn der Personalbedarf nur als quantitative Größe gesehen würde. Er ist immer hinsichtlich der quantitativen, der qualitativen, der zeitlichen und zum Teil auch der örtlichen Dimensionen zu bestimmen.

Das Ziel der Personalbedarfsplanung ist es, den zukünftigen Bedarf an Arbeitskräften möglichst frühzeitig und realistisch abzuklären, damit Maßnahmen zur Deckung des künftigen Personalbedarfs geplant und rechtzeitig eingeleitet werden können. Weiterhin liefern die Prognosen über Veränderungen des Personalbestandes Anregungen für die Weiterbildungs-, Unfallverhütungs- und Gesundheitsvorsorgemaßnahmen und Anstöße für die Beförderungs- und Versetzungspolitik. Im Wesentlichen soll eine kurzfristige Schaukelpolitik mit Entlassungen, Neueinstellungen und Überstunden vermieden werden zugunsten einer kontinuierlichen Personalpolitik zur Erhaltung eines leistungsstarken Mitarbeiterstammes.

Mit den Methoden zur detaillierten Bedarfsermittlung sollen in operationaler Form Angaben über Art, Anzahl und Einsatzzeitpunkte der benötigten Mitarbeiter gemacht werden. Das Ergebnis sind Personalanforderungen, aus denen konkrete Beschaffungsmaßnahmen abgeleitet werden können. Ob dabei von der qualitativen oder quantitativen Planung ausgegangen wird, hängt vom zukünftigen Aufgabenplan des Unternehmens ab. Werden keine größeren Änderungen der Aufgabeninhalte erwartet, wird die Bestimmung des quantitativen Personalbedarfs im Vordergrund stehen. Im anderen Fall muss mit einer Neudefinition der Mitarbeiterqualifikation begonnen werden. Hilfsmittel sind Stellenpläne, Stellenbeschreibungen, Anforderungsprofile und arbeitswissenschaftliche Methoden. Die Bedarfsfestsetzung selbst erfolgt dann dezentral durch die Abteilungsleiter oder zentral durch die Unternehmensplanung.

Bei der Ermittlung wird der geplante Arbeitsanfall in Arbeitsstunden auf die erforderliche Mitarbeiterzahl umgerechnet, wobei etwaige Abwesenheitsraten zu berücksichtigen sind. Die Zeit, die zur Bewältigung einer Arbeit erforderlich ist, dividiert durch die Arbeitszeit einer Person, ist gleich der Zahl der einzusetzenden Mitarbeiter. Das Problem besteht nur in der Festlegung der einzelnen Größen.

Die Personalbedarfsplanung ist abhängig von der Güte der unternehmerischen Gesamtplanung, aus der sie sich ableitet. Treten dort Abweichungen auf, ist es wieder Aufgabe der Personalabteilung, kurzfristige Personalmaßnahmen vorzunehmen, um diese Differenzen zu beseitigen. Dadurch wird eine kontinuierliche Personalplanung verhindert.

Jede fundierte Personalplanung benötigt ein breites Spektrum an Personaldaten als Ausgangsbasis und Grundlage. Insofern können die Möglichkeiten der EDV genutzt werden, um diese Daten in systematisierter Form zur Verfügung zu stellen. So können beispielsweise Daten über die Verminderung der Belegschaftsstärke oder für die Personalbedarfsprognose bereitgestellt werden. Über eine maschinelle Analyse sind außerdem die Altersstruktur sowie die Abgänge aufgrund festgeschriebener Fluktuationsraten untersuchbar. Die Integration dieser Informationen in Verbindung mit den Daten der unternehmerischen Gesamtplanung ermöglicht eine EDV-gestützte Personalplanung.

2.4.2 Arbeitsgestaltung und Arbeitsbewertung

Die Entwicklung der **Arbeitsgestaltung** verlief über die wissenschaftliche Betriebsführung von F. W. Taylor, die Human Relations Bewegung bis zur Humanisierung der Arbeit (HdA). Ziel der Arbeitsgestaltung ist das rationale Zusammenwirken von Personen, Betriebsmitteln und Werkstoffen, wobei die Aspekte des Betriebes mit Disziplin, Spezialisierung und Statik und die Belange der Mitarbeiter mit Selbstverwirklichung, Generalisierung und Dynamik zu berücksichtigen sind. Die Arbeitsgestaltung ist damit – ebenso wie die Arbeitsbewertung – auch nicht ein ausschließlich von der Personalwirtschaft bearbeiteter Gegenstand. Sie bringt aber die Kriterien ein, die für den arbeitenden Menschen von Bedeutung sind.

Inhalte der Arbeitsgestaltung sind:

1. Arbeitsprozesse. Es geht dabei um die zweckmäßige Organisation des Arbeitsablaufs, um die Fragen des zeitlichen und örtlichen Hinter- und Nebeneinander von Arbeitsvorgängen.

2. Arbeitsinhalt. Es handelt sich um den Teil des Arbeitsablaufs, der von einer Arbeitskraft oder einer Gruppe zusammenhängend ausgeführt wird.

3. Arbeitsplatz. Ziel der Arbeitsplatzgestaltung ist die Erzielung optimaler Leistungen durch den Stelleninhaber.

4. Arbeitszeit. Durch die Arbeitszeitregelung soll der arbeitende Mensch einmal vor Überlastung und Gesundheitsschäden bewahrt werden. Auf der anderen Seite ist die Arbeitszeit- und Pausenregelung aber auch ein Instrument im Anreizsystem.

Hilfsmittel im Rahmen der Arbeitsgestaltung sind Bewegungs- und Zeitstudien und Arbeitsplatzanalysen.

Die Aufgaben der Bewegungsstudien bestehen darin:

- die Einzeltätigkeiten im Rahmen der Aufgabenerfüllung zu erkennen,
- sie auf die grundlegenden Bewegungselemente zu reduzieren,
- sie zu optimalen Arbeitsabläufen zusammenzufassen.

Zeitstudien zielen auf eine Verringerung des Zeitverbrauchs der menschlichen Arbeit. Es soll eine Vorgabezeit für die einzelnen Tätigkeiten ermittelt werden, die der Normalleistung eines Mitarbeiters entspricht. Als Verfahren kommen die Refa-Methode und die Systeme vorbestimmter Teilzeiten in Frage.

Die Refa-Methode verläuft in drei Schritten. Begonnen wird mit der Ermittlung der Ist-Zeiten durch Zeitaufnahme. Es folgt die Schätzung der Leistungsgrade und daraus die Festlegung der Vorgabezeiten.

Bei den Systemen vorbestimmter Teilzeiten, zu denen das Methods-Time-Measurement (MTM) gehört, werden die Arbeitstätigkeiten in Grundbewegungen zerlegt und diesen Standardzeiten zugeordnet. Diese Zeiten wurden im Rahmen arbeitswissenschaftlicher Analysen ermittelt und sind in einem Tabellenwerk zusammengefasst. Das MTM-Verfahren unterscheidet acht Arm- und Handbewegungen, zwei Blickfunktionen und neun Körper-, Bein- und Fußbewegungen.

Im Vordergrund der Arbeitsplatzanalyse steht die Vereinfachung von Arbeitsvorgängen, die Verringerung von Belastungen, die Verbesserung

der technischen und organisatorischen Ausgestaltung sowie die Vermeidung und Berücksichtigung schädlicher Arbeitsbedingungen. Dazu sind
alle Bereiche des Arbeitsplatzes zu durchleuchten; das Arbeitsprodukt,
die Arbeitsvorgänge, das Arbeitsverhalten, die Arbeitsmittel und die
Arbeitsumgebung.

Die Gestaltung des Arbeitsinhalts unter HdA-Gesichtspunkten verlangt
eine horizontale und vertikale Erweiterung des Handlungsspielraums
des Mitarbeiters. Damit verbinden sich die Bezeichnungen Job Enlargement, Job Enrichment, Job Rotation und Autonome Gruppen.

Unter Job Enlargement ist eine Zusammenfassung strukturell gleichartiger oder ähnlicher Arbeitselemente zur Erweiterung der Arbeitsaufgaben zu verstehen. Job Enrichment führt dagegen zu einer Anreicherung
der Tätigkeiten mit höherqualifizierten Arbeiten wie Planung und Kontrolle, woraus sich im Vergleich zum Ausgangszustand eine Verringerung der Menge gleichartiger Aktivitäten ergeben muss. Job Rotation
bedeutet den Tausch von Arbeitsaufgaben zwischen den Arbeitsperso-
nen. Dadurch sollen einseitige Belastung und Monotonie verhindert
werden und die Flexibilität des Betriebes und die Einsatzgebiete der
Mitarbeiter erhöht werden. Autonomen Gruppen werden größere Auf-
gabenkomplexe übertragen, die sie nach eigenen Vorstellungen erledigen. Die Autonomie der Gruppe kann sich auf die Arbeitsplanung und
den Arbeitstakt beziehen, aber auch auf Personalfragen und Produkti-
onsangelegenheiten.

Ziel der Arbeitsplatzgestaltung ist die Erzielung optimaler Leistungen
durch den Stelleninhaber. Jeder Arbeitsplatz sollte so eingerichtet sein,
dass die Aufgaben günstig gelöst, Unfälle, Ermüdung, Ausschuss und
Fehler vermieden, Zeit und Kräfte eingespart und die Arbeitsbedingungen in dem Sinne beachtet werden, dass die nachhaltige Lebensleistung
des Arbeitenden Grundlage der Gestaltungsüberlegungen ist. Hier sind
neben den Tätigkeiten und den Arbeitsmitteln die angenehme Arbeits-
umwelt, die Anpassung an die Maße des menschlichen Körpers, die
Ausstattung mit Anzeige- und Kontrollgeräten sowie die sicherheits-
technische Ausgestaltung des Arbeitsplatzes zu nennen.

Die Arbeitszeit ist in der Arbeitszeitordnung und in den Tarifverträgen
geregelt. Die Anreizwirkung der Arbeitszeit ergibt sich durch Pausenre-

gelungen, durch variable Arbeitszeitregelungen und durch Formen der Teilzeitbeschäftigung. Dabei sind verschiedene Arbeitszeitmodelle (**Abb. 62**) und Formen der Teilzeitarbeit (**Abb. 63**) denkbar.

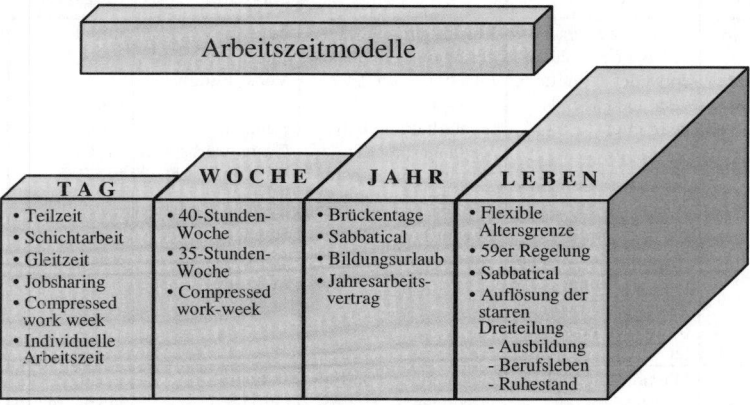

Abb. 62: Arbeitszeitmodelle

Die Phantasie kennt keine Grenzen
Formen, Zweck und Anwendungsbereiche flexibler Teilzeitarbeit

Arbeits-zeitform	Kurzbeschreibung	Anwendungszweck	Anwendungs-bereiche	Verbrei-tungsgrad
Traditionelle Teilzeitarbeit (Halbtagsarbeit)	Täglich werden 4, 5 oder 6 Stunden entweder vormittags oder auch abends gearbeitet.	Bewältigung eines geringeren Arbeitsanfalls bzw. von Arbeitsspitzen, Aufrechterhaltung bzw. Verlängerung der Betriebszeit, Arbeitskräftebeschaffung.	Industrie (Produktion und Verwaltung) Handel Banken Gastgewerbe Reinigungsgewerbe	mittel groß groß groß groß
	An bestimmten Tagen in der Woche oder im Monat werden 4, 5 oder 6 Stunden gearbeitet.	Bewältigung von Arbeitsspitzen	Handel Banken (Ultimokräfte)	groß gering
Teilzeitschichten	Die normale tägliche Betriebszeit wird in Teilzeitschichten aufgeteilt	Vermeidung von Entlassungen, u. U. Produktivitätsgründe	Industrie (Produktion und Verwaltung) Handel	gering/ ausbaufähig groß
	Die normale tägliche Betriebszeit wird durch Teilzeitschichten unterschiedlicher Dauer und Lage verlängert	Bessere Auslastung vorhandener Kapazitäten, Arbeitskräftebeschaffung	Industrie (Produktion) Gastgewerbe Handel Banken	gering/ ausbaufähig groß groß gering
Block-Teilzeitarbeit	Vollzeitarbeit an einigen Tagen in der Woche (z.B. 2 1/2 Tage i.d.W. oder 5 Tage innerhalb von 2 Wochen	Arbeitskräftemotivation, u. U. Produktivitätsgründe	Industrie (Produktion und Verwaltung) Handel Banken	gering/ ausbaufähig mittel mittel
	Wochenweiser Wechsel von Vollzeitarbeit und Freizeit (z. B. 1 Woche Vollzeitarbeit und 1 Woche Freizeit; 3 Wochen Vollzeitarbeit und 1 Woche Freizeit; Zweischichtsystem)	Bessere Auslastung vorhandener Kapazitäten, Arbeitskräftemotivation	Industrie (Produktion)	gering/ ausbaufähig

	Wochenweiser Wechsel von Voll- zeitarbeit und Teilzeitarbeit (z. B. 1 Woche Vollzeit- arbeit, 2 Wochen Teilzeit- arbeit; Dreischicht- system)	Bessere Auslastung vorhandener Kapazi- täten, Arbeitskräfte- motivation	Industrie (Produktion)	gering/ ausbaufähig
Variable Arbeitszeit	Festlegung einer individuell be- stimmten Soll- Arbeitszeit für einen längeren Zeitraum (Monat oder Jahr) mit der Möglichkeit des flexiblen Ein- satzes in Anpassung an betriebliche und/oder persönli- che Erfordernisse	Bessere Anpassung an Nachfrageschwan- kungen, Arbeits- kräftemotivation	Industrie (Produktion) Handel Gastgewerbe Banken	gering/ ausbaufähig mittel gering/ ausbaufähig gering/ ausbaufähig
Partner- Teilzeitar- beit (Job- Sharing)	Zwei oder mehr Mitarbeiter teilen sich einen Vollzeit- arbeitsplatz, wobei sie ihre Arbeitszeit in gegenseitiger Abstimmung im Rahmen der norma- len Betriebszeit selbst festlegen	Arbeitskräftemoti- vation, u. U. Produk- tivitätsgründe	Industrie (Produktion und Verwaltung) Banken Handel	gering/ ausbaufähig gering/ ausbaufähig gering

Quelle: Bundesvereinigung der deutschen Arbeitgeberverbände

Abb. 63: Formen der Teilzeitarbeit

Die **Arbeitsbewertung** ist ein Verfahren zur Untersuchung und Bewertung von Arbeitsplätzen eines Betriebes. Als Maßstäbe dienen der Arbeitsinhalt und die Arbeitsanforderung. Bei der Arbeitsbewertung wird
allein die Schwierigkeit des Arbeitsplatzes bewertet. Sie geht von einer
Analyse der einzelnen Tätigkeiten aus. Die Tätigkeiten werden nach
bestimmten Anforderungsarten untersucht und verglichen. Der Vergleich der Arbeiten untereinander nach ihren Anforderungen führt zu
einer zahlenmäßigen Bewertung.

Die wesentlichen Ziele der Arbeitsbewertung sind:

- anforderungsabhängige Lohndifferenzierung,
- genauere Zuordnung der Mitarbeiter auf die Arbeitsplätze,
- Verbesserung der Arbeitsplätze und
- fundierte Arbeitsgestaltung.

Das Wesen der summarischen Verfahren der Arbeitsbewertung liegt darin, dass die Arbeitsschwierigkeit eines Arbeitsplatzes als Ganzes – als eine Einheit – betrachtet und bewertet wird. Die unterschiedlichen Anforderungsarten werden nicht differenziert gewertet. Dies erfordert vom Arbeitsbewerter umfassende Kenntnisse aller Arbeitsplätze.

Das Wesen der analytischen Verfahren der Arbeitsbewertung ist die getrennte Bewertung der einzelnen Anforderungsarten eines Arbeitsplatzes. Aus den einzelnen Anforderungswerten wird der Gesamtwert jeder Tätigkeit ermittelt. Bei der Festlegung der einzelnen Anforderungsarten wird in der Regel vom „Genfer Schema" ausgegangen (**Abb. 64**).

	Können	Belastung
Geistige Anforderungen	X	X
Körperliche Anforderungen	X	X
Verantwortung		X
Arbeitsbedingungen		X

Abb. 64: Die 6 Hauptanforderungsarten nach dem „Genfer Schema"

Das Hauptproblem der analytischen Verfahren bildet die Gewichtung der einzelnen Anforderungsarten untereinander, um die Gesamtschwierigkeit einer Tätigkeit ermitteln zu können.

Sowohl bei den summarischen wie auch bei den analytischen Verfahren der Arbeitsbewertung kann eine Reihung der Arbeitsplätze bzw. der Anforderungsarten durch Paarvergleich erfolgen oder auch eine Stufung durch eine kardinale Messung.

Die Arbeitsbewertung strebt eine nachprüfbare Quantifizierung der im Arbeitswert ausgedrückten Arbeitsschwierigkeiten an. Die dabei auftretenden Probleme lassen sich aber nicht ohne subjektive Urteile lösen. Deshalb sollte die Arbeitsbewertung eine Gemeinschaftsarbeit aus Arbeitsbewertern, Unternehmensführung und Belegschaftsmitgliedern sein.

In diesem Zusammenhang ergibt sich die Möglichkeit, EDV-gestützte Verfahren zur Personal-Aufgaben-Zuordnung einzusetzen. Die theoretischen Modelle, die auch in praktische Systeme eingebettet wurden, basieren auf dem Vergleich von Mustern, d. h. auf dem Vergleich eines Arbeitsplatzes mit einem Bewerberprofil. Da diese Systeme jedoch auch gravierende Mängel haben, konnten sie sich im Rahmen von Dispositionssystemen nicht durchsetzen (Mertens 1993, S. 289).

2.4.3 Personalanwerbung, -auswahl und -integration

Die **Personalanwerbung** für eine freie Stelle kann intern oder extern erfolgen. Sinnvollerweise wird man sich zunächst im eigenen Unternehmen nach geeigneten Bewerbern für eine freie Position umsehen. Dieses Verfahren ist gegenüber der externen Personalbeschaffung billiger, es wirkt auf die Mitarbeiter motivierend und es kann laut § 93 Betriebsverfassungsgesetz in bestimmten Fällen vom Betriebsrat verlangt werden.

Die wesentlichen Vorteile der internen Stellenausschreibung sind:

- Der Betrieb fördert die eigenen Mitarbeiter.
- Die innerbetriebliche Mobilität wird gesteigert.
- Der Mitarbeiter macht ohne Verlassen des Betriebes Karriere.
- Nicht genutzte Fähigkeiten kommen zum Einsatz.
- Der Mitarbeiter bemüht sich um die geforderte Qualifikation.
- Die Zufriedenheit der Mitarbeiter wächst.
- Das Risiko einer Fehlbesetzung ist geringer.
- Ältere Mitarbeiter erhalten einen angemessenen Arbeitsplatz.

Es sind aber auch die Nachteile zu sehen:

- Jeder Wechsel kann zu einer Kettenreaktion führen.
- Externer Bedarf verlagert sich z.T. zu schlecht zu besetzenden Positionen.
- Der Vergleichsmaßstab zu externen Kräften geht verloren.
- Abgelehnte interne Bewerber sind frustriert.

Der Erfolg innerbetrieblicher Stellenausschreibungen ist abhängig von der Art der Durchführung. Das Verfahren muss fair und für die Beteiligten einsichtig sein, sonst wird die interne Stellenbesetzung von den Mitarbeitern nicht angenommen. Als Voraussetzungen sind weiter die Betriebsgröße, die Art der Stellen und die Qualifikation der Mitarbeiter zu nennen.

Die üblichen Wege zur Anwerbung externer Mitarbeiter bestehen in der Einschaltung von Anzeigen oder der Arbeitsvermittlung, in Aushängen am Werktor und in den Ausbildungseinrichtungen. Daneben wird das Unternehmen aber auch weiterhin bemüht sein, freie Positionen durch Empfehlungen aus dem Kreis der Mitarbeiter zu besetzen. Wichtig ist dabei nicht eine große Anzahl von Bewerbungen, sondern eine große Anzahl qualifizierter Bewerbungen, die eingehen. Das setzt eine detaillierte Unterrichtung des Stellensuchenden voraus.

Die **Personalauswahl** hat die Aufgabe, den im Hinblick auf die Anforderungen der Stelle geeigneten Bewerber auszuwählen. Das ist üblicherweise die Person, deren Fähigkeiten weitestgehend mit den Anforderungen der Stelle übereinstimmen. Das Problem liegt darin, die Fähigkeiten der Bewerber sicher erkennen zu können. Diese Tätigkeit erfordert die Auswertung von Bewerbungsunterlagen (**Abb. 65** auf S. 140), das Vorstellungsgespräch, Einstellungstest sowie die Probezeit und gilt gleichermaßen für die interne wie die externe Personalbeschaffung.

Die in der Vorauswahl bestimmten Bewerber sind als nächstes zu einem Vorstellungsgespräch einzuladen. Dieses verschafft dem Betrieb zusätzliche Informationen über den Bewerber und dem Bewerber über den Betrieb. Neben der Personalabteilung sollten die Fachabteilungen, z. T. auch Betriebsarzt und Psychologen beteiligt sein.

Neben dem Vorstellungsgespräch werden z. T. auch Einstellungstests durchgeführt. Hier werden Interesse-, Neigungs- und Persönlichkeitstests, Leistungstests und Intelligenztests durchgeführt. Bei den Persönlichkeitstests geht es um die Bestimmung von Wesensmerkmalen, die weitgehend situationsunabhängig sind. Leistungstests zielen darauf ab, Merkmale wie Konzentration, Aufmerksamkeit und Anstrengung zu messen. Intelligenztests versuchen, graduell die einzelnen Fähigkeiten eines Individuums zu bestimmen. Es sollte sehr sorgfältig untersucht werden, ob ein Testverfahren im konkreten Fall zusätzliche Informationen liefern kann. Die Durchführung gehört in die Hand erfahrener Psychologen.

Ein Ansatz, um die Probleme und Schwierigkeiten der herkömmlichen Auswahlverfahren zu verbessern, besteht im Assessment Center. Es ist ein systematisches Verfahren zur Auswahl und Entwicklung von Führungskräften. Alle Bewerber nehmen gleichzeitig an dem zwei- bis dreitägigen Seminar teil, bei dem alle erforderlichen Beurteilungsmethoden eingesetzt werden können und die Beurteilung selbst von mehreren Personen durchgeführt wird. Ziel ist die Auswahl des geeignetsten Bewerbers und die Ermittlung des Ausbildungsbedarfs aller Bewerber. Damit ist eine Reihe von Vorteilen verbunden:

- Nur die Leistung, nicht die Gesamtpersönlichkeit, wird beurteilt.
- Mehrere Beurteiler nehmen die Wertungen vor.
- Die Objektivität bei der Auswahl wird erhöht.
- Praxisnahe Fälle und Situationen werden vorgegeben.
- Mehrere Methoden können eingesetzt werden.
- Alle Teilnehmer werden gleichzeitig beurteilt.
- Die Beurteilung erfolgt persönlich mit Begründung.
- Sinn und Zweck der Übungen sind für die Teilnehmer klar.
- Die Eignung für die zukünftige Position wird ermittelt.

Die **Einführung und Integration** des Mitarbeiters soll ihn mit dem Unternehmen und seinem Arbeitsplatz vertraut machen, sein Zusammenleben im Betrieb erleichtern und ihn rasch auf das geforderte Leistungsniveau bringen (**Abb. 66**).

Unterlagen	Kriterien	Aussagefähigkeit		
		groß	begrenzt	ohne
1. Anschreiben	Form		X	
	Handschrift		X	
	Inhalt	X		
2. Lebenslauf	Form		X	
	Handschrift		X	
	Inhalt		X	
	Familie		X	
	Religion			X
	Hobbies		X	
	Berufliche Aussagen	X		
	Berufliche Erwartungen	X		
3. Foto	Größe, Farbe			X
4. Schulzeugnis	Ausbildungsdauer		X	
	Noten-Trend		X	
	Benotungsschwerpunkte		X	
5. Ausbildungszeugnis	Ausbildungsdauer		X	
	Noten-Trend		X	
	Benotungsschwerpunkte	X		
6. Weiterbildungs-zeugnis	Fachbereiche	X		
	Bewertung	X		
7. Arbeitszeugnisse		X		
Tätigkeitsbescheinigungen			X	
8. Referenzen				X
9. Arbeitsproben		X		
10. Personalbogen		X		

Abb. 65: Bedeutung der Bewerbungsunterlagen (Knebel 1992, S. 63)

Maßnahmen	Erläuterungen
Durchführung des Vorstellungsgesprächs	Die richtige Einführung neuer Mitarbeiter beginnt bereits mit der Anwerbung eines Bewerbers. Deshalb ist bereits das Vorstellungsgespräch im Sinne einer positiven Beeinflussung des Mitarbeiters zu führen.
Betriebliche Richtlinien für Vorgesetzte	Richtlinien für Vorgesetzte sollen diese bei der Vorbereitung der Mitarbeiter, des Arbeitsplatzes, der Gestaltung des ersten Arbeitstages usw. unterstützen.
Einstellungsschreiben und Arbeitsvertrag	Mit der Bestätigung der Vereinbarungen sollte auch ein Merkzettel für die Bewerber beigefügt werden, der darauf hinweist, was für die Einstellung mitzubringen bzw. zu beachten ist.
Einführungsschrift	Die Einführungsschrift soll Informationen über die Geschichte des Unternehmens, die Produkte, die Personalpolitik, die Arbeitsaufnahme, die Arbeitsdurchführung, mögliche Arbeitserleichterungen und das Zusammenleben im Unternehmen enthalten.
Einführungsgespräch	Das Einführungsgespräch sollte an das Vorstellungsgespräch anknüpfen und die notwendige Vertrauensgrundlage schaffen.
Der Pate und seine Aufgaben	Die Aufgabe des Paten besteht in der Integration des neuen Mitarbeiters in das Unternehmen und in die Arbeitsgemeinschaft. Wichtig ist die Auswahl und Vorbereitung des Paten.
Einführung am Arbeitsplatz	Die Einführung am Arbeitsplatz sollte mit Informationen über den Vorgesetzten und die neuen Mitarbeiter verbunden sein, sowie mit einer klaren und verständlichen Arbeitsunterweisung. Dazu gehören auch Informationen über den Unfallschutz und sonstige betriebliche Ordnungsvorschriften.
Merkzettel für neue Mitarbeiter	Dieser Merkzettel sollte dem neuen Mitarbeiter als Gedächtnisstütze dienen und z.B. Name und Rufnummer wichtiger Personen und Anschlüsse, Hinweise auf betriebliche Regelungen usw. enthalten.

Abb. 66: Maßnahmen zur Einführung von Mitarbeitern

Die rasche soziale Integration in das Unternehmen setzt die Kenntnis der formalen und informalen Einstellungs- und Verhaltensnormen der Vorgesetzten und der Arbeitsgruppe voraus und verlangt die Akzeptanz dieser Normen. Es handelt sich dabei allerdings um eine wechselseitige Beziehung, da der neue Mitarbeiter selbst das soziale System mit prägt. Die betriebliche Sozialisation ist nur beschränkt organisatorisch gestalt- und kontrollierbar, da sie überwiegend über informale Prozesse in der Arbeitsgruppe verläuft.

Für den Bereich der Personalanwerbung und -auswahl sind ebenfalls Möglichkeiten zum EDV-Einsatz gegeben. Hinsichtlich der Personalanwerbung ist es denkbar, Dateien für potentielle Mitarbeiter aufzubauen, um einen entsprechenden Auswahlbestand zu erhalten. Zudem kann im Sinne einer selektiven Informationsverteilung, eine Unterrichtung der betroffenen Stellen bezüglich der potentiellen und tatsächlichen Bewerber erfolgen. Die EDV kann in diesem Bereich auch für die Erstellung von Statistiken (z.B. über die Ursache einer Bewerbung) dienlich sein. Für die Auswahl von Bewerbern werden heute auch Standardsoftwareprogramme angeboten, die ein systematisches Bewerbungsmanagement ermöglichen.

2.4.4 Entlohnung und soziale Leistungen

Jedes Entlohnungssystem sollte das Gerechtigkeitspostulat der Gleichheit von Leistung und Gegenleistung erfüllen.

Beim Zeitlohn wird für eine feste Zeiteinheit (Stunde, Tag, Woche, Monat) ein bestimmter Lohnsatz festgelegt. In seiner reinen Form berücksichtigt er keine Leistungsunterschiede bei gleichem Arbeitswert. Er stellt allerdings auf die Normalleistung ab. Da die tatsächliche Leistung nicht in den Lohn einfließt, spricht man auch von einem Lohn auf Treu und Glauben. Der Mitarbeiter kann mit einem festen Lohn rechnen, während der Betrieb das Risiko der unsicheren Lohnkosten pro Stück zu kalkulieren hat. Da Leistungsunterschiede nicht honoriert werden, treten Spannungen zwischen den Mitarbeitern auf. Deshalb sollten zusätzlich Leistungsbeurteilungen stattfinden, die förderungswürdige Mitarbeiter kenntlich machen.

Beim Leistungslohn wird für eine bestimmte Leistung, die Erstellung einer quantitativ festgelegten Arbeitsmenge, ein fester Lohnbetrag gewährt. Diese Leistung wird von einer ganzen Reihe von Faktoren geprägt, die vom Betrieb festgelegt werden können. Der Akkordlohn ist die zur Zeit verbreiteteste Form des Leistungslohns. Als linear-proportionaler Stücklohn stellt er die konsequenteste Verwirklichung des Gerechtigkeitsgrundsatzes dar.

Die Vorgabe des Akkords kann in Form des Geld- oder Zeitakkords erfolgen. Beim Zeitakkord wird mit der Vorgabezeit ein Richtwert der Leistung gesteckt und damit der Leistungsgedanke vor den Verdienstgedanken gestellt. Beim Geldakkord ergibt sich der Verdienst aus der Menge und dem Geldsatz je Mengeneinheit.

Mit dem Schlagwort Akkordschere verbindet man die Vorstellung, dass bei Leistungsgraden über 130 % der Arbeitgeber eine Neuaufnahme des Akkords vornimmt und dabei die Vorgabezeiten drückt, zum Teil unter dem Vorwand organisatorischer Umstellung.

Beim Prämienlohn wird zum Grundlohn, der nach Zeit oder Menge bemessen sein kann, eine Zusatzprämie gewährt. Bei dieser Lohnform (**Abb. 67**) besteht die Möglichkeit, qualitative und wirtschaftliche

	Ökonomische Effizienz		Soziale Effizienz	
	Vorteile	**Nachteile**	**Vorteile**	**Nachteile**
Zeitlohn	- Keine Beeinträchtigung der Leistungsqualität zugunsten von Mengenleistung (Voraussetzung: hinreichend intrinsisch motivierende Tätigkeit).	- Kein Anreiz zur Mehrleistung. - Risiko der Minderleistung wird kurzfristig ausschließlich von der Organisation getragen.	- Gewährung von Sicherheit.	- Unzufriedenheit bei leistungsstarken Mitarbeitern aufgrund nicht entgoltener relativer Mehrleistung.
Akkordlohn	- Anreiz zu hoher Mehrleistung. - Anreiz zur rationellen Gestaltung von Arbeitsabläufen.	- Beeinträchtigung der Leistungsqualität. - Erhöhung der variablen Einsatzfaktorkosten (z. B. erhöhter Verbrauch von Betriebs- und Hilfsstoffen).	- Förderung der (Tausch-) Zufriedenheit.	- Langfristige Gesundheitsgefährdung wegen Überlastung. - Eingeschränkte Kommunikation.
Prämienlohn	- Flexibel einsetzbares Leistungsanreizinstrument, das die Möglichkeit der Nutzung der Vorteile von Zeit- und Akkordlohn unter weitgehender Vermeidung ihrer Nachteile bietet.	- Gegebenenfalls schwierige Ermittlung.	- Gegenüber Akkordlohn geringere emotionale Belastung.	

Abb. 67: Beurteilung der Lohnformen (Marr/Stitzel 1979, S. 411)

Leistungskriterien in Ersparnis-, Termin-, Sorgfalts-, Erfolgs- und Nutzprämien zu berücksichtigen. Es können auch mehrere Prämien miteinander verknüpft werden. Die Prämie sollte in Abhängigkeit vom Leistungskriterium progressiv gestaffelt werden, damit sie motivierende Wirkung hat; auf der anderen Seite sollten aber auch für den Betrieb Kostenvorteile entstehen.

Die Entlohnung enthält insgesamt die Komponenten der nachfolgenden **Abbildung 68**.

Unter Gewinnbeteiligung wird im eigentlichen Sinne nur die aufgrund eines Arbeitsverhältnisses gewährte Ergänzung zum Lohn verstanden. Sie hat im Gegensatz zum Lohn aber keinen Kostencharakter, sondern ist eine Saldogröße zwischen Aufwand und Ertrag. Ziel der Gewinnbeteiligung ist die Motivation der Mitarbeiter, die Verbesserung des Zusammenhalts im Betrieb und die engere Bindung der Mitarbeiter an den Betrieb. Die zu lösenden Hauptfragen von Gewinnbeteiligungsmodellen zeigt **Abbildung 69**.

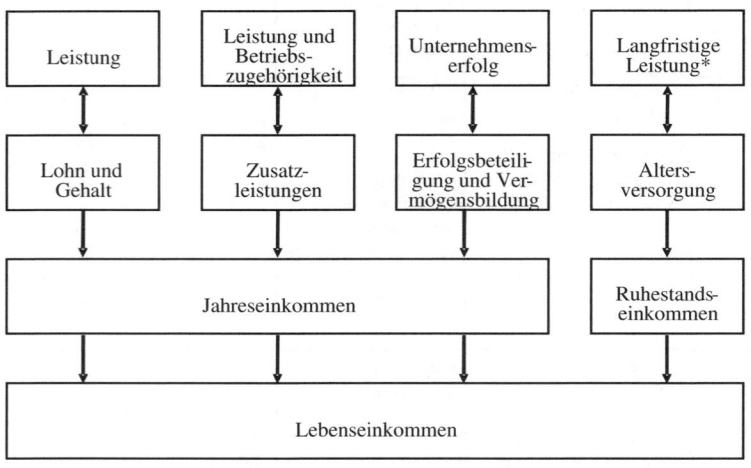

* gemessen an der Funktion und der Dauer der Betriebszugehörigke

Abb. 68: Komponenten der Entgeltpolitik (BMW AG - Manuskript: Zukunftsorientierte Personalpolitik bei BMW)

Beteiligungsbasis	Leistung	Ertrag	Gewinn
Beteiligungsquote/ Verteilungsgrundlage	Lohnkonstante	Kapitalwertrelation	Dividendenbeteiligung
Mitarbeiteraufteilung	kollektiv (Gleichverteilung)	individuell (Betriebszugehörigkeit, ...)	
Ausschüttungs- modalitäten	Barauszahlung	Überführung in Vermögensanteile	

Abb. 69: Grundfragen der Gewinnbeteiligung

Die angestrebte Wirkung der Gewinnbeteiligung kann nur erreicht werden, wenn die Modalitäten offen gelegt werden und nach objektiven und sachgerechten Merkmalen vorgegangen wird. Gewinnbeteiligungen sind als sonstige Bezüge zu versteuern und gehören zum beitragspflichtigen Entgelt in der Sozialversicherung.

Neben der Anforderungs- und Leistungskomponente ist auch die Sozialkomponente im Lohn zu berücksichtigen. Dies geschieht in Form der sozialen Leistungen. Ein immer größerer Teil der sozialen Leistungen ist nun gesetzlich oder tarifvertraglich geregelt. Für die Gewährung freiwilliger sozialer Leistungen spricht die Bindung an den Betrieb, die Verbesserung des Betriebsklimas, die Steigerung der Leistungsfähigkeit und die Förderung der Selbstverantwortung. Unter freiwilligen Sozialleistungen werden diejenigen Leistungen des Betriebes verstanden, die auf freiem Entschluss des Arbeitgebers beruhen und auf die die Arbeitnehmer keinen Rechtsanspruch haben.

Abbildung 70 zeigt die Bestimmungsgründe einer betrieblichen Sozialpolitik auf.

Heute stehen folgende Ziele im Vordergrund der Sozialleistungen:

- Ausgleich sozialer Nachteile bestimmter Mitarbeitergruppen,
- Ergänzung ungenügender staatlicher Sozialleistungen,
- Förderung und Schutz der Familie,
- Schaffung sicherer und menschenwürdiger Arbeitsplätze,
- Förderung der Selbstverantwortung,
- Förderung der Persönlichkeitsbildung,
- Förderung des Gemeinschaftsgefühls.

Abb. 70: Bestimmungsgründe einer betrieblichen Sozialpolitik

Neben dem theoretischen Hintergrund ist in der Praxis natürlich die Handhabung der Entlohnung bzw. der sozialen Leistungen von Interesse. Der Bereich der Entgeltabrechnung, d. h. Lohn-, Gehalts-, Ausbildungsbeihilfs- und Provisionsabrechnung, bietet dabei schon immer ein Einsatzgebiet für die automatisierte Informationsverarbeitung.

Trotz einer standardisierten Grundstruktur wird aufgrund gesetzlicher, tariflicher oder freiwilliger Veränderungen oft eine Weiterentwicklung und Pflege der Programme notwendig, weshalb viele Betriebe von individuellen Programmen auf Fremdsoftware umsteigen. Mit den Entgeltabrechnungsprogrammen können verschiedene, differenzierte Aufgaben wahrgenommen werden, die auch eine Integration mit einer verfeinerten, EDV-gestützten Anwesenheitszeiterfassung ermöglicht (Mertens 1993, S. 280 ff.).

Die EDV kann auch für die Unterstützung der betrieblichen Altersversorgung eingesetzt werden. So kann z. B. die Rentenabrechnung durchgeführt werden, die gleichzeitig Auskünfte über Rentenanwartschaften oder Werte für die Berechnung von Pensionsrückstellungen liefert.

2.4.5 Personalbeurteilung

Mitarbeiter können nur dann optimal im Betrieb eingesetzt werden, wenn ihre Leistungen und Fähigkeiten genau bekannt sind. Dies kann durch eine regelmäßige schriftliche Personalbeurteilung erreicht werden. Sie erfüllt folgende Funktionen:

Aus der Sicht des Betriebes:

- Sie sorgt mit für eine gerechte Gehaltsfindung.
- Sie weist auf Spezialkräfte im Unternehmen hin.
- Sie zeigt rechtzeitig auf Führungsbegabungen hin.
- Sie weist auf Ausbildungsdefizite hin, die durch Fortbildung behoben werden können.
- Sie entscheidet über die endgültige Einstellung.
- Sie dient als Grundlage für disziplinarische Maßnahmen.
- Sie ist die Grundlage für das Beurteilungsgespräch.

Aus der Sicht des Mitarbeiters:

- Sie fördert seine Selbsterkenntnis.
- Dadurch kann er seine Ausbildung zielgerichtet durchführen.
- Er weiß, welche Positionen für ihn in Frage kommen.
- Er weiß, wie er von seinem Vorgesetzten eingeschätzt wird.

Die Personalbeurteilung wird nur dann Erfolg für den Betrieb und für den Mitarbeiter bringen, wenn eine Reihe von Anforderungen und Voraussetzungen erfüllt werden. Dazu muss man zunächst die möglichen Fehlerquellen einer Beurteilung kennen (**Abb. 71**).

Um derartige Fehler zu vermeiden, sollte sich der Beurteiler die folgenden Fragen vorlegen:

- Was für ein Beurteiler-Typ bin ich?
- Ist mir der Beurteilte eher symphatisch oder unsympathisch?
- Habe ich mich an den ersten Eindruck geklammert?
- Spielen in der Beurteilung persönliche Absichten eine Rolle?
- Basiert meine Beurteilung nur auf eigenen Beobachtungen?
- Kann ich meine Beurteilung belegen?

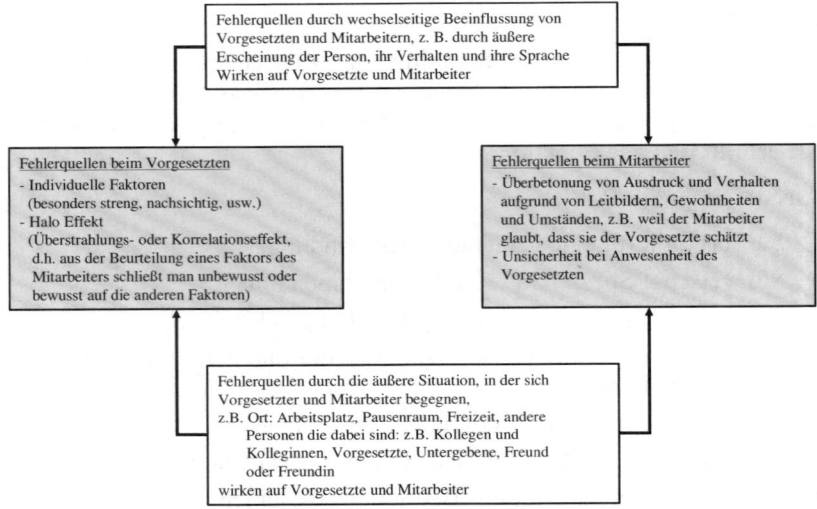

Abb. 71: Mögliche Fehlerquellen bei der Personalbeurteilung

Die Beurteilung sollte regelmäßig, d. h. in den ersten Dienstjahren jährlich erfolgen; sie ist schriftlich vorzunehmen; sie muss mit dem Mitarbeiter besprochen werden, und es muss ein Beurteilungssystem vorliegen.

Die Beurteilungskriterien sollen es dem Vorgesetzten ermöglichen, über seine Mitarbeiter fundierte Urteile zu fällen. Drei Bereiche können in eine Beurteilung einbezogen werden:

Die Beurteilung der **fachlichen Leistungen** mit Fachkönnen, Konzentrations- und Denkvermögen, Arbeitsausführung und Kontaktvermögen.

Die Beurteilung der **Mitarbeiterpflichten** mit Selbständigkeit, Information, Weiterbildung und Zusammenarbeit.

Die Beurteilung der **Vorgesetztenpflichten** mit selbständigem Handeln, Kontrolle, Förderung, Information der Mitarbeiter und Festlegen der Einzelziele.

2.4.6 Weiterbildung und Personalentwicklung

Der Einsatz neuer Techniken in den Betrieben, die stärkere Dynamik der Märkte, die wachsende Intensität des Wettbewerbs und die Erhaltung der Professionalität der Mitarbeiter verlangen nach systematischer Fortbildung. Die Vorteile sind offenkundig:

- Die berufliche Leistungsfähigkeit wird gefördert.
- Die Persönlichkeit des Einzelnen wird gestärkt.
- Neue soziale Kontakte erweitern das Gesichtsfeld.
- Weiterbildungsabschlüsse sind nützlich bei Beförderungen und Bewerbungen.

Ziel der Personalentwicklung (**Abb. 72**) ist somit die bedarfs- und mitarbeiterorientierte Weiterbildung. Für diese Arbeiten liegen auch EDV-Programme zur Unterstützung vor.

Sichtweise	Ziele
Unternehmen	- Sicherung des notwendigen Bestandes an Führungskräften und Spezialisten
	- Entwicklung von Nachwuchskräften
	- Erzielung von Unabhängigkeit vom Arbeitsmarkt
	- Entdeckung von Fehlbesetzungen im Unternehmen
	- Verbesserung des Leistungsverhaltens der Mitarbeiter
	- Steigerung der Sozialfähigkeiten der Mitarbeiter
	- Erhöhung der innerbetrieblichen Kooperation
Mitarbeiter	- Aktivierung nicht genutzter Fähigkeiten
	- Verbesserung der Selbstverwirklichungschancen
	- Schaffung der Voraussetzung für den Aufstieg
	- Erhöhung und Sicherung des Einkommens
	- Steigerung der Mobilität auf dem Arbeitsmarkt; Verbesserung der Einsatzmöglichkeiten

Abb. 72: Ziele der Personalentwicklung

2.4.7 Aufgaben der Personalverwaltung

Die Aufgaben der Personalverwaltung können in der Praxis sehr unterschiedlich geregelt sein. Hier sollen die Personalbetreuung, die Bereitstellung von Personalinformationen und die Durchführung des betrieblichen Vorschlagswesens angesprochen werden.

Die Abwicklung der Personalbetreuungsarbeiten umfasst alle Verwaltungstätigkeiten von der Einstellung bis zum Ausscheiden des Mitarbeiters. Zum Teil geht diese Tätigkeit bis zur Betreuung der Pensionäre und deren Ehegatten. Die Arbeiten beginnen mit der Erfassung und dem Aufbewahren der Personaldaten. Die Personalakte enthält alle Unterlagen des Mitarbeiters mit Urkundencharakter. Die Vergabe von Personalnummern erfolgt zur Vereinfachung der Verwaltung, aber auch zur Verschlüsselung des Namens. Alle betroffenen Abteilungen und Mitarbeiter sind über den neuen Kollegen zu informieren. Im Folgenden werden alle wesentlichen Informationen und Unterlagen gesammelt, die den Mitarbeiter betreffen.

Zur Betreuung gehört weiterhin die Überwachung der Regelungen, die mit dem einzelnen Mitarbeiter vereinbart wurden oder die für die gesamte Belegschaft gelten. Dies bezieht sich auf die jährlichen Gehaltsprüfungen, die Gehaltszahlungen, Spesen- und Reisekostensätze und Sondervergütungen. Darüber hinaus muss auch die Einhaltung anderer gesetzlicher und tarifvertraglicher Regelungen überwacht werden. Zu nennen sind Arbeitszeitregelungen, Urlaubsregelungen, Mutterschutz, Jugendschutz usw.

Die Ermittlung und Bereitstellung von Personalinformationen ist im modernen Personalwesen immer wichtiger geworden. Beförderung, Versetzung und Ausbildung kann nur dann gezielt erfolgen, wenn die erforderlichen Informationen zur Verfügung stehen. Dies kann durch Karteien oder Dateien erreicht werden. Immer sollte aber der Verwendungszweck der Informationen im Vordergrund stehen und nicht die leichte und billige Speicherung einer Unzahl von Informationen. Dies ist auch gerade unter den Aspekten des Datenschutzes und der Datensicherheit zu sehen.

In letzter Zeit sind verstärkt Konzeptionen entwickelt worden, die auf eine Aktivierung des eigenen Wissenspotentials abzielen.

• Nutzung des „geistigen Potentials" aller Mitarbeiter mit Hilfe eines wirksamen Vorschlagswesens zur Steigerung der Wirtschaftlichkeit und der Innovationsfähigkeit des Unternehmens.

- Einrichtung von Qualitätszirkeln zur Qualitätssteigerung der Produkte, zur Entwicklung von Verbesserungsvorschlägen und Realisierung dieser Lösungen.

Im Folgenden ist das Vorschlagswesen anzusprechen. Es handelt sich dabei um die Schaffung geeigneter organisatorischer Verfahren, die dafür sorgen, dass Neuerungen von Mitarbeitern einer Prüfung und Bewertung hinsichtlich ökonomischer wie sozialer Effizienz unterzogen und im positiven Falle eingeführt werden.

Vom Personalwesen ist alles zu unternehmen, um die Rahmenbedingungen eines erfolgreichen Vorschlagswesens zu entwickeln. Die Förderung der Kreativität ist durch Prämien, Selbstdarstellungen und Qualifikationsbeweise der Mitarbeiter zu fördern.

Die Grundfragen des Vorschlagswesens zeigt die **Abbildung 73**.

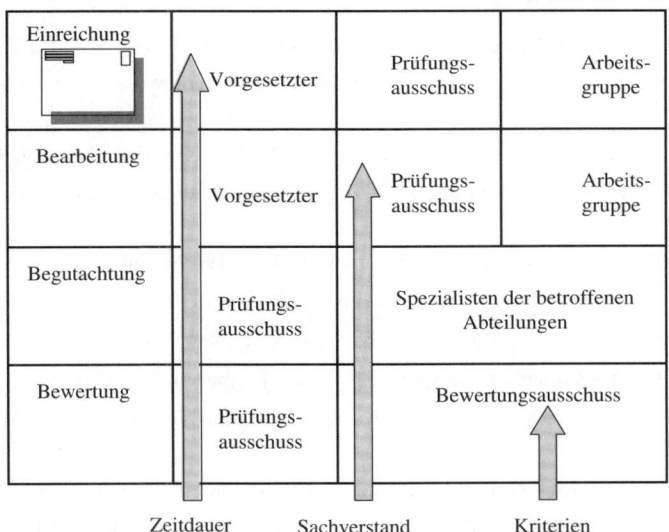

Abb. 73: Grundfragen des Vorschlagswesens

Die Bereitstellung von Personalinformationen bietet in vielfältiger Weise einen Ansatzpunkt für den Einsatz der automatisierten Informationsverarbeitung. Grundsätzlich können so laufend folgende Informationen geliefert werden:

- Personalbestandsentwicklung,
- Personalkostenentwicklung,
- Fluktuationsrate,
- Anwesenheits- und Fehlzeiten,
- Mitarbeiterstruktur.

In Verbindung mit sogenannten Melde- und Veranlassungsprogrammen (Mertens 2004, S. 263) können auch aus gesetzlichen Gründen notwendige Mitteilungen oder betriebsspezifische Veranlassungen generiert werden.

Literaturhinweise

Albert, G.: Betriebliche Personalwirtschaft, Ludwigshafen/Rhein, 5. Aufl., 2002.

Atkinson, J. W./Raynor, J. O. (Hrsg.): Motivation and Achievement, New York 1974.

Barnard, Ch. J.: Functions of the Executive, 13. Aufl., Cambridge/Mass. 1979.

Bisani, F.: Personalwesen. Grundlagen, Organisation, Planung, 3. Aufl., Wiesbaden 1992.

BMW AG: Zukunftsorientierte Personalpolitik bei BMW, Manuskript.

Hentze, J./Kammel, A.: Personalcontrolling, Bern u. a. 1993.

Herzberg, F. et al.: The Motivation to Work, 4. Aufl., New York 2002.

Knebel, H.: Das Vorstellungsgespräch, 16. Aufl., Freiburg i. Br. 2000.

Marr, R./Stitzel, M.: Personalwirtschaft - Ein konflikttheoretischer Ansatz, München 1979.

Maslow, A. H.: Motivation and Personality, 3. Aufl., New York u.a. 1987.

Olfert, K./Steinbuch, P. A.: Personalwirtschaft, 9. Aufl., Ludwigshafen/Rhein 2001.

Patchen, M.: Participation, Achievement and Involvement on the Job, New Jersey 1970.

Stopp, U.: Betriebliche Personalwirtschaft, 25. Aufl., Sindelfingen 2002.

Vroom, V. H.: Leadership, in: Dunnette, M. D. (Hrsg.): Handbook of Industrial and Organizational Psychology, Chicago 1978, S. 1527 ff.

C.3 Betriebsmittel

3.1 Grundlagen

Die Betriebsmittel umfassen die gesamte technische Apparatur, die zur Durchführung des Betriebsprozesses eingesetzt wird. Sie sind Schutz-, Ersatz- und Hilfsmittel menschlicher Arbeit. Zum Produktionspotential gehören Maschinen und maschinelle Anlagen, Werkzeuge, die Betriebs- und Geschäftsausstattung, Transport- und Verkehrsmittel, Grundstücke und Gebäude. Die Potentialfaktoren reichen vom Hammer bis zur elektronischen Datenverarbeitung. Aufgrund dieser Unterschiedlichkeit sind geschlossene und einheitliche Aussagen nur schwer möglich. Die Betriebsmittel lassen sich in drei Gruppen unterteilen:

1. Betriebsmittel zur direkten Produktionsbeteiligung mit eigenem Leistungsvermögen. Dazu gehören Kraft- und Arbeitsmaschinen, Apparaturen, Öfen und Reaktionsbehälter.

2. Betriebsmittel zur direkten Produktionsbeteiligung ohne eigenes Leistungsvermögen. Es handelt sich dabei um Werkzeuge, Vorrichtungen und Messgeräte.

3. Betriebsmittel zur indirekten Produktionsbeteiligung wie Grundstücke, Betriebsgelände, Fördereinrichtungen und die Betriebs- und Geschäftsausstattung.

Üblicherweise beziehen sich die Ausführungen auf die Betriebsmittel zur direkten Produktionsbeteiligung mit eigenem Leistungsvermögen, also auf die Maschinen.

Die Betriebsmittel werden in der Bilanz im Anlagevermögen ausgewiesen. Dort werden die Gegenstände bilanziert, die dem Betrieb auf Dauer dienen sollen, wobei von einem Zeitraum von mehr als einem Jahr ausgegangen wird. Betriebsmittel gehören zum Sach-, nicht zum Finanzanlagevermögen. Auch die geringwertigen Wirtschaftsgüter (GWG) gehören zu den Betriebsmitteln.

Für den Betrieb erscheinen drei Fragen im Zusammenhang mit den Betriebsmitteln von besonderer Bedeutung:

1. Welche Ansatzpunkte für Rationalisierungen ergeben sich für die Betriebsmittel?

2. Wie wirkt sich der technische Fortschritt auf die vorhandenen Betriebsmittel aus?

3. Welche Auswirkungen hat der technische Forschritt auf die Mitarbeiter im Betrieb?

Unter Rationalisierung wird die Veränderung eines Zustandes bezeichnet, die eine Verbesserung in Bezug auf ein bestimmtes Wertsystem und einen bestimmten Wissensstand zum Inhalt hat und die das Ergebnis eines bewussten Abwägens der Mittel gegen die Zwecke – als instrumentales Handeln – oder eines bewussten Abwägens der Zwecke gegeneinander – als rationale Wahl – ist.

Anfang der 1980er Jahre bezog sich die Rationalisierungsdiskussion auf den Einsatz so genannter „Neuer Technologien". Darunter werden insbesondere Geräte mit mikroelektronischen und anderen damals neuartigen Bauelementen verstanden, wie elektronische Datenverarbeitung, Industrieroboter, Werkzeugmaschinen mit computerisierter numerischer Steuerung (CNC-Maschinen) oder mit der Steuerung mehrerer Maschinen durch einen Prozessrechner (DNC-Systeme), die Steuerung verfahrenstechnischer Prozesse durch Prozessrechner, elektronische Registriergeräte, computergestützte Konstruktionssysteme (CAD), Arbeitsvorbereitungssysteme (CAP) und computerunterstützte integrierte Produktionssysteme (CIM), computerunterstützte Textverarbeitung, Bildschirmtext, Fernkopierer (Telefax) und dergleichen mehr (vgl. dazu auch Kapitel F.3.6).

Eine Untersuchung über den Einsatz von Industrierobotern bei VW zeigte, dass pro Industrieroboter in der unmittelbaren Produktion vier Arbeitsplätze entfallen, wenn im Zwei-Schicht-Betrieb gearbeitet wird. Dem steht ein Mehrbedarf für die Betreuung und Instandhaltung von 0,3 Facharbeitern pro Industrieroboter gegenüber. In der Herstellung werden pro Einsatzjahr und Gerät (insgesamt sechs Jahre Einssatzzeit) 0,5 Arbeitskräfte benötigt, so dass im Falle von VW, die zugleich Hersteller und Anwender dieser Geräte sind, das Verhältnis von entfallenen zu neuen Arbeitsplätzen fünf zu eins beträgt und damit die Arbeitsproduktivität um 400 % zunimmt (Friedrich 1982, S. 129).

Betrachtet man die Arbeitsproduktivität im Zeitablauf, müssten die Rationalisierungsbemühungen deutlich werden. Die Zahlen von VW z. B. haben sich allerdings im 10-Jahresabstand nicht verändert. 1980 wurden

11,7 und 1990 11,6 Fahrzeuge pro Mitarbeiter hergestellt, obwohl im Fahrzeugbau eine industrielle Revolution stattfand. Als Begründung für die geringfügige Veränderung können folgende Gründe genannt werden:

1. Die Fertigungstiefe war hoch und hat z. T. noch zugenommen.
2. Die Aufqualifizierung der Fahrzeuge ist arbeitsintensiv.
3. Der Personalbestand ist zu hoch.

Die Rationalisierungsart "Ersatz vorhandener Anlagen, Maschinen oder Apparate" durch verbesserte, weiterentwickelte oder modernere Ausführungen umfasst den größten Teil der Rationalisierungsarten. Im Durchschnitt ersetzt jeder Betrieb alle 2,2 Jahre eine alte Anlage durch eine verbesserte neue und schafft sich alle 4,8 Jahre eine neue Anlage an, für die etwas Vergleichbares vorher nicht im Betrieb existierte (Dostal 1977, S. 14 ff.).

Die zweite Gruppe von Rationalisierungsmöglichkeiten nach dem Umfang besteht in der „Mechanisierung und Rationalisierung durch Zusatzgeräte und Einrichtungen an bereits vorhandenen Anlagen und Maschinen" wie z. B. der Anbau automatischer Waagen an Mischeinrichtungen, der Anbau von Greif- und Zuführungseinrichtungen an Maschinen, der Anbau von elektronischen, pneumatischen oder hydraulischen Elementen an vorhandenen Maschinen oder Anlagen, die Anschaffung neuer Werkzeuge oder der Einsatz von angetriebenen Handwerkszeugen. Nach der obigen Studie werden derartige Maßnahmen alle 3,8 Jahre in einem Betrieb durchgeführt. **Abbildung 74** zeigt Rationalisierungsmedien und -wirkungen.

Technischer Fortschritt kommt in der Entwicklung neuer Fertigungsverfahren zum Ausdruck, die eine Leistung mit niedrigeren Kosten oder bei gleichen Kosten eine höhere Leistung bzw. neuartige Leistungen herzustellen gestattet. Das Kosten-Leistungs-Verhältnis wird durch den technischen Fortschritt verbessert. Dabei ist die Tendenz heute nicht mehr allein in höheren Ausbringungsmengen zu sehen. Die Bemühungen der Hersteller gehen auch dahin, kleine Aggregate mit niedrigerem Kostenanfall zu entwickeln, insbesondere hinsichtlich des Energieverbrauchs. Wann derartige technische Neuerungen vom Betrieb eingeführt werden, ist zunächst eine Kostenfrage, die durch die Investitionsrechnung gelöst wird. Führen die Fertigungsverfahren aber zu verbesserten oder auch neuen Produkten, kann die Einführung eine Notwendigkeit für den Betrieb sein, wenn er konkurrenzfähig bleiben will.

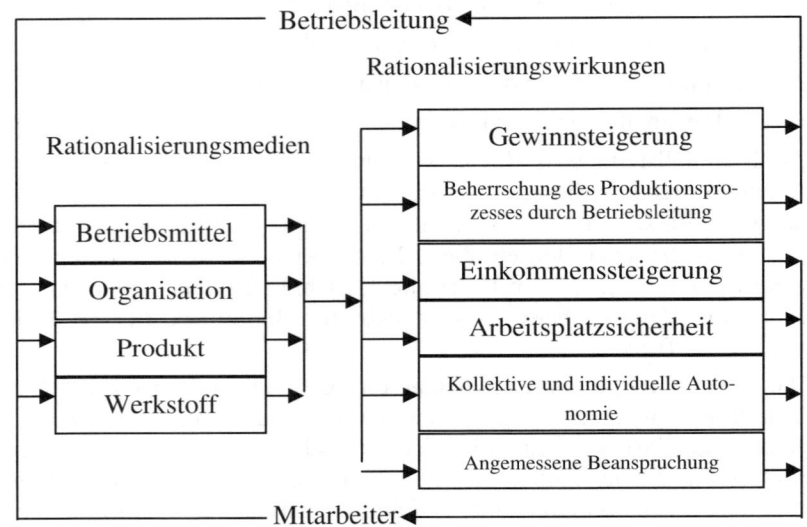

Abb. 74: Rationalisierungsmedien und -wirkungen

Die Stufen des technischen Fortschritts zeigen sich in der Mechanisierung und der Automation. Durch die Mechanisierung wurden manuelle Arbeiten der Mitarbeiter von Maschinen übernommen. Bei der Automation werden von den Aggregaten zusätzlich Kontrolltätigkeiten ausgeführt. Bei beiden Formen wird die körperliche Belastung der Mitarbeiter gesenkt. Die Automation führt aber zu einer höheren geistig-nervlichen Anspannung. Bei ihr und dem Einsatz von Industrierobotern verbleibt für die Mitarbeiter die Überwachung und Sicherstellung der Funktionsfähigkeit der Anlagen. Dies erfordert eine ständige Bereitschaft und dauernde Wachsamkeit, weil durch den Ausfall einer Maschine die gesamte Produktion stoppt.

Daraus lässt sich die These ableiten, dass die Bedürfnisse des Menschen den Erfordernissen des Produktionsprozesses untergeordnet werden, die Dauerkonzentration beim Mitarbeiter das Gefühl der Eigengesetzlichkeit des Fertigungsprozesses und der sozialen Isolierung verstärkt. (Heinen 1991, S. 808)

3.2 Nutzungsdauer der Betriebsmittel

Die Betriebsmittel verfügen über ein Leistungspotential, das durch die Produktionsprozesse in die zu erstellenden Leistungen eingeht. Im Laufe der Zeit ist das Leistungsbündel verbraucht und die Zeit der Nutzung beendet. Es handelt sich dabei um die technische Nutzungsdauer – die Zeitspanne, in der die Anlage technisch einwandfreie Leistungen abgeben kann. Die technische Nutzungszeit ist abhängig von der Art der Belastung, von der Art des Umgangs mit den Anlagen und von der Wartung und Instandhaltung. Maschinen, die nur wenige Verschleißteile aufweisen und relativ selten genutzt werden, können deshalb auch ein erhebliches Alter erreichen. **Abbildung 75** zeigt den Altersaufbau der Betriebsmittel.

Die technische und die wirtschaftliche Nutzungsdauer müssen nicht übereinstimmen. Üblicherweise wird die technische länger als die wirtschaftliche Einsatzzeit einer Maschine sein. Der technische Fortschritt, Änderungen des Produktionsprogramms und der Produktionsverfahren führen dazu, dass die Anlagen nicht mehr wirtschaftlich genutzt werden können.

In den Betriebsmitteln sind erhebliche Beträge investiert. Sie müssen auf die Leistungen verrechnet werden, die von diesen erstellt werden. Letztendlich müssen die Wertminderungen der Betriebsmittel erfasst und verrechnet werden. Die **Abbildung 76** gibt einen Überblick über die Ursachen von Wertminderungen, die häufig gleichzeitig auftreten können.

Alter in Jahren	Anlagen			Bauten			Ausrüstungen		
	1990	1992	1994	1990	1992	1994	1990	1992	1994
Bis 5	19,6	20,6	21,2	13,6	13,9	14,4	40,2	43,1	43,8
Über 5 bis 10	17,1	16,1	15,8	13,8	12,8	12,2	28,6	26,9	27,6
Über 10 bis 20	26,3	25,1	23,4	26,5	25,4	25,4	25,6	24,3	23,1
Über 20 bis 30	18,0	17,9	18,2	21,9	21,8	21,8	4,5	4,7	4,7
Über 30 (Ang. in %)	19,0	20,3	21,4	24,2	26,1	26,1	1,0	0,9	0,9
Nachrichtlich: Bruttoanlagevermögen in Mrd. DM	9903,9	10509,1	11073,5	7707,3	8109,8	8532,4	2196,6	2399,3	2541,1
Durchschnittsalter	20,5	20,6	20,7	24,1	24,4	24,6	8,1	7,8	7,7

Abb. 75: Altersaufbau der Betriebsmittel der Deutschen Industrie

Ursachen	Ausprägungen
Verschleiß	- Ruheverschleiß (Verwitterung, Rost, Fäulnis)
	- Leistungsverschleiß
	- Katastrophenverschleiß
Fristablauf	- Rechtsablauf (Pacht, Lizenz)
	- Zweckerfüllung (Behelfsbrücke, -lager)
Technischer Fortschritt	- Innovationen
Veränderungen der Markt- und Bedürfnisstruktur	- Veränderungen am Absatzmarkt
	- Veränderungen am Beschaffungsmarkt
Gesetzliche Auflagen und politische Entwicklungen	- Festlegung der Bebauungsgrenzen
	- Verfügungsbeschränkungen

Abb. 76: Übersicht der Ursachen der Wertminderung von Betriebsmitteln

Die Wertminderungen werden durch die Abschreibungen erfasst. Die Einflussfaktoren der Wertminderung sind bekannt, dennoch gibt es heute noch keine geeignete Methode, um die Entwertungsfaktoren einzeln exakt zu messen. Genau vorhersehbar sind nur Leistungsverschleiß und Fristablauf. Einen Überblick dazu gibt das Kapitel **E.2.2**.

Die gewählten Wertansätze und Nutzungszeiten sind davon abhängig, ob es sich um bilanzielle oder kalkulatorische Abschreibungen handelt. Die kalkulatorischen Abschreibungen der Kostenrechnung müssen so bemessen werden, dass nach Ende der Nutzungszeit eine Ersatzbeschaffung möglich ist. Bei den kalkulatorischen Abschreibungen ist deshalb von den Wiederbeschaffungskosten und der voraussichtlich tatsächlichen Nutzungszeit auszugehen. Die Wiederbeschaffungskosten können aus den Anschaffungswerten mit einem Preisindex umgerechnet werden, der z. B. vom Verein Deutscher Maschinenbauanstalten (VDMA) für bestimmte Maschinengruppen veröffentlicht wird. Die Nutzungszeit ist auf Grund betrieblicher Erfahrungen oder aus den Angaben der Lieferanten zu entnehmen.

Die bilanziellen Abschreibungen unterliegen dagegen gesetzlichen Vorschriften des Handels- oder Steuerrechts. Die bilanziellen Abschreibungen gehen als Aufwand in die Gewinn- und Verlustrechnung ein und beeinflussen den Periodengewinn. Vom Wertansatz gilt für die bilanziellen Abschreibungen das Anschaffungskostenprinzip. Der Steuergesetzgeber hat für die steuerliche Gewinnermittlung die Nutzungsdauern der verschiedenen Arten von Betriebsmitteln in sogenannten AfA-Tabellen (Absetzung für Abnutzung) normiert.

Werden die Anschaffungs- oder Wiederbeschaffungskosten auf die Zeitdauer der Nutzung verteilt, handelt es sich um fixe Kosten. Abschreibungen entstehen aber auch durch die Leistungserstellung direkt, wie die leistungsbedingte Abschreibung zeigt. Für die Plankostenrechnung kann es sinnvoll sein, eine Aufteilung der Abschreibungen in den fixen und proportionalen Anteil vorzunehmen.

3.3 Betriebsmittelplanung

Das generelle Ziel der Betriebsmittelplanung besteht in der kostengünstigen Produktion des Erzeugnisprogramms nach Menge und Qualität. Dieses globale Ziel ist in operationale Ziele und Kriterien aufzuteilen.

Hier sollen wirtschaftliche, technische und soziale Ziele unterschieden werden. **Abbildung 77, 78 und 79** zeigen die verschiedenen Ziele der Betriebsmittelplanung.

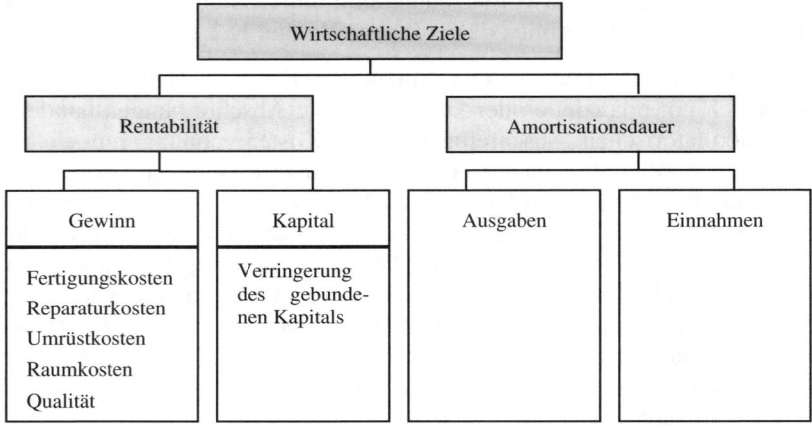

Abb. 77: Wirtschaftliche Ziele der Betriebsmittelplanung

Abb. 78: Soziale Ziele der Betriebsmittelplanung

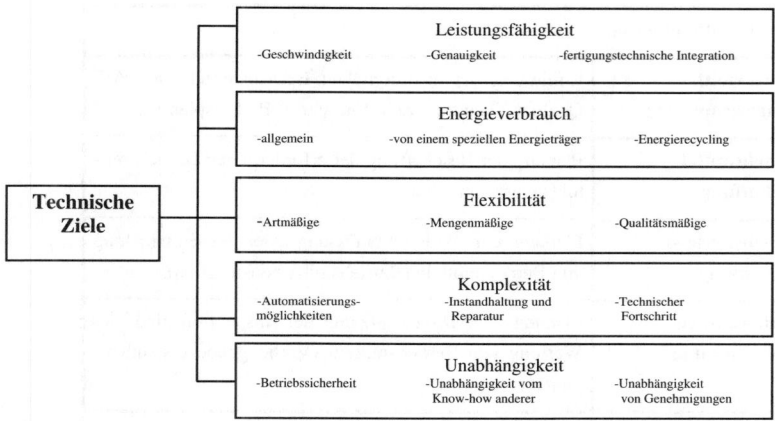

Abb. 79: Technische Ziele der Betriebsmittelplanung

Die verschiedenen Ziele haben im Einzelfall unterschiedliche Bedeutung. Eine Lösung ist häufig nur über einen Zielkompromiss zu erreichen. Die einzelnen Bestandteile der Betriebsmittelplanung zeigt die **Abbildung 80** auf.

Betriebsmittelplanung	
Betriebsmittel-bedarfsermittlung	Ermittlung der erforderlichen Betriebsmittel nach Art, Qualität, Quantität, Zeit, Einsatzort (Bedarfsplanung)
Betriebsmittel-beschaffung	Planung der Beschaffung der erforderlichen Betriebsmittel (Investition, Planung)
Betriebsmittel-entwicklung	Planung der Weiterentwicklung oder Neuentwicklung von Betriebsmitteln (Betriebsmittelkonstruktion)
Betriebsmittel-instandhaltung	Planung der Instandsetzung der Inspektion und der Wartung von Betriebsmitteln (Vorbeugende Instandhaltung)
Betriebsmitteleinsatz	Planung und Zuordnung der verfügbaren Betriebsmittel zu den Aufgaben

Abb. 80: Bestandteile der Betriebsmittelplanung (Refa 1985, S. 339 ff.)

3.4 Kapazitätsplanung und -messung

Das Grundproblem der Betriebsmittelausstattung besteht in der Festlegung der quantitativen und qualitativen Kapazität.

Die *qualitative Kapazität* kommt in den potentiellen Leistungsarten zum Ausdruck, die von einem Aggregat erzeugt werden können. Daneben sind auch die Maßgenauigkeit und die fertigungstechnische Elastizität Größen der qualitativen Kapazität.

Unter *quantitativer Kapazität* wird das mengenmäßige Leistungsvermögen eines Aggregates verstanden. Hier lässt sich eine Unterteilung in die Total- und die Periodenkapazität vornehmen. Die Totalkapazität ist Ausdruck aller Leistungsmengen, die von einer Maschine während ihrer Nutzungszeit abgegeben werden können. Die Periodenkapazität umfasst dagegen das Leistungsvermögen in der Planperiode.

Das Leistungsvermögen der Maschine kennzeichnet ihre maximale Kapazität. Für bestimmte Aggregate, wie z. B. Hochöfen, gibt es eine Minimalkapazität, mit der sie auf jeden Fall gefahren werden müssen. Dazwischen liegt üblicherweise die optimale Kapazität, d. h. die Leis-

tungsmenge, bei der die Maschine am kostengünstigsten arbeitet
(**Abb. 81**).

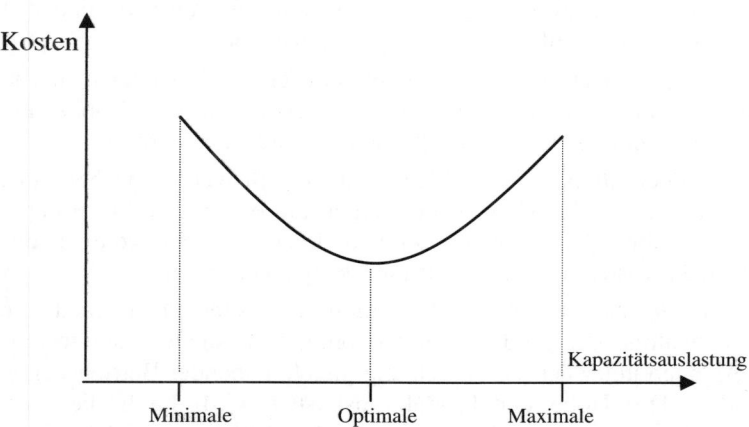

Abb. 81: Kostenverlauf in Abhängigkeit von der Kapazitätsauslastung

Die Kapazität eines Gesamtbetriebes ergibt sich aus dem Leistungsvermögen der produktiven Kombination von Arbeitskraft, Betriebsmittel und Werkstoff. Es ist nicht davon auszugehen, dass alle drei Faktoren völlig harmonisch aufeinander abgestimmt sind. Deshalb wird vom Engpass ausgegangen, den jeder der drei Faktoren bilden kann. In der Regel stehen aber die Betriebsmittel im Zentrum der Kapazitätsbetrachtungen, da Betriebsmittelveränderungen nur langfristig durchgeführt werden können.

Für die Kapazitätsmessung kommen die Ausbringungsmenge, die Verarbeitungsmenge oder Angaben über die Betriebsmittel selber in Frage.

Bei Einproduktbetrieben, paralleler Mehrproduktfertigung und auch bei der Kuppelproduktion mit festem Ausbringungsverhältnis kann die Kapazität in der erbrachten Leistung, d. h. in der Anzahl der zu fertigenden Produkte ausgedrückt werden. Fallen die Ausgangsstoffe unterschiedlich aus, z. B. bei Zucker- und Konservenfabriken, wird die Kapazität an der möglichen Verarbeitungsmenge von Zuckerrüben oder Gemüse gemessen.

Bei Mehrproduktunternehmen, für die keine Äquivalenzziffern angegeben werden können, muss die Messung über Maschinenzeiten erfolgen. Allerdings kann der Betrieb nicht durch eine einzige Zeit gekennzeichnet werden, sondern es ist eine Reihe von Zeiten für die verschiedenen Produkte, Fertigungsstufen und Maschinen anzugeben.

Die Messung der Kapazität wird immer schwieriger, je weiter man von der Massen- zur Einzelfertigung übergeht. Dennoch werden Kapazitätsangaben für Planungs- und Kontrollzwecke im Betrieb benötigt.

Die Kapazitäten können unterschiedlich angepasst werden. Dabei ist es von Bedeutung, ob die Mengenänderungen um einen Trend oszillieren oder sich unabhängig verhalten. Zum anderen sind auch die jeweils entstehenden Kosten der Kapazitätsanpassung zu ermitteln.

Unter einer *intensitätsmäßigen Anpassung* wird eine unterschiedliche Inanspruchnahme der produktiven Faktoren, insbesondere der technischen Anlagen unter der Voraussetzung gleichbleibender Betriebszeiten verstanden. Die Höhe der Produktionskosten wird durch die Verbrauchsfunktion und die Preise der Kostengüter bestimmt. Welche Form die Gesamtkostenkurve annehmen wird, insbesondere, ob sie gekrümmt oder linear verläuft, lässt sich in diesem Fall nicht generell sagen, da die Verbrauchsfunktionen sehr unterschiedlich sein können.

Die *zeitliche Anpassung* erfolgt durch Variieren der Betriebszeit, z. B. durch eine zweite Schicht, Überstunden oder Kurzarbeit. Bei unveränderten Produktionsbedingungen sind auch die Faktoreinsatzmengen, die direkt von der Ausbringung abhängen, proportional der Ausbringung. Der Kostenverlauf ist in dem Fall linear. Die Kostenelastizität ist unendlich groß, wenn keine Überstunden gemacht werden.

Bei der *kapazitätsmäßigen Anpassung* erfolgt die Anpassung an die Mengenänderungen durch Stilllegung oder Inbetriebnahme einer Anlage. Wird ein neues Aggregat in Betrieb genommen, entstehen intervallfixe Kosten des Aggregates und zusätzliche variable Kosten. Allerdings müssen die Aggregate nicht identische Kostenverläufe haben, so dass sich die Kostensituation insgesamt ändern kann.

Literaturhinweise

Dostal, W./Lahner, M./Ulrich, E.: Datensammlung zum Projekt Auswirkungen technischer Änderungen auf Arbeitskräfte, Beiträge zur Arbeitsmarkt- und Berufsforschung 20/1982, Nürnberg 1982.

Friedrich, J./Wicke, F./Wicke, W.: Computereinsatz: Auswirkungen auf die Arbeit, Reinbek bei Hamburg 1982.

Heinen, E.: Industriebetriebslehre, 9. Aufl., Wiesbaden 1991.

Refa – Verband für Arbeitsstudien und Betriebsorganisation e. V. (Hrsg.): Methodenlehre der Planung und Steuerung, Teil 2, 4. Aufl., München 1985.

Wöhe, G.: Einführung in die Allgemeine Betriebswirtschaftslehre, 22. Aufl., München 2005.

C.4 Werkstoffe

4.1 Grundlagen

Unter dem Begriff „Werkstoff" fasst man alle Güter zusammen, aus denen durch Umformung, Substanzveränderung oder Einbau neue Fertigprodukte hergestellt werden. Dazu gehören Roh-, Hilfs- und Betriebsstoffe, Energie und alle Güter, die als fertige Bestandteile in ein Produkt eingehen.

Die Abgrenzung zwischen Roh-, Hilfs- und Betriebsstoffen erfolgt nach der Zwecksetzung dieser Stoffe im Produktionsprozess.

Rohstoffe gehen als Hauptbestandteil in das Fertigprodukt ein. Sie stehen damit am Anfang eines betrieblichen Produktionsprozesses. Sie werden deshalb auch als Einsatzmaterial oder Ausgangsstoffe bezeichnet. Eine Schreinerplatte kann Endprodukt eines Furnierwerkes sein und Rohstoff für einen Möbelhersteller.

Hilfsstoffe gehen ebenfalls in das Fertigprodukt ein, aber nur als Nebenbestandteil. Dazu zählen z. B. Nägel, Schrauben, Farben und Kleber.

Betriebsstoffe ermöglichen den Betriebsmitteleinsatz, sie gehen selbst nicht in das Produkt ein. Hier sind Kraftstoffe, Energie, Schmiermittel usw. zu nennen.

Diese Abgrenzung ist für die Kostenrechnung von Bedeutung. Da die Rohstoffe dem Kostenträger direkt zugerechnet werden können, werden sie als Fertigungsmaterial ausgewiesen. Hilfs- und Betriebsstoffe dagegen werden über Zuschlagssätze verrechnet. Dabei besteht aber die Gefahr, dass die kostenmäßige Bedeutung dieser Stoffe nicht erkannt wird. Energie wird in sehr unterschiedlichen Formen für die Herstellung eines Produktes aufgewandt, ohne dass sie insgesamt als eine Größe betrachtet wird. Zumindest in der Kostenartenrechnung sollten deshalb die Hilfs- und Betriebsstoffe auf Mengen- und Wertänderungen kontrolliert werden.

4.2 Wahl der Werkstoffe

Die Werkstoffwahl ist abhängig von Menge und Preis, der Qualität und der speziellen Eignung für den Betrieb hinsichtlich der Verfahren und Technologien. Hinzu tritt als weiteres Kriterium die Umweltfreundlichkeit, die neben Emissionen und Gefährdungen auch die Recycling-Möglichkeiten der Abfall-, Ausschuss- und Reststoffe umfasst. Dieses Kriterium sollte relativ hoch bewertet werden, weil sich daraus an späterer Stelle des Produktionsprozesses Kosteneinsparungen ergeben können und beim Absatz Werbewirkungen zu erzielen sind.

Zur Wahl des optimalen Werkstoffes werden die technologischen Daten der verschiedenen Materialien, die erforderlichen Werkstoffmengen je Erzeugniseinheiten und die Beschaffungs- und Lagerkosten benötigt. Die Veränderungen in den Verfahren und bei den technischen Apparaturen, die Verbesserungen und Veränderungen der Werkstoffe müssen zeitnah erfasst werden, da sie erhebliche Auswirkungen auf die Wahl des Werkstoffes haben können. So werden ständig wachsende Anforderungen an die Verminderung des spezifischen Gewichts, die mechanische Festigkeit, die chemische Resistenz und die thermische Beständigkeit der Werkstoffe gestellt.

Diese Verbesserungen führen für die verschiedenen Verwendungsbereiche zu Substitutionsmöglichkeiten. Es wäre aber einseitig, Verbesserungen nur beim Hersteller dieser Werkstoffe zu erwarten. Ebenso bietet sich die Anpassung der Fertigprodukte, die Umstellung der Produktionsverfahren oder die Anpassung der Aggregate, z. B. an umweltfreundliche und kostengünstige Werkstoffe an durch die Berücksichtigung der

Bestimmungsfaktoren des Werkstoffeinsatzes in der Entwicklung und Konstruktion.

Zweckmäßig ist die Anlage einer Werkstoffdatei, in der die einzelnen Stoffe mit ihren Merkmalen erfasst und dazu Verweise auf alternative Stoffe gegeben werden auch bezüglich anderer Einsatzmengen. Besondere Probleme können sich aus den Unverträglichkeiten der Stoffe zueinander ergeben. Hier kann die Bestimmung kostenminimaler Werkstoffmischungen erforderlich werden.

Die Reinheit oder Zusammensetzung der Stoffe ist auch unter den Qualitätsmerkmalen zu erfassen. Verunreinigungen der Stoffe können dazu führen, dass gefährliche Emissionen bei der Verarbeitung frei werden oder ein Recycling der anfallenden Reststoffe nicht möglich ist, sondern diese gesondert entsorgt werden müssen.

4.3 Werkstoffausbeute

Die Werkstoffausbeute in der Fertigung ist abhängig von den Materialverlusten sowie dem Anfall von Reststoffen und Kuppelprodukten.

Materialverluste können durch Ausschuss und Abfall entstehen. Die Produktion von Ausschuss hat deshalb so starke kostenmäßige Auswirkungen, weil nicht nur die Werkstoffe verloren sind, sondern dafür auch Maschinen- und Lohnstunden, z. T. auch noch weiteres Material angefallen sind. Ausschuss kann durch Qualitätskontrollen, die nach den verschiedenen Arbeitsschritten ansetzen, rechtzeitig erkannt werden, wodurch Folgekosten vermieden werden. Durch Prämien für die Mitarbeiter lassen sich auch die Ausschussanteile senken.

Abfall ist nicht gänzlich zu vermeiden. Durch die Schnittoptimierung z. B. kann aber der Abfall minimiert werden. Für den Ausschuss, die Abfälle und auch die Reststoffe werden Wiederverwendungs- und Verkaufsmöglichkeiten gesucht.

4.4 Werkstoffzeit

In materialintensiven Betrieben belaufen sich die Stoffkosten auf bis zu 80 % der gesamten Stückkosten. Ein Anliegen der Materialwirtschaft besteht darin, die Kapitalbindung im Lager zu senken. Dies ist erreichbar durch die Minimierung der Durchlaufzeiten, die Senkung der Lagerbestände und kostengünstigen Einkauf. Durch die optimale Bestellmen-

ge wird das Kostenoptimum von Lager- und Beschaffungskosten angestrebt. Die Minimierung der Durchlaufzeiten ist durch die Vermeidung
bzw. Verringerung von Liegezeiten in den verschiedenen Lagern zu
erreichen bzw. durch die Reduzierung von Unterbrechungen und Störungen des Arbeitsablaufs. Die **Abbildung 82** zeigt die Aufteilung der
Zeiten des Arbeitsgegenstandes nach REFA (= Real Estate Financial
Association).

Der Senkung der Durchlaufzeiten steht die Forderung nach Sicherung
des Produktionsablaufs und hoher Kapazitätsauslastung der Maschinen
gegenüber. Durch die Flexibilisierung der Fertigung kann die Kapazitätsauslastung verbessert werden; sie sollte aber nicht mit einer höheren
Lagerhaltung der Werkstoffe erkauft werden.

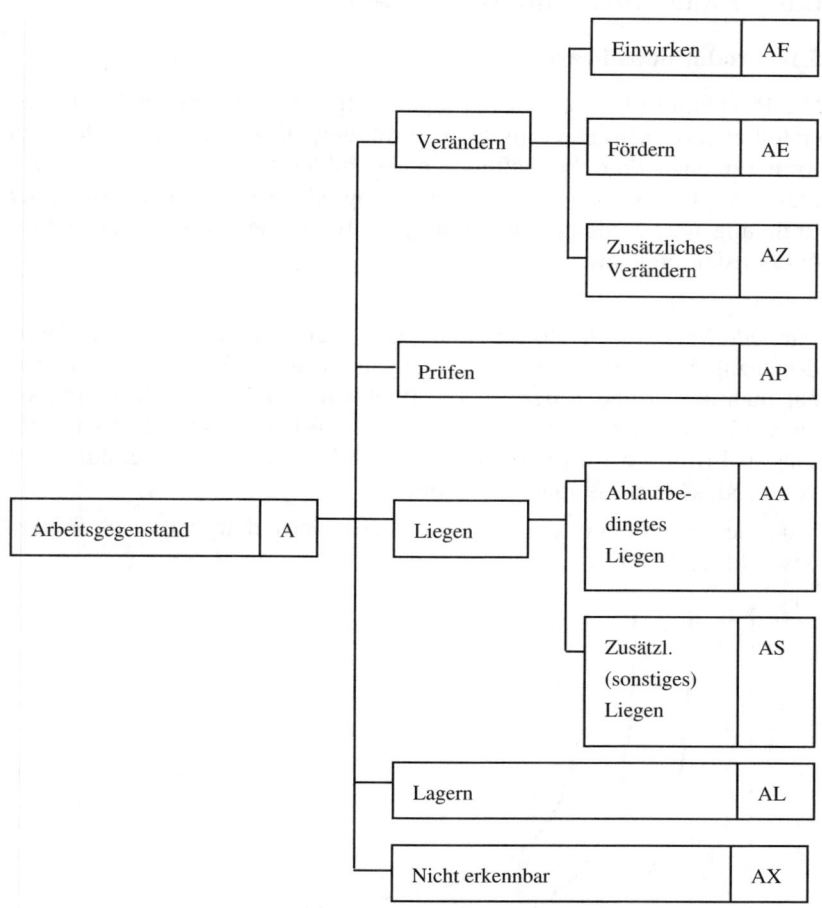

Abb. 82: Zeiten des Arbeitsgegenstandes nach REFA

Literaturhinweise

Wöhe, G.: Einführung in die Allgemeine Betriebswirtschaftslehre, 22. Aufl., München 2005.

C.5 Produktions- und Kostentheorie

5.1 Produktionstheorie

Die Produktionstheorie will die Input-Output-Relationen der Leistungs-erstellung erfassen. Die Einsatz-Ausbringungs-Beziehungen werden rein formal in einer Produktionsfunktion abgebildet. Bei ihr gibt x den quan-titativen, physischen Ertrag (Ausbringung, Output) und r die zu seiner Erzielung notwendigen Einsatzmengen (Input) der verschiedenen Pro-duktionsfaktoren an:

$$x = f\ (r_1, r_2, r_3 \dots r_n)$$

Für jede beliebige Faktoreinsatzmenge zeigt diese Funktion die Höhe der dazugehörigen Ausbringungsmengen an. In der klassischen Theorie hat man aus Gründen der Übersichtlichkeit lediglich die Kombination zweier Einsatzfaktoren r_1 und r_2 behandelt. Wie das Verhältnis von Ein-satz zu Ertrag im Einzelnen aussieht, wird durch diverse Grundformen von Produktionsfunktionen ausgedrückt.

Sind die beiden Faktoren r_1 und r_2 beliebig variierbar, zeigt sich folgen-des Bild (Abb. 83):

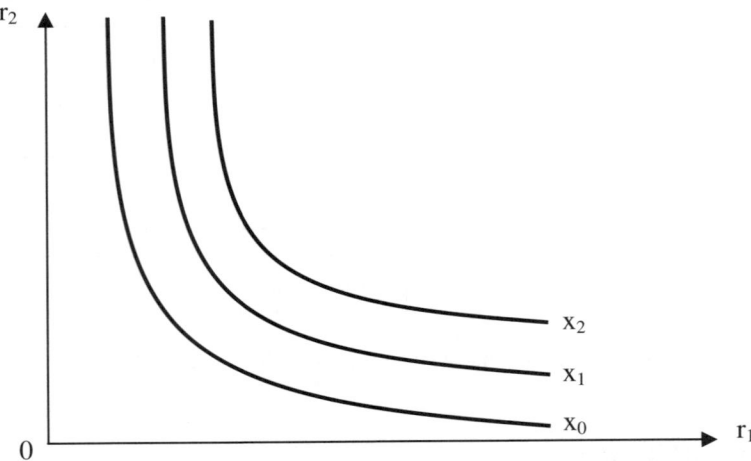

Abb. 83: Isoquanten für alternative Ausbringungsmengen

In diesem Fall handelt es sich um eine partielle Substitution. Die Kurven sind Isoquanten, d. h. Kurven gleichen Ertrags. Produktionsverhältnisse, bei denen es möglich ist, Faktoren gegeneinander auszutauschen, werden als substitutionale Faktorvariation oder Produktionsfunktion mit substitutionalen Faktoren bezeichnet.

Dabei bedeutet Substituierbarkeit, dass eine Einheit des Produktionsfaktors r_1 durch eine Einheit des Produktionsfaktors r_2 ersetzt werden kann, wobei der Ertrag unverändert bleibt. Dieser Zusammenhang wird in der **Abbildung 84** verdeutlicht:

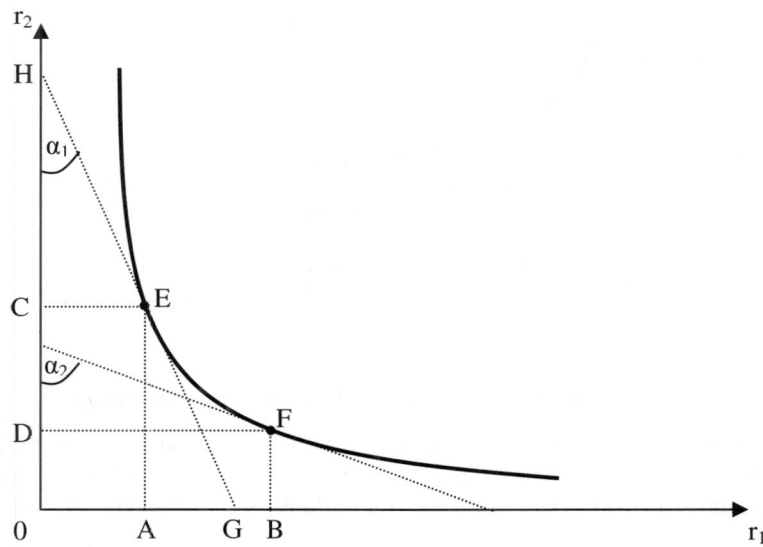

Abb. 84: Graphische Ermittlung der Grenzrate der Substitution

Der gleiche Ertrag wird in den Punkten E und F erwirtschaftet:

E mit den Einsatzfaktoren 0A von r_1 und 0C von r_2. Damit erbringen die Einheiten AB von r_1 und DC von r_2 ein und denselben Ertrag. Das Verhältnis von AB/CD wird als Durchschnittsrate der Substitution bezeichnet. OG/OH ist die Grenzrate der Substitution. Es zeigt sich, dass eine Reihe von Einsatzverhältnissen zwischen den Produktionsfaktoren realisiert werden kann. Damit stellt sich die Frage, ob es eine Kombination

von Produktionsverhältnissen gibt, die mit den geringsten Kosten verbunden ist. Die Minimalkostenkombination ergibt sich wie folgt
(**Abb. 85**):

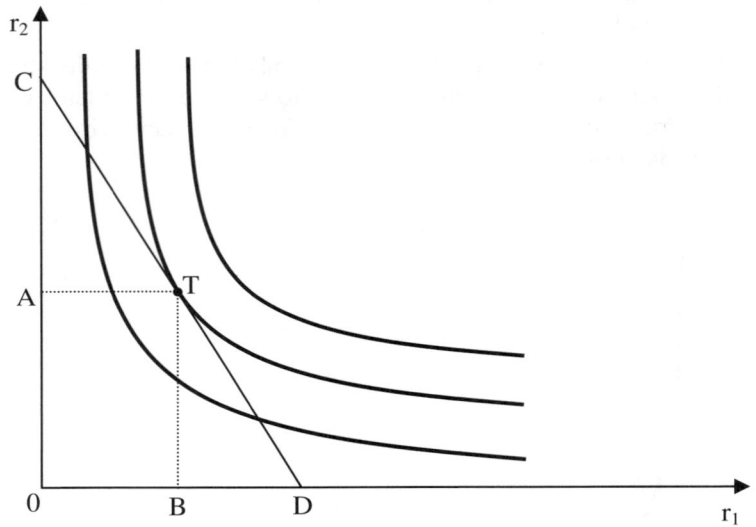

Abb. 85: Graphische Ermittlung der Minimalkostenkombination

Die Gerade CD zeigt alle Kombinationen von r_1 und r_2 auf, die mit den
gleichen Kosten erreicht werden (= Kostenisoquante). 0A und 0B geben
die Steigung in T an. Hier ist die kostenoptimale Kombination realisiert.

Wird der Geldbetrag, der zur Verfügung steht, verändert, verschiebt sich
die Kostenisoquante parallel (**Abb. 86**):

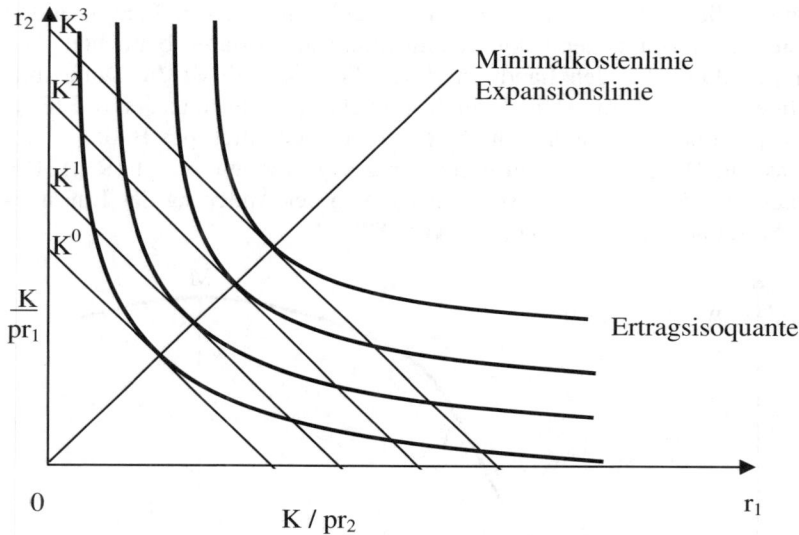

Abb. 86: Ausbringungsmenge und Minimalkostenkombination

Für alle Punkte der Expansionslinie gilt, dass die Steigung der Iso-kostenlinie der Steigung der Ertragsisoquante entspricht. Rechnerisch kann nachgewiesen werden, dass die Minimalkostenkombination er-reicht ist, wenn die Grenzrate der Substitution gleich dem Verhältnis der Preise der Produktionsfaktoren ist.

Von den verschiedenen Produktionsfunktionen sind betriebswirtschaft-lich zwei Typen besonders intensiv diskutiert worden, nämlich die Pro-duktionsfunktionen vom Typ A und vom Typ B.

Produktionsfunktion vom Typ A

Die Produktionsfunktion vom Typ A (Ertragsgesetzliche Produktions-funktion) geht davon aus, dass das Mengenverhältnis einzelner Faktorar-ten veränderlich ist. Einer vorgegebenen Leistungsmenge x entspricht eine Mehrzahl möglicher Einsatzmengen einer jeden Faktorart, und die Relationen zwischen diesen Einsatzmengen sind innerhalb bestimmter Grenzen variabel.

Unterstellt wird ein Landwirt, der Getreide anbaut. Der Faktor Boden wird als konstant, der Faktor Düngemittel als variabel betrachtet. Die Fragestellung für den Landwirt lautet: Wie beeinflusst die Düngemittelmenge den Ertrag. Die formale Beziehung lautet dazu: $x = f\ (R_{var}, R_{const})$ variiert wird lediglich der Faktor Düngemittel, der Boden bleibt konstant. Damit kann auch einfacher gesagt werden: $x = f\ (R_{var})$. Die Änderung des Ertrages x ist somit nur von der Änderung des Einsatzes des variablen Faktors abhängig (**Abb. 87**).

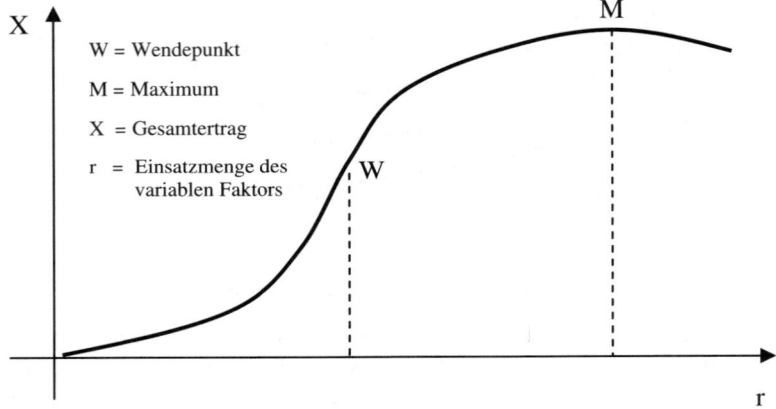

Abb. 87: Gesamtertrag in Abhängigkeit eines Einsatzfaktors

Zu Anfang werden erhebliche Zuwachsraten am Ernteertrag erzielt. Durch immer größeren Einsatz von Düngemitteln nimmt der Zuwachs ab und wird zum Schluss sogar negativ.

Das Ertragsgesetz wurde erstmals vom französischen Nationalökonom Turgot (1727-1781) aufgestellt und empirisch überprüft von J. H. von Thünen (1783-1850). Demonstriert wurde es am Beispiel der landwirtschaftlichen Produktion. Es besagt, dass auf einer bestimmten Bodenfläche unter konstantem Einsatz von Saatgut, Düngemitteln, Geräten und sonstigen Produktionsfaktoren die sukzessive Vermehrung des variablen Faktors Arbeit zuerst zu steigenden und danach zu sinkenden Ertragszuwächsen führt. Man bezeichnet diesen Sachverhalt auch als „Gesetz vom abnehmenden Ertragszuwachs in der Landwirtschaft". Würde dieses Gesetz nicht gelten, so müsste theoretisch die gesamte landwirtschaftliche Produktion auf einem Hektar Boden erzeugt werden können. Typisch für die Ertragsfunktion dieses Typs ist der S-förmige Verlauf (**Abb. 88**).

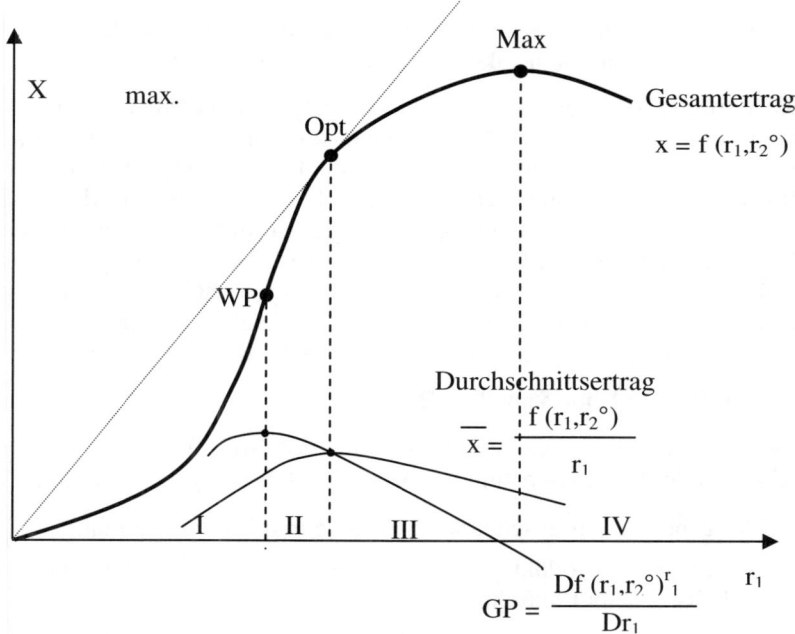

Abb. 88: Ertragsfunktion für einen Produktionsfaktor

Die optimale Faktorenkombination liegt dort, wo der Durchschnittsertrag je Faktoreinheit am höchsten ist; in diesem Punkt sind Durchschnittsertrag (der hier sein Maximum hat) und Grenzertrag gleich. Das Optimum kann auch über den Fahrstrahl an die Ertragskurve gefunden werden.

Das Ertragsgesetz ist allerdings nur ein Spezialfall für den Verlauf einer Produktionsfunktion. Annahmen des Ertragsgesetzes sind in folgenden Punkten zu sehen:

- Gültig nur für die landwirtschaftliche Produktion.

- Weitgehende Substituierbarkeit der Produktionsfaktoren. In der Realität der industriellen Produktion sind die Produktionsfaktoren eher limitational.

- Vorhandensein eines konstanten Produktionsfaktors mit dem ein variabler Produktionsfaktor kombiniert werden kann.

Die wenigstens in gewissen Grenzen freie Variationsfähigkeit der Faktoreinsatz-Artmengen ist jedoch, zumindest bei industriellen Erzeugnisprozessen nicht immer gegeben. So ist es z. B. nicht möglich, bei einem Rührwerk eine Leistungsmehrung nur dadurch zu erreichen, dass sich ausschließlich die Rührflügel schneller drehen und sich somit nur der Stromverbrauch erhöht. Die verlangte höhere Leistung bedingt nämlich zugleich einen höheren Verschleiß der Apparatur, höheren Wartungs-, Beschickungs- und Entleerungsaufwand, vermehrte Aufmerksamkeit beim Bedienungspersonal sowie vor allem mehr Materialeinsatz.

Produktionsfunktion vom Typ B

Nach Gutenberg soll die Produktionsfunktion vom Typ B Unzulänglichkeiten der Produktionsfunktion vom Typ A beseitigen, als da sind:

- Aufgabe der Austauschbarkeit; Ersatz durch Limitationalität.

- Keine Gesamtproduktionsfunktion konstruierbar; Produktion pro Arbeitsplatz und Maschinenaggregat.

- Aufgabe der unmittelbaren Beziehung zwischen Verbrauch und Ergebnis; technische Eigenschaften und Prozessintensität sind maßgebend.

Die Produktionsfunktion vom Typ B vermittelt Verbräuche in Abhängigkeit von der erzielten Leistung (Inputs in Abhängigkeit der Outputs).

Die Produktionsfunktion vom Typ B soll auf die industriellen Erzeugnisprozesse passen. Einer bestimmten Leistungsintensität entspricht eine bestimmte Kombination von Faktoreinsatzmengen, wie sie sich aus den Verbrauchsfunktionen der einzelnen Faktorarten technisch ergeben. Verbrauchsfunktionen beschreiben die Abhängigkeit zwischen dem Verbrauch an Faktoreinsatzmengen und der technischen Leistung der

Faktorkombination. Auch hier können verschiedene Formen auftreten (**Abb. 89**).

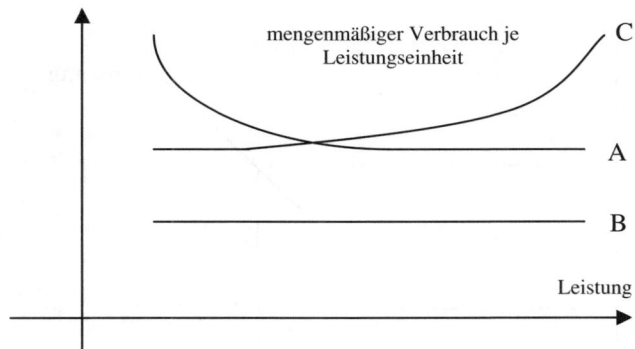

Abb. 89: Unterschiedliche Verbrauchsfunktionen

Nach dem Verbrauch kann damit auch ein ertragsgesetzlicher Verlauf eintreten, üblicherweise wird aber ein Verlauf der Kurve B unterstellt. Das bedeutet für das Verhältnis zweier Einsatzfaktoren und die Gesamtertragskurve folgenden Verlauf (**Abb. 90**):

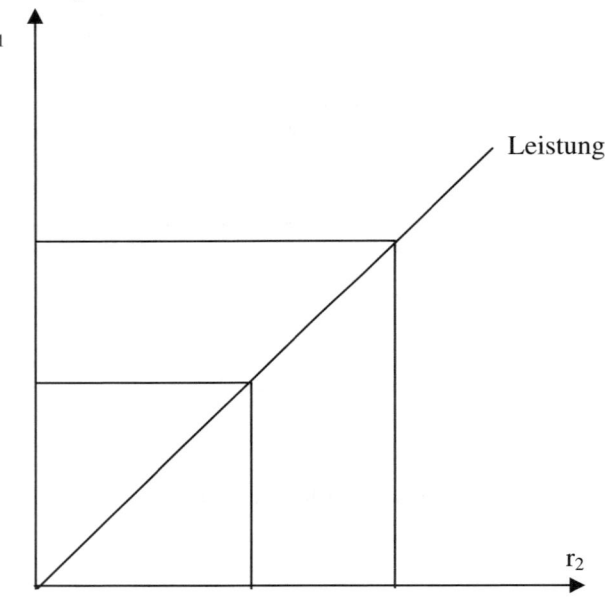

Abb. 90: Gesamtertragskurve der Produktionsfunktion vom Typ B

Die Vorzüge der Produktionsfunktion vom Typ B liegen darin, dass über die Verbrauchsfunktion eine technische Fundierung der produktionstheoretischen Aussagen gelingt. Teilweise wird dies erreicht durch Aufteilung des gesamten betrieblichen Produktionsprozesses in Teileinheiten wie Arbeitsplätze oder Aggregate.

Gegenüber der Produktionsfunktion vom Typ A liegt der Fortschritt durch die Produktionsfunktion vom Typ B im direkten Ausweis der Leistung der Potentialfaktoren und der Ausbringung. Bei der Produktionsfunktion vom Typ A wird zwischen diesen beiden Größen nicht unterschieden.

Weiterhin liegt eine Verbesserung im Zeitaspekt des Produktionsprozesses. Die ertragsgesetzliche Produktionstheorie ist statisch. Sie unterstellt quasi eine unendlich schnelle Produktion; und zwar bezieht Typ B die Zeit nicht als Variable direkt in die Funktion mit ein. Jedoch bedeutet die Möglichkeit, technische Aggregate hintereinander zu schalten, eine Art Zeitraumbetrachtung.

Obwohl die Produktionsfunktion vom Typ B gegenüber A als Fortschritt angesehen werden kann, bleibt sie in der Reichweite der Berücksichtigung verschiedenster Produktionsverhältnisse noch zu eng angelegt. Sie beschränkt sich einzig auf limitationale technologische Prozesse und übersieht dabei substitutionale Faktorzusammenhänge, wie sie z. B. für die Kuppelproduktion oder auch die Chargenfertigung typisch sind.

5.2 Kostentheorie

Aus der Produktionstheorie wird die Kostentheorie abgeleitet. Daraus ergeben sich zwei unterschiedliche Kostenverläufe in Abhängigkeit von den Produktionsfunktionen. Bewertet man dort die Faktoreinsatzmengen mit festen Preisen, so erhält man eine monetäre Produktionsfunktion. Sie beginnt nicht im Nullpunkt, da die fixen Kosten auch dann anfallen, wenn keine Leistungen erstellt werden. Die S-förmige monetäre Gesamtertragskurve nach dem Ertragsgesetz lautet: $E = f(K)$. Die Umkehrung dieser Funktion ergibt: $K = f(E)$. Die Funktionsverläufe sind in **Abbildung 91** dargestellt.

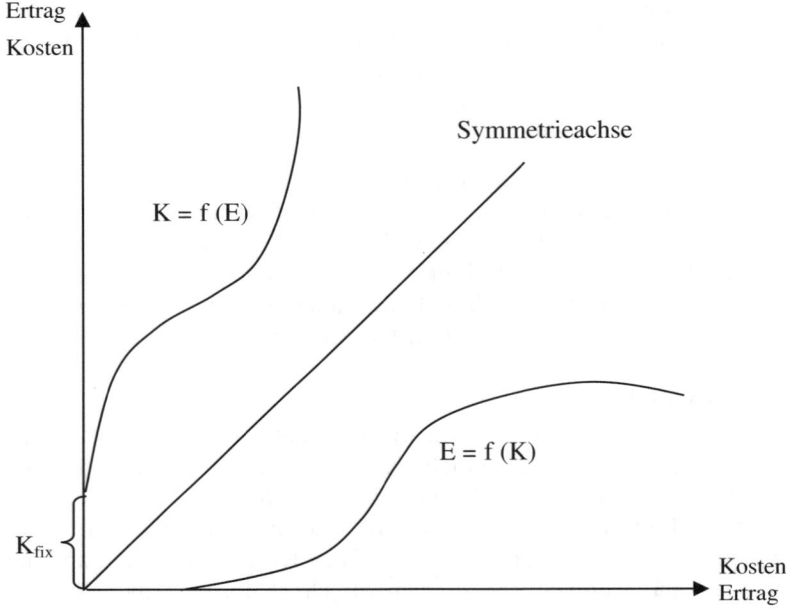

Abb. 91: Gesamtkostenkurve nach dem Ertragsgesetz

Die Gesamtkostenkurve steigt zunächst steil an, allerdings mit abnehmendem Steigungsmaß. Vom Wendepunkt an steigen dann die Gesamtkosten prozentual schneller als die Erträge. Die Kostenfunktion der Grenzkosten bildet einen Maßstab für die Veränderung der Gesamtkosten. Unter diesen Grenzkosten wird der Kostenzuwachs verstanden, der durch die Produktion einer zusätzlichen Produkteinheit entsteht **(Abb. 92)**.

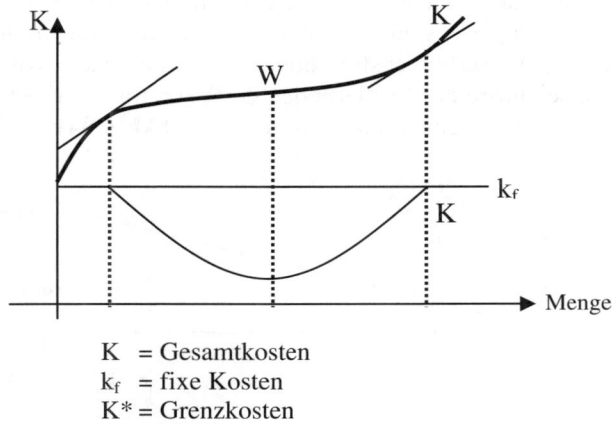

K = Gesamtkosten
k_f = fixe Kosten
K* = Grenzkosten

Abb. 92: Gesamtkosten- und Grenzkostenkurve nach dem Ertragsgesetz

Neben den Grenzkosten werden auch die Durchschnittskosten bzw. die Stückkosten ermittelt. Die Gesamtheit der Kostenkurven zeigt **Abbildung 93**.

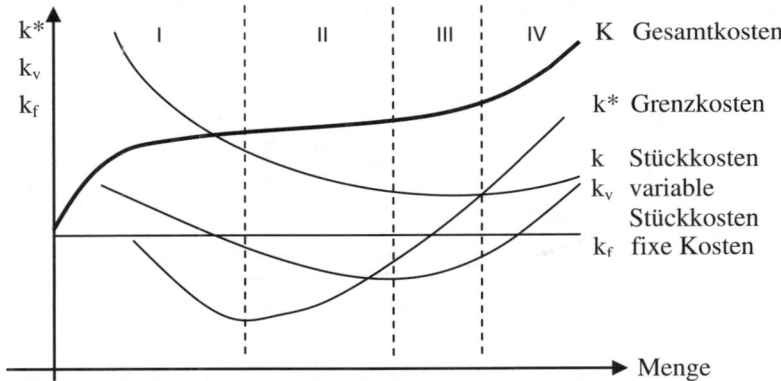

Abb. 93: Gesamtheit der Kostenkurven nach dem Ertragsgesetz

Die Kostenverläufe nach Verbrauchsfunktionen weisen keine Gesetzmäßigkeiten auf. Sie sind das Ergebnis der technischen Bedingungen
der jeweiligen Verbrauchsfunktion. Alle möglichen Kostenverläufe
können dabei auftreten. Aus Gründen der Vereinfachung wird meist von
linearen Gesamtkostenverläufen ausgegangen (**Abb. 94**):

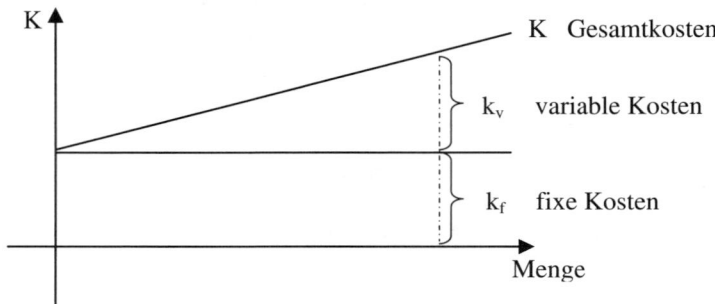

Abb. 94: Gesamtkostenkurve nach Verbrauchsfunktionen

Werden daraus die weiteren Kostenverläufe abgeleitet, ergeben sich
konstante Grenzkosten, da die variablen Kosten sich nicht ändern und
damit pro zusätzlicher Einheit gleich bleiben. Die gesamten Durchschnittskosten fallen aufgrund der fixen Kosten asymptotisch zur Kurve
der variablen Stückkosten, die konstant sind (**Abb. 95**).

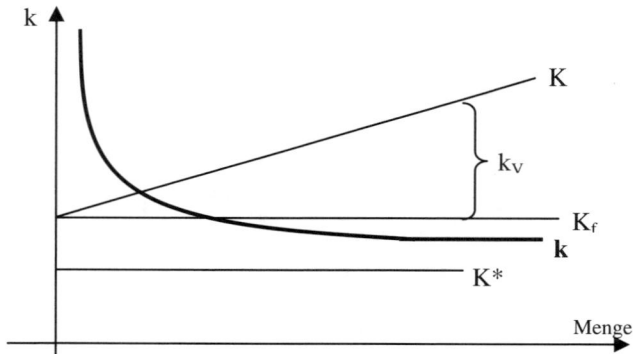

Abb. 95: Kostenverläufe nach Verbrauchsfunktionen

Die Funktion der Kostenrechnung besteht in der Untersuchung der einzelnen Bestimmungsfaktoren bzw. Kosteneinflussgrößen, von denen die Höhe der Produktionskosten einer Unternehmung bestimmt wird. Die Kostentheorie untersucht jeweils die einzelnen Bestimmungsfaktoren isoliert in ihrer Wirkung auf die Gesamtkostenhöhe. In der wirtschaftlichen Wirklichkeit bestehen aber wechselseitige Beeinflussungen zwischen diesen Kosteneinflussgrößen. Deshalb wird die Bildung eines Modelles erforderlich, bei dem eine Größe variabel ist, während alle anderen Faktoren konstant gehalten werden. Damit ist die Aussagekraft dieser Modelle für die Realität beschränkt. Betrachtet man die Kosteneinflussgrößen, hängt die Kostenhöhe von den Faktoreinsatzmengen (Mengenkomponente) und den Faktorpreisen (Wertkomponente) ab. Das Mengengerüst der Kosten wird aber auch von dem Verhältnis der Einsatzmengen der Produktionsfaktoren bestimmt, was als Faktorproportionen bezeichnet wird. Zum anderen ist es aber auch von der technisch-organisatorischen Beschaffenheit der Produktionsbedingung der Faktorqualität abhängig. Daraus ergeben sich drei Kostendeterminanten:

*   Faktorproportionen,
*   Faktorqualitäten,
*   Faktorpreise.

Veränderungen der Beschäftigung und der Betriebsgröße sowie des Fertigungsprogrammes führen stets zu Veränderungen der Faktorproportionen bzw. der Faktorqualitäten. Gutenberg nennt deshalb fünf Hauptkosteneinflussgrößen, die das Produktionskostenniveau eines Unternehmens bestimmen:

*   die Beschäftigung,
*   die Faktorqualität,
*   die Faktorpreise,
*   die Betriebsgröße,
*   das Fertigungsprogramm.

Unter der Beschäftigung wird die periodenbezogene Nutzung der Betriebsmittel einer Unternehmung verstanden. Nur bei einem Einprodukt-unternehmen wäre die Angabe der Beschäftigung durch die Anzahl der hergestellten Leistungen möglich. Bei Mehrproduktbetrieben kann die Beschäftigung nur noch über Hilfsgrößen gemessen werden, wie z.b. Fertigungsminuten, Materialdurchsatz, verbrauchte Gewichteinheiten, Angestellten- oder Beschäftigtenzahlen, Energieverbrauch bzw. Herstellkosten. Der Nachteil dieser Größen besteht darin, dass ein Vergleich zwischen verschiedenen Betrieben, zum Teil aber auch ein Zeitvergleich innerhalb eines Betriebes nur sehr bedingt möglich ist. Deshalb wird die relative Beschäftigung angegeben, die sich aus dem Verhältnis der absoluten Beschäftigung im Verhältnis zum Leistungsvermögen des Betriebes ergibt. Diese relative Beschäftigung wird als Beschäftigungsgrad, das Leistungsvermögen des Betriebes insgesamt als Kapazität bezeichnet. Wird die Ist-Beschäftigung mit x_i und das Leistungsvermögen, die Planbeschäftigung, mit x_p angegeben, so errechnet sich der Beschäftigungsgrad $b_g = x_i/x_p$.

Aufgrund der Störungen des betrieblichen Produktionsprozesses ist es nur in den seltensten Fällen möglich, die Maximalkapazität zu erreichen. Deshalb wird für das Leistungsvermögen in der Praxis die Optimalkapazität angesetzt, bei der die kostengünstigste Ausnutzung der Betriebsmittelkapazität gegeben ist.

Ausgehend von der Beschäftigung wird nun eine Unterteilung der Kosten vorgenommen. Bei den beschäftigungsunabhängigen Kosten, den fixen Kosten, lassen sich absolut- und sprungfixe Kosten unterscheiden. Die absolutfixen Kosten werden auch als Bereitschaftskosten der Unternehmung bezeichnet. Dazu gehören kalkulatorische Zinsen, Abschreibungen, Mieten und dergleichen. Die sprungfixen Kosten verändern sich beim Überschreiten der Ober- und Untergrenzen einer Kapazität. Sie können damit in mehr oder weniger groben Stufen an die Beschäftigungslage angepasst werden (**Abb. 96**).

Die beschäftigungsabhängigen oder variablen Kosten verändern sich direkt im Verhältnis zur Veränderung des Beschäftigungsgrades. Hier lassen sich proportionale, progressive, degressive und regressive Kosten (**Abb. 97**) unterscheiden.

Die proportionalen Kosten steigen oder fallen im gleichen Verhältnis wie die Beschäftigung. Beispiele dafür sind Fertigungsmaterial, Energie und zum Teil Fertigungslöhne.

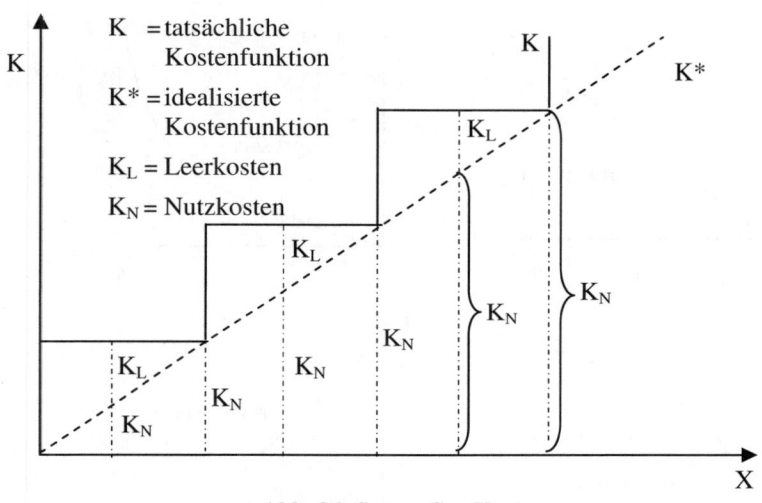

Abb. 96: Sprungfixe Kosten

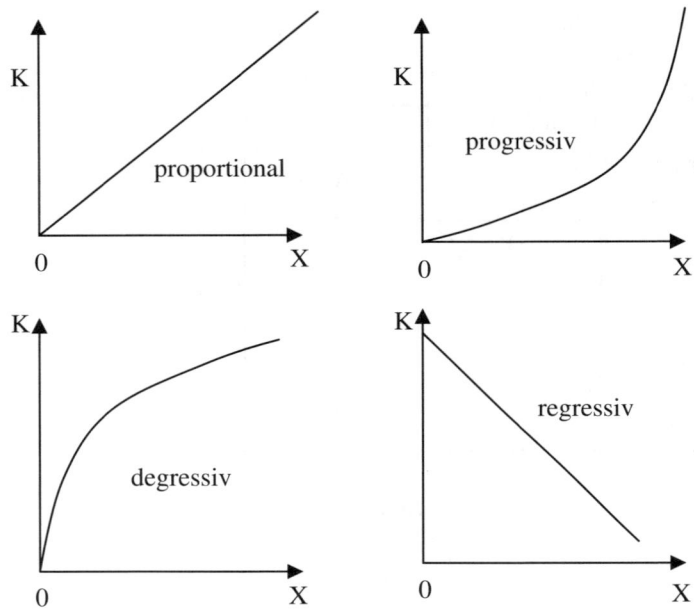

Abb. 97: Kurvenverläufe der unterschiedlichen Kosten

Verändern sich die variablen Kosten stärker als die Beschäftigung, so spricht man von progressiven Kosten. Beispiele sind dafür Werkstoffverbräuche bei Überbeanspruchung und die Zahlung von Überstundenzuschlägen.

Treten die Kostenveränderungen schwächer als die Beschäftigung auf, dann handelt es sich um degressive Kosten. Als Beispiele werden hier Mengenrabatte beim Einkauf von Produktionsfaktoren genannt und sinkende Werkstoffverbräuche aufgrund von Lernprozessen.

Sinken die variablen Kosten bei einer Beschäftigungserhöhung absolut, so spricht man von regressiven Kosten. Sie treten in der betriebswirtschaftlichen Wirklichkeit selten auf. Beispiele wären die Heizkosten in einem Kino und die Nachtwächterkosten bei Schichtarbeit.

Literaturhinweise

Busse von Colbe, W./Hammann, P./Laßmann, G.: Betriebswirtschaftstheorie, Band 1, Grundlagen, Produktions- und Kostentheorie, 5. Aufl., Berlin u. a. 1991.

Dellmann, K.: Betriebswirtschaftliche Produktions- und Kostentheorie, Wiesbaden 1980.

Fandel, G.: Produktion I – Produktions- und Kostentheorie, 6. Aufl., Berlin u. a. 1995.

Lücke, W.: Produktions- und Kostentheorie, 3. Aufl., Würzburg/Wien 1973.

Neumann, M.: Theoretische Volkswirtschaftslehre II. Produktion, Nachfrage, Allokation, 2. Aufl., München 1987.

Schroer, J.: Produktions- und Kostentheorie, 7. Aufl., München/Wien 2001.

Steffen, R.: Produktions- und Kostentheorie, 3. Aufl., Stuttgart u. a. 1997.

Wöhe, G.: Einführung in die Allgemeine Betriebswirtschaftslehre, 22. Aufl., München 2005.

D Aufbau des Betriebes

D.1 Rechtsformen

1.1 Grundlagen

Unternehmen treten uns in einer bestimmten Rechtsform gegenüber. Die verschiedenen Rechtsformen sind Ergebnis einer geschichtlichen Entwicklung. Sie entstanden aus der Notwendigkeit, für unterschiedliche Ausgangssituationen ein passendes rechtliches Erscheinungsbild zu schaffen und damit den Unternehmen eine geeignete Verfassung zu geben. Wesentliche Impulse für unsere heute üblichen Rechtsformen stammen aus der Renaissance und der Einführung der doppelten Buchführung (Luca Pacioli, 1494). Hierin gründet die Spaltung des mittelalterlichen Zunftbetriebes in „Unternehmung" und „Haushaltung". Damit entsteht die Unternehmung als „ökonomische Person".

Die meisten Rechtsformen sind heute in eigenen Gesetzeswerken kodifiziert, in denen die für das Außen- und Innenverhältnis wesentlichen Rechtsnormen festgelegt sind. Die einzelnen Rechtsformen unterscheiden sich in wesentlichen Merkmalen voneinander, der Gesetzgeber überlässt es den Gründern eines Unternehmens, sich im Rahmen der gegebenen Möglichkeiten für eine bestimmte Rechtsform nach wirtschaftlichen und steuerlichen Überlegungen zu entscheiden. Da die Wahl der Rechtsform eine langfristig wirksame Entscheidung darstellt, die nur schwer revidiert werden kann und Änderungen darüber hinaus meist mit Kosten verbunden sind, ist die genaue Kenntnis der Tragweite dieser konstituierenden Entscheidung für den Betriebswirt von erheblicher Bedeutung.

Auf europäischer Ebene bildet sich als Ergebnis eines Angleichungsprozesses ein europäisches Gesellschaftsrecht heraus. Wesentliches Ziel ist die Vereinheitlichung der Rahmenbedingungen bezüglich der Unternehmensverfassung für Gesellschaften in EU-Mitgliedsstaaten. Daneben sollen auch Wettbewerbsverzerrungen durch unterschiedliche Standortbedingungen zwischen einzelnen Ländern innerhalb der EU angeglichen werden.

Dieser Harmonisierungsprozess geschieht über Gesetze, Verordnungen und Richtlinien, die das Gesellschaftsrecht, die Rechnungslegung sowie das Steuerrecht und verwandte Gebiete betreffen. Beispiel für bereits erzielte Ergebnisse ist die Europäische Wirtschaftliche Interessenvereinigung (EWIV), die durch die EWIV-Verordnung von 1985 eingeführt und durch das EWIV-Ausführungsgesetz (EWIVG) von 2001 gesetzlich geregelt ist.

1.2 Kriterien für die Wahl der Rechtsform

Bei der Wahl der Rechtsform müssen verschiedene Kriterien beachtet werden, die in **Abbildung 98** dargestellt sind.

1) Haftung

Im Zentrum aller Überlegungen zur Haftung steht die Frage, inwieweit die Anteilseigner eines Unternehmens bereit sind, für die Verbindlichkeiten des Unternehmens auch mit ihrem Privatvermögen einzustehen (unbeschränkte Haftung) oder ob nur das Gesellschaftsvermögen zur Haftung herangezogen werden kann (beschränkte Haftung). In letzterem Fall beschränkt sich der Vermögensverlust der Anteilseigner auf ihre Einlage.

Die Beschränkung der Haftung wird in der Praxis häufig aufgeweicht, indem Kreditverträge von Unternehmen, die nur mit dem Firmenvermögen haften, über persönliche Bürgschaften der Gesellschafter oder Belastungen des Privatvermögens abgesichert werden.

2) Möglichkeiten der Kapitalbeschaffung/Finanzierung

Die verschiedenen Rechtsformen sind in den Kapitalbeschaffungsmöglichkeiten nicht gleichwertig. Dies gilt für die Beschaffung von Eigenkapital (Mittel, die von den Gesellschaftern aufgebracht werden) wie von Fremdkapital (Mittel, die von Dritten zur Verfügung gestellt werden, z. B. Darlehen). Unterschiede bestehen nicht nur in dem zu beschaffenden Kapitalvolumen sondern auch in den Beschaffungsmodalitäten (Kapitalbeschaffung bei Kapitalgesellschaften z. B. durch Formvorschriften erschwert). Daneben spielen auch Überlegungen zur Übertragbarkeit der Kapitalanteile an einem Unternehmen eine Rolle. Generell gilt, dass Kapitalgesellschaften sowohl vom Volumen des zu be-

schaffenden Kapitals auf dem Kapitalmarkt als auch von der Übertragbarkeit der Kapitalanteile gegenüber Personengesellschaften Vorteile
besitzen, denen der Zugang zum breiten Kapitalmarkt verwehrt ist.

Die Möglichkeiten der Kapitalbeschaffung sind jedoch nicht nur von der
Rechtsform abhängig, sondern auch in erheblichem Maße von der Kreditwürdigkeit eines Unternehmens, die maßgeblich von der Eigenkapitalausstattung, der Ertragskraft, der voraussichtlichen Unternehmensentwicklung und der Qualifikation des Managements abhängt.

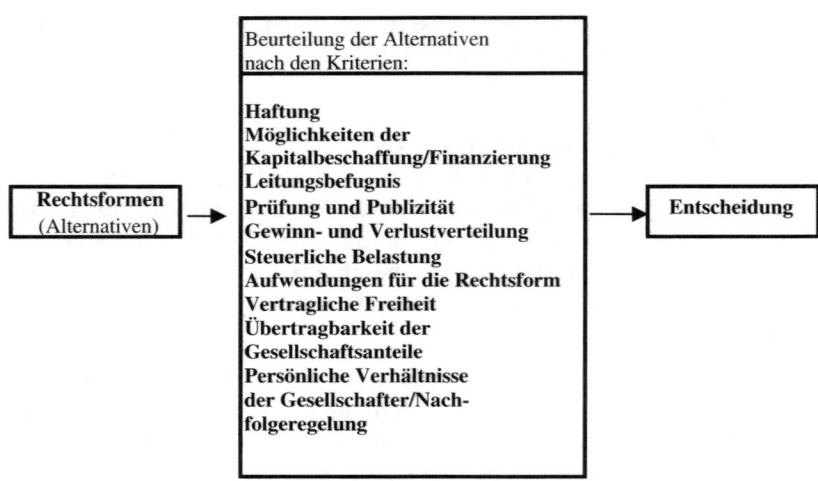

Abb. 98: Kriterien für die Wahl der Rechtsform

3) Leitungsbefugnis

Die Leitungsbefugnis umfasst zwei Komponenten:

- die Geschäftsführungsbefugnis, d. h. das Recht und die Pflicht, die
  Gesellschaft zu führen (Innenverhältnis), und

- die Vertretungsbefugnis, d. h. das Recht, die Gesellschaft gegenüber
  Dritten zu vertreten (Außenverhältnis).

Während bei Personengesellschaften die Leitungsbefugnis in den Händen der Anteilseigner liegt (Selbstorganschaft), werden bei Kapitalge-

sellschaften hierfür eigene Organe betraut; die Anteilseigner haben nur eingeschränkte Mitspracherechte (Drittorganschaft).

Unter dem Aspekt der Leitungsbefugnis ist auch die Mitbestimmung zu sehen, also die Mitwirkungen von Arbeitnehmern oder deren Vertretern an Entscheidungen des Unternehmens. Auch hier bestehen Unterschiede zwischen den einzelnen Rechtsformen (vgl. Mitbestimmungsgesetz von 1976 und Montan-Mitbestimmungsgesetz von 1951 in der Fassung von 2004).

4) Prüfung und Publizität

Das Handels- und Gesellschaftsrecht will gleichermaßen einen Schutz der Gläubiger und der Anteilseigner erreichen, wobei unter bestimmten Voraussetzungen auch die Öffentlichkeit über die Lage des Unternehmens informiert werden soll. Unterschiede bei den einzelnen Rechtsformen bestehen hier bezüglich der Pflicht zur:

• Prüfung des Jahresabschlusses durch unabhängige Prüfer (Wirtschaftsprüfer, vereidigte Buchprüfer) und zur

• Veröffentlichung der Jahresabschlüsse (Publizitätspflicht).

Die Pflicht zur Rechnungslegung hängt nicht nur von der Rechtsform, sondern auch von der Unternehmensgröße ab, wobei im Rahmen der Harmonisierung des EU-Rechtes (vgl. Bilanzrichtlinien-Gesetz von 1985) eine weitgehende Annäherung zwischen den einzelnen Rechtsformen eingetreten ist. Während die Kapitalgesellschaft qua Rechtsform der Publizitätspflicht unterliegt, wurde diese Pflicht für Großunternehmen in anderen Rechtsformen durch das Publizitätsgesetz (PublG) von 1969 eingeführt. Die Verpflichtung, nach den Bestimmungen des PublG Rechnung zu legen, beginnt, sobald an drei aufeinanderfolgenden Abschlussstichtagen jeweils mindestens 2 der 3 nachstehenden Merkmale zutreffen (§ 1 Abs.1 PublG):

• Bilanzsumme mehr als 65 Mio. €,

• Umsatzerlöse in den letzten 12 Monaten vor dem Bilanzstichtag mehr als 130 Mio. €,

• durchschnittlicher Beschäftigungsstand in den letzten 12 Monaten vor dem Bilanzstichtag mehr als 5000 Arbeitnehmer.

Zu beachten ist, dass im Rahmen der Internationalisierung ab 2005 die neuen Rechnungslegungsstandards, die sog. „International Financial Reporting Standards" (IFRS), gelten. (Reinhard Heyd (2003) und KPMG (2003))

5) Gewinn- und Verlustverteilung

Die Verteilung des Gewinnes oder Verlustes eines Unternehmens auf die Anteilseigner ist bei den Rechtsformen unterschiedlich gestaltet, jedoch grundsätzlich dispositives, d.h. durch Gesellschaftsvertrag abänderbares Recht. Überwiegend gilt, dass die Verteilung des Gewinnes/Verlustes sich nach der Höhe der Kapitalanteile richtet.

6) Steuerliche Belastung

Hinsichtlich der steuerlichen Belastung sind die Unterschiede zwischen verschiedenen Rechtsformen durch die Körperschaftsteuerreform von 1977 weitgehend gemindert; es bestehen aber weiter Unterschiede zwischen Personen- und Kapitalgesellschaften.

a) Einkommen- und Körperschaftsteuer

Während bei Personengesellschaften die Besteuerung der Unternehmensgewinne nicht bei der Gesellschaft, sondern über die Zurechnung der Ertragsanteile bei den Anteilseignern erfolgt, unterliegen Gewinne von Kapitalgesellschaften der Körperschaftsteuer. Das führt zu unterschiedlicher Steuerbelastung bei nicht ausgeschütteten Gewinnen, da diese bei Kapitalgesellschaften einheitlich mit 25% besteuert werden. Bei Personengesellschaften kommt der individuelle Steuersatz entsprechend der Einkommenshöhe der Anteilseigner zur Anwendung. Bei ausgeschütteten Gewinnen bestehen neuerdings ebenfalls Unterschiede. Gab es für das Jahr 2001 noch einen Ausgleich der Körperschaftsteuer durch das Anrechnungsverfahren, so gilt ab dem Jahr 2002 das sog. Halbeinkünfteverfahren, wo nach Abzug der Körperschaftsteuer vom Anteilseigner lediglich die Hälfte der Ausschüttung versteuert werden muss (vgl. dazu B.1).

b) Gewerbesteuer

Unterschiede zwischen Personen- und Kapitalgesellschaften bestehen wegen abweichender Bemessungsgrundlagen (z. B. unterschiedliche Behandlung von Geschäftsführergehältern).

7) Aufwendungen für die Rechtsform

Abweichende Aufwendungen ergeben sich bei einzelnen Rechtsformen:

- bei Gründung (bei AG z. B. für Gründungsprüfung, Ausgabe und Druck von Aktien, Erstellung von Börsenprospekten).
- bei laufendem Geschäftsbetrieb (z. B. für die Prüfung und Veröffentlichung der Jahresabschlüsse, Aufwendungen für die Einberufung von Aufsichtsratsitzungen, ordentlichen und gegebenenfalls außerordentlichen Hauptversammlungen.

8) Vertragliche Freiheit

Der vertragliche Gestaltungsspielraum bei der Abfassung und Änderung von Gesellschaftsverträgen oder Verträgen zwischen den Anteilseignern ist bei Personengesellschaften größer als bei Kapitalgesellschaften. Insbesondere die Rechtsform der AG lässt nur einen geringen Gestaltungsspielraum.

9) Übertragbarkeit der Gesellschaftsanteile

Die Veräußerung und Übertragung von Gesellschaftsanteilen ist bei Kapitalgesellschaften leichter zu bewerkstelligen als bei Personengesellschaften. Dort ist entweder eine formelle Kündigung oder zumindest die Zustimmung der verbleibenden Mitgesellschafter zu einer Übertragung oder Veräußerung erforderlich (wobei sich auch Finanzierungsprobleme für die übernehmenden Gesellschafter ergeben können). Probleme wirft auch die Bewertung der zu übertragenden Anteile auf. Bei Aktiengesellschaften ist die Kündigung der Mitgliedschaft ausgeschlossen, die Veräußerung und Übertragung von Gesellschaftsanteilen vollzieht sich außerhalb des Unternehmens am organisierten Kapitalmarkt (Börsenhandel).

10) Persönliche Verhältnisse der Gesellschafter/Nachfolgeregelung

Für die Wahl einer bestimmten Rechtsform sind die persönlichen Verhältnisse und Beziehungen der Anteilseigner untereinander von erheblicher Bedeutung. Die Rechtsformen der Personengesellschaften kommen wegen der engen Verflechtung von betrieblicher und privater Sphäre überwiegend für Familienunternehmen in Betracht. Die Frage der persönlichen Verhältnisse hängt direkt mit der Leitungsbefugnis zusammen, ob und inwieweit die Anteilseigner willens und in der Lage sind, das Unternehmen selbst zu führen oder ob unternehmensfremde Dritte dazu herangezogen werden müssen. Aus letzterem Grund sind Personengesellschaften häufig gezwungen, die Umwandlung in eine Kapitalgesellschaft vorzunehmen, wenn aus dem bisherigen Gesellschafterkreis keine qualifizierte Nachfolge für die Unternehmensleitung zur Verfügung steht.

11) Rechtsformzwang

In bestimmten Fällen ist die Wahl der Rechtsform per Gesetz eingeengt: Für Hypothekenbanken ist beispielsweise die Rechtsform der AG oder KGaA zwingend vorgeschrieben, für den Betrieb eines Handelsgewerbes unter gemeinschaftlicher Firma in der Regel die Rechtsform der OHG und für Versicherungsunternehmen nur die Rechtsformen AG, VVaG oder öffentlich rechtliche Versicherung.

1.3 Überblick über die einzelnen Rechtsformen

Einen Überblick über die existierenden Rechtsformen geben **Abbildung 99** und **100**.

Die Rechtsformen des öffentlichen Rechts sind nur für Betriebe der öffentlichen Hand (Bund, Länder, Gemeinden) möglich, wohingegen für private Unternehmungen nur die in **Abbildung 99** dargestellten Rechtsformen des Privatrechts zur Verfügung stehen.

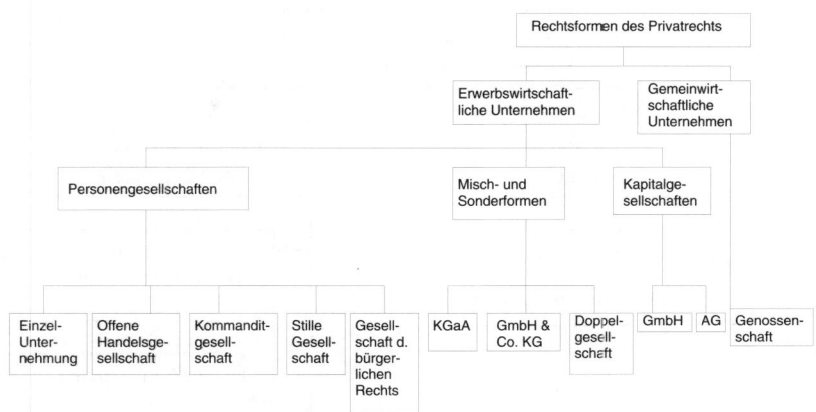

Abb. 99: Rechtsformen des Privatrechts

1.3.1 Personenunternehmungen

Personengesellschaften finden Eintragung im Handelsregister Abteilung A. Das Handelsregister ist ein bei den Amtsgerichten geführtes öffentliches Verzeichnis, welches bestimmte Tatsachen über Vollkaufleute und Handelsgesellschaften aufzeichnet. Eintragungspflichtig sind u. a. die Firma sowie Erteilung und Widerruf von Prokura.

1.3.1.1 Einzelunternehmung

Gesetzliche Grundlage: Es gelten, soweit nicht ausdrücklich auf Personengesellschaften beschränkt, die allgemeinen Vorschriften des HGB.

Definition: Kennzeichen der Einzelunternehmung ist, dass ein Kaufmann sein Unternehmen ohne Mitgesellschafter (oder nur mit einem stillen Gesellschafter; siehe Kapitel D.1.3.1.4) betreibt.

Entstehung: Die Gründung einer Einzelunternehmung unterliegt keinen besonderen Formvorschriften. Vollkaufleute im Sinne des HGB müssen jedoch das Unternehmen zur Eintragung ins Handelsregister anmelden. Vollkaufmann im Sinne des HGB ist dabei, wer eines der neun Grundhandelsgewerbe betreibt und/oder dessen Gewerbebetrieb einen in kaufmännischer Weise eingerichteten Geschäftsbetrieb erfordert (Kapitel B.1.2).

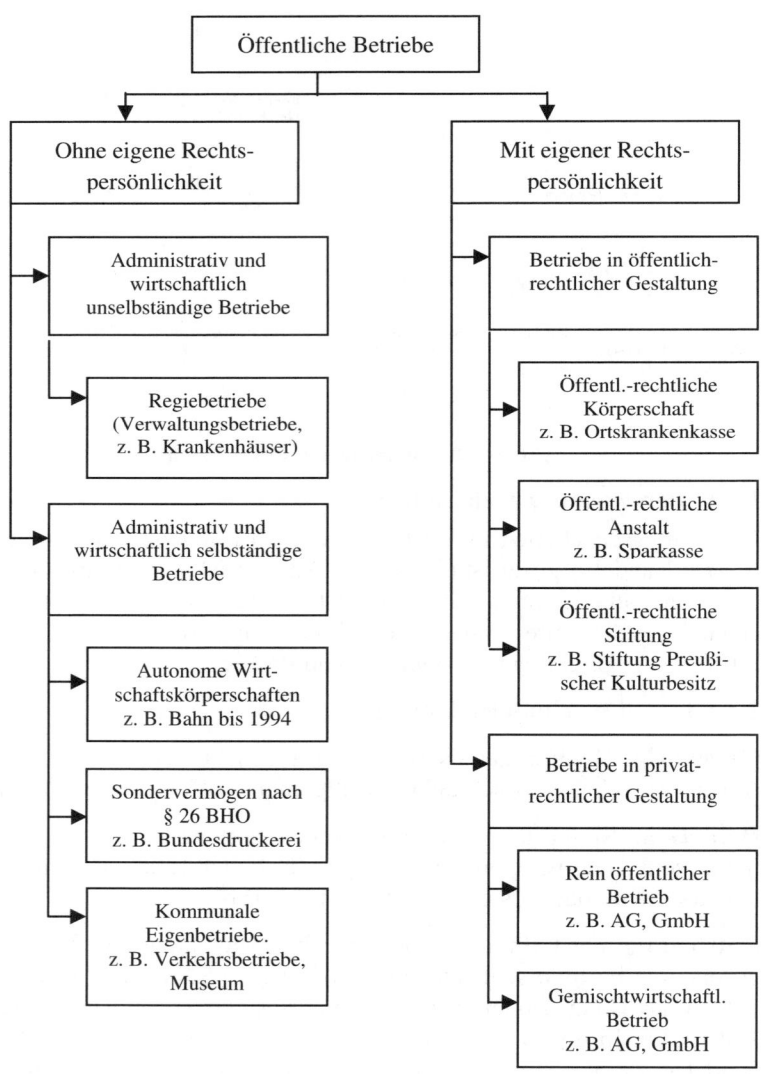

**Abb. 100: Rechtsformen des öffentlichen Rechts
(in Anlehnung an Wöhe 2005, S. 249 f.)**

Haftung: Der Einzelunternehmer haftet für die Verbindlichkeiten seines Unternehmens persönlich und unbeschränkt, d.h. nicht nur mit dem Betriebsvermögen, sondern auch mit seinem Privatvermögen (unbeschränkte Haftung).

Firma: Der Gewerbebetrieb muss seit einigen Jahren (06/1998) nicht mehr unter dem Familiennamen des Einzelkaufmanns firmieren. Der Firmenname bei Einzelkaufleuten muss aber die Bezeichnung „eingetragener Kaufmann" oder eine allgemein verständliche Abkürzung dieser Bezeichnung enthalten (§ 19 HGB). Obwohl nur der Einzelunternehmer selbst, nicht aber die Firma Träger von Rechten und Pflichten ist, kann er auch unter seiner Firma klagen und verklagt werden.

Würdigung: In der Einzelunternehmung ist der Inhaber zugleich Unternehmer, Kapitalgeber und alleiniger Träger des Risikos. Es liegt eine starke Verknüpfung von betrieblicher und privater Sphäre vor. Diese Rechtsform eignet sich für Gewerbebetriebe, die keinen großen Kapitaleinsatz erfordern. Sie findet sich deshalb überwiegend im Handwerk und im Einzelhandel, seltener bei Industrieunternehmen. Vorteile der Einzelunternehmung sind wegen der einheitlichen Willensbildung im Unternehmen eine gewisse Flexibilität und Krisensicherheit. Nachteile dieser Rechtsform sind die beschränkte Kapitalkraft, die geringe Kreditbasis und die Abhängigkeit des Unternehmens von der Arbeitskraft des Inhabers. Die Kontinuität der Einzelunternehmung ist mit dem Tod des Einzelunternehmers in Frage gestellt, wenn keine Erben vorhanden sind, die über die notwendige unternehmerische Qualifikation verfügen.

1.3.1.2   Offene Handelsgesellschaft

Gesetzliche Grundlage: §§ 105 - 160 HGB

Definition: Die Offene Handelsgesellschaft (OHG) ist eine Gesellschaft, deren Zweck auf den Betrieb eines Handelsgewerbes gerichtet ist. Sie wird von zwei oder mehreren natürlichen oder juristischen Personen gebildet. Obwohl die OHG selbst keine juristische Person ist, so ist sie dieser doch stark angenähert. So kann die Gesamtheit der Gesellschafter unter der gemeinsamen Firma Eigentum erwerben, Verbindlichkeiten eingehen oder in einem Prozess Klägerin oder Beklagte sein.

Entstehung: Die OHG entsteht im Innenverhältnis mit dem Abschluss eines Gesellschaftsvertrages, im Außenverhältnis mit dem Zeitpunkt des Geschäftsbeginns (soweit sie eines der neun Grundhandelsgewerbe betreibt), spätestens aber mit der zwingend erforderlichen Anmeldung und Eintragung in das Handelsregister.

Firma: Der Firmenname muss die Bezeichnung „offene Handelsgesellschaft" oder eine allgemein verständliche Abkürzung dieser Bezeichnung enthalten. Seit einigen Jahren (06/1998) muss der Name eines Komplementärs nicht mehr zwingend im Firmenname enthalten sein.

Haftung: Kennzeichen der OHG ist die unbeschränkte Haftung aller beteiligten Gesellschafter. Diese Haftpflicht ist unmittelbar. Der Gläubiger kann sich zur Befriedigung seiner Ansprüche sofort an einen oder mehrere Gesellschafter wenden, ohne dass er sich zuvor an die Gesellschaft gewandt haben muss.

Leitungsbefugnis: Alle Gesellschafter sind in gleichem Umfang zur Einzelgeschäftsführung und zur Alleinvertretung berechtigt. Durch Gesellschaftsvertrag können Einschränkungen getroffen werden (z. B. Ausschluss von der Geschäftsführung, Vertretung nur gemeinsam oder mit einem Prokuristen). Solche Beschränkungen der Vertretungsmacht sind ins Handelsregister einzutragen.

Gewinn- und Verlustverteilung: Vom Gewinn erhält jeder Gesellschafter vorab 4 % für die Verzinsung seines Kapitalanteils, der Rest wird nach Köpfen verteilt. Ebenso wird ein Verlust nach Köpfen verteilt. Jeder Gesellschafter ist berechtigt, bis zu 4 % seines für das letzte Geschäftsjahr festgestellten Kapitalanteils zu entnehmen. Diese Regelungen werden in der Praxis im seltensten Fall angewendet. Häufiger sind bei der Gewinnverteilung die Arbeitsleistung und die Verantwortung der Gesellschafter im Rahmen ihrer Unternehmertätigkeit berücksichtigt und feste monatliche Entnahmen vereinbart, die Funktion und Charakter von Gehältern haben.

Auflösung: Die gesetzlich vorgesehenen Auflösungsgründe der OHG sind:

- Zeitablauf, wenn die Gesellschaft nur für befristete Zeit eingegangen worden ist

- Beschluss der Gesellschafter

- Eröffnung des Konkursverfahrens über die Gesellschaft

- Tod eines Gesellschafters, soweit im Gesellschaftsvertrag nicht die Fortführung der Gesellschaft für diesen Fall vorgesehen ist

- Eröffnung des Konkursverfahrens über das Vermögen eines Gesellschafters

- Kündigung und gerichtliche Entscheidung.

Der Gesellschaftsvertrag kann weitere Auflösungsgründe vorsehen.

Würdigung: Die Rechtsform der OHG bietet sich vor allem für Familienunternehmen an, die zur Finanzierung den breiten Kapitalmarkt nicht benötigen. Als nachteilig erweisen sich bei der OHG häufig die starke familiäre Bindung zwischen den Gesellschaftern und das Nachfolgeproblem. Für die Kapitalbeschaffung gelten analog die Ausführungen bei der Einzelunternehmung, jedoch verfügt die OHG aufgrund der gestreuten Vermögensverhältnisse über eine breitere Kapitalbasis, die auch für die Fremdkapitalbeschaffung aufgrund des geringeren Risikos für die Kapitalgeber von Vorteil ist. Die OHG entsteht häufig:

- wenn mehrere Familienmitglieder gemeinsam ein Unternehmen gründen.

- durch Aufnahme von zusätzlichen Gesellschaftern in eine Einzelunternehmung.

- aus Einzelunternehmen durch Erbfolge von mehreren Erben.

1.3.1.3 Kommanditgesellschaft

Da für die Kommanditgesellschaft (KG) im Wesentlichen die Vorschriften der OHG gelten, werden im Folgenden nur die wichtigsten abweichenden Merkmale aufgezeigt.

Gesetzliche Grundlage: §§ 161 - 177a HGB

Haftung: Die Haftung ist bei wenigstens einem Gesellschafter unbeschränkt (persönlich haftender Gesellschafter, Komplementär), bei den anderen Gesellschaftern (Kommanditisten) ist sie auf den Betrag der Kapitaleinlage beschränkt (**Abbildung 101**).

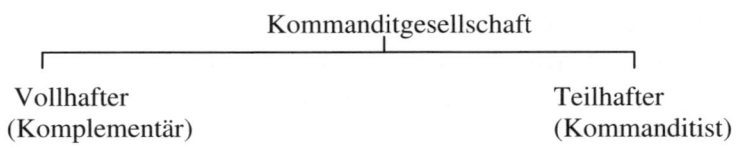

Abb. 101: Aufbau der KG

Firma: Seit einigen Jahren (06/1998) muss der Name eines Komplementärs nicht mehr zwingend im Firmenname enthalten sein. Es genügt ein anderer Firmenname und die Angabe „Kommanditgesellschaft" oder eine allgemein verständliche Abkürzung dieser Bezeichnung. Wenn keine natürliche Person persönlich haftet, muss zusätzlich eine Bezeichnung enthalten sein, welche die Haftungsbeschränkung kennzeichnet (§19 HGB).

Entstehung: Vor der Eintragung ins Handelsregister haften die Kommanditisten für die bis dahin eingegangenen Verbindlichkeiten persönlich und unbeschränkt. Bei der Anmeldung müssen die Namen der Kommanditisten und die Höhe ihrer Einlagen (Kommanditkapital) angegeben werden.

Leitungsbefugnis: Geschäftsführung und Vertretung stehen nur den Komplementären zu. Die Kommanditisten haben eingeschränkte Kontroll- und Widerspruchsrechte. Durch Gesellschaftsvertrag können die Mitspracherechte der Kommanditisten ausgeweitet werden, wodurch sie in die Lage versetzt werden, einen unternehmerischen Einfluss auszuüben.

Gewinn- und Verlustverteilung: Wenn der Gesellschaftsvertrag keine abweichende Regelung vorsieht, stehen jedem Gesellschafter vom Gewinn zunächst 4 % seines Kapitalanteils als Verzinsung zu, übersteigende Gewinne oder Verluste sind „angemessen" zu verteilen. Soweit ein Kommanditist seinen Kapitalanteil noch nicht voll geleistet hat, darf ein evtl. Gewinn nicht ausgeschüttet werden, sondern muss zur Auffüllung seines Kommanditanteils bis zum vereinbarten Nominalbetrag verwendet werden. Dies gilt auch, wenn durch Verlust die Kapitaleinlage unter den Nominalbetrag gesunken ist.

Auflösung: Der Tod eines Kommanditisten führt nicht zur Auflösung der KG.

Würdigung: Die KG bietet aufgrund ihrer juristischen Konstruktion gute Finanzierungsvoraussetzungen: Da das Risiko der Kommanditkapitalgeber auf den Verlust der Einlage beschränkt ist und die Mitgliedschaft in der KG keine Mitarbeit an der Unternehmensführung erforderlich macht, finden sich leichter Kapitalgeber als bei der OHG. Die besseren Finanzierungsmöglichkeiten für Eigenkapital erhöhen zugleich die Kreditwürdigkeit und erleichtern damit die Beschaffung von Fremdkapital. Die KG weist gewisse Ähnlichkeiten zu Kapitalgesellschaften auf.

Die Rechtsform der KG entsteht häufig aus einer offenen Handelsgesellschaft, bei der Gesellschafter aus der aktiven Geschäftsführung ausscheiden oder bei der Kapitalanteile auf Erben übertragen werden, die sich nicht an der Geschäftsführung beteiligen wollen. Daneben findet die Rechtsform der KG auch Verwendung bei Kapitalanlagegesellschaften zur Erlangung steuerlicher Vorteile (Zuweisung steuerlicher Verluste an die Kommanditisten). Das Kommanditkapital ist hier auf verhältnismäßig viele Kommanditisten aufgeteilt, der Komplementär ist eine GmbH (s. GmbH & Co. KG). Man spricht hier von Publikums-Kommanditgesellschaften.

1.3.1.4 Stille Gesellschaft

Gesetzliche Grundlage: §§ 230 - 237 HGB

Definition: Die stille Gesellschaft entsteht durch Beteiligung am Handelsgewerbe eines anderen mit einer Vermögenseinlage. Diese ist so zu leisten, dass sie in das Vermögen des Inhabers des Handelsgeschäftes übergeht. Die stille Gesellschaft ist eine reine Innengesellschaft, der stille Gesellschafter tritt nach außen nicht in Erscheinung, seine Einlage wird somit in der Bilanz auch nicht als getrennte Eigenkapitalposition ausgewiesen. Die Beteiligung bedarf keiner Anmeldung zum Handelsregister. Insofern unterscheidet sich die stille Gesellschaft trotz gewisser Ähnlichkeiten von der KG. Eine stille Beteiligung kann bei verschiedenen Rechtsformen erfolgen, z. B. bei OHG, KG oder Einzelunternehmung.

Entstehung: Die stille Gesellschaft entsteht durch Abschluss eines Gesellschaftsvertrages und Leistung der Einlage.

Firma: Die stille Gesellschaft tritt nach außen nicht Erscheinung, der Name der Firma, an der sich ein stiller Gesellschafter beteiligt, bleibt unverändert. Eine Firma hat die stille Gesellschaft als solche also nicht.

Haftung: Die Haftung des stillen Gesellschafters beschränkt sich auf seine Kapitaleinlage. Im Konkursfall ist der stille Gesellschafter Konkursgläubiger geringer Priorität, soweit seine Beteiligung nicht über Grundpfandrechte abgesichert ist.

Leitungsbefugnis: Der stille Gesellschafter ist von der Geschäftsführung ausgeschlossen. Im Normalfall hat der stille Gesellschafter nur Anspruch auf eine Abschrift des Jahresabschlusses und Einsichtnahme in die Geschäftsbücher, jedoch kein Widerspruchsrecht. Je nach Höhe der Beteiligung und Gesellschaftsvertrag können sich jedoch erhebliche Mitsprache- und Kontrollrechte ergeben.

Gewinn- und Verlustverteilung: Der stille Gesellschafter nimmt an Gewinn und Verlust in einem „angemessenen" Verhältnis teil, am Verlust jedoch nur bis zur Höhe seiner Einlage. Die Beteiligung am Verlust kann ausgeschlossen werden. Die stille Beteiligung nimmt dann den Charakter eines Darlehens an, bei dem der Gläubiger statt eines festen Zinssatzes einen bestimmten Anteil am Gewinn erhält („partiarisches Darlehen").

Auflösung: Auflösungsgründe können sein: Vereinbarung, Zeitablauf, Konkurs der Inhaber oder der stillen Gesellschafter, Kündigung, Tod der Inhaber. Ähnlich der KG ist der Tod des stillen Gesellschafters kein Auflösungsgrund für die Gesellschaft, seine Erben treten in das Gesellschaftsverhältnis ein. Bei Ausscheiden eines stillen Gesellschafters durch Kündigung ist die Frage seiner Beteiligungsart von Bedeutung. Man unterscheidet:

a) den **typischen stillen Gesellschafter**. Er ist weder an den stillen Reserven (Wert des Gesellschaftsvermögen, der buchmäßig nicht ausgewiesen ist) noch am Geschäftswert beteiligt.

b) den **atypischen stillen Gesellschafter** mit dem Charakter eines Mitunternehmers. Er ist sowohl an den während der Dauer seiner Beteiligung entstandenen stillen Reserven als auch am Geschäftswert beteiligt.

Würdigung: Die Rechtsform der stillen Gesellschaft bietet auch Nichtkaufleuten die Möglichkeit, ihr Kapital ohne Mitarbeit so in einem Unternehmen anzulegen, dass es am Gewinn beteiligt ist. Hervorzuheben ist die Möglichkeit des Verlustausschlusses, die zu einer Reduzierung des Risikos führt. Da der stille Gesellschafter nach außen nicht in Erscheinung tritt, verbessert sich die Kreditwürdigkeit eines Unternehmens nur über die gestärkte Eigenkapitalbasis.

1.3.1.5 Gesellschaft des Bürgerlichen Rechts

Regelung: §§ 705 - 740 BGB

Definition: Die Gesellschaft des Bürgerlichen Rechts (G.d.b.R., GbR oder auch BGB-Gesellschaft genannt) ist eine Gesellschaft, bei der sich mehrere Gesellschafter durch Gesellschaftsvertrag verpflichten, die Erreichung eines gemeinsamen Zweckes in bestimmter Weise zu fördern. Die Gesellschafter können natürliche oder juristische Personen sein. Die Ziele der GbR können die Förderung wirtschaftlicher oder ideeller Zwecke sein. Ist das Gesellschaftsziel der Betrieb eines Handelsgewerbes, wird aus der GbR eine OHG.

Firma: Keine Formvorschriften, da nicht dem Handelsrecht unterliegend. Die GbR hat also keine Firma, ist keine juristische Person und kann weder klagen noch verklagt werden.

Entstehung: Durch Abschluss eines Gesellschaftsvertrages.

Haftung: Die Gesellschafter haften als Gesamtschuldner unmittelbar und unbeschränkt für die Schulden der Gesellschaft.

Leitungsbefugnis: Die Geschäftsführung steht den Gesellschaftern gemeinschaftlich zu, der Gesellschaftsvertrag kann abweichende Regelungen enthalten. Die nicht an der Geschäftsführung beteiligten Gesellschafter haben dann Kontroll- und Widerspruchsrechte.

Gewinn- und Verlustverteilung: Alle Gesellschafter sind in gleicher Weise an Gewinn und Verlust beteiligt. Abweichende Regelungen sind möglich.

Auflösung: Auflösungsgründe sind denen der OHG vergleichbar. Des Weiteren gelten als wichtige Auflösungsgründe:

- Erreichung des vereinbarten Zweckes (bei Gelegenheitsgesellschaft, s. u.)
- Unmöglichwerden des vereinbarten Zweckes
- Kündigung eines Gesellschafters (jederzeit möglich)

Würdigung: Aufgrund der relativ leichten Auflösungsmöglichkeiten eignet sich die GbR für befristete Zusammenschlüsse, z. B. für Arbeitsgemeinschaften, Bankenkonsortien zur Begebung von Anleihen, gemeinsame Durchführung von Großprojekten durch mehrere Unternehmen. Man spricht hier von Gelegenheitsgesellschaften. Als Dauergesellschaft findet sich die GbR als:

- Interessengemeinschaft zur Erreichung gemeinsamer Ziele (z. B. bei Wirtschaftsverbänden)
- Holdinggesellschaft
- Besitzgesellschaft bei Doppelgesellschaften (siehe D.1.3.3.3)

1.3.2 Kapitalgesellschaften

Kapitalgesellschaften finden Eintragung im Handelsregister Abteilung B.

1.3.2.1 Charakter der Kapitalgesellschaften

Im Gegensatz zu den Personengesellschaften, bei denen Eigenkapitalgeber und Unternehmer größtenteils identisch sind, ist bei den Kapitalgesellschaften die Mitgliedschaft auf eine reine Kapitalbeteiligung ausgerichtet. Kapitaleigentum und Unternehmensleitung können in getrennten Händen liegen. Die eigentlichen Unternehmer (Manager) sind hier bestellte Geschäftsführer. Die Kapitalanteile sind – vorbehaltlich gesellschaftsvertraglicher Einschränkungen – frei veräußerbar und vererblich, die Gesellschafter haften nicht für die Schulden der Gesellschaft.

Kapitalgesellschaften sind juristische Personen, sie besitzen die Rechtsfähigkeit, d. h. sie sind Rechtsträger ihres Vermögens und ihrer Schulden, der Fortbestand der Kapitalgesellschaft ist vom Wechsel der Gesellschafter unabhängig.

Die Trennung von Kapitaleigentum und Unternehmensleitung einerseits und die Begrenzung des Kapitalrisikos auf die Kapitaleinlage haben die

Kapitalgesellschaften zu einer sehr verbreiteten Rechtsform werden lassen.

1.3.2.2 Gesellschaft mit beschränkter Haftung

Gesetzliche Grundlage: GmbH-Gesetz

Definition: Der Begriff der GmbH ist im Gesetz nicht definiert. Sie ist zugleich juristische Person und Handelsgesellschaft. Ihre Gesellschafter sind mit Geschäftsanteilen an dem in Stammeinlagen zerlegten Stammkapital beteiligt. Die GmbH kann für jeden gesetzlich zugelassenen Zweck errichtet werden.

Entstehung: Die GmbH kann von einer (Einmanngesellschaft) oder von mehreren Personen errichtet werden. Der Gesellschaftsvertrag bedarf notarieller Beurkundung. Er muss mindestens festlegen:

- Name und Sitz der Gesellschaft

- Gegenstand des Unternehmens

- Höhe des Stammkapitals

- Betrag, der von jedem Gesellschafter auf das Stammkapital zu leistenden Einlage (Stammeinlage)

Das Eigenkapital der GmbH bezeichnet man als Stammkapital. Es muss mindestens 25.000,- € betragen. Jeder Gründer übernimmt einen Teil des Stammkapitals (Stammeinlage) von wenigstens 250,- €, wobei nur jeweils eine Stammeinlage übernommen werden kann.

In einer für das Jahr 2006 geplanten Überarbeitung des GmbH-Gesetzes soll das Mindeststammkapital auf 10.000,- € gesenkt werden. Damit soll der vermehrten Gründung von weniger kapitalintensiven Dienstleistungsunternehmen Rechnung getragen werden, und gleichzeitig sollen solche Gründungen erleichtert werden.

Die Anmeldung zum Handelsregister darf erst erfolgen, wenn

- mindestens die Hälfte des vereinbarten Stammkapitals einbezahlt oder in Form von Sacheinlagen geleistet worden ist und

- auf jede Stammeinlage mindestens ein Viertel geleistet worden ist.

Die GmbH entsteht erst mit der Eintragung ins Handelsregister, vorher
ist sie eine Gesellschaft des Bürgerlichen Rechts (Vorgesellschaft als
nichtrechtsfähiger Verein), d. h. die Gesellschafter haften für in dieser
Zeit eingegangene Verbindlichkeiten persönlich und gesamtschuldnerisch.

Durch die Übernahme einer Stammeinlage erwirbt der Gesellschafter
ein Mitgliedschaftsrecht, den Geschäftsanteil, der die wertmäßige Beteiligung an der GmbH dokumentiert. Dieser ist veräußerlich und vererbbar.

Haftung: Die Bezeichnung „mit beschränkter Haftung" ist irreführend.
Die GmbH haftet mit ihrem gesamten Vermögen, der Gesellschafter –
soweit er seine Einlage geleistet hat – überhaupt nicht. Gesellschafter
müssen einmalig ihre Einlage leisten und tragen das Risiko des Kapital-
verlustes.

In der bereits angesprochenen Änderung des GmbH-Gesetzes wird auch
festgelegt, dass GmbHs die Höhe ihres Stammkapitals auf ihren Ge-
schäftsbriefen angeben müssen.

Firma: Der Name der GmbH muss entweder den Gesellschaftszweck
angeben oder vom Namen des/der Gesellschafter übernommen werden.
Des Weiteren muss aus dem Firmennamen ersichtlich sein, dass es sich
um eine Gesellschaft handelt, und der Zusatz „mit beschränkter Haftung" muss angegeben werden.

Leitung: Die Organe der GmbH sind:

a) Geschäftsführer

b) Gesellschafterversammlung (Gesamtheit der Gesellschafter)

c) Aufsichtsrat

zu a) Der **Geschäftsführer** ist für die Leitung des Unternehmens zuständig und vertritt die Gesellschaft nach außen. Er muss nicht Gesellschafter der GmbH sein. Seine Bestellung erfolgt – soweit sich nicht aus
den Mitbestimmungsgesetzen etwas Anderes ergibt – durch die Gesellschafterversammlung.

zu b) Die **Gesellschafterversammlung** ist für die Überwachung der Geschäftsführung zuständig. Sie beschließt unter anderem über die Feststellung des Jahresabschlusses, die Verteilung des Gewinns, die Bestellung, Entlastung und Abberufung von Geschäftsführern, die Ernennung von Prokuristen und die Auflösung der Gesellschaft.

zu c) Der **Aufsichtsrat** ist fakultativ, bei mehr als 500 Beschäftigten gemäß Betriebsverfassungsgesetz obligatorisch.

Gewinn- und Verlustverteilung: Richtet sich nach dem Gesellschaftsvertrag. Über die Gewinnausschüttung beschließt die Gesellschafterversammlung.

Auflösung: Die GmbH wird u. a. aufgelöst durch:

* Gesellschafterbeschluss mit 3/4 der abgegebenen Stimmen.

* Eröffnung des Konkursverfahrens wegen Zahlungsunfähigkeit oder Überschuldung

* Zeitablauf, wenn die Gesellschaft nur für eine bestimmte Zeit eingegangen wurde

* Gerichtsbeschluss, wenn der Gesellschaftszweck nicht erreicht wird

Würdigung: Durch die Trennung von Geschäftsführung und Kapitaleigentum hat sich die GmbH zu einer sehr verbreiteten Rechtsform entwickelt, die als Alternative zur KG gesehen werden muss. Sie eignet sich für kleine und mittlere Unternehmen, wobei die verhältnismäßig strikten Formvorschriften (z. B. Prüfung des Jahresabschlusses nach Größenmerkmalen) einen Schutz der Beteiligten garantieren sollen. Da für Geschäftsanteile von GmbHs kein organisierter Kapitalmarkt existiert, gestaltet sich die Übertragung von Geschäftsanteilen schwieriger als bei der Rechtsform der AG. Die Finanzierungsmöglichkeiten sind denen der KG vergleichbar.

1.3.2.3   Aktiengesellschaft

Gesetzliche Regelung: §§ 1 - 277 Aktiengesetz

Definition: Die AG ist eine Gesellschaft mit eigener Rechtspersönlichkeit, deren Kapital in Aktien zerlegt ist. Sie ist der Prototyp der kapitalistischen Unternehmensverfassung, da ursprünglich alle Entscheidungsmacht nur vom Kapitaleigentum ausging. Gleichzeitig ist sie eine unpersönliche Unternehmensform (französisch: Société Anonyme (SA) und italienisch: società per azioni (Spa)). Die Aktien sind Urkunden (Wertpapiere), die auf einen bestimmten Betrag (Nenn- oder Nominalbetrag) lauten (mindestens ein Euro). Sie verbriefen die Mitgliedschaftsrechte an der AG. Die Summe der Nennbeträge aller ausgegebenen Aktien ergibt das Grundkapital. Vom Nennbetrag sind zu unterscheiden:

- Ausgabebetrag: Betrag, zu dem die Aktien von der Gesellschaft ausgegeben werden. Er muss mindestens dem Nennbetrag entsprechen, höhere Beträge sind zulässig und die Regel („Über-Pari-Emission"). Die Differenz zwischen Ausgabebetrag und Nennbetrag bezeichnet man als Aufgeld oder Agio.

- Kurswert: Betrag, zu dem bereits emittierte Aktien gehandelt werden. Der Kurswert ist veränderlich und richtet sich u.a. nach den Gewinnerwartungen der Anleger, dem inneren Wert der Aktien und/oder spekulativen Kriterien. Er ist vom Nennbetrag völlig losgelöst.

Seit der Euro-Umstellung gingen viele Unternehmen auf nennwertlose Stückaktien über. Diese Aktien lauten auf keinen bestimmten Nennbetrag, sondern stellen Anteile am Grundkapital dar. Der rechnerische Wert einer Stückaktie ergibt sich aus dem Jahresabschluss als Quotient aus dem gezeichneten Kapital und der Anzahl der umlaufenden Aktien. Der rechnerische Mindestnennwert einer solchen Aktie muss mindestens ein Euro sein.

Kennzeichen der AG ist, dass die Aktien in der Regel frei veräußerbar sind. Es existieren organisierte Kapitalmärkte, auf denen die Aktien von Publikumsaktiengesellschaften gehandelt werden (Börsen).

Man unterscheidet:

- Stammaktien: Normaltyp der Aktie. Sie ist verbunden mit Stimmrecht und Gewinnanspruch für den Inhaber (Inhaberaktie).

- Vorzugsaktien: In der Regel bestimmte Vorteile bei der Gewinnverteilung oder der Verteilung eines evtl. Liquidationserlöses bei Beendigung der Gesellschaft, verbunden mit Einschränkungen des Stimmrechts.

- Namensaktie: Auf den Namen des Aktionärs ausgestellte und im Aktienbuch der AG eingetragene Aktie. Übertragung durch Indossament oder durch Forderungsabtretung sowie Übergabe des Papiers.

- Vinkulierte Namensaktie: Aktie, deren Übertragung an die Zustimmung der Aktiengesellschaft gebunden ist.

Die Gesellschafter sind an der AG entsprechend der Höhe ihrer Einlagen (Nominalwert ihrer Aktien) bzw. der Anzahl ihrer Aktien (bei nennwertlosen Stückaktien) beteiligt. Die AG ist für alle Gewerbezweige zugelassen.

Entstehung: Die Gründung einer AG ist stark formalisiert. Sie vollzieht sich nach einem festen Verfahren. Als Folge des Erfolgs der GmbH und der eher geringeren Beliebtheit der Aktiengesellschaft, was zu Nachteilen bei der mittelständischen Wirtschaft im internationalen Vergleich der Eigenkapitalausstattung geführt hat, gibt es seit 1994 auch die Möglichkeit eine kleine AG zu gründen. Die kleine AG kann durch eine oder mehrere Personen gegründet werden, die AG benötigt mindestens fünf Gründer. Das gesetzlich vorgeschriebene Mindestkapital beträgt in beiden Fällen € 50.000,-. Die Aktien lauten normalerweise auf den Inhaber (Inhaberaktien), unter besonderen Umständen sind sie auf den Namen des Eigentümers ausgestellt (Namensaktien), um eine Übertragung zu erschweren oder die Eigentumsverhältnisse der AG zu dokumentieren (Nachweis im Aktienbuch).

Zur Gründung einer AG bedarf es des Abschlusses eines notariell beurkundeten Gesellschaftsvertrages (Satzung). Die Satzung muss u.a. festlegen:

- Gründer
- Nennbetrag, Ausgabebetrag und Gattung der Aktien
- Höhe des Grundkapitals
- Firma, Sitz und Gegenstand des Unternehmens
- Eingezahlter Betrag bei Gründung
- Zahl der Vorstandsmitglieder

Um die Gründung zu vollziehen, müssen wenigstens ein Viertel des vereinbarten Grundkapitals sowie ein evtl. Agio (vereinbartes Aufgeld auf den Nennbetrag der Aktien) voll einbezahlt sein. Die AG entsteht erst mit der Eintragung ins Handelsregister.

Haftung: Die AG haftet für die von ihr eingegangenen Verbindlichkeiten mit ihrem gesamten Vermögen, die Haftung des Aktionärs ist ausgeschlossen. Dieser muss seine Einlage einmalig leisten und trägt das Risiko des Verlustes seiner Gesellschaftsanteile.

Firma: Die AG entlehnt ihren Namen dem Gesellschaftszweck. Soweit sie aus einer Personengesellschaft hervorgeht, kann der bisherige Firmenname übernommen werden. In jedem Fall muss der Zusatz „Aktiengesellschaft" im Firmennamen angegeben werden.

Leitung: Die AG besitzt drei Verwaltungsorgane:

a) Vorstand

b) Aufsichtsrat

c) Hauptversammlung

zu a) Der **Vorstand** ist das verantwortlich leitende und geschäftsführende Organ der AG. Er wird vom Aufsichtsrat bestellt. Der Vorstand leitet unter eigener Verantwortung mit der Sorgfalt eines ordentlichen Geschäftsführers die Gesellschaft, erstellt im ersten Vierteljahr eines Geschäftsjahres den Jahresabschluss für das abgelaufene Geschäftsjahr, legt beim Aufsichtsrat und der Hauptversammlung einen Vorschlag für die Gewinnverwendung vor und gibt dem Aufsichtsrat mindestens einmal vierteljährlich einen Bericht über die Lage des Unternehmens.

zu b) Der **Aufsichtsrat** stellt ein Überwachungsorgan der AG dar und besteht je nach Höhe des Grundkapitals aus 3 bis 21 Mitgliedern. Die Aufsichtsratmitglieder werden entsprechend dem zutreffenden Mitbestimmungsgesetz zu unterschiedlichen Anteilen aus Vertretern der Kapitaleigner und der Arbeitnehmer gewählt. Die Vertreter der Kapitaleigner werden von der Hauptversammlung gewählt. Vorstandsmitglieder dürfen nicht dem Aufsichtsrat angehören. Zu den Aufgaben des Aufsichtsrates gehören vor allem: Die Überwachung der Geschäftsführung, die Bestellung und Abberufung des Vorstandes sowie die Prüfung des Jahresabschlusses und des Gewinnverwendungsvorschlages.

zu c) Die **Hauptversammlung** ist das Mitverwaltungsorgan der Aktionäre. Die Einberufung einer Hauptversammlung hat durch den Vorstand mindestens einmal im Jahr zu erfolgen. Jede voll einbezahlte Aktie (soweit es sich nicht um stimmrechtslose Vorzugsaktien handelt) gewährt eine Stimme in der Hauptversammlung. Für Besitzer mehrerer Aktien kann eine Höchststimmzahl festgelegt werden. Auf Verlangen ist jedem Aktionär Auskunft über die Angelegenheiten der Gesellschaft zu geben, sofern die Belange der Gesellschaft nicht gefährdet werden. Die Hauptversammlung beschließt über die Entlastung von Vorstand und Aufsichtsrat und über die Verwendung (nicht aber die Höhe) des sich aus dem Jahresabschluss ergebenden Reingewinns.

Gewinn- und Verlustverteilung: Die Gewinnverteilung richtet sich primär nach den Aktiennennbeträgen. Bei Stückaktien erfolgt die Gewinnverteilung ähnlich, indem die Anteile am gezeichneten Kapital auch maßgeblich für die Anteile am ausgeschütteten Gewinn sind. Die Gewinnverteilung wird auf der Hauptversammlung auf Vorschlag des Vorstandes beschlossen. Den Teil des Gewinnes, den ein Aktionär für eine Aktie ausgeschüttet erhält, bezeichnet man als Dividende. Nicht ausgeschüttete Gewinne verbleiben im Unternehmen und werden dort – da das Grundkapital unveränderlich ist – zur Erhöhung der variablen Rücklagen verwendet. Entsprechend gehen Verluste zu Lasten der vorhandenen Rücklagen oder führen zum Ausweis eines Bilanzverlustes.

Der Jahresabschluss muss (mit Ausnahme der kleinen Aktiengesellschaften) von unabhängigen Prüfern, den Wirtschaftsprüfern, geprüft und mit einem Abschlussvermerk versehen werden. Der Jahresabschluss wird größenabhängig veröffentlicht. Das Bilanzrichtlinien-Gesetz unterscheidet kleine, mittelgroße und große Kapitalgesellschaften mit jeweils verschiedenen rechtlichen Konsequenzen (vgl. dazu § 267 HGB). Auch hier ist wieder zu beachten, dass ab 2005 die neuen Rechnungslegungsvorschriften IFRS gelten.

Auflösung: Die AG wird u.a. aufgelöst durch:

- Beschluss der Hauptversammlung mit 3/4-Mehrheit.
- Eröffnung des Konkursverfahrens wegen Zahlungsunfähigkeit oder Überschuldung mit der Folge der Liquidation.

- Zeitablauf, wenn die Gesellschaft nur für eine bestimmte Zeit eingegangen wurde (in der Praxis eher selten).

Würdigung: Die Rechtsform der AG bietet die Möglichkeit, große und größte Unternehmen zu gründen, wenn das Kapital nicht oder nur schwer von einzelnen Personen aufgebracht werden kann. Durch die Ausgabe von Aktien wird das benötigte Kapital leichter aus einem größeren Personenkreis heraus beschafft. Als nachteilig erweisen sich die Formstrenge im juristischen Aufbau, die komplizierte und kostspielige Gründung und die strengen Publizitätsvorschriften. Der AG stehen erweiterte Finanzierungsmöglichkeiten bei der Beschaffung von Kapital zur Verfügung, z. B. die Ausgabe von Schuldverschreibungen (Fremdkapital) oder die Emission von „jungen" Aktien (Eigenkapital). Aktiengesellschaften entstehen heute seltener durch Neugründung, häufiger durch Umwandlung bestehender Unternehmen in diese Rechtsform zur Erweiterung der Kapitalbasis.

1.3.2.4   Societas Europea (SE)

Gesetzliche Regelung: Gesetz zur Einführung der Europäischen Gesellschaft (SEEG).

Definition: Die Rechtsform einer Societas Europea (SE) wurde im Dezember 2000 vom EU Ministerrat in Nizza beschlossen. Damit wurde nach einer mehr als 40-jährigen Diskussion die Einführung einer europäischen Aktiengesellschaft Wirklichkeit.

Die Regelungen einer SE orientieren sich weitestgehend an denen einer AG, allerdings bietet sie deutschen Unternehmen zum ersten Mal die Möglichkeit, zwischen zwei verschiedenen Verfassungssystemen zu wählen. Neben dem klassischen dualistischen System (getrennter Vorstand und Aufsichtsrat) steht auch das, dem angelsächsischen Raum entstammende, monistische System (Board-Modell) zur Auswahl. Diese Wahlmöglichkeit soll bis 2008 für alle börsennotierten Gesellschaften eingeführt werden.

Mit der SE soll es Unternehmen ermöglicht werden, in allen Mitgliedsstaaten der EU mit einem einheitlichen Management und Berichtssystem tätig zu werden, ohne mit erheblichem Aufwand an Zeit und Kosten ein Netz von Tochtergesellschaften errichten zu müssen, für die unterschiedliche nationale Vorschriften gelten. Zusätzlich sollen grenz-übergreifende Fusionen innerhalb der EU vereinfacht werden.

Entstehung: Eine SE kann auf verschiedene Arten gegründet werden:

• Durch Verschmelzung von mindestens zwei Aktiengesellschaften aus mindestens zwei verschiedenen Mitgliedsstaaten der EU.

• Durch Bildung einer SE-Holdinggesellschaft, an der Aktiengesellschaften oder GmbHs aus mindestens zwei verschiedenen Mitgliedsstaaten der EU beteiligt sind.

• Durch Gründung einer SE-Tochtergesellschaft durch Gesellschaften aus mindestens zwei verschiedenen Mitgliedsstaaten der EU.

• Durch Umwandlung einer Aktiengesellschaft, die seit mindestens zwei Jahren eine Tochtergesellschaft in einem anderen Mitgliedsstaat hat, in eine SE.

Das Mindestkapital einer SE ist auf 120.000,- € festgelegt, und die SE wird gemäß den für Aktiengesellschaften geltenden Vorschriften im Handelsregister eingetragen.

Sitz: Die Satzung der SE muss als Sitz den Ort innerhalb der EU bestimmen, an dem sich die Hauptverwaltung befindet.

Leitung: Es sind zwei Fälle zu unterscheiden:

1) Die SE gibt sich eine *Vorstands-* oder *Aufsichtsratsverfassung* (dualistisches System). Dann entspricht die Unternehmensleitung weitestgehend der unter der Aktiengesellschaft beschriebenen.

2) Die SE wählt in ihrer Satzung das monistische System mit einem *Verwaltungsorgan* (Verwaltungsrat). In diesem Fall gelten einige Besonderheiten, die im Folgenden kurz und vereinfacht ausgeführt werden.

Im monistischen System ist ein einheitliches Organ, der Verwaltungsrat, für die Leitung (vergleichbar dem Vorstand einer AG) und die Kontrolle (der Aufsichtsrat einer AG) zuständig. Der Verwaltungsrat setzt sich aus Verwaltungsratsmitgliedern der Aktionäre und, soweit im Gesetz vorgesehen, aus Vertretern der Arbeitnehmer zusammen.

Man unterscheidet zwischen geschäftsführenden und nichtgeschäftsführenden Mitgliedern des Verwaltungsrats, dabei muss die Mehrheit des

Verwaltungsrates aus nichtgeschäftsführenden Mitgliedern bestehen. Ein geschäftsführendes Mitglied kann zum Vorsitzenden des Verwaltungsrates bestellt werden.

Die Geschäftsführung wird von, vom Verwaltungsrat bestellten, geschäftsführenden Direktoren wahrgenommen. Man unterscheidet hierbei zwischen geschäftsführenden Mitgliedern des Verwaltungsrates und externen geschäftsführenden Direktoren, die nur für die Geschäftsführung zuständig sind, ohne dem Verwaltungsrat anzugehören.

Die geschäftsführenden Direktoren sind vom Verwaltungsrat weisungsabhängig und können von diesem jederzeit abberufen werden. Die geschäftsführenden Direktoren nehmen in etwa die Aufgabe von Vorständen in einer AG wahr, können aber aufgrund der Weisungsabhängigkeit weniger selbständig und eigenverantwortlich handeln.

Haftung: Generell gelten die Haftungsbedingungen einer Aktiengesellschaft, jedoch haften im monistischen System alle Mitglieder des Verwaltungsrates gesamtschuldnerisch für die ordnungsgemäße Leitung der Gesellschaft.

Gewinn- und Verlustverteilung: Entsprechend einer AG.

Auflösung: Generell wie bei der Aktiengesellschaft, jedoch gilt ein Auseinanderfallen von Sitz und Hauptverwaltung als Mangel der Satzung, und die SE ist, nach einer einzuräumenden Frist zur Behebung des Mangels, aufzulösen.

Würdigung: Da es sich bei der SE um eine sehr junge Rechtsform handelt, das entsprechende Gesetz wurde im Dezember 2004 erlassen, fehlt es noch an Erfahrungen mit dieser Rechtsform. Sie kann für einige Unternehmen durch die Wahlmöglichkeit zwischen monistischem und dualistischem System eine interessante Option darstellen.

1.3.3 Misch- und Sonderformen

1.3.3.1 Kommanditgesellschaft auf Aktien

Regelung: §§ 278 - 290 AktG; ansonsten s. AG und KG.

Definition: Die Kommanditgesellschaft auf Aktien (KGaA) ist eine Verbindung von Personen- und Kapitalgesellschaft. Sie entsteht, wenn einer Kommanditgesellschaft die Kapitalbeschaffungsbasis einer Aktiengesellschaft verliehen wird. Die KGaA ist eine Handelsgesellschaft und besitzt eigene Rechtspersönlichkeit (juristische Person). Mindestens ein Gesellschafter haftet den Gläubigern gegenüber persönlich und unbeschränkt (Komplementär), während die übrigen Gesellschafter nur mit Einlagen auf das in Aktien zerlegte Grundkapital beteiligt sind (Kommandit-Aktionäre). Im Folgenden werden die wichtigsten von KG und AG abweichenden Merkmale aufgezeigt.

Leitung: Die Organe der KGaA sind:

a) Geschäftsführung

b) Aufsichtsrat

c) Hauptversammlung

zu a) Die **Geschäftsführung** entspricht dem Vorstand der AG. Sie steht nur dem/den Komplementär(en) zu.

zu b) Der **Aufsichtsrat** setzt sich – vorbehaltlich anderweitiger Regelungen aufgrund der Mitbestimmungsgesetze – ausschließlich aus den Vertretern der Kommandit-Aktionäre zusammen. Er ist zugleich deren Vertretungsorgan, führt deren Beschlüsse aus und ist Überwachungsorgan der KGaA. Da die Geschäftsführung nur den Komplementären zusteht, entfällt das Recht des Aufsichtsrates auf Bestellung und Abberufung von Geschäftsführern. Komplementäre können nicht Mitglieder des Aufsichtsrates sein.

zu c) Die **Hauptversammlung** hat ähnliche Funktion wie bei der AG. Soweit Komplementäre im Besitz von Aktien sind, haben sie bei bestimmten Beschlüssen kein (vgl. § 285 Abs. 1 AktG) oder nur ein eingeschränktes Stimmrecht in der Hauptversammlung.

Gewinn- und Verlustverteilung: Vom Gewinn erhalten – mangels abweichender Regelungen in der Satzung – die Komplementäre zunächst 4 % ihres Kapitals als Verzinsung, der Rest wird auf Vollhafter und Teilhafter in angemessenem Verhältnis verteilt.

Würdigung: Die wirtschaftliche Bedeutung der KGaA ist gering. Sie entstand in der Vergangenheit zumeist aus Personengesellschaften, die zur Finanzierung der Geschäftstätigkeit auf einen größeren Kapitalmarkt

angewiesen waren, bei denen die Unternehmensleitung aber in den Händen der bisherigen Gesellschafter verbleiben sollte. Die Vorteile der
KGaA sind, dass die Geschäftsführung in den Händen von persönlich
haftenden Gesellschaftern liegt, was zu einer besonders vorsichtigen und
gewissenhaften Unternehmensleitung beiträgt. Nachteilig sind die geringen Einflussmöglichkeiten der Kommandit-Aktionäre. Ein Zielkonflikt kann bei der Festsetzung der Dividende entstehen, wenn die Komplementäre einen möglichst hohen Betrag im Unternehmen thesaurieren
wollen.

1.3.3.2   GmbH und Co. KG

Gesetzliche Grundlage: Im Handelsrecht nicht geregelt; es gelten die
Vorschriften zu GmbH und KG.

Definition: Die GmbH und Co. KG (auch in der Form „GmbH & Co."
oder „GmbH KG" geschrieben) kommt dadurch zustande, dass zunächst
eine GmbH gegründet wird, die dann in einer KG die Rolle des Komplementärs übernimmt (**Abbildung 102**). Die Gesellschafter der GmbH
sind zugleich die Kommanditisten der KG. Die GmbH wird meist nur
mit einem Minimalkapital ausgestattet.

Leitung: Die Geschäftsführung und Vertretung der GmbH und Co. KG
obliegt der GmbH. Da die GmbH als juristische Person nicht die Leitung wahrnehmen kann, bestellen ihre Gesellschafter für sie einen Geschäftsführer. Dieser kann aus dem Kreis der Kommanditisten oder auch
ein unternehmensfremder Dritter sein. Im Gegensatz zur KG ist damit
die Trennung von Unternehmensleitung und Gesellschafterstellung
möglich. Damit besteht für Familienunternehmen die Möglichkeit, einen
Außenstehenden mit der Leitung zu beauftragen (Drittorganschaft).

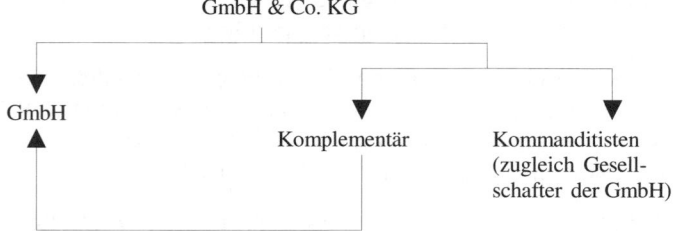

Abb. 102: GmbH und Co. KG

Würdigung: Die Rechtsform der GmbH und Co. KG erfreut sich großer Beliebtheit, da sie einige Vorteile gegenüber einer reinen GmbH oder einer reinen KG besitzt:

a) Da die GmbH und Co. KG steuerlich wie eine KG behandelt wird, werden nicht ausgeschüttete Gewinne mit dem individuellen Steuersatz der Kommanditisten besteuert und nicht mit dem einheitlichen KSt-Satz von 25 %. Der KSt-Pflicht unterliegen nur die Gewinne der GmbH, die in der Regel aus einer geringen Haftungsvergütung für die Geschäftsführungstätigkeit bestehen. Durch Möglichkeiten der Gewinnverlagerung (abhängig von der jeweiligen Einkommenssituation) zwischen GmbH und KG können Steuern gespart werden.

b) Die GmbH und Co. KG bietet des Weiteren haftungsrechtliche Vorteile, da – obwohl Personengesellschaft – keine natürliche Person unbeschränkt haftet.

1.3.3.3   Doppelgesellschaft

Regelung: Im Gesetz nicht geregelt.

Definition: Doppelgesellschaften entstehen durch Aufspaltung eines bisher einheitlichen Unternehmens in zwei juristisch selbständige Bestandteile, wobei der eine Teil in der Rechtsform einer Personengesellschaft (OHG, KG, GbR) und der andere Teil in der Rechtsform einer Kapitalgesellschaft (meist GmbH) weitergeführt wird. Übliche Formen der Betriebsaufspaltung sind:

a) Besitzgesellschaft (Personengesellschaft) und Betriebsgesellschaft (Kapitalgesellschaft)

b) Produktionsgesellschaft (Personengesellschaft) und Vertriebsgesellschaft (Kapitalgesellschaft)

Die Vorteile von Betriebsaufspaltungen sind primär haftungs- und steuerrechtlicher Natur. Daneben spielen auch familiäre Besitzverhältnisse eine Rolle bei Betriebsaufspaltungen.

Zu a) Die Besitzgesellschaft verpachtet das Anlagevermögen an die Betriebsgesellschaft. Pacht und Gehälter der Betriebsgesellschaft mindern die Gewerbesteuer. Die Besitzgesellschaft kann in der Rechtsform der

GbR betrieben werden und ist dann kein Gewerbebetrieb, unterliegt folglich nicht der Gewerbesteuer. Das Betriebsvermögen ist der Haftung entzogen, da es im Eigentum der Besitzgesellschaft ist.

Zu b) Die Produktionsgesellschaft ist die produzierende Einheit, die Vertriebsgesellschaft bezieht ihre Produkte ausschließlich von der Produktionsgesellschaft. Durch Bewertungsspielräume der transferierten Güter zwischen beiden Gesellschaften sind Gewinnverlagerungen möglich. Die Vertriebsgesellschaft trägt das unternehmerische Risiko bei eingeschränkter Haftung.

1.3.3.4   Bergrechtliche Gewerkschaft

Gesetzliche Regelung: Allgemeines Berggesetz von 1865.

Definition: Die Bergrechtliche Gewerkschaft war eine Rechtsform, die den speziellen Bedürfnissen des Bergbaus angepasst war. Sie existiert seit dem 1.1.1986 nicht mehr, bestehende Gesellschaften mussten in die Rechtsform einer Kapitalgesellschaft umgewandelt werden. Das Kapital war in Kuxe eingeteilt, die ein quotenmäßiges Anteilsrecht verbrieften. Die Organe waren die Gewerkenversammlung, der Grubenvorstand und der Aufsichtsrat. Die Idee der Kuxe ist mit der seit der Euroumstellung zu Beginn des Jahres 2002 eingeführten nennwertlosen Stückaktie in Deutschland wieder belebt worden. (vgl. Kap. D.1.3.2.3)

1.3.3.5   Stiftung des Privatrechts

Gesetzliche Regelung: §§ 80 - 88 BGB, teilweise Landesgesetze.

Definition: Die Stiftung ist eine rechtsfähige juristische Person, in der ein bestimmtes Vermögen zur Erreichung eines vom Stifter festgelegten Zweckes rechtlich verselbständigt wird. Die Stiftung unterscheidet sich von den Kapitalgesellschaften, da sie selbst Eigentümerin und Trägerin von Rechten und Pflichten ist (Stiftung ist keine Kapitalgesellschaft, da sie Niemandem außer sich selbst gehört).

Entstehung: Zur Entstehung einer Stiftung ist ein Stiftungsgeschäft (Stiftungsakt) und eine staatliche Genehmigung erforderlich. Der Stifter hat nach der Erteilung der Genehmigung das dem Stiftungszweck zugesicherte Vermögen auf die Stiftung zu übertragen.

Haftung: Die Stiftung haftet mit ihrem Stiftungsvermögen.

Leitung: Die Geschäftsführung und Vertretung der Stiftung liegt in den Händen eines Vorstands, der zugleich die Verwaltung des Stiftungsvermögens wahrnimmt. Fakultative Stiftungsorgane sind ein Aufsichtsrat, dem Überwachungsaufgaben zukommen, und ein Beirat, der beratende Funktion hat. Stiftungen unterliegen darüber hinaus einer strengen staatlichen Aufsicht.

Gewinn- und Verlustverteilung: Die Stiftung hat wegen der rechtlichen Verselbständigung keine Gesellschafter, denen ein Gewinn zukommt. In der Stiftungsurkunde sind deshalb Destinatäre bezeichnet, an die Zuwendungen aus dem Stiftungsvermögen erfolgen sollen.

Auflösung: Das Gesetz sieht folgende Auflösungsgründe vor:

- Erreichung des Stiftungszweckes (Eintritt einer definierten Bedingung)
- Zeitablauf
- Konkurs
- Stiftungszweck ist nicht mehr durchführbar

Das bei Auflösung verbleibende Stiftungsvermögen fällt den in der Stiftungsurkunde bezeichneten Personen zu, soweit dort keine weitere Bestimmung getroffen ist, in der Regel dem Fiskus.

Würdigung: Die wirtschaftliche Bedeutung der Stiftung liegt in der Möglichkeit, ein Unternehmen über den Tod des Inhabers hinaus fortzuführen, wenn keine Erben vorhanden sind oder diese aus der Sicht des Stifters nicht in der Lage oder würdig sind, das Unternehmen zu leiten.

1.3.4 Gemeinwirtschaftliche Unternehmen: Genossenschaft

Gesetzliche Grundlage: Genossenschaftsgesetz (GenG)

Definition: Genossenschaften sind Gesellschaften (Vereine) mit nicht geschlossener Mitgliederzahl, welche die Förderung des Erwerbs und der Wirtschaft ihrer Mitglieder unter gemeinschaftlicher Firma zum Inhalt haben. Der Zweck der Genossenschaft liegt also nicht in der eigenen Gewinnerzielung. Genossenschaften sind juristische Personen, aber weder Personen- noch Kapitalgesellschaften.

Die Genossenschaft hat kein festes Grundkapital. Ihr Kapital setzt sich aus den Einlagen der Mitglieder zusammen. Es schwankt daher mit der Zahl der Mitglieder. Die Höhe der Einlage der einzelnen Genossen wird im Statut festgelegt.

Die Mitgliedschaft in der Genossenschaft kann durch Teilnahme an der Gründung oder durch Beitritt erworben werden. Der Austritt erfolgt durch schriftliche Kündigung oder durch Abtretung des Geschäftsguthabens. Die Mitgliedschaft selbst ist nicht übertragbar und nur beschränkt vererbbar.

Die Genossenschaften sind den Handelsgesellschaften gleichgestellt. Das Gesetz unterscheidet:

- Kreditvereine (Genossenschaftsbanken)
- Rohstoffvereine
- Absatzgenossenschaften
- Produktivgenossenschaften
- Konsumvereine (Verbrauchsgenossenschaften)
- Einkaufsgenossenschaften
- Baugenossenschaften

Entstehung: Die Gründung einer Genossenschaft verläuft wie beim eingetragenen Verein. Zur Gründung sind mindestens 7 Mitglieder erforderlich. Der Gesellschaftsvertrag wird als Statut bezeichnet. Die Genossenschaft muss zu ihrer Entstehung ins Genossenschaftsregister eingetragen werden.

Haftung: Für die Verbindlichkeiten der Genossenschaft haftet das Vermögen der Genossenschaft, nicht jedoch der einzelne Genosse. Das Statut kann vorsehen, dass die Genossen im Konkursfall Nachschüsse auf eine bestimmte Haftsumme oder unbeschränkte Nachschüsse leisten müssen. Dies darf aus dem Namen der Genossenschaft nicht hervorgehen.

Firma: Der Name der Genossenschaft muss aus dem Gegenstand des Unternehmens hervorgehen und die Bezeichnung „eG" oder „eingetragene Genossenschaft" führen.

Leitung: Die Genossenschaft hat drei Verwaltungsorgane:

a) Vorstand

b) Generalversammlung

c) Aufsichtsrat

Zu a) Der **Vorstand** besteht aus mindestens 2 Mitgliedern. Er wird von der Generalversammlung gewählt. Ihm obliegt die Geschäftsführung und die Vertretung der Genossenschaft.

Zu b) **Die Generalversammlung** ist das oberste Organ der Genossenschaft. Sie wählt den Vorstand und den Aufsichtsrat, stellt den Jahresabschluss fest und beschließt über die Gewinnverwendung oder die Deckung eines Jahresfehlbetrages. Unabhängig von der Höhe seiner Einlage hat jeder Genosse in der Generalversammlung nur eine Stimme.

Zu c) **Der Aufsichtsrat** besteht aus mindestens 3 Mitgliedern. Die Zusammensetzung des Aufsichtsrates richtet sich nach den Mitbestimmungsgesetzen. Dem Aufsichtsrat obliegen ähnliche Rechte und Pflichten wie dem der AG, d.h. er hat primär Kontrollaufgaben.

Gewinn- und Verlustverteilung: Die Gewinn-/Verlustverteilung richtet sich nach der Höhe der Geschäftsguthaben der Genossen.

Auflösung: Gesetzlich vorgesehene Auflösungsgründe sind u. a.:

- Zeitablauf (entsprechend der im Statut vorgesehenen Zeitdauer)
- Beschluss der Generalversammlung mit 3/4-Mehrheit
- Eröffnung des Konkursverfahrens
- Unterschreitung der gesetzlich vorgesehenen Mindestzahl an Mitgliedern
- Verfolgung nicht gesetzeskonformer Zwecke

Würdigung: Genossenschaften finden sich in allen Bereichen des Wirtschaftslebens, wobei der Schwerpunkt der genossenschaftlichen Tätigkeit im Bereich des Mittelstands liegt. Die größten Genossenschaften in der BRD sind die Raiffeisengenossenschaften und die Volksbanken.

In **Abbildung 103** findet sich eine zusammenfassende Übersicht der wichtigsten Merkmale der verschiedenen Rechtsformen des Privatrechts. Alle Angaben in der Übersicht beziehen sich auf das Jahr 2005, geplante Änderungen sind noch nicht enthalten. Die SE ist in dieser Übersicht nicht enthalten, da sie durch einige Besonderheiten nicht in das Schema passt.

	Mindestzahl Gründer	Eigenkapital	Haftung	Leitung	Kontrolle	Vertragliche Grundlage
Einzelunternehmen	1	Einlage	Unbeschränkt	Geschäftsinhaber	–	–
OHG	2	Einlagen	Unbeschränkt	Gesellschafter	–	Gesellschaftsvertrag
KG	2	Einlagen	Komplementär: unbeschränkt; Kommanditist: auf Einlage beschränkt	Komplementäre	Kommanditisten	Gesellschaftsvertrag
Stille Gesellschaft	2	Einlagen	Stiller Gesellschafter haftet nur mit Einlage, wenn Verlustbeteiligung vereinbart	Geschäftsinhaber	Stiller Gesellschafter	Gesellschaftsvertrag
GbR	2	Gesellschatsvermögen	Unbeschränkt	Gesellschafter (Einstimmigkeitsprinzip)	–	Gesellschaftsvertrag
GmbH	1	Stammkapital (mind. 25.000 €)	Beschränkt auf Gesellschaftsvermögen	Geschäftsführer	Aufsichtsrat und Gesellschafterversammlung	Gesellschaftsvertrag
AG	5[1]	Grundkapital (mind. 50.000 €)	Beschränkt auf Gesellschaftsvermögen	Vorstand		Satzung
Genossenschaft	7	Geschäftsanteile	Beschränkt auf Gesellschaftsvermögen; ggf. Nachschusspflicht	Vorstand		Satzung

[1] Kleine AG: Mindestens 1 Gründer; ansonsten vgl. AG.

Abb. 103: Rechtsformen: Zusammenfassung der wichtigsten Kriterien

1.3.5 Rechtsformen öffentlich-rechtlicher Unternehmen

Die Gebietskörperschaften (Bund, Länder, Gemeinden) können sich bei wirtschaftlicher Betätigung verschiedener Rechtsformen bedienen, die speziell für die Erfordernisse der öffentlichen Aufgaben geschaffen worden sind. Verschiedentlich werden für öffentliche Unternehmen auch Rechtsformen des Privatrechts verwendet, wenn dies die Aufgabenstellung des Unternehmens erlaubt oder erfordert. Die Rechtsformen des öffentlichen Rechts werden im Folgenden kurz besprochen.

1.3.5.1 Regiebetrieb

Regiebetriebe (Verwaltungsbetriebe) sind Teil der öffentlichen Verwaltung ohne eigene Rechtspersönlichkeit. Sie haben kein eigenes Vermögen und werden verwaltungsmäßig geführt. Regiebetriebe finden sich überwiegend im Bereich kommunaler Einrichtungen, z. B. Müllabfuhr, Krankenhäuser, Stadtentwässerung, Schlachthöfe.

1.3.5.2 Verselbständigte Regiebetriebe

Diese sind gegenüber den reinen Regiebetrieben aus der Verwaltung ausgegliedert und weisen eine größere Selbständigkeit auf. Sie werden entweder als **Sondervermögen** (z. B. Bundesdruckerei) oder als **Eigenbetriebe** geführt. Eigenbetriebe finden sich vor allem im Bereich der kommunalen Versorgung (z. B. Wasserwerke, Stadtwerke u. a.). Sie sollen einen Beitrag zum Haushalt abwerfen, weshalb sie einen Wirtschaftsplan aufstellen. Bundesbahn und Bundespost wurden in der Rechtsform der Anstalt des öffentlichen Rechts, jedoch ohne eigene Rechtspersönlichkeit geführt. Anstalten des öffentlichen Rechts sind Bestandteil des Bundesvermögens (sog. nicht rechtsfähiges Sondervermögen). Durch die Postreform entstanden aus der Deutschen Bundespost die drei selbständigen Einheiten: Telekom, Postbank und Postdienst. Als Folge des Beitritts der DDR zum Grundgesetz (deutsche Vereinigung) entstand am 01.01.1994 aus der Deutschen Reichsbahn und der Deutschen Bundesbahn die Deutsche Bahn AG; die zur Privatisierung vorbereitet wird.

1.3.5.3 Körperschaft des Öffentlichen Rechts und Anstalt des öffentlichen Rechts mit eigener Rechtspersönlichkeit

Diese Rechtsformen stellen keine allgemeine Rechtsform dar. Sie werden individuell für die jeweiligen Aufgaben per Gesetz errichtet. Sie finden sich bei Landesbanken, Girozentralen, Rundfunkanstalten, Industrie- und Handelskammern sowie im Bildungswesen (Universitäten). Körperschaften des öffentlichen Rechts nehmen öffentliche Aufgaben unter staatlicher Aufsicht und gegebenenfalls unter Einsatz hoheitlicher Mittel wahr. Im Gegensatz zu den Körperschaften des Öffentlichen Rechts sind Anstalten des Öffentlichen Rechts mit eigener Rechtspersönlichkeit nicht mitgliedschaftlich organisiert, d.h. die Benutzer sind nicht Mitglieder der jeweiligen Anstalt. Zu den Anstalten zählen z. B. die in den Ländern des Bundesgebietes errichteten Rundfunkanstalten.

1.4 Wechsel der Rechtsform

Die Wahl der Rechtsform zählt zu den langfristig gültigen Entscheidungen bei der Gründung eines Unternehmens. Bestimmte Voraussetzungen können eine Revision dieser Entscheidung notwendig machen. In der Regel handelt es sich um gravierende Änderungen der Rahmenbedingungen, unter denen das Unternehmen gegründet worden ist, oder um veränderte Zielsetzungen der Gesellschafter. Mögliche Gründe sind:

- Unternehmenswachstum
- Wirtschaftliche Entwicklung, Strukturverschiebungen
- Änderung gesetzlicher Rahmenbedingungen
- Änderungen der persönlichen und familiären Verhältnisse

Der Wechsel der Rechtsform wird als Umwandlung bezeichnet. Man unterscheidet (**Abbildung 104**):

1) Umgründung

Formelle Liquidation der alten Rechtsform, d. h. das alte Unternehmen wird aufgelöst und abgewickelt (liquidiert), die Vermögensgegenstände und Schulden werden einzeln auf die neue Rechtsform übertragen (Einzelrechtsnachfolge).

2) *Umwandlung*

a) Umwandlung ohne formelle Liquidation: Formwechselnde Umwandlung durch Änderung des Gesellschaftsvertrages. Die Rechtspersönlichkeit des Unternehmens bleibt erhalten, das Gesellschaftsvermögen muss nicht übertragen werden.

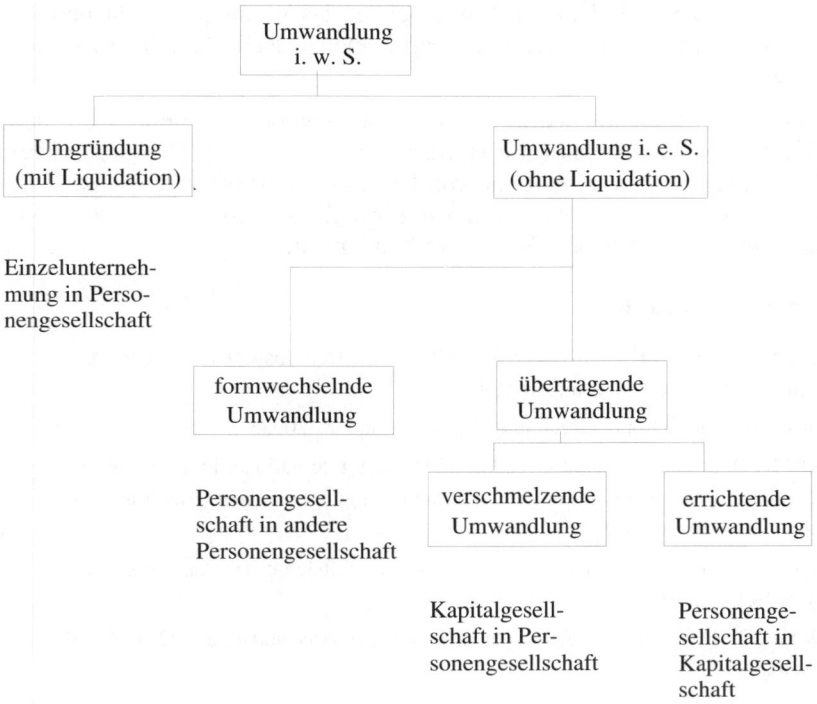

Abb. 104: Wechsel der Rechtsform (mit Beispielen)

b) übertragende Umwandlung: Es findet eine Vermögensübertragung im Wege der Gesamtrechtsnachfolge statt, d. h. die alte Rechtsform (Gesellschaft) wird aufgelöst und ihr Vermögen und ihre Schulden auf eine andere Person oder Gesellschaft übertragen (Gesamtrechtsnachfolge).

Zu unterscheiden sind hier:

- die **verschmelzende Umwandlung**, bei der das Vermögen einer bereits bestehenden Gesellschaft auf eine andere bereits bestehende Gesellschaft übertragen und mit deren Vermögen verschmolzen wird.

- die **errichtende Umwandlung**, bei der das Vermögen der bisherigen Gesellschaft von einer neu gegründeten Gesellschaft übernommen wird.

Der Wechsel der Rechtsform ist vom Gesetzgeber im Hinblick auf den Gläubigerschutz bewusst mit Hürden versehen worden. Von besonderer Bedeutung ist, dass eine Reihe von Umwandlungsvorgängen steuerliche Folgen hat (z.B. Auflösung stiller Reserven) und dass mit der Umwandlung teilweise erhebliche Kosten verbunden sind.

Literaturhinweise

Bea, F. X./Dichtl, E./Schweitzer, M.: Allgemeine Betriebswirtschaftslehre: Band 1: Grundfragen, 6. Aufl., Stuttgart 1992.

Heyd, R.: Internationale Rechnungslegung, Stuttgart, 2003.

KPMG Deutsche Treuhand-Gesellschaft (Hrsg.): International Financial Reporting Standards – Eine Einführung in die Rechnungslegung nach den Grundsätzen des IASB, 2. Auflage, Stuttgart, 2003.

Schierenbeck, H.: Grundzüge der Betriebswirtschaftslehre, 16. Aufl., München/Berlin 2003.

Wöhe, G.: Einführung in die Allgemeine Betriebswirtschaftslehre, 22. Aufl., München 2005.

D.2 Unternehmenszusammenschlüsse

Unternehmenszusammenschlüsse sind das Ergebnis einer freiwilligen vertraglichen Vereinigung und sind der mehr oder weniger feste Zusammenschluss von in der Regel rechtlich selbständig bleibenden Unternehmen zur Verfolgung bestimmter wirtschaftlicher Ziele. Sie reichen von relativ lockeren Zusammenschlüssen in Form eines Verbandes oder einer Interessengemeinschaft bis hin zu starren Zusammenschlüssen. Aus der festesten Form von Unternehmensverbindungen, der Verschmelzung oder Fusion, resultiert die Aufgabe der rechtlichen und wirtschaftlichen Selbständigkeit der beteiligten Unternehmen, und es entsteht eine neue wirtschaftlich-rechtliche Unternehmenseinheit (Trust)

Unternehmen stehen also nicht nur in einem volkswirtschaftlich beabsichtigten permanenten Konkurrenzverhältnis zueinander. Da insbesondere in den letzten Jahrzehnten eine zunehmende Konzentration in der Wirtschaft zu beobachten ist, hat der Gesetzgeber eine Reihe von ordnungspolitischen Maßnahmen ergriffen, die eine Einschränkung des Wettbewerbs oder eine zu weit gehende Marktmacht einzelner Unternehmen verhindern soll (siehe B.1.3).

2.1 Ziele unternehmerischer Zusammenschlüsse

Die Ziele unternehmerischer Zusammenschlüsse sind vielfältig. Sie entspringen jedoch in der Regel dem Wunsch nach Wettbewerbsvorteilen in Beschaffung, Produktion, Absatz und Finanzierung bis hin zur Erlangung wirtschaftlicher Macht unter Ausschaltung des Wettbewerbs. Unternehmenszusammenschlüsse entstehen aber auch durch Bildung von Interessenvereinigungen zur Förderung der Ziele der angeschlossenen Mitglieder.

Die folgende Systematik nennt wichtige Ziele von Unternehmenszusammenschlüssen. Sie ist nicht überschneidungsfrei.

1) Erlangung von Beschaffungsvorteilen

- Sicherung der Beschaffungsquellen
- Verbesserung der Stellung gegenüber Lieferanten durch gemeinsame Beschaffung (dadurch günstige Konditionen, Mengenrabatte u. a.)

2) Erlangung von Produktionsvorteilen

- Erfahrungsaustausch
- Normung/Standardisierung mit dem Ziel der Kostensenkung durch Großserien (Bereinigung der Fertigungsprogramme, Reduzierung der Typenvielfalt)
- verbesserte Auslastung der Fertigungskapazität
- optimale Beschäftigung durch vertikalen Zusammenschluss
- verfahrenstechnische Vorteile durch Zusammenfassung von Produktionseinheiten (horizontaler Zusammenschluss)
- Kostenvorteile durch gemeinsame Forschung und Entwicklung
- produktionstechnischer Ausgleich von Bedarfsschwankungen
- Rationalisierung

3) Erlangung von Absatzvorteilen

- Schaffung einer gemeinsamen Vertriebsorganisation (horizontaler Zusammenschluss)
- Reduzierung und Ausschaltung des Wettbewerbs
- Ausgleich saisonaler Schwankungen
- Risikoverteilung durch Diversifizierung
- regionale Vorteile durch flächendeckende Vertriebsorganisation

4) Erlangung von finanzwirtschaftlichen Vorteilen

- Ausnutzung steuerlicher Vorteile
- Risikoverteilung zur Absicherung von Liquidität und Unternehmensertrag
- verbesserte Finanzierungsmöglichkeiten am Kapitalmarkt durch breitere Kapitalbasis

5) Erlangung von wirtschaftspolitischen Vorteilen

- Politische Einflussnahme durch Verbände auf Gesetzgeber
- Wahrung der Arbeitgeberinteressen gegenüber Gewerkschaften

2.2 Arten von Unternehmenszusammenschlüssen

Unternehmenszusammenschlüsse werden nach drei Kriterien unterschieden:

- nach der leistungswirtschaftlichen Verbindung
- nach der Dauer des Zusammenschlusses
- nach der Erscheinungsform des Zusammenschlusses

Einen Überblick gibt **Abbildung 105.**

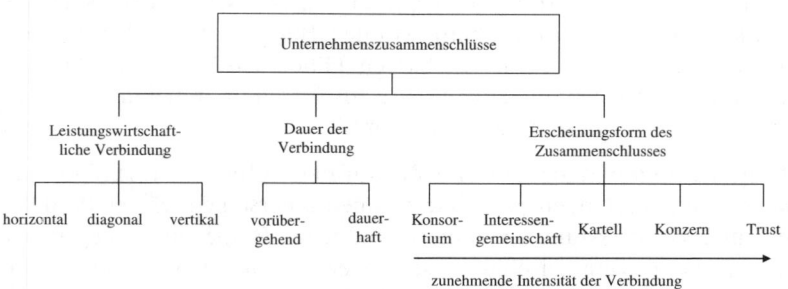

Abb. 105: Systematik der Unternehmenszusammenschlüsse

1) Nach der leistungswirtschaftlichen Verbindung werden unterschieden:

a) Horizontale Zusammenschlüsse. Sie liegen vor, wenn sich Unternehmen der gleichen Produktions- oder Handelsstufe zusammenschließen, also z. B. mehrerer Brauereien, Reifenhersteller, Unternehmen des Lebensmitteleinzelhandels, Versicherungen. Im Vordergrund steht hier eine Verbesserung der Stellung im Wettbewerb, die Erhöhung der Produktionskapazität oder die Verteilung des Risikos.

b) Vertikale Zusammenschlüsse. Sie entstehen, wenn sich Unternehmen aufeinanderfolgender Produktions- oder Handelsstufen zusammenschließen. Man unterscheidet dabei:

- Rückwärtsintegration (Zusammenschluss mit vorgelagerter Stufe)
- Vorwärtsintegration (Zusammenschluss mit nachgelagerter Stufe).

Beispiele für vertikale Unternehmenszusammenschlüsse sind: Ein Elektronikunternehmen schließt sich mit einem Unternehmen, das elektronische Bauelemente herstellt, zusammen; Zusammenschluss eines Fotoapparateherstellers mit Handelskette. Während beim ersten Beispiel die Sicherung der Beschaffung und produktionswirtschaftliche Vorteile ausschlaggebend sind, spielt beim zweiten Beispiel die Sicherung des Absatzes die tragende Rolle. In beiden Fällen wird die Produktions-/Handelsstufe erweitert und damit die im Gesamtunternehmen entstehende Wertschöpfungsmöglichkeit erhöht.

c) Diagonale oder anorganische Zusammenschlüsse. Diese sind Unternehmensverbindungen von Unternehmen unterschiedlichster Produktions- und Handelsstufe und unterschiedlicher Branchen. Vorrangiges Ziel solcher Zusammenschlüsse sind weniger in einer Stärkung der Wettbewerbsposition des einzelnen Unternehmens zu sehen, als vielmehr in der Risikoverteilung der Obergesellschaft. Beispiele sind der Oetker-Konzern oder der Metro Konzern, die aus dem Zusammenschluss von Unternehmen verschiedenster Branchen bestehen. Ein historisches Beispiel für einen anorganischen Zusammenschluss ist die kapitalmäßige Mehrheitsbeteiligung der Daimler AG an der Allgemeinen Elektricitäts-Gesellschaft (AEG), Dornier und Messerschmidt-Bölkow-Blohm (MBB) Anfang der 90er Jahre.

2) Dauer von Unternehmenszusammenschlüssen

Unternehmenszusammenschlüsse können von nur vorübergehender Dauer sein (Gelegenheitszusammenschlüsse) oder von längerer Dauer, d.h. zeitlich nicht befristet sein.

3) Erscheinungsformen von Unternehmenszusammenschlüssen

Nach der zunehmenden Intensität der rechtlichen und wirtschaftlichen Beziehungen sowie nach der Dauer des Zusammenschlusses werden nachfolgende fünf Erscheinungsformen unterschieden:

- Konsortium

- Interessengemeinschaft

- Kartell

- Konzern

- Trust

2.3 Charakteristika der einzelnen Unternehmenszusammenschlüsse

2.3.1 Konsortium

Als Konsortium bezeichnet man den vertraglichen Zusammenschluss von mehreren Unternehmen zur Erreichung eines bestimmten abgegrenzten Zieles. Das Konsortium ist eine Gelegenheitsgesellschaft. Es wird nur für eine gewisse Zeit gegründet, nach Erreichung des Gründungszweckes löst es sich auf, der Gewinn wird unter den Mitgliedern (Konsorten) verteilt. Das Konsortium wird meist in der Rechtsform der GbR (Gesellschaft des Bürgerlichen Rechts) geführt.

Die am Konsortium beteiligten Unternehmen bleiben rechtlich und wirtschaftlich selbständig. Konsortien werden im Bereich von Industrie und Handel zur Abwicklung von Großprojekten gegründet, die von einzelnen Unternehmen wegen der Größe des Projektes oder den damit verbundenen Aufgaben nicht durchführbar wären. Auch Risikogesichtspunkte spielen eine Rolle. Im Bankenbereich finden sich Konsortien bei der Vergabe von großen Krediten oder bei der Emission von Wertpapieren (Aktien, Obligationen).

Ein Sonderfall des Konsortiums ist die Arbeitsgemeinschaft (ARGE): Diese tritt unter gemeinsamen Namen auf und stellt den Zusammenschluss von mehreren Unternehmen beispielsweise auf Baustellen im Bereich der Bauwirtschaft dar.

2.3.2 Interessengemeinschaft

Eine Interessengemeinschaft ist der meist dauerhafte Zusammenschluss von rechtlich und wirtschaftlich selbständig bleibenden Unternehmen zur Wahrung und Förderung gemeinsamer Interessen. Auf diesen Gebieten wird die wirtschaftliche Entscheidungsfreiheit daher vertraglich eingeschränkt. Interessengemeinschaften werden in der Regel in der Rechtsform der BGB-Gesellschaft geführt, die nach außen nicht in Erscheinung zu treten braucht (reine Innengesellschaft). Der Zusammenschluss erfolgt zumeist auf horizontaler Ebene. Zwischen den beteiligten Unternehmen besteht ein Gleichordnungsverhältnis.

Interessengemeinschaften finden sich in Form von Gewinngemeinschaften (der gemeinsame Gewinn wird, mittels eines geeigneten Schlüssels, auf die angeschlossenen Unternehmen verteilt, d. h. Risikostreuung) oder in Form von Rationalisierungsgemeinschaften in Beschaffung, Produktion, Absatz, Forschung und Entwicklung sowie im Bereich der Abfallverwertung.

Soweit an einer Interessengemeinschaft eine AG oder KGaA beteiligt ist, stellt sie ein verbundenes Unternehmen dar und unterliegt besonderen Vorschriften (siehe D.2.3.4).

2.3.3 Kartell

Ein Kartell ist der relativ enge und dauerhafte vertragliche Zusammenschluss rechtlich selbständig bleibender Unternehmen zur Regelung bestimmter Wettbewerbsverhältnisse. Die wirtschaftliche Selbständigkeit wird zum Teil eingeschränkt. Ziel der Kartellbildung, die auf horizontaler Ebene erfolgt, ist der Versuch, dem Wettbewerb auszuweichen oder den Wettbewerb auszuschalten und den nicht am Kartell beteiligten Personen einheitlich gegenüberzutreten. Die rechtliche Form des Kartells umfasst deshalb relativ lose Bindungen in Form von Absprachen („Frühstückskartelle") über die BGB-Gesellschaft bis hin zur institutionalisierten, selbständigen Dachorganisation mit eigener Rechtspersönlichkeit (GmbH oder AG), bei der dann die dem Kartell angeschlossenen Mitglieder nach außen nicht mehr in Erscheinung treten. In letzterem Fall werden bestimmte Unternehmensfunktionen im Kartell zusammengefasst, z.B. Beschaffung oder Absatz. Man spricht dann von Syndikaten.

Die gesetzliche Regelung von Kartellen erfolgt im Gesetz gegen Wettbewerbsbeschränkungen (GWB), das deshalb auch Kartellgesetz genannt wird. Danach gilt, dass wettbewerbsbeschränkende Vereinbarungen zwischen Unternehmen nichtig sind (§ 1 GWB Kartellverbot), jedoch gibt es hierzu eine Reihe von Ausnahmen (§§ 2-8 und §§ 99-105 GWB). Verboten sind auch abgestimmte Verhaltensweisen, die wie verbotene Kartellverträge wirken. Grundgedanke des deutschen Kartellrechtes ist, dass Kartelle dann zulässig sind, wenn

- der Wettbewerb durch die Kartellbildung nicht beeinträchtigt wird oder

- übergeordnete Gesichtspunkte Einschränkungen des Wettbewerbs als vertretbar erscheinen lassen.

Für die Kartellbildung ist außerdem der EU-Vertrag von Bedeutung, der (auf Basis der Art. 85 und 86 des EWG-Vertrages) wettbewerbsbeschränkende Vereinbarungen und Beschlüsse untersagt und den Missbrauch einer marktbeherrschenden Stellung von Unternehmen verbietet.

Ausnahmen von Kartellverboten:

1) Bereichsausnahmen: Verträge von der Deutschen Bahn AG (Im Gesetz zur Neuordnung des Eisenbahnwesens vom 27.12.1993, BGBl, Teil 1, S. 2378 wurden die §§ 44, 99 des GWB modifiziert.), Verkehrsunternehmen, Land- und Forstwirtschaft, Kreditinstituten, Versicherungsunternehmen, Verwertungsgesellschaften und Versorgungsunternehmen sind ganz oder teilweise von den Regelungen des GWB ausgenommen.

2) Anmeldepflichtige Kartelle werden wirksam, wenn sie bei der zuständigen Kartellbehörde angemeldet werden. Die Anmeldung ermöglicht eine Kontrolle und Missbrauchsaufsicht durch die Kartellbehörde. Das Gesetz sieht vor:

- Normen- und Typenkartelle: Absprachen über einheitliche Anwendung von technischen Normen oder Typenbildungen zum Zwecke der Rationalisierung (§ 5 Abs. 1 GWB).

- Angebots- und Kalkulationsschemenkartelle, die eine einheitliche Methode der Leistungsbeschreibung und Preisaufgliederung festlegen (§ 5 Abs. 4 GWB).

- Ausfuhrkartelle, die der Sicherung und Förderung der Ausfuhr dienen und von denen keine wettbewerbsbeschränkenden Wirkungen auf das Inland ausgehen und die keine zwischenstaatlichen Vereinbarungen verletzen (§ 6 GWB).

3) Widerspruchskartelle werden erst wirksam, wenn die Kartellbehörde nicht innerhalb von 3 Monaten nach der Anmeldung widerspricht. Das Gesetz unterscheidet:

- Konditionenkartelle (§ 2 GWB): Einheitliche Festlegung allgemeiner Geschäfts-, Liefer- und Zahlungsbedingungen einschließlich der einheitlichen Gewährung von Skonti.

- Rabattkartelle. Diese sind zulässig, soweit die gewährten Rabatte ein echtes Leistungsentgelt darstellen und nicht bestimmte Kunden oder Wirtschaftsstufen ungerechtfertigt bevorzugen (§ 3 GWB).

- Spezialisierungskartelle, die durch die Spezialisierung der dem Kartell angeschlossenen Unternehmen auf die Herstellung bestimmter Güter entstehen, soweit sie einen wesentlichen Wettbewerb am Markt bestehen lassen (§ 5a GWB).

- Kooperationskartelle von kleinen und mittleren Unternehmen, soweit dadurch der Wettbewerb nicht eingeschränkt wird.

4) Genehmigungspflichtige Kartelle müssen zu ihrer Wirksamkeit von der Kartellbehörde genehmigt werden. Es werden unterschieden:

a) Kartelle, bei denen ein Anspruch auf Genehmigung besteht:

- einfache Rationalisierungskartelle zur Verbesserung der Leistungsfähigkeit und der Wirtschaftlichkeit in technischer und organisatorischer Hinsicht (§ 5 Abs. 2 GWB).

- höherstufige Rationalisierungskartelle, die zusätzlich eine Preisabsprache beinhalten oder gemeinschaftliche Beschaffungs-/Absatzeinrichtungen (Syndikate) umfassen (§ 5 Abs. 3 GWB).

- Exportkartelle, bei denen auch das Inland von den Wettbewerbsabsprachen betroffen ist (§ 6 Abs. 2 GWB).

b) Kartelle, deren Genehmigung im Ermessen der Kartellbehörde steht:

- Strukturkrisenkartelle bei nachhaltiger Änderung der Nachfrage in einem bestimmten Wirtschaftszweig zur Durchführung von Anpassungsmaßnahmen (§ 4 GWB).

- Importkartelle, sofern der Wettbewerb auf dem Inlandsmarkt nicht oder nur geringfügig davon betroffen ist (§ 7 GWB). Die Erlaubnis für solche Kartelle soll auf drei Jahre befristet werden.

5) Konjunkturkrisenkartelle (Sonderkartelle) können vom Bundeswirtschaftsminister in besonders schwerwiegenden Einzelfällen auf Antrag genehmigt werden, wenn die Beschränkungen des Wettbewerbs aus Gründen des Gemeinwohls und der Gesamtwirtschaft erforderlich sind (§ 8 GWB).

6) Verboten sind demnach u.a. folgende Kartellarten:

- Preiskartelle: Preisabsprachen über Mindestpreis oder Einheitspreis von verschiedenen Anbietern.

- Submissionskartelle: Preisabsprachen von Anbietern bei Ausschreibungen; Vereinbarung über Mindestpreis oder Bestimmung eines Kartellmitgliedes, das den Auftrag erhalten soll; die übrigen Kartellmitglieder liegen in ihren Angeboten über diesem Preis.

- Syndikate: Beschaffung oder Absatz der angeschlossenen Mitglieder erfolgt durch zentrale Einrichtung. Dadurch wird zentrale Regelung von Beschaffung, Produktion und Absatz möglich. Dies führt zu gravierenden Wettbewerbsbeschränkungen.

- Kontingentierungskartelle: Absprachen zur Erzielung einer künstlichen Verknappung des Angebots. Sie sind in engem Zusammenhang mit dem Preiskartell zu sehen. Den Kartellmitgliedern werden Produktions- und Absatzquoten vorgegeben, die sie nicht überschreiten dürfen.

Kartellbehörden sind (§ 44 GWB):

- das Bundeskartellamt für genehmigungspflichtige Kartelle,

- die nach Landesrecht zuständigen obersten Landesbehörden für anmeldepflichtige Kartelle,

- der Bundesminister für Wirtschaft für Sonderkartelle.

Zuwiderhandlungen gegen das Kartellgesetz werden als Ordnungswidrigkeiten geahndet und haben Geldbußen zur Folge. Des Weiteren bestehen Unterlassungs- und Schadenersatzansprüche von Unternehmen und Personen, die durch rechtswidrige Kartellbildungen geschädigt werden (§ 35 GWB). Die Prüfung, Beurteilung und Überwachung von Kartellen durch die Kartellbehörden bereitet Schwierigkeiten, da ein Nachweis von wettbewerbsbeschränkenden Absprachen oder Maßnahmen häufig nicht möglich ist.

2.3.4 Konzern

Ein Konzern ist ein dauerhafter Zusammenschluss rechtlich selbständiger Unternehmen unter einheitlicher wirtschaftlicher Leitung. Der Zusammenschluss kann horizontaler, vertikaler oder anorganischer Natur sein. Man unterscheidet deshalb:

- Horizontale Konzerne, bei denen die zusammengeschlossenen Unternehmen der gleichen Produktions-/Handelsstufe angehören.

- Vertikale Konzerne, denen Unternehmen aufeinanderfolgender Produktions-/Handelsstufen angehören.

- Diagonale oder anorganische Konzerne, bei denen weder eine horizontale noch eine vertikale Verflechtung gegeben ist. Soweit hier unterschiedlichste Branchen und Produktionsstufen vereinigt sind, spricht man von einem Konglomerat. Typisches Beispiel für ein Konglomerat ist der Oetker Konzern.

Konzerne entstehen nicht allein durch vertragliche Vereinbarung, sondern erfordern darüber hinaus eine kapitalmäßige und organisatorische Verflechtung der beteiligten Unternehmen.

Als Konzernrecht bezeichnet man das im AktG geregelte Recht der verbundenen Unternehmen (§§ 291-337 AktG), sowie die Vorschriften zum Konzernabschluss und zum Konzernlagebericht des HGB (§§ 290-315). Wenn wettbewerbsrechtliche Fragen berührt werden oder wenn bestimmte Größenordnungen in Bezug auf Mitarbeiterzahl und Umsatz überschritten werden, gilt auch das GWB.

Das AktG unterscheidet folgende Abhängigkeitsverhältnisse von verbundenen Unternehmen (§ 15 AktG):

1) Unternehmen, die zueinander in Mehrheitsbesitz stehen (Mehrheit der Stimmrechte oder Mehrheit des Kapitals).

2) Abhängige und herrschende Unternehmen. Abhängig sind Unternehmen, auf die von einem anderen Unternehmen (herrschendes Unternehmen) mittelbar oder unmittelbar ein beherrschender Einfluss ausgeübt werden kann.

3) Konzernunternehmen. Es besteht eine einheitliche Leitung über mehrere abhängige Unternehmen.

4) Wechselseitig beteiligte Unternehmen sind aneinander mit mehr als 25 % beteiligt.

5) Durch Unternehmensvertrag verbundene Unternehmen, z. B. durch:

- Beherrschungsvertrag

- Gewinnabführungsvertrag

- Gewinngemeinschaftsvertrag

- Teilgewinnabführungsvertrag

- Betriebspacht- und Betriebsüberlassungsvertrag.

Für einen Konzern bestehen folgende Möglichkeiten der Abhängigkeitsverhältnisse:

- Unterordnungskonzern: Es besteht ein Beherrschungsvertrag oder das abhängige Unternehmen ist in das andere Unternehmen eingegliedert.

- Gleichordnungskonzern: Rechtlich selbständige Unternehmen sind unter einheitlicher Leitung zusammengefasst, ohne dass zwischen ihnen ein Abhängigkeitsverhältnis besteht.

Für den Aufbau der Konzernleitung bestehen damit folgende Möglichkeiten:

- Die Leitung liegt in den Händen des herrschenden Konzernmitgliedes.

- Der Konzern wird über eine Dach- oder Holdinggesellschaft geleitet.

- Der Konzern wird von einer Person/Personengruppe geleitet, welche die Mehrheit des Kapitals der angeschlossenen Unternehmen hält.

Da Konzerne wirtschaftliche Einheiten bilden, sind sie verpflichtet, die Jahresabschlüsse der beteiligten Unternehmen zu einem Konzernjahresabschluss zusammenzufassen, aus dem ein zutreffendes Bild der Lage des Konzerns ersichtlich ist. Die Pflicht zur Aufstellung eines Konzernabschlusses ist in § 290 HGB geregelt. Hier wird zwischen dem Konzept der einheitlichen Leitung und dem Control-Konzept unterschieden, nach denen jeweils ein Konzernabschluss zu erstellen ist. Nach dem Control-Konzept ist immer ein Konzernabschluss zu erstellen, wenn dem Mutterunternehmen die Mehrheit der Stimmrechte zusteht, das Recht zusteht, die Mehrheit der Mitglieder in den Verwaltungsorganen zu bestellen oder das Recht zusteht, einen beherrschenden Einfluss auszuüben (§ 290 Abs. 2 HGB). Innerkonzernliche Beziehungen sind weitgehend auszuschalten und das Verhältnis des Konzerns zu nichtbeteiligten Dritten darzustellen. Dies bedeutet, dass gegenseitige Lieferungen/Leistungen, Beteiligungen und Schuldverhältnisse im Konzern gegeneinander aufgerechnet werden müssen. Es entsteht ein konsolidierter Jahresabschluss. Dabei ist allerdings zu beachten, dass ab dem Jahr 2005 auch für den konsolidierten Jahresabschluss die neuen Rechnungslegungsvorschriften „International Financial Reporting Standards" (IFRS) gelten.

2.3.5 Trust

Der Trust ist ein Zusammenschluss von Unternehmen, bei dem die wirtschaftliche Selbständigkeit der im Trust zusammengeschlossenen Unternehmen verlorengeht. Der Trust strebt eine marktbeherrschende Stellung an. Dies kann auf vertikaler (Vertikaltrust) oder horizontaler Ebene (Horizontaltrust) geschehen. Ein Trust kann gebildet werden:

- Durch Gründung einer Dach-/Holdinggesellschaft, welche die Aktienmehrheit der im Trust sich zusammenschließenden Unternehmen übernimmt.

- Durch Fusion (Verschmelzung durch Neubildung oder durch Aufnahme). Dabei geht auch die rechtliche Selbständigkeit der beteiligten Unternehmen verloren.

Im Gegensatz zum englischen Sprachgebrauch, in dem das Wort Trust dem deutschen Wort Konzern entspricht, versteht man in Deutschland unter einem Trust ein sehr großes Unternehmen einer bestimmten Branche mit monopolistischen Zielen.

Unternehmenszusammenschluss wie auch Zusammenschlussvorhaben unterliegen deshalb unter bestimmten Voraussetzungen der Anzeigepflicht bei der Kartellbehörde. Soweit durch den Zusammenschluss eine marktbeherrschende Stellung zu erwarten ist, kann der Zusammenschluss untersagt werden.

Vom Konzern unterscheidet sich der Trust durch seine straffe Unternehmensführung. Innerbetriebliche Rationalisierung, Teilbetriebsstilllegungen, Spezialisierung der Fertigungseinheiten und ähnliche Maßnahmen führen zu Kostenvorteilen gegenüber Konkurrenzunternehmen.

Abbildung 106 gibt einen Überblick über die verschiedenen Erscheinungsformen von Unternehmenszusammenschlüssen.

	Wirtschaftliche Selbständigkeit der beteiligten Unternehmen	Rechtliche Selbständigkeit der beteiligten Unternehmen	Beispiele
Konsortium	bleibt erhalten	bleibt erhalten	Emission von Wertpapieren durch Banken
Interessengemeinschaft	bleibt erhalten	bleibt erhalten	Gewinngemeinschaften
Kartell	eingeschränkt	bleibt erhalten	Spezialisierungskartelle von Elektronikunternehmen
Konzern	stark eingeschränkt	bleibt erhalten	Siemens, Oetker, Daimler
Trust	aufgegeben	eingeschränkt	frühere Vereinigte Stahlwerke AG

Abb. 106: Erscheinungsformen von Unternehmenszusammenschlüssen

2.4 Verbände

Allgemein betrachtet sind Verbände jede Art menschlicher Zusammenschlüsse mit einheitlicher Organisation zur Verfolgung gemeinsamer Ziele. In der Bundesrepublik Deutschland gibt es insbesondere eine Reihe von Unternehmenszusammenschlüssen, deren Zielsetzung nicht im Wettbewerbssektor liegt, sondern die

- der gemeinsamen Wahrnehmung der Interessen der angeschlossenen Mitglieder gegenüber anderen Verbänden (z. B. der Arbeitnehmer), in Politik, Wirtschaft und Öffentlichkeit dienen und

- die gegenüber den angeschlossenen Mitgliedern eine beratende Funktion ausüben.

Die wichtigsten Verbände im Bereich der Industrie sind:

- Fachverbände (zur Verfolgung gemeinsamer wirtschaftspolitischer Interessen)

- Arbeitgeberverbände (zur Verfolgung gemeinsamer sozialpolitischer Interessen)

- Kammern (zur Verfolgung gemeinsamer regionaler berufsständischer Interessen).

2.4.1 Fachverbände

In nahezu allen Wirtschaftszweigen existieren Fachverbände, die in der Rechtsform des eingetragenen Vereins agieren. Die Mitgliedschaft ist freiwillig. Aufgaben der Fachverbände sind:

- Versorgung der Mitglieder mit aktuellen Brancheninformationen

- Erarbeitung und Vorschlag von einheitlichen Kontenrahmen und Kostenrechnungslegungsrichtlinien

- Durchführung von Betriebsvergleichen.

Die einzelnen Fachverbände sind in Dachorganisationen zusammengeschlossen. Die wichtigsten sind:

- Bundesverband der Deutschen Industrie (BDI)

- Hauptgemeinschaft des Deutschen Einzelhandels.

2.4.2 Arbeitgeberverbände

Die Wahrnehmung der Interessen in sozialpolitischen Fragen liegt in den Händen der regional nach Wirtschaftsbranchen gegliederten Arbeitgeberverbände, die wiederum in der Bundesvereinigung der Deutschen Arbeitgeberverbände zusammengeschlossen sind.

Die Aufgaben der Arbeitgeberverbände haben sich in der Vergangenheit stark gewandelt: Stand früher die Interessenvertretung der angeschlossenen Mitglieder gegenüber Gewerkschaften bei tarifpolitischen Auseinandersetzungen im Vordergrund, so werden heute auch folgende Themen behandelt:

* Fragen des Arbeitsrechts

* Fragen der Berufsausbildung und Fortbildung der Arbeitnehmer

* Vertretung der Arbeitgeberinteressen bei der Sozialgesetzgebung

* Öffentlichkeitsarbeit

* Mitwirkung bei der Selbstverwaltung der Sozialversicherungsträger

2.4.3 Kammern

Die Industrie- und Handelskammern (IHK) sind öffentlich-rechtliche Institutionen. Sie fungieren als Selbstverwaltungsorgane der gewerblichen Wirtschaft und nehmen deren Interessen wahr. Die IHKs sind regional abgegrenzte Zwangsverbände, denen die gewerblichen Unternehmen (d. h. nicht Handwerksbetriebe) des jeweiligen Bereiches als Mitglieder angehören und die durch Mitgliedsbeiträge finanziert werden.

Die Aufgaben der IHKs sind (§ 1 Gesetz zur vorläufigen Regelung des Rechts der IHKs):

* Wahrnehmung des Gesamtinteresses der ihnen angeschlossenen Gewerbetreibenden,

* Förderung der gewerblichen Wirtschaft,

* Unterstützung und Beratung der Behörden durch Vorschläge, Gutachten und Berichte,

* Wahrung von Sitte und Anstand (wettbewerbsrechtliche Aufgabe),

- Maßnahmen zur Förderung und Durchführung der Berufsbildung und

- Ausstellung von Ursprungszeugnissen und anderen Bescheinigungen.

Die regional tätigen IHKs sind im Deutschen Industrie- und Handelskammertag (DIHK) zusammengefasst. Der DIHK vertritt die Interessen der gewerblichen Wirtschaft auf überregionaler Ebene. Seine Aufgaben liegen in der Interessenvertretung gegenüber Legislative, der Repräsentation der Wirtschaft (z. B. im Ausland) und in der Zusammenarbeit mit den Kammern im Ausland.

Literaturhinweise

Bunte, H.-J.: Deutsches Wettbewerbs- und Kartellrecht, 1. Aufl., München/Wien 1994.

Heyd, R.: Internationale Rechnungslegung, Stuttgart, 2003.

IDW (Hrsg.): Wirtschaftsprüfer Handbuch, 12. Aufl., Düsseldorf 2000.

KPMG Deutsche Treuhand-Gesellschaft (Hrsg.): International Financial Reporting Standards – Eine Einführung in die Rechnungslegung nach den Grundsätzen des IASB, 2. Aufl., Stuttgart, 2003.

Wittmann, W./Kern, W./Köhler, R./Küpper, H. U./Wysocki, K. v. (Hrsg.): Handwörterbuch der Betriebswirtschaft, 5. Aufl., Stuttgart 1993.

D.3 Standort

3.1 Grundlagen

Die Betriebswirtschaftslehre hat sich erst spät mit der Frage der Standortwahl beschäftigt. Wesentliche Ansatzpunkte wurden von der Volkswirtschaftslehre erarbeitet. Johann Heinrich von Thünen hat bereits in seinem Werk von 1826 „Der isolierte Staat in Beziehung auf Landwirtschaft und Nationalökonomie" ökonomische Standortbestimmungsfaktoren behandelt. Die Grundlagen der heutigen Standortlehre gehen auf die Arbeit von Alfred Weber „Über den Standort der Industrien" aus dem Jahre 1909 zurück.

Ausgangspunkt der Standortüberlegungen sind die Bestimmungsfaktoren der Standortwahl. Die wesentlichen Probleme ergeben sich nun daraus, dass erstens diese Bestimmungsfaktoren nicht nur unterschiedliches Einflussgewicht für die einzelnen Wirtschaftszweige haben, sondern auch für die verschiedenen Betriebstypen innerhalb einer Branche. Zweitens ist es auch noch nicht gelungen, die verschiedenen Bestimmungsfaktoren so zu systematisieren, dass ihr Gesamteinfluss auf eine Standortentscheidung deutlich wird. Drittens müssen die Standortfaktoren aktualisiert werden, z. B. hinsichtlich der Berücksichtigung des Umweltschutzes.

Die grundlegende Frage der Standortwahl ist die Entscheidung über den räumlichen Sitz eines Betriebes. Es handelt sich dabei um eine Grundsatzentscheidung der Unternehmensführung, die nur unter erheblichen Aufwendungen revidiert werden kann. Daraus ergibt sich auch der projektive Charakter dieser Entscheidung. Der Standort soll auch noch in Jahren optimal sein bezüglich einer möglichen Ausdehnung des Areals oder auch eines erhöhten Bedarfs an Ausgangsstoffen.

Die Standortlehre muss sich auch mit Fragen der Standortverlagerung, der Standortspaltung, der Auslagerung von Funktionen, der Filialisierung, der Trennung des rechtlichen und des eigentlichen Standortes und der Verlagerung ins Ausland beschäftigen.

Die Standortverlagerung kann z. B. wegen Erschöpfung des Rohstofflagers, Änderung der Verkehrswege, Ausweisung als Wohngebiet, Schutz der Umwelt usw. erforderlich oder auch wirtschaftlich sinnvoll sein.

Eine Standortspaltung kommt in Betracht, wenn es gilt, Standortvorteile wahrzunehmen, ohne damit die Nachteile einer gesamten Verlagerung in Kauf nehmen zu müssen. Dazu zählen als Gründe billige oder auch vorhandene Facharbeitskräfte, leider auch die Umgehung von Verboten und Risiken, wie z. B. Tierversuche oder Herstellung von gefährlichen Stoffen in Entwicklungsländern. Es gehört aber auch die Dezentralisierung der Fertigung dazu, um die Einseitigkeit der Standortentscheidung zu mildern. Dies geschieht unter den Aspekten Rohstoffnähe, niedrige Löhne und günstige Rohstoffpreise.

Die Auslagerung von Funktionen kann vertikal vorgenommen werden, indem einzelne Produktionsphasen räumlich getrennt werden. So erfolgt die Montage erst im Bedarfsgebiet, die Anfertigung von Holzteilen im Waldgebiet. Es ist aber auch eine Trennung von Verwaltung und Produktion, von Produktion und Absatz, von Verkauf und Lager denkbar. Die Gründe, die dafür sprechen, sind umfangreich: Billiges Bauland, schnelle Belieferung, billiger Transport und Risikostreuung. Die Beantwortung dieser Frage verlangt die Gegenüberstellung der z. T. einmaligen Mehraufwendungen für den neuen Standort mit den jährlichen Einsparungen, die durch ihn zu erzielen sind. Damit spielt der Zeitaspekt der Entscheidung eine große Rolle.

Eine Filialisierung bei Handelsbetrieben oder auch bei Industriebetrieben mit Direktabsatz wird zur Erweiterung des Absatzgebietes vorgenommen. Für die Lösung dieser Frage sind Bedarfsprognosen und Annahmen der Angebotsstruktur erforderlich. Die damit verbundenen Probleme signalisieren die Schließungen von Filialen großer Kaufhäuser in den letzten Jahren.

Die Wahl eines abweichenden rechtlichen Standortes wird bei international tätigen Unternehmen von Zoll- und steuerpolitischen Gründen geprägt sein.

In allen beschriebenen Fällen sind Standortentscheidungen Kompromisse, es sei denn, es handelt sich um Betriebe der Urproduktion oder des letzten Verbrauchs, oder gesetzliche Bestimmungen erzwingen einen Standort. Ansonsten sind alle Standortfaktoren, wenn auch mit unterschiedlicher Intensität, wirksam, die sich oft im Widerstreit zueinander befinden. Die Entscheidung muss so getroffen werden, dass auf Dauer der Standort mit dem größtmöglichen Gewinn gewählt wird. Er ergibt sich aus der Differenz der Standorterträge mit den -aufwendungen.

3.2 Standortbestimmungsfaktoren

Weber unterschied als Standortfaktoren Arbeitskosten, Transportkosten und Agglomeration. Diese mehr kostenorientierte Betrachtungsweise wurde in der modernen Standortlehre durch die Einbeziehung des Absatzes und eine Gewinnorientierung überwunden. (Behrens 1961; Schäfer 1980). Hier erfolgte eine Orientierung nach dem Gütereinsatz oder den Vorstufen und nach dem Absatz oder den Nachstufen. **Abbildung 107** zeigt die Standortfaktoren im Überblick.

Rangfolge	Empirische Untersuchung durch			
	Brede 1965/67	Bundesministerium für Arbeit, Sozialordnung 1966/1967 (74/75)	Kreuter 1974	Kaiser/Hoerner
1	Arbeitskräfte	Boden und Gebäude	Boden	Arbeitskräfte
2	räumliche Ausdehnungsmöglichkeit	Arbeitskräfte	Arbeitskräfte	Verkehr und Transport
3	Boden	Absatz	Verkehr und Transport	Boden und Gebäude
4	Absatz	Steuern und öffentliche Förderungen (74/75: Pers. Präf.)	Übernahme vorhandener Produktionsstätten	Allgemeine Infrastruktur
5	Steuern und öffentliche Forderungen	Persönliche Präferenzen (74/75: öff. Förderungen)	Absatz	Absatz und Beschaffung
6	Transportkosten	Rohstoffe	Sonstige (z. B. persönl. Präferenzen)	Sonstige (z. B. persönl. Präferenzen)
7	Fühlungsvorteile (Verkehrsbedingungen u. a.)	-	Beschaffung	öffentliche Förderung
8	Persönliche Präferenzen	-	Öffentliche Förderung	Industrielle Agglomeration
9	Sonstige (z. B. Umweltbedingungen	-	Allgemeine Infrastruktur	-

Abb. 107: Überblick der Standortfaktoren (Kaiser 1979, S. 29)

- **Materialorientierung**: Hier erfolgt die Standortorientierung nach
  den billigsten Transportkosten für die Beschaffung der Roh-, Hilfs-
  und Betriebsstoffe. Um diesen Standort zu finden, ist die Unterscheidung in lokalisiertes oder lagerfestes Material und Ubiquitäten als
  überall erhältliches Material von Bedeutung. Ubiquitäten haben keinen Einfluss auf die Standortwahl. Bei der Orientierung nach den
  Fundorten ist zwischen Gewichtsverlust- und Reingewichtsmateria-
  lien zu unterscheiden. Die Gewichtsverlustmaterialien bestimmen im
  Wesentlichen den Standort, auch wenn das Reingewichtsmaterial
  aufgrund der unterschiedlichen Transporttarife mit zu berücksichtigen ist.

- **Arbeitsorientierung**: In arbeitsintensiven Betrieben prägen die
  Löhne die Kosten. Durch die Standortwahl soll die Minimierung der
  Lohnkosten erreicht werden. Nicht immer stehen aber überhaupt genügend Fach- oder Spezialkräfte zur Verfügung, so dass eine Orientierung auch zu den Orten erfolgt, wo Arbeitskräfte in ausreichendem Maße vorhanden sind. Dies kann wiederum zur Erhöhung der
  Transportkosten beitragen. Ein weiterer Aspekt ergibt sich aus dem
  Freizeitwert von Standorten. Es ist z. T. nur dann möglich, Arbeitskräfte zum Standortwechsel zu motivieren, wenn mit einem attrakti-
  ven Ort, wie z. B. München, geworben wird.

- **Steuern und Subventionen**: Es können Steuergefälle auftreten,
  welche die Standortwahl beeinflussen. Hierzu rechnen Steuern, Gebühren und Beiträge, die der Staat den Unternehmen auferlegt. (Wöhe 2005, S. 319 f.):

1. Nationales Gefälle bei den Steuern ergibt sich aus dem Recht der
   Gemeinden, bei der Grundsteuer und den Gewerbesteuern den Hebesatz zu beeinflussen.

2. Internationales Gefälle der Unternehmenssteuern ergibt sich aus den
   unterschiedlichen steuerlichen Belastungen in den einzelnen Nationalstaaten.

- **Energieorientierung**: Die Energieorientierung findet heute nur noch
  selten Berücksichtigung, da die Elektrizität überall zu den annähernd
  gleichen Tarifen bezogen wird.

- **Verkehrsorientierung**: Eine wichtige Bedingung für viele Betriebe ist die Verkehrsanbindung. Hier wären See- und Flusshäfen, Bahnhöfe und Flughäfen zu nennen.

- **Absatzorientierung:** Die Orientierung am Absatz ist insbesondere für den Handel von Bedeutung, aber auch für solche Betriebe, deren Absatzgebiet eng begrenzt ist, wie z. B. Brauereien und Baubetriebe. Der Umfang des Absatzgebietes bestimmt den Standort. Das Absatzgebiet selber ist abhängig von der Art der Waren, den Transportkosten und den Lieferzeiten.

- **Umweltorientierung:** In den bisherigen Standortanalysen sind Fragen der Umwelt nur am Rande behandelt worden. Das breite Spektrum umweltorientierter Standortfaktoren vermittelt die **Abbildung 108**.

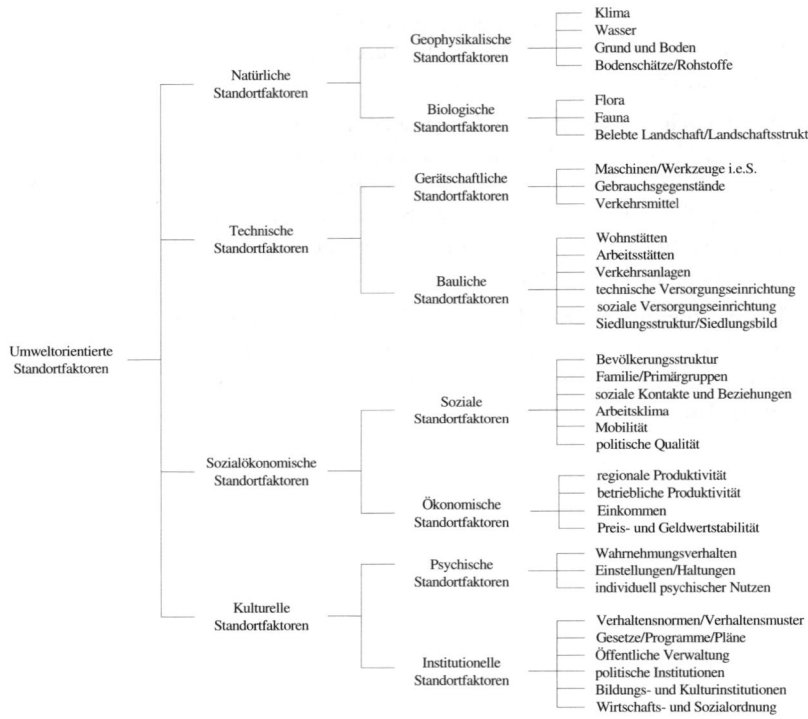

Abb. 108: Umweltbezogene Standortfaktoren

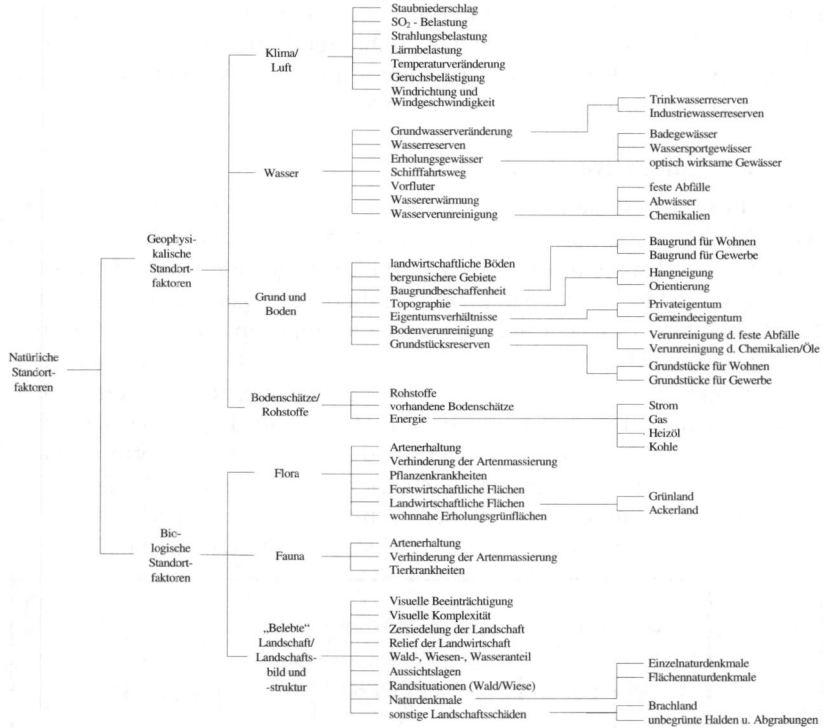

Abb. 109: Natürliche Standortfaktoren im Einzelnen

Die Orientierung an der Umwelt und am Umweltschutz ist in dreifacher Hinsicht gegeben. Erstens müssen die erforderlichen Materialien und die Energie vorhanden sein. Diese Standorte sollten über Materialien verfügen, die durch ihre Zusammensetzung oder Reinheit zu keinen Umweltgefährdungen führen. Die klimatischen Bedingungen können Standorte für die Mitarbeiter auch unterschiedlich attraktiv machen.

Zweitens muss der Standort so beschaffen sein, dass durch die Fertigung keine Beeinträchtigungen auftreten können, d. h. es sollten keine Standorte in Schutzgebieten oder in der Nähe von Schutzgebieten gewählt werden, bzw. Belästigungen von Personen vermieden werden.

Drittens sind die Rückstandsbeseitigung bzw. mögliche Gefährdungen durch die Rückstände zu sehen. Gefahrenguttransporte zwischen den Werken bzw. zu den Abnehmern sollten minimiert werden ebenso wie die Lagerung von umweltgefährdenden Stoffen.

3.3 Die Standortentscheidung

In der Praxis der Standortwahl kommen für einen Betrieb im konkreten Fall üblicherweise nur zwei oder drei Möglichkeiten in Betracht. Es handelt sich dann um ausgewiesene Gewerbegebiete oder angebotene Ladenlokale oder Gewerbehallen. Nur bei Vorliegen dieser konkreten Möglichkeiten wird man nun abwägen und rechnen, um für den Unternehmenszweck den optimalen Standort zu finden. Dabei kommen auch psychologische und marketingorientierte Gesichtspunkte zum Zuge, z. B. die Errichtung von Gebäuden in teurer City-Lage von Versicherungsgesellschaften und die Berücksichtigung der Fußgängerfrequenzen auf den Straßenseiten für Handelsbetriebe. Für die Entscheidungsfindung können Standortkalkulationen (**Abb. 110**), Scoring-Modelle, Stufenwertzahlverfahren oder auch Checklisten eingesetzt werden.

Standort-faktoren	Standortalternativen mit vorherrschendem Faktor, z. B.						
	↓	↓	↓	↓	↓	↓	↓
Aufwen-dungen	Material	Arbeit	Abgaben	Energie	Verkehr	Absatz	Umwelt
Material							
Löhne und Gehälter							
Abgaben							
Energie							
usw.							
Ges. Aufwand							
Erlöse							
Aufwand							

Abb. 110: Schema einer Standortkalkulation

Bei diesen Entscheidungen auf regionaler Ebene wird man aufgrund von Annahmen und konkreten Zahlen Vergleiche durchführen. Stehen für ein Spezialgeschäft Ladenlokale in City-Lage und in Vorortlage zur Verfügung, wird man Annahmen darüber treffen, inwieweit es durch Werbemaßnahmen gelingt, den ungünstigeren, aber billigeren Standort attraktiv zu machen. Erweist sich die Vorortalternative nach ihrer Realisierung als Fehler, bleibt unter Umständen nur noch der Ausweg, das Sortiment zu ändern oder den Unternehmenszweck anzupassen.

Bei der Standortwahl ist auch die Agglomeration von Betrieben zu berücksichtigen. Ein Lebensmitteleinzelhändler wird die Konkurrenz vermeiden und zu Standorten mit wenig Konkurrenz ausweichen. Ein Spezialgeschäft, wie z. B. ein Antiquitätengeschäft wird von einer Fachagglomeration profitieren, da dann das Einzugsgebiet, z. B. einer Straße oder eines Gebäudes mit zehn Antiquitätengeschäften, ausgeweitet wird.

Die auch für Sachleistungsbetriebe festzustellende Agglomeration entsteht dort nicht allein aus Standortvorteilen für bestimmte Industrien, sondern auch aus der Gründung eines innovativen Unternehmens. Dieser Standort ergibt sich oft zufällig durch das Domizil des Gründers. Durch seine Firmengründung entstehen leistungsfähige Zulieferbetriebe, und es werden Fachkräfte ausgebildet. Das veranlasst potentielle Gründer der gleichen Branche, diese Struktur zu nützen und sich auch in dieser Region anzusiedeln.

Hat man den günstigsten Standort gefunden, wird man nun in einem weiteren Schritt die spezifischen Standortbedingungen würdigen. Dazu gehören z. B. die Wasserqualität und die Nähe der Wohnbevölkerung. Weiterhin sind die Bedingungen zu untersuchen, die für jedes zu errichtende Gebäude eine Rolle spielen, wie Geologie des Untergrundes, Grundwasser, aber auch Strom- und Wasseranschlüsse, die Verkehrsanbindung und die Erweiterungsmöglichkeiten (Schäfer 1980, S. 77). Für bestimmte Industrien mit entsprechenden Emissionen sind diese Fragen aber bereits vorher zu klären, da eine Genehmigung sonst nicht erteilt wird. Unter Umweltaspekten hätte man sich aber auch zu fragen, ob nicht grundsätzliche Änderungen der Fertigungsverfahren, der verwendeten Materialien und der Lagerungen erforderlich sind, und nicht Standorte gewählt werden, bei denen die Gefährdungen gerade noch geduldet werden bzw. später zu Auflagen und teuren Umbauten führen.

In den lautstarken Spitzenstandorten hat sich in den letzten Jahren ein verstärkter Wettbewerb um die Geschäfte entwickelt. Die Filialisten überbieten sich bei der Ausnutzung der Geschäfte und haben dadurch die Fluktuation in diesen Lagen erheblich erhöht.

Literaturhinweise

Behrens, K. C.: Allgemeine Standortbestimmungslehre, 2. Aufl., Köln/Opladen 1971.

Kaiser, K.-H.: Industrielle Standortfaktoren und Betriebstypenbildung – Ein Beitrag zur empirischen Sozialforschung, Berlin 1979.

Lüder, K.: Standortwahl. Verfahren zur Planung betrieblicher und innerbetrieblicher Standorte, in: Jacob, H. (Hrsg.): Industriebetriebslehre, 4. Aufl., Wiesbaden 1990, S. 25-100.

Schäfer, E.: Die Unternehmung – Einführung in die Betriebswirtschaftslehre, 10. Aufl., Wiesbaden 1980.

Wöhe, G.: Einführung in die Allgemeine Betriebswirtschaftslehre, 22. Aufl., München 2005.

E Entscheidungs- und Informationsprozesse

E.1 Grundlagen von Metaprozessen

Die hier zu behandelnden Prozesse liegen auf der Metaebene und unterliegen folgender Gliederung (**Abbildung 111**):

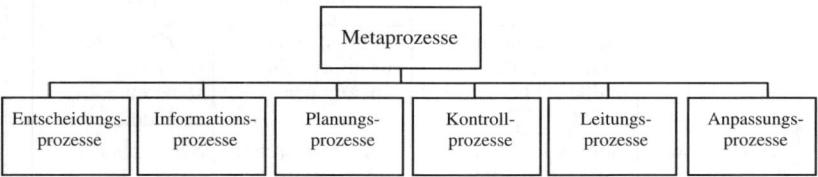

Abb. 111: Überblick über Metaprozesse

Der Trennung nach Meta- und Objektprozessen liegt eine zeitliche und sachliche Differenzierung zugrunde. Metaprozesse sind zeitlich gesehen den Objektprozessen vorgelagert und sind aus sachlicher Sicht als nicht direkt produktive Prozesse zu bezeichnen; d.h. also Metaprozesse legen, bevor die Objektprozesse beginnen, die Bedingungen, nach denen die Objektprozesse ablaufen sollen, fest. Im weiteren Vorgehen werden die Entscheidungs- und Informationsprozesse näher betrachtet.

1.1 Entscheidungsprozesse

Unter Entscheidung wollen wir die Auswahl unter einer Anzahl von mindestens zwei verschiedenen Möglichkeiten verstehen. Speziell in der Betriebswirtschaftslehre ist hier die Auswahl unter Handlungsalternativen gemeint (Entscheidungsfeld). Die Entscheidungen, die auf allen Ebenen der Organisation getroffen werden, um die ablaufenden Projektprozesse zu steuern, müssen durch bestimmte Kenntnisse und Fähigkeiten der jeweiligen Entscheidungsträger abgesichert werden. Dies gilt insbesondere für die überlebenswichtige Planung und Überwachung der Liquidität eines jeden Unternehmens.

Somit stehen Entscheidungen des wirtschaftenden Menschen im Mittelpunkt des Bemühens, die Entscheidungsprozesse transparent zu machen und ihre Ablaufmechanik zu erklären. Es empfiehlt sich vorweg eine

Betrachtung der Typologie betriebswirtschaftlicher Entscheidungen
(**Abbildung 112**).

Kriterien			
Träger der Entscheidung	**Entscheidungs-konsequenzen**	**Verlauf des Entscheidungs-prozesses**	**Struktur des Entscheidungs-problems**
Individual- und Kollektiv-entscheidun-gen	Entscheidungen bei Sicherheit, Risiko und Unsicherheit	simultane und sukzessive Ent-scheidungen	Wohlstruktu-rierte Ent-scheidungs-probleme
zentrale und dezentrale Entscheidun-gen	lang-, kurz- und mittelfristige Ent-scheidungen	programmierbare und nicht pro-grammierbare Entscheidungen	Schlechtstruk-turierte Entschei-dungsprobleme
	Entscheidungen bei einfacher und mehr-facher Zielsetzung		

**Abb. 112: Typologie betriebswirtschaftlicher Entscheidungen
(Heinen 1991, S. 23).**

Wird das Erscheinungsbild der verschiedenen möglichen Entschei-dungsprozesse bezüglich der Entscheidungsart und der Delegierbarkeit auf die hierarchische Ordnung einer Unternehmung projiziert, wie sie sich z. B. mittels der Managementpyramide darstellen lässt, und werden gleichzeitig die denkbaren Risikomerkmale beachtet, so erhält man nachfolgende Darstellung in **Abbildung 113**.

Grundlage eines jeden Entscheidungsprozesses ist somit das Vorhan-densein eines Zieles für das unternehmerische Handeln. Zur Erreichung dieses Zieles wird eine hierarchische Zielordnung vorgenommen, die ein Zielsystem in der Weise ergibt, dass das unternehmerische Oberziel über Zweck-Mittel-Ketten von Unterzielen über Zwischenziele hin erreicht wird. Die im Metabereich zu treffenden unternehmerischen Entschei-dungen sind also nicht willkürlich, sondern richten sich an dem hierar-chisch geordneten Zielsystem zum Oberziel hin aus (**Abbildung 114**). Dieses zielgerichtete Handeln findet seinen konkreten Niederschlag in der Erstellung von Waren und Dienstleistungen für den Markt und ist somit Teil der Bedürfnisbefriedigung.

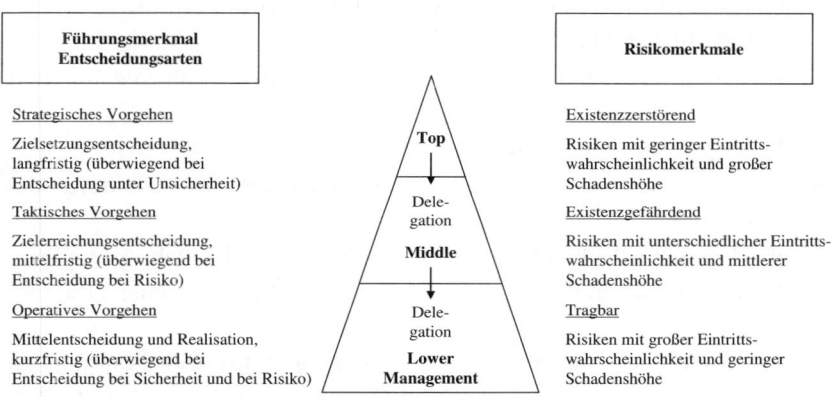

Abb. 113: Entscheidungsmerkmale in der Führungshierarchie

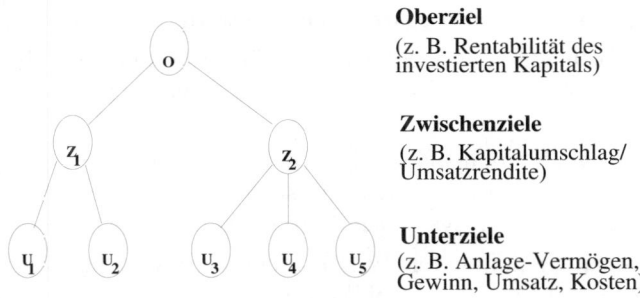

Abb. 114: Zielhierarchie oder Zielsystem

Abschließend werden die Elemente eines Entscheidungsprozesses zusammengefasst (siehe dazu auch die Ausführungen unter E.1.4):

1. Formulierung der Strategien, welche für die Aufgabenlösung in Ansatz gebracht werden können;

2. Definition der Ereignisse, bei denen alternative Strategien möglich sind;

3. Festlegung des Oberzieles und der Zwischen- und Unterziele;

4. Ableitung des auf diese Zielhierarchie passenden Entscheidungskriteriums;

5. Analyse der Informationen und Festlegung des Informationsgrades;

6. Ermittlung der Eintrittswahrscheinlichkeiten für bestimmte Ereignisse;

7. Systematische Darstellung des gesamten Entscheidungsproblems (z. B. in Form eines Entscheidungsbaumes oder einer Entscheidungsmatrix);

8. Anwendung einer Entscheidungsregel;

9. Interpretation der Entscheidung.

Steuerung von Entscheidungsprozessen

Der Entscheidungsprozess ist hier in zweifacher Weise zu untersuchen:

a) Der zeitliche Ablauf des Zustandekommens einer Entscheidung als Ergebnis eines durch mehrere Phasen gekennzeichneten Prozesses, und

b) wenn mehrere zeitlich aufeinander folgende Entscheidungen dergestalt zusammenhängen, dass die Ausgangssituation jeder Entscheidung von den zeitlich vorangegangenen Entscheidungen abhängt.

Die Phasen des nach a) definierten Entscheidungsprozesses und die Steuerung desselben veranschaulicht **Abbildung 115**.

Der nach b) definierte Entscheidungsprozess ist wesentlich komplexer und lässt sich durch folgendes Schema darstellen (**Abbildung 116**):

Planungs- und Entscheidungsphasen

1. | Klare Formulierung der anzustrebenden Ziele |

Festlegung des obersten Zieles und eventuelle Ableitung von Unterzielen

2. | Ermittlung der relevanten Daten und ihrer zeitlichen Entwicklung |

man unterscheidet zwischen:
internen Daten, z. B. Kapazität, Kostenstruktur usw. und
externen Daten, z. B. Möglichkeiten der Beschaffung der Produktionsfaktoren, Potential der Absatzmärkte, Reaktionen
der Marktpartner auf eigene Maßnahmen usw.

3. | Ausarbeitung von Wahlmöglichkeiten |

Entwicklung von Handlungsalternativen im Hinblick auf die Erreichung
der gesetzten Ziele

4. | Auswahl der am besten geeignet erscheinenden Handlungsalternative |

5. | Ausarbeitung von Detailplänen und Ableitung von Planvorgaben |

Ist die Entscheidung für eine bestimmte Handlungsalternative gefallen,
so ist im Einzelnen festzulegen, wann, wer, was, wo und wie zu tun ist

6. | Realisierungsphase |

7. | Kontrollphase |

Abb. 115: Phasen des Planungs- und Entscheidungsprozesses

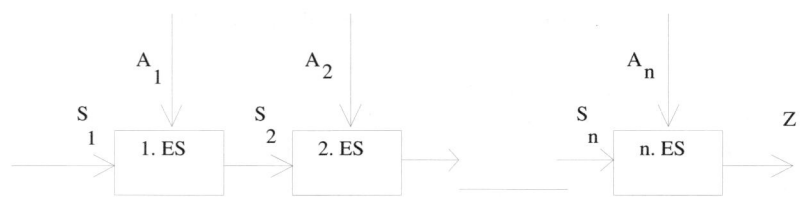

Abb. 116: Mehrstufiger Entscheidungsprozess

Die Symbole bedeuten:

A = auf einer ES gewählte Aktion/Handlungsalternative

ES = Entscheidungsstufe

Z = Zielgröße/-funktion

n = Anzahl der ES

S_n = Ausgangssituation der Entscheidungsstufe n

Die Steuerung eines solchen Entscheidungsprozesses erfolgt durch Vorgabe der Zielgröße und Bestimmung der dazugehörenden Zielfunktion. Der Entscheidungsspielraum, d. h. die Menge der möglichen Aktionen, wird durch die jeweilige Ausgangssituation determiniert; damit wird ein Rahmen für die möglichen Verhaltensweisen auf den einzelnen Entscheidungsstufen abgesteckt, innerhalb dessen gesteuert werden kann. Außerdem hängt von der jeweiligen Ausgangssituation einer Stufe ab, zu welcher Ausgangssituation für die nächste Stufe die zutreffende Entscheidung führt. In der letzten Stufe hängt von der Ausgangssituation und von der Entscheidung nur noch der Wert der zu maximierenden oder zu minimierenden Zielgröße ab.

Aufgrund der Interdependenzen dieses mehrstufigen Prozesses liegen die Kompetenzen für die Steuerung verstärkt bei der mittleren und oberen Leitung. Durch den vermehrten Einsatz moderner Informations- und Kommunikationstechniken erfolgt eine verstärkte direkte Kopplung zwischen operativer und strategischer Ebene bei gleichzeitigem Schrumpfen der taktischen Ebene; die Hierarchien werden flacher (**Lean-Management**).

In enger Verbindung mit Entscheidungs- und Informationsprozessen steht die Planung. Planung ist die zielorientierte Vorwegnahme zukünftigen Geschehens. Sie besteht aus der systematischen Ermittlung von Handlungsmöglichkeiten und der Prognose ihrer unter bestimmten Datenkonstellationen eintretenden Konsequenzen.

Ergebnis einer Planung ist ein Plan. Das Hauptproblem in der Unternehmung ist die Koordination der Teilpläne zum Gesamtplan bzw. die Entwicklung der Teilpläne aus dem Gesamtplan.

Einen Überblick über die Zusammenhänge der Planung und des Planungsumfeldes vermittelt **Abbildung 117**.

1.2 Informationsprozesse

Der betriebliche Entscheidungs- und Managementprozess wird durch Informationsprozesse begleitet und unterlagert. Er besteht aus den selbständigen, gleichzeitigen und sich gegenseitig bedingenden Teilprozessen der Informationsgewinnung, Informationsübermittlung und Informationsverarbeitung. Die zurücklaufenden Kontrollinformationen stellen einen erneuten Informationsbeschaffungsprozess dar.

Planung — Planaufstellung	- Problemstellung - Informationssammlung - Entwerfen von Lösungsmöglichkeiten - Gewichten und Bewerten der Lösungen	Anwendungsgebiet der: - Istaufnahme - Ideenfindungsmethoden - Planungstechniken - Kosten-Nutzen-Analyse - Risikoanalyse
Planung — Planverabschiedung	- Auswahl einer Lösung durch ENTSCHEIDUNG	Anwendungsgebiet der: - Entscheidungstechniken - Nutzwertanalyse
Steuerung	- Festlegen und Veranlassen	Anwendungsgebiet der: - Projektsteuerungs- und Überwachungstechniken - Managementtechniken
Kontrolle	- Vergleich von Soll mit Ist durch Feststellen der Durchführungsresultate und Vergleich mit den Entscheidungsresultaten	Anwendungsgebiet der: - Kontrollmethoden

Zeitablauf (vertikale Achse)

Abb. 117: Zusammenhänge von Planung, Entscheidung, Steuerung und Kontrolle im Zeitablauf

Im Hinblick auf eine bestimmte Zielvorstellung sind Entscheidungen über Zweck-Mittel-Relationen zu treffen.

Um diese Entscheidungen zielgerecht und wirtschaftlich sinnvoll zu treffen, benötigt der Entscheidungsträger ein bestimmtes Wissen; ist dieses Wissen zur Verfolgung der Zwecke und Erreichung der Ziele geeignet, so nennen wir es Information.

Unabhängig vom Inhalt der übermittelten Information durchläuft ein Informationssystem fünf Phasen:

1. Aufnahme: intern/extern

2. Vorspeicherung: Gehirn/technisches Speichermedium

3. Verarbeitung: Änderung von: Speicherfähigkeit/Zeichensystem/Zeicheninhalt

4. Nachspeicherung: wie 2., aber nach der Verarbeitung

5. Abgabe: transformierte oder originär belassene Information wird dem Empfänger zugänglich gemacht

Der in einer Organisation festgelegte Weg des Informationsaustausches folgt den so genannten Informationswegen, die in ihrer Summe das Informationsnetz bilden. Dazu gilt es anzumerken, dass Information nie vollkommen ist; ihr Grad der Unvollkommenheit wird als

$$\text{Informationsgrad} = \frac{\text{tatsächlich vorhandene Information}}{\text{sachlich notwendige Information}}$$

bezeichnet, und bezieht sich stets nur auf ein konkretes Entscheidungsproblem.

Im Mittelpunkt betrieblicher informeller Zweckorientierung stehen die Aufgaben, mit deren Erfüllung den Betriebszielen näher gekommen werden soll. Informationen sind Wirtschaftsgüter immaterieller Art; nur ihre verschiedenen Ausprägungsformen auf bestimmten Datenträgern (z. B. Schriftstücke, Disketten, Magnetplatten etc.) haben materielle Form.

Informationen und Informationsprozesse nehmen gegenüber den anderen Wirtschaftsgütern (wie z. B. Gebäuden, Maschinen, Vorräten) eine besondere Stellung im Betrieb ein; in Bezug auf den Prozess der Leistungserstellung (Basis- oder Objektprozess) haben sie Lenkungscharakter. Informationsprozesse laufen mit dem Vollzug der Handlungen ab, die die Realisation der Betriebsziele steuern; die Phasen der Steuerung des Handlungsablaufes durch Informationen veranschaulicht **Abbildung 118**.

Alle Tätigkeiten vor und nach der Realisation sind Handlungen, die sich an geistigen Objekten (Wissen, Informationen) vollziehen und die ihrerseits wiederum Informationen produzieren. Zur zieladäquaten Erfüllung des Basisprozesses sind über alle Phasen hinweg Informationen Mittel betrieblicher Steuerung.

Wird die Informationsaufgabe (Informationsbeschaffung, Informationsaufbereitung und Informationskoordination) nicht gelöst, so ist häufig das Scheitern geplanter Vorhaben die Folge; mittel- bis langfristig führt Desinformation im Betrieb zum Ausscheiden des Betriebes aus dem Markt. Die Bedeutung der Information im Rahmen der Betriebswirtschaft liegt in der Abstimmung von Informationsbeschaffung und -verwendung als koordinierendem Element betrieblicher Systemgestaltung.

Phasen im
Handlungsprozess   **Informationsprozess**

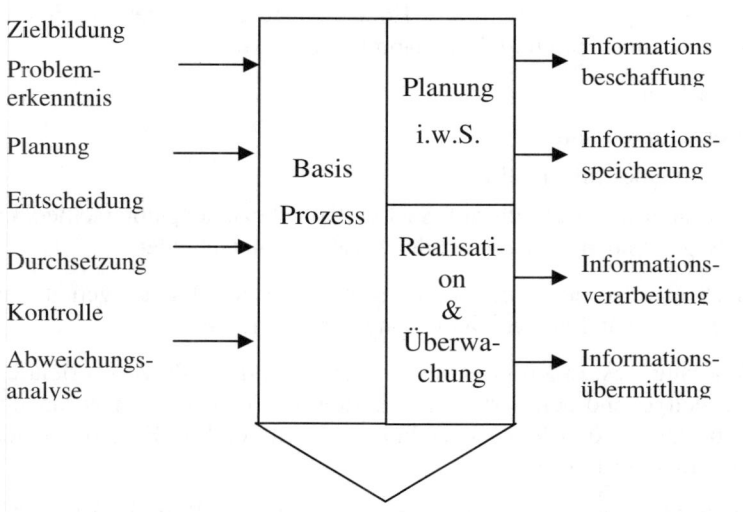

Abb. 118: Prozesssteuerung und Information

Informationsquellen in Betriebswirtschaften

Unternehmensziel unter Berücksichtigung der Zwischen- und Unterziele. Dazu benötigen sie interne (aus dem Unternehmen/Betrieb stammende) Informationen und externe (aus der Umwelt zu gewinnende) Informationen. Als die wesentlichen internen Informationsquellen werden behandelt (**Abbildung 119**):

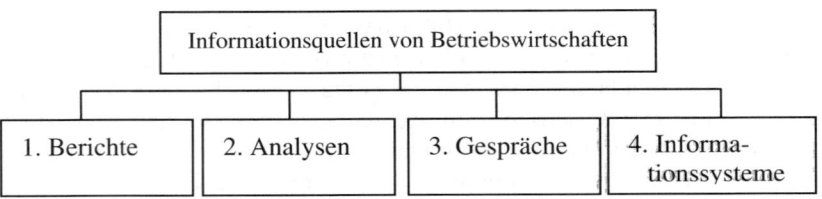

Abb. 119: Interne Informationsquellen

Die Information kann ihre Funktion, den Unbestimmtheitszustand eines Informationsbesitzenden zu reduzieren, nur dann erfüllen, wenn sie zielgerecht ausgewertet wird. Im Einzelnen geschieht dies durch verschiedene Maßnahmen und deren Kombination wie

- Einordnen,

- Interpretieren und

- Werten einer Information.

Informationen können sich auf Sachverhalte beziehen, unterschiedlich viel aussagen und sich in der Art der Aussage unterscheiden.

Demnach erweist sich eine Trennung nach Inhalt, Aussagegehalt und Aussageart als nützlich zur Einordnung der Information.

Der Vorgang des Einordnens als primär objektiver Prozess orientiert sich an weitgehend definierbaren Kriterien und stellt mit der vorhandenen Information Anordnungsbeziehungen zu diesen her: Es handelt sich also um einen Sortiervorgang.

Informationen sind die Rohstoffe der Entscheidung. Wie alle Rohstoffe hat auch die Information einen Preis, den der Käufer von bestimmten Informationen zu zahlen hat oder den der Verkäufer für bestimmte Informationen fordert. Aus der Nützlichkeit einer Information für den Entscheidungsprozess und den Kosten der Informationsbeschaffung bestimmt sich ihr wirtschaftlicher Wert, der Informationswert.

Infolge der mangelnden Quantifizierbarkeit der durch die Informationsbeschaffung verursachten Kosten und der erzielten Nutzen, kann ein objektiver Informationswert nicht definiert werden. Der jeweilige Informationswert hängt vom verfolgten Bewertungszweck ab; ein Beispiel dazu gibt **Abbildung 120** (Berthel 1975, S. 49).

Analyse- Gegenstand	Beispiel	Messzweck (Bewertungsziel)	Semiotische Stufe
Informations- Kosten	Vergleich techn. Geräte zur Informationsverarbeitung (z.B. Speichern)	Kosten/bit	Syntaktik
Informations- Kosten	Vergleich Fremdbezug vs. Eigenerstellung, z.B. von Marktinformationen	Kostenbetrag für kurzfristige Erfolgs- rechnung	Pragmatik
Informations- Nutzen	Vergleich techn. Geräte zur Informationsbearbeitung (z.B. Übermittlung)	Übertragungsqualität i.S. Wahrscheinlich- keit fehlerlosen Infor- mationsempfangs	Syntaktik
Informations- Nutzen	Brauchbarkeit der Information "kurzfristiger Erfolgssaldo" für betriebliche Entscheidungen	Rentabilitätsänderung bei Entscheidungs- durchsetzung	Pragmatik

Abb. 120: Informationswert

Im Kommunikationsprozess, bei dem Informationen zum Zweck der aufgabenbezogenen Verständigung ausgetauscht werden, besteht das Risiko des Auftretens von Fehlinformationen. In jeder Organisation sollte Klarheit über die möglichen Quellen der Entstehung von Fehlinformationen angestrebt werden, denn nur dann sind die Folgen fehlerhafter Entscheidungen auf der Grundlage von vorliegenden Fehlinformationen zu entdecken und zu beseitigen (**Abbildung 121 und 122**).

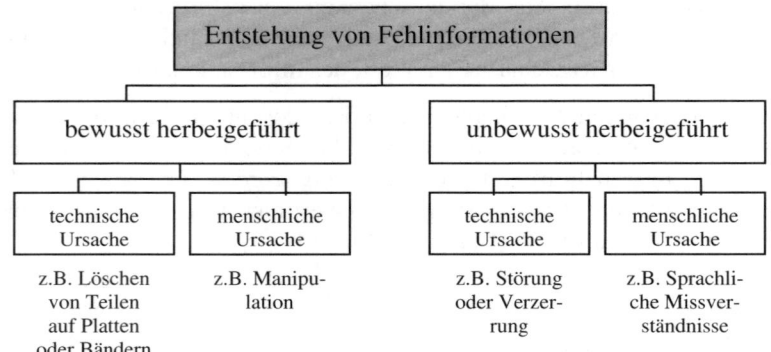

Abb. 121: Entstehungsursachen von Fehlinformationen

Die Ursachen für das Entstehen von Fehlinformation können auf allen drei bei der Betrachtung des Wesens der Information gebildeten Ebenen liegen:

*   Syntaktische Ebene: Änderung der Daten
*   Semantische Ebene: Änderung der Nachricht durch Änderung des Bedeutungszusammenhangs
*   Pragmatische Ebene: Änderung des Informationsgehalts beim Empfänger

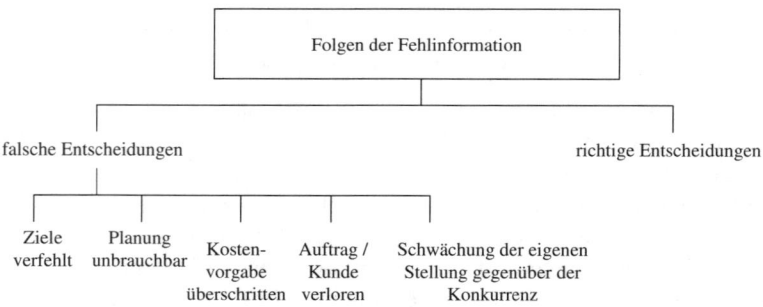

Abb. 122: Folgen von Fehlinformationen

Literaturhinweise

Berthel, J.: Betriebliche Informationssysteme, Stuttgart 1975.

Heinen, E.: Industriebetriebslehre, 9. Aufl., Wiesbaden 1991.

Picot, A.: Neue Informations- und Kommunikationstechniken als Quelle von Risiken und als Mittel zu ihrer Bewältigung, in: Bayerische Rückversicherung AG (Hrsg.): Gesellschaft und Unsicherheit, Karlsruhe 1987, S. 139-155.

Töpfer, A.: Informationstheorie, in: Management Enzyklopädie 4. Bd, Landsberg/Lech 1983, S. 774-792.

E.2 Rechnungswesen

2.1 Grundlagen

Das Rechnungswesen erfasst zahlenmäßig vergangenheits- und/oder zukunftsorientierte betriebliche Erscheinungen, insbesondere Geld- und
Leistungsströme und liefert Informationen über betriebliche Tatbestände
und Vorgänge. Es enthält Bereiche, die teils nach Form und/oder Inhalt
von außen vorgegeben sind (Erfüllung der externen Informationsaufgabe), teils dem Entscheidungsspielraum der Unternehmensleitung unterliegen (Erfüllung der internen Informationsaufgabe).

Die bereitgestellten Informationen sind beschreibender und quantitativer, d. h. mengen- und wertmäßiger Natur: Sie geben Auskunft über
vergangene, gegenwärtige oder erwartete Ereignisse. Die Rechnungslegung erfolgt im Interesse der Eigentümer, der Gläubiger, des Fiskus und
u. U. der Öffentlichkeit. Die (vergangenheitsorientierte) Rechnungslegung war ursprünglich der Hauptzweck des Rechnungswesens und steht
auch heute vor allem in kleineren Unternehmen im Vordergrund. Ihre
Ausgestaltung wird stark von rechtlichen Vorschriften, die die Interessen der Beteiligten schützen sollen, bestimmt. Man hat heute erkannt,
dass die Qualität einer Entscheidung von der Qualität bereitgestellter
Informationen abhängt. Das wichtigste Informationsinstrument bei der
Lösung von Planungs- und Kontrollaufgaben im Rahmen des Entscheidungsprozesses ist das betriebliche Rechnungswesen, vor allem mit
seinen zukunftsorientierten Verfahren. Das Idealbild wird heute in einem Rechnungswesen gesehen, das die internen Informationsaufgaben
als Teil eines Informationssystems löst. Ein derartiges Rechnungswesen
umfasst folgende Bereiche (**Abbildung 123**):

Finanzbuchhaltung: Eine Zeitrechnung, die das Betriebsgeschehen im
Zeitablauf erfasst.

Kostenrechnung: Eine zahlenmäßige Erfassung und Bewertung des lei-
stungsbedingten Verzehrs an Produktionsfaktoren zum Zwecke der Abbildung, Steuerung und Kontrolle des betrieblichen Leistungsprozesses
sowie der Preisbildung und Preisprüfung.

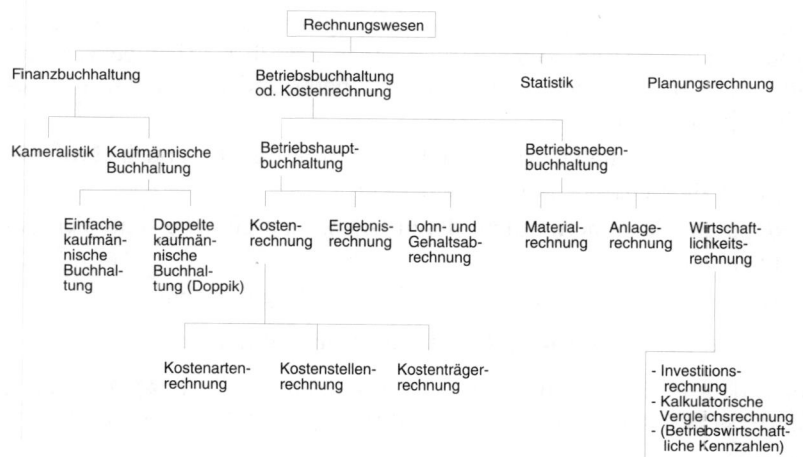

Abb. 123: Bereiche des Rechnungswesens

Statistik: Eine Vergleichsrechnung zwischen den verschiedenen Bereichen der Unternehmung (z. B. Beschaffung, Produktion, Absatz) über mehrere Perioden hin.

Planungs- (oder Vorschaurechnung): Sie versucht, zukünftiges Geschehen zu antizipieren und zu qualifizieren, um eine optimale Entscheidung festzulegen.

2.2 Finanzbuchhaltung

Die Finanz- oder Geschäftsbuchhaltung erfasst die Beziehungen der Unternehmung mit der Außenwelt und zeigt sämtliche Geschäftsvorfälle auf.

Kameralistik: Sie wird in öffentlichen Betrieben und in der öffentlichen Verwaltung verwendet. Sie geht von einer reinen Einnahmen-Ausgabenrechnung aus und ermöglicht jederzeit einen Soll/Ist-Vergleich.

Kaufmännische Buchhaltung: In privaten Unternehmen eingesetzt, die das Geschäftsergebnis über einen Reinvermögensbestandsvergleich (einfache) oder über Reinvermögensbestandsvergleich und Saldierung von Aufwendungen und Erträgen ermitteln (doppelte Buchhaltung).

Die doppelte kaufmännische Buchführung ist das meist angewandte System (auch einfach „Buchführung" oder „DOPPIK" (Doppelte Buchführung in Konten) genannt). „Doppelt" heißt: Jeder Vorfall wird doppelt aufgezeichnet,

1. nach Leistung und Gegenleistung, und zwar im Grundbuch chronologisch, im Hauptbuch in sachlicher Form,

2. doppelte Gewinnermittlung durch Bilanz und Gewinn- und Verlustrechnung,

3. jeder Buchung entspricht mindestens eine Gegenbuchung.

2.2.1 Gesetzliche Bestimmungen und Vorschriften

Nach den §§ 238 ff. HGB ist jeder Kaufmann i. S. der §§ 1-3 und 6 HGB (steuerrechtlich auch § 161 AO) verpflichtet, Bücher zu führen und

- ein mengenmäßiges Verzeichnis aller Vermögensgegenstände und Schulden aufzustellen,

- eine Bewertung dieser Posten durchzuführen,

- eine Bilanz und eine GuV oder einen Jahresabschluss aufzustellen.

Diese Vorschriften werden durch die **Grundsätze ordnungsmäßiger Buchführung** (GoB) ergänzt, die den Charakter von rechtlichen Vorschriften haben (§§ 238, 243, 264 HGB § 5 EStG). Die GoB sorgen für die praktische Ausgestaltung von formeller und materieller Ordnungsmäßigkeit und umfassen fünf Prinzipien:

1.   Klarheit und Übersichtlichkeit,

2.   Vollständigkeit,

3.   Bilanzverknüpfung,

4.   Wahrheit,

5.   Vorsicht.

zu 1) Das Prinzip der Klarheit und Übersichtlichkeit, das einen möglichst sicheren Einblick in die Vermögens- und Ertragslage eines Betriebes gewährleisten soll, fordert insbesondere:

a)   die Anwendung der Gliederungsvorschriften des Handelsgesetzbuches,

b)   die Anwendung des Bruttoprinzips: Unzulässigkeit der Saldie-
      rung von Aktiv- und Passivposten.

zu 2) Der Grundsatz der Vollständigkeit umfasst:

a)   den vollständigen Ausweis aller Vermögens- und Kapitalteile,

b)   die Berücksichtigung aller Informationen zur Bewertung bis zur
      Bilanzerstellung.

zu 3) Unter dem Begriff der Bilanzverknüpfung fasst man folgende
Prinzipien zusammen:

a)   Bilanzidentität: Gleichheit von Schlussbilanz eines Jahres und
      Anfangsbilanz des folgenden Jahres,

b)   formale Bilanzkontinuität: Beibehaltung der Form,

c)   materielle Bilanzkontinuität: Gleichmäßigkeit der Bewertungs-
      methoden und Fortführung der Wertansätze.

zu 4) Eine absolute Bilanzwahrheit gibt es nicht; es ist daher zweck-
mäßiger von Bilanzrichtigkeit zu sprechen, wenn die Wertansätze geeignet sind, den mit der Bilanz erstrebten Zweck zu erreichen.

zu 5) Das Prinzip der Vorsicht verlangt vom Kaufmann die Berücksichtigung der Risiken. Es ergeben sich daraus folgende vier Unterprin-
zipien:

a)   Realisationsprinzip: nur realisierte Gewinne dürfen ausgewiesen
      werden,

b)   Imparitätsprinzip: auch drohende Verluste müssen ausgewiesen
      werden,

c)   Niederstwertprinzip: bei Vermögenswerten muss von zwei mög-
      lichen Wertansätzen der niedrigere verwendet werden,

d)   Höchstwertprinzip: bei Verbindlichkeiten muss von zwei mögli-
      chen Wertansätzen der höhere verwendet werden.

Inventar und Inventur

Nach § 240 HGB ist der Betrieb verpflichtet, jährlich neben der Bilanz
für den Bilanzstichtag ein Inventar aufzustellen.

Inventar:

Eine mengen- und wertmäßige Aufzeichnung sämtlicher Vermögensgegenstände und Schulden. Ein Inventar besteht immer aus folgenden Bestandteilen:

A. Vermögen (nach zunehmender Liquidität geordnet)

B. Schulden (nach abnehmender Fälligkeit geordnet)

C. Reinvermögen = Eigenkapital (= Vermögen - Schulden)

Den Weg vom Inventar zur Bilanz zeigt beispielhaft verkürzt die
Abbildung 125.

Inventur:

Der Vorgang der Erstellung eines Inventars. Meist an einem Stichtag
(zum 31.12. eines Jahres) als "Stichtagsinventur". Sie kann aber unter
bestimmten Voraussetzungen (z.b. laufende Führung von Lagerbüchern
und Lagerkarteien) durch die so genannte "permanente Inventur" ersetzt
werden. Die Bestandsaufnahme kann dann ohne Betriebsunterbrechung
über das ganze Jahr verteilt werden. Bei allen körperlichen Vermögens-
gegenständen ist eine körperliche Bestandsaufnahme durch Messen,
Zählen oder Wiegen erforderlich. Bei Forderungen und Schulden erfolgt
eine wertmäßige Bestandsaufnahme.

2.2.2 Vom Inventar zur Bilanz

Ausgangspunkt der Finanzbuchhaltung ist die aus dem Inventar entwickelte Bilanz, die als Darstellungsform das Konto benutzt und den Inhalt
des Inventars zusammenfassend wiedergibt durch:

1. Zusammenfassung der einzelnen Positionen des Inventars nach Gattung unter Wegfall der Mengenangaben,

2. Gegenüberstellung von Vermögen auf der Aktivseite und Schulden
   (Fremdkapital) auf der Passivseite,

3. Bildung der Differenz (Saldo zwischen Aktiv- und Passivseite, das
   so genannte Eigenkapital (EK).

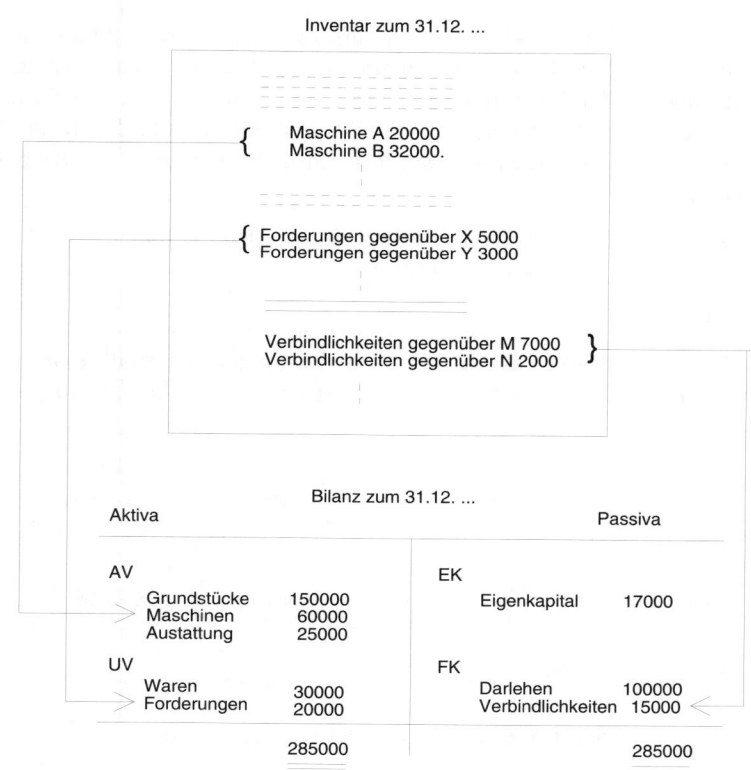

Abb. 124: Vom Inventar zur Bilanz

Der **Jahresabschluss** besteht aus den drei Teilen:

- Bilanz (vgl. § 242 Abs. 3 HGB u. § 152 AktG),

- Gewinn- und Verlustrechnung (§ 242 Abs. 3 HGB u. § 158 AktG),

- Anhang (nur bei Kapitalgesellschaften, § 160 AktG und § 264 Abs. 1 HGB).

Für Kapitalgesellschaften besteht noch die Verpflichtung einen Lagebericht zu erstellen (§ 264 Abs. 1 HGB).

Konto-Verbuchung

Um die Buchhaltung in die Lage zu versetzen, die einzelnen Geschäftsvorfälle einer Periode aufnehmen und darstellen zu können, ohne in
jedem Fall die Zahlen in der Bilanz ändern zu müssen, ist es erforderlich, die Bilanz in Einzelrechnungen (Konten) aufzulösen, die Bestandskonten. Sie gliedern sich nach ihrem Inhalt in Vermögens- und Kapital-
konten.

Als Unterkonten des Eigenkapitalkontos werden Aufwands- und Er-
tragskonten als Erfolgskonten geführt.

Aufwand:

Der Wertverzehr von Gütern und Dienstleistungen innerhalb einer Unternehmung während einer Abrechnungsperiode – nicht mit Ausgaben
identisch! –

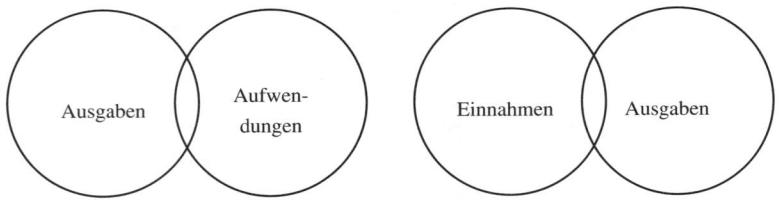

Abb. 125: Grundbegriffe des Rechnungswesen

Ertrag:

Der Wertzuwachs, den eine Unternehmung während einer Abrechnungsperiode erwirtschaftet hat, ohne den hierfür angefallenen Aufwand
zu berücksichtigen – nicht mit Einnahmen identisch! –

Ausgaben: Auszahlungen + Forderungsabgänge +Schuldenzugänge

Einnahmen: Einzahlungen + Forderungszugänge + Schuldenabgänge

Auszahlung: Abfluss von Zahlungsmitteln (Geldmitteln)

Einzahlung: Zufluss von Zahlungsmitteln (Geldmitteln)

Jeder Buchungsfall hat auf der einen Seite eine Wertminderung und auf der anderen Seite eine Wertvermehrung zur Folge; an irgendeiner Stelle wird etwas weggenommen, um an einer anderen Seite hinzugefügt zu werden. So wird nach dem Prinzip der doppelten Buchführung jeder buchungsfähige Geschäftsvorfall unter dem Gesichtspunkt von Leistung und Gegenleistung, von Wertzugang und Wertabgang erfasst und auf mindestens zwei Konten verbucht. Auf diese Weise wird bewirkt, dass jeder Sollbuchung eine Habenbuchung in gleicher Höhe gegenübersteht und dass sich als Folge hiervon eine Wertgleichheit zwischen der Summe der Soll- und der Habenbuchungen ergibt. Das Schema der doppelten Buchführung zeigt die **Abbildung 126** stark vereinfacht am Weg von der Eröffnungs- zur Schlussbilanz.

Am Ende des Buchungszeitraumes geben die Bestandskonten ihre Salden als Endbestände an die Schlussbilanz ab, während die Erfolgskonten in die GuV-Rechnung einmünden. Eine vorgenommene Saldierung zeigt in beiden Rechnungen das gleiche Resultat: Den Erfolg der Geschäftsperiode in Form eines Gewinnes oder Verlustes.

2.2.3 Die Bilanz

Die Bilanz ist eine Gegenüberstellung von Vermögen (Aktiva) und Kapital (Passiva = Schulden und Eigenkapital) einer Unternehmung. Man unterscheidet laufende (ordentliche) Bilanzen und Sonderbilanzen. Die laufenden Bilanzen werden in der Regel jährlich aufgestellt. Der handelsrechtliche Jahresabschluss muss bei der Aktiengesellschaft (unter bestimmten Voraussetzungen auch bei der GmbH sowie der eG) von Wirtschaftsprüfern geprüft und dann veröffentlicht werden. Die Steuerbilanz richtet sich nach den Vorschriften des Steuerrechts. Sie wird nicht veröffentlicht.

Externe Bilanzen, im Gegensatz zu internen, richten sich in erster Linie oder ausschließlich an außerhalb des Betriebes stehende Personen. Verschiedene Vorschriften, je nach der Interessenlage des Adressaten der Bilanz, bestimmen die formellen und materiellen Inhalte der Bilanzarten (vgl. Übersichten in **Abbildung 127** und **128**).

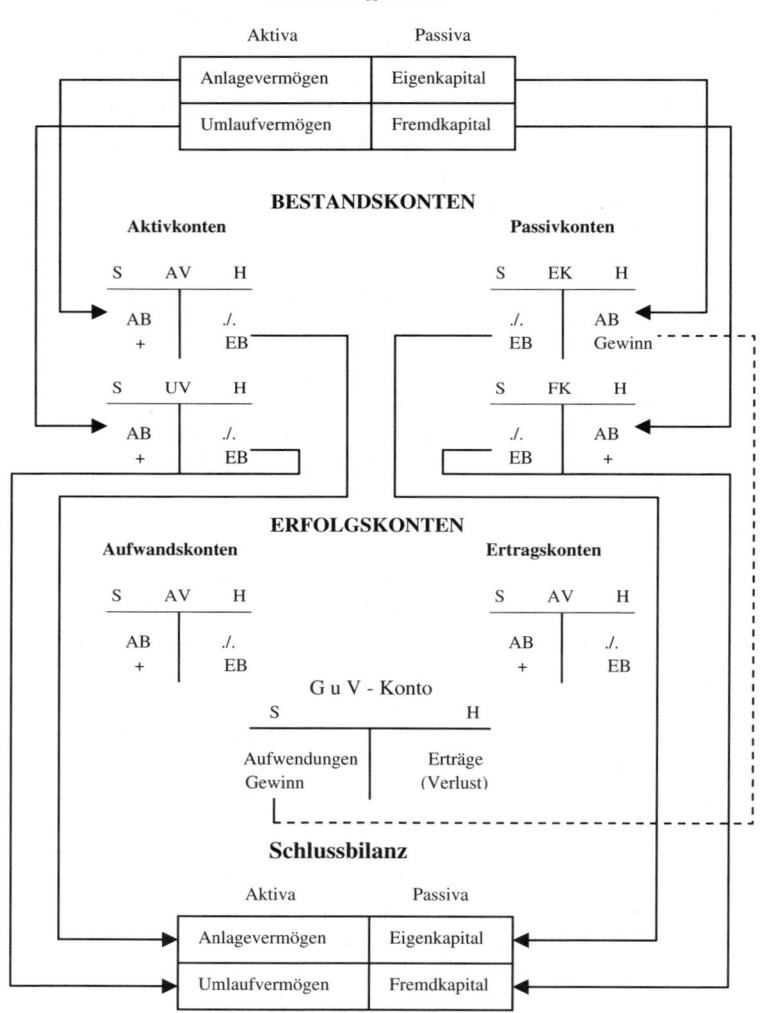

Abb. 126: Schematischer Weg von Bilanz zu Bilanz

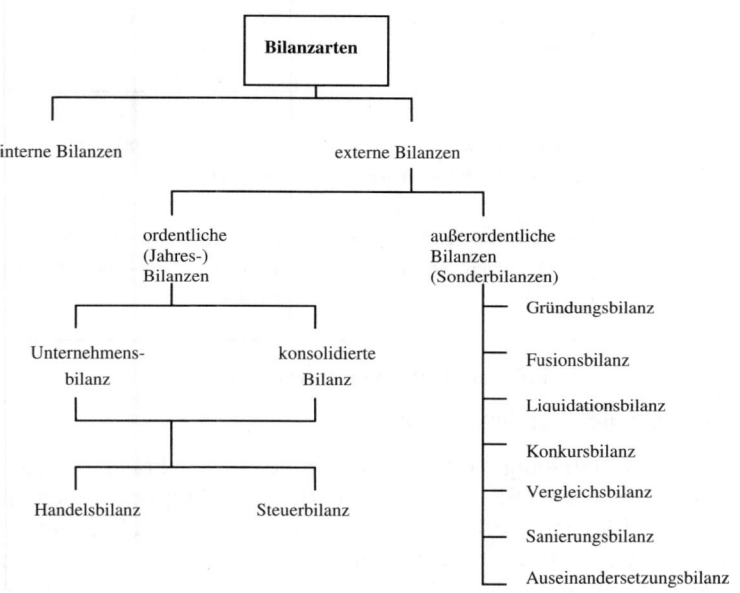

Abb. 127: Bilanzarten

Bilanz	Adressaten	Vorschriften
Handelsbilanz	- Unternehmer - Geschäftsführende Organe - Gesellschafter - Gläubiger - Belegschaft - potentielle Anleger oder Kreditgeber - Konkurrenten - Staatliche Institutionen - Wirtschaftswissenschaft	HGB AktG GmbHG (primär für Bewertung und Bilanzgliederung)
Steuerbilanz	- Finanzamt - Wirtschaftswissenschaft	Steuerrecht (EStG) (für eine gerechte Besteuerung)

An hohen Werten interessiert	An "richtigen" Werten interessiert	An niedrigen Werten interessiert
Aktionäre: Streben nach hohem Gewinnausweis mit hoher Gewinnausschüttung	Steuerbehörde: Schaffen richtiger Besteuerungsgrundlagen Betriebswirtschaftler: Erhöhung des Aussagewertes der Bilanz	Unternehmer: (vorläufige) Steuereinsparung Gläubiger: verminderte Ausschüttung erhöhen Sicherheit des Kredites

Abb. 128: Adressaten und Interessenlagen

Inhalt und Gliederung der Bilanz

Bei jeder Bilanzerstellung stellt sich die grundlegende Frage nach dem materiellen Inhalt der Bilanz. Die Bilanzierungsfähigkeit beschreibt demnach grundsätzlich die Eignung eines Gutes, noch unabhängig von der Höhe des Wertansatzes, zur Aktivierung oder Passivierung. Gesetzliche Grundlagen sind die §§ 246 - 251 HGB sowie die §§ 4 ff. EStG. Die Bilanzierungsentscheidung beinhaltet zwei logische Stufen; dem grundsätzlichen „ob" folgt bei positivem Zwischenentscheid das "wie". Der Umfang der handels- und steuerrechtlichen Bilanzierungsfähigkeit wird durch den Grundsatz der Maßgeblichkeit (§ 5 EStG) mitbestimmt, welcher bezüglich des Bilanzansatzes dem Grunde wie auch der Höhe nach, eindeutig jeden handelsrechtlichen Ansatz auch zum steuerrechtlichen erklärt.

Das Vollständigkeitsprinzip der GoB macht alle Werte, die die grundsätzliche Eignung aufweisen, in die Bilanz aufgenommen zu werden, bilanzierungspflichtig. Neben dieser Pflicht existieren Bilanzierungsverbot, - wahlrecht und -hilfe (ausführlich dazu bspw. Heinhold 1987, S. 64 ff.)

Der § 266 HGB gibt eine für alle Kapitalgesellschaften und gemäß PublG offenlegungspflichtigen großen Personenunternehmen gültige Bilanzgliederung vor. Im Sinne der GoB dient dieses Gliederungsschema auch für die nicht offenlegungspflichtigen Personenunternehmen als Grundlage.

Allgemein sind bestimmte Grundsätze bei der Bilanzierung zu beachten, die sich eng an die Grundsätze ordnungsgemäßer Buchführung anlehnen. Diese Grundsätze ordnungsgemäßer Bilanzierung zeigt **Abbildung 129.**

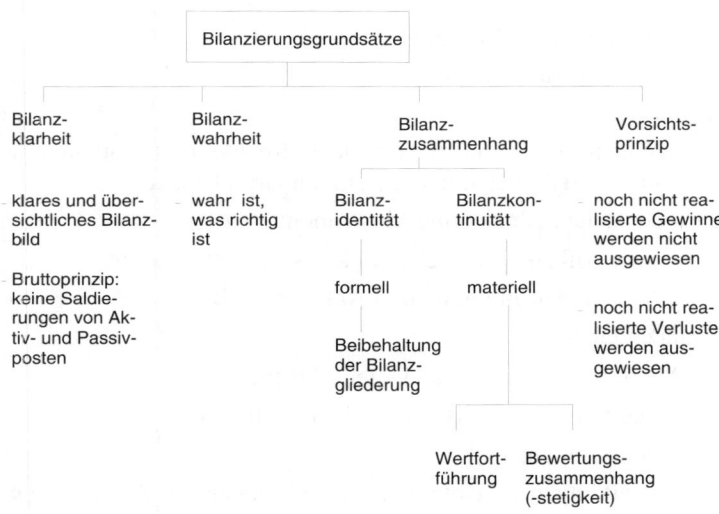

Abb. 129: Grundsätze ordnungsgemäßer Bilanzierung

§ 266 (HGB) Gliederung der Bilanz

(1) Die Bilanz ist in Kontoform aufzustellen. Dabei haben große und mittelgroße Kapitalgesellschaften (§ 267 Abs. 3, 2) auf der Aktivseite die in Absatz 2 und auf der Passivseite die in Absatz 3 bezeichneten Posten gesondert und in der vorgeschriebenen Reihenfolge auszuweisen. Kleine Kapitalgesellschaften (§ 267 Abs. 1) brauchen nur eine verkürzte Bilanz aufzustellen, in die nur die in den Absätzen 2 und 3 mit Buchstaben und römischen Zahlen bezeichneten Posten gesondert und in der vorgeschriebenen Reihenfolge aufgenommen werden.

(2) Aktivseite

A. Anlagevermögen:

I. Immaterielle Vermögensgegenstände:

1. Konzessionen, gewerbliche Schutzrechte und ähnliche Rechte und Werte sowie Lizenzen an solchen Rechten und Werten;

2. Geschäfts- oder Firmenwert;

3. geleistete Anzahlungen;

II. Sachanlagen:

1. Grundstücke, grundstücksgleiche Rechte und Bauten einschließlich der Bauten auf fremden Grundstücken;

2. technische Anlagen und Maschinen;

3. andere Anlagen, Betriebs- und Geschäftsausstattung;

4. geleistete Anzahlungen und Anlagen im Bau;

III. Finanzanlagen:

1. Anteile an verbundenen Unternehmen;

2. Ausleihungen an verbundene Unternehmen;

3. Beteiligungen;

4. Ausleihungen an Unternehmen, mit denen ein Beteiligungsverhältnis besteht;

5. Wertpapiere des Anlagevermögens;

6. sonstige Ausleihungen.

B. Umlaufvermögen:

I. Vorräte:

1. Roh-, Hilfs- und Betriebsstoffe;

2. unfertige Erzeugnisse, unfertige Leistungen;

3. fertige Erzeugnisse und Waren;

4. geleistete Anzahlungen;

II. Forderungen und sonstige Vermögensgegenstände:

1. Forderungen aus Lieferungen und Leistungen;

2. Forderungen gegen verbundene Unternehmen;

3. Forderungen gegen Unternehmen, mit denen ein Beteiligungsverhältnis besteht;

4. sonstige Vermögensgegenstände;

III. Wertpapiere:

1. Anteile an verbundenen Unternehmen;

2. eigene Anteile;

3. sonstige Wertpapiere;

IV. Schecks, Kassenbestand, Bundesbank- und Postgiroguthaben, Guthaben bei Kreditinstituten.

C. Rechnungsabgrenzungsposten.

(3) Passivseite

A. Eigenkapital:

I. Gezeichnetes Kapital;

II. Kapitalrücklage;

III. Gewinnrücklagen:

1. gesetzliche Rücklage;

2. Rücklage für eigene Anteile;

3. satzungsmäßige Rücklagen;

4. andere Gewinnrücklagen;

IV. Gewinnvortrag/Verlustvortrag;

V. Jahresüberschuss/Jahresfehlbetrag.

B. Rückstellungen:

1. Rückstellungen für Pensionen und ähnliche Verpflichtungen;

2. Steuerrückstellungen;

3. sonstige Rückstellungen.

C. Verbindlichkeiten:

1. Anleihen, davon konvertibel;
2. Verbindlichkeiten gegenüber Kreditinstituten;
3. erhaltene Anzahlungen auf Bestellungen;
4. Verbindlichkeiten aus Lieferungen und Leistungen;
5. Verbindlichkeiten aus der Annahme gezogener Wechsel und der Ausstellung eigener Wechsel;
6. Verbindlichkeiten gegenüber verbundenen Unternehmen;
7. Verbindlichkeiten gegenüber Unternehmen, mit denen ein Beteiligungsverhältnis besteht;
8. sonstige Verbindlichkeiten,

   davon aus Steuern,

   davon im Rahmen der sozialen Sicherheit.

D. Rechnungsabgrenzungsposten.

2.2.4 Die Bewertung der Bilanz

Bewerten heißt, einem Gut oder einer Leistung einen bestimmten Wert zuzuordnen. Die richtige Bewertung ist die Grundlage für eine ordnungsmäßige Bilanzierung. Das Ausmaß des Erfolges wird nicht zuletzt durch den Wert bestimmt, der den Endbeständen der einzelnen Vermögensteile und Verbindlichkeiten im Zeitpunkt der Bilanzerstellung beizulegen ist.

Die Bewertungsverfahren und -möglichkeiten sind unterschiedlich; je nachdem zu welcher bestimmten Bilanzposition (z. B.: abnutzbares oder nicht abnutzbares Anlagevermögen, Umlaufvermögen, Eigenkapital, Fremdkapital) ein Wert zugeordnet werden muss und zu welchem Zweck (Handelsbilanz- oder Steuerbilanzerstellung) dies geschieht, sind verschiedene Verfahren zulässig. Das theoretisch geltende Prinzip der Bewertungsfreiheit, welches dem Kaufmann die Bewertung der Aktiva und Passiva nach kaufmännischen Überlegungen offen lässt, wird durch konkrete Bewertungsvorschriften im HGB (§§ 252-256 und §§ 279-283) eingeschränkt. Des Weiteren wirkt das aus den GoB herstammende Prinzip der kaufmännischen Vorsicht erheblich einengend.

Die gebräuchlichen Wertbegriffe

Anschaffungskosten (AK): Anschaffungspreis + Nebenkosten bis zur Betriebsbereitschaft (z. B. Transport-, Versicherungs-, Montagekosten).

Herstellungskosten (HK): Alle Ausgaben, die durch den Verzehr von Gütern und die Inanspruchnahme von Dienstleistungen zur Erstellung betrieblicher Leistungen entstanden sind. Die Herstellungskosten des Bilanzrechts stimmen nicht mit den Herstellkosten der Kostenrechnung überein (**Abbildung 130**). Betriebswirtschaftlich wird der wertmäßige Kostenbegriff mit den Komponenten Mengenverzehr, Leistungsbezug und Bewertung zugrunde gelegt; das Handelsrecht verwendet Kosten im Sinne des pagatorischen Kostenbegriffs, der ausschließlich auf Ausgaben abstellt.

Teilwert (TW): Der Betrag, den ein Erwerber eines ganzen Betriebes im Rahmen des Gesamtkaufpreises für das einzelne Wirtschaftsgut ansetzen würde, wobei davon auszugehen ist, dass der Erwerber den Betrieb fortführt (§ 6 EStG).

Abschreibungen

Die Abschreibungen drücken eine Wertminderung der Vermögensteile aus, die durch Abnutzung oder Wertverlust ihrer Höhe nach begründet ist. Sie haben die Aufgabe, die AK oder HK auf die Jahre der Nutzung zu verteilen; somit ermöglichen sie eine wertmäßig richtige Kalkulation und eine periodengerechte Wertermittlung als Besteuerungsgrundlage. Einen Überblick über Ursachen, Arten und Methoden der Abschreibungen vermittelt **Abbildung 131** (vgl. auch Kapitel C.3).

Herstellungskosten	Handels- bilanz § 255 HGB	Steuer- bilanz Abschn. 33 EStR
Fertigungsmaterial (FM), Roh-, Hilfs-, Betriebsstoffe, Halb- und Teilerzeugnisse	Pflicht	Pflicht
Fertigungslohn (FL)	Pflicht	Pflicht
Sondereinzelkosten der Fertigung (FSK): (direkt erzeugnisabhängige Entwürfe, Modelle, Lizenzen, Werkzeuge und dgl.)	Pflicht	Pflicht
Sondereinzelkosten des Vertriebes (VSK): (Provisionen, Frachten, Versicherungen usw.)	Verbot	Verbot
Materialgemeinkosten (MGK), insbes. Betriebskosten (z.B. Lagerhaltung, Materialprüfung usw.)	Wahlrecht	Pflicht
Fertigungsgemeinkosten (FGK) (z.B. Versicherungen, Energie usw.)	Wahlrecht	Pflicht
Allgemeine Verwaltungskosten (VwGK) (Geschäftsleitung, Beratungskosten, Personalbüro usw.)	Wahlrecht (anteilige)	maßgebend die HB
Vertriebsgemeinkosten (VtGK) (Absatzorganisation, Werbung, Marktforschung usw.)	Verbot	Verbot

Abb. 130: Bestandteile der Herstellungskosten nach Handels- und Steuerrecht

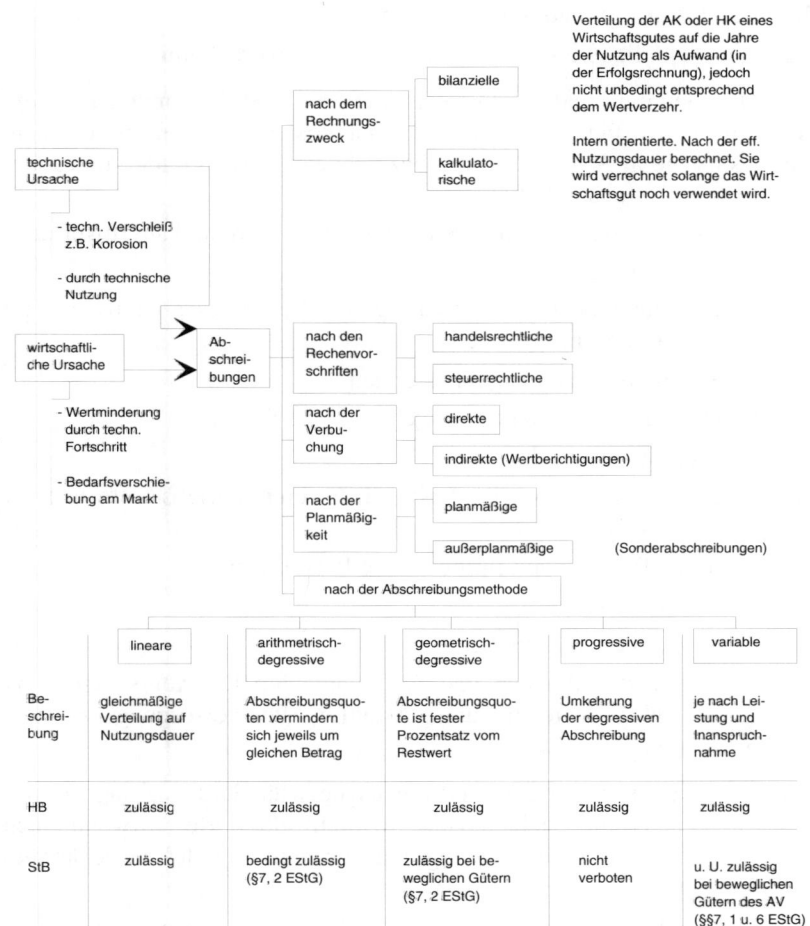

Abb. 131: Ursachen, Arten und Methoden der Abschreibung

2.2.5 Inhalt und Gliederung der GuV

§ 275 (HGB) Gliederung der Gewinn- und Verlustrechnung

(1) Die Gewinn- und Verlustrechnung ist in **Staffelform** nach dem Gesamtkostenverfahren oder dem Umsatzkostenverfahren aufzustellen. Dabei sind die in Absatz 2 oder 3 bezeichneten Posten in der angegebenen Reihenfolge gesondert auszuweisen.

(2) Bei Anwendung des **Gesamtkostenverfahrens** sind auszuweisen:

1. Umsatzerlöse
2. Erhöhung oder Verminderung des Bestandes an fertigen und unfertigen Erzeugnissen
3. andere aktivierte Eigenleistungen
4. sonstige betriebliche Erträge
5. Materialaufwand:
   a) Aufwendungen für Roh-, Hilfs- und Betriebsstoffe und für bezogene Waren
   b) Aufwendungen für bezogene Leistungen
6. Personalaufwand:
   a) Löhne und Gehälter
   b) soziale Abgaben und Aufwendungen für Altersversorgung und für Unterstützung, davon für Altersversorgung
7. Abschreibungen:
   a) auf immaterielle Vermögensgegenstände des Anlagevermögens und Sachanlagen sowie auf aktivierte Aufwendungen für die Ingangsetzung und Erweiterung des Geschäftsbetriebs
   b) auf Vermögensgegenstände des Umlaufvermögens, soweit diese die in der Kapitalgesellschaft üblichen Abschreibungen überschreiten
8. sonstige betriebliche Aufwendungen
9. Erträge aus Beteiligungen, davon aus verbundenen Unternehmen

10. Erträge aus anderen Wertpapieren und Ausleihungen des Finanzanlagevermögens, davon aus verbundenen Unternehmen

11. sonstige Zinsen und ähnliche Erträge, davon aus verbundenen Unternehmen

12. Abschreibungen auf Finanzanlagen und auf Wertpapiere des Umlaufvermögens

13. Zinsen und ähnliche Aufwendungen, davon aus verbundenen Unternehmen

14. Ergebnis der gewöhnlichen Geschäftstätigkeit

15. außerordentliche Erträge

16. außerordentliche Aufwendungen

17. außerordentliches Ergebnis

18. Steuern vom Einkommen und vom Ertrag

19. sonstige Steuern

20. Jahresüberschuss/Jahresfehlbetrag

(3) Bei Anwendung des Umsatzkostenverfahrens sind auszuweisen:

1. Umsatzerlöse

2. Herstellungskosten der zur Erzielung der Umsatzerlöse erbrachten Leistungen

3. Bruttoergebnis vom Umsatz

4. Vertriebskosten

5. allgemeine Verwaltungskosten

6. sonstige betriebliche Erträge

7. sonstige betriebliche Aufwendungen

8. Erträge aus Beteiligungen, davon aus verbundenen Unternehmen

9. Erträge aus anderen Wertpapieren und Ausleihungen des Finanzanlagevermögens, davon aus verbundenen Unternehmen

10. sonstige Zinsen und ähnliche Erträge, davon aus verbundenen Unternehmen

11. Abschreibungen auf Finanzanlagen und auf Wertpapiere des Umlaufvermögens

12. Zinsen und ähnliche Aufwendungen davon aus verbundenen Unternehmen

13. Ergebnis der gewöhnlichen Geschäftstätigkeit

14. außerordentliche Erträge

15. außerordentliche Aufwendungen

16. außerordentliches Ergebnis

17. Steuern vom Einkommen und vom Ertrag

18. sonstige Steuern

19. Jahresüberschuss/Jahresfehlbetrag

(4) Veränderungen der Kapital- und Gewinnrücklagen dürfen in der Gewinn- und Verlustrechnung erst nach dem Posten „Jahresüberschuss/Jahresfehlbetrag" ausgewiesen werden.

2.2.6 Bilanzanalyse

2.2.6.1 Begriff der Bilanzanalyse

Unter Bilanzanalyse versteht man die Summe der Tätigkeiten, die darauf gerichtet sind, aus Informationen verschiedener Herkunft Aufschluss über die wirtschaftliche Lage eines Unternehmens zu gewinnen. Im Mittelpunkt der Betrachtung stehen dabei der Jahresabschluss, der sich bei großen Kapitalgesellschaften bzw. Personenhandelsgesellschaften im Sinne des § 264a HGB aus Bilanz, Gewinn- und Verlustrechnung sowie Anhang zusammensetzt, und der Lagebericht.

Der Begriff Bilanzanalyse ist indessen in zweierlei Hinsicht zu eng gefasst.

Auf der einen Seite ist nicht nur eine Bilanz Gegenstand der Analyse, sondern der gesamte Jahresabschluss, der Lagebericht sowie weitere Instrumente, die Aufschluss über die wirtschaftliche Lage eines Unternehmens geben können und es ermöglichen, ein möglichst umfassendes Bild des Analyseobjekts aufzunehmen. Als ergänzende Instrumente sind beispielsweise die Kapitalflussrechnung und die Segmentberichterstattung zu nennen. Zusätzliche Informationen lassen sich auch aus Branchendaten bzw. von vergleichbaren Unternehmen gewinnen. Weiterhin ist die Beschränkung auf eine Bilanz wenig zielführend; der Analytiker wird sich regelmäßig auf mehrere Jahresabschlüsse konzentrieren.

Auf der anderen Seite greift die Bezeichnung Bilanzanalyse dann zu kurz, wenn darunter lediglich das Zerlegen von Tatbeständen subsumiert wird. Es ist vielmehr erforderlich, aus den isolierten Sachverhalten neue Zusammenhänge zu bilden. So ist z. B. der Jahresüberschuss für sich betrachtet kein ausreichender Indikator für die Ertragskraft eines Unternehmens. Diesbezügliche Aussagen lassen sich erst ableiten, wenn der Jahresüberschuss in Relation zum eingesetzten Faktorenpotenzial betrachtet wird.

2.2.6.2 Phasen der Bilanzanalyse

In der ersten Phase des Bilanzanalyse-Prozesses gilt es zunächst, möglichst umfangreiche Informationen über das zu analysierende Unternehmen zusammenzutragen. Die gesammelten Daten werden den Bedürfnissen einer Bilanzanalyse per se jedoch nur im Ausnahmefall genügen. Um die in Jahresabschluss, Lagebericht etc. latent vorhandenen Informationen für Analysezwecke erschließen zu können, bedarf es vielmehr unterschiedlicher Aufbereitungsinstrumente. So müssen z. B. die einzelnen Positionen einer Bilanz bereinigt und umgegliedert werden, um sie anschließend in Kennzahlen und andere bilanzanalytische Instrumente einfließen lassen zu können. Im Anschluss an die analysegerechte Vor- und Aufbereitung der Datenbasis nehmen Auswertungsinstrumente im Rahmen der eigentlichen Durchführung der Bilanzanalyse die neu formulierten Sachverhalte auf. Darauf aufbauend erfolgt die Beurteilung und Interpretation der berechneten Werte. Dies ist nur mittels adäquater Vergleichsinstrumente und Vergleichstatbestände möglich. Denkbar ist ein Vergleich mit Vorperioden, vergleichbaren Unternehmen oder mit projizierten Werten.

Abschließend ist eine sorgfältige Berichterstattung über den Analyseprozess, die Ergebnisse der Analyse und insbesondere die Vorgehensweise zur Gewinnung der Ergebnisse erforderlich. Hintergrund ist, dass Analytiker und Analyseadressat regelmäßig nicht identisch sind.

Abbildung 132 fasst die Phasen einer Bilanzanalyse noch einmal zusammen.

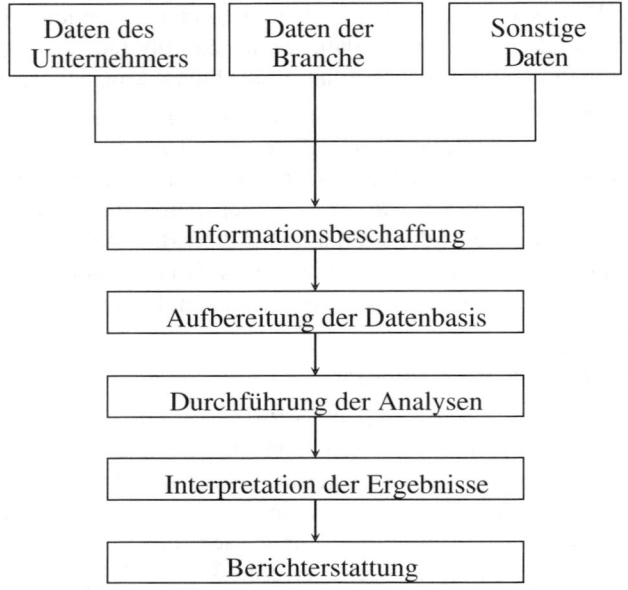

Abb. 132: Phasen der Bilanzanalyse

2.2.6.3 Wirtschaftliche Lage als Erkenntnisziel der Bilanzanalyse

Zunächst ist davon auszugehen, dass die Adressaten des Jahresabschlusses bzw. die Adressaten einer Bilanzanalyse divergierende Interessen verfolgen und sich daher die Ableitung eines grundsätzlichen Erkenntnisziels der Bilanzanalyse schwierig gestaltet. Allerdings lässt sich trotz bestehender Heterogenität der Interessenlagen ein gemeinsames Interesse des Adressatenkreises an der wirtschaftlichen Lage eines Unternehmens feststellen. Vor diesem Hintergrund sollen Informationen über die wirtschaftliche Lage eines Unternehmens als Minimalkonsens der Adressaten der Rechnungslegung und der Bilanzanalyse betrachtet werden.

Um Informationen für eine Bilanzanalyse zu gewinnen, wird in erster Linie auf Jahresabschluss und Lagebericht eines Unternehmens zurückgegriffen. Gemäß den handelsrechtlichen Vorschriften soll der Jahresab-

schluss einer Kapitalgesellschaft unter Beachtung der Grundsätze ordnungsmäßiger Buchführung ein den tatsächlichen Verhältnissen ent-
sprechendes Bild der Vermögens-, Finanz- und Ertragslage des Unternehmens vermitteln. Diese Generalnorm ist in § 264 Abs. 2 Satz 1 HGB
fixiert.

Der Begriff „wirtschaftliche Lage" ist ein unbestimmter Rechtsbegriff.
Nach Leffson handelt es sich dabei allgemein um die Fähigkeit eines
Unternehmens, seine Aufgaben zu erfüllen. Für bilanzanalytische Zwe-
cke ist indessen genauer zu klären, was unter der wirtschaftlichen Lage
eines Unternehmens zu verstehen ist. Wenngleich der Gesetzgeber keine
Legaldefinition der wirtschaftlichen Lage anbietet, präzisiert er dennoch
in § 264 Abs. 2 Satz 1 HGB deren Bestandteile, d. h. die Vermögens-,
Finanz- und Ertragslage. Dabei handelt es sich dementsprechend um die
Analyseobjekte der Bilanzanalyse.

Vermögenslage

Im Vordergrund der Analyse der Vermögenslage eines Unternehmens
steht die Aktivseite der Bilanz mit dem dort ausgewiesenen Vermögen.
Für den Bilanzierenden ist es z. B. durch sachverhaltsgestaltende Maßnahmen, wie sale-and-lease-back, factoring oder outsourcing möglich,
den Vermögensausweis erheblich zu beeinflussen.

Abgesehen von den einzelnen Vermögenspositionen interessiert sich der
Bilanzanalytiker für Aufbau und Struktur des Vermögens eines Unternehmens und dessen Veränderung im Zeitablauf. Dabei ist sowohl eine
absolute als auch eine relative Betrachtung erforderlich.

Der Vermögensausweis in der handelsrechtlichen Bilanz wird durch
§ 266 Abs. 2 HGB geregelt. Die in dieser Vorschrift vorgenommene
grundsätzliche Differenzierung des Vermögens in Anlage- und Umlaufvermögen sollte auch für bilanzanalytische Zwecke beibehalten werden.

Finanzlage

Die inhaltliche Auslegung des Begriffs Finanzlage differiert mitunter
erheblich. Nach herrschender Meinung erstreckt sich die Analyse jedoch
insbesondere auf die Aspekte der Liquidität und der Finanzierung.

Liquidität lässt sich sowohl bestands- als auch stromgrößenorientiert definieren. Die bestandsorientierte Interpretation setzt auf der Bilanz auf und betrachtet Liquidität als positiven Bestand an Zahlungsmitteln, als Liquidierbarkeit der einzelnen Vermögensgegenstände oder als unterschiedliche Ausprägung der Liquiditätsgrade. Ein rein bestandsgrößenorientierter Ansatz zur Beschreibung der Liquidität greift indessen zu kurz. Der stromgrößenorientierte Liquiditätsbegriff bezieht sich auf die Entstehung und die Verwendung finanzieller Mittel. Demnach beschreibt Liquidität die Fähigkeit eines Unternehmens, seinen Zahlungsverpflichtungen jederzeit nachkommen zu können.

Finanzierung bezeichnet die Summe der Tätigkeiten, die darauf gerichtet sind, die Nominalgüterströme im Unternehmen zielgerichtet zu steuern und zu kontrollieren. Da diese Nominalgüterströme zum überwiegenden Teil auf der Passivseite der Bilanz ausgewiesen sind, entsprechen sie dem Kapital des Unternehmens. Im Vordergrund einer Analyse der Finanzlage steht daher die Untersuchung der wertmäßigen Veränderungen der Struktur und der Fristigkeit des Kapitals.

Ertragslage

Unter die Ertragslage sind sämtliche Faktoren zu subsumieren, welche die Erfolgssituation eines Unternehmens direkt oder indirekt bestimmen. Die Ertragslage wird regelmäßig in die Erfolgslage und die Ertragskraft gespalten.

Die Erfolgslage resultiert aus dem in der vergangenen Abrechnungsperiode erwirtschafteten Erfolg. Die Ertragskraft ergibt sich dagegen aus den Aussichten auf eine nachhaltige Erfolgserzielung in der Zukunft. Während die Erfolgslage vergangenheitsorientiert ist, orientiert sich die Ertragskraft also an der Zukunft.

Die Analyse der Erfolgslage fokussiert auf die Untersuchung des Unternehmenserfolgs hinsichtlich Höhe, Quellen und Struktur der ihn konstituierenden Aufwendungen und Erträge. Dadurch werden Aussagen möglich über die Entstehung des Erfolgs, dessen Aufteilung und Nachhaltigkeit.

Erkenntnisse über die Nachhaltigkeit des Erfolgs sollen auch Rückschlüsse auf die Ertragskraft des zu analysierenden Unternehmens erlauben.

Insgesamt geben Bilanzgewinn oder Jahresüberschuss allerdings nur begrenzt Aufschluss über den tatsächlichen Gewinn eines Unternehmens, da sich der Jahresüberschuss durch bilanzpolitische Maßnahmen beeinflussen lässt und der Bilanzgewinn die Zielgröße der Dividendenpolitik darstellt.

Hinzu kommt, dass eine Beurteilung der Erfolgslage erst möglich wird, wenn der erzielte Erfolg in Relation zum eingesetzten Faktorpotenzial betrachtet wird. Eine Rentabilitätsgröße entsteht dementsprechend, wenn der Erfolg zu einem Einsatzfaktor in Beziehung gesetzt wird. Die Wahl des Faktors obliegt dem Bilanzanalytiker in Abhängigkeit von dessen Zielsetzung. Denkbar sind als Bezugsgröße neben Eigen- oder Gesamtkapital auch Umsatz oder Material- bzw. Personalaufwand.

Gesamtlage

Von entscheidender Bedeutung ist es, die einzelnen Analysebereiche der wirtschaftlichen Lage nicht isoliert voneinander zu betrachten. Vielmehr gilt es zu berücksichtigen, dass die Gesamtlage mehr ist als die rein additive Verknüpfung der Teillagen. Vermögens-, Finanz- und Ertragslage greifen teilweise ineinander über und hängen mehr oder weniger stark voneinander ab. In einer Phase starker Investitionstätigkeit wird beispielsweise die Finanzwirtschaft eines Unternehmens stark belastet, was zu einer tendenziell „schlechten" Finanzlage führt. Liquiditätsabflüsse und erhöhte Abschreibung mindern den Jahresüberschuss, so dass auch die Ertragslage in Mitleidenschaft gezogen wird. Eine tendenziell gute Vermögenslage wird in diesem Fall also von einer negativen Finanz- und Ertragslage flankiert.

Inwieweit der skizzierte Kausalzusammenhang zwischen den Teillagen auch eine Kompensation bewirken kann, muss der Bilanzanalytiker durch Einbezug weiterer Informationen zu klären bzw. zu deuten versuchen.

2.2.6.4 Grenzen der Bilanzanalyse

Aufgrund der Formulierung in § 264 Abs. 2 Satz 1 HGB könnte der Schluss naheliegen, dass ein Adressat aus Jahresabschluss und Lagebericht unmittelbar auf die wirtschaftliche Lage eines Unternehmens schließen kann. Dies ist allerdings aus verschiedenen Gründen nicht möglich. Zunächst enthält der Jahresabschluss nicht alle Sachverhalte, welche die wirtschaftliche Lage bestimmen. Hinzu kommt, dass er vergangenheitsorientiert und stichtagsbezogen ist, so dass sich weitere Einschränkungen hinsichtlich der Aussagekraft ergeben. Weiterhin verzerrt insbesondere die Ausübung von Bilanzierungs- und Bewertungswahlrechten die Darstellung der tatsächlichen wirtschaftlichen Lage eines Unternehmens im Jahresabschluss. Vor diesem Hintergrund muss es zunächst Aufgabe des Bilanzanalytikers sein, die Richtung der Bilanzpolitik zu erkennen. Probleme ergeben sich allerdings im Bereich der verdeckten Bilanzpolitik eines Unternehmens. Diese kann in Form von Sachverhaltsgestaltungen betrieben werden und ist für einen externen Analytiker nicht zu erkennen.

2.2.6.5 Instrumente der Bilanzanalyse

Aufbereitungsinstrumente

Durch eine gezielte Aufbereitung und Auswertung der gesammelten Daten und Fakten unterschiedlicher Herkunft sollen auch die latent vorhandenen Informationen über ein Unternehmen aktiviert werden. Die Erfüllung dieser Aufgabe obliegt dem bilanzanalytischen Instrumentarium. Aufbauend auf der gewonnenen Datenbasis soll anschließend eine Beurteilung der wirtschaftlichen Lage möglich werden.

Einen Überblick über die Aufbereitungsinstrumente der Bilanzanalyse gibt die folgende **Abbildung 133**.

Bezeichnung		Maßnahme
Umgliede-rung	Umgruppierung	Bestehender Posten wird einem anderen bereits bestehenden Posten der gleichen Bilanzseite zugeordnet.
	Neubildung	Bestehender Posten wird einer neu zu schaffenden Bilanzkategorie der gleichen Bilanzseite zugeordnet.
	Aufspaltung	Bestehender Posten wird mehr als einer Abschlusskategorie der gleichen Bilanzseite zugeordnet.
	Saldierung	Bestehender Posten wird mit einer Abschlusskategorie der anderen Bilanzseite ganz oder teilweise verrechnet.
Umbewertung		Einzelne Posten erhalten andere Wertansätze.

Abb. 133: Aufbereitungsinstrumente der Bilanzanalyse

Auswertungsinstrumente

Durch geeignete Auswertungsinstrumente wird die Basis für die eigentliche Beurteilung der wirtschaftlichen Lage des Analyseobjekts geschaffen. **Abbildung 134** fasst die zentralen Instrumente hierfür zusammen.

Eine besondere Bedeutung im Rahmen der Bilanzanalyse ist den Kennzahlen beizumessen, wobei der bilanzanalytischen Literatur zahlreiche Kennzahlendefinitionen entnommen werden können. Grundsätzlich ist eine Differenzierung in absolute (Bilanzsumme, Umsatzerlöse usw.) und relative Kennzahlen (z. B. Eigen- oder Gesamtkapitalrentabilität) möglich.

Kennzahlen stellen einen bestimmten betrieblichen Sachverhalt zahlenmäßig dar. Sie können also nur das abbilden, was sich messen und quantifizieren lässt. Aufgabe von Kennzahlen ist es, in konzentrierter Form über einen Sachverhalt zu informieren. Die dazu zwangsläufig erforderliche Informationsreduktion ist einerseits gewünscht, birgt aber andererseits auch Risiken. Folglich ist ein Kompromiss zwischen erforderlicher Reduktion und ausreichender Aussagekraft anzustreben.

Bezeichnung	Maßnahme
Positionenanalyse	Analyse einzelner Bilanz- oder GuV-Posten
Positionengruppen-analyse	Auswertung mehrerer zusammengehöriger Positionen, die als Teil des Ganzen gesehen werden
Relationenanalyse	Positionen oder Positionengruppen werden zueinander in Beziehung gesetzt
Rechnungs-umformungsanalyse	Alle oder ein Teil der Positionen werden zu Rechnungen anderer Art zusammengefasst

Abb. 134: Auswertungsinstrumente der Bilanzanalyse

Kennzahlen sollen für betriebliche Zwecke eingesetzt werden. Daraus ergibt sich, dass unter die betrieblichen Kennzahlen auch solche zu subsumieren sind, die marktliche Gegebenheiten abbilden, sofern diese für den Betrieb relevant sind.

Vergleichsinstrumente

Ohne adäquate Vergleichstatbestände ist die Beurteilung der durch Aufbereitung und Auswertung ermittelten Sachverhalte nicht möglich. Folglich sind die Vergleichsinstrumente notwendiger Bestandteil des bilanzanalytischen Instrumentariums.

Es lassen sich drei Grundtypen von Vergleichsinstrumenten unterscheiden, der Zeitvergleich, der Objektvergleich und der Planvergleich.

Zeitvergleich

Durch einen Zeitvergleich wird ein Sachverhalt mit demjenigen früherer Perioden verglichen. Auf diese Weise lassen sich Entwicklungen und Entwicklungstempo erkennen. Ein Zeitvergleich kann als Zeitpunkt- oder als Zeitraumvergleich durchgeführt werden.

Objektvergleich

Im Rahmen des Objektvergleichs werden zwei Sachverhalte hinsichtlich ihrer Gemeinsamkeiten und ihrer Unterschiede miteinander verglichen. Anhand des Grades der Abweichung wird anschließend der zu analysierende Sachverhalt beurteilt. Typische Beispiele für den Objektvergleich sind Betriebs- und Branchenvergleiche. Allerdings lassen sich anstelle realwirtschaftlicher Sachverhalte auch Modelltypen als Vergleichsobjekte heranziehen. Zu den bekanntesten Bilanz- und Finanzierungsregeln gehören die vertikale Kapitalstrukturregel und die horizontale Kapital- und Vermögensstrukturregel.

Nach der vertikalen Kapitalstrukturregel soll das Verhältnis von Eigenkapital zu Fremdkapital einen bestimmten Wert nicht unterschreiten. In der Konstruktion entspricht die vertikale Kapitalstrukturregel dem bilanziellen Verschuldungsgrad als Verhältnis von Fremd- zu Eigenkapital.

Die sog. „goldene Finanzierungsregel" sieht vor, dass sich Kapital und Vermögen in ihrer Fristigkeit entsprechen sollen. Auf diese Weise soll unter Beachtung der Rückzahlungsverpflichtung die jederzeitige Zahlungsbereitschaft des Unternehmens und dessen Liquidität gesichert werden.

Die „goldene Bilanzierungsregel" besagt schließlich, dass das Anlagevermögen langfristig finanziert werden soll. Gemäß dem Grundsatz der Fristentsprechung soll das langfristig gebundene Vermögen mit langfristig zur Verfügung stehendem Kapital finanziert werden.

Wenngleich die skizzierten Regeln in der Theorie schon länger umstritten sind, erfreuen sie sich in der praktischen Anwendung nach wie vor großer Beliebtheit.

Planvergleich

Im Rahmen eines Planvergleichs werden die am Anfang einer Periode ermittelten Werte als Vergleichsgröße für die am Ende der Periode tatsächlich erreichten Werte herangezogen.

Durch den Planvergleich lassen sich aussagefähigere Ergebnisse erreichen als durch einen Zeit- oder Objektvergleich. Der Vorteil ist insbesondere auch darin zu sehen, dass eine simultane Überwachung der Prozesse und darauf aufbauend ein steuernder Eingriff möglich wird. Der Vergleich bezieht sich somit nicht ausschließlich auf die ex post-Beurteilung abgeschlossener Sachverhalte.

2.2.6.6 Multivariate Diskriminanzanalyse als neuerer Ansatz der Bilanzanalyse

Ziel einer Diskriminanzanalyse ist es, Krisenanzeichen möglichst frühzeitig zu erkennen und auf diese Weise eine Abgrenzung „gescheiterter" und „gesunder" Unternehmen zu ermöglichen.

Die Wurzeln der Diskriminanzanalyse reichen weit zurück. Bereits 1935 wurden erste empirische Untersuchungen zum Thema Insolvenzprognose durchgeführt. Dabei sollten signifikante Abweichungen ermittelt werden, die als Grundlage zur Entwicklung von Frühwarnindikatoren dienen.

Der erste streng wissenschaftliche Ansatz zur Prognose von Unternehmensinsolvenzen anhand von Kennzahlen stammt aus dem Jahr 1966 und geht auf Beaver zurück. Dieser Ansatz wird als univariate Diskriminanzanalyse bezeichnet. Aufgrund unterschiedlicher Schwachpunkte der univariaten Diskriminanzanalyse, in erster Linie ist hier auf die Beschränkung auf einzelne Kennzahlen hinzuweisen, hat sich im Laufe der Zeit die multivariate Diskriminanzanalyse etabliert. Ziel der multivariaten Diskriminanzanalyse ist es, unterschiedliche Kennzahlen zu einer Gesamtbeurteilung zusammenzufassen.

Die Intention der multivariaten Diskriminanzanalyse besteht darin, eine gewichtete Funktion mehrerer Kennzahlen zu ermitteln, welche die bestmögliche Trennung zwischen solventen und insolventen Unternehmen gewährleistet. Die Kennzahlen werden im Rahmen dieser Diskriminanzfunktion additiv zu einer Gesamtkennzahl (Z) zusammengefasst. Der „Z-Wert" eines Unternehmens stellt eine Art Gesamtnote dar, welche die Insolvenzgefahr des betreffenden Unternehmens ausdrückt. Dementsprechend ist die beste Diskriminanzfunktion diejenige, für die sich die Z-Werte „kranker" Unternehmen am meisten von denen der „gesunden" Unternehmen unterscheiden und die daher die eindeutigste Klassifikation der Unternehmen anhand eines zuvor bestimmten Z-Trennwertes zulässt.

Die allgemeine Form einer linearen Diskriminanzfunktion lautet:

$$Z = -a_0 + a_1 * x_1 + a_2 * x_2 + \ldots + a_n * x_n$$

Mit:

a_0 = absolutes Glied

a_i = Gewichtungsfaktoren (i = 1 bis n)

x_i = Einzelkennzahlen (i = 1 bis n)

n = Zahl der einbezogenen Kennzahlen

2.2.6.7 Analyse und Beurteilung der Teillagen - Überblick

Analyse und Beurteilung der Vermögenslage

Um die Aktivseite einer Bilanz zu analysieren, sind in erster Linie die Kennzahlen der Anlagen- und der Umlaufintensität geeignet. Diese ergeben sich aus dem Verhältnis von Anlage- bzw. Umlaufvermögen zum Gesamtvermögen. In diesem Fall spricht man auch von einer Analyse der Vermögensintensität bzw. der Struktur des Vermögens.

Zur Analyse der Investitions- und der Abschreibungspolitik eines Unternehmens bieten sich die Investitionsquote oder der Abnutzungsgrad der Anlagen an. Schließlich ist die Analyse der sog. Umsatzrelationen von Interesse. Aus der Umschlagshäufigkeit des Anlagevermögens und der Umschlagsdauer des Vorratsvermögens lassen sich ebenfalls Rückschlüsse auf die Vermögenslage des zu analysierenden Unternehmens ziehen.

Analyse und Beurteilung der Finanzlage

Die Analyse der Finanzierung erfolgt zunächst durch die Kennzahlen der Eigen- und der Fremdkapitalquote, die sich aus dem Verhältnis von Eigen- bzw. Fremdkapital zum Gesamtkapital ergeben. Daraus lassen sich erste Anhaltspunkte über die Verfassung und strukturelle Veränderung der Passivseite der Bilanz eines Unternehmens gewinnen. Durch eine Division lassen sich die beiden Kennzahlen in den Verschuldungsgrad überführen, der als Verhältnis von Fremdkapital zu Eigenkapital die Aussagekraft beider Größen in sich vereint.

Zur Analyse der bestandsorientierten Liquidität bieten sich Deckungs- und Liquiditätsgrade an. Diese beschreiben das Verhältnis korrespondierender Positionen der Aktiv- und der Passivseite der Bilanz.

Um die Herkunft und die Verwendung der liquiden Mittel in vergangenen Perioden zu analysieren, sind der Cash Flow als Kennzahl sowie die Kapitalflussrechnung geeignet. Die Analyse des Cash Flows basiert auf reinem Zahlungsdenken. Aufbauend auf der Gewinn- und Verlustrechnung werden die darin enthaltenen Aufwendungen und Erträge um alle zahlungsunwirksamen Bewegungen bereinigt. So erhält man eine Saldogröße, die zumindest näherungsweise den tatsächlichen liquiden Zu- oder Abfluss anzeigt. Darüber hinaus erhält man eine von bilanzpolitischen Maßnahmen weitgehend unberührte Größe, da insbesondere die buchmäßigen Vermögensänderungen, wie Abschreibungen und Rückstellungen, den größten Spielraum für Bilanzpolitik eröffnen.

Die Kapitalflussrechnung stellt eine Bewegungsrechnung dar, in der für einen bestimmten Zeitraum die Herkunft und die Verwendung verschiedener liquiditätswirksamer Mittel dargestellt werden. Die Kapitalflussrechnung kann insofern als „dritte Jahresrechnung" bezeichnet werden, als sie eine sinnvolle Ergänzung zu Bilanz (Vermögenslage) und Gewinn- und Verlustrechnung (Ertragslage) und ein eigenständiges Instrument zur Analyse der Finanzlage darstellt.

Die Kapitalflussrechnung setzt sich aus drei Bestandteilen zusammen:

Cash Flow aus laufender Geschäftstätigkeit

Cash Flow aus Investitionstätigkeit

Cash Flow aus Finanzierungstätigkeit
_____

= Veränderung des Finanzmittelfonds

Zu den Zielen der Kapitalflussrechnung gehört die Beurteilung der Fähigkeit eines Unternehmens, in Zukunft positive Geldflüsse zu generieren. Ferner soll eine Aussage darüber möglich werden, inwieweit das Unternehmen Verbindlichkeiten bedienen kann und in der Lage ist, Dividenden auszuschütten. Darauf aufbauend kann auch der Bedarf an externen Finanzierungsquellen geschätzt werden.

Analyse und Beurteilung der Ertragslage

Die Analyse der Ertragslage lässt sich in drei Schritte unterteilen. Zur betragsmäßigen Erfolgsanalyse kann auf den Cash Flow zurückgegriffen werden. Kennzahlen wie die Material- bzw. Personalintensität als Verhältnis von Material- bzw. Personalaufwand zu Umsatzerlösen, das Betriebsergebnis, der Finanz- und Verbunderfolg sowie das außerordentliche Ergebnis dienen dagegen der strukturellen Erfolgsanalyse. Zur Analyse der Rentabilität sind die Eigen-, Fremd- und Gesamtkapitalrentabilität sowie die Umsatzrentabilität heranzuziehen.

2.3 Betriebsbuchhaltung

2.3.1 Kostenrechnung (KR)

Der Kostenrechnung obliegt die Erfassung, Gliederung, Analyse und Zurechnung der Kosten auf die betrieblichen Leistungen und die Betriebsteile (Kostenstellen); mit ihrer Hilfe sollen die folgenden Zwecke erreicht werden:

- Preisstellung,
- Betriebskontrolle,
- Schaffung von Unterlagen für die unternehmerischen Dispositionen.

Je nachdem, ob alle mit der betrieblichen Leistungserstellung anfallenden Kostenelemente in die Kostenrechnung einbezogen werden oder nur bestimmte (nur die der Produktion unmittelbar zurechenbaren, meist variablen Kosten, wie z. B. Löhne und Fertigungsmaterial gehen in die eigentliche Rechnung ein, die nicht unmittelbar zurechenbaren, meist fixen Kosten wie z. B. Abschreibungen auf Gebäude u. Ä., werden in einem globalen Block zusammengefasst) Kostenanteile, spricht man von Voll- oder Teilkostenrechnung. Einen Überblick gibt die **Abbildung 135.**

Die grundlegenden Begriffe des Rechnungswesens ergeben vier Begriffspaare, welche die folgende Zusammenstellung in **Abbildung 136** zeigt.

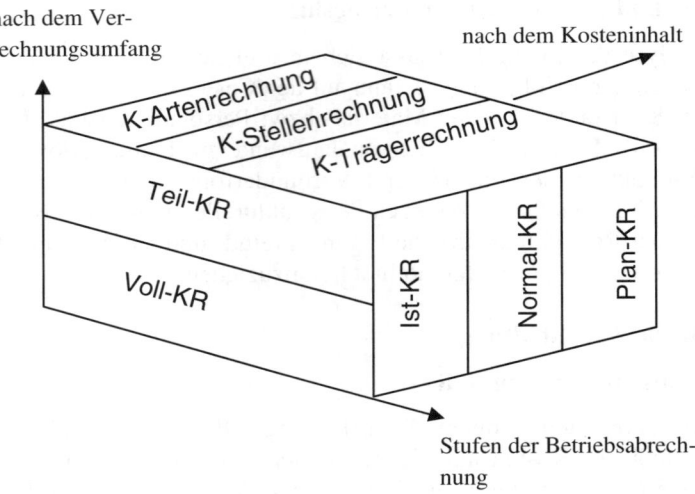

Abb. 135: Systeme der Kostenrechnung

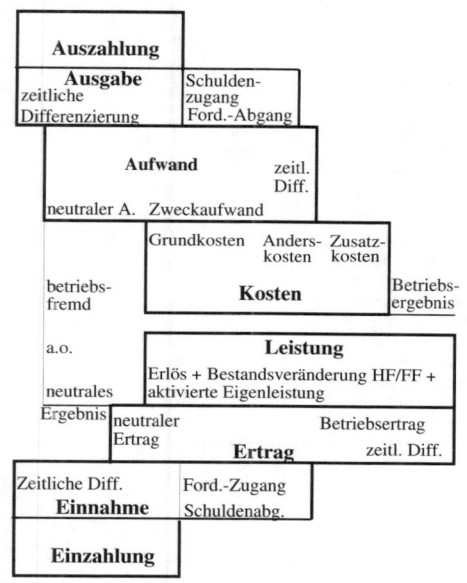

Definitionen

= Abfluss von Geldmitteln
(Bar- und Buchgeld)

= Auszahlungen, Forderungsabgänge, Schuldenzugänge

= Wert aller in der Rechungs-
periode verbrauchten Güter +
Dienstleistungen
(periodisierte Ausgaben)

= Bewerteter Verbrauch v.
Produktionsfaktoren für
Erstellung und Verwertung
der betrieblichen Leistung

= Wert der aus der Erfüllung des
Betriebszweckes resultierenden
Ausbringung der Unternehmung

= Bewertetes Ergebnis während
einer Rechnungsperiode

= Einzahlungen, Forderungszugänge, Schuldenabgänge

= Zufluss von Geldmitteln (Bar-
oder Buchgeld)

Abb. 136: Begriffe der Kosten- und Leistungsrechnung und ihre Verknüpfung

Von grundlegender Bedeutung ist die Abgrenzung zwischen Aufwand, einem Begriff der GuV und somit der Finanzbuchhaltung und Kosten, die in dreifacher Hinsicht vorgenommen werden kann (**Abb. 137**).

Der Begriff des Aufwandes ist nicht leistungsbezogen; er umfasst vielmehr jeden bewerteten Verbrauch einer Periode, unabhängig, ob er mit der Verfolgung des Betriebszweckes angefallen ist oder nicht. So wie es Aufwand gibt, der nicht als Kosten anzusprechen ist, gibt es auch Kosten, die nicht Aufwendungen sind, die sog. kalkulatorischen Kosten. Diese fallen zwar bei der normalen Erfüllung des Betriebszweckes an, tragen aber trotzdem keinen Kostencharakter, da sie aus dem Erfolg zu decken sind (Bussmann 1979, S. 33).

Abb. 137: Abgrenzung zwischen Aufwand und Kosten

Die Kostenrechnung kann auf **Vollkostenbasis** oder auf **Teilkostenbasis** erfolgen; diese Zweige kann man wieder unterteilen in **Istkosten-, Normalkosten-** und **Sollkostenrechnung.** Durch Anwendung von Normalkosten sollen die (oft zufälligen) Schwankungen der Istkosten vermieden und die Kostenrechnung dadurch vereinfacht und beschleunigt werden. Da beide Verfahrensweisen in die Vergangenheit gerichtet sind, können sie u. U. nicht dazu dienen, Unwirtschaftlichkeiten zu erkennen. Aus diesem Grund wurde die Sollkostenrechnung entwickelt. Man unterscheidet wiederum **Standard-** und **Plankostenrechnung.** Die Standardkostenrechnung wendet sich im Allgemeinen nur an den Fertigungsbereich. Das Schwergewicht liegt auf mengenmäßigen Vorgaben. Dagegen wendet sich die Plankostenrechnung an alle Unternehmensbereiche und hat auch wertmäßige Vorgaben zum Ziel. Kostenpläne werden im Rahmen der betrieblichen Gesamtplanung für jede Abteilung aufgestellt. Sowohl die Istkosten- als auch die Normalkosten- und die Sollkostenrechnung kann man aufspalten in Kostenarten-, Kostenstellen- und Kostenträgerrechnung.

2.3.2 Ist-Kostenrechnung (auf Voll-Kostenbasis)

Vergangenheitsbezogenes Kostenrechnungssystem, in dem die tatsächlich angefallenen Kosten verrechnet werden (zufällige Preisschwankungen werden nicht ausgegliedert). Die Erfassung, Verrechnung und Analyse der Kosten unterliegt folgenden Stufen, die im Folgenden näher betrachtet werden (**Abb. 138**).

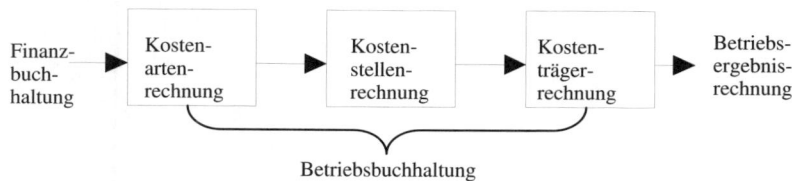

Abb. 138: Stufen der Kostenrechnung

Kostenartenrechnung

- Teilbereich der Kostenrechnung zur mengen- und wertmäßigen Kostenerfassung unter Berücksichtigung zeitlicher und sachlicher Abgrenzungen.

- Kostenarten werden gebildet, indem aus dem Gesamtkostenblock Teile abgespalten werden, die sich durch wenigstens ein Merkmal von allen anderen Kosten eines Betriebes unterscheiden. Eine gängige Gliederungsmöglichkeit dazu zeigt die Übersicht in **Abbildung 139**.

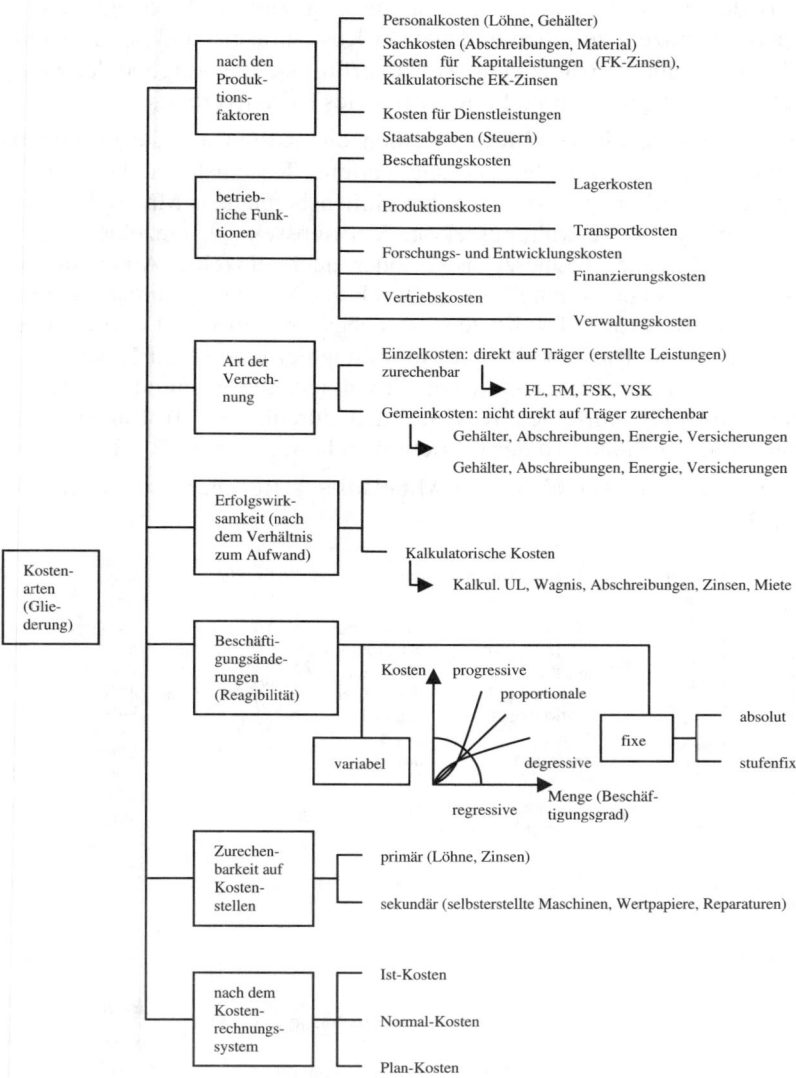

Abb. 139: Gliederung der Kostenrechnung

Die Bedeutung der Kostenartenrechnung zeigt sich in der Möglichkeit, die Kosten einzeln zu sehen und sie den Kostenträgern und den Kostenstellen individuell zuzurechnen. Zudem erfüllt sie die Aufgabe der Kostenüberwachung und damit die Kontrolle des Kostenverlaufs.

Bei der **Kostenstellenrechnung** werden die Kosten auf die einzelnen Kostenstellen in der Unternehmung verteilt. Kostenstellen können je nach Feingliederung ganze Unternehmensbereiche (Materialsektor, Fertigungssektor, Verwaltungssektor, Vertriebssektor), einzelne Abteilungen (Schmiede, Dreherei usw.) oder auch einzelne Arbeitsplätze (sog. „Platzkostenrechnung") sein. Zweck der Kostenstellenrechnung ist einmal die Kontrolle des Kostenverbrauchs der einzelnen Stellen und zum anderen die Kalkulation. Die Aufteilung der Kosten auf Kostenstellen ermöglicht die Kalkulation von Produkten, die während des Fertigungsganges die einzelnen Kostenstellen durchlaufen. Instrument der Kostenstellenrechnung ist der Betriebsabrechnungsbogen (BAB).

Die prinzipiellen Aufgaben und Mittel dieser Rechnung zeigt **Abbildung 140**.

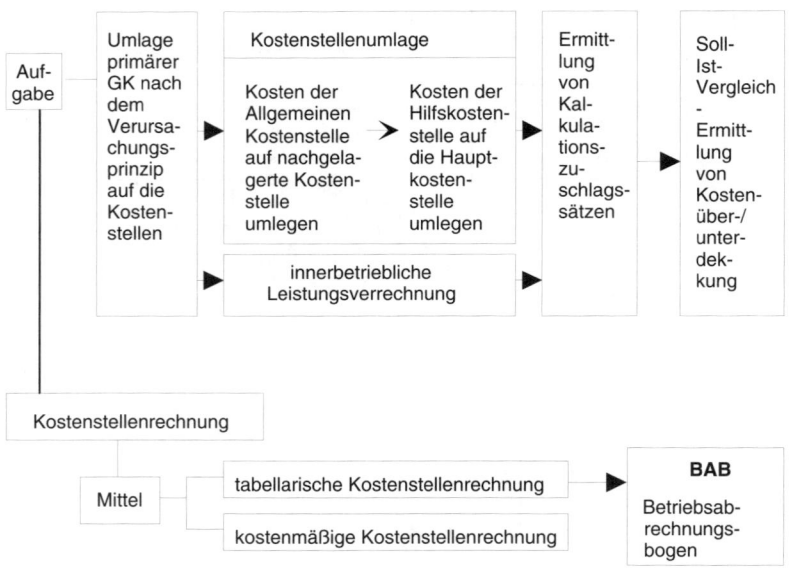

Abb. 140: Aufgaben und Mittel der Kostenstellenrechnung

Kostenstellen werden unterteilt in **Hauptkostenstellen** (hierzu zählen alle Kostenstellen, die unmittelbar an der Erstellung der betrieblichen Leistung beteiligt sind) und **Hilfskostenstellen** (nur mittelbar an der Hauptleistungserstellung beteiligte Kostenstellen). Der Grad der Kostenstellendifferenzierung, die Identität zwischen Kostenstelle und Verantwortungsbereich sowie eine eindeutige Beziehung zwischen anfallenden Kosten und erstellter Leistung bestimmen grundlegend die Qualität, Genauigkeit und Aussagefähigkeit einer Kostenstellenrechnung. Einige Beispiele für Kostenstellen zeigt **Abbildung 141**.

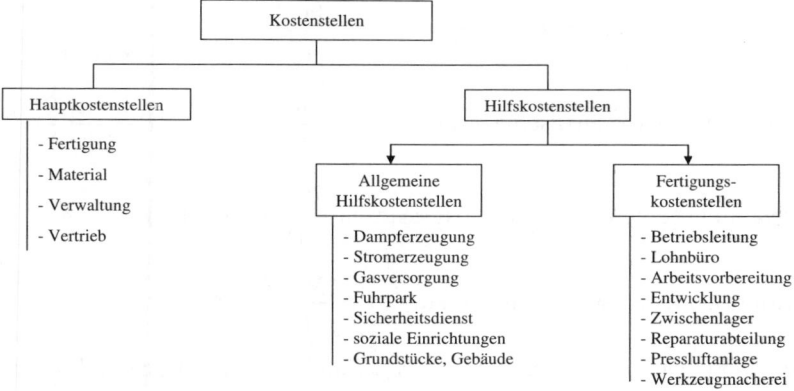

Abb. 141: Einteilung der Kostenstellen

Wegen seiner Bedeutung im betrieblichen Rechnungswesen soll der **Arbeitsgang im BAB** hier beispielhaft gezeigt werden:

1. Zunächst werden die primären Gemeinkostenarten mit Hilfe von Schlüsseln, die nach Möglichkeit dem Prinzip der Kostenverursachung Rechnung tragen sollen, auf die Kostenstellen verteilt (vgl. Zeile 4-14 im BAB in Abbildung 142).

2. Die ermittelten Gemeinkosten der allgemeinen Kostenstellen werden auf die folgenden Stellen umgelegt (vgl. Zeile 15-17 im BAB).

3. Ebenso werden die Gemeinkosten der Hilfskostenstellen auf die dazugehörigen Hauptkostenstellen umgelegt (vgl. Zeile 18). Zeile 19 enthält die gesamten Gemeinkosten je Stelle.

4. Man errechnet nun die Gemeinkostenzuschläge (Zeile 20).

Es werden folgende Abkürzungen verwendet;

FL   =   Fertigungslohn
FM   =   Fertigungsmaterial
HK   =   Herstellkosten
FGK   =   Fertigungsgemeinkosten
MGK   =   Materialgemeinkosten
VtGK =   Vertriebsgemeinkosten
VwGK =   Verwaltungsgemeinkosten

$$\text{Fertigungsgemeinkostenzuschlagssatz} = \frac{FGK}{FL} \cdot 100 \ [\%] \qquad \frac{\text{Zeile 19}}{\text{Zeile 1}}$$

$$\text{Materialgemeinkostenzuschlagssatz} = \frac{MGK}{FL} \cdot 100 \ [\%] \qquad \frac{\text{Zeile 19}}{\text{Zeile 2}}$$

$$\text{Verwaltungsgemeinkostenzuschlagssatz} = \frac{VwGK}{HK} \cdot 100 \ [\%]$$

$$\text{Vertriebsgemeinkostenzuschlagssatz} = \frac{VtGK}{HK} \cdot 100 \ [\%]$$

(Verwaltungsgemeinkosten [VwGK] und Vertriebsgemeinkosten [VtGK] in Zeile 19)

Die Herstellkosten berechnen sich aus den Einzelkosten, Fertigungslohn und Fertigungsmaterial zuzüglich der dazugehörigen Gemeinkosten:

HK   =   FL   + FM   + FGK   + MGK

22395 =   4500 + 12000 + (2750 + 2399) + 746

Die **Kostenträgerrechnung** (Kalkulation) dient der Verteilung der Kosten auf die Betriebsleistung. Sie hat die Aufgabe, die Herstell- und Selbstkosten, die bei der Erstellung von absatzfähigen oder innerbetrieblichen Leistungen (Kostenträger) entstanden sind, auf die Leistungseinheiten zu verrechnen. Es wird die Frage beantwortet, wofür die Kosten entstanden sind. Man unterscheidet verschiedene Verfahren (**Abbildung 143**):

Kostenarten	Zahlen aus der Buchhaltung	Verteilungsgrundlage (Schlüssel)	Allg. KST Wasserversorgung	Kraftzentrale	Fertigungs Hilfs-KST Arbeitsvorbereitung	Fertigungs-stellen I	Fertigungs-stellen II	Material	Verwaltung	Vertrieb
1. Fertigungslohn	4500	direkt				2200	2300			
2. Fertigungsmaterial	12000	direkt						12000		
3. Einzelkosten (1+2)	16500									
4. Hilfslöhne	3700	Zeitlohnscheine	110	70	60	1200	1150	410	200	500
5. Gehälter	2740	Gehaltsliste	6	6	148	400	250	90	820	1020
6. Soziale Leistungen	1610	25% d. Hilfslöhne & Gehälter	29	19	52	400	350	125	255	380
7. Werkzeugkosten	30	Entnahmeschein	-	4	-	10	16	-	-	-
8. Büromaterial	930	Entnahmeschein	5	-	140	145	100	35	255	250
9. Werbung	1550	nur Vertrieb	-	-	-	-	-	-	-	1550
10. Versicherungen	147	direkt oder nach Versicherungssumme	6	8	5	40	35	20	15	18
11. Kalk. Abschreibungen	294	% des Anlagewertes	10	8	15	100	84	40	20	17
12. Kalk. Unternehmerlohn	126	nach Tätikeit des Unternehmers	-	-	5	25	20	6	40	30
13. Kalk. Wagnisse	93	nach Erfahrung	3	2	2	30	30	11	5	10
14. Sonstige	80	-	6	8	3	35	15	3	10	-
15. prim. GK (Summe 4-14)	11300		175	125	430	2385	2050	740	1620	3775
16. Umlage Wasserservers		Entnahmestelle		25	3	77	60	5	5	-
17. Umlage Kraftzentr.		Instal. Leistung			1	73	70	1	3	2
18. Umlage Arbeitsvorber.		Lohn				215	219			
19. GK	11300					2750	2399	746	1628	3777
20. GK-Zuschlagssätze						125,0%	104,3%	6,22%	7,27%	16,87%

Abb. 142: Betriebsabrechnungsbogen (BAB)

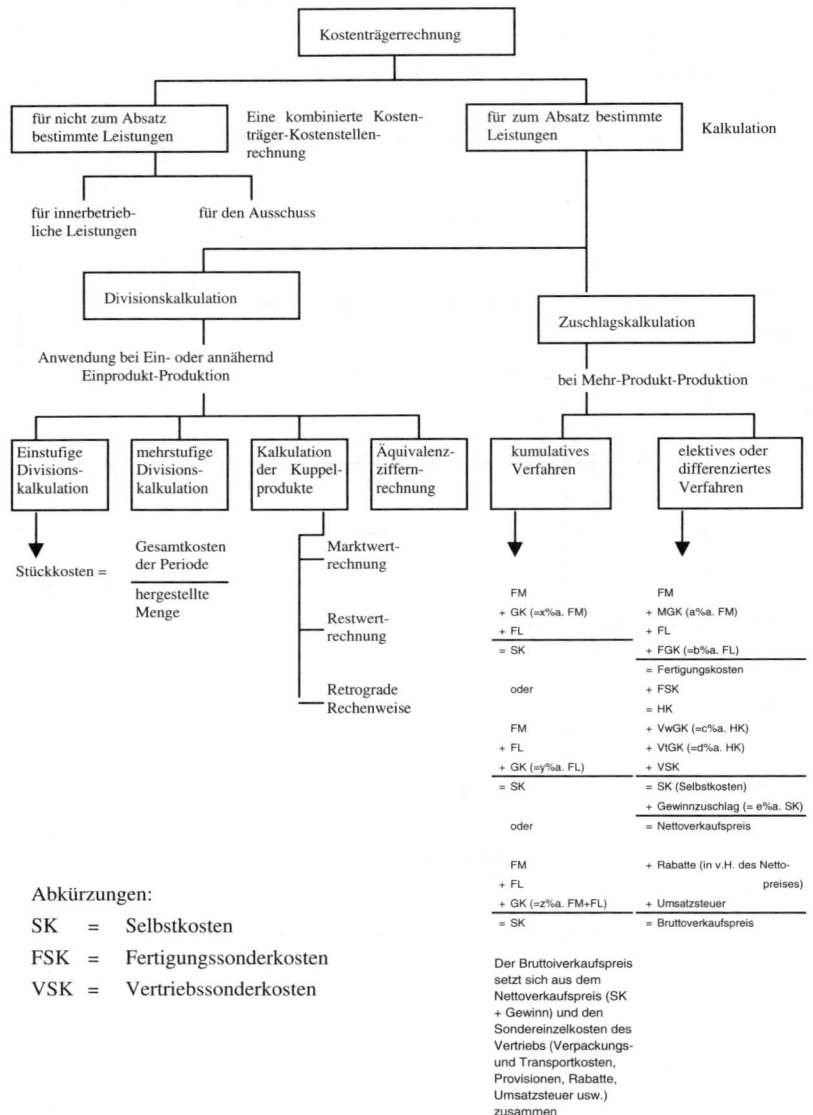

Abb. 143: Verfahren der Kostenträgerrechnung (Kalkulation)

- **Zuschlagskalkulation:** Bei ihr geht man von den direkt zurechenbaren Einzelkosten (z. B. Fertigungslöhnen) aus und addiert zu ihnen die übrigen Kosten in Form von Zuschlagssätzen hinzu. Die Zuschlagssätze beruhen auf den Erfahrungen der Vergangenheit. Sie sind mit Hilfe des BAB vergangener Perioden ermittelt worden (vgl. das Schema in Abb. 2.3.9).
- Die **Divisionskalkulation** geht von einer weitgehenden Einheitlichkeit der Produkte aus. Die Gesamtheit der Kosten einer Periode wird durch die Ausbringungsmenge oder, wenn die Kosten stellenweise erfasst werden, durch die Summe der die Produktionsstelle durchlaufenden Leistungseinheiten dividiert, und ergibt auf diese Art die Selbstkosten der Leistungseinheit.

Das Verfahren ist in verschiedener Hinsicht erweitert worden (mehrstufige Verfahren, Äquivalenzziffernmethode). Besondere Probleme ergeben sich bei der Kalkulation von zwangsläufig zusammen anfallenden Produkten, wie z. B. Koks und Teer bei der Erzeugung von Stadtgas aus Kohle (Kuppelprodukte). Die Kosten des Produktionsverfahrens werden dabei entweder im Verhältnis der erzielbaren Marktpreise auf die Produkte kalkuliert („Marktwertmethode") oder der Erlös für das eine Produkt als Kostenminderung für das andere Produkt angesehen („Restwertmethode").

2.3.3 Teilkostenrechnung

Kostenrechnungssystem, bei dem nicht alle Kosten den Kostenstellen und Kostenträgern zugerechnet werden, die mit der betrieblichen Leistungserstellung anfallen, sondern nur ein Teil davon. So wird eine andere Preisuntergrenze festgesetzt. Auf jeden Fall werden die variablen Kosten erfasst und verrechnet. **Abbildung 144** zeigt die Einteilung der Teilkostenrechnung.

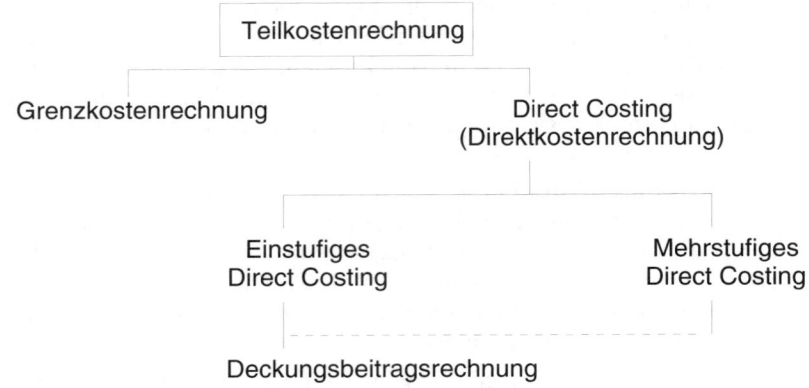

Abb. 144: Einteilung der Teilkostenrechnung

Die Grenzkostenüberlegungen bauen auf einer beliebigen Teilbarkeit der Produktionsfaktoren auf. Die Grenzkosten stellen den Differenzquotienten aus zusätzlichen Kosten zu zusätzlicher Produktionseinheit und die Grenzkostenkurve die 1. Ableitung der Gesamtkostenkurve dar.

Die Grenzkosten als Kostenzuwachs pro Ausbringungseinheit stellen das Steigerungsmaß der Gesamtkosten in Abhängigkeit von der Ausbringung dar. Da die Gesamtkosten sich nur in ihrem variablen Teil ändern können, sind die Grenzkosten zugleich das Steigerungsmaß der variablen Kosten.

Das **Direct Costing** betrachtet die Kosten, die sich in einer Periode direkt mit dem Produktionsumfang (Beschäftigungsgrad) innerhalb bestimmter Beschäftigungsgrenzen ändern und einem Kostenträger direkt zurechenbar sind. Direkte Kosten besitzen Einzelkostencharakter.

Die **Deckungsbeitragsrechnung**, als ein Verfahren der Erfolgsrechnung und -kontrolle, verringert die nach Produktarten gegliederten Erlöse eines Abrechnungszeitraumes um die zugehörigen variablen Kosten. Die Deckungsbeitragsrechnung bedient sich der „Direct Costs", die aber nicht mit den „Deckungsbeiträgen" gleichzusetzen sind. Bei der Erfolgsrechnung stellt man die Umsatzerlöse und Grenzkosten (= variablen Stückkosten) gegenüber.

Die **Ist-Kostenrechnung zu Teilkosten** kann in zwei Varianten erfolgen.

Die **einstufige Deckungsbeitragsrechnung** (DBR) ermittelt den Nettoerfolg der Periode nach folgender Formel,

$$NE_p = \sum_{i=1}^{n} x_i(p_i - v_i) - F = \sum_{i=1}^{n} x_i d_i - F$$

wobei:

n = abgesetzte Produktarten

x_i = abgesetzte Produktmenge des Produktes i

p_i = Preis des Produktes i

v_i = variable Kosten des Produktes i

F = Block der Fixkosten

d = stückbezogener Deckungsbeitrag

Die **mehrstufige Deckungsbeitragsrechnung** will durch eine stufenweise Fixkostendeckung aus dem globalen Deckungsbeitrag eines Kostenträgers zuerst die diesem zuzurechnenden fixen Kosten decken, bevor er zur Fixkosten-Deckung der nächst höheren Stufe beitragen soll. Die Deckungbeiträge aller Erzeugnisarten stellen den Betriebserfolg vor Fixkostendeckung dar. Das schrittweise Vorgehen (**Abbildung 145**) führt im letzten Rechenschritt zum Nettoerfolg.

Unter den Systemen der **Plankostenrechnung zu Teilkosten** (PKR) hat insbesondere die Grenzplankostenrechnung Bedeutung erlangt. Die Grenzplankostenrechnung ist eine flexible PKR. Es findet eine strenge Trennung zwischen fixen und variablen (proportionalen) Kosten statt, wobei nur die proportionalen Kosten in der Kostenstellenrechnung Berücksichtigung finden. Als Kenngröße hierfür wird der Variator benutzt, der folgendermaßen definiert wird:

$$\frac{\text{proportionale Kosten}}{\text{Gesamtkosten}} = \text{Variator}$$

Der Variator kann Werte von 0 bis 1 annehmen und gilt exakt nur für einen Wert der Bezugsgröße, auf die die jeweilige Kostenart bezogen wird.

	Bereich I			Bereich II			
	Kostenstelle I			Kosten-stelle II		Kosten-stelle III	
	Erzeugnis-gruppe I		Erzeugnis-gruppe II	Erzeugnis-gruppe III		Erzeugnis-gruppe IV	
Erzeugnisart	A	B	C	D	E	F	G
Verkaufserlös	X	X	X	X	X	X	X
./. variable Kosten der abgesetzten Produkte	X	X	X	X	X	X	X
= Erzeugnisdeckungsbeitrag	X	X	X	X	X	X	X
./. Erzeugnisfixkosten	X	X	X	-	X	X	X
= Restdeckungsbeitrag I	X	X	X	X	X	X	X
./. Erzeugnisgruppenfixkosten	X			X		X	
= Restdeckungsbeitrag II	X		X	X		X	
./. Kostenstellenfixkosten			X	X		X	
= Restdeckungsbeitrag III			X	X		X	
./. Bereichsfixkosten			X		X		
= Restdeckungsbeitrag IV			X			X	
./. Unternehmensfixkosten				X			
= Nettoerfolg				X			

Abb. 145: Schema der mehrstufigen Deckungsbeitragsrechnung

2.3.4 Kurzfristige Erfolgsrechnung (KER)

Die kurzfristige Erfolgsrechnung will den Erfolg wirtschaftlichen Handelns nachrechnend feststellen – einen positiven Erfolg als Gewinn, einen negativen als Verlust. In der Regel wird die monatliche Rechnung vorgeschlagen und praktiziert. Es können aber auch andere Abrechnungszeiträume für die KER sinnvoll sein.

Das Schwergewicht der KER besteht in der Ermittlung des periodengerechten Betriebserfolges der Unternehmung. Das bedeutet, dass vom Periodengesamterfolg alle neutralen Vorgänge abgesondert werden müssen. Die Aufgabe der KER darf nun nicht allein in der Ermittlung des Betriebserfolges als globaler Größe gesehen werden. Es muss vielmehr die Erfolgsanalyse und -kontrolle hinzutreten. Die Analyse und Kontrolle bedeutet dabei im Prinzip:

- Die Zerlegung der Differenzgröße Erfolg in ihre Bestandteile Kosten und bewertete Leistungen (Betriebsertrag),
- die weitere Untergliederung dieser Teilgrößen (z. B. in Kostenarten und Erträge der einzelnen Kostenträgergruppen oder Kostenträger)
- das Inbeziehungsetzen von Erfolg und Kostenträgern,
- das Inbeziehungsetzen von Erfolg und Kostenstellen,
- die Erfolgskontrolle als Vergleich des Erfolges der abzurechnenden Periode mit
  - den Zahlen vergangener gleichlanger und auch sonst vergleichbarer Zeitabschnitte (zwischenzeitlicher Vergleich),
  - Planzahlen der abzurechnenden Periode (Soll/Ist-Vergleich),
  - den Zahlen anderer Unternehmungen (zwischenbetrieblicher Vergleich).

Eine so zu verstehende und ausgebaute KER ist ein wichtiges Führungsinstrument der Unternehmungsleitung. Sie kann die betriebliche Entscheidungsvorbereitung in wesentlichen Teilen erheblich unterstützen (Preisentscheidungen, Beschäftigungsplanungen, Fertigungsprogramme, Zusammensetzung von Verkaufssortimenten etc.) und ist in den ständigen Kreislauf der Preisentscheidung, Realisierung und Kontrolle einbezogen.

Die KER kann nach dem Gesamtkostenverfahren oder nach dem Umsatzkostenverfahren (vgl. dazu die Gliederung der GuV nach HGB) durchgeführt werden (**Abb. 146**).

Beide Verfahren können sowohl auf Voll- wie auch auf Teilkostenbasis angewendet werden. Dabei ist zu berücksichtigen, dass sich ein unterschiedlicher Gewinn ergeben kann, wenn nicht die gesamte erstellte Leistung abgesetzt wurde. In der Praxis findet sich auf Vollkostenbasis nur das Gesamtkostenverfahren, während die KER auf Teilkostenbasis je nach dem angestrebten Rechnungszweck, ähnlich der bereits vorgestellten Deckungsbeitragsrechnung, einstufig oder mehrstufig durchgeführt werden kann.

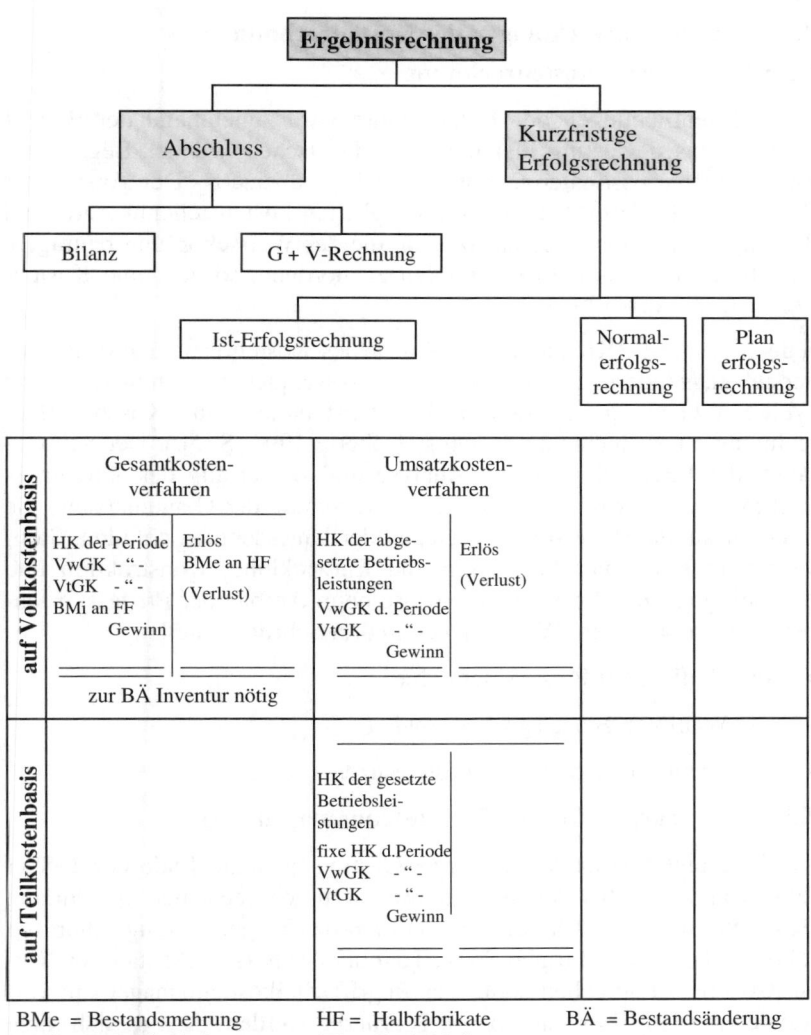

BMe = Bestandsmehrung   HF = Halbfabrikate   BÄ = Bestandsänderung
BMi = Bestandsminderung   FF = Fertigfabrikate

Abb. 146: Kurzfristige Erfolgsrechnung

2.3.5 Neuere Entwicklungen der Kostenrechnung

2.3.5.1   Prozesskostenrechnung

In Veröffentlichungen der 1970er Jahre wird zunehmend der Begriff Activity-Based Costing diskutiert. Ins Deutsche wird der Begriff zumeist als **Prozesskostenrechnung** (PRKR) übersetzt. Der Ansatz der PRKR besteht darin, anhand von Tätigkeiten kostenstellenübergreifend diejenigen Prozesse zu identifizieren, die zur Wertschöpfung beitragen, und diesen Prozessen Bezugsgrößen zuzuordnen, so genannte Kostentreiber („cost-driver").

Jedoch ist die PRKR nicht als völlig neues Kostenrechnungssystem zu verstehen, sondern als eine besonders konsequente Verfeinerung und Weiterentwicklung der traditionellen Kostenarten- und Kostenstellenrechnung eines Rechnungssystems (Köberle 1994, S. 50). Der Schwerpunkt der PRKR liegt in der Analyse und Bewertung der abteilungsübergreifenden Prozesse sowie der Verrechnung der Gemeinkosten, die in den sekundären Leistungsbereichen der Unternehmen anfallen. Stellvertretend seien hier Forschung und Entwicklung, Konstruktion und Logistik genannt. Die Vorgehensweise beim Aufbau der Prozesskostenrechnung lässt sich im Wesentlichen in drei Schritte einteilen:

*   den Aufbau der Prozesshierarchie,

*   die Wahl von Bezugsgrößen sowie

*   die Ermittlung der Prozesskostensätze.

2.3.5.2   Target Costing (Zielkostenmanagement)

Die Idee und Methodik des Target Costing gelangte Ende der 1980er Jahre von Japan über den amerikanischen in den deutschen Sprachraum (Horváth 2003, S. 540). Anwendung fand das Target Costing schon seit Jahren z. B. bei den Firmen Sony, Toyota oder Nissan. Anstatt von Target Costing zu sprechen sollte der Begriff Zielkostenmanagement verwendet werden. Dies kann damit begründet werden, dass es sich nicht um ein Kostenrechnungsverfahren, sondern vielmehr um einen umfassenden Kostenplanungs-, Steuerungs- und Kontrollprozess handelt, der in den Gesamtprozess der Produktentstehung eingebettet ist.

Grundidee des Zielkostenmanagements:

* über die Konzentration auf die Gestaltung und Herstellung der einzelnen Produkte das ganze Unternehmen auf den Markt auszurichten und

* Produktrentabilitäten auch bei steigender Wettbewerbsintensität zu erhalten bzw. zu steigern.

Von Bedeutung für das Verständnis und die Umsetzung des Zielkostenmanagements ist es, dass der Ansatz sich nicht auf das alleinige Setzen von Kostenzielen beschränkt, sondern das gesamte Unternehmen und dessen Beziehung zur Umwelt in die Betrachtung einbezieht (Horváth 2003, S. 539 f).

2.4 Umweltorientierte Verfahren im Rechnungswesen

Die Merkmale einer strategisch ökologisch orientierten Unternehmensführung zeigen sich im Allgemeinen durch den Übergang von einem periodischen zu einem kontinuierlichen Planungs- und Dokumentationssystem unter Beachtung aller relevanten Daten. Im Besonderen bedeutet dies, dass bislang rein gewinnorientierte Unternehmen, die auf Kostendeckung sowie langfristige und nachhaltige Erzielung von Gewinnen fixiert waren (Aufwands-Ertrags-Rechnung), ihr rechnungstechnisches Konzept zu erweitern haben, um auch gesellschaftsbezogene und ökologische Aspekte miteinbeziehen zu können.

Auf Unternehmensebene spielt sich die Erfassung aller relevanten Kosten im Bereich des Betrieblichen Rechnungswesens ab. Dieses vernachlässigt sämtliche externe Kosten (Kosten, die der Gesellschaft (Allgemeinheit) entstehen, ohne dass sie einzelwirtschaftlich als Kosten auftauchen). Für ein ökologisches Rechnen ist demzufolge die bisherige Reduktion bei der Erfassung innerbetrieblicher Information eben um diese externen Effekte zu erweitern. Interne und externe Informationen sind also zu erfassen, zu speichern und in die für die Entscheidungsträger verwertbaren Daten zu verwandeln. Eine Erweiterung dieses Rechnungswesen um bisher nicht erfasste umweltverbrauchende Größen („freie Güter"), also eine entsprechende Buchhaltung über die Beanspruchung der natürlichen Umwelt, führt zur ökologischen Rechnung. Solche ökologischen Rechnungs- oder Buchhaltungssysteme wären vom einzelnen Umweltverbraucher zu führen und sie müssten über das Ausmaß der Einwirkungen auf die verschiedenen Sektoren der natürlichen Umwelt Aussagen machen können (Müller-Wenk, 1978).

Aufgrund der Ergebnisse dieser ökologischen Buchhaltung kann ein moralischer Druck auf die Unternehmung als Umweltverbraucher ausgeübt werden.

An das betriebliche Rechnungswesen mit seiner Aufgabe der Wertabbildung und Wertlenkung sind erweiterte Anforderungen zu stellen. Der Versuch, die Umweltkosten möglichst detailliert im herkömmlichen Rechnungswesen auszuweisen, soll der Entscheidungsvorbereitung dienen, Prognose- und Vorgabeinformation sowie Kontrollen ermöglichen, d. h. das Problem kostenmäßig transparent machen.

2.4.1 Umweltorientierte Untergliederung der Bilanz

Die Grundlage des betrieblichen Rechnungswesens bilden die Buchhaltung und der Jahresabschluss, d. h. eine planmäßige, lückenlose und ordnungsgemäße Darlegung aller Geschäftsvorfälle eines Unternehmens aufgrund von Belegen.

Was nicht berücksichtigt wird, sind negative externe Effekte. Dies sind gegenseitige negative Einwirkungen von Wirtschaftssubjekten, die nicht über den Markt erfasst und bewertet werden, z. B.

*   Reduzierung des Pflanzenwachstums,
*   Gesundheitliche Schädigungen/Beeinträchtigungen durch Emissionen,
*   Verschlechterung der Trinkwasserqualität,
*   Verringerung der Fischfangergebnisse durch Einleitung gefährlicher Abwässer aus einer Kommune, etc.

Buchhaltung und Jahresabschluss im herkömmlichen Sinn stellen somit nur einen ungenügenden Ansatzpunkt für ein umweltorientiertes Rechnungswesen dar.

Eine freiwillige tiefere Untergliederung der Bilanz soll dem Informationsbedürfnis externer Interessenten gerecht werden (Fronek/Uecker 1987, S. 6).

Eine nach diesem Ansatz gestaltete Bilanz könnte demnach folgendermaßen aufgebaut sein:

AKTIVA

A.I Immaterielle Vermögensgegenstände

    1a   Mitbenutzungsrechte an Umweltschutzanlagen

          z. B. Abfalldeponie, Kläranlage

A.II Sachanlagen

    2a   Technische Anlagen und Maschinen, die dem Umweltschutz dienen

    3a   andere Anlagen, Betriebs- und Geschäftsausstattung, die dem Umweltschutz dienen

    4a   geleistete Anzahlungen und Anlagen im Bau, die dem Umweltschutz dienen

B.I Umlaufvermögen/Vorräte

    1a   umweltfreundliche Rohstoffe

    3a   umweltfreundliche Erzeugnisse

PASSIVA

A   Eigenkapital: Gewinnrücklagen

    4   Rücklagen für Umweltschutzinvestitionen

B   Rückstellungen

    3a   Rückstellungen für ungewisse Verbindlichkeiten aus Umweltbelastungen

    3b   Rückstellungen für Bergschäden

    3c   Rückstellungen für Rekultivierung

    3d   Rückstellungen für Abraumbeseitigung

C   Verbindlichkeiten

    2a   gegenüber Kreditinstituten aus Krediten für Umweltschutzzwecke

    8a   gegenüber Kreditinstituten aus Verbindlichkeiten aufgrund verursachter Umweltschäden

2.4.2 Umweltorientierte Kostenarten-, -stellen-, -trägerrechnung

Diese Rechnungsarten werden dazu verwendet, um internen Informations-, Planungs-, Steuerungs- und Kontrollinteressen gerecht zu werden. Denkbar, und i. d. R. auch durchführbar, ist in der **Kostenartenrechnung** die separate Erfassung umweltinduzierter Kosten (Gebühren, Abgaben, kalkulatorische Abschreibungen und Zinsen auf umweltbezogene Investitionen etc.). In der **Kostenstellenrechnung** wäre zu überlegen, ob Kostenstellen ganzheitlich umweltschutzbedingt sein können, d. h. alle Kosten sind Umweltschutzkosten (z. B bei Abfallbehandlungsanlagen). Es können aber auch Abgrenzungsprobleme auftreten, da Teilfunktionen solcher Kostenstellen auch ohne Umweltschutzmaßnahmen durchgeführt werden können.

Bei der **Kostenträgerrechnung** sind, soweit im Bereich der Einzelkosten (z. B. Material) umweltinduzierte Kosten auftreten, diese direkt dem Kostenträger zuzurechen. Fixkosten werden erzeugnisgruppenweise zugeordnet.

2.4.3 Öko-Bilanzen

Die Öko-Bilanz dient der Erfassung von Stoff- und Energieflüssen im Zusammenhang mit allen Aktivitäten des Unternehmens. Es werden systematisch Stoff- und Energieeinsatz, Transformationsprozesse, entstandene Produkte, stoffliche Emissionen sowie strukturelle Eingriffe erfasst, dargestellt und bewertet. Der inzwischen Usus gewordene Begriff „Öko-Bilanz" ist nicht ganz exakt, da der Bilanzbegriff i. e. S. die Darstellung von Beständen bzw. Bestandsänderungen umfasst; im ökobilanziellen Verständnis werden aber Flussgrößen (Stoff- und Energieflüsse) behandelt. Der Name „Ökobericht" für derartige Rechnungen ist daher treffender, wenn man nicht gleich den richtigeren, aber umständlicheren Begriff „Konzept der Stoff- und Energiebilanzierung" verwenden will. Im Folgenden wird stets beim Begriff „Öko-Bilanz" dieser Sachverhalt bedacht werden müssen.

Die „Öko-Bilanz" dient dort, wo sie im Hinblick auf eine strategisch-ökologisch orientierte Unternehmenspolitik eingesetzt wird, als Kontrollinstrument, Planungsinstrument und Entscheidungshilfe. Die Ergebnisse einer derartigen Öko-Bilanz zeigen auf, wo Maßnahmen zur positiven Veränderung (im Sinne umweltfreundlicher Wirtschaftsweise) angesetzt werden können.

Voraussetzung, um eine gewisse Funktion als Hilfs- bzw. Heilmittel erfüllen zu können, ist eine Unternehmensführung, die Bereitschaft zum ökologischen Handeln in sich trägt und innovative Entwicklungen trotz zusätzlicher Kosten (die in der Regel langfristig überkompensiert werden) unterstützt und durchführt.

Kritisch anzumerken bleibt, dass bislang nur Einzeluntersuchungen im Rahmen des Hilfsmittels Öko-Bilanz üblich sind; wünschenswert wären ganzheitliche Ansätze, die nicht nur an einem oder mehreren Produkten, sondern am Gesamtunternehmen orientiert sind. Das heißt, dass die Konsequenzen für das Gesamtunternehmen bei einer derartigen Untersuchung ersichtlich werden müssen. Erfolgversprechende Ansätze dazu sind vorhanden (z. B. Henkel KGaA, Migros Genossenschaftbund, Kunert AG).

Beispiel einer Öko-Bilanz mit vier Teilbereichen (**Abbildung 147**):

1. Betriebsbilanz

Ihr Ziel ist ein quantitativer Überblick über die im Betrieb eingesetzten Stoffe und Energien (Input-Output-Analyse des gesamten Betriebes).

2. Prozessbilanz

Durch die detaillierte Betrachtung soll sie einen ökologischen Einblick in betriebsspezifische Abläufe geben (Analyse einzelner Produktionsprozesse).

3. Produktbilanz

Sie wird erstellt, um die Versorgungsfunktion und die Umweltverträglichkeit bestimmter Produkte zu prüfen. Das heißt, der gesamte ökologische Produktlebenszyklus fließt hier ein. Über Produktbilanzvergleiche kann das ökologisch optimale Substitut bestimmt werden.

4. Substanzbetrachtung

Sie umfasst die Nutzung der Bodenflächen, Eingriffe in die Landschaftsstruktur sowie eine ökologische Betrachtung von Anlagevermögen und Lagerbeständen (Hallay 1989, S. 30 ff.).

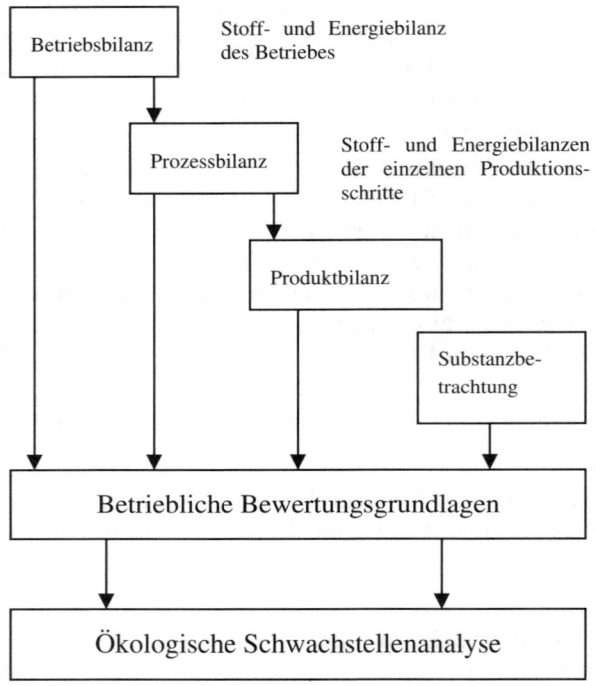

Abb. 147: Die Öko-Bilanz-Systematik (Hallay/Pfriem 1992, S.59)

2.4.4 Ökologische Buchhaltung

„Die ökologische Buchhaltung ist zunächst ein Messsystem, welches die vom einzelnen Unternehmen ausgehenden Umwelteinwirkungen umfassend, kontinuierlich und nach verbindlichen Verfahrensvorschriften erfasst" (Müller-Wenk 1978, S.17).

Grundkonzept:

• Messung der einzelnen Kategorien der vom buchführenden Unternehmen ausgehenden Einwirkungen (Energie-, Materialverbrauch, Abgabe von Abwasser und Abwärme, gas- und staubförmige Abfälle, Denaturierung von Boden) in jeweils entsprechenden physikalischen Maßeinheiten (Gewicht, Volumen, Energiemenge).

• Innerhalb der Kategorien getrennte Messungen nach Art des Rohmaterials, Emission, Gewässerbelastung etc.

• Vergleich- und Addierbarmachung der einzelnen gemessenen Mengen durch Gewichtung mit einem Gradmesser der ökologischen Knappheit der betreffenden Einwirkungsart, dem so genannten Äquivalenzkoeffizienten (Aek). Der Aek ist somit zentrales Element der ökologischen Buchhaltung und hat die Dimension Rechnungseinheit (RE) je physikalischer Verbrauchs- bzw. Emissionsgröße. Das Produkt aus gemessener Menge und Aek ergibt eine Messzahl an Umwelteinwirkungen ausgedrückt in RE (Belastung = Menge*Aek)

• Eine Maßzahl der Gesamteinwirkung des Unternehmens auf die natürliche Umwelt ergibt sich aus der Addition aller RE über alle Einwirkungsarten (Konten der ökologischen Buchhaltung).

Somit ist es möglich, die

• gesamten Umwelteinwirkungen verschiedener Unternehmen miteinander zu vergleichen, und

• die Entwicklung der gesamten Umwelteinwirkungen desselben Unternehmens von Jahr zu Jahr zu verfolgen.

Dies wäre nicht möglich, wenn man nur Angaben über mengenmäßige Verbräuche zur Verfügung hätte. Die Aufgabe des allerdings schwierig zu bestimmenden Aek besteht darin, qualitativ unterschiedliche Umwelteinwirkungen vergleichbar zu machen. Ein großer Aek induziert eine ausgeprägte ökologische Knappheit, ein Aek von Null kennzeichnet Nullknappheit (Beispiele dazu in Müller-Wenk 1978, S. 106 ff.).

Literaturhinweise

Beck, M. (Hrsg.): Ökobilanzierung im betrieblichen Management, Würzburg 1993.

Beschorner, D.: Die Aufgabenerweiterung der unternehmerischen Rechenschaftslegung durch den Umweltschutzgedanken, Dissertation TU München 1976.

Bussmann, K. F.: Industrielles Rechnungswesen, 2. Aufl., Stuttgart 1978.

Chmielewicz, K./Schweitzer, M. (Hrsg.): Handwörterbuch des Rechnungswesens, 3. Aufl., Stuttgart 1993.

Dierkes, M.: Die Sozialbilanz - Ein gesellschaftsbezogenes Informations- und Rechnungssystem, Frankfurt/Main, New York 1974.

Eisele, W.: Technik des betrieblichen Rechnungswesens, 7. Aufl., München 2002.

Fröhling, O./Krause, H.: DV-gestützte Prozeßkostenrechnung - Integrationsaspekte und Umsetzung auf Standard-Softwarebasis, in: Männel, W. (Hrsg.): Handbuch Kostenrechnung, Wiesbaden 1992, S. 384-394.

Fronek, R./Uecker, P.: Umweltrechnungslegung - Jahresabschluß - Social Accounting, in: Vogl. J./Heigl, A./Schäfer, K. (Hrsg.): Handbuch des Umweltschutzes, Band III Betriebswirtschaftliches Umweltschutzmanagement Teil M, München 30.Erg.Lfg. 7/1987.

Hallay, H. (Hrsg.): Die Öko-Bilanz. Ein betriebswirtschaftliches Informationssystem, Schriftenreihe des IÖW 27/1989, Berlin 1989, S.30-32.

Hallay, H./Pfriem, R.: Öko-Controlling, Umweltschutz in mittelständischen Unternehmen, Frankfurt/Main, New York 1992.

Hausknecht, J./Zündorf, H.: Expertensysteme im Finanz- und Rechnungswesen, Stuttgart 1989.

Heinhold, M.: Buchführung in Fallbeispielen, 3. Aufl., Stuttgart 1987.

Heinhold, M.: Der Jahresabschluß, München 1987.

Held, M. (Hrsg.): Ökologisch rechnen im Betrieb, Tutzinger Materialien, Nr. 33/1986, Tutzing 1986.

Horváth, P. (Hrsg.): Effektives und schlankes Controlling, Stuttgart 1992.

Horváth, P.: Controlling, 9. Aufl., München 2003.

Kapp, K. W.: Soziale Kosten der Marktwirtschaft, Frankfurt/Main 1979.

Köberle, G.: Die Bedeutung der Prozeßkostenrechnung im Entscheidungsablauf des Unternehmens, München 1994.

Kolibius, G.: DV-Realisierung von Konzepten der Grenzplankosten- und Deckungs-beitragsrechnung, in: Männel, W. (Hrsg.): Handbuch Kostenrechnung, Wiesbaden 1992, S. 1308-1317.

Kunert AG (Hrsg.): Ökobericht 1992, Immenstadt (Allgäu) 1992.

Müller-Wenk, R.: Die ökologische Buchhaltung, Frankfurt/Main, New York 1978

Peemöller, V.H.: Bilanzanalyse, 3. Aufl., Wiesbaden 2003.

Swiss air (Hrsg.): Ökobilanz 1989, Zürich 1991.

Warnick, B.: Dezentrale Datenverarbeitung für Kostenrechnung und Controlling, Wiesbaden 1991.

Wedell, H.: Grundlagen des Rechnungswesens, 11. Aufl., Herne/Berlin 2006.

Wysocki, K. v.: Sozialbilanzen, Stuttgart/New York 1981.

E.3 Controlling

3.1 Grundlagen des Controlling

Rationales Handeln verlangt nach Planung. Hauptmerkmale der Planung sind Zukunftsbezogenheit und Rationalität. Planung ist mehr als Fortschreiben der Gegenwart oder Vergangenheit. Sie ist die Überwindung von Schwierigkeiten. Planung zwingt dazu, sich die Ziele bewusst zu machen, sie zu formulieren und als Leistungsansporn vorzugeben. Für die verbindliche Vorgabe von Planwerten im Betrieb entstehen Verantwortungsbereiche, da die Werte von Personen zu erbringen sind.

Ohne eine Kontrolle, die auf die Einhaltung dieser Vorgabewerte achtet, ist die Planung wirkungslos. Eine Kontrolle benötigt Vorgaben, Entscheidungsregeln für die Bewertung der Ausführung sowie für die Korrekturmaßnahmen. Die Kontrolle soll es ermöglichen, Fehler in der Planung oder Fehler bei der Durchführung zu erkennen und Wege zur Beseitigung aufzuzeigen. Damit ist Planung ohne Kontrolle sinnlos und Kontrolle ohne Planung unmöglich. Planung und Kontrolle bedingen sich. Eine Sicherungskonzeption, die auf dem Zusammenspiel von Planung und Kontrolle basiert, ist reaktionsschnell.

Die Koordination der beiden Funktionen mit der Steuerung und Informationsversorgung wird vom Controlling wahrgenommen. Die Aufgabe des Controlling besteht darin, die Unternehmensführung mit Informationen zu versorgen, die für die Planung, Steuerung und Kontrolle des Unternehmens erforderlich sind.

Als Grundfunktionen des Controlling sind damit Planung, Steuerung, Kontrolle und Information anzusehen. Dabei sind Planung und Steuerung nicht ausschließlich vom Controlling durchzuführen. Die informationsmäßige Unterstützung dieser Funktionen ist aber unabdingbare Aufgabe des Controlling.

Die Funktionen des Controlling werden in **Abbildung 148** deutlich.

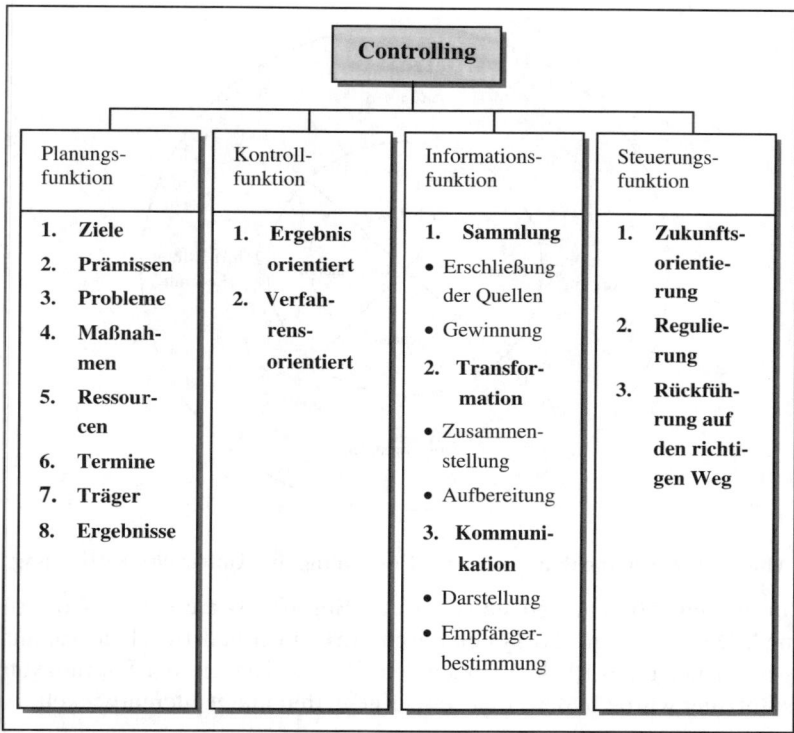

Abb. 148: Funktionen des Controlling (Peemöller 2005, S. 46)

Den Zusammenhang zwischen Controlling und Unternehmensführung verdeutlicht **Abbildung 149**.

3.2 Erscheinungsformen des Controlling

Das wirtschaftliche, technologische, soziokulturelle und politische Umfeld der Unternehmen ist einem rasanten Wandel unterworfen. Zur Sicherung des Überlebens ist **strategisches Denken** besonders wichtig.

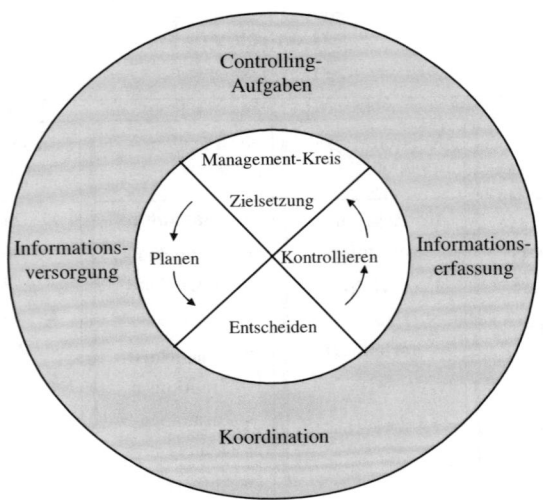

Abb. 149: Zusammenhang zwischen Controlling und Unternehmensführung

Vor diesem Hintergrund entstand der Begriff „strategisches Controlling". Darunter wird das systematische Erkennen und Beachten zukünftiger Chancen und Risiken verstanden. Dieses Konzept der Führungsunterstützung wurde in der Folgezeit aufgegriffen und weiterentwickelt.

Der Schwerpunkt des **operativen Controlling** liegt in der Gewinnsteuerung: Die Realisation der gesteckten Unternehmensziele erfordert die Steuerung der innerbetrieblichen Funktionen und Abläufe. Aufbauend auf Daten vor allem des internen Rechnungswesens (Kosten-/Leistungsrechnung) macht das operative Controlling innerbetriebliche Vorgänge transparent, führt Soll-/Istvergleiche und Abweichungsanalysen durch und leitet gegebenenfalls Gegensteuerungsmaßnahmen ein.

Strategisches und operatives Controlling (**Abb. 150**) haben formal identische Bausteine. Sie bestehen in den Funktionen des Controlling mit Information, Planung, Steuerung und Kontrolle, die gleichzeitig zu erfüllen sind.

C.-Typen Merkmale	Strategisches Controlling	Operatives Controlling
Orientierung	Umwelt und Unternehmung: Adaption	Unternehmung: Wirtschaftlichkeit betrieblicher Prozesse
Planungsstufen	Strategische Planung	Taktische und operative Planung, Budgetierung
Dimensionen	Chancen/Risiken Stärken/Schwächen	Aufwand/Ertrag Kosten/Leistungen
Zielgrößen	Existenzsicherung, Erfolgspotential	Wirtschaftlichkeit, Gewinn, Rentabilität

Abb. 150: Kennzeichnung von strategischem und operativem Controlling (Horváth 2003, S. 254)

Operatives und strategisches Controlling stellen je einen funktionalen Regelkreis dar. Sie sind jedoch miteinander verbunden und orientieren sich an den übergeordneten Zielsetzungen des Unternehmens. Die Basis des strategischen Controlling liegt damit im Verbundeffekt organisatorisch zusammengefasster Funktionen. Die Langfristplanung determiniert das Jahresbudget, die Kosten eines Jahres haben aber auch Einfluss auf die nachfolgenden Perioden und ihre Planung. Diese Wechselwirkungen sollen über ein geschlossenes Planungssystem berücksichtigt werden, in dem die langfristige Planung mit der Budgeterstellung dem Controlling übertragen wird. Dies kommt in der nachfolgenden **Abbildung 151** zum Ausdruck.

Strategisches Controlling hat zum Ziel Erfolgspotenziale zu sichern bzw. aufzubauen. Dabei handelt es sich um die Funktion der strategischen Planung. Deshalb stellt sich die Frage nach der Notwendigkeit eines strategischen Controllings.

Die strategische Planung hat sich in den 60er Jahren aus der Langfristplanung entwickelt. Sie wurde in der Folgezeit immer weiter verfeinert, um die Umweltdynamik und die Unsicherheit über die künftige Entwicklung zu bewältigen.

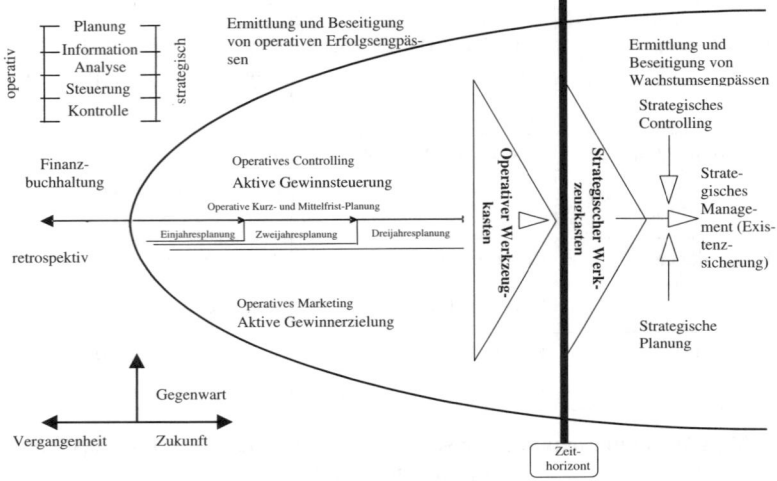

Abb. 151: Vernetzung von operativem und strategischem Controlling
(Mayer 2001, S. 10)

Es hat sich jedoch gezeigt, dass es der strategischen Planung oft an der gewünschten Effizienz fehlte. Als Grund dafür wird nicht zuletzt die organisatorische Verankerung in einer zentralen Planungsabteilung genannt. Auch der Versuch, die strategische Planung den Linienmanagern zu übertragen, brachte häufig nicht den erwarteten Erfolg.

Letzter Schritt in dem Bemühen, die Effizienz der strategischen Planung zu verbessern, sind Überlegungen, die Administration der strategischen Planung dem Controller zuzuordnen. Dies erfolgt deshalb, weil der Controller über Wissen und Erfahrung aus der Systemplanung und Kontrolle im operativen Bereich verfügt. Zum anderen ist das Controlling gut geeignet, die Handlungs- und Entscheidungsprozesse im Unternehmen zu koordinieren und zu integrieren.

Betrachtet man die Hauptaufgaben des strategischen Controllings, so sind hier drei Bereiche zu nennen.

(1) Unterstützung der strategischen Planung

Das strategische Controlling wirkt bei der Analyse, Auswahl und Entwicklung der strategischen Planungsinstrumente und -methoden mit. Daneben organisiert es den Prozess der strategischen Planung mit den jeweiligen Planungssitzungen, Ideenfindungsprozessen und Ergebnispräsentationen.

(2) Umsetzung der strategischen Planung in die operative Planung

Strategisches Controlling überprüft, ob die strategischen Pläne so weit definiert und konkretisiert sind, dass mit ihrer Realisierung begonnen werden kann. Ist dies der Fall, hilft es bei der Formulierung von Etappenzielen. Dazu müssen auch die monetären Auswirkungen der strategischen Pläne geschätzt werden.

(3) Aufbau und Durchführung der strategischen Kontrolle

Strategisches Controlling wirkt bei der Erarbeitung von Kontrollgrößen mit und baut ein Frühwarnsystem zur Gewinnung von Kontrollinformationen auf. Darüber hinaus überprüft es permanent sowohl den Prozess der strategischen Planung als auch die angewandten Strategien.

Bei der strategischen Planung handelt es sich um einen Prozess, in dem eine Analyse der gegenwärtigen Situation sowie der zukünftigen Chancen und Risiken stattfindet und der zur Formulierung von Absichten, Zielen, Strategien und Maßnahmen führt. Diese zeigen auf, wie das Unternehmen seine vorhandenen Ressourcen optimal einsetzt, um die umweltbedingten Möglichkeiten zu nutzen und die Bedrohung abzuwehren.

Das **operative Controlling** leistet einen Beitrag zur Sicherung der Entscheidungs- und Handlungsfähigkeit eines Unternehmens. Dies wird erreicht durch

• die Prognose von Entwicklungen und Wirkungen,

• das Setzen von Führungsgrößen und

• das Anpassen von Abweichungen.

Eine getrennte Betrachtung nach Planung und Kontrolle ist nicht möglich, da die Leistung dieses Systems unteilbar ist. Die Bedeutung der

Leistung des Controllings wird von der situativen Umgebung bestimmt, in die es eingebettet ist. Die heutige wirtschaftliche Situation lässt sich wie folgt beschreiben:

Die wirtschaftliche Umwelt ist durch eine wachsende Dynamik gekennzeichnet, die auf technologische und wirtschaftliche Veränderungen zurückzuführen ist. Prognosen über zukünftige Entwicklungen werden damit immer schwerer.

Die Führungsprozesse in den Unternehmen werden komplexer. Sie enthalten mehr Aktivitäten, es sind mehr Interessenten beteiligt, die Zeitspannen werden länger, und das Größenwachstum verlangt nach differenzierteren Steuerungsmöglichkeiten.

Beide Formen der Veränderungen verlangen nach einer erhöhten Koordination im Unternehmen, so dass von einer wachsenden Notwendigkeit des operativen Controllings auszugehen ist.

Aus der Notwendigkeit des operativen Controllings leiten sich auch die Ziele für die Einführung von Controllingsystemen ab. Sie sind aus den jeweiligen Oberzielen des Unternehmens zu entwickeln. Im Vordergrund stehen Wirtschaftlichkeit, Produktivität und Rentabilität. Die Ableitung von Controllingzielen ist nur möglich, wenn die Oberziele festgelegt sind.

Die **Ziele** bestehen in der

- Unterstützung der Planung,
- Abstimmung der Teilbereiche,
- Integration von Planung und Kontrolle sowie
- in der wirtschaftlichen Kontrolle.

Dabei ist eine Verlagerung von der Kontrolle zur Planungsunterstützung festzustellen. Eine verbesserte Planung kann z. B. Störung und Fehlentwicklung erkennen und damit negative Auswirkungen verringern, wodurch die Bedeutung der Kontrolle sinkt.

Als weitere Ziele des Controllings werden üblicherweise genannt:

- Kostensenkung,
- Leistungssteigerung und
- Kapitalsenkung.

Möglichkeiten der Kostensenkung setzen an den Leistungen, den Verfahren, den Hilfsmitteln und den Ausgangsstoffen an. Zum Einsatz kommt eine Vielzahl unterschiedlicher Analysetechniken, die auf Kostensenkung abzielen, wie z. B. Gemeinkostenwertanalyse und Zero Base Budgeting.

Die Leistungssteigerung geschieht durch eine verbesserte Planung und Abstimmung, durch die Entwicklung neuer Verfahren und die Schulung der Mitarbeiter.

Im Rahmen der Kapitaleinsparung wird versucht, die Vorräte und Forderungsbestände zu senken und weniger kapitalintensiv zu installieren. Diese drei Aspekte lassen sich nur theoretisch trennen. In der Praxis wird ihre Realisierung gleichzeitig zu betreiben sein.

Aus den Zielen des Controllings sind die **Aufgaben** abzuleiten. Sie bestehen zunächst in der erfolgsorientierten operativen Planung. Im Vordergrund stehen die Koordinationsprobleme der operativen Planung, die durch institutionale Planungs- und Kontrollprozesse gelöst werden sollen.

Die zweite Aufgabe besteht in der Budgetierung und Kostenvorgabe für die organisatorischen Einheiten. Der Budgetierungsprozess kann vom Controller durch Richtlinien und Vorschriften standardisiert werden. Er kann aber auch die Ermittlung der Zahlenwerte selbst vornehmen.

Eine weitere Aufgabe besteht in der Budgetkontrolle. Sie erfasst Abweichungen, ermittelt die Abweichungsursachen und enthält Korrekturmaßnahmen für Abweichungen.

Als vierte Aufgabe ist die Informationsversorgung der Unternehmensführung für Planung und Entscheidung zu sehen. Dazu ist der Informationsbedarf festzustellen, die Informationsbasis abzugrenzen und die Information dem Empfänger entsprechend aufzubereiten.

Die Basis des strategischen Controlling liegt im Verbundeffekt organisatorisch zusammengefasster Funktionen. Die Langfristplanung determiniert das Jahresbudget; die Kosten eines Jahres haben aber auch Einfluss auf die nachfolgenden Perioden und ihre Planung. Diese Wechselwirkungen sollen über ein geschlossenes Planungssystem berücksichtigt werden, in dem die langfristige Planung mit der Budgeterstellung dem Controlling übertragen wird.

Obwohl sich strategisches Controlling mit innovativ orientierten Strategiefragen und operatives Controlling eher mit Routineaufgaben beschäftigt, scheint auch in organisatorischer Hinsicht eine strikte Trennung zwischen beiden Bereichen nicht sinnvoll: Der nötige Zusammenhang zwischen den verschiedenen Planungsstufen ist nur in einem integrierten System möglich (Horváth 2003, S. 252 ff.).

Im Rahmen einer Controlling-Konzeption können als Kernbereich und als Spezialisierungsrichtungen folgende Inhalte (**Abb. 152**) vorgegeben werden:

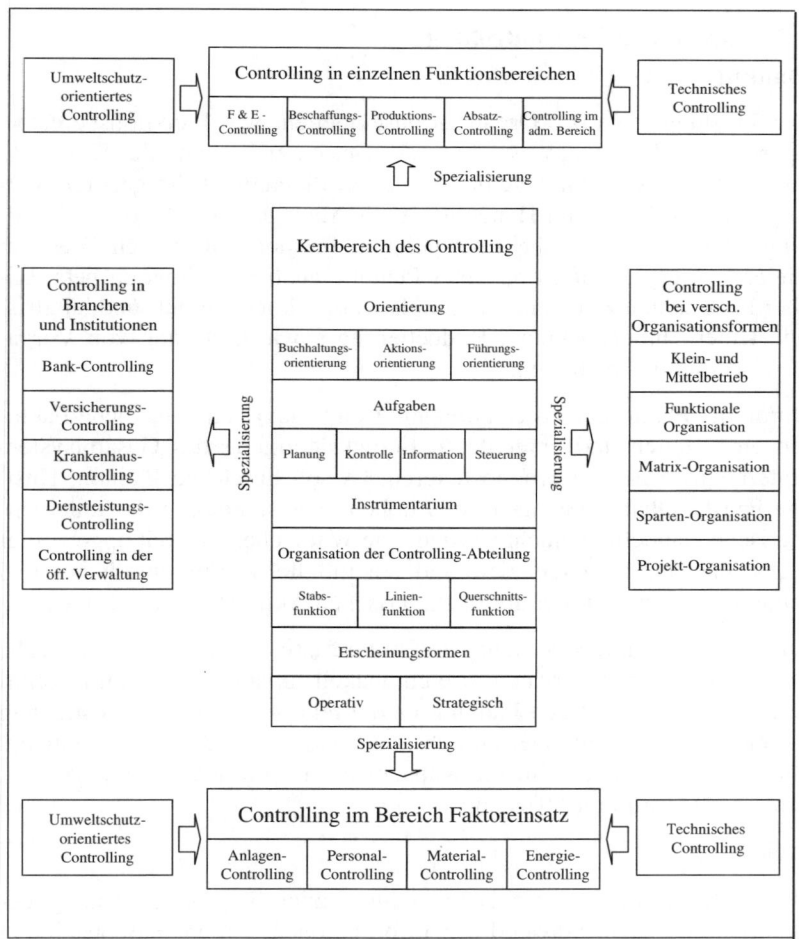

**Abb. 152: Kernbereich und Spezialisierung des Controlling
(Peemöller 2005, S. 114)**

3.3 Funktionen des Controlling

Planung

Die Leistungsziele der Organisationseinheiten, wie Funktionsbereiche, Sparten oder Projekte, werden aus der Gesamtzielsetzung des Unternehmens und der Gesamtstrategie abgeleitet. Planung ist die geistige Vorwegnahme zukünftigen Handelns durch Abwägen verschiedener Handlungsalternativen und die Entscheidung für den günstigsten Weg zur Zielerreichung. Insofern bedeutet Planung auch Koordination betrieblicher Einzelpläne zu einem Gesamtplan sowie kurz-, mittel- und langfristige Unternehmensplanung, Budgetierung sowie Lieferung von Vorgabe- und Zielinformationen.

Durch die Planung muss es gelingen, sich reflexiv auf stets neue Faktoren einzustellen und unter deren Berücksichtigung das Gesamtsystem Unternehmen neu zu prognostizieren. Es soll durch die Planung Unsicherheit handhabbar gemacht und höhere Transparenz in das unternehmerische Handeln gebracht werden. Die Wahrscheinlichkeit ungewollter Konsequenzen wird reduziert und ein möglichst kontinuierlicher und reibungsloser Ablauf der unternehmerischen Aktivitäten gewährleistet.

Zunächst werden aus der lang- und mittelfristigen Planung (strategische Planung) die Jahresvorgabewerte entwickelt (operative Planung). Kennzeichen der kurzfristigen Planung ist die relativ umfassende Festlegung wesentlicher Bedingungen durch Dispositionen früherer Zeitpunkte. Dies gilt insbesondere für die Kapazitäten der Produktionsanlagen und den Anfall bestimmter Kosten.

Steuerung

Unter Steuerung wird die Bereitstellung aller für die Erreichung der Unternehmensziele notwendigen Informationen, laufende Beobachtung der Planziele und der Vergleich mit der Ist-Entwicklung verstanden. Dazu gehören auch alle Maßnahmen zur Erfassung von Störgrößen und die Einwirkung auf die Prozesse, um das Planziel zu sichern. Die Steuerungsfunktion gilt daher als zukunftsgerichtete, regulierende Funktion, die das Unternehmen zurück auf den richtigen Weg führen soll.

Häufig erfolgt die Steuerung in einzelnen Verantwortungsbereichen über Budgets. Budgets stellen eine geschlossene Vorgabe von Leistungszielen und Kosten für einzelne Bereiche dar. Durch die Kostenvorgaben verfügt der Leiter eines jeden Verantwortungsbereichs über Steuergrößen, die weder insgesamt noch bei den verschiedenen Kosten im Einzelnen überschritten werden dürfen.

Die Budgetkostenrechnung ist im eigentlichen Sinne eine Kostenstellenrechnung, wobei sich die Kostenstelle nach dem vorherrschenden Organisationsmerkmal abgrenzt, also in Form von Projekten, Funktionsstellen oder Bereichen vorliegt. Dabei lassen sich fixe und flexible Budgets unterscheiden. Beim fixen Budget werden die Vollkosten je Kostenart oder je Kostengruppe fest vorgeschrieben, die unbedingt eingehalten werden müssen.

Für das flexible Budget erfolgt eine Aufteilung in fixe und variable Kosten, so dass in Form der flexiblen Plankostenrechnung oder der Grenzplankostenrechnung die Kostenwerte vorgegeben werden können. Allerdings sollte vor der Kostenvorgabe im Rahmen der Vorarbeiten der Kostenermittlung eine Kostenanalyse durchgeführt und nach Möglichkeiten der Kostensenkung gesucht werden. Als spezielle Verfahren zur Kostensenkung wurden die Gemeinkostenwertanalyse (GWA) und das Zero Base Budgeting (ZBB) entwickelt, die beide nicht vergangenheitsorientiert sind (vgl. dazu Kapitel F.5.6).

Zunehmende Bedeutung haben die wertorientierten Steuerungskonzepte als Ausprägungen mehr oder weniger komplexer Kennzahlensysteme erlangt. Die Steuerung ist dabei nicht allein an Kostengesichtspunkten, sondern am Unternehmenswert insgesamt ausgerichtet (vgl. dazu Kapitel E.3.4).

Kontrolle

Die Planung muss durch Kontrollen ergänzt werden. Kontrolle ist ebenso wie die Planung sowohl Prämisse als auch Instrument der Koordination. Kontrolle bedeutet konkret Vergleich von Soll- und Ist-Zustand sowie Ermittlung der Abweichungsursachen.

Bspw. stellt die Budgetkontrolle nicht nur einen laufenden Vergleich der fortschreitenden Planung dar, sondern umfasst auch die Analyse der

Abweichungen und ihrer Ursachen, durch die erst eine richtige Beurteilung der Differenzen möglich wird. Die aufgetretenen Abweichungen und die ihnen zugeordneten Ursachen werden dem Führungspersonal in geeigneter Berichtsform zugeleitet, wobei bereits Vorschläge für die Korrektur der Abweichungen erarbeitet werden. Die Ermittlung der Abweichungen erfolgt durch den Vergleich der Budgetwerte mit dem Istzustand. Alle Werte, die im Plan enthalten sind, lassen sich kontrollieren, wenn der Istzustand erfasst wurde. Die Planung ist damit die Voraussetzung für die Kontrolle.

Die Budgetkontrolle soll nicht die positive Überschreitung von Leistungszielen verhindern, ebenso wie sie nicht zu einer Erstarrung führen soll. Auf der anderen Seite verhindern aber ständige Abweichungen ein planmäßiges Arbeiten. Deshalb sollte bei jedem über den Plan hinausgehenden Bedarf an finanziellen Mitteln die Controlling-Abteilung sofort eingeschaltet werden, um diesen Neu-Bedarf hinsichtlich seiner Begründung zu untersuchen und gegebenenfalls zu genehmigen. Als Vergleichszeitraum eignet sich der Monat. Um das Ausmaß der monatlichen Abweichungen auf das gesamte Jahr zu erkennen, empfiehlt sich der forecast to year end. Dazu werden die Abweichungen der einzelnen Monate kumuliert und auf das Jahresende extrapoliert.

Korrekturmaßnahmen

Die Feststellung von Abweichungsursachen führt zu keinen Verbesserungen des betrieblichen Geschehens. Die Ergebnisse der Fehleranalysen bilden lediglich die Grundlage für die Entwicklung von geeigneten Maßnahmen, die zur Erfüllung des vorgegebenen operativen Plans beitragen sollen. Der Vorschlag für die korrektiven Maßnahmen wird gemeinsam vom Controller und der Linieninstanz erarbeitet. Sind mehrere Stellen davon betroffen, sind Abstimmungen zwischen diesen Stellen erforderlich und die finanziellen Auswirkungen der Korrekturmaßnahmen insgesamt zu erfassen.

Die Korrekturmaßnahmen beziehen sich entweder auf die Planwerte oder auf die Ausführung der Tätigkeit. Sie sollten aber nicht allein nach dem Inhalt festgelegt werden, sondern auch bezüglich der Personen, die für diese Korrekturen verantwortlich sind.

Der Controlling-Prozess ist zusammenhängend in **Abbildung 153** dargestellt.

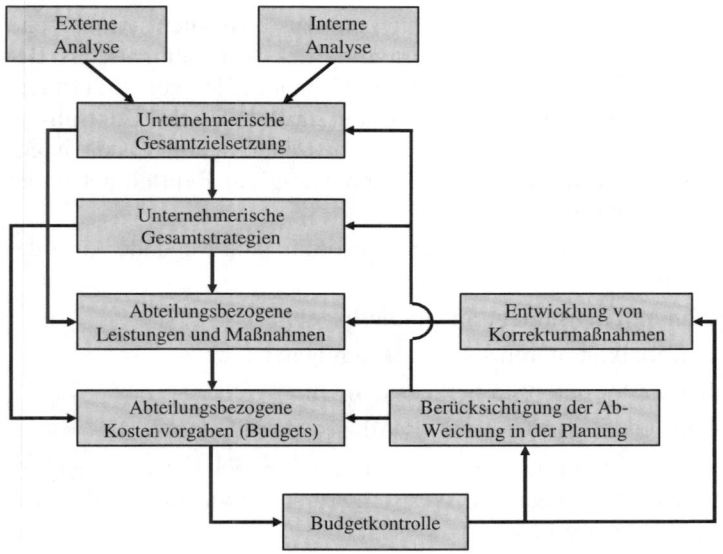

Abb. 153: Controlling-Prozess

3.4 Wertorientiertes Controlling

3.4.1 Grundlagen

Der Einsatz wertorientierter Steuerungskonzepte im Rahmen des Controlling dient in erster Linie zur quantitativen Bewertung von Strategien, die wie eine langfristige Investition angesehen werden. Wertorientierte Steuerungskonzepte haben sich aus den Unzulänglichkeiten der traditionellen, eher buchhalterischen Formen der Erfolgsmessung und -steuerung ergeben.

Die wertorientierten Konzepte zielen darauf ab, den Unternehmenswert für den Anteilseigner zu maximieren. Eine Wertsteigerung tritt demnach nur ein, wenn es gelingt, mehr als die Kapitalkosten zu erwirtschaften. Ein Gewinn liegt danach noch nicht vor, wenn ein Jahresüberschuss erzielt wurde, sondern erst dann, wenn nach Abzug der Kapitalkosten noch ein Mehrwert verbleibt.

Die nachhaltige Steigerung des Unternehmenswerts dient zunehmend auch als Maßstab zur Leistungsbeurteilung des Managements, als Bemessungsgrundlage für variable Entgeltbestandteile von Führungskräften und zu internen Steuerungszwecken im Rahmen des Controlling. Diese Wertorientierung führt dazu, dass das Unternehmen auch intern nach den Größen gesteuert wird, die auch extern zur Beurteilung seiner Performance herangezogen werden.

An die Konzepte zur wertorientierten Steuerung sind folgende Anforderungen zu stellen:

- Sie dürfen möglichst nicht manipulierbar sein.
- Sie sollen Risikopräferenzen berücksichtigen.
- Sie sollen Zeitpräferenzen berücksichtigen.
- Sie sollen sich an den Investor als Adressaten richten.

In der Praxis sind mittlerweile sehr unterschiedliche, teils unternehmensspezifische Konzepte zur Wertsteigerung entwickelt worden, die jedoch drei Gemeinsamkeiten aufweisen:

- Es muss eine „richtige" Gewinngröße abgegrenzt werden.
- Das betriebsnotwendige Vermögen bzw. eingesetzte Kapital muss definiert werden.
- Die Ergebnisse müssen mit den Kapitalkosten abgezinst werden.

Weitgehend einheitlich sind die Konzepte bezüglich der Kapitalkosten. Unterschiede weisen sie bei der Abgrenzung der Gewinne bzw. der Vermögens-/Kapitalgröße auf.

Nachfolgend sollen die beiden Steuerungskonzepte, der Shareholder-Value-Ansatz und der EVA-Ansatz kurz vorgestellt werden. Daneben werden in der Literatur u.a. noch die Konzepte CFROI (Cashflow Return on Investment), RONA (Return on Net Assets), ROCE (Return on Capital Employed), RAROC (Risk Adjusted Return on Capital) und RORAC (Return on Risk Adjusted Capital) diskutiert.

3.4.2 Shareholder-Value-Ansatz

Der Shareholder-Value-Ansatz geht im Wesentlichen zurück auf Alfred Rappaport. Dieser Ansatz dient als Instrument zur Evaluation von Strategien im Hinblick auf deren zu erwartende Wirkungen auf den Wert des Eigenkapitals (Unternehmenswert). Demnach berechnet sich der Wert einer Strategie aus der Differenz zwischen dem Marktwert des Eigenkapitals bei Durchführung der Strategie und unter Beibehaltung des Ist-Zustandes. Der Marktwert des Eigenkapitals wiederum ergibt sich als Gesamtunternehmenswert abzüglich Marktwert des Fremdkapitals. Dieser Gesamtunternehmenswert errechnet sich durch Diskontierung der zukünftigen freien Cashflows mit den gewichteten Kapitalkosten.

Die Prognose der freien Cashflows erfolgt nach Rappaport durch Verwendung sog. Value-Driver (Wertgeneratoren):

- Umsatzwachstum,
- Gewinnmarge,
- Investitionen ins Umlaufvermögen,
- Investitionen ins Anlagevermögen und
- Kapitalkosten.

Abbildung 154 veranschaulicht die Zusammenhänge des Shareholder-Value-Ansatzes:

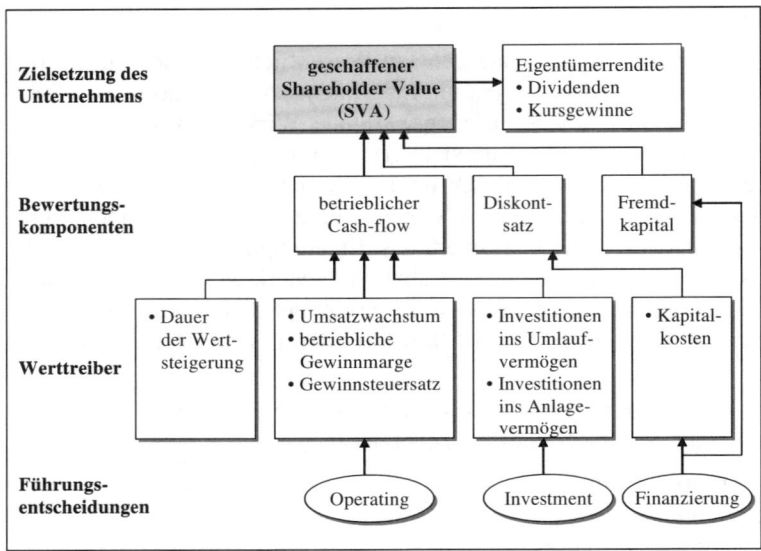

Abb. 154: Shareholder-Value-Netzwerk nach Rappaport
(Rappaport 1999, S. 68)

3.4.3 Economic Value Added (EVA)

Auch durch das EVA-Konzept soll festgestellt werden, welche Strate-
gien wertsteigernd bzw. wertvernichtend sind. Zentrale Größe ist der
NOPAT (Net Operating Profit after Tax), d. h., der durch das eingesetz-
te Kapital erwirtschaftete Gewinn. Dem NOPAT werden die mit dem
Kapitaleinsatz verbundenen Kosten gegenüber gestellt. Diese berechnen
sich durch das Produkt aus dem WACC (Weighted Average Cost of
Capital) und dem betriebsnotwendigen Vermögen (NOA, Net Operating
Asstes):

EVA = NOPAT – (NOA x WACC)

Der EVA kann zwar aus den Zahlen des Jahresabschlusses abgeleitet
werden, muss jedoch an die geforderte streng betriebswirtschaftliche
und aktionärsorientierte Sichtweise angepasst werden. Dazu sind die
herkömmlichen Daten des Rechnungswesens (Accounting Model) über
eine Reihe von Anpassungen in das sog. Economic Model zu transferie-

ren. Diese Anpassungen beziehen sich sowohl auf NOPAT als auch auf NOA und haben zum Ziel, finanzielle, steuerliche und bewertungstechnische Verzerrungen aus Shareholder-Sicht zu beseitigen (Abb. 155). Zu Planungszwecken besteht grundsätzlich auch die Möglichkeit, das EVA-Konzept prospektiv zu nutzen.

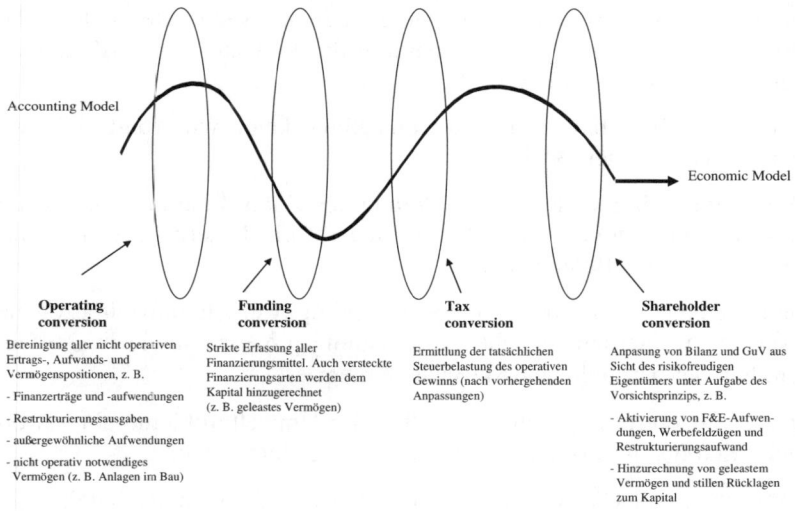

Accounting Model

Economic Model

Operating **conversion**	**Funding** **conversion**	**Tax** **conversion**	**Shareholder** **conversion**
Bereinigung aller nicht operativen Ertrags-, Aufwands- und Vermögenspositionen, z. B. - Finanzerträge und -aufwendungen - Restrukturierungsausgaben - außergewöhnliche Aufwendungen - nicht operativ notwendiges Vermögen (z. B. Anlagen im Bau)	Strikte Erfassung aller Finanzierungsmittel. Auch versteckte Finanzierungsarten werden dem Kapital hinzugerechnet (z. B. geleastes Vermögen)	Ermittlung der tatsächlichen Steuerbelastung des operativen Gewinns (nach vorhergehenden Anpassungen)	Anpasung von Bilanz und GuV aus Sicht des risikofreudigen Eigentümers unter Aufgabe des Vorsichtsprinzips, z. B. - Aktivierung von F&E-Aufwendungen, Werbefeldzügen und Restrukturierungsaufwand - Hinzurechnung von geleastem Vermögen und stillen Rücklagen zum Kapital

Abb. 155: Vom „Accounting Model" zum „Economic Model" im Rahmen des EVA-Konzeptes (Hostettler 1995, S. 311)

3.5 Ökologisches Controlling
3.5.1 Motivation und Begriff

Das zunehmend stärker werdende allgemeine Umweltbewusstsein, die sich national wie international verschärfende Umweltproblematik und die vor allem in den Industrieländern strengen gesetzlichen Rahmenbedingungen erfordern von den Unternehmen eine verstärkte ökologische Orientierung. Ein geeignetes Hilfsmittel für die Unternehmensleitungen stellt das Öko-Controlling dar.

Öko-Controlling bzw. Umwelt-Controlling kann wie folgt definiert werden (Beschorner 1993, S. 6):

Öko-Controlling stellt die Erweiterung des Controlling unter Einbezug umweltschutzbezogener Aspekte um die für ein Unternehmen relevanten ökologischen Belange dar.

Durch das Umwelt- bzw.- Öko-Controlling werden umweltbezogene Aspekte in unternehmerische Entscheidungsprozesse sowie in die Gesamtheit der betrieblichen Aktivitäten integriert.

Das Öko-Controlling bietet anlässlich der Umweltprobleme eine zweifache **Erfolgskomponente** für das agierende Unternehmen.

Zum einen soll Öko-Controlling ausreichende Anpassungsfähigkeit an unterschiedliche Umweltentwicklungen, und hier speziell an ökologische Problembereiche durch entsprechende Maßnahmen ermöglichen und zum anderen dient Öko-Controlling dem gesamten Verbessern der globalen Überlebenschancen der Menschheit.

Ziele des Öko-Controlling:

- Umweltwirkungen erfassen,
- Schwachstellenanalyse erarbeiten,
- Informationserfassung organisieren und
- Implementationsstrategie festlegen.

3.5.2 Anforderungen des Öko-Controlling an die Unternehmung

Controlling beinhaltet strategische wie operative Handlungen. Die ökologisch bewusst das Instrument des Öko-Controlling einsetzende Unternehmensführung stellt innovatives Unternehmertum im Sinne erfolgreichen ökologischen und ökonomischen Wirkens dar und wird durch folgende Merkmale gekennzeichnet (Beschorner 1993, S. 8):

- **Strategische Perspektive:**
- Ökologisches Denken, d.h. die neuzeitliche Unternehmung muss die natürliche Umwelt als überlebensbestimmenden Faktor in ihr Kalkül einbeziehen.
- Ökologie wird zum gestaltungsbedürftigsten Element der Unternehmensentwicklungsplanung.
- Ökologie in der strategischen Planung ist die gestaltungsfähigste Unternehmensvariable.
- Ökologische Größen können mit dem klassischen strategischen Planungsinstrumentarium allein nicht mehr bewältigt werden.
- Das neu zu entwickelnde Instrumentarium des Öko-Controlling ist erforderlich.
- **Taktisch-operative Perspektive:**
- Ökologisch-innovative Unternehmen stärken die Stellung des betrieblichen Umweltschutzbeauftragten.
- Ökologisch-innovative Unternehmen etablieren in ihrem Haus den externen Umweltschutzberater.
- Ökologisch-innovative Unternehmen sind freiwillig bereit Umweltpflichtprüfungen (z. B. durch Öko-Institute) durchführen zu lassen. Ziel ist es hierbei eine externe Kontrolle zu haben und aus den sich ergebenden Lerneffekten zu profitieren.

3.5.3 Instrumentarium und Methodik

Um die bisher geschilderten Perspektiven und Anforderungen zumindest partiell zu realisieren sind diverse Konzepte und Instrumente entwickelt worden. Grundsätzlich können die Verfahren des klassischen Controlling sowohl im operativen wie im strategischen Bereich verwendet werden sofern sie geeignet sind ökologische Aspekte und Kriterien zu berücksichtigen wie z. B. die ökologisch erweiterte Buchhaltung (Müller-Wenk 1978) und die Ansätze der Öko-Bilanzierung (Stahlmann 1993).

Operative Instrumente des Öko-Controlling:

- Scoring-Modelle und Nutzwertanalyse
- Umweltverträglichkeitsprüfung
- Technik-Technologiefolgeabschätzung
- Produktlinienanalyse bzw. -matrix
- Verfahren der erweiterten Wirtschaftlichkeitsrechnung
- Ökologische Buchhaltung
- Umweltorientierte Buchhaltung
- Umweltorientierte Kosten- und Leistungsrechnung
- Umweltkennzahlen
- Öko-Bilanz
- Ökologische Schwachstellenanalyse (z. B. über ABC-Analyse)

Im strategischen Bereich können die genannten Instrumente dort, wo sie sich in der Zeitachse ausdehnen lassen, ebenso eingesetzt werden wie die folgenden:

Strategische Instrumente des Öko-Controlling:

- Ökologie-Portfolio
- Umweltschutz-Wettbewerbs-Matrix und Markt-Umwelt-Reaktions-Matrix
- Szenario-Technik
- GAP-Analyse
- Strategische Bilanz

Eine Übersicht der angeführten Instrumente des Umwelt-Controlling gibt **Abbildung 156** (Ebert/Steinhübel 1992, S.103).

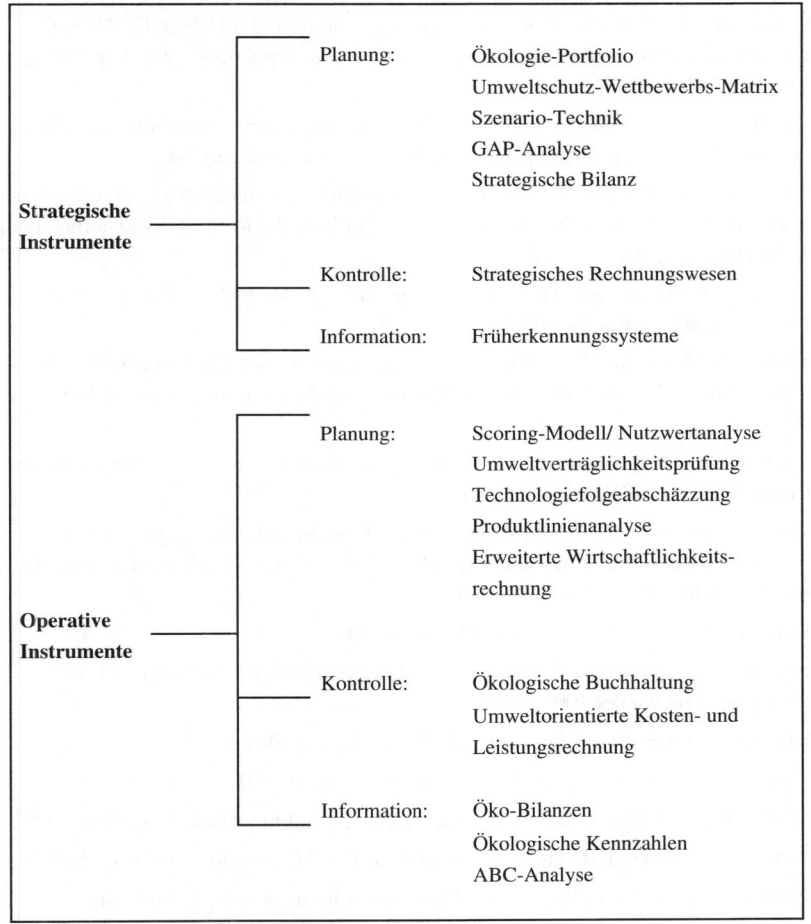

Abb. 156: Umwelt-Controlling-System

Literaturhinweise

Almenräder, A. J./Hagemann, S.: Technisches Controlling. Systemorientierte Planung, Kontrolle und Steuerung für das Technische Management, in: Controller Magazin 1991, S. 315-320.

Beschorner, D.: Grundlagen des ökologischen Controlling in: Ebert, G. (Hrsg.): Controlling - Managementfunktion und Führungskonzeption, 6. Aufl., Landsberg-Lech 1993, VII S.1-39.

Baum, H.-G./Coenenberg, A. G./Günther, T.: Strategisches Controlling: Grundfragen der strategischen Planung und Kontrolle, 3. Aufl., Stuttgart 2003.

Ebert, G./Steinhübel, V.: Ökologisches Controlling im Rahmen des Unternehmens-Controlling, in: Roth, K./Sander, R. (Hrsg.): Ökologische Reform der Unternehmen, Köln 1992, S.82-103.

Fiedler, R.: Wissensbasiertes Ergebniscontrolling, in: Männel, W. (Hrsg.): Handbuch Kostenrechnung, Wiesbaden 1992, S. 733-743.

Fischer, R./Rogalski, M.: Datenbankgestütztes Kosten- und Erlöscontrolling - Konzept und Realisierung einer entscheidungsorientierten Erfolgsrechnung, Wiesbaden 1990.

Hahn, D.: Integrierte und flexible Unternehmensführung durch computergestütztes Controlling, in: ZfB 1989, S. 1135-1158.

Haun, P.: Einsatz von Planungssprachen und Tabellenkalkulationssystemen in Rechnungswesen und Controlling, in: Männel, W. (Hrsg.): Handbuch Kostenrechnung, Wiesbaden 1992, S. 1279-1290.

Horváth, P.: Controlling, 9. Aufl., München 2003.

Hostettler, S.: „Economic Value Added" als neues Führungsinstrument, in: Der Schweizer Treuhänder 1995, S. 307-315

Klenger, F.: Operatives Controlling, 5. Aufl., München/Wien 2000.

Mayer, E.: Controlling-Konzepte, 5. Aufl., Wiesbaden 2001.

Müller-Wenk, R.: Die ökologische Buchhaltung, Frankfurt/Main, New York 1978.

Pape, U.: Wertorientierte Unternehmensführung und Controlling, Sternenfels 2003.

Peemöller, V. H.: Contolling - Grundlagen und Einsatzgebiete, 5. Aufl., Herne/Berlin 2005.

Peemöller, V. H.: Aufgaben eines umweltorientierten Controlling in der strategischen Materialbeschaffung unter besonderer Berücksichtigung der Koordinationsinstrumente in: Klaus, J. (Hrsg.): Neuorientierungen in der Umweltökonomie, Dettelbach 1994, S. 237-258

Peemöller, V. H./Faul, K: Wertorientierte Unternehmensführung für den Mittelstand, in: DSWR 2002, S. 305-307.

Peemöller, V. H./Keller, B.: Controlling/Planung, in: Küting, K. (Hrsg): Saarbrücker Handbuch der Betriebswirtschaftlichen Beratung, 3. Aufl., Herne/Berlin 2004, S. 381-434.

Rappaport, A.: Creating Shareholder Value, New York 1986.

Stahlmann, V.: Ziel und Inhalt ökologischer Rechnungslegung - vom Teil zum Ganzen in: Beck, M. (Hrsg.): Ökobilanzierung im betrieblichen Management, Würzburg 1993, S. 89-145.

E.4 Entscheidungstheorie/-Modelle

Die Entscheidungstheorie untersucht das Entscheidungsverhalten von Individuen und Gruppen, insbesondere in der Betriebswirtschaftslehre von Organisationen. Dabei werden zwei Richtungen der Entscheidungstheorie unterschieden:

- Normative Entscheidungstheorie: die normative Richtung bemüht sich um ein Aufzeigen all dessen, was Rationalität im Handeln impliziert. Es wird die Fragestellung geprüft, wie Individuen oder Gruppen entscheiden sollen. Durch die zugrunde gelegte Annahme der Rationalität erweist sich diese Richtung der Entscheidungstheorie als wertend. Wird dem Entscheidungsträger die Wahl des konkret verfolgten Zieles überlassen, also die materiale Zielentscheidung nicht zum Gegenstand der Untersuchung erhoben, so wird von praktisch normativer Entscheidungstheorie gesprochen. Werden auch Aussagen über die zu verfolgenden Ziele und deren Zweckmäßigkeit gemacht, so spricht man von bekennend-normativer Entscheidungstheorie.

- Deskriptive Entscheidungstheorie (Empirisch realistische Entscheidungstheorie): hier soll das Zustandekommen von Entscheidungen gezeigt werden. Die Beschreibung und Erklärung, wie Entscheidungen in der Realität getroffen werden, wird unter Einbezug der Erkenntnisse der Soziologie und Psychologie auf die Betriebswirtschaft und deren Entscheidungsprobleme übertragen.

Die normative Entscheidungstheorie wird häufig auch als **präskriptive** Entscheidungstheorie bezeichnet (Heinen 1991, S. 26). Betriebliche Entscheidungen können nach verschiedenen Merkmalen unterschieden werden (vgl. E.1). Ein zentrales Unterscheidungskriterium ist der Sicherheitsgrad der Information. Hierbei kann zwischen drei zentralen Situationen unterschieden werden. Die folgende **Abbildung 157** (Bea/Dichtl/Schweitzer 1992, S. 327) verdeutlicht diesen Zusammenhang.

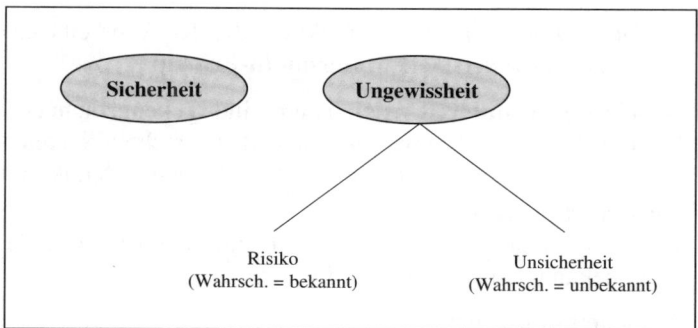

Abb. 157: Unterscheidung nach Informationsgrad

- **Entscheidungen unter Sicherheit**, bei denen die Auswirkungen klar erkennbar sind, zeigen folgende Merkmale:

  - **Entscheidungssituation:**
    sämtliche Daten sind bekannt oder werden als bekannt vorausgesetzt (Produktionsplanung, Transportprobleme).

  - **Lösungsalgorithmen:**
    Lineares Programmieren
    Nichtlineares Programmieren
    Dynamisches Programmieren
    Suchalgorithmen

- **Entscheidungen bei Risiko** unterstellen bei den Auswirkungen der Entscheidungen jeweils die Eintrittswahrscheinlichkeiten und haben folgende Merkmale:

  - **Entscheidungssituation:**
    Wahrscheinlichkeitsverteilung oder Dichtefunktion der Zustände der Umwelt ist bekannt (Versicherungswesen, Lagerhaltung).

  - **Entscheidungsregeln:**

    a) Es wird die Aktion gewählt, die zum höchsten Erwartungswert führt (z. B. bei einem Investitionsproblem zum höchsten erwarteten Gewinn): **Bayes-Regel**

    b) Es wird die Aktion gewählt, die zum höchsten Erwartungswert einer subjektiven Nutzenfunktion des Entscheidenden führt, wobei die Nutzenfunktion die Risikobereitschaft des Einzelnen widerspiegelt: **Bernoulli-Prinzip**

- **Entscheidungen unter Unsicherheit** sind gekennzeichnet durch fehlende Informationen über die Eintrittswahrscheinlichkeiten der verschiedenen Situationen und zeigen die folgenden Charakeristika:

  • **Entscheidungssituation:**
    Objektive Wahrscheinlichkeiten für die Umweltzustände sind nicht bekannt (Entwicklung, Forschung).

  • **Entscheidungsregeln:**
    a) Risikoavers: **Minimax-Regel**
    b) Risikofreudig: **Maximax-Regel**
    c) Pessimismus-Optimismus: **Hurwicz-Regel**

Eine Sonderform der Entscheidung unter Unsicherheit ist die des strategischen Spiels:

- **Spielsituationen** beschreiben die Aktionsmöglichkeiten im Mehrpersonenkontext unter folgenden Merkmalen:

  • **Entscheidungssituation:**
    Der Zustand der Welt resultiert aus den Aktionen rational handelnder Gegenspieler (Konkurrenzsituationen wie Tarifverhandlungen).

  • **Entscheidungsregeln:**
    Existieren nur bei einfachen Spielsituationen; der eigentliche Wert der Spieltheorie, die verschiedene Lösungsvorschläge für bestimmte Spielsituationen bereit hält, liegt bisher in der Analyse von Entscheidungssituationen. Eine der bekanntesten spieltheoretischen Entscheidungsregeln ist die oben erwähnte Minimax-Regel.

Weitere Unterscheidungskriterien sind, ob Einfach- oder Mehrfachziele (Weber 1983) der Entscheidungsträger vorliegen. Ebenso ist die Einstufigkeit oder Mehrstufigkeit der Entscheidungen von Interesse, wobei die **mehrstufigen Entscheidungen** wie folgt charakteristert (vgl. auch Kapitel 1.1) sind:

- **Entscheidungssituation:**
  Das erzielte Ergebnis ist das Resultat mehrerer aufeinanderfolgender Teilentscheidungen.

- **Lösungsmethoden:**
  Unter bestimmten Voraussetzungen die Methoden der Dynamischen Programmierung.

Zum ausführlichen Studium sei auf (Bamberg/Coenenberg 1992) verwiesen.

Im Weiteren sollen kurz die Grundlagen der praktisch-normativen Entscheidungstheorie und die Entscheidungsmodelle für Risiko und Unsicherheit vorgestellt werden. Jedes Entscheidungsmodell besteht aus zwei Arten von Information. Zum einen aus Informationen über die vom Entscheidungsträger angestrebten Sachverhalte und seine subjektive Einstellung dazu (Abbild des Entscheidungsträgers oder Zielträgers). Zum anderen aus Informationen über die dem Zielträger offen stehenden Handlungsmöglichkeiten (Abbild des Entscheidungsfeldes). Die folgende **Abbildung 158** zeigt die Zusammenhänge (Sieben/Schildbach 1994).

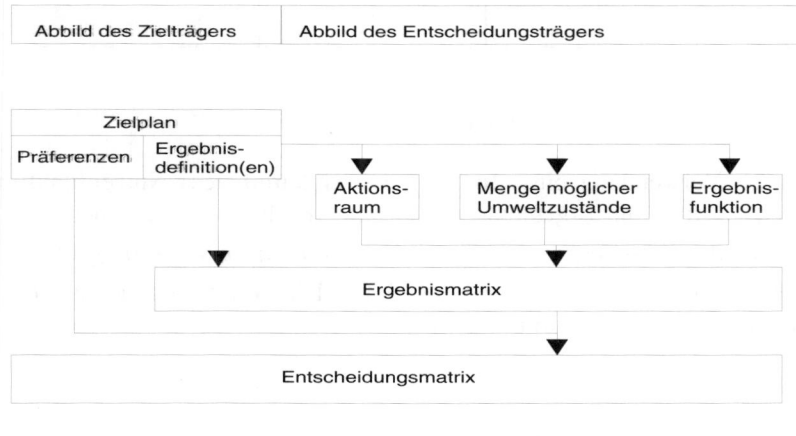

Abb. 158: Entscheidungsmodelle

Die Strukturierung von Entscheidungsproblemen geschieht durch Entscheidungsmodelle, so dass der Entscheidungsträger sich einem nachvollziehbaren und programmierbaren Informationsverarbeitungsprozess gegenüber sieht. Die Darstellung erfolgt in der Ergebnismatrix, welche wiederum durch Anwendung einer bestimmten Nutzenfunktion, die von den Präferenzen des Entscheidungsträgers abhängt, zur Entscheidungsmatrix weiter umgeformt werden kann. Dieser Sachverhalt soll kurz verdeutlicht werden. Die Ergebnismenge erhält man, indem man jeder Kombination aus Handlungsalternative a_i aus dem Aktionenraum (z.B. Kauf einer Maschine) und Umweltzustand s_j aus der Menge der möglichen Umweltzustände (z.B. Konjunkturentwicklung) eine Ergebnisfunktion $e_{ij} = f(a_i,s_j)$ zuordnet (Heinen 1991, S.27). Die Ergebnisfunktion kann in einer Ergebnismatrix (**Abbildung 159**) dargestellt werden;

Umweltzustände Aktionen	s_1	s_2	.	.	s_n
a_1	e_{11}	e_{12}	.	.	e_{1n}
a_2	e_{21}	e_{22}	.	.	e_{2n}
.	.	.			.
.	.	.			.
a_m	e_{m1}	e_{m2}	.	.	e_{mn}

Abb. 159: Ergebnismatrix

Durch Verwendung einer (ordinalen oder kardinalen) Nutzenfunktion $n(e_{ij})$ werden die Ergebniswerte eij unter Berücksichtigung der Präferenzen des Entscheidungsträgers in Nutzwerte u_{ij} (u von utility) übergeführt (Bamberg/Coenenberg 1992, S.33). Dies führt zu folgender Entscheidungsmatrix (**Abbildung 160**):

Umweltzustände Aktionen	s_1	s_2	.	.	s_n
a_1	u_{11}	u_{12}	.	.	u_{1n}
a_2	u_{21}	u_{22}	.	.	u_{2n}
. . .	. . .	. . .			. . .
a_m	u_{m1}	u_{m2}	.	.	u_{mn}

Abb. 160: Entscheidungsmatrix

Stellvertretend für andere Situationen wird ein Beispiel für eine Entscheidung unter Risiko und Verwendung der Bayes-Regel gegeben (Bea/Dichtl/Schweitzer 1992, S. 328).

Es sei die folgende Egebnismatrix gegeben:

Umweltzustände Wahrscheinlichkeiten Aktionen	s_1 $p_1 = 0{,}3$	s_2 $p_2 = 0{,}5$	s_3 $p_3 = 0{,}2$
a_1	90	110	150
a_2	95	105	120

Abb. 161: Ergebnismatrix

Bei der Bayes-Regel wird das erwartete Ergebnis e_{ij} mit einer Wahrscheinlichkeit p_j gewichtet.
Somit gilt:

$$E(a_i) = \sum_j e_{ij} \cdot p_j$$

Die Alternative mit dem höchsten Erwartungswert wird ausgewählt. Im obigen Beispiel a_1, da $E(a_1) = 112 > E(a_2) = 105$. Im Falle, dass die Bayes-Regel auf Nutzwerte anstelle von Ergebniswerten angewendet wird, wird die Entscheidungsregel Bernoulli-Prinzip genannt.

Diese hier behandelten Entscheidungsmodelle gehören in die Kategorie der geschlossenen Entscheidungsmodelle. Dort, wo schlecht strukturierte Entscheidungsprobleme vorliegen, wird die Lösung über offene Entscheidungsmodelle gesucht; deren Ausgangspunkt ist die Untersuchung menschlichen Problemlösungsverhaltens. Als Lösungshilfen dienen hier die so genannten heuristischen Verfahren, die nicht unbedingt immer eine optimale Lösung garantieren, jedoch in der Regel zu einer verwertbaren Lösung führen. Als Beispiel sei hier ein gängiges heuristisches Verfahren (**Abbildung 162**), die Methode der Zerlegung des Gesamtproblems in Teilprobleme, angeführt (Heinen 1991, S. 42).

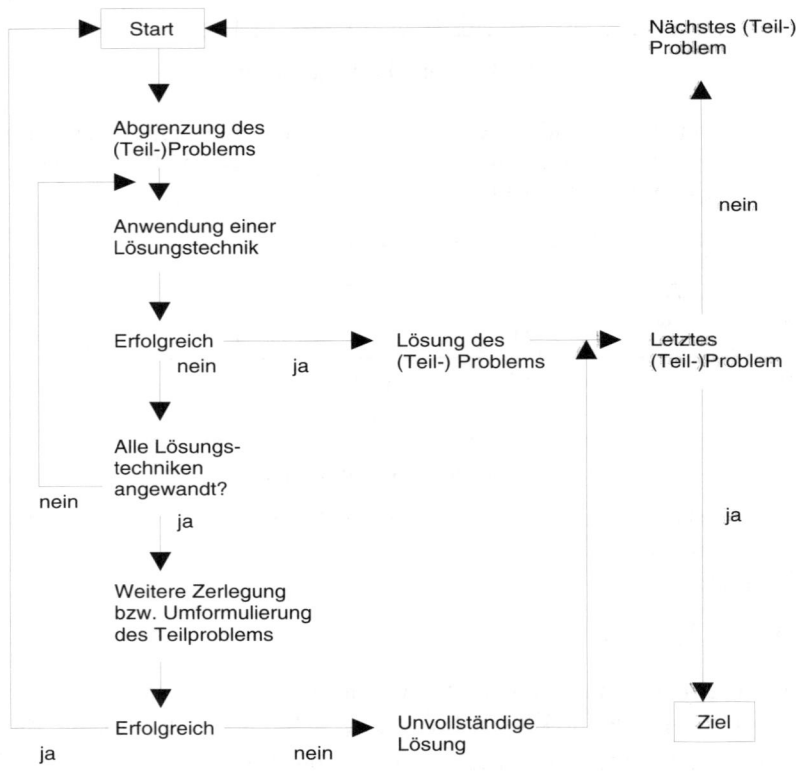

Abb. 162: Grundschema eines offenen Entscheidungsmodells (Heuristischer Problemlösungsprozess)

Offene und geschlossene Entscheidungsmodelle schließen sich gegenseitig nicht aus, sondern können sich durchaus ergänzen. Geschlossene
Modelle sind extrem leistungsfähig und garantieren stets optimale Lösungen. Sie stoßen jedoch dort auf Grenzen, wo sich entweder eine
schlecht strukturierte Entscheidungsproblematik dartut (für Wohlstrukturiertheit wird unterstellt, dass eines oder mehrere definierte Ziele vorliegen, dass eine abgrenzbare Menge von Alternativen zur Verfügung
steht und dass ein Algorithmus z.B. eine Entscheidungsregel für die
Lösung zur Anwendung gebracht wird; bei schlecht strukturierten Problemen fehlt mindestens eines dieser Kriterien) oder die Anwendung des
Modells trotz Wohlstrukturiertheit mit einem vertretbaren wirtschaftlichen Aufwand die Bestimmung einer optimalen Lösung nicht mehr
ermöglichen würde.

Literaturhinweise

Bamberg, G./Coenenberg, A. G.: Betriebswirtschaftliche Entscheidungslehre,
7. Aufl., München 1992.

Bea, F. X./Dichtl, E./Schweitzer, M.: Allgemeine Betriebswirtschaftslehre: Band 1:
Grundfragen, 6. Aufl., Stuttgart, 1992.

Heinen, E.: Industriebetriebslehre, 9. Aufl., Wiesbaden 1991.

Sieben, G./Schildbach, Th.: Betriebswirtschaftliche Entscheidungstheorie, 4. Aufl.,
Düsseldorf 1994.

Weber, M.: Entscheidungen bei Mehrfachzielen, 1. Aufl., Wiesbaden 1983.

F Leistungs- und Umsatzprozesse

F.1 Materialwirtschaft

1.1 Aufgabe

Die Aufgaben des Funktionsbereiches Materialwirtschaft sind

- die Beschaffung,
- die Verwaltung,
- die Verteilung

von Material. Der Begriff des Materials umfasst dabei:

a) Rohstoffe: Materialien, die einen wesentlichen Bestandteil des fertigen Produktes bilden (z. B. Spanplatten, Stahlbleche, elektronische Bauelemente).

b) Hilfsstoffe: Materialien, die Bestandteile des fertigen Produktes sind, aber wertmäßig nur eine untergeordnete Rolle spielen (z. B. Leime, Farben, Nähgarne, Schrauben).

c) Betriebsstoffe: Materialien, die nicht in das fertige Produkt eingehen, sondern bei der Produktion verbraucht werden (Kühlwasser, Energie, Schmiermittel).

d) Unfertige Erzeugnisse: Produkte, die zu ihrer Fertigstellung noch weiter bearbeitet werden müssen.

e) Fertigfabrikate: Fertige Produkte, die an Kunden ausgeliefert werden können.

f) Handelswaren: Produkte, die ohne Bearbeitung am Absatzmarkt weiterveräußert werden. Dabei kann es sich um Zubehör (z. B. Autoradio in der Automobilindustrie) oder um ein komplettes Produkt handeln, das der Abrundung der Produktpalette dient (z. B. CD Player, der von Unternehmen der Unterhaltungselektronik nicht selbst hergestellt, sondern zugekauft wird).

g) Abfälle: Materialien, die im Laufe der Fertigung anfallen, aber nicht als Fertigprodukt verkauft werden können. Diese Stoffe sind entweder:

- einer ordnungsgemäßen Entsorgung (Deponie) oder
- einer Wiederverwendung (Recycling) zuzuführen.

Letztere Verwendungsmöglichkeit führt u. U. zu zusätzlichen Erträgen.

Der Bereich der Materialwirtschaft enthält einen permanenten Zielkonflikt:

a) Niedrige Aufwendungen im Bereich der Materialwirtschaft für Lagerung, Verwaltung und Verteilung des Materials (z. B. geringe Lagerbestände, knapp bemessene Transportmittel) bergen das Risiko, dass der aktuelle Materialbedarf nicht gedeckt werden kann. Es entstehen Fehlmengenkosten.

b) Hohe Lagerbestände, umfangreiche Transportkapazitäten und ein hoher Aufwand für die Materialverwaltung führen zu entsprechend hohen Kosten, aber auch zu einer hohen Lieferbereitschaft.

Zielsetzung der Materialwirtschaft ist deshalb die Erreichung einer optimalen Lieferbereitschaft. Diese liegt vor, wenn

- die Kosten der Materialwirtschaft, also die Kosten für Beschaffung, Verwaltung und Verteilung von Material und
- die Fehlmengenkosten, d. h. die aus einem Lieferengpass entstehenden Kosten zusammen ein Minimum annehmen.

Die Lösung der im Bereich Materialwirtschaft vorhandenen Probleme und Aufgaben kann nicht isoliert geschehen: Materialbeschaffung und Materialverteilung hängen eng mit den Bereichen Produktion und Absatz zusammen, die Materialwirtschaft muss sich an deren Erfordernissen orientieren, die Materialwirtschaft hat eine Dienstleistungsfunktion. Restriktionen ergeben sich auch aus dem Bereich Finanzen (Finanzierung der Aktivitäten) sowie aus den vorhandenen Lagerkapazitäten.

Bei der Gestaltung der Materialwirtschaft sind auch die strategischen Zielsetzungen der Unternehmensleitung, wie z. B. umweltfreundliches Unternehmen zu berücksichtigen.

1.2 Organisation der Materialwirtschaft

1.2.1 Aufbauorganisation

Die organisatorische Gliederung des Bereiches Materialwirtschaft kann nach zwei Strukturierungsprinzipien erfolgen:

- Objektprinzip: Aufteilung nach Objekten (Materialien).
- Verrichtungsprinzip: Aufteilung nach Funktionen/Aufgaben.

Die organisatorische Strukturierung nach dem Verrichtungsprinzip führt zur Trennung der Teilfunktionen:

- Beschaffung (Marktforschung, Einkauf, Materialdisposition, Warenannahme),
- Verwaltung (Lagerung, Bestandsführung, Innentransport),
- Verteilung (Transport zum Kunden)

in einzelne organisatorische Einheiten, die wiederum je nach Unternehmensgröße nach den in Klammern angegebenen Teilfunktionen unterteilt werden können **(Abb. 163)**.

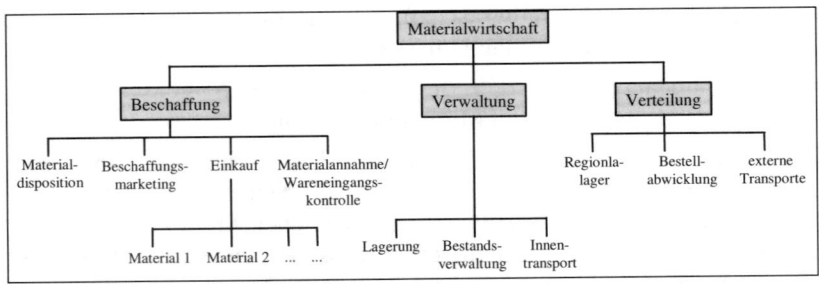

Abb. 163: Aufbauorganisation der Materialwirtschaft

Die Gliederung des Bereiches Materialwirtschaft nach dem Objektprinzip, also nach den einzelnen Materialarten, wird in der Regel erst in einer nachfolgenden Organisationsstufe durchgeführt; Vorteile bietet hier z. B. eine Spezialisierung im Einkauf auf bestimmte Materialarten (Facheinkauf).

Die organisatorische Gestaltung der Materialwirtschaft muss des Weiteren unter dem Gesichtspunkt

• Zentralisation,

• Dezentralisation

im Unternehmen durchgeführt werden. Diese Frage ist in Großunternehmen mit verschiedenen Fertigungsstätten und regionalen Vertriebseinrichtungen von erheblicher Bedeutung.

Vorteile der Zentralisation sind:

• Kostengünstige Materialbeschaffung und -verwaltung (z. B. durch Beschaffung großer Mengen Mengenrabatte, geringe Lagerbestände, geringer Verwaltungsaufwand, bessere Position gegenüber Lieferanten),

• straffe Organisation.

Nachteile sind die langen Laufzeiten, der Transportaufwand und der Koordinierungsaufwand.

Die Vor- und Nachteile der Dezentralisation liegen weitgehend entgegengesetzt. In Großunternehmen hat sich deshalb eine Kombination von Zentralisation und Dezentralisation durchgesetzt: Bestimmte Aufgaben werden zentral wahrgenommen oder werden zumindest zentral koordiniert (z. B. zentrale Beschaffung von Material, das in verschiedenen Standorten in großen Mengen benötigt wird). Dezentral erfolgen alle Aktivitäten, bei denen Schnelligkeit und regionale Verfügbarkeit den Vorrang haben oder bei denen keine nennenswerten Kostenvorteile aus einer zentralen Abwicklung resultieren (z. B. Beschaffung von Kleinmengen, Betriebsmitteln, Notwendigkeit der engen Zusammenarbeit mit dem Lieferanten). Der Grad der Zentralisation kann in den einzelnen Bereichen der Materialwirtschaft völlig unterschiedlich sein, er hängt von der Materialart und der Aufgabenstellung ab.

1.2.2 Ablauforganisation

Die Ablauforganisation in der Materialwirtschaft zielt auf einen optimalen Informations- und Materialfluss in der Unternehmung. Ziele sind:

• Optimierung der Durchlaufzeiten,

• bedarfsgerechte Bereitstellung des Materials am Einsatzort (Produktion, Kunde).

Da der Materialfluss eng mit den Bereichen Produktion und Absatz verbunden ist, wird heute in vielen Unternehmen der Materialfluss bzw. die Ablauforganisation in der Materialwirtschaft nicht isoliert betrachtet, sondern ist Teil eines logistischen Gesamtkonzeptes, das eine Optimierung der gesamten Durchlaufzeiten von der Kundenbestellung über die Fertigung bis hin zur Auslieferung an den Kunden zum Inhalt hat.

Für einen reibungslosen Materialfluss ist ein funktionierendes Informationssystem Voraussetzung, das auf den Materialbestands- und Materialbedarfsinformationen aufbaut und diese miteinander verknüpft.

1.3 Materialbeschaffung

1.3.1 Aufgabe

Aufgabe der Materialbeschaffung ist die termingerechte Aufnahme des von der Unternehmung benötigten Materials nach Art, Menge und geforderter Qualität vom Markt. Die Materialbeschaffung hat dabei zwei Ziele zu beachten:

- Wirtschaftlichkeit und
- Sicherheit der Materialversorgung.

Die Beschaffung umfasst in Industrieunternehmen nicht nur die Beschaffung von Material in dem weiter oben angegebenen Sinne, sondern auch die Beschaffung von:

- Dienstleistungen,
- Patenten und Lizenzen (Rechte),
- Gütern des Sachanlagevermögens (Maschinen, Büroausstattung),
- Personal,
- Finanzmitteln,

d. h. nicht nur von Fertigungsmaterial, sondern generell von Sachgütern und Dienstleistungen. Da die Beschaffung von den zuvor genannten Gütern nach anderen Kriterien erfolgt, sollen sie im Folgenden im Rahmen der Materialwirtschaft nicht weiter berücksichtigt werden.

1.3.2 Organisation der Materialbeschaffung

Die Materialbeschaffung besteht aus vier Teilfunktionen:

* Materialdisposition,
* Beschaffungsmarketing,
* Einkauf,
* Materialannahme/Wareneingangskontrolle.

Die Materialdisposition muss für einen Ausgleich des Materialbedarfs und der erforderlichen wirtschaftlichen Materialbeschaffung (kostengünstige Bedarfsdeckung) sorgen. Dazu gehören:

* Ermittlung der Bedarfsmengen,
* Bestimmung der optimalen Bestellmengen (Bestellplanung),
* Abgleich des Materialbedarfs mit verfügbaren Lagerbeständen, der Fertigungssteuerung und dem Einkauf (Verfügbarkeit am Markt, laufende Bestellungen),
* Ausgleich saisonaler Schwankungen auf dem Beschaffungsmarkt oder in der Fertigung,
* Überlegungen zu Eigenfertigung oder Fremdbezug.

Das methodische Vorgehen zur Materialbedarfsplanung ist in Kapitel **F.1.4** ausführlich dargestellt.

Dem Beschaffungsmarketing kommen die Aufgaben zu, den Beschaffungsmarkt laufend zu überwachen und zu analysieren, das Beschaffungsprogramm zu bestimmen, die Preis- und Konditionenpolitik gegenüber Lieferanten festzulegen, die Beschaffungspartner auszuwählen und gegebenenfalls aktiv auf den Beschaffungsmarkt einzuwirken. Die Aufgaben des Beschaffungsmarketing sind bei vielen Unternehmen in den Einkauf integriert.

Der Einkauf nimmt die wichtigste Stellung im Rahmen der Materialbeschaffung ein. Er hat dafür zu sorgen, dass die benötigten Güter und Dienstleistungen vom Markt termingerecht und unter Beachtung des Wirtschaftlichkeitsprinzips aufgenommen werden. Die Einkaufstätigkeit baut auf den Erkenntnissen des Beschaffungsmarketing auf.

Der Einkauf wandelt eine Bedarfsmeldung in eine Bestellung um. Dazu gehören folgende Aktivitäten:

1) Einholung und Prüfung von Angeboten, Verhandlungen mit Lieferanten. Diese Tätigkeiten erfordern sehr gute Marktkenntnisse, Verhandlungsgeschick, daneben auch fachliche Kenntnisse, die eine Beurteilung der eingehenden Angebote ermöglichen. Wesentliches Hilfsmittel ist eine Lieferantenübersicht, die neben Preisen und Konditionen der Lieferanten auch Informationen über Lieferqualität und Termintreue enthält (Bewertung der Lieferanten). Die eingehenden Angebote werden hinsichtlich ihres Inhalts verglichen. Bei Großaufträgen oder langfristigen Lieferverträgen sind Verhandlungen mit den Lieferanten üblich, die ggf. unter Zuziehung von Personen der anfordernden Stelle, bei strategisch wichtigen Gütern auch von Mitgliedern der Unternehmensleitung stattfinden.

2) Lieferantenauswahl und Bestellung. Die Entscheidung über die Lieferantenauswahl muss bei Großaufträgen oder bei Materialarten, die von strategischer Bedeutung sind, von der Unternehmensleitung mitgetragen werden, da sie die Kompetenz des Einkaufs überschreitet.

Strategische Überlegungen zur Lieferantenauswahl bestehen in folgenden Fragen, die in **Abb. 164** dargestellt werden.

Just-in-Time	Es dient der Senkung der Kosten der Kapitalbindung, da auf eine bedarfsgenaue oder -synchrone Belieferung abgestellt wird. Durch diese Strategie werden die Lagerbestände verringert und der Materialfluss im Unternehmen optimiert. Über die sich reduzierenden Durchlaufzeiten kann ein entsprechend positiver Effekt auf die Flexibilität im Rahmen von Kundenbeziehungen und der Produktivität erzielt werden. Die Strategie der Just-in-Time-Belieferung lässt sich häufig nur durch eine Sourcing-Strategie verwirklichen.
Global Sourcing	Es wird weltweit nach dem günstigsten Lieferanten (z. B. durch Online-Aktionen im B-to-B-Bereich) gesucht, um diesen als Beschaffungsquelle zu nutzen. Durch diese internationale Beschaffungsarealstrategie sollen Wettbewerbsvorteile ausgenutzt und die Wirtschaftlichkeit des Unternehmens erhöht werden.

Single Sourcing	Die Beschaffungsquelle konzentriert sich auf nur einen Lieferanten, der eine enge Partnerschaft in Bezug auf Entwicklung und Belieferung zum Bezugsunternehmen aufweist. Diese Strategie ermöglicht die Nutzung von Größenvorteilen. Der Vorzug einer langfristigen vertraglichen Bindung geht allerdings oftmals zu Lasten des Abhängigkeitsverhältnisses vom Lieferant.
Outsourcing	Es findet eine Fokussierung auf Kernkompetenzen im Unternehmen statt. Eigenfertigung bzw. bisher selbst erstellte Dienstleistungen werden somit teilweise auf unabhängige Dritte übertragen. Dieser Spezialfall einer Make-or-Buy-Entscheidung soll durch die Ausgliederung von kostenintensiven Geschäftsprozessen u.a. die Rentabilität erhöhen. Outsourcing findet folglich in der heutigen Zeit auf allen Ebenen eines Betriebes statt (z. B. Ausgliederung von IT-Ressourcen).
Supply Chain Management (SCM)	Es wird die integrative Planung, Steuerung und Kontrolle der gesamten Wertschöpfungskette (z. B. vom Lieferant bis zum Endkunden) eines Unternehmens mit all seinen Güter- und Informationsflüssen betrachtet. Die heutzutage zur Verfügung stehenden informationstechnologischen Möglichkeiten (z. B. Internet) unterstützen das SCM in seiner Effektivität.
Total Quality Management (TQM)	Diese Strategie zielt auf eine permanente Gewährleistung der Qualität in allen Prozessen und auf allen Ebenen eines Unternehmens ab. Ständige Kontrollen sollen Fehler vermeiden und dadurch u. a. die Kundenzufriedenheit steigern.
Electronic Procurement	Darunter ist die Automatisierung möglichst vieler Prozesse im Bereich Beschaffung (z. B. durch Katalogsysteme) zu verstehen. Das im Unternehmen implementierte EDV-System muss in der Lage sein, Prozesse elektronisch, d. h. ohne menschliches Zutun, abzuwickeln.

Abb. 164: Strategische Überlegungen zur Lieferantenauswahl

Ergebnis dieser Phase ist eine Entscheidung, bei welchem Lieferanten das benötigte Material bezogen wird, und eine Bestellung (Abschluss eines Kaufvertrages oder Dienstleistungsvertrages). Die Bestellung umfasst die Positionen:

- Beschaffenheit des Materials,
- Liefermenge,
- Verpackung/Verpackungskosten/Aufmachung der Verpackung,
- Liefertermin,
- Lieferort,
- Preise (Preis für Material, Preis für Nebenleistungen),
- Zahlungsbedingungen (Fälligkeit, Währung, Skonti, Zahlungsort, evtl. Vorauszahlungen),
- Nebenleistungen des Lieferanten (Transport, Versicherung, Zoll),
- Sonstige Vereinbarungen (Garantieabwicklung, Preisschwankungsklauseln, Währungsklauseln, Rücktritt).

3) Überwachung der Bestellabwicklung. Da für einen planmäßigen Fertigungsprozess und eine termingetreue Lieferung an den Kunden eine fristgerechte Lieferung des bestellten Materials von entscheidender Bedeutung ist, muss der Einkauf seinerseits die vereinbarten Liefertermine auf Einhaltung überwachen und bei Terminüberschreitungen ggf. mahnen. Für diese Überwachungsaufgabe ist der Einkauf auf Rückmeldungen angewiesen, die den korrekten Eingang des bestellten Materials bestätigen. Bei erfolgter richtiger Lieferung ist für den Einkauf ein Vorgang abgeschlossen.

Die Bezahlung der Lieferantenrechnung ist nicht Sache des Einkaufs, sondern dem Finanzbereich zugeordnet. Einen Überblick über die Bestellabwicklung in Großunternehmen gibt **Abbildung 165**.

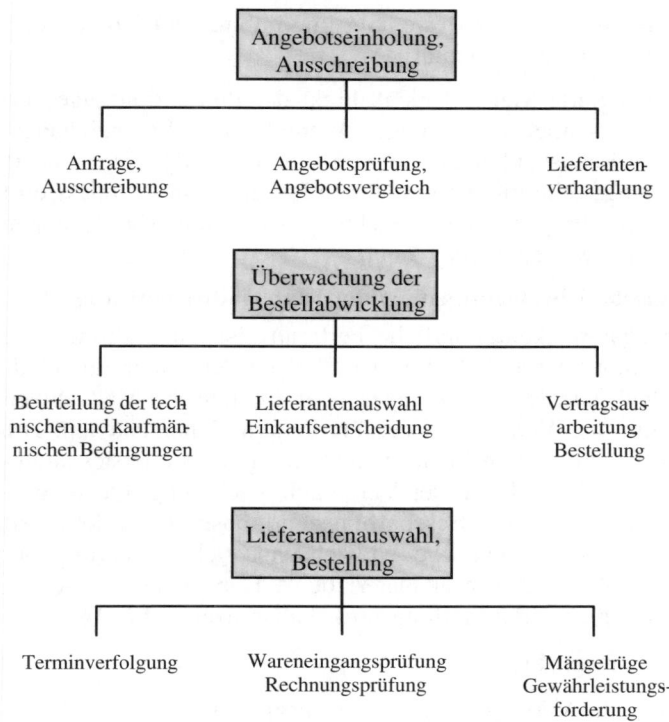

Abb. 165: Aufgaben bei der Bestellabwicklung

Bei der Beschaffung von Materialarten, die in ständig wiederkehrenden Abständen in größeren Mengen benötigt werden, ist der Abschluss von Rahmenabkommen mit Lieferanten üblich, die für einen längeren Zeitraum die Preise und Konditionen festschreiben. Die einzelnen Bestellungen erfolgen dann über Abrufe. Dadurch werden Beschaffungsvorgänge organisatorisch vereinfacht und durch Bedarfszusammenfassung wirtschaftliche Vorteile erzielt.

Die Materialannahme/Wareneingangskontrolle nimmt die angelieferten Waren in Empfang und überprüft die eingehenden Materiallieferungen auf Übereinstimmung mit der Bestellung im Hinblick auf Vollständigkeit und geforderte Art und Qualität.

Soweit das angelieferte Material nicht direkt der Produktion zugeführt wird, gelangt es anschließend ins Lager. Wenn bei der Wareneingangskontrolle keine Beanstandungen auftreten, erfolgt Meldung an die Rechnungsprüfungsstelle mittels bestätigten Lieferscheines, sodass dort die Rechnung nach Eingang unter Beachtung der Zahlungsbedingungen zur Bezahlung angewiesen werden kann.

1.3.3 Strategische Überlegungen bei der Materialbeschaffung

Für eine reibungslose, kontinuierliche Fertigung ist eine störungsfreie Materialversorgung unerlässlich. Bei der Planung der Materialbeschaffung sind deshalb auch Entscheidungen über strategische Maßnahmen erforderlich, um eine Versorgung der Produktion sicherzustellen. Die Schaffung und Erhaltung von Erfolgspotentialen gilt als oberstes strategisches Ziel, das z. B. in Form der Versorgungssicherung, Qualitätssicherung und Sicherung der Beschaffungsmarktposition konkretisiert wird. Hinzu tritt das strategische Umweltschutzziel „Sicherung der Umweltverträglichkeit der Einsatzmaterialien". Danach lassen sich in einer Matrix strategische Beschaffungsartikel abgrenzen (**Abb. 166**).

Mögliche Maßnahmen sind:

a) Lagerhaltung, die Versorgungsengpässe ausgleicht,

b) Aufteilung der Bestellmengen,

- auf verschiedene Lieferanten,

- auf mehrere Herkunftsorte,

c) Eigenfertigung von strategisch wichtigen Teilen/Baugruppen.

Derartige Überlegungen hängen von der Bedeutung der betrachteten Materialart für die Produktion ab.

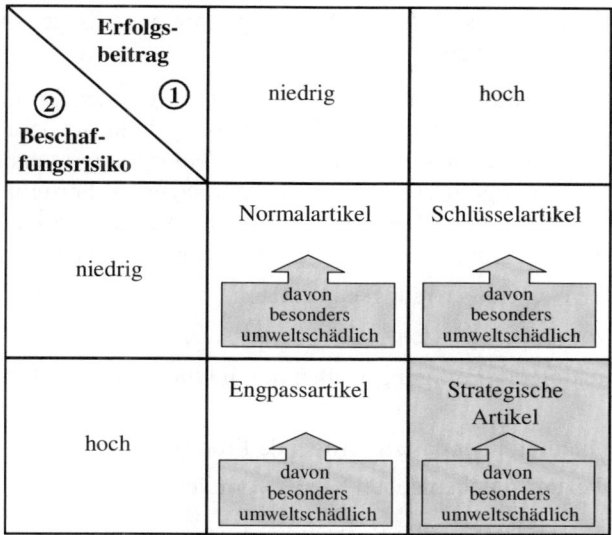

Strategische Beschaffungsartikel
unter umweltorientierter Betrachtungsweise

① Beurteilungskriterium zum Ergebniseinfluss:
• Materialkosten im Verhältnis z den Gesamtkosten
• Wertschöpfungsprofil
• Bedeutung für die Qualität des Endprodukts

② Beurteilungskriterium für das Beschaffungsrisiko
• Bedeutung für die Produktion
• Lagerfähigkeit
• generelle Substitutionsmöglichkeiten

Abb. 166: Matrix zur Festlegung der strategisch bedeutsamen Einsatzmaterialien

Zu a) Lagerhaltung wird nicht nur deshalb betrieben, weil die Beschaffung von Material im Bedarfsfall teurer ist als die Beschaffung einer größeren Menge auf Vorrat, sondern auch als Sicherheitsmaßnahme.

Zu b) Die Aufteilung der Bestellmenge auf verschiedene Bezugsquellen liefert ein erhöhtes Maß an Sicherheit gegenüber Lieferausfällen (z. B. durch Streiks, Produktionsausfälle, Transportschwierigkeiten u. Ä.)

sowie an Unabhängigkeit. Single Sourcing kann aber Kosten- und Entwicklungsvorteile bringen.

Zu c) Die Frage, ob bestimmte Teile eigengefertigt oder fremdbezogen werden, stellt sich nicht nur unter Sicherheitsaspekten, wobei auch hier nur ein erhöhtes Maß an Sicherheit durch Eigenfertigung realisiert wird, wenn keine Versorgungsengpässe auf vorgelagerten Fertigungsstufen und den dort benötigten Materialien auftreten. Weitere Gesichtspunkte, die neben Kostenvorteilen für eine Eigenfertigung sprechen, sind:

- nicht ausgelastete Fertigungskapazitäten,

- Erhalt von Arbeitsplätzen,

- Koordination der Fertigungsstellen durch kontinuierliche Eigenfertigung,

- Geheimhaltung über das zu fertigende Produkt.

Für Fremdbezug sprechen neben Kostenvorteilen:

- finanzielle und personelle Restriktionen,

- Engpässe in der Fertigung,

- mangelndes Fertigungs-Know-How.

Die Entscheidung Eigenfertigung oder Fremdbezug ist für alle Materialien auf allen Fertigungsstufen bis hin zum fertigen Produkt zu treffen, das ggf. als Handelsware ebenfalls fremdbezogen wird. Die zunehmende Spezialisierung in der Industrie lässt einen deutlichen Trend zum Fremdbezug von Teilen, Baugruppen und Dienstleistungen erkennen.

1.3.4 Kontrolle der Materialbeschaffung

Controlling-Aufgaben im Bereich der Materialbeschaffung, die über die zuvor genannten einzelnen Kontrollmaßnahmen hinausgehen, sind:

- Überprüfung der Wirtschaftlichkeit und Leistungsfähigkeit der Beschaffungseinrichtungen,

- Überprüfung, ob die Unternehmensinteressen durch die Beschaffungsstellen in vollem Umfang wahrgenommen werden (z. B. Vorteilsannahme durch Beschaffungsstellen),

- Planung und Überwachung des Einkaufsbudgets.

Neben dem Aufdecken von Schwachstellen im Beschaffungswesen gehört auch das Aufzeigen von möglichen Alternativen zu den Controlling-Funktionen.

Als Messzahlen für die Leistungsfähigkeit der Materialbeschaffung sind denkbar:

- Bearbeitetes Volumen je Mitarbeiter,

- Anteil des Einkaufsvolumens am Umsatz.

Die Bedeutung einer wirtschaftlichen Materialbeschaffung in Industrieunternehmen wird aus folgenden Zahlen ersichtlich: Der Anteil des Materialeinsatzes am Umsatz liegt in Industrieunternehmen zwischen 40 und 60 %. Eine Senkung der Kosten für das zu beschaffende Material um 2 % erhöht die Umsatzrendite um ca. 1 %.

1.4 Materialbedarfsplanung

1.4.1 Bedarfsarten

Man unterscheidet folgende Bedarfsarten (**Abbildung 167**):

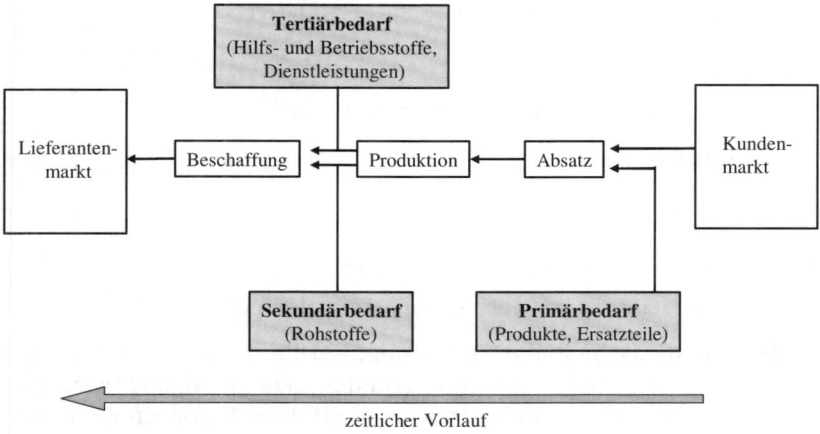

Abb. 167: Materialbedarfsarten

1) **Primärbedarf** ist der Bedarf des Marktes an Erzeugnissen (Fertigfabrikaten) sowie an Ersatzteilen für die Erzeugnisse.

2) **Sekundärbedarf** ist der Bedarf an Rohstoffen (Werkstoffen, Einzelteilen) und an Baugruppen für die Fertigung der Erzeugnisse sowie der
Ersatzteile zur Deckung des Primärbedarfs. Der Sekundärbedarf wird
aufgrund des Primärbedarfs über Stücklistenauflösung oder Rezepturen
ermittelt. Er ist entweder zu fertigen oder fremd zu beziehen.

3) **Tertiärbedarf** ist der Bedarf an Hilfs- und Betriebsstoffen, die in der
Fertigung zur Erzeugung der Fertigprodukte und Ersatzteile benötigt
werden. Zum Tertiärbedarf werden auch alle anderen Materialarten und
Dienstleistungen gerechnet, die zur Sicherung der Produktion erforderlich sind.

Der Gesamtbedarf muss periodengerecht ermittelt werden. Der Perio-
denbedarf gibt an, welche Menge eines bestimmten Materials in einer
Periode benötigt wird. Dabei muss der zeitliche Vorlauf für Bestellung,
Lieferung, Fertigung usw. berücksichtigt werden.

Man unterscheidet weiter:

- Bruttobedarf = Gesamtbedarf einer Materialart

- Nettobedarf (Bestellbedarf) = Bruttobedarf

./. Lagerbestand

+ Mindestbevorratung (Sicherheitsbestand)

./. Bestellbestand

+ Vormerkbestand

1.4.2 Verfahren der Bedarfsermittlung

Je nach Fertigungsart kann der Bedarf ermittelt werden:

1) **Deterministische Bedarfsrechnung:** Der Primärbedarf wird aus den
eingehenden Kundenbestellungen ermittelt. Die Fertigung wird erst
nach Vorliegen eines definierten Kundenauftrages begonnen (Auftrags-
fertigung).

2) **Stochastische Bedarfsrechnung:** Der künftige Primärbedarf wird
aus den Zahlen der Vergangenheit sowie aus Annahmen über die Markt-
entwicklung und das Nachfrageverhalten extrapoliert. Diese Art der

Bedarfsermittlung ist dann anzuwenden, wenn auf Lager für einen anonymen Markt produziert wird (Lagerfertigung).

Der Sekundärbedarf wird aus dem Primärbedarf über Stücklistenauflösung ermittelt, bei Handelswaren entspricht der Sekundärbedarf dem Primärbedarf.

Der Tertiärbedarf wird in der Regel verbrauchsgesteuert disponiert. Kriterien für eine Bestellauslösung sind der vorhandene Lagerbestand und der durchschnittliche Materialverbrauch der Vergangenheit.

Fehler in der Bedarfsprognose oder Lieferengpässe können zu erheblichen Einschränkungen der eigenen Lieferfähigkeit führen. Die Lagerung von Sicherheitsbeständen, die im Normalfall nicht unterschritten werden dürfen, ist Ausdruck der Risikoabsicherung.

1.4.3 Bereitstellungsprinzipien

Zur reibungslosen Versorgung der Produktion (und damit des Absatzmarktes) mit den benötigten Materialien ist für jede einzelne Materialart das Bereitstellungsprinzip festzulegen:

1) **Einzelbeschaffung im Bedarfsfall**, Bereitstellung bei Lieferung. Es findet keine Lagerung statt.

2) **Beschaffung auf Vorrat**, Bereitstellung vom Lager.

3) **Langfristige Lieferverträge** und fertigungssynchrone Anlieferung.

Die Einzelbeschaffung findet Anwendung, wenn spezielle Materialien benötigt werden,

- deren Bedarf nicht vorhersehbar ist,
- die nur für bestimmte Erzeugnisse einmalig benötigt werden und deshalb keiner anderen Verwendung zugeführt werden können,
- deren Lagerung eine erhebliche Kapitalbindung zur Folge hat.

Die Beschaffung auf Vorrat ist der Regelfall jeglicher industrieller Produktion. Sie eignet sich für alle Materialien, die standardisiert sind und in sich ständig wiederholenden Abständen für die Fertigung benötigt werden.

Eine fertigungssynchrone Anlieferung, die z. B. in weiten Teilen der Automobilindustrie zu finden ist, wälzt das Lagerrisiko auf den Lieferanten ab. Voraussetzung dafür sind langfristige Lieferverträge mit den Lieferanten; das Material wird täglich (oder in noch kürzeren Intervallen) von den Lieferanten in den jeweils benötigten Mengen abgerufen. Den Vorteilen der Lagerreduzierung und der Risikoabwälzung steht jedoch der Nachteil gegenüber, dass eine solche Materialbereitstellung sehr störanfällig ist und Fertigungsausfälle bewirken kann, wenn es zu Transportproblemen oder Lieferausfällen (z. B. durch Streiks) bei den Lieferanten kommt.

Ein Sonderfall der fertigungssynchronen Anlieferung ist das japanische KANBAN-System, bei dem eine weitgehend lagerlose Fertigung erfolgt. Sämtliche benötigten Teile und Baugruppen des Sekundärbedarfs werden fertigungssynchron angeliefert. Wesentliches Prinzip des KANBAN-Systems ist es, dass jede Fertigungseinheit das benötigte Material im Bedarfsfall von der vorgelagerten Fertigungsstufe selbst anfordert. Ziel ist es, auf allen Fertigungsstufen eine Produktion auf Abruf zu erreichen und dadurch den Materialbestand so niedrig wie möglich zu halten.

Eine Weiterentwicklung dieses Prinzips besteht darin, die Lieferanten räumlich zu integrieren. Sie fertigen damit parallel ihre Vorprodukte beim Hersteller, die dann synchron an den entsprechenden Arbeitsplatz gelangen.

1.4.4 Bestellplanung

Die Bestellplanung ist Teil der Materialdisposition. Sie hat die Aufgabe,

* die optimale Bestellmenge zu ermitteln,
* aufgrund des erwarteten Bedarfs und der Wiederbeschaffungszeit den Bestellzeitpunkt zu errechnen.

Dabei werden Anforderungen an die Bevorratung (Lagerfähigkeit, verfügbarer Lagerraum) als auch die Entwicklung des Beschaffungsmarktes (Preisschwankungen, Verfügbarkeit am Markt) berücksichtigt.

Die optimale Bestellmenge ist die Menge, bei der die mit der Beschaffung und Lagerung verbundenen Kosten je beschaffter Mengeneinheit ein Minimum annehmen. Die optimale Bestellmenge lässt sich mit der

ANDLER'schen Formel berechnen. Dieser Formel liegen folgende Überlegungen zugrunde:

a) Jeder Beschaffungsvorgang, d. h. jede Bestellung löst eine Reihe von kostenwirksamen Vorgängen aus, die von der Bestellmenge unabhängig sind (bestellfixe Kosten):

- Bestandsüberprüfung,

- Ermitteln der Bestellmenge,

- Bestellabwicklung (Bestellung, Bestellüberwachung),

- einmalige Abwicklungskosten des Lieferanten,

- mengenunabhängige Transportkosten,

- Materialannahmekosten.

b) Die Lagerung des Materials verursacht Kosten. Diese wachsen mit dem Lagervolumen und dem Lagerwert. Einflussgrößen sind:

- Zinsen auf das gebundene Kapital,

- Wertminderung durch Verderb, Schwund, Veraltern,

- Materialverwaltung,

- Raumkosten (Mieten, Lagereinrichtung),

- Steuern, Versicherungen auf Lagerwert.

Geht man nun für eine Materialart von den Voraussetzungen:

- Lagerhaltung,

- kontinuierlicher Lagerabgang,

- Beschaffung in zeitlich sich wiederholenden Abständen und

- schnelle Lagerauffüllung

aus, dann lässt sich für eine Materialart die optimale Bestellmenge wie folgt ermitteln, wobei gilt:

B = Beschaffungskosten je Bestellung (bestellfixe Kosten)
m = Jahresbedarf
p = Preis je Einheit
l = Lagerkostensatz (ausgedrückt in % des Lagerwertes)
x = Bestellmenge

$x/2$ = durchschnittlicher Lagerbestand (man geht von einem Sägezahn-
　　　　modell aus, d.h. unendlich schnelle Lageraufüllung
　　　　und gleichmäßiger Lagerabgang)

　　　Lagerkosten　　　　　$= K_L = \dfrac{x}{2} * p * \dfrac{1}{100}$

　　　Beschaffungskosten　$= K_B = B * \dfrac{m}{x}$

　　　Materialkosten　　　$= K_M = m * p$

　Forderung　: $K_{Gesamt} = K_B + K_L + K_M \Rightarrow$ Minimum!

$$K_{Gesamt} = \frac{x}{2} * p * \frac{1}{100} + B * \frac{m}{x} + m * p$$

$$\frac{dK_{Gesamt}}{dx} = 0$$

$$x_{opt.} = \sqrt{\frac{200 * B * m}{1 * p}}$$

Abbildung 168 stellt den Zusammenhang graphisch dar.

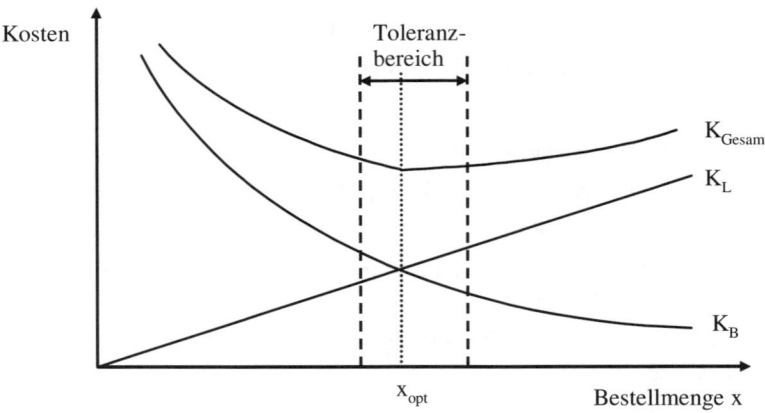

Abb. 168: Kostenverlauf zur Ermittlung der optimalen Bestellmenge

Die ANDLER'sche Losgrößenformel gilt nur unter bestimmten Voraussetzungen:

- Stückpreis ist von der Bestellmenge unabhängig,
- Stückpreis ist konstant (keine Preisschwankungen),
- Bedarf ist konstant und bekannt,
- Lager kann die ermittelte optimale Bestellmenge aufnehmen,
- Material kann jederzeit bezogen werden (keine Versorgungsengpässe),
- optimale Bestellmenge liegt über Mindestbestellmenge.

Soweit diese Prämissen nicht erfüllt sind, muss entweder der formelmäßige Ansatz modifiziert werden oder mit Näherungslösungen gearbeitet werden.

1.5 Materialverwaltung

1.5.1 Aufgabe

Der Materialverwaltung kommt die Aufgabe zu, das gesamte Material bereitzuhalten und bereitzustellen, das von den Bedarfsstellen benötigt wird. Die Teilaufgaben der Materialverwaltung sind:

- Vorratsplanung,
- Lagerplanung,
- Materialverteilung (Innentransport).

1.5.2 Vorratsplanung

Für alle benötigten Materialien ist festzulegen:

1) ob eine Vorratshaltung in Frage kommt,

2) nach welchen Kriterien die Vorratsergänzung durchgeführt wird,

3) welcher Sicherheitsbestand ständig auf Lager verfügbar sein soll.

Oberste Zielsetzung ist die optimale Lieferbereitschaft, bei der die aus einer Lieferunfähigkeit heraus entstehenden Fehlmengenkosten und die mit der Lagerung verbundenen Kosten ein Minimum werden. Die Fehlmengenkosten sind in der Praxis schwer zu ermitteln, man ist hier auf

Schätzungen angewiesen. Hilfsmittel ist die Vorgabe eines Liefergrades, der angibt, in wie vielen Fällen ein Materialbedarf durch das Lager sofort erfüllt werden kann (z. B. > 95 %).

Zu 1) Diese Frage hängt eng mit dem Bereitstellungsprinzip zusammen. Im Rahmen der Vorratsplanung werden die dort ermittelten Daten übernommen. Als Entscheidungskriterium für die Bevorratungsart kann auch die ABC-Analyse verwendet werden (Kapitel **F.1.5.5**).

Zu 2) Soweit Materialien gelagert werden, muss geklärt sein, wann und unter welchen Voraussetzungen eine Vorratsergänzung durchgeführt wird. Aus den Erfordernissen der Praxis haben sich zwei Verfahren herausgebildet:

* Bestellpunktverfahren,
* Bestellrhythmusverfahren.

Beide Verfahren gehen davon aus, dass ein gleichmäßiger Lagerabgang erfolgt, die Lagerergänzung in kurzer Zeit stattfindet und eine Bestandsfortschreibung erfolgt (Sägezahnmodell). Unter diesen Voraussetzungen lassen sich beide Modelle wie folgt skizzieren:

a) Bestellpunktverfahren

Das Bestellpunktverfahren ist das am meisten angewendete Verfahren zur Vorratsergänzung. Nach jeder Lagerentnahme (Lagerabgang) wird der Lagerbestand überprüft. Bei Unterschreiten einer kritischen Menge s erfolgt eine Bedarfsmeldung und es wird eine feste Menge q bestellt **(Abb. 169)**.

b) Bestellrhythmusverfahren

Beim Bestellrhythmusverfahren wird der Lagerbestand in konstanten Zeitintervallen t überprüft und dann eine Menge bestellt, mit der ein theoretischer Lagerhöchstbestand erreicht wird. Da zwischen Bestellung und Lieferung eine gewisse Zeit verstreicht, in der ein weiterer Lagerabgang zu verzeichnen ist, wird der theoretische Höchstbestand nicht oder nur in Ausnahmefällen erreicht **(Abb. 170)**.

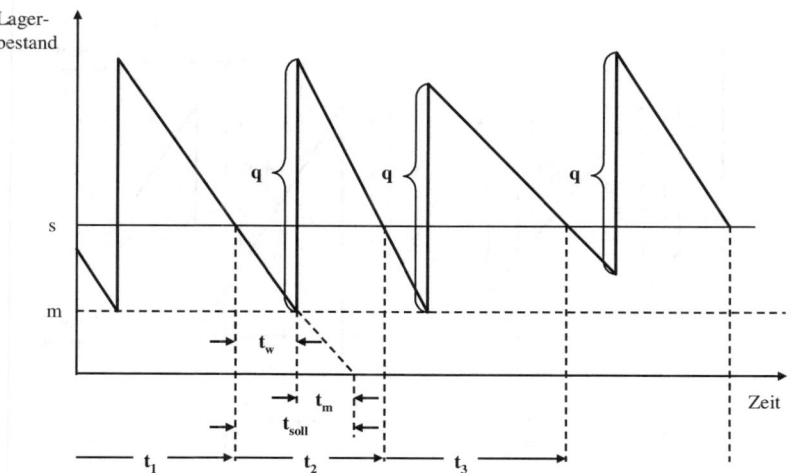

Abb. 169: Bestellpunktverfahren

Die in der Abbildung verwendeten Abkürzungen bedeuten:

s   = Bestellgrenze (Meldebestand). Bei Erreichen/Unterschreiten dieser Grenze wird Bestellvorgang ausgelöst.

m   = Mindestbestand (Sicherheitsbestand)

q   = Bestellmenge. Die Bestellmenge ist konstant.

t_i = Zeitintervall, nach dem Bestellung erfolgt. Die Zeitabstände variieren in Abhängigkeit vom Lagerabgang (Verbrauch).

t_{soll} = Solleindeckungszeit. Sie setzt sich zusammen aus:

t_w = Wiederbeschaffungszeit. Empirischer Wert, der angibt, welche Zeit zwischen der Bedarfsmeldung und der Lagerauffüllung vergeht.

t_m = Mindestbevorratungszeit. Sie deckt mögliche Engpässe durch verzögerte Lieferung oder erhöhten Lagerabgang während der Wiedereindeckungszeit ab: $t_m = m/v$.

v   = Durchschnittlicher Lagerabgang je Zeiteinheit.

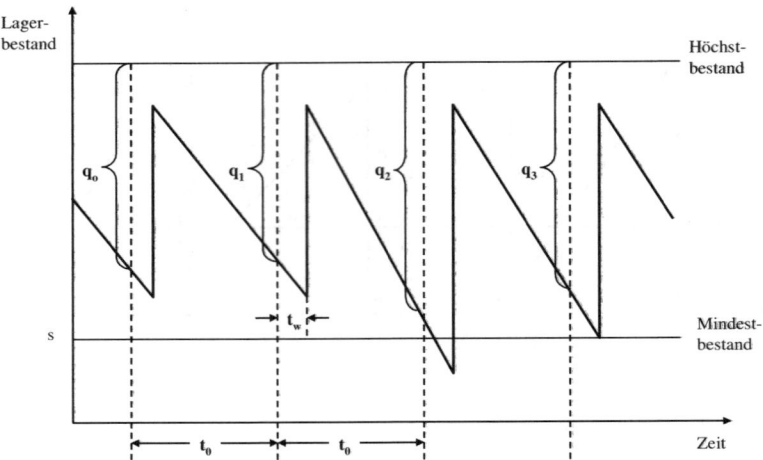

Abb. 170: Bestellrhythmusverfahren

Beim Bestellrhythmusverfahren muss sichergestellt sein, dass das Lager aufgefüllt wird, bevor der Lagerbestand gegen Null geht.

Das Bestellrhythmusverfahren eignet sich nur für Materialarten, bei denen keine großen Bedarfsschwankungen auftreten, da sonst geringe Bestellmengen (bei geringem Verbrauch) oder Fehlbestände auftreten (bei hohem Verbrauch) oder bei denen die laufende Bestandsüberwachung und Bestandsfortschreibung zu aufwendig ist.

Das Bestellrhythmusverfahren kann ergänzt werden durch die Einführung einer kritischen Meldemenge, bei deren Erreichung unabhängig vom Bestellrhythmus ein Bestellvorgang ausgelöst wird. Umgekehrt kann dann auf eine Bestellung verzichtet werden, wenn der Lagerbestand bei Überprüfung zum Bestellzeitpunkt nur geringfügig unter dem Höchstbestand liegt, um die Bestellung von Mindermengen zu vermeiden.

Zu 3) Der **Sicherheitsbestand** soll eine Überbrückung zwischen der Auslösung der Bestellung und der Lieferung ermöglichen. Er muss so bemessen sein, dass bei maximal möglichem Lagerabgang und ungünstiger Wiederbeschaffungszeit mit hoher Wahrscheinlichkeit keine Versorgungsengpässe auftreten.

1.5.3 Lagerung

1) Lagerplanung

Die Lagerung von Material ist im Industriebetrieb erforderlich,

- um für einen Ausgleich zwischen Bedarf nach einem bestimmten Material und dessen Anlieferung/Auslieferung zu sorgen,
- da die Einzelbeschaffung/Einzelfertigung einer Materialart in der Regel kostenintensiver ist als die Lagerung eines Bestandes.

Bei der industriellen Produktion sind drei Lagerstufen zu unterscheiden (**Abb. 172**):

- Lagerung der RHB-Stoffe vor der Produktion,
- Lagerung von UF während der Produktion,
- Lagerung von FF und Handelsware, Ersatzteilen.

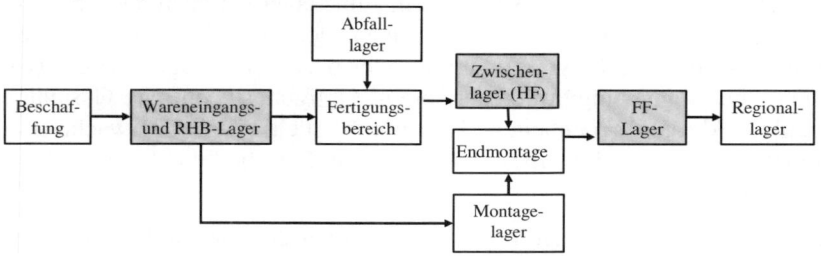

Abb. 171: Lagerstufen im Industriebetrieb

Das **RHB-Lager** nimmt die für die Fertigung benötigten Materialarten auf und hält sie für die Fertigung bereit. Es sichert damit durch Vorratshaltung einen von äußeren Störeinflüssen freien Fertigungsablauf.

Die **Zwischenlager** nehmen unfertige Erzeugnisse auf. Sie dienen der Pufferung zwischen den einzelnen Fertigungsstufen.

Die **FF-Lager** nehmen alle fertigen Produkte, Handelswaren und Ersatzteile aus der Produktion auf. Sie dienen dem zeitlichen Ausgleich zwischen Fertigung/Fremdbezug und Absatz bzw. der Verteilung auf dezentrale Vertriebslager.

Daneben gibt es im Industriebetrieb meist eine Reihe von dezentralen Handlagern, die der reibungslosen Produktion dienen (z. B. Montagematerial in der Montageabteilung an den einzelnen Arbeitsplätzen, Verpackungsmaterial im Versand).

Die Planung der Lager muss umfassen:

- Lagerstandorte (im Betrieb wie auch regionale Verteilung),
- Aufbau/Gestaltung der Lager,
- Ordnungskriterien für die Lagerung (Zuordnung der Lagerplätze; möglich sind starre Zuordnung oder flexible Zuordnung),
- Zentrale oder dezentrale Lagerung,
- Lagerkapazität.

Bei der Wahl der Lagerstandorte sind neben Kostenkriterien (Kosten der Lagerung sowie Transportkosten vom/zum Lagerort) auch andere technische Merkmale zu beachten, die sich aus der Art des gelagerten Materials ergeben. Die Frage, ob zentral oder dezentral gelagert wird, lässt sich nicht allgemeingültig beantworten. Fertigungstechnische Gesichtspunkte, Absatzgegebenheiten, Transportmöglichkeiten, Überwachungsmöglichkeiten des Lagerbestandes sind für Entscheidungen ausschlaggebend.

Bei der Planung der Lagerkapazität sind zwei Gesichtspunkte zu unterscheiden:

- Lagerkapazität meint einerseits das maximal mögliche Volumen, das in einem Lager gelagert werden kann.
- Lagerkapazität bezieht sich aber auch auf den maximal möglichen Lagerumschlag in einer Zeiteinheit. Der Begriff der Kapazität meint hier Begrenzungen in der Verarbeitung der Lagerbewegungen (Einlagerung/Auslagerung): Restriktionen ergeben sich aus den verfügbaren Transporteinrichtungen, aus den Transportwegen und der vorhandenen Personalkapazität.

2) Lagerverwaltung

Der Lagerverwaltung obliegt die Betreuung und Überwachung des gesamten eingelagerten Materials. Sie ist verantwortlich für

*   Bestandsführung,

*   Bestandsergänzung,

*   Materialausgabe an Bedarfsstellen,

*   Materialabrechnung, die eine lückenlose mengen- und wertmäßige Erfassung der Materialzu- und -abgänge, des Materialbestands und des Materialverbrauchs zur Aufgabe hat.

1.5.4 Innentransport und Materialfluss

Materialfluss und Innentransport sind ein technisches Problem und deshalb Bestandteil der Fabrikplanung. Bei der Gestaltung des Innentransportes sind folgende Gesichtspunkte zu berücksichtigen:

*   Wahl der Transportmittel,

*   Festlegung der Transportrouten/-wege,

*   Festlegung der Transportzeiten.

Der Materialtransport umfasst dabei u. a.

*   die Anlieferung von Material an die Bedarfsstellen in der Fertigung,

*   den Transport zwischen den Fertigungsstätten,

*   den Transport des fertigen Produktes ins Lager,

*   den Abtransport von Abfällen aus der Fertigung.

Unter Fertigungsgesichtspunkten sind zu unterscheiden:

*   Holsystem: Mitarbeiter holt sich das benötigte Fertigungsmaterial selbst aus dem Lager und

*   Bringsystem: Fertigungsmaterial wird an Fertigungsstätte angeliefert.

Der Materialtransport ist in modernen Industriebetrieben automatisiert: Entweder existieren Fertigungsstraßen, auf denen das unfertige Erzeugnis weiterbewegt wird oder es gibt rechnergesteuerte Transportsysteme, die für einen Transport des Materials zu den Fertigungsstätten und für

seinen Ab-/Weitertransport nach der Bearbeitung sorgen (siehe Kapitel
F.3.6).

1.5.5 Controllingaufgaben im Bereich der Materialverwaltung

Controllingaufgaben im Bereich der Materialverwaltung zielen auf eine
Optimierung der Wirtschaftlichkeit. Mögliche Kennzahlen, die zur
Steuerung der Materialverwaltung dienen, sind:

$$\text{Lagerumschlag} = \frac{\text{Lagerabgang je Periode}}{\text{Ø Lagerbestand}} * 100\%$$

$$\text{Lieferbereitschaftsgrad} = \frac{\text{sofort erfüllbare Bestellungen}}{\text{eingehende Bestellungen}} * 100\%$$

Controlling-Maßnahmen umfassen auch die kritische Überprüfung

- der Lagerstandorte,
- der Lagerorganisation,
- der Lagermengen,
- des Materialflusses.

Ein wichtiges Hilfsmittel zum Erkennen von Schwerpunkten im Bereich
der Materialverwaltung ist die ABC-Analyse. Mit der ABC-Analyse
kann der Planungsgrad für die verschiedenen Materialarten festgelegt
werden. Die ABC-Analyse kann sowohl auf der Basis des Materialbe-
standes zu einem bestimmten Zeitpunkt als auch des Lagerabgangs
(Verbrauchs) in einer bestimmten Periode durchgeführt werden. Sie
läuft in den folgenden Schritten ab (am Beispiel des Materialverbrauchs):

1) Erfassung aller Materialarten nach Menge und Wert,
2) Errechnung des Gesamtverbrauchs je Materialart,
3) Ausweis des Verbrauchsanteils jeder Materialart am Gesamtverbrauch,
4) Sortierung der Materialarten nach fallenden Verbrauchsanteilen,
5) Bildung von kumulierten Verbrauchswerten,
6) Rechnerausdruck/Graphische Darstellung des Ergebnisses.

Als Ergebnis der ABC-Analyse liegt eine Liste aller Materialarten nach absteigenden Verbrauchsanteilen vor, aus der die Bedeutung der einzelnen Materialarten am Gesamtverbrauch ersichtlich wird. Das Ergebnis der ABC-Analyse lässt sich graphisch darstellen (**Abb. 172**).

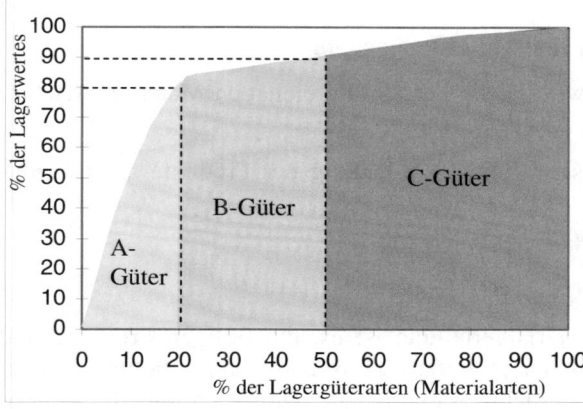

Abb. 172: ABC-Analyse

Die aus dem dargestellten Beispiel zu treffenden Aussagen sind:

A-Güter: 15 % der Lagerpositionen tragen 65 % des Verbrauchs.

B-Güter: 20 % der Lagerpositionen tragen 20 % des Verbrauchs.

C-Güter: 65 % der Lagerpositionen tragen 15 % des Verbrauchs.

Konsequenzen:

Die A-Güter stellen zwar nur einen geringen Anteil der Lagerpositionen, aber einen überdurchschnittlichen Anteil am Verbrauch. Bei ihnen sollte eine genaue Vorratsplanung durchgeführt werden (z. B. bedarfsgesteuert). A-Güter beeinflussen maßgeblich die Wirtschaftlichkeit des Materialbereichs. Ihnen muss deshalb nicht nur bei der Materialverwaltung, sondern auch bei der Materialbeschaffung erhöhte Aufmerksamkeit gewidmet werden.

Die C-Güter stellen zwar den größten Anteil der Lagerpositionen, sie tragen aber nur in geringem Maß zum Verbrauch bei, d. h. C-Güter haben keinen oder nur einen geringen Lagerumschlag. Bei ihnen erfolgt die Wiederergänzung des Lagerbestandes verbrauchsgesteuert. Zu überlegen ist, ob die Lagerung bestimmter C-Güter eingestellt wird, wenn auch in der Zukunft mit keinem Abgang mehr zu rechnen ist („Ladenhüter").

Die B-Güter nehmen eine Mittelstellung ein.

Die ABC-Analyse wird nicht nur im Bereich der Materialwirtschaft angewendet; häufige Anwendungsfälle sind:

- Analyse der Umsatzstruktur (Bedeutung der Produkte am Gesamtumsatz),
- Analyse von Marktstrukturen.

1.6 Materialverteilung

Die Aufgabe der Materialverteilung ist es, die fertigen Produkte und Ersatzteile an den Kunden zu liefern. Zielsetzung ist der optimale Materialfluss zwischen Unternehmen und Kunde. Die Gestaltung der Materialverteilung hängt eng mit der Absatzplanung zusammen. Folgende Komponenten tragen zur Materialverteilung bei:

- Verteilungstransportart,
- Eigen- oder Fremdtransport (eigene Auslieferungseinrichtung, Post, Bahn, Spedition usw.),
- Aufbau regionaler Außenlager zur dezentralen Auslieferung an die Kunden,
- Außenverpackung für Transport der Erzeugnisse.

Wie auch in den anderen Bereichen der Materialwirtschaft, besteht ein Zielkonflikt: Eine schnelle Befriedigung des Kundenwunsches setzt schnellen Transport, hohe Lagerhaltung und u. U. dezentrale Lagerung voraus. Niedriger Lagerbestand, langsame Transportmittel verursachen zunächst geringere Kosten, bewirken aber möglicherweise Unzufriedenheit beim Kunden, die zu Stornierungen der Aufträge oder zum Abwandern des Kunden führen kann.

Wesentliche Aufgabe der Logistik ist es deshalb, unter Einbeziehung des Produktions- und Absatzbereiches für einen schnellen und kostengünstigen Durchlauf von der Kundenbestellung/-auftragserteilung bis zur Auslieferung an den Kunden zu sorgen. Den Anforderungen des Marktes ist dabei Rechnung zu tragen. Eine funktionierende Materialverteilung ist Bestandteil des Marketing-Mix: Rasche Erfüllung des Kundenwunsches im Produktneugeschäft wie auch bei Ersatzteilen ist ein wesentliches Akquisitionsargument.

Zum Bereich der Materialverteilung gehört auch die gesamte interne Kundenbestellabwicklung (Kommissionierung, Versand).

Die Kontrolle der Materialverteilung betrachtet und analysiert

*   die Kosten der Materialverteilung,
*   die Einhaltung der den Kunden zugesagten Liefertermine,
*   die Übereinstimmung zwischen Bestellung und Lieferung (Vollständigkeit, Falschlieferung),
*   die durchschnittliche Lieferzeit.

1.7 Vom Logistik Management zum Supply Chain Management

Die Logistik hat sich vom Kostensenkungsansatz im Transport hin zu einer Basisstrategie der Wettbewerbsvorteile entwickelt. Dabei ist festzustellen, dass die Bewegung von einzelnen Unternehmen zu einem zwischen den Unternehmen wird. Supply Chain Management erweitert die Betrachtung über die Systemgruppen eines Unternehmens hinaus. Eine Supply Chain setzt sich aus rechtlich selbständigen Unternehmen zusammen, die durch Kooperation einen integrierten Produktfluss entlang der Wertschöpfungskette gestalten müssen. Dagegen ist eine Reihe von Voraussetzungen zu schaffen:

*   organisatorische Voraussetzungen der Integration
*   Entwickeln von Einstellungen und Denkmustern (mentale soziale Integration)
*   Informationstechnische Integration der Prozesse

Literaturhinweise

Arnolds, H./Heege, F./Tussing, W.: Materialwirtschaft und Einkauf, 10. Aufl., Wiesbaden 2001.

Bichler, K./Krohn, R.: Beschaffungs- und Lagerwirtschaft, 8. Aufl., Wiesbaden 2001.

Bierhals, E.: Organisation der Materialwirtschaft, Wiesbaden 1993.

Korndörfer, W.: Beschaffungs- und Lagerwirtschaft, Wiesbaden 1993.

Oeldorf, G./Olfert, U.: Materialwirtschaft, 11. Aufl., Ludwigshafen/Rhein 2004.

Peemöller, V. H./König, G.: Aufgaben eines umweltorientierten Controlling in der strategischen Materialbeschaffung, in: Controlling 1992, S. 312-319.

Stahlmann, V.: Umweltorientierte Materialwirtschaft, Wiesbaden 1988.

F.2 Forschung und Entwicklung

2.1 Aufgabe

Die Wettbewerbsfähigkeit von Industrieunternehmungen hängt maßgeblich vom Umfang der Forschungs- und Entwicklungstätigkeit ab. Ein zeitgemäßes Produktprogramm, das den Bedürfnissen des Marktes entspricht, und Fertigungsverfahren, die dem Stand der Technik entsprechen, verschaffen Wettbewerbsvorteile gegenüber anderen Anbietern, die keine ausreichende Forschungs- und Entwicklungstätigkeit betreiben. Auswirkungen mangelnder Innovationsbereitschaft sind schrumpfende Marktanteile durch veraltete Produkte oder durch zu hohe Produktpreise, die aus zu kostenintensiven weil veralteten Produktionsprozessen resultieren. Technisches Wissen muss dann entweder über Patente und Lizenzen zugekauft werden oder das Unternehmen muss sich als Nachahmer von Produktentwicklungen anderer Unternehmen betätigen. Die Strategie der Nachahmung kann in gewissen Fällen durchaus sehr erfolgreich betrieben werden. Ein bekanntes Beispiel ist das Verhalten des Konzerns Reemtsma bei der Einführung der Filterzigarette (Berth 1988, S. 92 ff.)

Unter Forschung und Entwicklung (FuE) versteht man eine systematische und zielgerichtete Tätigkeit, die auf der Suche nach „Neuem" ist. Im Folgenden wird der Bereich der industriellen Forschung und Entwicklung betrachtet. Forschung und Entwicklung erfolgt nicht nur in der Industrie, sondern auch an privaten und öffentlich-rechtlichen Forschungsinstitutionen sowie an Universitäten.

2.2 Grundbegriffe

2.2.1 Forschung

Forschung beinhaltet die Suche nach neuen wissenschaftlichen Erkenntnissen. Sie verfolgt das Ziel, den vorhandenen Wissensstand zu vermehren. Steht die neu gewonnene Erkenntnis in keinem direkten Zusammenhang mit einem Produkt oder Fertigungsverfahren, dann spricht man von Grundlagenforschung. Zumindest ist hier bei Beginn des Forschungsvorhabens noch nicht zu erkennen, für welches Einsatzgebiet die Forschungsergebnisse Bedeutung erlangen können. Zweckforschung oder angewandte Forschung hat demgegenüber ein bestimmtes Anwendungsgebiet im Auge, bei Beginn der Forschungstätigkeit wird das Einsatzgebiet und damit der erwartete technische und wirtschaftliche Nutzen formuliert. Die Zweckforschung bemüht sich also um die Lösung praktischer Probleme, sie bereitet den Weg für die Produkt- oder Verfahrensentwicklung.

Obwohl die Grundlagenforschung per Definition keine direkte wirtschaftliche Verwertbarkeit der Forschungsergebnisse anstrebt, darf nicht übersehen werden, dass sie die Basis für die angewandte Forschung und die Entwicklung liefert. Auch aus der Grundlagenforschung werden Erkenntnisse erwartet, die zu einem späteren Zeitpunkt wirtschaftlich genutzt werden können.

2.2.2 Entwicklung

Die Entwicklung baut auf den Erkenntnissen der Forschung auf. Ziele der Entwicklung sind produktions- und marktfähige Produkte oder Fertigungsverfahren. Zu unterscheiden sind:

- Neuentwicklung (neues Produkt oder Verfahren),

- Weiterentwicklung (Verbesserung vorhandener Produkte/Verfahren).

Abbildung 173 gibt einen Überblick über die Begriffe Forschung und Entwicklung.

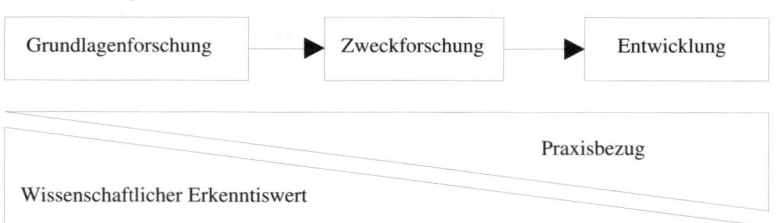

Abb. 173: Forschung und Entwicklung

Bei der Markteinführung von Neuentwicklungen, die einen technischen Neuigkeitsgrad aufweisen, spricht man von Innovation. Die Geschichte der industriellen Entwicklung ist begleitet von Innovationen. Nicht planbare Basisinnovationen wie Eisenbahn, Transistor oder Mikroprozessor haben industrielle Revolutionen ausgelöst. Der Normalfall ist die Innovation und technische Perfektionierung in kleinen Schritten.

Ergebnis der Entwicklung sind Modelle, Spezifikationen, Beschreibungen, Prototypen, Pilotanlagen, Herstellungsvorschriften u. a., aufgrund derer das neue Produkt gefertigt oder ein neuer Fertigungsprozess realisiert werden kann.

An die Entwicklung schließt sich in der Regel die Erprobung an. Diese dient zum Gewinnen von Erfahrungen mit dem neuen Produkt/Verfahren. Die Erfahrungen aus der Erprobungsphase bewirken Änderungen und Verbesserungen. In der Erprobungsphase wird meist eine kleine Stückzahl des neuen Produktes seriennah gefertigt. Diese Serie nennt man Nullserie oder Vorserie. Die eigentliche Serienproduktion des neu entwickelten Produktes oder der bisherigen Produkte mit dem neu entwickelten Verfahren beginnt erst, wenn die Erprobungsphase abgeschlossen ist und das Produkt/Verfahren als ausgereift angesehen werden kann. **Abbildung 174** zeigt – stark vereinfacht – den typischen Ablauf von Entwicklungsprojekten.

Die Entwicklungstätigkeit ist mit der Aufnahme der Serienproduktion nicht abgeschlossen. Zumeist finden auch danach weitere Änderungen oder Verbesserungen statt. Der so genannte Änderungsdienst ist wesentlicher Bestandteil der Produktbetreuung während des Produkt-Lebenszyklus.

2.3 Umfang und Bedeutung von Forschung und Entwicklung

Umfang und Bedeutung der FuE-Tätigkeit in Unternehmen sind von der Unternehmensgröße und der Branche abhängig. Die Aufwendungen für FuE schwanken zwischen 1 und 10 % des Umsatzes, wobei Grundlagenforschung überwiegend in größeren Unternehmen praktiziert wird. Führend sind die elektrotechnische und die chemische Industrie. Die Markteinführung von neuen Produkten oder neuen Produktgenerationen, d.h. die Innovation, hat sich in den letzten Jahrzehnten spürbar beschleunigt. In der elektrotechnischen Industrie liegt beispielsweise der Anteil der Produkte, die jünger als 5 Jahre sind, häufig zwischen 25 und 50 %.

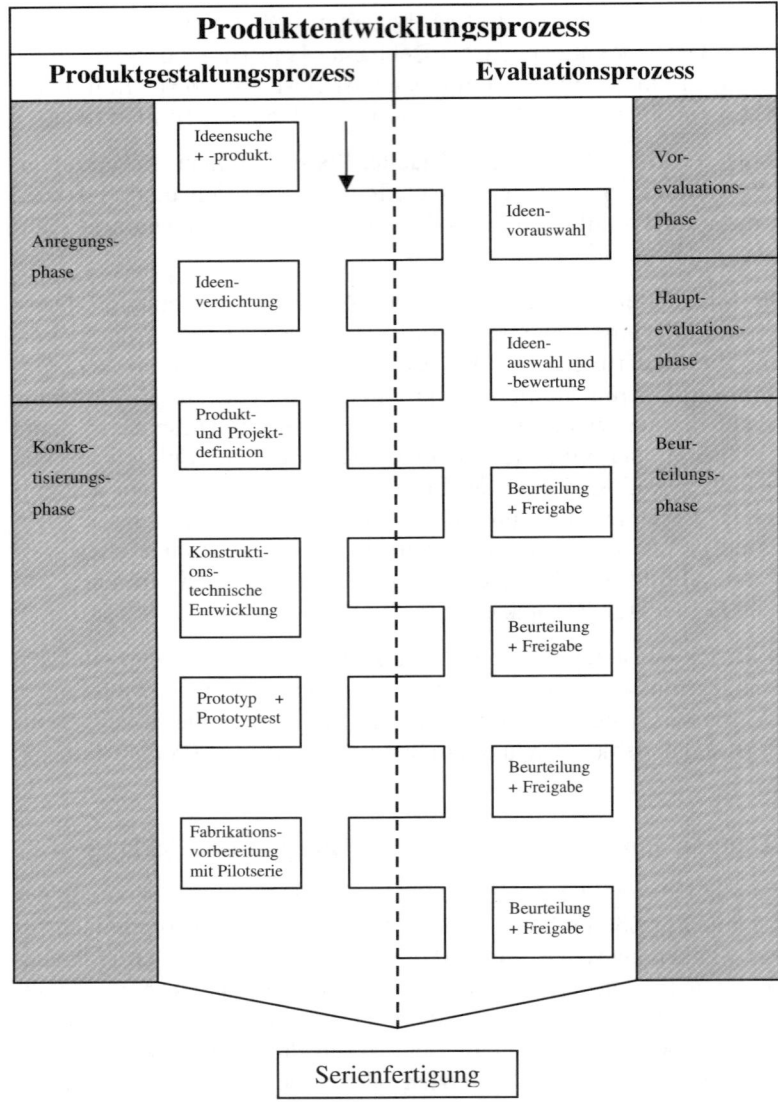

Abb. 174: Entwicklung (Siegwart 1974, S. 78)

2.4 Merkmale von Forschung und Entwicklung

Forschungs- und Entwicklungstätigkeit ist durch zwei wesentliche Merkmale gekennzeichnet:

1) Insbesondere in der Grundlagenforschung steht den Forschungsaufwendungen kein Kostenträger gegenüber, der die Aufwendungen finanzieren kann. FuE-Tätigkeit ist deshalb aus den Erträgen der laufenden Produkte zu finanzieren. Empirische Untersuchungen bestätigen, dass der Umfang der FuE-Tätigkeit weniger vom erwarteten Nutzen in der Zukunft, sondern überwiegend von der vergangenen und gegenwärtigen Ertragssituation geprägt wird.

2) FuE-Tätigkeit ist risikobehaftet. Die wichtigsten Risiken sind:

- Die FuE-Tätigkeit führt zu keinem verwertbaren Ergebnis.

- Die FuE-Ergebnisse sind fertigungstechnisch nicht zu realisieren.

- Die entwickelten Produkte werden vom Markt nicht, nur in verringertem Umfang oder nur zu reduzierten Preisen aufgenommen. Die Entwicklungskosten amortisieren sich nicht.

- Das entwickelte Produkt kann nicht ausreichend gegen Nachbau/Nachahmung durch Fremde geschützt werden.

- Der Verwertung der FuE – Ergebnisse stehen fremde Schutzrechte entgegen.

Die Finanzierung von FuE-Vorhaben muss deshalb unter zwei Gesichtspunkten erfolgen:

1) Aufgrund der hohen Risiken muss die Finanzierung entweder mit Eigenkapital oder mit speziellem Fremdkapital erfolgen (siehe Kapitel F.5).

2) FuE-Tätigkeit hat langfristigen Charakter. Die Finanzierung muss deshalb mittel- oder langfristig erfolgen.

Da die Wettbewerbsfähigkeit der deutschen Wirtschaft im internationalen Handel eine wichtige Rolle spielt, werden Forschungs- und Entwicklungsvorhaben z.T. durch Bundesmittel gefördert, sodass auch kleine und mittlere Unternehmen die Möglichkeit einer qualifizierten FuE-Tätigkeit erhalten. Daneben ist für die Grundlagenforschung auch das

Betreiben einer gemeinsamen FuE-Stelle durch mehrere Unternehmen anzutreffen.

2.5 Funktion von Forschung und Entwicklung

Industrielle Produkte unterliegen in der Regel einem Lebenszyklus (vgl. Kapitel F.4.1.3), d.h. die Nachfrage nach einem bestimmten Produkt geht mit der Zeit zurück oder der Absatz kann nur noch mit stark reduzierten Preisen und verstärkter Absatzförderung sichergestellt werden. **Abbildung 175** zeigt den prinzipiellen Zusammenhang. In beiden Fällen verschlechtert sich die Ertragssituation. Da neue Produkte in der Regel ebenfalls nur einen geringen Beitrag zum Unternehmenserfolg liefern, muss Ziel der Unternehmenspolitik ein ausgewogenes Produkt-Portfolio sein, bei dem sich neue, laufende und alte Produkte gegenseitig ergänzen.

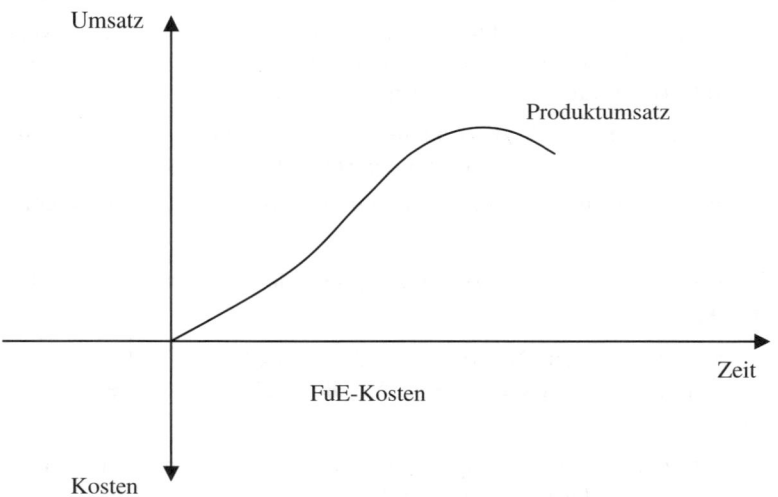

Abb. 175: Entwicklungsaufwand und Umsatz im Produkt-Lebenszyklus

FuE-Tätigkeiten haben investiven Charakter: Die heute anfallenden Aufwendungen leisten einen Beitrag zur Erfüllung der Unternehmensziele in der Zukunft. Neue Produkte oder neue Fertigungsverfahren sichern den Unternehmenserfolg durch Umsatzsteigerungen oder durch nachhaltige Kostensenkungen. Ziel ist in beiden Fällen die Eroberung und Verteidigung von Marktanteilen.

Der Zwang zur permanenten Entwicklungstätigkeit resultiert aus der Schnelllebigkeit vieler Produkte: Technischer Fortschritt, geändertes Nachfrageverhalten und Maßnahmen der Konkurrenz machen ein ständiges Schritthalten erforderlich, wenn ein Unternehmen seine Marktposition behaupten will. Forschungs- und Entwicklungstätigkeit wirkt sich auch positiv auf das Unternehmens-Image aus und beeinflusst so das Nachfrageverhalten auf dem Absatzmarkt.

FuE-Tätigkeit wird nicht nur durch marktwirtschaftliche Zwänge ausgelöst. Auch der Staat kann einen Innovationsprozess in Gang setzen. Zu denken ist hier an gesetzliche Vorschriften und steuerliche Maßnahmen im Bereich des Umweltschutzes und der Energieversorgung, die eine Änderung der Produktionsverfahren oder der Produkte herausfordern, z. B. die Verschärfung des Gewässerschutzes oder steuerliche Anreize zur Reduzierung der Schadstoffemission von Kraftfahrzeugen. Diese Maßnahmen haben technische Entwicklungen beschleunigt, welche die gesetzlichen Anforderungen ohne erheblichen Mehraufwand erfüllen.

2.6 Planung von Forschung und Entwicklung

Da FuE-Vorhaben mit erheblichen Risiken verbunden sind und zum anderen einen hohen Ressourceneinsatz erfordern, ist eine genaue Planung, Steuerung und laufende Kontrolle unerlässlich.

Die strategische FuE-Planung legt die langfristigen Ziele auf dem FuE-Sektor fest, z. B. neue Produkte oder neue Prozesse. Die strategische Planung ist von den erwarteten Rahmenbedingungen abhängig. Dabei müssen allgemeine unternehmenspolitische Zielsetzungen berücksichtigt werden, z. B. der gewünschte Technologievorsprung vor der Konkurrenz und das langfristige Produktspektrum.

Die taktische FuE-Planung legt fest, welches FuE-Programm durch einzelne Projekte realisiert werden soll und mit welcher Intensität die Projektbearbeitung erfolgen soll. Im Mittelpunkt des Planungsprozesses stehen Fragen der Projektdefinition (Projektbeschreibung), der Abbruchkriterien, der zeitlichen Projektfestlegung (Netzplan, Meilenstein-plan) und der Aufwandsbewertung.

Die operative FuE-Planung löst die verschiedenen Projekte in einzelne Schritte auf. Zur operativen Planung gehört die Festlegung des Budget-rahmens für die Planperioden und die einzelnen Teilprojekte.

Entwicklungsprojekte werden in der Regel über Projektgruppen abgewi-ckelt, an denen neben den Technikern und Ingenieuren auch Experten aus Fertigung, Absatz und Beschaffung beteiligt sind, um die Erforder-nisse dieser Funktionalbereiche bei der Entwicklung frühzeitig zu be-rücksichtigen.

2.7 Gatekeeper

Im Folgenden soll ein kurzer Abriss des Gatekeeper-Konzeptes gegeben werden, das im Rahmen der industriellen Forschung und Entwicklung an Bedeutung gewinnt.

In komplexen, multipersonalen Arbeitsprozessen, wie sie z. B. bei tech-nologischen Innovationsprojekten in Forschungs- und Entwicklungs-(FuE) Bereichen industrieller Unternehmen anzutreffen sind, ist der Informationsaustausch zwischen den Prozessbeteiligten eine wesentliche Bestimmungsgröße des Arbeitserfolgs (Domsch et al. 1989, S. V).

Aufgrund der starken Dynamik des technologischen Wandels liegen dem FuE-Bereich einer Unternehmung viele Fachinformationen nur partiell vor. Somit ergibt sich die Notwendigkeit, Informationen sowohl aus anderen Unternehmensbereichen als auch von unternehmensexter-nen Quellen zu importieren.

Verschiedene Untersuchungen haben ergeben, dass ein großer Teil der Industrieforscher (Ingenieure etc.) die Hauptinformationsbeschaffungs-möglichkeit im direkten Kontakt mit Kollegen des unmittelbaren Ar-beitsumfeldes sieht. Die rein unternehmensinterne Informationsbe-schaffung ist jedoch in keinster Weise als ausreichend zu sehen. Abhilfe kann der Einsatz von so genannten **Technologischen Gatekeepern (TG)** schaffen. Unter TG versteht man Schlüsselpersonen im Kommu-nikationsprozess, die Informationen aus den verschiedensten unterneh-mensexternen, aber auch -internen Quellen aufnehmen, sammeln und an andere weitergeben (Domsch et al. 1989, S. 2). Zentrale Aufgabe des Gatekeepers ist es, einen Teil der Informationsversorgung für Kollegen zu übernehmen und somit arbeitsprozessunterstützend zu wirken.

Wesentliche Merkmale des TG sind (z. B. Domsch et al. 1989, S. 11):

- Sie widmen sich häufiger dem Studium von Fachliteratur.
- Sie suchen und pflegen Kontakte zu Personen in externen Institutionen, wie Forschungseinrichtungen und anderen Unternehmen.
- Sie werden von Kollegen oft um Rat gefragt, und sie verfügen sowohl unternehmensintern als auch -extern über den Ruf fachlicher Kompetenz.
- Sie verfügen über ein höheres formales Ausbildungsniveau.
- Sie neigen eher zu simultaner Bearbeitung verschiedener Aufgaben anstatt eines einzigen Projekts.
- Regelmäßige Teilnahme an Kongressen, Fachtagungen, Messen u. Ä.

2.8 Controlling im Bereich Forschung und Entwicklung

Obwohl FuE-Vorhaben wegen der immanenten Unsicherheiten nur schwer planbar sind, besteht die Notwendigkeit eines effizienten FuE-Controlling, da Entwicklungsvorhaben mit erheblichen Kosten verbunden sind. Des Weiteren gewinnt der FuE-Bereich als Erfolgsfaktor für Unternehmen immer mehr an Bedeutung. Das Forschungs- und Entwicklungs-Controlling ist der forschungs- und entwicklungsbezogene, also funktional abgegrenzte Teil des betrieblichen Controlling-Systems. Er ist organisatorisch häufig deutlich von anderen Unternehmensbereichen getrennt. Je größer das Unternehmen ist, desto eher ist eine funktionale Abspaltung eines Controlling-Bereiches möglich und je höher die Aufwendungen für diesen Bereich, desto notwendiger erscheint eine betriebswirtschaftliche Steuerung des Etats (Peemöller 1992, S. 288).

Das FuE-Controlling besteht im Wesentlichen aus den folgenden Teilaufgaben:

1) Steuerung und Kontrolle des FuE-Bereiches

2) Budgetplanung für die gesamten FuE-Aktivitäten

3) Controlling der einzelnen FuE-Projekte

- nach Zielerreichung/Projektfortschritt
- nach aufgelaufenem Aufwand
- nach Fristeneinhaltung/Terminüberschreitung

4) Genehmigung und Beurteilung von neuen Projekten

Der Controlling-Ansatz im FuE-Bereich ist aus verschiedenen Aspekten von Bedeutung.

- Die herkömmlichen Instrumente wie Rechnungswesen, versagen bezüglich einer effizienten Steuerung und Kontrolle wegen ihrer Zeitverzögerung.
- Die hohe Unsicherheit von Entwicklungsprojekten steigert die Gefahr von Plan-Ist-Abweichungen.
- Die Koordination von Planung und Kontrolle im FuE-Bereich erhöht die Effizienz.
- Die Planung von FuE-Aufwendungen gewährleistet den zweckorientierten Mitteleinsatz.
- Die Budgetierung der FuE-Aufwendungen erlaubt die Steuerung und Kontrolle und führt damit zu einer Sicherung der Effizienz.
- Das Controlling schließt die Interdependenzen sämtlicher Teilbereiche der Unternehmensführung in ein Gesamtkonzept ein.

Da Erfolge der FuE-Abteilung nicht direkt mess- und quantifizierbar sind, ist das **Ziel des FuE-Controlling**:

- Eine größtmögliche Transparenz der FuE-Aktivitäten hinsichtlich
  - Kosten,
  - Zielerreichung und Abweichung

  zu schaffen, um somit Maßnahmen hinsichtlich Planung und Steuerung von FuE zu ergreifen.

Im Rahmen des FuE-Controlling werden Entscheidungen getroffen,

- ob ein Projekt fortgesetzt wird,
- ob ein Projektabbruch erfolgt oder

*   ob eine Erhöhung des Budgetrahmens zweckmäßig ist.

Für alle Alternativen müssen die Auswirkungen möglichst genau abgeschätzt werden. Eine ausführliche Darstellung der Thematik findet man bei Peemöller (1992).

2.9 Schutz von FuE-Ergebnissen

Das deutsche und internationale Recht erlauben den Schutz von Erfindungen und Entwicklungen. Die drei Möglichkeiten sind:

2.9.1 Patent

Ein Patent ist eine vom Staat erteilte, übertragbare Befugnis, eine Erfindung zeitlich befristet ausschließlich zu benutzen. Die maximale Schutzfrist beträgt 20 Jahre (§ 9 PatG). Ein Patent kann sich auf eine Erfindung erstrecken, die sich auf ein Erzeugnis (Produkt) oder auf ein Herstellungsverfahren bezieht. Die Erteilung eines Patentes setzt die Patentfähigkeit der Erfindung voraus:

*   Die Patentanmeldung muss zur Zeit der Patentanmeldung neu sein.

*   Sie muss auf einer erfinderischen Tätigkeit beruhen.

*   Sie muss gewerblich verwertbar sein.

Soweit diese Voraussetzungen nicht erfüllt sind, kann die Erfindung allenfalls durch ein Gebrauchsmuster geschützt werden. In der industriellen Praxis werden relativ häufig patentfähige Erfindungen bewusst nicht angemeldet, um die Konkurrenz nicht auf technologische Neuerungen hinzuweisen.

2.9.2 Gebrauchsmuster

Bei Gebrauchsmustern können nur Gegenstände (in der Regel Arbeitsgegenstände oder Gebrauchsgegenstände, z.B. für Haushalt, Garten oder Sport), nicht jedoch Verfahren geschützt werden, die dem Anwendungszweck durch eine neue Gestaltung, Anordnung oder Vorrichtung dienen. Das Gebrauchsmuster setzt keine so hohen Anforderungen an den technologischen Neuigkeitsgrad wie das Patent. Erforderlich ist jedoch ein technischer oder wirtschaftlicher Nutzen. Die Schutzdauer beträgt maximal 6 Jahre.

2.9.3 Geschmacksmuster

Die ästhetische Form und Gestalt von Produkten ist für die Vermarktung genauso wichtig wie die technische Funktion und Qualität. Soweit sich das Design eines entwickelten Produktes deutlich von bisher bekannten Formen unterscheidet, kann es durch ein Geschmacksmuster gegen Imitation geschützt werden. Schutzfähig sind beispielsweise Lampen, Geschirr, Fernsehgeräte oder Bekleidung. Voraussetzungen für die Erteilung eines Geschmacksmusters sind:

- Neuigkeit,
- gewerbliche Verwertbarkeit,
- ästhetischer Gehalt.

Soweit diese Voraussetzungen erfüllt sind, gilt der Rechtsschutz für alle verwandten Erzeugnisse. Die Schutzdauer beträgt ab Anmeldung zunächst 1-3 Jahre, eine Verlängerung ist bis zu maximal 15 Jahren möglich.

2.9.4 Erwerb von Schutzrechten

Wenn Unternehmen nicht in der Lage sind, Schutzrechte selbst aufzubauen, d. h. selbst schutzfähige FuE-Tätigkeit zu betreiben, können sie Schutzrechte erwerben. Zu unterscheiden sind:

- Kauf von Schutzrechten und
- Abschluss von Lizenzverträgen, welche die Erlaubnis zur Benutzung von Rechten oder Verfahren darstellen. Lizenzverträge sind in der Regel zeitlich befristet, z. T. erfolgt auch eine regionale Begrenzung, eine Einschränkung der Benutzungsart oder der sachlichen Verwertung.

Patente für Deutschland erteilt das 1949 entstandene Deutsche Patentamt mit Sitz in München. Für den europäischen Raum zuständig ist das, 1977 gegründete, ebenfalls in München angesiedelte, Europäische Patentamt.

Literaturhinweise

Berth, R.: 73 mal Innovation, in: Harvard-Manager, Nr. 1, 1988, S. 92 ff.

Domsch, M./Gerpott, H./Gerpott, T. J.: Technologische Gatekeeper in der industriellen F&E, 1. Aufl., Stuttgart 1989.

Gerpott, H.: Forschung und Entwicklung und Produktion, München 1991.

Peemöller, V. H.: Controlling – Grundlagen und Einsatzgebiete, 5. Aufl., Herne/Berlin 2005.

Reichel, H. R.: Gebrauchsmuster – und Patentrecht – praxisnah, 2. Aufl., Renningen 1992.

Schmelzer, H. J./Buttermilch, K.-H.: Reduzierung der Entwicklungszeiten in der Produktionsentwicklung als ganzheitliches Problem, in: zfbf, Sonderheft 23, 1988, S. 43-73.

Siegwart, H.: Produktionsentwicklung in der industriellen Unternehmung, Bern/Stuttgart 1974.

F.3 Produktion

3.1 Begriff und Aufgabe

Für den Begriff „Produktion" gibt es verschieden weite Auslegungen. Im weitesten Sinn wird darunter jede Kombination von Produktionsfaktoren verstanden. Zu den Produktionsfaktoren zählt man sämtliche materiellen und immateriellen Güter, die notwendig sind, wirtschaftliche Güter zu erstellen. Im Allgemeinen gliedert man die Produktionsfaktoren nach Gutenberg in die Faktoren „menschliche Arbeitsleistung", „Arbeits- und Betriebsmittel", „Werkstoffe" und die „Geschäfts- und Betriebsleitung", die als dispositiver Faktor bezeichnet wird. Methodologisch kann noch eine weitere Trennung in solche Produktionsfaktoren erfolgen, die in den Produktionsprozess eingehen, ohne dass sich an der physisch-mengenmäßigen Existenz etwas ändert (Potentialfaktoren) und solche, die im Produktionsprozess physisch-mengenmäßig untergehen, d. h. be- oder verarbeitet werden (Repetierfaktoren), also Roh-, Hilfs- und Betriebsstoffe.

In einer engeren Fassung beschränkt sich der Begriff „Produktion" nur auf die betriebliche Leistungserstellung.

Unter Leistungserstellung in diesem Sinne soll

- die Gewinnung von Rohstoffen in Gewinnungsbetrieben,
- die Herstellung von Erzeugnissen in Fertigungsbetrieben,
- die Bearbeitung von Rohstoffen und Fabrikaten in Veredelungsbetrieben und
- die Ausführung von Dienstleistungen durch Dienstleistungsbetriebe (Handel, Banken, Versicherungen, Verkehrsbetriebe etc.)

verstanden werden.

Dementsprechend unterschiedlich sind die Aufgaben, die bei der Produktion, d. h. bei der Erstellung der betrieblichen Leistung zu erfüllen sind. Die folgenden Ausführungen werden sich auf die Produktion in Industriebetrieben beschränken, wie sie beispielsweise in Unternehmen des Maschinenbaus oder der elektrotechnischen Industrie angetroffen wird (verarbeitendes Gewerbe).

Behandelt werden hier nur betriebswirtschaftliche Probleme des Produktionsbereichs und nicht technische Fragen.

Folgende Problemkreise sind zu behandeln (**Abb. 176**):

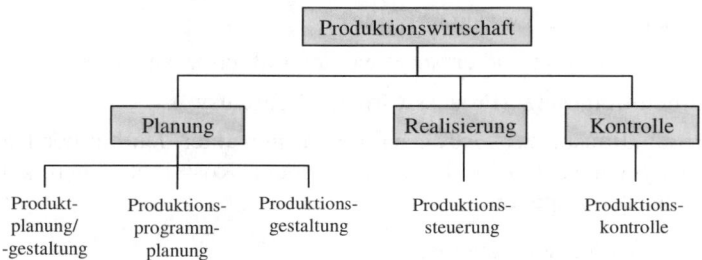

Abb. 176: Produktionswirtschaft

Der Produktionsbereich ist eng mit anderen Unternehmensbereichen verbunden: Voraussetzung für die Produktion ist eine funktionierende Materialbeschaffung und die Ausstattung des Unternehmens mit Betriebsmitteln. Produziert wird aufgrund der erwarteten Absatzmengen, wobei die Prämissen der Finanzwirtschaft bei der Planung berücksichtigt werden müssen.

Unter Produktion wird hier die Erzeugung von Sachleistungen verstanden. Sie vollzieht sich im Wege der Kombination von Produktionsfaktoren und kann als Input-Output-Modell dargestellt werden. In Abhängigkeit von der Art des Produktionsprozesses lässt sich ein funktionaler Zusammenhang zwischen den Faktoreinsatzmengen (Input) und den Ausbringungsmengen (Output) herstellen. Den Produktionsprozess bezeichnet man auch als Transformationsprozess (**Abb. 177**).

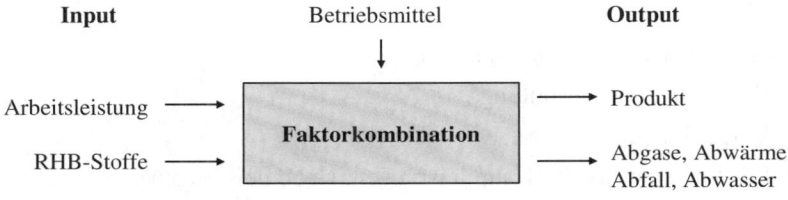

Abb. 177: Transformationsprozess (Input-Output-Modell)

Beim Produktionsprozess entstehen nicht nur die gewünschten Produkte, sondern auch Nebenprodukte. Diese

- können einer weiteren Verwendung zugeführt werden (Recycling),
- müssen entsorgt werden (Abfälle),
- müssen gereinigt und entsorgt werden (Abgase, Abwässer),
- werden freigesetzt (Prozesswärme, Abgase usw.).

Der Produktionsprozess ist deshalb nicht nur unter den bei der Herstellung des gewünschten Produktes anfallenden Kosten zu sehen, sondern auch unter den Aspekten:

- sparsamer Ressourceneinsatz,
- Vermeidung oder weitgehende Einschränkung von Umweltbelastung,
- weitere Verwendung von Abfällen und freiwerdender Energie.

Der Zwang zur Beachtung dieser Nebenbedingungen erfolgt teilweise auch über staatliche Vorschriften oder über Abgaben (siehe dazu Kapitel **B.4**).

3.2 Produktgestaltung

3.2.1 Aufgabe

Die Produktgestaltung basiert weitgehend auf den Erkenntnissen des Marktes und der Kunden. Sie befasst sich mit der Art der Produkte, die im Unternehmen hergestellt werden sollen. Festgelegt werden u. a. technische und ästhetische Merkmale. Daneben werden Entscheidungen darüber getroffen, in welchen Ausführungen und Varianten das Produkt am Markt angeboten werden soll. Weitere Parameter der Produktgestaltung sind:

- die gewünschte Produktqualität,
- Form- und Farbgestaltung,
- Verpackung,
- Leistungsmerkmale (Hauptleistungen, Nebenleistungen).

Immer größere Bedeutung erlangt die Forderung nach Vermeidung von Abfall und von Nachbesserungen am Produkt in der Fertigung und Senkung der Störanfälligkeit. Die Produktgestaltung passt die produzierten Erzeugnisse den sich ändernden Kundenwünschen und Markterfordernissen durch Schaffung von neuen Produkten (Produktinnovation) oder durch Änderung bereits bestehender Produkte (Mutation) laufend an. Die Produktgestaltung bedient sich dabei der Erkenntnisse, die im Rahmen der FuE-Tätigkeit sowie der Marktforschung gewonnen wurden.

3.2.2 Konstruktion

Aufgabe der Konstruktion ist die Erstellung von Unterlagen, aufgrund derer die Fertigung des Erzeugnisses möglich ist. Die Konstruktion ist Bindeglied zwischen Entwicklung und Fertigung, die Übergänge zwischen Entwicklung und Konstruktion sind – auch in Anbetracht der DV-technischen Unterstützung – fließend. Ergebnisse der Konstruktionstätigkeit sind:

- Zeichnungen,
- Schaltpläne,
- Stücklisten/Rezepturen.

Die Arbeit der Konstruktion steht in engem Zusammenhang mit der Arbeitsvorbereitung, der Beschaffung, dem Absatz und dem Rechnungswesen. Nebenziele der Konstruktionsarbeit sind:

- Fertigungsgerechte Gestaltung als Voraussetzung einer kostengünstigen Produktion,
- Berücksichtigung des Standes der Technik,
- Anpassung an Markterfordernisse,
- Servicefreundlichkeit des Produktes.

Die Tätigkeit der Konstruktion berücksichtigt Erfahrungen bei der Entwicklung und Herstellung bereits bestehender Produkte. Weiterer Bestandteil der Konstruktionsarbeit ist die Konstruktion von Fertigungseinrichtungen bis hin zur Gestaltung kompletter Fertigungsstraßen, mit denen die gewünschten Produkte hergestellt werden können.

3.2.3 Standardisierung

Standardisierung ist ein Instrument der Produktpolitik. Es handelt sich dabei um eine Vereinheitlichung von Begriffen und Bezeichnungen,

Verfahren, Einheiten und Objekten, mit dem Ziel der Vereinfachung und der flexiblen Anwendbarkeit bei unterschiedlichen Unternehmen und damit der Kostensenkung durch Massenproduktionsvorteile. Sie kann sowohl das Ergebnis eines Vereinheitlichungsprozesses im Wettbewerb als auch bewusst herbeigeführter Maßnahmen bestimmter Anbieter sein und trägt allgemein zu einer erhöhten Markttransparenz bei. Die verschiedensten Formen der Standardisierung zeigt **Abbildung 178**.

Normung	Typung	Wiederholtei-leverwendung	Teilefamilien-bildung	Baukasten-prinzip
Ziel: Reduzierung der Typenvielfalt auf wirtschaftlich vertretbare Mengen und einheitliche Verständigung	Ziel: Verkleinerung des Sortiments durch Vereinheitlichung der angebotenen Produktvarianten	Ziel: Verkleinerung der Anzahl von Einzelteilen	Ziel: Vereinfachung von Produktionsprogrammplanung und Konstruktion	Ziel: Reduzierung des Fertigungsprogramms bei gleichzeitiger Verringerung der Lagerbestände
Grenzen: Bei schneller Veralterung der Produkte	Grenzen: Wenn eine bestehende Bedarfsindividualität nicht eingeschränkt werden kann.	Grenzen: Bei starken Unterschieden der erzeugten Produkte	Grenzen: Bei starken Unterschieden der erzeugten Produkte	Grenzen: Wenn eine bestehende Bedarfsindividualität nicht eingeschränkt werden kann.

Abb. 178: Formen der Standardisierung

3.2.3.1 Normung

Unter Normung versteht man die Vereinheitlichung von Einzelteilen durch Standardisierung von Abmessungen (Formen und Maße) und Materialeigenschaften (Stoff-Güte-Normung).

Zu unterscheiden sind:

- Grundnormen, die für alle Fach- und Wissensgebiete von grundlegender Bedeutung sind,
- Fachnormen, die nur für ein bestimmtes Fachgebiet gelten.

Nach dem Geltungsbereich werden unterschieden:

- Werks-/Herstellernormen (z. B. technische Lieferbedingungen, Fabrikationsvorschriften),
- Abnehmernormen (z. B. von öffentlichen Auftraggebern),
- Verbandsnormen (z. B. der Verbände der elektrotechnischen Industrie, ZVEI und VDE),
- Nationale Normen (DIN),
- Internationale Normen (ISO, IEC).

Ziele der Normung im industriellen Fertigungsbereich sind:

- Reduzierung der Typenvielfalt auf wirtschaftlich vertretbare Mengen und
- einheitliche Verständigung.

Normung bietet nicht nur Vorteile bei Beschaffung, Konstruktion und Fertigung, sondern auch im Absatzbereich. Überlegungen zur Normung sind bereits bei der Planung eines Produktes sowie bei Entwicklung und Konstruktion zweckmäßig.

Die Normung findet immer dann ihre Grenzen, wenn es sich um Produkte handelt, die einer schnellen Veralterung unterliegen, beispielsweise aufgrund von Modewechseln oder technischem Fortschritt.

3.2.3.2 Typung

Unter Typung versteht man die Vereinheitlichung des Produktganzen durch Standardisierung einer Kombination von Eigenschaften.

Ziel der Typung ist die Verkleinerung des Sortiments durch Vereinheitlichung der angebotenen Produktvarianten. Vorteile der Typung sind:

- die übersichtlichere und vereinheitlichte Produktpalette, bei der Rationalisierungsmöglichkeiten ausgeschöpft werden können,
- eine einfachere Lagerhaltung, bei der Sicherheitsbestände, Bestellmengen und -preise reduziert werden können.

Grenzen findet die Typung immer dann, wenn eine bestehende Bedarfsindividualität nicht eingeschränkt werden kann, ohne Wettbewerbsnachteile zu erleiden.

3.2.3.3   Wiederholteileverwendung

Unter Wiederholteilen versteht man ein nicht genormtes, für ein bestimmtes Erzeugnis entwickeltes Bauteil, das in verschiedenen Gruppen
des gleichen Erzeugnisses wiederkehrt oder auch in verschiedenen Erzeugnissen verwendet wird.

Voraussetzung für die Verwendung von Wiederholteilen ist, dass organisatorische Maßnahmen sicherstellen, dass gleiche Teile auch tatsächlich wiederholt werden. So muss beispielsweise ein Klassifizierungssys-
tem entwickelt werden, das Konstrukteuren die Möglichkeit verschafft,
bei Neukonstruktionen auf gleiche Teile zurückzugreifen.

3.2.3.4   Teilefamilienbildung

Als Teilefamilie bezeichnet man eine Summe von Teilen, die sowohl
Maßähnlichkeit, Formähnlichkeit als auch fertigungstechnische Ähn-
lichkeit (Verfahrensart, Verfahrensbedingung, Folge der Verfahrensab-
läufe) aufweisen. Teile einer Teilefamilie werden dann zu einer Schein-
oder Additivserie zusammengefasst und als ein gemeinsames Los in die
Fertigung gegeben. Bei Teilefamilien kann es sich um Teile einer Bau-
gruppe, eines Erzeugnisses, aus Erzeugnissen mit gleichem Liefertermin
oder um Teile aus sämtlichen Erzeugnissen der bevorstehenden Planungsperiode handeln.

Teilefamilien werden im Rahmen einer Untersuchung gebildet. Diese
Untersuchung kann entweder einmalig oder permanent durchgeführt
werden. Das neu zu konstruierende Teil wird vom Konstrukteur ver-
schlüsselt und dann auf der Basis eines Klassifizierungssystems gleiche
oder ähnliche Teile ermittelt.

3.2.3.5   Baukastenprinzip

Das Baukastenprinzip beruht auf der Normung von Einzelteilen und
Baugruppen. Die fertigen Erzeugnisse sind so konzipiert, dass möglichst
viele standardisierte Einzelteile und Baugruppen in den verschiedenen
Erzeugnissen verwendet werden können. Die einzelnen Erzeugnisse
unterscheiden sich durch unterschiedliche Kombination und Anzahl der
Baukastenelemente. Ein Beispiel dazu ist die Plattformfertigung von
VW, die erlaubt Grundelemente in allen Produktgruppen von VW zu

verwenden. Dies führt zu einer erheblichen Reduzierung des Fertigungsprogramms bei gleichzeitiger Verringerung der Lagerbestände.

Wie auch die Typung findet die Baukastensystematik immer dann ihre Grenzen, wenn eine bestehende Bedarfsindividualität nicht eingeschränkt werden kann, ohne Wettbewerbsnachteile zu erleiden.

Einen Überblick über den Grad der Vereinheitlichung im Materialbereich liefert **Abbildung 179**.

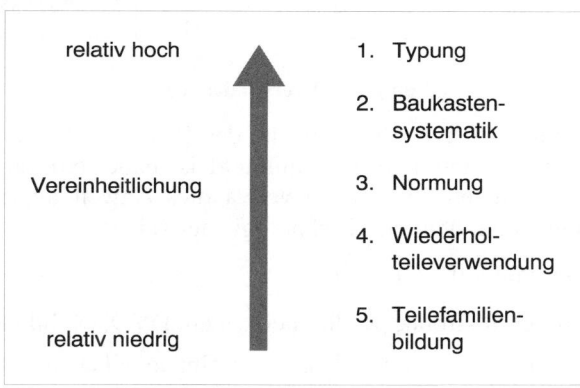

Abb. 179: Vereinheitlichung im Materialbereich

3.3 Produktionsprogrammplanung

Die Produktionsprogrammplanung (PPP) umfasst die art- und mengenmäßige Festlegung der vom Unternehmen in den einzelnen Planperioden zu erbringenden Leistung. Bei der artmäßigen Zusammensetzung des Produktionsprogrammes sind zu unterscheiden:

1) **Programmbreite:** Anzahl der verschiedenen Produktarten, die hergestellt werden sollen. Die Programmbreite ist ein Maß für die Diversifizierung, die nach den in **Abbildung 180** angegebenen Kriterien möglich ist.

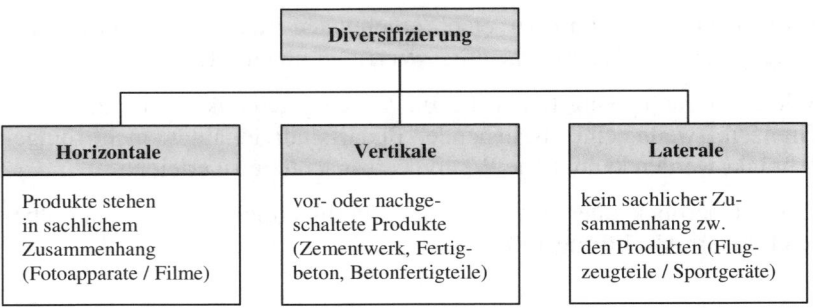

Abb. 180: Diversifizierung

Maßgeblich für die Diversifizierung ist das Produktfeld, auf dem sich ein Unternehmen betätigt. Ein Produktfeld ist dabei eine gedankliche Einheit von Produkten, die für ein verwandtes Anwendungsgebiet bestimmt sind und/oder ähnliche Technologie aufweisen.

Beispiele von Produktfeldern sind:

- Unterhaltungselektronik (Radio, Fernsehen, DVD, Mobiltelefon),

- Elektrische Haushaltsgeräte (Waschmaschinen, Küchenmaschinen, Geschirrspülmaschinen),

- Oberbekleidung (Mäntel, Anzüge, Kostüme etc.).

2) **Programmtiefe:** Sie gibt an, in wieviel verschiedenen Ausführungen ein Produkt hergestellt wird. Die Produktdifferenzierung ist dabei ein Mittel zur Marktsegmentierung. Beispiele: Modellreihen in der Kfz-Industrie oder in der Unterhaltungselektronik.

Für die mengenmäßige Zusammensetzung des Produktionsprogrammes sind entscheidend:

- die prognostizierte Aufnahmefähigkeit des Marktes,

- die Produktionskapazität,

- die Beschaffungssituation, d. h. die Möglichkeit zur Beschaffung der für die Produktion benötigten Güter und Dienstleistungen.

Der Planungshorizont der PPP ist dreigeteilt:

1) **Langfristige PPP:** legt die Produktionsstrategie des Unternehmens fest (Entscheidung über Produktfelder).

2) **Mittelfristige PPP:** legt fest, welche Produkte zur Serienreife gebracht werden sollen, bestimmt die Programmbreite im Produktfeld und sorgt ggf. für die Anpassung der Fertigungskapazitäten und die Beschaffung von Arbeitskräften.

3) **Kurzfristige PPP:** legt den aktuellen Produktionsplan für die Planperioden fest. Die kurzfristige PPP ist Basis für die Beschaffung des Fertigungsmaterials sowie für die Produktionssteuerung.

Einen Überblick über den Bereich der PPP gibt **Abbildung 181.**

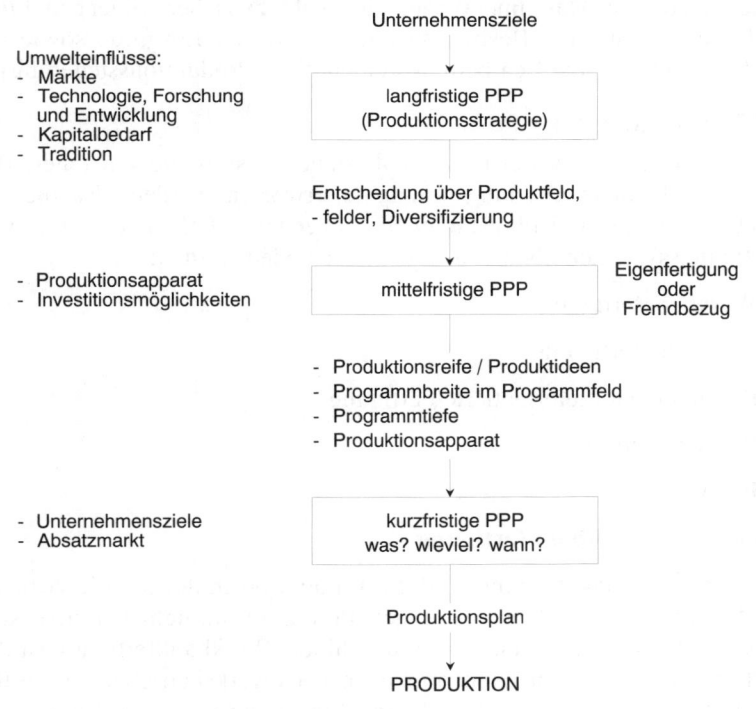

Abb. 181: Produktionsprogrammplanung

3.4 Produktionsablaufplanung

3.4.1 Aufgabe

Die Aufgabe der Produktionsablaufplanung besteht darin, die Fertigungsverfahren, die Zeiträume und die Kostenstellen für die geplanten Produktmengen festzulegen.

Gegenstand einer langfristigen Planung ist die Auswahl eines bestimmten technischen Fertigungsverfahrens aus den insgesamt zur Verfügung stehenden Verfahren, wobei das gewählte Verfahren eine Leistungserstellung mit den geringsten Kosten ermöglichen soll.

Im Rahmen der kurzfristigen Planung des Produktionsablaufs wird von einer gegebenen Ausstattung mit Betriebsmitteln und Arbeitskräften ausgegangen. Diesbezüglich geht es insbesondere um die Auswahl zwischen mehreren Maschinentypen, die Wahl zwischen Eigenerstellung und Fremdbezug, die Bestimmung der optimalen Losgröße sowie die Wahl der günstigsten Bearbeitungsreihenfolge (Produktionssteuerung).

3.4.2 Fertigungssysteme

Bei einem größeren Betriebsmittelbestand müssen die einzelnen Betriebsmittel einem Ordnungsprinzip unterworfen werden, das die gesamtbetriebliche Leistungsfähigkeit sicherstellt. Folgende Arten von Fertigungssystemen können dabei unterschieden werden:

1) Werkbankfertigung

2) Baustellenfertigung

3) Produktionsmittelorientierte Fertigung

4) Werkstättenfertigung

5) Fließfertigung

3.4.2.1 Werkbankfertigung

Bei der Werkbankfertigung sind die Produktionsmittel um die Arbeitskraft herum angeordnet. Unter den Produktionsmitteln befinden sich neben Werkzeugen auch kleinere Maschinen. Werkbankfertigung ist das vorherrschende Organisationsprinzip in Handwerksbetrieben. In größeren Industriebetrieben ist die Werkbankfertigung bspw. in der Reparaturabteilung oder Schlosserei anzutreffen.

3.4.2.2 Baustellenfertigung

Bei der Baustellenfertigung werden Arbeitskräfte, Material, Werkzeuge, Maschinen und Transportmittel an das zu bauende Objekt herangebracht. Es handelt sich diesbezüglich um eine Hinordnung auf das Fertigungsobjekt. Die Baustellenfertigung ist insbesondere im Hoch- und Tiefbau anzutreffen.

3.4.2.3 Produktionsmittelorientierte Fertigungsordnung

Die produktionsmittelorientierte Fertigung ist dadurch gekennzeichnet, dass Menschen, Material, Werkzeuge und Maschinen auf ein zentrales, spezifisches und unbewegliches Produktionsmittel hinorientiert werden. Dieses Anordnungsprinzip ist in der Land- und Forstwirtschaft, im Weinbau und bei anderen Pflanzenkulturen anzufinden. In der Industrie findet man die produktionsmittelorientierte Fertigung insbesondere dort, wo Hitzeprozesse, also Ofenanlagen, innerhalb des Fertigungsvorgangs eine entscheidende Rolle spielen.

3.4.2.4 Werkstättenfertigung

Bei der Werkstättenfertigung werden einzelne Arbeitsplätze mit gleichartiger Verrichtung örtlich zusammengefasst (z. B. Bohren, Drehen, Fräsen, Lackieren). Jedes Werkstück durchläuft die Fertigung nach einem individuellen Plan. Die Werkstücke müssen zur vollständigen Bearbeitung von Fertigungseinheit zu Fertigungseinheit transportiert werden. Der Transportweg richtet sich nach den vorgeschriebenen Arbeitsgängen und den innerbetrieblichen Standorten.

Die Werkstättenfertigung bietet Vorteile aufgrund der Anpassungsfähigkeit bei Einzel- und Kleinserienfertigung. Sie wird dort angewendet, wo die Anordnung der Maschinen und Arbeitsplätze wegen häufigen Produktwechsels und deshalb wechselnden Arbeitsfolgen der zu bearbeitenden Teile nicht auf längere Zeit festgelegt werden kann. Aus diesem Grund scheidet die Fließfertigung als Organisationsprinzip aus.

Die Steuerung der Werkstättenfertigung ist mit erheblichen Problemen verbunden. Da die Bearbeitungszeiten auf den einzelnen Fertigungsaggregaten unterschiedlich sind, entstehen Wartezeiten und somit Zwischenlager. Wird andererseits versucht, die mittlere Durchlaufzeit von Fertigungsaufträgen zu minimieren, muss die Fertigungskapazität erhöht werden, um kurzfristige Engpässe zu vermeiden. Dies führt im Durchschnitt aber zu einer geringeren Auslastung. Die Ziele

- Reduzierung der mittleren Durchlaufzeit von Fertigungsaufträgen und

- Erhöhung der Betriebsmittelauslastung

sind also nicht gleichzeitig zu erfüllen (Dilemma der Ablaufplanung). Weitere Aufgaben der Werkstattfertigung bestehen in

- der Transportplanung (individueller Durchlauf der Werkstücke),

- der Terminplanung (Kapazitätsabstimmung, Maschinenbelegung),

- der Festlegung der innerbetrieblichen Standorte für die einzelnen Werkstätten.

3.4.2.5   Fließfertigung

Fließfertigung liegt vor, wenn die einzelnen Arbeitsplätze oder Fertigungsschritte nach dem Fertigungsablauf angeordnet sind. Die verschiedenen Arbeitsgänge sind zeitlich aufeinander abgestimmt und folgen lückenlos aufeinander. Voraussetzung der Fließfertigung ist das Vorhandensein einer Transporteinrichtung, die die Werkstücke von Arbeitsplatz zu Arbeitsplatz transportiert und damit einen gleichmäßigen Materialfluss ermöglicht.

Vorteile der Fließfertigung sind:

- Geringe Lagerkosten (Zwischenlager entfallen),

- Geringe Durchlaufzeiten,

- Einfache Fertigungssteuerung,

- Übersichtlichkeit des Produktionsprozesses,

- Geringe Qualitätsabweichungen,

- Verkürzung der Bearbeitungszeit durch Spezialisierung.

Nachteile sind:

- Hohe Investitionskosten,

- Geringe Flexibilität; Umstellung des Fertigungsapparates bei technischen Änderungen oder bei Neueinführung von Produkten ist aufwendig,

- Anfälligkeit gegen Beschäftigungsschwankungen,
- Fixkostenintensiv, Kostenremanenz bei Produktionsrückgang,
- Anfällig gegen Störungen,
- Überforderung der Mitarbeiter durch monotone Arbeit, die u. U. zu Unterbrechungen führen kann.

3.4.3 Gestaltung des Fertigungsprozesses

Die Gestaltung des Fertigungsprozesses ist im Wesentlichen von der Herstellungstechnik, vom Organisationstyp und vom Leistungstyp der Fertigung abhängig. Der Prozessgestaltung kommt die Aufgabe zu, die Art und Reihenfolge der einzelnen Arbeitsgänge festzulegen. Die Leistungstypen der Fertigung (Fertigungstypen) sind die grundsätzlichen Alternativen zur Gestaltung des Fertigungsprozesses, sie führen zu einer Systematisierung der Leistungserstellung nach der Wiederholbarkeit **(Abb. 182)**.

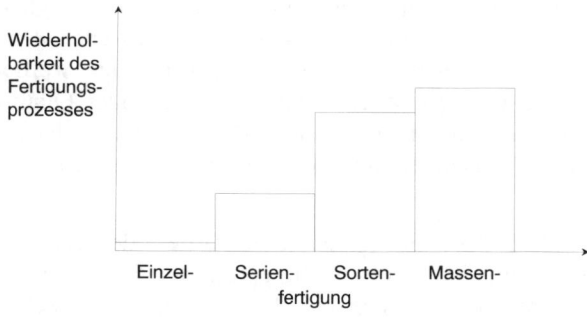

Abb. 182: Leistungstypen der Fertigung

3.4.3.1 Einzelfertigung

Bei der Einzelfertigung wird ein bestimmtes Erzeugnis nur einmal oder in sich unregelmäßig wiederholenden Abständen hergestellt, wobei der Fertigung häufig ein Kundenauftrag zugrunde liegt. An die Qualifikation der einzelnen Arbeitskraft werden hohe Ansprüche gestellt.

Es kommen einfache und flexible Werkzeuge zum Einsatz. Der wesentliche Vorteil der Einzelproduktion liegt in der Möglichkeit, auf individuelle Kundenwünsche einzugehen.

Nachteile sind hohe Kosten, beschränktes Produktionsvolumen, geringes Kostendegressionspotential sowie große Qualitätsschwankungen.

3.4.3.2   Serienfertigung

Die Serienfertigung findet sich in Betrieben, die mehrere Produkte hintereinander oder parallel in bestimmten Stückzahlen fertigen. Die Herstellungsverfahren der einzelnen Produkte unterscheiden sich nur geringfügig voneinander, die Produkte bestehen aus ähnlichen Basismaterialien. Die einzelnen Produkte weisen aber fertigungstechnische Besonderheiten auf, weshalb häufig mehrere Fertigungslinien existieren. Mit jeder Serie wird eine bestimmte Stückzahl (Fertigungslos, Auflage) eines Produktes oder einer Produktvariante hergestellt. Beispiele sind die Erzeugung von Textilien, Haushaltsgeräten, Fotoapparaten.

3.4.3.3   Sortenfertigung

Die Sortenfertigung ist eine Variante der Massenfertigung. Bei ihr werden große Mengen von eng verwandten Produkten aus gleichen Ausgangsmaterialien hergestellt. Die Unterschiede zwischen den einzelnen Produkten liegen im Herstellungsverfahren. Produziert werden dadurch unterschiedliche Formen, Abmessungen, Farben oder Qualitäten einer Produktart. Kennzeichen ist die gleiche Prozessfolge in der Herstellung. Beispiele sind die Herstellung von Blechen, Schrauben oder von Getränken.

Ein Sonderfall der Sortenfertigung ist die Partie- oder Chargenfertigung. Hier unterscheiden sich nicht nur die gefertigten Produkte voneinander, sondern es bestehen auch Unterschiede zwischen den einzelnen Herstellungslosen (Chargen): Herstellungsprozess und Ausgangsmaterial sind hier technisch nicht so zu beherrschen, dass immer absolut gleichartige Produkte hergestellt werden können. Die Unterschiede sind also nicht beabsichtigt. Die Chargenfertigung findet sich z. B. in allen Industriezweigen, bei denen die Farbe ein wesentliches Merkmal des Produktes ist (Textilien, Fliesen, Farbfilme, Leder).

3.4.3.4   Massenfertigung

Bei der Massenfertigung erfolgt der Produktionsprozess in der Regel ohne Unterbrechung. Es werden sehr große Stückzahlen eines bestimmten Produktes meist für den anonymen Markt gefertigt. Typische Bei-

spiele für Massenfertigung finden sich in der Lebens- und Genussmittel-
industrie. Der Herstellungsprozess ist weitestgehend automatisiert.

Leistungstyp der Fertigung sowie Organisationstyp hängen eng zusammen. Beide Typen haben wiederum Auswirkungen auf die Materialbeschaffung.

Einen Überblick über die bestehenden Zusammenhänge im System der
Fertigung gibt **Abbildung 183**.

Die Massenfertigung stellt geringe Ansprüche an die Qualifikation der
Arbeiter, die unmittelbar an der Produktion beteiligt sind. Die zusätzlich
eingesetzten Spezialisten (z. B. Fertigungsingenieure) sind dagegen
hochspezialisiert.

Vorteile der Massenfertigung sind die hohe Produktionskapazität, niedrige Stückkosten und großes Kostendegressionspotential. Nachteile sind
in der Inflexibilität bezüglich Produktionsprogrammänderung, einen
hohen Anteil fixer Kosten und dem aus einem Nachfragerückgang resultierenden Verlustrisiko zu sehen.

3.4.3.5   Lean Production

Unter Lean Production versteht man eine Produktionsmethode, die seit
den 50er Jahren von japanischen Automobilherstellern entwickelt wird,
wobei Toyota die Pionierrolle eingenommen hat. Die „schlanke Produktion" tritt mit dem Anspruch an, die Vorteile von Einzel- und Massenproduktion miteinander zu verbinden und die Nachteile zu vermeiden.

Abb. 183: Überblick über das System Fertigung

Während bei der Massenproduktion die Arbeiter an Einzelarbeitsplätzen arbeiten, arbeiten sie in der „schlanken Produktion" in Teams und müssen die dort anfallenden Tätigkeiten wie Maschinenreparaturen, Qualitätsprüfung, Reinigung, Materialbestellung selbst übernehmen. In diesem Team werden die Verrichtungen aufeinander abgestimmt, so dass sich der Koordinationsaufwand auf höherer Ebene verringert. Dies ermöglicht eine flachere Organisationsstruktur. Die Trennung von ausführender und planender Arbeit, die in der Massenproduktion nach Taylor über Jahrzehnte vorherrschend war, wird aufgehoben. Durch die eigene Planungstätigkeit der Mitarbeiter wird deren Motivation und Kreativität angeregt, sie bringen eigene Verbesserungsvorschläge mit in ihre Tätigkeit ein. Somit wird ein Prozess kontinuierlicher Verbesserung der Produkte und Prozesse ausgelöst (jap.: Kaizen). Auch die „schlanke Produktion" nutzt moderne Informations- und flexible Fertigungssysteme. Jedoch liegt der Schwerpunkt nicht bei der computergestützten Produktionsplanung und -steuerung, wie dies beim CIM-Konzept der Fall ist, sondern bei der Arbeitsorganisation. Lean Production ist zugleich Prozess- und Sozialinnovation.

Vorteile des Lean-Production-Konzeptes sind niedrige Kosten durch hohe Arbeitsproduktivität, geringe Lagerbestände und Senkung der Gemeinkosten durch eine flache Organisationsstruktur. Zusätzlich sind eine hohe Flexibilität im Mengen- und Produktionsprogramm sowie kurze Entwicklungszeiten. Damit ist es möglich in stärkerem Maße auf Kundenwünsche einzugehen.

3.5 Produktionssteuerung

3.5.1 Aufgabe

Der Produktionssteuerung kommt die Aufgabe zu, die für einen gegebenen Produktionsplan erforderlichen Maßnahmen auszulösen, zu überwachen und ggf. zu korrigieren. Das System der Produktionssteuerung umfasst folgende Teilaktivitäten:

- Grobsteuerung des Fertigungsprozesses,
- Feinsteuerung des Fertigungsprozesses mit den Teilaufgaben,
- Bedarfsermittlung,
- Termin- und Kapazitätsplanung,

- Werkstattsteuerung,
- Kontrollmaßnahmen.

3.5.2 Grobsteuerung des Fertigungsprozesses

Ausgangsdaten für die Grobsteuerung des Fertigungsprozesses sind:

- die Prognose der zeitlichen Entwicklung des Absatzvolumens und
- die vorhandene Produktionskapazität.

Aufgabe der Grobsteuerung ist es, für eine kostengünstige zeitliche Verteilung der Produktion auf die Betriebsmittel zu sorgen. Im Industriebetrieb besteht ein wesentliches Ziel darin, ein Produkt in der gleichen Produktionsweise in der vorgegebenen Stückzahl hintereinander ohne Unterbrechung oder ohne Umstellung des Produktionsapparates herzustellen. Diese Stückzahl nennt man Fertigungslos.

Zu lösen sind im Rahmen der Grobsteuerung des Fertigungsprozesses primär folgende Fragen:

- optimale Losgröße,
- Reihenfolge der Auftragsabwicklung,
- optimale Auslastung der Betriebsmittel.

3.5.2.1 Optimale Losgröße

Wie bereits bei der Materialbeschaffung beschrieben, lässt sich auch für die Fertigung unter bestimmten Voraussetzungen eine optimale Losgröße (d. h. die Menge einer Sorte (Serie), die hintereinander ohne Umschaltung oder Unterbrechung des Fertigungsprozesses hergestellt wird) auf rechnerischem Wege ermitteln, bei der die aus der Fertigung entstehenden Kosten ein Minimum annehmen. Bei der Aufteilung des Jahresbedarfes (Periodenplanbedarfs) auf einzelne Fertigungslose entstehen fixe Kosten, die aus der Umstellung des Produktionsapparats resultieren (Rüstkosten). Andererseits verursacht die Lagerung der fertigen Güter Lagerhaltungskosten. Zwei verschiedene Fälle der Losgrößenproblematik werden im Folgenden betrachtet. Es werden dabei nur Betrachtungen mit linearen Abgangsraten und ohne Berücksichtigung von Fehlmengen durchgeführt.

Fall 1:

Unterstellt man den Zugang der gesamten Produktionsmenge zu einem Zeitpunkt, d. h. eine unendlich schnelle Lagerauffüllung (i. d. R. unmöglich), so ergibt sich die folgende Gesamtkostenfunktion (Wöhe 2005, S. 389 f.):

$$K_{ges} = K_F + K_L$$

mit:

$$K_F = \frac{m}{x} \cdot E \quad \text{und}$$

$$K_L = \frac{l}{100} \cdot s \cdot \frac{x}{2}.$$

Somit gilt:

$$K_{ges} = \frac{m}{x} \cdot E + \frac{l}{100} \cdot s \cdot \frac{x}{2},$$

K_F ist die Funktion der gesamten fixen Kosten des Fertigungsloses und K_L ist die Funktion der Lagerungskosten. Die einzelnen Größen sind dabei wie folgt gegeben:

x = Fertigungslos

E = Rüstkosten

M = Jahresbedarf

s = Stückkosten

l = Lagerkostensatz

v = Produktionsgeschwindigkeit

Somit gilt es das Minimierungsproblem

$$K_{ges} \to min!$$

zu lösen.

$$\frac{dK_{ges}}{dx} = 0$$

$$\Leftrightarrow s \cdot \frac{l}{200} = \frac{1}{x^2} \cdot m \cdot E$$

$$\Leftrightarrow x^2 = \frac{200 \cdot m \cdot E}{l \cdot s}$$

Als Optimum ergibt sich:

$$x_{opt} = \sqrt{\frac{200 \cdot m \cdot E}{l \cdot s}}.$$

Fall 2:

Ein Lager wird mit endlicher Produktionsgeschwindigkeit v aufgefüllt und gleichzeitig erfolgt ein gleichmäßiger Abbau.

Die optimale Losgröße x_{opt} errechnet sich weitgehend analog zu (AND-LER'sche Losgrößenformel):

$$x_{opt} = \sqrt{\frac{200 \cdot m \cdot E \cdot v}{l \cdot s \cdot (v - m)}} = \sqrt{\frac{200 \cdot m \cdot E}{l \cdot s \cdot (1 - \frac{m}{v})}}$$

Zusammenhang der Fälle 1 und 2:

Geht man in Fall 2 davon aus, dass $v \to \infty$, so folgt $m/v \to \infty$ und somit erhält man über die Grenzwertbetrachtung Fall 1. **Abbildung 184** veranschaulicht die Aussagen.

Die ANDLER'sche Losgrößenformel lässt sich in dieser Form nur für eine einstufige Einproduktunternehmung anwenden. Bei mehrstufiger Produktion muss eine einheitliche Losgröße für alle Fertigungsstufen bestimmt werden, um eine Synchronisierung des Fertigungsprozesses zu erreichen.

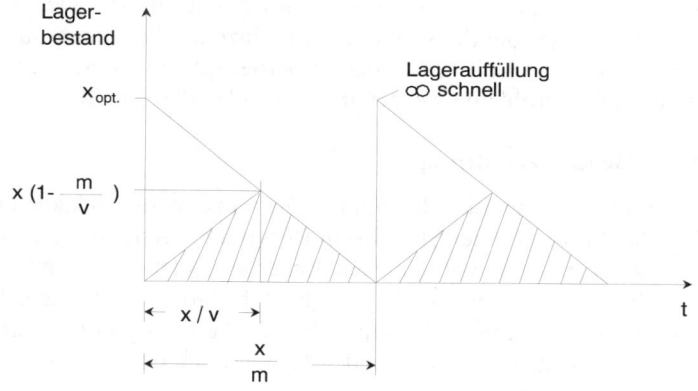

Abb. 184: Optimale Fertigungslosgröße: Lagerauffüllung und Lagerabgang

3.5.2.2   Reihenfolge der Auftragsabwicklung

Die Grobsteuerung des Fertigungsprozesses muss für einen Abgleich zwischen den Fertigungsterminen der Produkte und den zugesagten Lieferterminen sorgen. Fehlmengenkosten (z. B. Vertragsstrafen, die bei nicht termingerechter Lieferung zu bezahlen sind) werden bei der Planung berücksichtigt.

3.5.2.3   Optimale Auslastung der Betriebsmittel

Die Terminierung des geplanten Produktionsvolumens muss so gestaltet werden, dass die vorhandenen Fertigungskapazitäten optimal ausgelastet werden, also weder Leerzeiten von Betriebsmitteln und Arbeitskräften noch Kapazitätsengpässe in einzelnen Planperioden entstehen.

Aufgrund der zuvor genannten Zielkonflikte muss eine simultane Optimierung der verschiedenen Parameter erfolgen. Dies kann in eingeschränkter Weise über heuristische Verfahren oder mittels Simulation erfolgen.

3.5.3 Feinsteuerung des Fertigungsprozesses

Während bei der Produktionssteuerung eine Terminierung des gesamten Produktionsvolumens erfolgt, wird bei der Feinsteuerung des Fertigungsprozesses (Fertigungssteuerung) eine Terminierung der einzelnen Fertigungsaufträge durchgeführt. Dazu wird das nach Art, Menge und Termin geplante Produktionsvolumen in einzelne Fertigungsaufträge transformiert und auf die verfügbaren Arbeitsplätze eingeplant. Die dabei zu lösenden Probleme werden im Folgenden dargestellt.

3.5.3.1 Bedarfsermittlung

Der Materialbedarf für die Herstellung der einzelnen Produkte ergibt sich über die Auflösung der Stücklisten/Rezepturen/Sammelkarten o. Ä. Nach Abgleich mit den vorhandenen Lagerbeständen und eventuellen laufenden Bestellungen ergibt sich der Nettobedarf an Bauteilen, Rohstoffen oder Komponenten, der entweder als Fertigungsauftrag an die Fertigung weitergegeben oder über den Einkauf zur Bestellung bei Lieferanten weitergeleitet wird.

3.5.3.2 Termin- und Kapazitätsplanung (Kapazitätsterminierung)

Die Fertigungsaufträge werden in Form von Losen oder Einzelaufträgen in die einzelnen Arbeitsgänge aufgelöst und den vorhandenen Arbeitsplätzen terminlich zugeteilt. Dabei ist der Zielkonflikt zwischen gleichmäßig hoher Auslastung der Fertigungskapazitäten und kurzer Durchlaufzeit der Fertigungsaufträge zu lösen, wobei die Fertigungsaufträge termingerecht und mit niedrigen Produktionskosten abgewickelt werden müssen.

3.5.3.3 Werkstattsteuerung

Die Werkstattsteuerung realisiert die Vorgaben der Kapazitätsterminierung. Zum geplanten Termin werden die einzelnen Fertigungsaufträge an die Fertigung gegeben und dort auf die verfügbaren Arbeitsplätze verteilt.

3.5.3.4 Kontrolle der Fertigung

Kontrollmaßnahmen in der Fertigung beinhalten die laufende

- Überwachung der Qualität und

- die Mengen- und Terminüberwachung der Fertigungsaufträge (Auftragsfortschrittskontrolle).

Die **Qualitätskontrolle** ist eine produktionstechnische Aufgabe. Mit ihr werden Mängel der Produkteigenschaften festgestellt. Durch ständige Reihenkontrollen an Stichproben, die nach statistischen Überlegungen aus dem Fertigungsprozess entnommen werden, wird die Einhaltung der Qualitätsvorgaben überprüft und bei Abweichungen der Produktionsprozess korrigiert.

Die **Mengen- und Terminkontrolle** erfolgt über Rückmeldung der abgearbeiteten Aufträge aus der Fertigung an die disponierende Stelle. Damit wird eine lückenlose Terminverfolgung der Fertigungsaufträge möglich und es können ggf. Korrekturmaßnahmen zur Beschleunigung von Fertigungsaufträgen mit erhöhter Priorität eingeleitet werden.

3.6 Computergestützte Flexibilisierung der Produktion

In den vorangegangenen Abschnitten wurden die traditionellen Methoden von Entwicklung und Produktion beschrieben, wie sie in Unternehmen mit Serienfertigung vorzufinden sind.

Durch die Einführung der elektronischen Datenverarbeitung und der zunehmenden Leistungsfähigkeit dieser Anlagen hat in weiten Teilen von Konstruktion, Entwicklung und Produktion ein tiefgehender Wandel stattgefunden, der durch folgende Merkmale gekennzeichnet ist:

- Entlastung des Mitarbeiters von administrativer Tätigkeit,

- Ersetzen/Unterstützung der menschlichen Arbeitskraft durch Computer,

- elektronische Überwachung der Fertigung.

Die Flexibilisierung der Produktion mit Hilfe von computergestützten Informationssystemen kann in mehreren Stufen verwirklicht werden. Sie reichen von einfacher numerischer Werkzeugsteuerung bei Werkstattfertigung bis zu flexiblen Transferstraßen der Fließfertigung.

3.6.1   Spezielle Sachmitteleinrichtungen

Im Bereich der computergestützten Produktion sind verschiedene spezielle Sachmitteleinrichtungen zu unterscheiden wie **Abbildung 185** im Überblick zeigt.

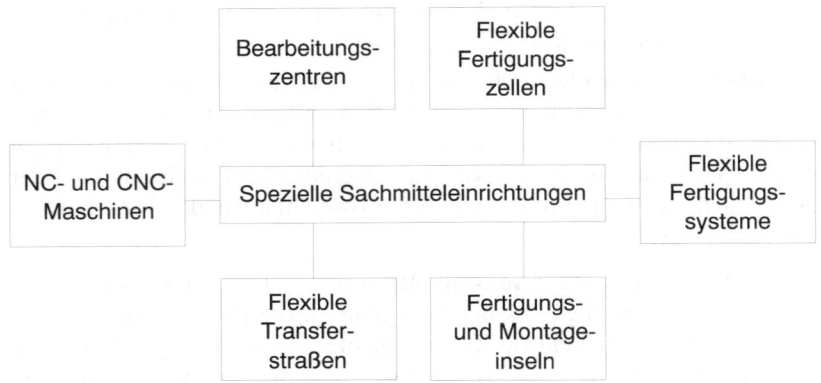

Abb. 185: Überblick über spezielle Sachmitteleinrichtungen

3.6.1.1   NC- und CNC-Maschinen

Unter einer NC-Maschine (numerical control) versteht man eine Maschine, deren Arbeitsablauf durch numerisch dargestellte Informationen gesteuert wird. Eine NC-Maschine wird statt durch Hebel, Schalter, Handkurbeln oder Ähnlichem durch ein in einer bestimmten Form codiertes NC-Programm gesteuert, das die für einen Arbeitsablauf erforderlichen Bewegungen und Operationen enthält.

Einfache NC-Maschinen besitzen im Allgemeinen keinen Speicher, so dass nach Beendigung eines Arbeitsablaufes ein erneuter Arbeitsgang mit einer Neueingabe des NC-Programms beginnen muss.

Dagegen werden CNC-Maschinen (computerized numerical control) über Mikroprozessoren oder Kleincomputer gesteuert. CNC-Maschinen können über Kleincomputer mit Sensoren verbunden werden, um etwa Werkstücke abzustoßen und automatisch das richtige Werkzeug einzuspannen.

NC-Maschinen werden dann als Roboter bezeichnet, wenn sie sehr komplexe Vorgänge ausführen und sich in gewissem Umfang auf veränderte Situationen einstellen können.

3.6.1.2 Bearbeitungszentren

Unter einem Bearbeitungszentrum versteht man eine Maschine, die über eine NC-Steuerung und einen automatischen Werkzeugwechsel verfügt, die die Ausführungen mehrerer Arbeitsorganisationen in einer Aufspannung, also einem ununterbrochenen Ablauf, zulassen. Bearbeitungszentren können insbesondere bei Klein- und Mittelserienfertigung eingesetzt werden und sind bei Werkstücken mit einem hohen Komplexitätsgrad schon bei kleinen Stückzahlen wirtschaftlich. Ein Bearbeitungszentrum könnte z.B. die Bearbeitungsfolgen Bohren und Fräsen aufweisen.

3.6.1.3 Flexible Fertigungszellen

Eine flexible Fertigungszelle ist eine aus mehreren numerisch gesteuerten Werkzeugmaschinen zusammengestellte Einheit, die ähnliche Werkstücke über einen längeren Zeitraum automatisch bearbeitet. Die flexible Fertigungszelle verfügt neben diesen automatisierten Maschinen noch über ein Pufferlagersystem für Werkstücke sowie eine automatische Spann- und Beladestation. Zusätzliche computerunterstützte Funktionen können die Werkzeugbruchkontrolle, Werkzeugverschleißmessung, variable Platzkodierung für Werkzeuge und eine automatische Standzeitüberwachung der Werkzeuge sein.

3.6.1.4 Flexible Fertigungssysteme

Das Flexible Fertigungssystem ist eine Weiterentwicklung der flexiblen Fertigungszelle. Es besteht aus einem Bearbeitungszentrum, einem Materialflusssystem und einem Informationsflusssystem, die jeweils miteinander verbunden sind.

Die Steuerung wird von einem Computer durchgeführt, der den Werkstück- und Werkzeugtransport sowie die Versorgung der Produktionsanlagen mit den entsprechenden Steuerungsprogrammen (NC-Programme) übernimmt. Die Flexibilität besteht darin, dass verschiedene Fertigungsaufgaben ohne größere Umrüstverluste ausgeführt werden können, da die Umrüstvorgänge in den Fertigungsablauf weitgehend integriert sind. Ebenso können die Arbeitsabläufe flexibel gestaltet werden, da der

Transport nicht an eine bestimmte Reihenfolge des Maschinendurchlaufs gebunden ist.

3.6.1.5   Fertigungs- und Montageinseln

Bei den Fertigungs- und Montageinseln besteht eine enge Verbindung zu den vorher genannten computergestützten Organisationsformen, obwohl der Computereinsatz hier nicht das ausschlaggebende Kriterium ist. In Fertigungs- oder Montageinseln können aus gegebenen Ausgangsmaterialien Baugruppen oder Endprodukte nahezu vollständig gefertigt oder montiert werden. Die dazu erforderlichen Betriebsmittel sind nach dem Produktionsfluss zusammengefasst. Wichtiges Kriterium ist, dass alle zur Fertigung in der Insel benötigten Ressourcen dort angeordnet sind und ihr auch weitgehend autonome Planungs- und Steuerungsfunktionen zugeordnet werden.

3.6.1.6   Flexible Transferstraße

Diese Organisationsform geht von der traditionellen Fließfertigung aus, mit einer materialflussorientierten Reihenfolge der Bearbeitungsstationen und einer zeitlichen Abstimmung der Arbeitsgänge (Taktzeit). Durch automatischen Werkzeugwechsel kann kostengünstig umgerüstet werden. Ein zentral eingesetzter Leitrechner DNC (= direct numerical control) überwacht und steuert die Bearbeitungsstationen, das Transportsystem sowie den gesamten Materialfluss.

3.6.2   Computer Integrated Manufacturing (CIM)

Während bei der computergestützten Flexibilisierung schon bedeutende Schritte einer Integration des Produktionsprozesses vorhanden sind, geht das Computer Integrated Manufacturing noch einen entscheidenden Schritt weiter. Es werden nicht nur technische Produktionsvorgänge mit Hilfe des Computers verkettet und somit integriert, sondern auch betriebswirtschaftliche Funktionen des Produktionsprozesses miteinbezogen. Dabei kommt es insbesondere auf die Kooperation der Disziplinen Betriebswirtschaftslehre und Wirtschaftsinformatik an. Die Betriebswirtschaftslehre bringt die Kenntnisse über Betriebsabläufe, Informationsflüsse und -strukturen ein, während die Wirtschaftsinformatik die Methoden zur unternehmensweiten Datenmodulierung bzw. die Erfahrung hinsichtlich der EDV-technischen Durchsetzbarkeit zur Verfügung stellt.

Die CIM-Komponenten werden im Folgenden dargestellt. Eine Übersicht bietet **Abbildung 186**.

Computerintegrierte Fertigung (CIM)	
Computer Aided Design (CAD)	EDV-unterstützte Entwicklung/Konstruktion mit grafikfähigen Computersystemen
Computer Aided Planning (CAP)	EDV-unterstützte Arbeitsplanung
Computer Aided Manufacturing (CAM)	EDV-unterstützte technische Steuerung und Überwachung der Betriebsmittel
Computer Aided Quality Assurance (CAQ)	EDV-unterstützte Planung und Durchführung der Qualitätssicherung
Produktionsplanung und -steuerung (PPS)	Einsatz rechnergestützter Systeme zur organisatorischen Planung, Steuerung und Überwachung der Produktionsabläufe
Computer Aided Design/ Computer Aided Manufacturing (CAD/CAM)	EDV-technische Verkettung von CAD, CAP, CAM und CAQ

Abb. 186: Überblick über die Bestandteile der computerintegrierten Fertigung

3.6.2.1 Computer Aided Design (CAD)

Bei CAD-Systemen erfolgt die Entwicklung/Konstruktion von Produkten und Bauteilen mit Hilfe von graphikfähigen Computersystemen. Technische Zeichnungen wie auch dreidimensionale Darstellungen können damit maschinell erstellt werden. CAD findet Anwendung sowohl bei der Entwicklung/Konstruktion von Produkten als auch von Fertigungseinrichtungen, im Werkzeugbau und zur Erstellung von Schaltplänen. Vorteil der CAD-Systeme sind neben Zeitgewinn auch Qualitätsverbesserungen sowie die Entlastung des Mitarbeiters von Zeichen- und Konstruktionsarbeit, wodurch mehr Raum für kreatives Gestalten entsteht.

Als weitere Ausbaustufe wären Computer Aided Engineering-Systeme (CAE-Systeme) zu nennen, mit denen beispielsweise auch die modellunterstützte Simulation des in der Entwicklung befindlichen Erzeugnisses möglich ist. Dabei kann CAE dem eigentlichen CAD sowohl vor- als auch nachgelagert sein.

3.6.2.2   Computer Aided Planning (CAP)

Als CAP bezeichnet man die EDV-Unterstützung bei der Arbeitsplanung. Es handelt sich hierbei um Planungsaufgaben, die auf den konventionell oder mit CAD erstellten Arbeitsergebnissen der Konstruktion aufbauen, um Daten für Teilefertigungs- und Montageanweisungen zu erzeugen. Im Einzelnen handelt es sich um die rechnerunterstützte Planung der Arbeitsvorgänge und der Arbeitsvorgangsfolgen, die Auswahl von Verfahren und Betriebsmitteln zur Erzeugung der Objekte sowie die rechnerunterstützte Erstellung von Daten für die Steuerung der Betriebsmittel des CAM.

Zu unterscheiden wären hier zwei prinzipielle Ansätze. Zum einen die Entwicklung einer Standardlösung für eine Gruppe gleichartiger Werkstücke innerhalb der Ähnlichkeitsplanung und zum anderen die Neuplanung, bei der alle technisch möglichen Alternativlösungen durchgerechnet werden.

3.6.2.3   Computer Aided Manufacturing (CAM)

CAM bezeichnet die EDV-Unterstützung zur technischen Steuerung und Überwachung der Betriebsmittel bei der Herstellung der Objekte im Produktionsprozess. CAM bezieht sich auf die direkte Steuerung von Arbeitsmaschinen, verfahrenstechnischen Anlagen, Handhabungsgeräten sowie Transport- und Lagersystemen.

Dabei werden zum einen die Betriebsmittel automatisch mit Werkzeugen gerüstet, Stillstands- und Bearbeitungszeiten erfasst und defekte Werkzeuge erkannt bzw. ausgewechselt. Zudem erfolgt die Zuführung von Werkstücken und Material aus dem Lager zu den Betriebsmitteln. Neben der physischen Steuerung der Fertigungsprozesse werden automatisch Daten zur Produktionsfortschritts- und Qualitätskontrolle sowie zum technischen Betriebszustand erhoben.

Werden auch noch fahrbare Transportsysteme gesteuert, die Verpackung der Erzeugnisse durchgeführt und ihre Bereitstellung zum Versand erreicht, so ist die „menschenleere" Fabrik erreicht.

3.6.2.4 Computer Aided Quality Assurance (CAQ)

Unter CAQ versteht man die EDV-unterstützte Planung und Durchführung der Qualitätssicherung. Einerseits fasst man hierunter die Erstellung von Prüfplänen, Prüfprogrammen und Kontrollwerten auf, andererseits die Durchführung rechnerunterstützter Mess- und Prüfverfahren. CAQ bedient sich diesbezüglich der EDV-technischen Hilfsmittel des CAD, CAP und CAM.

So könnte ein Programm beispielsweise bei der Ausgabe der Fertigungsdurchführungspapiere individuelle Prüfauflagen unter Berücksichtigung von Fehlermöglichkeiten der Vergangenheit generieren.

3.6.2.5 Produktionsplanung und -steuerung (PPS)

PPS bezeichnet den Einsatz rechnerunterstützter Systeme zur organisatorischen Planung, Steuerung und Überwachung der Produktionsabläufe, angefangen bei der Angebotsbearbeitung bis zum Versand unter Mengen-, Termin- und Kapazitätsaspekten.

Zentrale Bereiche bilden dabei Materialbedarfsplanung, Fertigungsterminplanung und Werkstattsteuerung.

Im Rahmen der Materialbedarfsplanung sind die von der Auftragserfassung/Absatzplanung vorgegebenen Endproduktbedarfe unter Verwendung von Stücklisten individuell in ihre Bestandteile zu zerlegen und den Lager- und Werkstattbeständen gegenüberzustellen, um die tatsächlichen Nettobedarfe zu ermitteln.

Innerhalb der Fertigungsterminplanung sind eine Durchlaufterminierung, ein Kapazitätsausgleich sowie eine Verfügbarkeitsprüfung und Auftragsfreigabe rechnergestützt durchzuführen.

Die Werkstattsteuerung hat letztendlich die Aufgabe, freigegebene Produktionsaufträge unter Berücksichtigung der neuesten Entwicklungen bei Terminen und Ressourcen zu disponieren.

3.6.2.6   Computer Aided Design/Computer Aided Manufacturing (CAD/CAM)

CAD/CAM beschreibt die Integration der technischen Aufgaben zur Produkterstellung und umfasst die EDV-technische Verkettung von CAD, CAP, CAM sowie CAQ.

Auf der Basis der im CAD erzeugten Objektdarstellung werden im CAP Steuerinformationen erzeugt, die im CAM zum automatisierten Betrieb der Fertigungseinrichtungen eingesetzt werden. Die entsprechenden Aufgaben werden im Rahmen des CAQ für Mess- und Prüfeinrichtungen durchgeführt.

Eine zusammenfassende Darstellung der Informationssysteme im Produktionsbereich erfolgt in **Abbildung 187**.

3.6.3 Nutzen der computerunterstützten Technologien

Die industrielle Entwicklung der letzten Jahre ist durch folgende Merkmale gekennzeichnet:

*   Kurze Innovationszeiten bedingen häufigen Produktwechsel.

*   Das Erfüllen individueller Kundenwünsche macht hohe Produktvielfalt/Variantenzahl notwendig.

*   Es existiert eine Tendenz in Richtung kleiner Losgrößen („Losgröße 1")

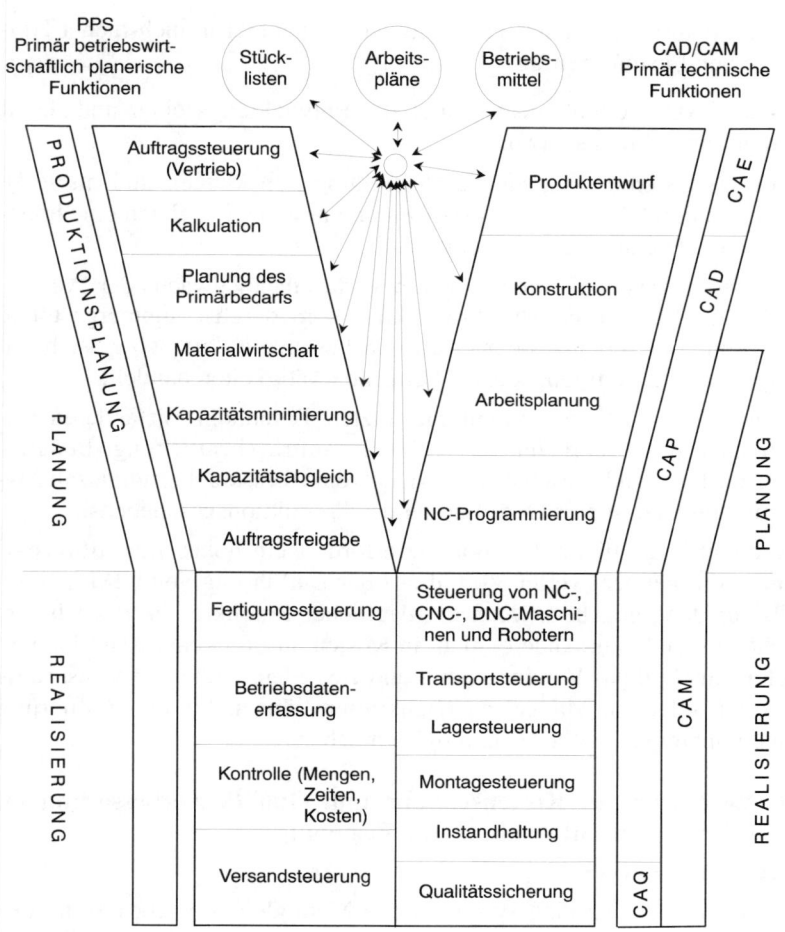

Abb. 187: Informationssysteme im Produktionsbereich (Scheer 1990, S. 2)

Die computerunterstützten Technologien leisten hier in mehrfacher Hinsicht einen Lösungsbeitrag:

- Die CAD-Technologie verkürzt die Entwicklungszeiten und damit den Entwicklungsaufwand.

- CAM-Systeme erlauben die Herstellung von kleinen und mittleren Serien durch kürzere Umrüstzeiten und bewirken zugleich eine höhere und gleichmäßigere Produktqualität.

- Computergestützte Technologie bewirkt einen Zuwachs der Produktivität. Die menschliche Arbeitskraft wird durch computergestützte Technologie ergänzt oder ersetzt, insbesondere dort, wo es sich um gefährliche, zeitraubende, anstrengende Tätigkeiten handelt.

- Die Integration der computergestützten Techniken mit anderen Bereichen des Unternehmens, z. B. mit Auftragsbearbeitung, Bedarfsermittlung und Beschaffung erlaubt eine bessere Fertigungsauslastung und damit eine Optimierung des Produktionsgeschehens.

Die computergestützte Technologie erfordert ein hohes Investitionsvolumen. Ein nennenswerter Vorteil aus der Einführung von CIM ist deshalb nur dann gegeben, wenn ein deutlicher Produktivitätszuwachs erreicht werden kann. Andere, nicht in Kosten ausdrückbare Kriterien wie Lieferschnelligkeit, Vereinfachung und Beschleunigung der Konstruktionsarbeit oder ein Mangel an Fachkräften können für die Einführung von computergestützter Technologie sprechen.

3.7 Verfahren zur Kostensenkung und Qualitätsverbesserung im Bereich von Entwicklung und Fertigung

3.7.1 Wertanalyse

Die Wertanalyse ist eine systematische Methode zur Verbesserung des Verhältnisses von Funktionserfüllung zu Kosten. Die Wertanalyse betrifft auf der einen Seite das Produkt selbst als auch das Herstellungsverfahren auf der anderen Seite. Gemäß DIN 69910 dient die Wertanalyse der Wertverbesserung und der Wertgestaltung von Erzeugnissen, Produktionsmitteln und administrativen Abläufen bei

- bereits existierenden Produkten/Verfahren (Value Analysis) und

- bei neu zu schaffenden Produkten/Verfahren (Value Engineering).

Im ersten Fall werden die laufenden Kosten gesenkt, im zweiten unnötige Kosten von vorneherein vermieden. Die Wertanalyse ist funktionsorientiert. Untersucht wird, auf welchem Wege die Funktionen eines Objektes am kostengünstigsten realisiert werden können. Die Wertanalyse führt damit zu systematischen Kosteneinsparungen durch umfassende Untersuchung des Untersuchungsobjektes. Kosteneinsparungen im Produktionsbereich können sich ergeben:

- durch Verwendung billigeren Materials,
- durch kostengünstigere Herstellungsverfahren,
- durch Eliminierung von Teilen/Funktionen, die nicht erforderlich sind und den Gebrauchswert (die Funktion) des Produktes/Verfahrens nicht einschränken.

Beispiele:

- Plastik statt Metall,
- Kleben statt Schweißen.

Bei der Wertanalyse müssen die Wertvorstellungen der Kunden berücksichtigt werden. Die Wertanalyse läuft nach DIN 69910 in 6 Phasen ab:

1) Auswahl des Untersuchungsobjektes und Bildung einer Arbeitsgruppe (Wertanalyse-Team)

2) Ermittlung des Ist-Zustandes

3) Prüfung des Ist-Zustandes, Festlegung der Soll-Funktionen

4) Aufzeigen von alternativen Lösungen

5) Überprüfung der Zuverlässigkeit der Alternativen

6) Auswahl/Realisierung der optimalen Lösung

3.7.2 Kontinuierlicher Verbesserungsprozess (KVP)

Ein funktionierendes Qualitätssicherungssystem erfordert das Streben nach ständiger Verbesserung. Der kontinuierliche Verbesserungsprozess macht das Qualitätssicherungssystem zu einem dynamischen Prozess. Dies kann z. B. bedeuten, dass das Vorschlagswesen intensiviert wird, die Fortbildung gezielter erfolgt, Qualitätszirkel regelmäßiger stattfinden und Qualitätssicherungs-Beauftragte effektiver eingesetzt werden.

Es gilt vor allem, aus aufgetretenen Fehlern oder eingebrachten Ideen Maßnahmen abzuleiten, die das Qualitätssicherungssystem der Praxis verbessern.

In den kontinuierlichen Verbesserungsprozess sollten alle Mitarbeiter eingebunden werden. Dies gewährleistet zum einen, dass alle Ideen- und Kreativitätspotenziale ausgeschöpft werden. Zum anderen werden Mitarbeiter die Maßnahmen, an denen sie mitgewirkt haben, eher umsetzen. Ein wesentlicher Teil des KVP besteht in den Qualitätszirkeln.

Qualitätszirkel (quality circle) sind Teil des unternehmerischen Gesamtkonzeptes zur Verbesserung der Produktqualität. Sie sind ein Weg, die kreative und innovative Kraft von Mitarbeitern zielgerichtet zur Qualitätsverbesserung und Kostensenkung einzusetzen. In regelmäßigen Sitzungen befassen sich kleine Gruppen von Mitarbeitern mit Kontrollen und Verbesserungen eines bestimmten Bereiches. Die Arbeit der quality circles beschränkt sich nicht nur auf Produkte, sondern erstreckt sich auf das Aufzeigen aller betrieblichen Schwachstellen.

Die Zielsetzungen der quality circles bestehen in der Verbesserung der betrieblichen Leistungsfähigkeit durch höhere Produktivität sowie der Kostenreduzierung durch innovative Maßnahmen. Erwünschte Begleiterscheinungen der quality circles sind die Verbesserung der innerbetrieblichen Kommmunikation und die Motivation der Mitarbeiter durch übergreifende Verantwortung. Eine ganzheitliche Durchdringung des Unternehmens mit einem Qualitätsdenken wird im Rahmen des Total Quality Management (TQM) angestrebt.

Die Zertifizierung von Qualitätssicherungssystemen beruht auf Normen:

*   DIN EN ISO 9000:2000 Qualitätsmanagementsysteme – Grundlagen und Begriffe
*   DIN EN ISO 9001:2000 Qualitätsmanagementsysteme – Anforderungen
*   DIN EN ISO 9004:2000 Qualitätsmanagementsysteme – Leitfaden zur Leistungsverbesserung
*   DIN EN ISO 19011:2002 Leitfaden für das Auditieren

Literaturhinweise

Beschorner, D.: Bewertung von CAD/CAM-Systemen, in: Milberg, J. (Band-Hrsg.): Von CAD/CAM zu CIM, Berlin u.a. 1992.

Beschorner, D.: Organisatorische und personelle Aspekte bei der Einführung von CAD/CAM-Systemen, in: Milberg, J. (Band-Hrsg.): Von CAD/CAM zu CIM, Berlin u.a. 1992.

Haist, F./Fromm, H.: Qualität in Unternehmen, 2. Aufl., München/Wien 1991.

Hansmann, K.-W.: Industrielles Management, 7. Aufl., Wien 2001.

Hoitsch, H.-J.: Produktionswirtschaft. Grundlagen einer industriellen Betriebswirtschaftslehre, München 1993.

Kahle, E.: Produktion, Lehrbuch zur Planung der Produktion und Materialbereitstellung, 4. Aufl., München 1996.

Knof, H.-L.: CIM und organisatorische Flexibilität, München 1992.

Mertens, P./Griese, J.: Integrierte Informationsverarbeitung 2, 9. Aufl., Wiesbaden 2002.

Pfeiffer, W./Weiß, E.: Lean Management. Grundlagen der Führung und Organisation industrieller Unternehmen, 2. Aufl., Berlin 1994.

Reichwald, R. (Hrsg.): Marktnahe Produktion, Wiesbaden 1992.

Scheer, A.-W.: CIM – Der computergesteuerte Industriebetrieb, 4. Aufl., Berlin 1990.

Warnecke, H. J.: Der Produktionsbetrieb, Berlin/Heidelberg/New York/Tokyo, 1984.

Wöhe, G.: Einführung in die Allgemeine Betriebswirtschaftslehre, 22. Aufl., München 2005.

Zahn, E. (Hrsg.): Organisationsstrategie und Produktion, München 1990.

F.4 Marketing

4.1 Grundlagen

4.1.1 Begriffliche Abgrenzung

Der betriebliche Umsatzprozess verläuft über die Beschaffung von Gütern und Leistungen zur Be- und Verarbeitung oder Manipulation dieser Werte bis zu ihrer Vermarktung. Die Aufgabe des Absatzes der Güter und Leistungen im Markt kommt dem Marketing zu. Es stellt damit die letzte aber wichtigste Aufgabe des betrieblichen Umsatzprozesses dar. Denn der Markt entscheidet letztlich über die Leistungen des Betriebs. In der Marktwirtschaft muss sich jeder Betrieb um den Absatz seiner Leistungen selbst kümmern. Dies kann nur gelingen, wenn als Zweck des Betriebs die Bedarfsdeckung Dritter, also der Abnehmer und Kunden, verfolgt wird. Die Lösung dieser Aufgabe erfordert die Hinwendung an den Verbraucher und die Anpassung des Gesamtunternehmens an die Marktgegebenheiten wie es im Marketingbegriff zum Ausdruck kommt.

Marketing umfasst die Planung, Koordination und Kontrolle aller auf die aktuellen und potentiellen Märkte ausgerichteten Unternehmensaktivitäten mit dem Ziel der Verwirklichung der Unternehmensziele im gesamtwirtschaftlichen Güterversorgungsprozess durch eine dauerhafte Befriedigung der Kundenbedürfnisse (Meffert 2000, S. 8).

Im Rahmen dieser Management-Konzeption des Marketing sind drei Aspekte besonders zu erwähnen: Zum einen ist eine bewusste Absatz- und Kundenorientierung aller Unternehmensbereiche erforderlich, d.h. nicht das Produkt, sondern Probleme und Bedürfnisse der Kunden stehen im Vordergrund. Zum anderen ist die Festlegung von Marketingzielen und Marketingstrategien zur planmäßigen Gestaltung des Marktes notwendig. Des Weiteren verlangt das Marketing die Interpretation aller marktgerichteten Unternehmensaktivitäten, also die Koordination und Abstimmung der verschiedenen Marketingaktivitäten mit den übrigen Unternehmensfunktionen im Hinblick auf die Markterfordernisse.

Marketing ist von folgenden Begriffen abzugrenzen:

Absatz stellt das Ergebnis der Vertriebstätigkeit dar, während Umsatz den wertmäßigen Ausdruck für den Absatz beinhaltet und das Ergebnis aus Menge x Preis ist.

Vertrieb wird meist als Synonym für Absatz verwendet, ist jedoch häufig auf Verkauf bzw. physische Distribution eingeengt.

Verkauf ist die interaktive Absatztätigkeit mit dem Ziel, einen Vertragsabschluss über die angebotene Leistung mit dem Abnehmer und damit den rechtlichen und wirtschaftlichen Übergang dieser Leistung herbeizuführen.

Das Marketing und seine Umsetzung im Marketing-Management-Prozess hat breite Anwendung in verschiedenen Bereichen gefunden. Die verschiedenen Formen werden auch als sektorales Marketing bezeichnet (**Abb. 188**).

Form	Begriffsbestimmung
Konsumgüter-marketing	„Klassisches Massenmarketing", d. h. Ausrichtung an der Endstufe des Wirtschaftsprozesses, also an privaten Verwendern bzw. Konsumenten.
Investitions-gütermarketing	Investitionsgütermarketing befasst sich im weitesten Sinne mit der Vermarktung von Wiedereinsatzfaktoren, die in Industriebetrieben bzw. Organisationen zum Einsatz gelangen.
Dienstleistungs-marketing	Dienstleistungsmarketing umfasst zahlreiche Ansätze der Vermarktung des breiten heterogenen Spektrums immaterieller Leistungen.
Beschaffungs-marketing	Beschaffungsmarketing ist ein Konzept zur effizienten Lösung unternehmerischer Beschaffungsaufgaben unter Orientierung an marktlichen Handlungsmöglichkeiten bzw. -restriktionen.
Personal-marketing	Personalmarketing beinhaltet alle Aktivitäten, die auf Planung, Kontrolle und Gestaltung der Attraktivität eines Unternehmens auf dem internen und externen Arbeitsmarkt abzielen.

Globalmarketing	Globales Marketing erfasst eine Unternehmensphilosophie, die sämtliche Entscheidungen und Aktivitäten eines Unternehmens konsequent an den Erfordernissen, Bedürfnissen und Chancen des Weltmarktes ausrichtet.
Social Marketing	Social Marketing bezweckt die Durchsetzung von Ideen bzw. das Erreichen von sozialen Veränderungen und ist nicht an bestimmte Institutionen gebunden, sondern soll für Anliegen zum Nutzen der Allgemeinheit eingesetzt werden.
Nonprofit-marketing	Nonprofitmarketing wird von nicht-kommerziellen Einrichtungen, d. h. von öffentlichen Unternehmen, Parteien und Bildungseinrichtungen betrieben, um auf eigene Leistungen hinzuweisen, diese den Belangen der Adressaten anzupassen und sie dafür positiv einzustellen.

Abb. 188: Formen des Marketing

4.1.2 Marketing-Ziele

Marketing-Ziele sind Ausgangspunkt des zweckrationalen unternehmerischen Handelns. Sie dienen der Orientierung und der Problemvereinfachung. Zudem erlauben sie die Bewertung von Handlungsalternativen.

An Marketing-Ziele sind bestimmte Anforderungen zu richten. Zum einen müssen sie nach Inhalt, Ausmaß und Zeitbezug vollständig formuliert sein. Zum anderen sollen sie aufgabenadäquat und koordinationsgeeignet sein.

Den Marketing-Zielen kommt eine besondere Steuerungs- und Koordinationsfunktion zu, denn sie kennzeichnen die im Marketingbereich festgelegten Endzustände, die durch den Einsatz absatzpolitischer Instrumente erreicht werden sollen (Meffert 2000, S. 76).

Die Ziele des Einsatzes der Marketing-Instrumente (**Abb. 189**) bestehen in der Absatzerzielung und -sicherung und werden durch die Programmpolitik, Verkaufspolitik, Servicepolitik und Informationspolitik angestrebt (Bidlingmaier 1983, S. 140). Die Gesamtheit dieser Maßnahmen wird als Marketing-Mix oder auch als akquisitorisches Potential bezeichnet.

Die wesentlichen Ziele der Kundenpolitik bestehen in der Kundengewinnung und -bindung. Zur Kundengewinnung gehört die Information
des Kunden über den Betrieb und seine Leistungen bis zu seiner Gewinnung als Erstkäufer. Die Kundenbindung befasst sich mit der Unterstützung und Förderung der Kunden, bis sie Dauerkunden geworden sind
und zum Kundenstamm gehören.

In letzter Zeit werden erhebliche Anstrengungen unternommen, um die
Kundentreue zu verbessern, wie z. B. durch Aktivum an den Tankstel-
len.

Bezugs- größen	Marketing- instrumente	Märkte/Produkte	Marktteilnehmer
Kompo- nenten	• Programm • Verkauf • Service • Information	• derzeitige Produkte • neue Produkte • bisherige Märkte • neue Märkte	• Konkurrenten • Händler • Kunden
Ziele	• Absatzerzielung • Absatzsicherung	• Marktdurchdringung • Marktentwicklung • Produktentwicklung • Diversifikation	• Konkurrenz auswei- chen • Konkurrenz begeg- nen • Händlerkontakt herstellen • Händlerkontakt pflegen • Kundengewinnung • Kundenbindung

Abb. 189: Marketing-Ziele

Marktorientiertes Handeln basiert in hohem Maße auf einer Art Überbau, einem so genannten Marketing-Leitbild. Solche Marketing-Leitbilder versuchen die Überlebens- bzw. Konkurrenzfähigkeit des Unternehmens und seine Rolle im Markt marktspezifisch zu formulieren (Becker 2002, S. 65).

Diese Marketing-Leitbilder als eine Art Oberziele des Marketing-Bereichs werden benötigt, um einen kombinierten Einsatz aller Marketing-Instrumente zu ermöglichen. **Abbildung 190** stellt beispielhaft ein solches Marketing-Leitbild dar (Becker 2002, S. 84).

Zentrale Positionsgrößen („Eckwerte") im Marketing	Marketing-Leitbild der Unternehmung X für die Produktgruppe B
Marktanteil	Es wird ein Marktanteil von 25% wertmäßig und 18% mengenmäßig angestrebt. (Das Unternehmen will sich demnach im höherpreisigen Bereich ansiedeln).
Distribution	Die Distribution soll sich numerisch/gewichtet auf 60/90 einpendeln. (Mit einer numerischen Distribution von 60% sollen die umsatzstarken Geschäfte erfasst werden, die 90% des Umsatzes repräsentieren).
Preissegment	Die Produktgruppe B soll im Konsummarkenbereich innerhalb des Preisbandes von DM 10,- und 12,- (Endverbraucherpreis) angesiedelt werden.
Image	Das Produktprofil soll auf folgenden „Säulen" aufgebaut werden: natürliche Rohstoffe, neue Wirkstoffkombination TS, Unternehmung X ist Spezialist.
Bekanntheitsgrad	Für die Produktgruppe (Marke) B wird ein Bekanntheitsgrad von mindestens 50% angestrebt.

Abb. 190: Beispiel eines Marketing-Leitbildes

4.2 Marketingstrategien

4.2.1 Begriffsabgrenzung

Der Zweck des Betriebs, die Bedarfsdeckung Dritter, kann nur durch das Absetzen der Leistung im Markt erreicht werden. Das Unternehmen lebt damit vom Absatz und kann nur Gewinn erzielen, wenn die Leistungen vom Markt aufgenommen werden. Dies ist schwieriger geworden, da eine zunehmende Individualisierung der Marketingkonzepte (**Abb. 191**) erforderlich geworden ist.

Abb. 191: Individualisierung des Marketing (Diller 1991, S. 159)

Einer Marketingstrategie kommt die Aufgabe zu, den Weg vorzugeben, auf dem durch den Einsatz der Instrumente des Marketing-Mix die Marketing-Ziele sukzessive erreicht werden können. Damit stellt die Marketing-Strategie einen langfristigen Verhaltensplan dar, dessen Hauptzielsetzung es ist, im Markt die richtigen Entscheidungen zu treffen (Effektivitätskriterium) (Kotler/Bliemel 1992, S. 95).

Zielsetzung einer Marketingstrategie muss es dabei sein, dem Unternehmen einen strategischen Wettbewerbsvorteil bzw. eine strategische Erfolgsposition zu verschaffen. Dies ist gegeben, wenn durch den bewussten Aufbau von wichtigen und dominierenden Fähigkeiten langfristig und dauerhaft der überdurchschnittliche Erfolg des Unternehmens gewährleistet wird (Pümpin 1986, S. 34). Es wird in Zukunft dann gelingen, wenn sich die Marketingstrategie am strategischen Dreieck (**Abb. 192**), d. h. an den Anforderungen und Bedürfnissen der Kunden,

an den Leistungen der Konkurrenz sowie der eigenen relativen Leistungsfähigkeit des Unternehmens orientiert.

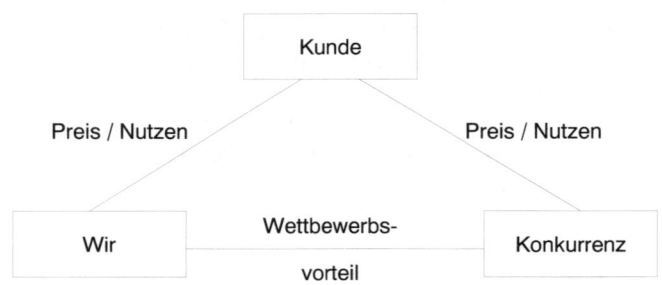

Abb. 192: Strategisches Dreieck (Simon 1988, S. 3)

4.2.2 Optionen für Marketingstrategien

Um strategische Marketingprobleme lösen zu können, sind verschiedene
Optionen für Marketingstrategien zu betrachten.

Im Rahmen einer Marketingstrategie kommt der Festlegung der Strate-
gierichtung in Bezug auf alternative Produkt-Markt-Kombinationen
besondere Bedeutung zu. Für die Festlegung solcher Strategien kann die
Produkt-Markt-Matrix herangezogen werden.

Die vier potentiellen Produkt-Markt-Kombinationen (**Abb. 193**) lassen
sich hinsichtlich ihres Inhalts und der beabsichtigten strategischen Stoß-
richtung charakterisieren.

Märkte Produkte	gegenwärtig	neu
gegenwärtig	Marktdurchdringung Produkt alt / Markt alt • "Minimum"-Strategie	Marktentwicklung Produkt alt / Markt neu • "Melk"-Strategie
neu	Produktentwicklung Produkt neu / Markt alt • Innovationsstrategie	Diversifikation Produkt neu / Markt neu • Absicherungsstrategie

Abb. 193: Produkt-Markt-Kombinationen und ihre Charakteristik

Neben den genannten Marktfeldstrategien sind für jede Problemstellung gesonderte Marketingstrategien zu entwickeln. **Abbildung 194** bietet eine Übersicht hierfür.

Problemstellung	Strategische Lösungsmöglichkeit
Produkt-Markt-Belegung	Im Rahmen der Produkt-Markt-Abdeckung stehen verschiedene Möglichkeiten zur Verfügung: • Einzelsegmentkonzentration • Produktspezialisierung • Marktspezialisierung • Selektive Spezialisierung • Volle Marktabdeckung
Preis-Qualitäts-Kombination	Grundsätzlich stehen zwei gegenpolige idealtypische Strategien zur Verfügung: • Preis-Mengen-Strategie (Fixierung auf den Preis) • Präferenzstrategie (Fixierung auf Produktqualitätsmerkmale) I. d. R. werden die Strategien jedoch von beiden Komponenten – nur mit unterschiedlicher Ausprägung – abhängig sein.
Markteintritts-Optionen	Markteintrittsstrategien sind stark mit dem Konzept des Lebenszyklus verbunden und bestehen i. d. R. aus drei Alternativen: • Pionierstrategie • Strategie des schnellen Verfolgens • Strategie des Späteinsteigens
Positionierung	Mit der Positionsstrategie wird die Positionierung eines Produkts im Wahrnehmungsraum der Konsumenten bezweckt. Alternativ stehen hier Nischenstrategien (Profilierung) oder Imitationsstrategien zur Verfügung.

Globalisierung	Im Rahmen der Internationalisierungsstrategie werden Entscheidungen über strategische Optionen im globalen Markt getroffen. Dabei stehen Alternativen hinsichtlich der Auslandsaktivitäten (Export, Joint Venture, Direktinvestition) als auch grundsätzliche Orientierungsrichtungen (ethnozentrisch, polyzentrisch, geozentrisch) zur Verfügung.

Abb. 194: Potentielle Marketingstrategien

4.2.3 Strategische Planungstechniken

Das Erkennen der Marketingsituation bzw. Bedingungslage bildet den Ausgangspunkt für jede Entwicklung von Marketingstrategien. Im Rahmen einer Situationsanalyse hinsichtlich bestimmter externer und interner Bestimmungsfaktoren ist diese Bedingungslage zu analysieren und als Basis für die strategische Planung zu verwenden.

Beispielhaft seien einige Techniken genannt (**Abb. 195**) und jeweils eine aus jedem Bereich exemplarisch dargestellt.

Zielsetzung	Planungs- und Analysetechnik
Umweltanalyse	- Branchenstrukturanalyse
	- Konkurrentenanalyse
	- Lebenszyklusanalyse
Unternehmensanalyse	- Stärken-Schwächen-Analyse
	- Erfahrungskurvenanalyse
Strategiegenerierung	- Portfolio-Analyse
	- Wertkettenanalyse

Abb. 195: Strategische Planungs- und Analysetechniken

Die *Lebenszyklus-Analyse* (**Abb. 196**) als Instrument der strategischen Analyse geht davon aus, dass die Entwicklung eines Produktes gewissen Gesetzmäßigkeiten unterliegt:

Die Umsatzkurven verlaufen in aller Regel S-förmig, häufig sogar glockenförmig. Dieser Rhythmus von Aufstieg, Gipfelpunkt und Abstieg wird als Lebenszyklus bezeichnet. Die Untersuchung von Lebenszyklen soll dazu beitragen, das richtige strategische Verhalten für jede Phase bestimmen und rechtzeitig Anpassungsmaßnahmen durch die Einführung neuer Produkte vornehmen zu können. Eine isolierte Analyse der Umsatzentwicklung ist für die Bestimmung des Standortes auf der Lebenskurve allerdings nicht ausreichend. Bezieht man jedoch zwei zusätzliche Faktoren in die Analyse mit ein, so gelangt man zu weiteren Aussagen:

Der erste Faktor ist die Veränderungsrate des Umsatzes; sie spiegelt die positiven Veränderungen (= Wachstum), ebenso aber auch die negativen Veränderungen (= Schrumpfung) wieder. Den zweiten Faktor bildet die Gewinn- und Verlustkurve, die sich aus der jeweiligen Differenz von Erlösen und Kosten ergibt.

Diese Analysetechnik lässt sich auch auf einen Produktmarkt oder eine Betriebsform sowie einzelne Geschäfte einer Betriebsform anwenden.

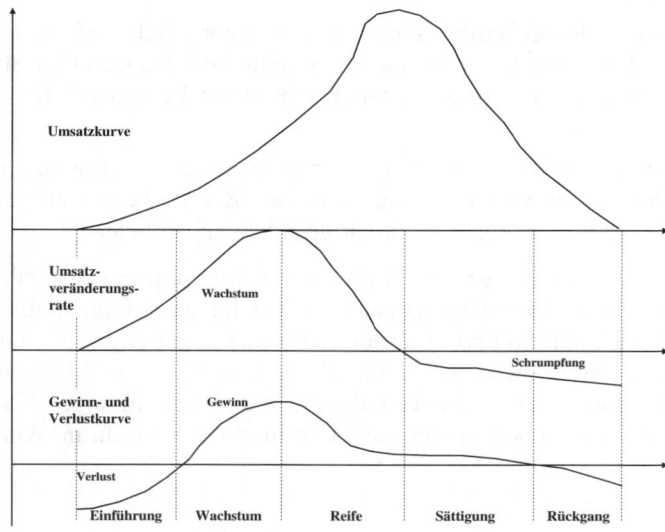

Abb. 196: Lebenszyklus-Analyse

Die *Erfahrungskurvenanalyse* (**Abb. 197**) basiert auf Erkenntnissen von empirischen Untersuchungen zu Preis- und Kostenentwicklungen der verschiedenen Branchen.

Ausgangspunkt hierbei war das so genannte PIMS- (profit impact of market strategies) Programm. Beim PIMS-Projekt handelt es sich um eine systematische Untersuchung zwischen strategischen Variablen des Unternehmens und der Realisierung von Unternehmenszielen. Ziel dabei ist es, mit Hilfe der multiplen Regressionsrechnung den Zusammenhang zwischen strategischen Einflussvariablen und der Rentabilität (ROI) bzw. dem Cash-flow zu untersuchen. Es zeigte sich, dass der relative Marktanteil eine der wichtigsten Determinanten von Rentabilität und Cash-flow ist.

Als Erklärung wurden drei Theorien herangezogen:

- Das Wirken der Größenvorteile: Danach hat ein Wettbewerber mit höherem Marktanteil in größerem Umfang von sinkenden Kosten bei wachsender Ausbringung profitiert. Das gilt für die Kosten in allen Funktionen.

- Die Existenz der Erfahrungskurve: Diese Theorie geht auf die Entdeckung der Lernkurven in der amerikanischen Flugzeugindustrie zurück, die zum Ausdruck brachten, wie durch Lernen die Kosten sanken.

- Die Marktmacht, die mit einem höheren Marktanteil verbunden ist, lässt sich auf dem Absatz- wie auch auf dem Beschaffungsmarkt einsetzen, um günstige Preise und niedrige Kosten zu erzielen.

Am überzeugendsten erklärte die Boston-Consulting-Group dieses Phänomen: Danach hat eine Geschäftseinheit mit hohem Marktanteil die Gelegenheit, sich auf ihrer spezifischen Lern- und Erfahrungskurve nach unten zu bewegen. Sie weist daher niedrigere Kosten aus als Mitbewerber, die sich wegen ihres kleinen Marktanteils und ihrer geringen akkumulierten Erfahrung noch immer weiter oben auf der Erfahrungskurve bewegen.

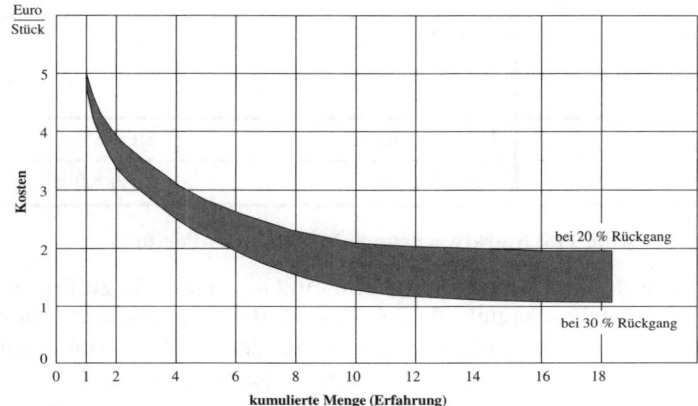

Abb. 197: Erfahrungskurve

Der Erfahrungskurveneffekt besagt, dass die ausgabenwirksamen Stückkosten mit jeder Verdoppelung der im Zeitablauf kumulierten Absatzmengen inflationsbereinigt um 20 bis 30 % sinken. Im Rahmen des
strategischen Marketing sind Erfahrungskurven somit von zentraler
Bedeutung für die langfristige Prognose der Kosten- und Preisent-
wicklung sowie der Prognose von Gewinnpotentialen. Die Erkenntnisse
über die Erfahrungskurve führten zur Entwicklung der *Portfoliotechnik
bzw. -analyse.*

Die Darstellung der Gesamtheit der bestehenden Ziele und Strategien
läuft im Grunde auf die Bestimmung der zweckmäßigsten Positionen
hinaus, die die Unternehmen in allen Märkten, in denen sie operieren, zu
erreichen für möglich halten. Das strategische Ziel-Portfolio präsentiert
sich somit als eine Festsetzung von Marktzielen und einer Formulierung
von Strategien, die von zwei Arten von Angaben getragen sind:

• Bestimmung der erforderlichen Investitionen mit Ermittlung des
  Kapitalbedarfs und Angaben seiner Deckung,

• Bestimmung der erforderlichen Organisationsstruktur.

Beim Marktwachstums-Marktanteils-Portfolio **(Abb. 198)** wird von der
Überlegung ausgegangen, dass das Marktrisiko umso kleiner ist, je höher der relative Marktanteil ist.

relativer Marktanteil Marktwachstum	niedrig	hoch
hoch	"Fragezeichen"	"Sterne"
niedrig	"Arme Hunde"	"Cash Kühe"

Abb. 198: Marktwachstums-Marktanteils-Portfolio

Das strategische Ziel besteht nun darin, ein Gleichgewicht zu finden, so dass die finanziellen Mittel, die der Umsatz der „Cash-Kühe" erbringt, zusammen mit den Liquidationserlösen aus der Aufgabe von „Armen Hunden" und „Fragezeichen" ausreichen, um den Finanzbedarf der „Sterne" wie derjenigen „Fragezeichen" zu finanzieren, deren Marktposition so verbessert werden soll, dass sie zu „Sternen" werden.

4.3 Informationsgewinnung und -aufbereitung

4.3.1 Grundlagen der Marktforschung

Die Tätigkeit der Marketing-Führung besteht darin, Informationen über die Umwelt mit betrieblichen Daten zu verarbeiten und entsprechende Entscheidungen zu treffen.

Diese Informationen über die Umwelt können durch Marktuntersuchungen beschafft werden, die sich wie in **Abbildung 199** einteilen lassen.

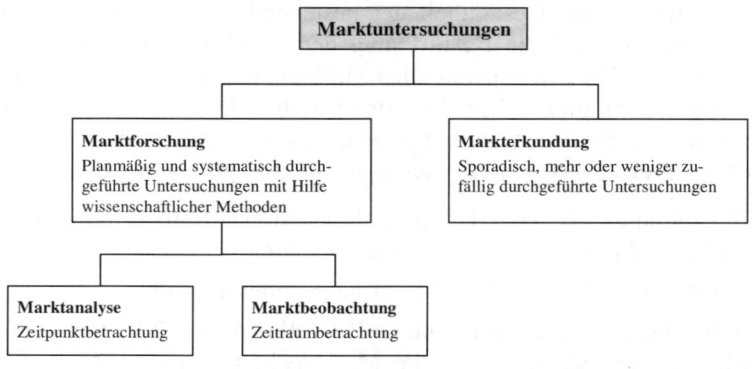

Abb. 199: Formen der Marktuntersuchung

In diesem Sinne lässt sich *Marktforschung* definieren als:

Systematische, empirische Untersuchungstätigkeit mit dem Zweck der Informationsbeschaffung für Markttatbestände und -phänomene als Grundlage für Marketingentscheidungen (Hammann/Erichson 2000, S. 33 f.). Dabei umfasst die Marktforschung:

- Definition des Informationsbedarfs
- Planung der Informationsbeschaffung
- Erhebung, Aufbereitung und Analyse von Daten
- Interpretation und Präsentation von Ergebnissen.

Von der Marktforschung, deren primäre Aufgabe darin liegt, Informationen über die Märkte der Unternehmung, insbesondere natürlich der Absatzmärkte zu liefern, ist die Marketingforschung abzugrenzen. Unter Marketingforschung ist dabei jegliche Beschaffung, Interpretation und Analyse von Marketing-Informationen und die Entwicklung von Lösungsmöglichkeiten zu verstehen (Berekoven/Eckert/Ellenrieder 2001, S. 30).

Die Überschneidung der beiden Begriffe soll in **Abbildung 200** verdeutlicht werden.

Marketingforschung		
Gestaltung und Einsatz der Marketinginstrumente	Informationen über Absatzmärkte	Information über Beschaffungsmärkte
Innerbetriebliche Informationen	• Nachfrager	• Lieferanten
• Absatzerfolgsrechnung	• Konkurrenz	• Güter
• Kosten	• Marktpotential, -volumen, -anteil	• Transport- und Beschaffungswege
• Kapazitäten	• Umwelteinflüsse	• Preise
	• Wirkung des Marketing-Mix	• Qualität
		• Finanzmittel
	Marktforschung	

Abb. 200: Abgrenzung von Marketingforschung und Marktforschung

Innerhalb der Marktforschung lassen sich vielfältige Formen und Objekte ausmachen. Über die Einteilung dieser Teilbereiche besteht in der Literatur keine Einigkeit (Hammann/Erichson 2000, S. 30 f.). Infolgedessen sollen hier vier Objekte kurz beschrieben werden.

Die Untersuchung der Verbraucher (Verbraucherforschung) erfolgt in zwei Richtungen, der Bedarfsforschung und der Motivforschung.

Die *Bedarfsforschung* beschäftigt sich mit dem Auftreten von Bedarf und den Bedarfsäußerungen der Bedarfsträger. Ihr Ziel ist die Bestimmung von *Marktpotential* (maximal absetzbare Menge eines Gutes), *Marktvolumen* (von allen Anbietern am Markt realisiertes Absatzvolumen) und *Marktanteil* (Anteil eines Anbieters am Marktvolumen) eines Unternehmens.

Die *Motivforschung* versucht die Frage zu beantworten, warum sich die Menschen in Bezug auf einen bestimmten Werbe-, Verkaufs- oder Kommunikationsakt in einer bestimmten Weise verhalten. Es soll deshalb eine Beziehung zwischen dem Verhalten und seinen Ursachen wie Wünschen, Empfindungen und Absichten der Menschen hergestellt werden.

Im Vordergrund der *Konkurrenzforschung* steht die Erfassung der Betriebsgröße, der Marktverhältnisse, des Know-how und der Verhaltensweisen der Mitbewerber. Um Angaben über die Maßnahmen der Konkurrenten zu gewinnen, sollten deren Werbekampagnen, ihre Preis-, Produkt- und Sortimentspolitik sowie ihre Konkurrenzpolitik erfasst werden. Besonders aufmerksam sind Neueinführungen von Produkten der Konkurrenz zu beobachten.

Der Vertriebsweg bezeichnet den Weg eines Gutes von der Herstellung bis zum Konsum. Die *Vertriebswegeforschung* hat das Ziel, die Bestimmungsgründe für einen wirtschaftlich zweckmäßigen und vertretbaren Vertriebsweg zu untersuchen und wird dazu die Komponenten Produkt, Handel und Markt analysieren.

Aufgrund der Bedeutung erfolgreicher Werbung und der korrespondierenden Höhe des Werbeetats ist die *Werbeforschung* zu einem umfangreichen und relativ selbständigen Teilgebiet der Marktforschung geworden.

Sie umfasst drei Teilbereiche:

* Die Werbemittelforschung, die sich mit den Reizbedingungen der Werbemittel beschäftigt, die den Konsumenten beeinflussen sollen.

* Die Imageforschung, bei der Einstellungen, Erwartungen und Motivationszustände der Umworbenen zu untersuchen sind.

* Die Werbeträgerforschung, welche die vom einzelnen Werbeträger erreichten Personen nach einer Reihe von Merkmalen untersucht.

4.3.2 Sekundärforschung

Die Methoden der Marktforschung lassen sich in Primärforschung und Sekundärforschung unterteilen. Von Primärforschung spricht man dann, wenn es sich um die Beschaffung, Aufbereitung und Erschließung neuen Datenmaterials aus dem Markt handelt. Wird dagegen bereits vorhandenes Datenmaterial verwendet, so findet Sekundärforschung statt (Hammann/Erichson 2000, S. 75).

Da die Kosten der Sekundärforschung in aller Regel niedriger sind als die der Primärforschung und häufig auch bereits Material über das interessierende Gebiet vorliegt, sollte mit der Sekundärforschung begonnen werden.

Zweck der Sekundärforschung ist die Erfassung und Auswertung bereits vorliegender Unterlagen für ein bestimmtes Forschungsvorhaben.

Für die Sekundärforschung stehen sowohl interne als auch externe Informationsquellen (**Abb. 201**) zur Verfügung.

Interne Datenquellen	Externe Datenquellen
- Buchhaltungsunterlagen	- amtliche Statistik
- Vertriebskostenrechnung	- Veröffentlichungen amtlicher Institutionen
- Absatzsegmentrechnung	- Veröffentlichungen von Wirtschaftsverbänden
- Betriebsstatistik	- Veröffentlichungen wirtschaftswissenschaftlicher Institutionen
- Außendienstberichtssysteme	
- frühere Primärerhebungen	- Veröffentlichungen von Banken
	- firmenspezifische Veröffentlichungen
	- kommerziell vertriebene Informationen

Abb. 201: Informationsquellen der Sekundärforschung

Durch die Entwicklung in der Computertechnologie ist eine Vielzahl von Daten nunmehr über diverse Datenbanken verfügbar. Insbesondere durch den Zugriff auf externe Datenbanken bieten sich für die Sekundärforschung neue und erweiterte Möglichkeiten. Beispielhaft sei hier das statistische Informationssystem des Bundes (Statis-Bund), die Datenbank verschiedener Forschungsinstitute (Ifo, GfK) und die GENIOS-Wirtschaftsdatenbank erwähnt.

Für die Sekundärforschung gelten folgende Einschränkungen:

- Die ermittelten Daten und Unterlagen müssen zum Teil noch bearbeitet werden, da sie auf das zu lösende Marketingproblem nicht immer direkt zugeschnitten sind und auch veraltet sein können.

- Die Auswahl muss sehr sorgfältig und kritisch vorgenommen werden, da nicht immer bekannt ist, wie die Daten ermittelt wurden und welche Zwecksetzung mit ihnen verfolgt wird.

4.3.3 Primärforschung

4.3.3.1 Auswahlverfahren

Bei allen Verfahren der Primärforschung, insbesondere aber bei der Befragung, stellt sich das Problem, welche Personen nach Art und Anzahl in die Untersuchung einbezogen werden sollen. Die Festlegung und Auswahl der zu befragenden Personen ist von entscheidender Bedeutung für das Ergebnis der Erhebung. Als erstes ist zu entscheiden, ob alle relevanten Personen in Form einer Vollerhebung zu untersuchen sind.

Eine Vollerhebung ist in den meisten Fällen nicht durchführbar und auch nicht erforderlich, da sie zum einen zu teuer und zum anderen nicht bessere Ergebnisse liefert als eine Teilerhebung. Bis auf wenige Ausnahmen wird deshalb eine Teilerhebung durchgeführt.

Als nächstes ist die Frage zu beantworten, wieviele und welche Personen oder Firmen in die Teilmasse einbezogen werden sollen, um zu einer repräsentativen Erhebung zu gelangen. Wesentlich ist dabei die Abgrenzung der Grundgesamtheit, d. h. die Menge der Untersuchungseinheiten, über die eine Aussage zu treffen ist. Welche Elemente zur jeweiligen Grundgesamtheit gehören, hängt entscheidend vom Untersuchungsgegenstand ab.

Um die Lösung dieser Probleme bemühen sich die so genannten Auswahlverfahren. Man bedient sich ihrer, um eine Stichprobe oder Teilmenge zu finden, die in kleinerem Maße die Grundgesamtheit in ihren charakteristischen Merkmalen widerspiegelt.

Beim Auswahlprinzip der bewussten Auswahl können drei Typen unterschieden werden:

- Auswahl auf das Geradewohl
- Konzentrationsverfahren
- Quotenauswahl.

Im Rahmen der Auswahl aufs Geradewohl werden solche Elemente der Grundgesamtheit ausgewählt, die leicht zu erreichen sind. Dies ist zwar die einfachste und billigste, aber auch willkürlichste und ungenaueste Auswahl.

Unter Konzentrationsverfahren werden solche Verfahren verstanden, bei denen eine bewusste Konzentration auf einen Teil der Grundgesamtheit erfolgt.

Beim Quota-Verfahren erfolgt die Auswahl der Stichprobe nach Gesichtspunkten, die mit dem Untersuchungszweck in Verbindung stehen und zu einem verkleinerten Abbild der Grundgesamtheit führen sollen. Um das Quota-Verfahren anwenden zu können, muss die Struktur der Grundgesamtheit in einigen Merkmalen, die mit den Erhebungsmerkmalen in Zusammenhang stehen, bekannt sein. Die zu bildende Teilmasse muss dann bezüglich dieser Merkmale ein maßstabsgerecht verkleinertes Abbild der Grundgesamtheit darstellen. Die Auswahl der zu befragenden Personen erfolgt also bewusst im gleichen Verhältnis, wie es dem Gesamtbild entspricht.

Zu den Auswahlkriterien können Alter, Geschlecht, Berufszugehörigkeit und Einkommenshöhe zählen, sowie Merkmale des Besitzstandes. Es wird dabei unterstellt, dass diese Kriterien für das Verhalten der einzelnen Konsumentengruppen von besonderer Wichtigkeit sind.

Beim zweiten Auswahlprinzip, dem Random-Verfahren, erfolgt die Auswahl nach dem Zufall.

Die Selektion wird auf systematische und unsystematische Weise so durchgeführt, dass alle Elemente der Grundgesamtheit die gleiche und berechenbare Chance erhalten, in die Teilmasse zu gelangen. Dazu müssen alle Elemente der Grundgesamtheit erfasst werden. Die Stichprobe stellt ein verkleinertes Abbild der Grundgesamtheit dar, wenn die Stichprobe groß genug ist und die Auswahl der Stichprobenglieder rein zufällig erfolgt. Das Random-Verfahren lässt es zu, die Methoden der Wahrscheinlichkeitsrechnung anzuwenden. Bei einer Fragestellung, die sich auf die wahlberechtigten Bundesbürger bezieht, wird von ca. 2000 Personen nach dem Random-Verfahren ausgegangen.

Nach der Struktur des Auswahlprozesses lassen sich folgende Typen der Zufallsauswahl unterscheiden (**Abb. 202**):

Auswahltypen	Vorgehensweise
Einfache Zufallsauswahl	Jedes Element der Grundgesamtheit besitzt die gleiche Wahrscheinlichkeit in die Auswahl zu gelangen.
Klumpenauswahl	Die Auswahl erfolgt nicht direkt aus der Grundgesamtheit, sondern aus sich einander ausschließenden Teilmengen derselben.
Geschichtete Auswahl	Die Grundgesamtheit wird in überschneidungsfreie Schichten aufgeteilt und eine einfache Zufallsauswahl aus jeder Schicht durchgeführt.
Mehrstufige Auswahl	Die Grundgesamtheit wird in überschneidungsfreie Teilmengen aufgeteilt. Aus diesen Primäreinheiten erfolgt eine Zufallsauswahl, woraus ebenfalls wieder eine Auswahl erfolgt (Sekundäreinheiten).
Sequentielle Auswahl	Der Stichprobenumfang wird nicht vor Beginn des Auswahlprozesses festgelegt, sondern ergibt sich schrittweise auf Basis der bereits gezogenen und analysierten Stichproben.

Abb. 202: Typen der Zufallsauswahl

Für die praktische Durchführung der Zufallsauswahl sind Techniken notwendig, die die idealtypische Urnenauswahl substituieren. Als Alternativen kommen dabei Auswahl mit Zufallszahlen, systematische Auswahl (Auswahl auf Basis einer durchnumerierten Kartei oder Liste) und ADM-Master-Sample (3-stufiges Auswahlverfahren zur Ziehung von Bevölkerungsstichproben auf Basis von Stimmbezirken) in Betracht.

4.3.3.2   Befragung und Beobachtung

Die Marktforschung kennt im Rahmen der Erhebung von Primärinformationen im Prinzip zwei Grundmethoden:

- Befragung

- Beobachtung.

Die *Befragung* ist dabei das am häufigsten angewandte Erhebungsverfahren in der Primärforschung und lässt sich in verschiedene Formen (**Abb. 203**) gliedern.

Formen	Ausprägung
Schriftliche Befragung	- Fragebögen, Einsendecoupons, ... - Fax-Befragung
Mündliche Befragung (Interview)	- Persönliche Befragung - Computergestützte persönliche Befragung - Telefonische Befragung - Computergestützte telefonische Befragung
Computer-Befragung (Bildschirmbefragung)	- Computerbefragung i. e. S. - Internet-Befragung - Befragung über Kabelfernsehen mit Rückkanal

Abb. 203 Formen der Befragung

Gerade im Bereich der Befragung haben sich durch die Möglichkeit des Computereinsatzes neue Perspektiven mit den entsprechenden Vor- und Nachteilen eröffnet (vgl. hierzu näher: Hammann/Erichson 2000, S. 97 ff. und Berekoven/Eckert/Ellenrieder 2001, S. 106 ff.).

Die *Beobachtung* als Methode der Primärforschung ist eine geplante, systematisch durchgeführte Wahrnehmung oder Anschauung, mit dem Ziel einer möglichst exakten und umfassenden Kenntnisgewinnung über eine oder mehrere Erscheinungen, die sich auf das zeitlich dynamische Vehalten der Beobachtungsobjekte erstreckt.

Grundsätzlich gibt es zwei Arten der Beobachtung:

- Teilnehmende Beobachtung (aktive Teilnahme des Beobachters)
- Nicht-teilnehmende Beobachtung (Beobachter ist nicht aktiv in das Geschehen einbezogen).

Auch hier hat die Entwicklung der Mikroelektronik solche Verfahren interessant gemacht, die die elektronische Erfassung der Beobachtungs-daten ermöglichen (Hammann/Erichson 2000, S. 118 ff.).

4.3.3.3   Panelforschung

Eine sehr wichtige Datenquelle für das Marketing bilden Panelerhebun-gen. Als Panel wird dabei ein bestimmter, gleichbleibender Kreis von Untersuchungseinheiten bezeichnet, bei dem kontinuierlich – in regel-mäßigen Abständen – Erhebungen zum gleichen Untersuchungsgegen-stand durchgeführt werden. Dies kann durch jede Form der Befragung als auch durch Beobachtung geschehen (Berekoven/Eckert/Ellenrieder 2001, S. 123).

Es lassen sich bestimmte Arten von Panels (**Abb. 204**) unterscheiden.

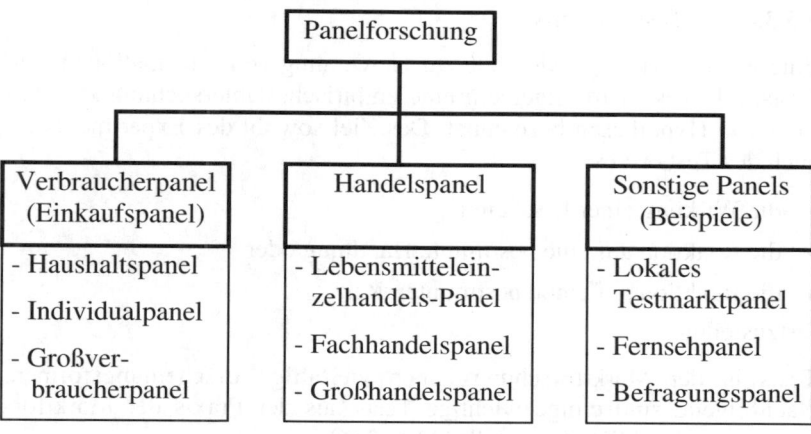

Abb. 204: Arten von Panels

Die Auswertungsmöglichkeiten von Panels sind vielfältig. Beispielhaft sei hier nur das Leistungsspektrum des Verbraucher-Panels vorgestellt (**Abb. 205**).

Standardberichte	Sonderanalysen
- Gesamtmarktgröße	- Einkaufsintensität
- Marktanteile	- Markentreue
- Teilmärkte	- Bedarfsdeckung
- Käuferstrukturen	- Käuferwanderung
- Packungsgrößen/ -arten	- Gain-and-Loss-Analysen
- Geschmacksrichtungen	- Einführungsanalysen
- Durchschnittspreise	- Aktionsanalysen
	- Kombinationsanalysen
	- Korrelationen
	- Preisklassenanalysen

Abb. 205: Leistungsspektrum des Verbraucher-Panels

4.3.3.4   Test-Designs

Eine weitere wichtige Methode zur Gewinnung von Informationen sind Tests. Als Test wird allgemein eine empirische Untersuchung zur Prüfung von Hypothesen bezeichnet. Das Ziel sowohl des Experiments als auch des Tests ist es,

- die Wirkung einer Erscheinung,
- die Reaktion auf eine bestimmte Handlung oder
- die Reaktion auf einen bestimmten Reiz

festzustellen.

Tests in der Marktforschung haben vielfältige Erscheinungsformen. Nachfolgend sind einige wichtige Tests aus der Praxis der Marktforschung im Überblick dargestellt (**Abb. 206**).

Testdesign	Zielsetzung
Konzepttest	Beurteilung der Konzeption für ein neues Produkt durch Konsumenten
Produkttest	• Überprüfung der subjektiven Qualität eines Produktes • Erkennen von Marktchancen und Verbesserungsmöglichkeiten
Testmarkt	Probeweise Einführung eines neuen Produktes in einen lokal oder regional abgegrenzten Testmarkt • Test der Marketingkonzeption und des eingesetzten Marketing-Mix • Prognose des Markterfolges für den Gesamtmarkt
Testmarkt-simulation	Testverfahren zur Prüfung der Marktchancen neuer Produkte vor der Markteinführung • Schätzung des Marktanteils • Diagnostische Informationen zur Verbesserung des Produktes
Mini-Testmarkt	• Prüfung der Marktchancen von neuen Produkten • Kombination von Storetest und Haushaltspanel
Elektronischer Testmarkt	Weiterentwicklung des Mini-Testmarktes. Lokaler Testmarkt mit Datenerfassung als Kombination von Haushalts- und Handelspanel. Voraussetzung sind Scannerkassen und Identifikationskarten für Kunden • fast alle Elemente des Marketing-Mix können getestet werden • Berücksichtigung der Werbung durch individuell ansteuerbares TV • bessere Kontrolle der Testsituation
Verpackungstest	• Überprüfung der Verpackung eines Produktes hinsichtlich bestimmter Funktionen • Suche nach Informationen für die Gestaltung und Verbesserung von Verpackungen
Werbemitteltest	• Erlangung von Informationen über die Gestaltung und Auswahl von Werbemitteln • Pretest und Posttest

**Abb. 206: Spezielle Test-Designs in der Marktforschung (Hammann/
Erichson 2000, S. 205 ff.)**

4.3.4 Datenaufbereitung

Die verschiedenen Erhebungsverfahren liefern eine Menge an Rohdaten und Einzelinformationen. Im Rahmen der Datenaufbereitung ist eine Ordnung, Prüfung, Analyse und Verdichtung der Daten als Basis für die Entscheidungsfindung notwendig.

Im Mittelpunkt stehen dabei diverse statistische Verfahren (vgl. dazu: Berekoven/Eckert/Ellenrieder 1993, S. 192 ff.).

Neben der expliziten Aufbereitung von Daten aus der Primär- und Sekundärforschung ist auch eine laufende Auswertung von Marketinginformationen für Führungsentscheidungen notwendig.

Marketing-Informationssystemen kommt dabei angesichts der Komplexität und Dynamik der Marketing-Umwelt eine immer bedeutsamere Aufgabe zu. Insbesondere durch die Nutzbarmachung der EDV kann eine kanalisierte, aktuelle sowie problem- und organisationsgerechte Informationsversorgung gewährleistet werden.

Grundsätzlich wird dabei der Zweck verfolgt, die aus der Unternehmung und von außen beschafften Daten laufend über ein Datenbankmanagementsystem in eine Datenbank einzuspeichern und bei Bedarf bzw. automatisch den Entscheidungsträgern über Peripheriegeräte (Bildschirm, Drucker) zur Verfügung zu stellen.

4.4 Marketing-Instrumente

4.4.1 Produkt- und Sortimentspolitik

4.4.1.1   Produktpolitik

Die Produktpolitik ist von zentraler Bedeutung für die Stellung des Unternehmens im Wettbewerb, denn ihr obliegt die zweckmäßige attraktive Gestaltung des Absatzprogramms. Konkret bedeutet dies die Entwicklung neuer Erzeugnisse sowie die Verbesserung, Erweiterung und Eliminierung vorhandener Produkte (Meffert 2000, S. 327).

Ausgehend von dieser Zielsetzung sind im Rahmen der Produktpolitik verschiedene Entscheidungstatbestände – Produktinnovationen, Produktdifferenzierung, Produktvariation, Produkteliminierung, Produktgestaltung – zu betrachten. Gleichzeitig ist in diesem Kontext die Frage der Marken- und Servicepolitik darzustellen.

Produktinnovationen, d. h. die Entwicklung von Neuprodukten, sind zur Sicherung des Überlebens und des Wachstums einer Unternehmung unabdingbar. Dieser Notwendigkeit steht aber gleichzeitig das allen Neuprodukteinführungen immanente Risiko des Versagens gegenüber. Deshalb ist ein gezieltes Innovationsmanagement bzw. eine Produktanforderungsanalyse notwendig, die durch ihre systematische Vorgehensweise dazu beiträgt, die teilweise hohen Misserfolgsraten eingeführter Produkte zu reduzieren (Koppelmann 2000, S. 99 ff.).

Unter *Produktdifferenzierung* versteht man das Angebot mehrerer, verschiedener Produkte einer Produktgattung im zeitlichen Nebeneinander. Die Unternehmung bezweckt damit eine Profilierung gegenüber anderen (Konkurrenz-) Produkten und eine Befriedigung unterschiedlicher Abnehmerbedürfnisse. Dabei sind eine stofflich-technische und eine emotional-psychologische Produktdifferenzierung zu unterscheiden.

Unter einer *Produktvariation* versteht man dagegen die Veränderung eines bereits eingeführten Produkts im Zeitablauf. Der Produktkern bleibt dabei im Wesentlichen unverändert. Als synonyme Begriffe werden oft „Produktpflege" oder „Facelifting" verwendet.

Produkteliminierung bedeutet die Entfernung eines Produkts aus dem Angebotsprogramm im Rahmen der Programmerneuerung oder Beseitigung ertragsschwacher Produkte. Klassisches Analyseinstrument für diesen Zweck ist die ABC-Analyse, wobei aber auch andere Methoden des Marketing-Controlling, wie z. B. die Portfolioanalyse verwendet werden.

Produktgestaltung ist ein interdisziplinärer Realisationsprozess, bei dem es darauf ankommt, Marketing-Überlegungen einzubringen, um die Entstehung des bestmöglichen Produkts zu gewährleisten. Im Rahmen dieses interdisziplinären Prozesses sind die Bereiche Forschung und Entwicklung, Produktplanung, Anwendungstechnik sowie Design und Konstruktion zusammenzufassen und marktorientiert zu lenken. Um diese Problematik angemessen zu bearbeiten, ist eine Produktgestaltungsanalyse sinnvoll (Koppelmann 2000, S. 325 ff.).

Unter *Markenpolitik* sind der Aufbau und die Pflege von Produktange-
boten als Markenartikel bzw. alle Maßnahmen zur Markierung von Produkten zu verstehen. Ziel der Markenpolitik ist es, über eine günstige
Image-Bildung eine dauerhafte Akzeptanz des Markenartikels bei der
Zielgruppe zu erreichen. Basis dafür sind die Profilierung bezüglich der
Qualitätseigenschaften, die Qualitätssicherung sowie die Markierung
und systematische Kommunikation des Produkts.

Die *Servicepolitik* hat durch die Austauschbarkeit und Komplexität von
Produkten eine besondere Bedeutung als Angebotsbestandteil zur Differenzierung im Rahmen der Marketingstrategie erlangt. Produktbeglei-
tende Dienstleistungen dienen zur Ergänzung des Produktangebots, um
eine Erhöhung des Produktnutzens für die Käufer bzw. Verwender zu
schaffen.

Kundendienstleistungen sind dabei ein Spezialfall der produktbegleiten-
den Dienstleistungen. Die genaue Abgrenzung und Definition der Kundendienstleistungen bereitet Schwierigkeiten, da die Leistungen von
Branche zu Branche sehr unterschiedlich sind. Es wird allgemein anerkannt, dass Kundendienstleistungen sowohl vor, bei und nach dem Kauf
angeboten werden können, deren Kriterien der Zusatzcharakter und die
Freiwilligkeit der Leistungen sind.

Die Notwendigkeit des Kundendienstes ergibt sich aus der Forderung,
das Vertrauen der Kunden zu gewinnen. Zufriedene Kunden sind die
besten Werber des Unternehmens. Diese Zufriedenheit kann durch einen
guten Kundendienst erreicht werden. Der technische Kundendienst umfasst alle Leistungen, die dem Verwender den zufriedenstellenden
Gebrauch des gekauften Gutes ermöglichen sollen. Während die technischen Kundendienstleistungen i. d. R. nach dem Kauf gewährt werden,
ist dies bei nichttechnischen vor, bei und nach erfolgtem Geschäfts-
abschluss möglich. Es kann sich dabei um Beratung oder Unterweisung
für den Einsatz des Produktes handeln. Die durch Kundendienstleistungen entstehenden Kosten müssen in jedem Fall vom Verwender getragen werden, völlige Unentgeltlichkeit ist der Sonderfall. Die Kosten
sind entweder im Kaufpreis enthalten und werden somit von allen Ver-
wendern bezahlt oder – soweit möglich – nach der Inanspruchnahme
berechnet.

4.4.1.2   Sortimentspolitik

Innerhalb der Sortimentspolitik ist zunächst eine begriffliche Abgrenzung vorzunehmen. Sortimentspolitik im engeren Sinne bezieht sich auf alle Entscheidungen eines Handelsbetriebs im Zusammenhang mit der Dimensionierung, Strukturierung und Anpassung des Sortiments. Dies entspricht grundsätzlich der Programmpolitik von Produktionsbetrieben, obwohl im Handelsbetrieb spezifische Problemfelder, Gestaltungsprinzipien und Eigenarten vorliegen.

Hier soll jedoch nicht weiter differenziert werden, d. h. es erfolgt eine übergreifende Betrachtung der Sortimentspolitik.

Das Sortiment umfasst alle von einem Betrieb auf dem Markt angebotenen Güter und Dienstleistungen. Es besteht aus einer mehr oder weniger großen Anzahl von Leistungen, die bezüglich ihres Verwendungszweckes, ihrer Struktur und Zusammensetzung und ihres Herstellungsprozesses eindeutig beschrieben werden können.

---

1. Entwicklung einer Marketing-Konzeption für die Produkte des bestehenden Sortiments durch Ausdehnung des Planungszeitraums auf mehrere Perioden und Entscheidung welche Produkte (weiterhin) hergestellt werden sollen.

2. Entscheidung für die Produktionsmenge pro Erzeugnis und Periode zur Bestimmung der Lieferbereitschaft.

3. Bestimmung des Beginns der Einführung neuer Produkte, der abhängig von Kapazitätsreserven, Konkurrenzaktivitäten, konjunkturellen Lage und Struktur des Produktionsprogramms ist.

4. Festlegung der Beendigung des Lebenszyklus der Produkte.

5. Dimensionierung der Kapazität unter Beachtung der Restriktionen.

6. Entscheidung über „make or buy", des Selbsterstellens oder Zukaufens einzelner Produkte und Festlegung der Fertigungstiefe.

Abb. 207: Arbeitsgebiete der Sortimentsgestaltung (Nieschlag u.a. 2002, S. 688)

Zunächst muss die Sortimentsstruktur untersucht werden. Die Sortimentsbreite ist eine Maßzahl für die Anzahl der verschiedenen Elemente, d. h. Produkte, Waren oder Dienstleistungen innerhalb des Sortiments. Die Sortimentstiefe gibt Auskunft über die Anzahl gleicher Elemente innerhalb des Sortiments.

Sortimentsbreite und Sortimentstiefe sind jedoch nur schwer begrifflich voneinander zu trennen. Es fehlt dazu ein absoluter Maßstab für die Frage, was gleich und was verschieden ist. Diese Frage lässt sich nur aus der Sicht des Kunden beurteilen.

Unter der Sortimentslage wird die Qualitäts- und Preisklasse verstanden, in der das Schwergewicht des Sortiments liegt. Dies kann zwar für einzelne Produkte eines Sortiments sehr unterschiedlich sein, es wird aber trotzdem im Großen eine Zuordnung erfolgen können.

Im Zusammenhang mit der Fragestellung über die Aufnahme neuer Produkte in das Sortiment lassen sich Beziehungen zwischen der Produktwahl und dem bestehenden Sortiment darstellen (**Abb. 208**).

Formen		Ziele
• Horizontal	Produkte stehen mit dem Sortiment in sachlichem Zusammenhang und auf der gleichen Verarbeitungsstufe	• Absicherung des Marktes • Erlangung von Marktmacht
• Vertikal	Produkte sind dem bisherigen Sortiment vor- oder nachgelagert	• Sicherung des Bezuges • Stärkung des Absatzes • Rationalisierungsmöglichkeiten
• Lateral	Produkte stehen in keinem Zusammenhang mit dem bisherigen Sortiment	• Risikostreuung • Sicherung der zukünftigen Rentabilität • Vermeidung von strukturellen und konjunkturellen Gefahren

Abb. 208: Formen und Ziele der Produktwahl in ihrer Beziehung zum bestehenden Sortiment

4.4.2 Preis- und Konditionenpolitik

4.4.2.1 Preispolitik

Unter Preis versteht man die monetäre Gegenleistung eines Käufers für eine bestimmte Menge eines Wirtschaftsgutes bestimmter Qualität. Preispolitik ist damit die Gesamtheit absatzpolitischer Maßnahmen zur Bestimmung und Durchsetzung von monetären Gegenleistungen der Käufer für die vom Unternehmen angebotenen Sach- und Dienstleistungen (Diller 2000, S. 23 ff.).

Das Unternehmen muss seine Leistungen auf dem Markt anbieten. Für die Preispolitik sind deshalb die genauen Daten des Marktes erforderlich. Erforderlich sind aber auch die Daten des eigenen Unternehmens. Die Kostenfunktion des Anbieters für eine Reihe von Beschäftigungsgraden, die Kapazität und die Liquidität als auch die anderen absatzpolitischen Instrumente wie Werbung, Produktgestaltung, Absatzmethoden und das akquisitorische Potential müssen bekannt sein.

Sind diese Informationen vorhanden, so ergibt sich das Problem der Preisfindung. Unter statischen Bedingungen, d. h. bei kurzfristiger Betrachtung, gibt es verschiedene Möglichkeiten der Preisfindung. Dabei werden kostenorientierte und marktbezogene Verfahren sowie marginalanalytische Optimierungsmodelle unterschieden (Diller 2000, S. 216 ff.).

Zur Ausgestaltung der Preispolitik steht ein preispolitisches Instrumentarium zur Verfügung, von dem hier Preisdifferenzierung, Preisvariation und Preislinienpolitik angesprochen werden.

Preisdifferenzierung bedeutet, dass von verschiedenen Kunden für das gleiche Produkt aufgrund verschiedener Kriterien unterschiedliche Preise gefordert werden. Die Ziele der Preisdifferenzierung bestehen in der Kostensenkung, der Umsatzsteigerung, der Beeinflussung der Vertriebswege und ganz allgemein in der Gewinnsteigerung.

Im Rahmen der Preisdifferenzierung sind verschiedene Formen zu unterscheiden bzw. Voraussetzungen zu beachten (**Abb. 209**).

Voraussetzungen der Preis-differenzierung	- Gesamtmarkt muss sich in mindestens zwei Teilmärkte aufspalten lassen
	- Teilmärkte müssen voneinander isolierbar sein
	- Konkurrenzsituation muss die Durchsetzung der Teilpreise zulassen
	- Zusatzerlöse durch die Preisdifferenzierung müssen Zusatzkosten übersteigen
Formen der Preisdifferen-zierung	
• nach Abnehmergruppen	Zielgruppenadäquate Produkte
• nach Zeiten	Änderung des Preises im Zeitablauf
• nach Räumen	Nach unterschiedlicher Kaufkraft oder auch nach Marktgeltung
• nach Verwendungszweck	Unterscheidung nach der Nutzung
• nach der Menge	In Form von Mengenrabatten oder Mindermengenzuschlägen

Abb. 209: Formen und Voraussetzungen der Preisdifferenzierung

Im Rahmen der *Preisvariation* wird der gültige Angebotspreis durch den Hersteller innerhalb einer Planperiode für den gleichen Kundenkreis variiert. Der Unterschied zur Preisdifferenzierung liegt darin, dass bei der Preisvariation nicht gleichzeitig unterschiedliche Angebotspreise bei verschiedenen Kundenkreisen vorliegen. Preisvariationen können zum einen über die Gewährung kundenspezifischer Rabatte oder zum anderen über Sonderpreisaktionen durchgeführt werden.

Die *Preislinienpolitik* als Teilbereich des preispolitischen Instrumentariums beinhaltet die Gestaltung und Abstimmung der Preise innerhalb einer Produktlinie. Produktlinien bilden einen Teilbereich des Produktprogramms eines Unternehmens, der durch kosten- sowie nachfragemäßige Interdependenzen gekennzeichnet ist. Hier bietet sich die Möglichkeit, das Gesamtergebnis der Produktlinie über eine Ausgleichskalkulation innerhalb der Produktlinie zu optimieren. Typische Erscheinungsformen sind Basismodelle oder auch Untereinstandspreis-Angebote zur Erzeugung von Aufmerksamkeit.

4.4.2.2 Konditionenpolitik

Neben dem Preis kann auch ein System an Bedingungen bestehen, welches zwischen Anbieter und Abnehmer vereinbarte, an besondere Umstände gekoppelte, abnehmerspezifische Modifikationen des als Ausgangs- und Orientierungsgröße dienenden Basispreises beinhaltet (Scheuch 1996, S. 331).

Ein solches Konditionensystem kann aus Rabatten, Liefer- und Zahlungsbedingungen sowie Kredit- und Finanzierungskonditionen bestehen.

Insofern zeigt sich auch der Unterschied zur Preispolitik, denn Rabatte sind zwar auch ein Instrument zur Preisdifferenzierung und -variation, aber bilden eben nur einen Teilbereich der konditionenpolitischen Möglichkeiten in einem umfassenden Konditionensystem.

Rabatte sind Preisnachlässe, die der Anbieter dem Abnehmer für bestimmte, produktbezogene Leistungen gewährt. Dabei sind verschiedene Arten zu unterscheiden (**Abb. 210**).

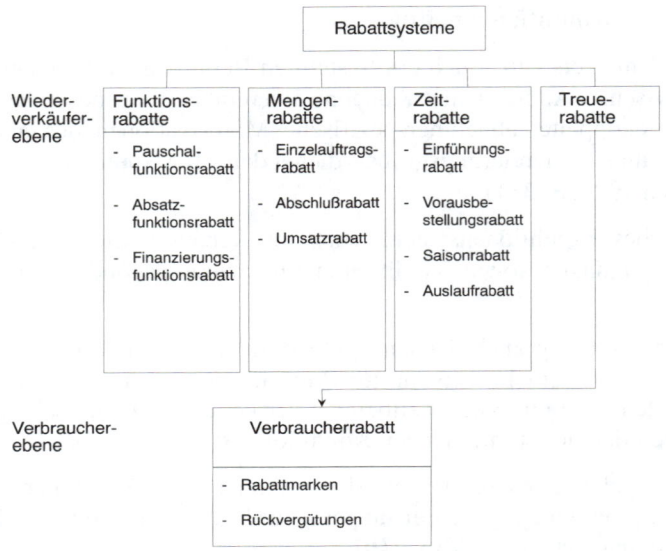

Abb. 210: Rabattarten

Unter Lieferbedingungen versteht man die Gestaltung der physischen Warenübertragung (Übergabe, Zustellung, Transport) und die Bezahlung der Fracht- und Versicherungskosten.

Zahlungsbedingungen dagegen regeln den Zahlungszeitpunkt und die -frist sowie die Zahlungsart und Zahlungssicherung.

Kredit- und Finanzierungskonditionen beinhalten im Falle der Gewährung von Lieferantenkrediten oder einer Finanzierung des Kunden durch Dritte, zum Beispiel die Laufzeiten, Tilgungstermine oder notwendige Sicherheiten.

4.4.3 Distributionspolitik

Unter Distributionspolitik versteht man die Festlegung der Distributionsziele, die Auswahl der Distributionsstrategie sowie die Planung, Durchführung und Kontrolle von Maßnahmen zur zielkonformen, strategiegeleiteten Gestaltung des Distributionsprozesses (Ahlert 1991, S. 8).

Konkret bedeutet dies, eine Leistung vom Ort ihrer Entstehung unter Überbrückung von Raum und Zeit an eine Stelle heranzubringen, wo sie in den Verfügungsbereich des Käufers übergehen kann. Ein daraus entstehendes Distributionssystem kann unterschiedlich definiert werden **(Abb. 211).**

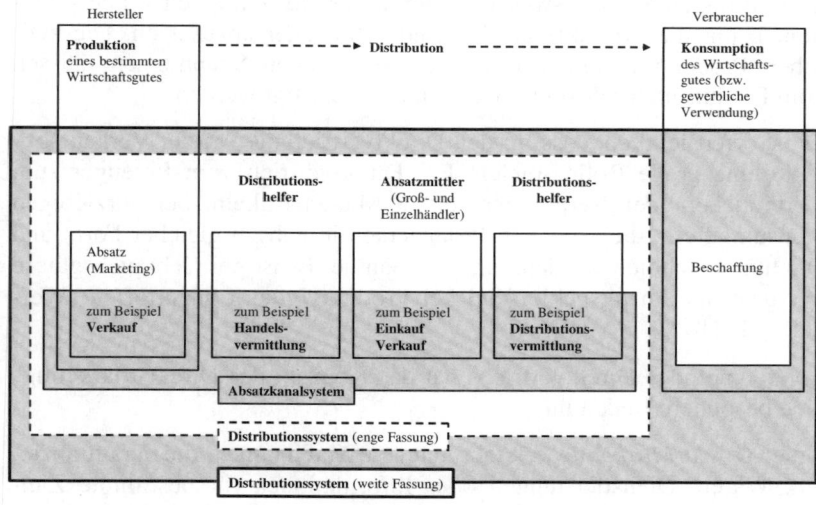

Abb. 211: Elemente verschiedener Distributionssysteme
(Ahlert 1991, S. 13)

Im Rahmen der Distributionspolitik sind verschiedene Entscheidungsbereiche und Instrumentarien zu unterscheiden. Im Folgenden werden direkter und indirekter Vertrieb, Verkaufsmanagement sowie Marketing-Logistik behandelt.

4.4.3.1 Direkter Vertrieb

Der Vertriebsweg ist der Weg, auf dem ein Wirtschaftsgut vom Hersteller zum Abnehmer gelangt. Inhalt der Vertriebswegepolitik ist die Auswahl und Gestaltung der Vertriebswege. Der Hersteller hat dabei Entscheidungen über Länge, Tiefe und Breite des Vertriebsweges zu treffen (Ahlert 1991, S. 153 ff.).

Entscheidungen über die Länge des Vertriebsweges beinhalten eine vertikale Selektion, d. h. die Frage nach der Anzahl der zwischen Hersteller und Verbraucher eingeschalteten Absatzstufen. Hier ist zwischen direktem und indirektem Vertrieb zu unterscheiden.

Beim direkten Vertriebsweg übernimmt der Hersteller selbst alle Funktionen, um die Produkte an den Endverbraucher abzusetzen. Die zwischen Produktion und Verbraucher bestehenden Spannungen müssen vom Produzenten selbst überwunden und beseitigt werden.

Es ist offensichtlich, dass für den Direktvertrieb die Art der Verkaufsobjekte eine große Rolle spielen. Ein Direktvertrieb vom Erzeuger zum Verbraucher oder Verarbeiter ist bei Massenartikeln, bei kurzlebigen Konsumgütern, die von allen Produzenten in nahezu gleicher Form und Qualität angeboten werden, eine Ausnahme. Er ist bei Gebrauchsgütern mit großem Einzugsgebiet und bei Produktivgütern anzutreffen (Weis 2001, S. 310 f.).

Im Rahmen des Direktvertriebs hat das Konzept des Direkt-Marketings eine besondere Bedeutung.

Unter *Direkt-Marketing* versteht man alle Maßnahmen, die darauf abzielen, Waren, Dienstleistungen oder Informationen für bestimmte Zielgruppen individuell anzubieten und die entsprechenden Reaktionen zu erfassen (Dallmer 2002, S. 11).

Auf Basis dieser Reaktionen kann die weitere Bearbeitung der Zielgruppen möglichst individuell und effizient gestaltet werden. Folglich ist eine zielgerichtete und individuelle Ansprache möglich, die das Potential einer Kundenselektion und Erhöhung des Erfolgs von Marketingaktionen bietet.

Wichtige instrumentelle Bereiche sind Direktwerbung und Telefonmarketing.

Direktwerbung umfasst alle Werbemaßnahmen, die den Empfänger unmittelbar und gezielt mit selbständigen Werbemitteln ansprechen. Es wird also kein anderes Übertragungsmedium genutzt. Im Gegensatz zur klassischen Werbung steht hier der direkt mess- und sichtbare Response des Kunden im Vordergrund. Typische Werbemittel sind Werbebriefe, Postkarten und Kataloge.

Unter *Telefonmarketing* versteht man die systematische Nutzung des Telefons als Verkaufs-, Informations- und Kundendienstinstrument. Insbesondere kann das Telefon auch zur Beratung, Befragung und Beschwerdeannahme sowie zur Übermittlung von Außendienstberichten mit Hilfe mobiler Datenerfassungsgeräte verwendet werden. Dabei ist jedoch die Tatsache zu beachten, dass die Nutzung für den gewerblichen Verkauf im Vordergrund steht, da § 1 UWG Telefonwerbung gegenüber Privatpersonen als Eingriff in die Privatsphäre wertet und nicht gestattet. Ausnahmen bilden die ausdrückliche Genehmigung durch die Privatperson oder eine bereits bestehende Geschäftsbeziehung.

Für alle instrumentellen Bereiche bietet sich der Einsatz von EDV-Hilfsmitteln an. Hier ist insbesondere das Konzept des *Data-Base-Marketing* zu erwähnen.

Dies ist die Datenbankunterstützung für Marketingaktivitäten, die darauf abzielt, eine effizienzorientierte, individuell zugeschnittene und verkaufspsychologisch abgestimmte Direktkommunikation zu ermöglichen.

Basis hierfür ist eine elektronische Kundendatenbank, die Informationen speichern, Personendaten verknüpfen, Kunden bewerten und Adressen in kurzer Zeit selektieren kann. Besonderer Vorteil ist die Effizienzsteigerung durch die gezielte Auswahl potentieller Kunden und die damit verbundene Reduktion von Streuverlusten.

4.4.3.2 Indirekter Vertrieb

Der indirekte Vertrieb erfolgt aus der Sicht des Produzenten durch Absatzmittler. Übernehmen sie das Marktrisiko für die Waren und überbrücken sie die Spannungen zwischen Produktion und Verbrauch, spricht man von Handelsbetrieben. Sie lassen sich in den Groß- und Einzelhandel aufteilen.

Bei Entscheidungen über die Tiefe und Breite des Vertriebswegs spricht man von horizontaler Selektion. Die Tiefe des Absatzkanals umfasst die Anzahl der unterschiedlichen Handelsbetriebstypen. Unter der Dimension Breite des Vertriebsweges ist die Anzahl der gleichartigen Distributionsorgane pro Stufe (Handelsbetriebstyp) zu verstehen.

Auf jeder Stufe können Breite und Tiefe des Vertriebsweges nach drei Prinzipien festgelegt werden:

* Universalvertrieb
* Selektivvertrieb
* Exklusivvertrieb.

Starke Konzentrationsprozesse auf den Handelsmärkten während der achtziger Jahre haben dazu geführt, dass die Nachfragemacht der Handelsbetriebe stark gestiegen ist. Der Handel stellt für eine marktorientierte Unternehmensführung der Industrie somit einen Engpass dar und wird dadurch Gegenstand einer spezifischen Marketing-Konzeption, dem *vertikalen Marketing.*

Ziel dieses aktiv und systematisch betriebenen Prozesses ist die Absatzförderung, deren Grundlage die Abstimmung der Marketingaktivitäten im Absatzkanal sein muss.

Konkret geht es dabei um die Festlegung der Funktionsaufteilung zwischen Hersteller und Handel sowie die Bestimmung des Anteils an der Vertriebsspanne, den der Hersteller realisieren möchte.

Vertikales Marketing als Konzeption ist neben der Berücksichtigung des Kunden insbesondere deshalb auf den Handel gerichtet, weil der Handel eine quantitative und qualitative Wirkung auf das Marketing der Industrie hat.

Quantitativ über den Einfluss auf den Kunden an verkauften Mengen und qualitativ durch die tatsächliche Umsetzung des vom Hersteller geplanten Endverbraucher-Marketings.

Aus diesem Grund haben sich auch verschiedene spezielle vertikale Marketingstrategien herausgebildet. Beispielhaft seien hier Selektions-, Stimulierungs- und Kontraktstrategien erwähnt.

4.4.3.3 Verkaufsmanagement

Verkaufsmanagement bedeutet die Planung, Steuerung und Kontrolle des persönlichen Verkaufs unter konzeptionellen und operativen Gesichtspunkten (Goehrmann 1984, S. 19).

Dies beinhaltet gleichzeitig Entscheidungen über Verkaufsorgane und deren Schulung, Planung und Steuerung der Außendienstorganisation sowie die Betreuung bedeutender Kunden (Key Accounts).

Die Auswahl der Verkaufsorgane erfolgt im Rahmen der Vertriebswegepolitik. Beim Verkauf über den Außendienst kann eine Einteilung nach der Art der Verkäufer vorgenommen werden.

Außendienstverkäufer lassen sich nach ihrer Bindung an die auftraggebende Lieferfirma in selbständige und angestellte Mitarbeiter einteilen.

Die bedeutendste Form unselbständiger Außendienstverkäufer ist der Handlungsreisende. Er ist Mitglied einer vertriebseigenen Verkaufsorganisation und steht zu seiner Firma im Angestelltenverhältnis. Juristisch gesehen ist der Reisende ein Handlungsgehilfe, der von einem Unternehmen zur Leistung kaufmännischer Dienste gegen Entgelt angestellt ist. Er ist rechtlich und wirtschaftlich von seinem Arbeitgeber abhängig und muss dessen Weisungen folgen. Darum wird beim Einsatz von Reisenden vom Weisungsvertrieb gesprochen.

Unter den selbständigen Außendienstverkäufern nimmt der Handelsvertreter die bedeutendste Stellung ein. Handelsvertreter ist, wer als selbständiger Gewerbetreibender ständig damit betraut ist, für einen anderen Unternehmer Geschäfte zu vermitteln oder in dessen Namen abzuschließen.

Im Bereich der Außendienstorganisation sind insbesondere die Festlegung der Außendienststruktur – in Verbindung mit der Auswahl der Verkaufsorgane – die Verkaufsgebietseinteilung und die Verkäufereinsatzsteuerung von Bedeutung.

Die Betreuung bedeutender Kunden, das so genannte Key-Account-Management, umfasst besondere organisatorische und verkaufsstrategische Aspekte. Organisatorisch bedeutet dies die Entwicklung einer kundenorientierten Verkaufsorganisation für den Zweck der expliziten

Betreuung und Führung von Schlüsselkunden. Verkaufsstrategisch bedeutet Key-Account-Management den Versuch, dem Trend der Individualisierung im Marketing über den Aufbau von Kundennähe und die Entwicklung eines systematischen Beziehungsmanagements zu begegnen.

4.4.3.4   Marketing-Logistik

Unter Marketing-Logistik versteht man alle betrieblichen Aktivitäten, die darauf gerichtet sind, den räumlichen, zeitlichen und mengenmäßigen Transfer der Produkte des Unternehmens zum Abnehmer zu gewährleisten.

Die heutige Bedeutung der Marketing-Logistik ergibt sich aus folgenden Gründen:

*   Kostensteigerungen im Transport- und Lagersektor:

Kleine Einsparungen z. B. durch die Vereinheitlichung der Packungsmaße können zu erheblichen Rationalisierungen beitragen. Die Zersplitterung der Warenbewegungsfunktion hat diese Einsparung bislang vereitelt, da jeder Bereich die Logistik-Probleme allein nach seinen eigenen Vorstellungen löste.

*   Flut neuer Produkte:

Die Flut neuer Produkte, die jedes Jahr neu auf den Markt kommen, führt zu kleineren Vorräten für jedes Produkt und erhöht damit die Kosten der Lagerversorgung, ganz abgesehen von den zusätzlichen Zeilen auf dem Rechnungsformular, der Speicherung im Computer und dem Platz auf dem Transportmittel.

*   Schnelle Belieferung der Kunden:

Die für den einzelnen Artikel abnehmende Lagerfläche bedingt eine häufigere, schnelle und kostengünstige Belieferung, wenn die Distributionskosten nicht ins Unermeßliche steigen sollen.

Zum Transport gehören alle betriebsfremden und eigenen Transporteinrichtungen, die für inner- und außerbetriebliche Warenbewegungen eingesetzt werden. Die Fragestellungen bestehen in der Gestaltung der Verpackung auf den verschiedenen Stufen der Warenbewegung, in der Senkung der Be- und Entladekosten, z. B. durch kompatible Ladeeinrichtungen. Lösungen können aber auch durch die Verbesserung der individuellen Ausrüstung, also der Hubstapler, Förderanlagen und der Spezialfahrzeuge erzielt werden.

Die Lagerung umfasst die Gesamtheit aller Orte der Vorratshaltung. Besondere Probleme bestehen in der Steigerung der Arbeitsproduktivität. Hier ist man bemüht, durch die Entwicklung technischer Einrichtungen die Automatisierung der Ein- und Auslagerung zu verbessern, insbesondere aber die Kommissionierung wirtschaftlicher zu gestalten.

Ganz entscheidende Bedeutung kommt in den Logistik-Systemen der Kommunikation zu. Dazu gehört die fehlerfreie Erfassung der Ein- und Auslagerung, die Verfolgung und Überwachung der Sendungen unterwegs, zeitgerechte Übermittlung von Bestellungen und Liefertouren usw.

Bei der Gestaltung von Marketing-Logistik-Systemen sollten folgende Gesichtspunkte berücksichtigt werden:

* Sicherheit des Warenbezugs
* Schnelligkeit und Flexibilität
* Störanfälligkeit des Systems
* Zeit für die Planung und Einrichtung
* Supply Chain Management

4.4.4 Kommunikationspolitik

Die Kommunikationspolitik als Bestandteil des Marketing-Instrumentariums umfasst die planmäßige Gestaltung und Übermittlung der auf den Markt gerichteten Informationen eines Unternehmens, mit dem Zweck, die Meinungen, Einstellungen und Verhaltensweisen im Sinne der eigenen Zielsetzung zu beeinflussen.

Der Kommunikations-Mix zur Erreichung dieser Ziele setzt sich im Wesentlichen aus Werbung, Verkaufsförderung, Public Relations und Sponsoring zusammen.

4.4.4.1 Werbung

Die Werbung ist eine Beeinflussungsform, die versucht, die von ihr Umworbenen mit bestimmten Kommunikationsmitteln freiwillig für den

Werbezweck zu gewinnen. Dabei kann an sich jeder Lebensbereich Gegenstand der Werbung sein. Der aufgezeigte Begriff der Werbung charakterisiert die Werbung als eine Form der Beeinflussung im zwischenmenschlichen Bereich. Werbung stellt also kein spezifisch ökonomisches, sondern ein allgemein soziales Phänomen dar. Dies muss, damit Wirtschaftswerbung vorliegt, zu einer ökonomischen Erscheinung werden, d. h. es ist für den Absatz von Waren und Leistungen einzusetzen.

Die *Ziele der Werbung* entspringen der jeweiligen Werbestrategie des Unternehmens. Diese Ziele sind Einführung eines neuen Produktes, Erinnerung an die Produkte und die dafür bisher erfolgten Werbemaßnahmen sowie Abwehr von der Konkurrenz. Diese Arten von Zwecksetzungen führen zur Einführungswerbung, Erinnerungswerbung und Abwehrwerbung sowie Expansionswerbung als generelle Werbeziele **(Abb. 212)**.

Werbeform	Werbeziele
• Einführungswerbung	Ein neues Produkt oder Dienstleistung soll der präsumtiven Verbraucherschaft bekannt gemacht werden. Dabei sind die Schranken des Neuen zu überwinden oder für ein neu einzuführendes Produkt ist der Bedarf zu wecken.
• Erinnerungswerbung	Erinnerung der Verbraucher an ein Produkt wachhalten und auffrischen. Die Werbebotschaft muss nicht mehr so umfangreich und aufklärend sein wie bei der Einführungswerbung.
• Abwehrwerbung	Gerichtet gegen die Konkurrenz, die ihre Werbemaßnahmen verstärkt oder versucht, größere Marktanteile zu erreichen.
• Expansionswerbung	Ausbau bzw. Aufbau eines Marktanteils mit Unterstützung der, i.d.R. agressiven, Werbung.

Abb. 212: Generelle Werbeziele

Aufbauend auf diesen generellen Werbezielen lassen sich operationale Ziele formulieren, d. h. Ziele, die nach Inhalt, Ausmaß und Zeitbezug bestimmt sind. Dabei werden ökonomische und außerökonomische (kommunikative) Werbeziele unterschieden.

Ökonomische, d. h. monetäre Größen wie Gewinn oder Umsatz sind als Zielkategorie der Werbewirkung jedoch kaum operational. Aus diesem Grund dienen die kommunikativen Werbeziele meist als Ersatzkriterium, da sie sich in Anlehnung an die verschiedenen Stufen der Werbewirkung leichter messen lassen.

Im Rahmen der Werbung soll eine bestimmte Botschaft vom Werbetreibenden an den Empfänger vermittelt werden. Um die *Werbebotschaft* für die Zielgruppe verständlich zu machen, bedient sich der Werbetreibende bestimmter Werbemittel, die sich in der Regel aus einer Kombination der Darstellungsfaktoren Sprache, Schrift und Ton zusammensetzen.

An die Gestaltung der *Werbemittel* sind bestimmte Anforderungen zu richten, um eine erfolgreiche Werbung betreiben zu können. Die Grundlage der Gestaltung sind dabei verschiedene Sozialtechniken, wie Aktivierungstechniken, emotionale Techniken, informative Techniken, die für die Werbung genutzt werden.

Um die günstigsten Werbemittel auszuwählen, sind verschiedene Aspekte, z. B. Werbewirkung, Kosten und verfolgte Zielsetzung zu berücksichtigen. Da es jedoch kaum möglich ist, die leistungsmäßige Wirkung der verschiedenen Werbemittel zu bestimmen, wird die Anzahl der durch den Werbeträger erreichten Personen herangezogen. Grundsätzlich sind für die Auswahl der Werbeträger verschiedene Voraussetzungen zu beachten:

- Kenntnis der Zielgruppe
- Zeitliche Verfügbarkeit der Werbeträger
- Streutechnische Eignung der Werbeträger
- Streukosten der Werbeträger

Während durch die Werbemittel die Werbebotschaft konkretisiert wird, sind die *Werbeträger* die physisch stofflichen Träger, welche die Wer-

bebotschaft dorthin tragen, wo sie von den Werbesubjekten, wahrgenommen, erfasst und beachtet werden soll.

Die wichtigsten Werbeträger sind Zeitungen, Zeitschriften, Plakatwän-
de, Filmtheater, Rundfunk- und Fernsehsender.

Insbesondere bei Fernsehsendungen erfolgt die Werbung nicht allein in
Werbespots, sondern bei der Übertragung von Sportveranstaltungen
oder von Unterhaltungssendungen geraten bestimmte Produkte wie
durch Zufall auffallend deutlich ins Bild. Dies wird als Schleichwerbung
oder auch Product Placement bezeichnet.

Der streutechnischen Eignung der Werbeträger werden ihre Streukosten
gegenüber gestellt, wodurch sich eine Vergleichsbasis für die verschiedenen zur Auswahl stehenden Werbeträger ergibt. Unter Berücksichtigung der gesamten streutechnischen Daten lässt sich bei einem Wirt-
schaftlichkeitsvergleich von verschiedenen Werbeträgern durch Gegenüberstellung ihrer Nutzungspreise, die die Kosten je errechenbarer Ziel-
person angeben, der kostengünstigste Werbeträger oder die kostengünstigste Werbeträgerkombination errechnen, die dann im Hinblick auf den
optimalen Streuerfolg auszuwählen ist.

Der Werbeetat bildet die finanzielle Grundlage aller Aktivitäten, die zur
Erreichung der angestrebten Werbeziele notwendig sind. Die Festlegung
des *Werbebudgets* umfasst dabei drei Teilentscheidungen:

- Festlegung der Budgethöhe
- sachliche Verteilung des Werbebudgets
- zeitliche Verteilung des Werbebudgets.

Die Festlegung der Budgethöhe orientiert sich grundsätzlich an den
Werbezielen, doch gleichzeitig haben auch andere Faktoren – Werbeob-
jekt, Zielgruppe, Werbemittel, Werbeträger – und das gesamte Marketing Einfluss.

Die grundsätzliche Schwierigkeit der Werbebudgetierung liegt darin,
dass die genauen Werbewirkungsfunktionen nicht bekannt sind, d.h. die
Wirkung der Werbeausgaben kann nicht exakt bestimmt werden. Es
haben sich jedoch praktische und theoretische Verfahren zur Lösung
dieser Problemstellung herausgebildet (**Abb. 213**).

Praktische Lösungsansätze	Theoretische Lösungsansätze
- Umsatz- bzw. Gewinnanteilmethode	- Marginalanalytischer Ansatz
- Methode der Werbekosten je Verkaufseinheit	- Investitionstheoretischer Ansatz
- Methode der finanziellen Tragbarkeit	- Dynamische Ansätze
- Konkurrenz-Paritäts-Methode	- Konkurrenzbezogener Ansatz
- Werbezielabhängige Methoden	

Abb. 213: Lösungsansätze der Werbebudgetierung (Schweiger/Schrattenecker 2001, S. 159 ff.)

Die *Werbeerfolgskontrolle* stellt fest, welcher ökonomische und außerökonomische Erfolg mit der Werbung erzielt wurde.

Der ökonomische Werbeerfolg wird meist als die Differenz zwischen werbebedingten Absatzänderungen und den Werbekosten bestimmt. Die Erfolgskomponente Werbeertrag wird nicht mengenmäßig als Absatzänderung, sondern wertmäßig als Umsatzänderung definiert, da sie der Wertgröße Kosten gegenüber gestellt wird. Das Verhältnis von Werbeaufwand zu Werbeertrag ergibt die Werbewirtschaftlichkeit. Der ökonomische Werbeerfolg besteht also aus den beiden Komponenten Werbeertrag und Werbekosten.

Als zentrales Problem im Rahmen der Bestimmung des Werbeerfolgs steht die Ermittlung des Werbeertrags. Zur Ermittlung des Werbeertrags unterstellt man eine ganz bestimmte Ursachen-Wirkungs-Beziehung. Eine durchgeführte Werbeaktion gilt als Ursache für eine konkrete Umsatzsteigerung. Dabei unterstellt man eine kausale Beziehung, die durchaus zweifelhaft ist.

Eine genaue Feststellung des ökonomischen Werbeerfolgs ist daher kaum möglich. Man versucht deshalb mit Hilfe der so genannten experimentellen Werbeerfolgsbestimmung eine Isolierung der Werbewirkung und damit eine Eliminierung anderer die Nachfrage beeinflussender Faktoren im Experiment zu erreichen.

Verschiedene Erfolgskriterien der Werbung zeigt **Abbildung 214.**

Außerökonomische Erfolgskriterien	Ökonomische Erfolgskriterien
• Werbekontakte	• Ausgelöste Kontakte
• Reichweite	• Käuferreichweite
• Anteil an den Gesamtkontakten	• Wiederkaufrate
• Anteil an den Kontakten pro Zielperson	• Umsatzvolumen
• Werbekosten je Verkaufseinheit	• Marktanteil
• Werbeerinnerung	• Abgeleitete Größen
• Markenbekanntheit	• Werbeertrag
• Einstellung / Image	• Werberentabilität

Abb. 214: Erfolgskriterien der Werbung

4.4.4.2   Verkaufsförderung

Die zur Ergänzung der Absatzwerbung einzusetzende Verkaufsförderung wird überwiegend vom Hersteller betrieben und speziell zur Unterstützung der Verkaufsbemühungen des Handels eingesetzt, um eine Ergänzung der Werbung am Point of Sale zu erreichen. Daneben können aber auch Maßnahmen der Hersteller und Händler direkt auf den Käufer bezogen sein, um Aktionen am Ort des Verkaufs, dem Point of Purchase in Gang zu bringen, Begeisterung für das Unternehmen auszulösen, das Image zu verbessern und etwas Originelles als Verkaufsförderung zu entwickeln.

Unter Verkaufsförderung werden alle Maßnahmen eines Unternehmens verstanden, die auf eine Leistungssteigerung der Verkäufer, der in den Vertriebsweg eingeschalteten Händler sowie deren Verkaufspersonal gerichtet sind und den Käufer zum Kauf motivieren. Merchandising und Verkaufsförderung, sales promotion, werden sehr häufig synonym verwandt.

Im Gegensatz zur klassischen Werbung handelt es sich bei der Verkaufsförderung i. d. R. um eine einmalige, nicht wiederkehrende Kommunikationsmaßnahme, die explizit unter einer bestimmten Zielsetzung auf eine spezielle Zielgruppe zugeschnitten ist.

4.4.4.3 Public Relations

Public Relations (PR) oder Öffentlichkeitsarbeit beinhaltet die planmä-
ßig zu gestaltenden Beziehungen zwischen Unternehmen und der nach
Gruppen gegliederten Öffentlichkeit. Zweck dieser Aktivitäten ist die
Schaffung eines öffentlichen Vertrauens und Wohlwollens, um ein aus-
geglichenes Verhältnis zwischen Unternehmen und Öffentlichkeit zu
erreichen.

So wird versucht, das Vertrauen der das Unternehmen umgebenden
Öffentlichkeit zu erringen, um auf diese Weise einen durch Konflikte
möglichst nicht belasteten Raum zu schaffen, in dem der Betrieb seine
Aufgabe, die Produktion von Gütern und Dienstleistungen, ungestört
erfüllen kann.

Dieser grundsätzliche Zweck der Öffentlichkeitsarbeit lässt sich unter
absatzorientierten und strategischen Aspekten betrachten.

Im Rahmen der Absatzorientierung wäre PR ein kurzfristig ausgerichte-
tes Kommunikationsinstrument, das flankierend zur Werbung dazu
dient, über die Beeinflussung von Image- und Bekanntheitswerten den
Absatz der Produkte zu fördern.

Unter strategischen Gesichtspunkten dient PR eher dazu, durch den
Aufbau von Vertrauen und Akzeptanz in der Öffentlichkeit den Bestand
des Unternehmens in einer dynamischen Umwelt langfristig zu sichern.

Für die explizite Gestaltung der PR stehen unterschiedliche Instrumente
zur Verfügung (**Abb. 215**).

Instrument	Ausprägung
- Pressearbeit	Interviews, Pressetexte, Pressekonferenzen
- PR-Veranstaltungen	Ausstellungen, Fachtagungen, Preisverleihungen
- PR-Aktionen	Fotowettbewerbe, Versteigerungen
- Druckschriften	Geschäftsbericht, Firmenhandbuch, Werkzeitung
- Gesprächsmedien	Podiumsdiskussionen, Vorträge

Abb. 215: Instrumente der Öffentlichkeitsarbeit

4.4.4.4 Sponsoring

Sponsoring beinhaltet die Zuwendung von Finanz-, Sach-, und/oder Dienstleistungen durch einen Sponsor an einen Begünstigten. Der Sponsor beabsichtigt dabei über seine Zuwendungen durch festgelegte Gegenleistungen des Gesponsorten bestimmte kommunikative Ziele zu erreichen. Dies zeigt die Abgrenzung vom altruistischen Mäzenatentum. (Hermanns 1989, S. 5)

In den letzten Jahren haben sich verschiedene Erscheinungsformen des Sponsoring herausgebildet (**Abb. 216**).

Sponsoring-Formen	Ausprägung
Sport-Sponsoring	Sponsoring im Sport kann sich auf die Dimensionen Sportart, sportliche Leistungsebene oder organisatorische Einheit beziehen.
Kunst-Sponsoring	Kunst-Sponsoring bezieht sich auf sämtliche Kunstarten, Kunst-Institutionen bzw. -Organisationen, Kunst-Gruppen, Einzelkünstler, einzelne Kunstobjekte oder Kunstereignisse.
Sozio-Sponsoring	Bei Gesponsorten im sozialen Bereich kann es sich grundsätzlich um Institutionen und Einzelpersonen handeln, die Probleme von Individuen und Gruppen aufgreifen, thematisieren bzw. lösen (z. B. Wohlfahrts- und Jugendorganisationen).
Öko-Sponsoring	Sponsoring von Einzelpersonen oder Organisationen, die sich ausschließlich und nicht-kommerziell mit dem Schutz bzw. der Sanierung der natürlichen Umwelt des Menschen befassen.

Abb. 216: Formen des Sponsoring

4.5 Ökologieorientiertes Marketing

Umweltprobleme nehmen einen immer größeren Einfluss auf das Entscheidungsfeld der Unternehmungen (Meffert 1988, S. 131). Die Berücksichtigung ökologischer Aspekte innerhalb des Marketing ist zu einer bedeutenden Aufgabe geworden. Im Folgenden geben wir einen kurzen Überblick zu relevanten Aspekten und verweisen zum ausführlichen Studium auf die angeführten Quellen.

Die Implementation der ökologischen Sachverhalte erfordert eine ökologiegerechte Festlegung der Marketingziele und -strategien (**Planung**), ausgehend von der Identifikation der ökologischen Schlüsselprobleme (Key-Issues) (**Analyse**). Zur **Durchsetzung** einer ökologiegerechten Marketingkonzeption müssen die Marketinginstrumente umgestaltet und modifiziert werden.

4.5.1 Gestaltungsprozess ökologiegerechter Marketingkonzeption

4.5.1.1 Identifikation der Schlüsselprobleme

Die Analyse bildet den Ausgangspunkt einer ökologieorientierten Marketing-Konzeption. Die im Vordergrund stehenden Aufgaben sind die Eruierung der ökologischen Chancen und Risiken in der Umwelt (externe Faktoren), d. h. die Ermittlung der markt- und umweltbezogenen Chancen und Risiken sowie der ökologischen Stärken und Schwächen der Unternehmung (interne Faktoren). Beispielhaft für die externen Faktoren nennen wir

- die umweltpolitischen Aktivitäten des Gesetzgebers oder

- die derzeitigen Entwicklungen im Bereich der Wissenschaft und der Forschung.

Interne Faktoren sind etwa

- das technische Know-how der Unternehmung oder

- die Fähigkeit der flexiblen Reaktion des Managements auf ökologische Herausforderungen.

Nachdem die Schlüsselfaktoren erfasst sind, muss das Unternehmen seine ökologische Strategieposition festlegen.

Als Analysehilfsmittel zur Bestimmung kann folgende Matrix verwendet werden:

Interne Faktoren \ Externe Faktoren	Chancen	Risiken
Stärken	Unternehmen ist im Gegensatz zur Konkurrenz in der Lage, sein Know-How auf den Markt für Umweltschutzgüter zu übertragen. Ausweitung des Tätigkeitsbereiches.	Unternehmen begegnet der Einbeziehung ökologischer Kriterien in die Kaufentscheidung durch das Angebot umweltfreundlicher Produkte.
Schwächen	Neue Umweltschutzgesetze bieten neue Absatzchancen. Fehlende Flexibilität des Managements verhindert rechtzeitigen Markteintritt.	Neue wissenschaftliche Erkenntnisse über negative ökologische Wirkungen des Produktionsprogramms können wegen fehlender finanzieller Mittel nicht berücksichtigt werden.

Abb. 217: Beispielhafte Beziehungen interner und externer Faktoren (Meffert 1988, S. 137)

4.5.1.2   Festlegung ökologiegerechter Marketingziele

Auf Basis ökologisch orientierter Unternehmensgrundsätze als Leitfaden für die Festlegung konkreter Marketingziele gilt es, die ökologischen Zielvorstellungen hinsichtlich Inhalt, Ausmaß und Zeitbezug zu operationalisieren und deren Einfluss und Auswirkung auf ökonomische Kriterien zu analysieren (Meffert/Schubert 1986, S. 7). Grundlage für die Zielsetzung ist hierbei die Implementation ökologischer Sachverhalte in die Unternehmensphilosophie und die unternehmerischen Entscheidungen (Nork 1992).

Dem unvermeidlichen Zielkonflikt zwischen ökonomischen und ökologischen Zielen ist bei der Festlegung der Marketingziele Sorge zu tragen (Meffert 1988, S. 139). Gleichzeitig sind damit neue Herausforderungen und Chancen für die Unternehmen verbunden (Roth/Sander 1992).

Der Umfang der Modifikation der Marketingziele korreliert stark mit dem ökologischen Konfliktpotential der Branche, der ein Unternehmen zugehörig ist. So ist in der Chemieindustrie in der Regel eine umfassendere Modifikation als in der holzverarbeitenden Industrie von Nöten.

4.5.1.3 Ökologiegerechte Marketingstrategien

Es lassen sich zwei verschiedene Basisstrategien unterscheiden:

- **Defensive Umweltschutzstrategie:**

  Das Unternehmen reagiert lediglich auf gesetzliche Umweltverordnungen oder -auflagen. Reine Erfüllungsprinzipien dominieren.

- **Offensive Umweltschutzstrategien:**

  Im Vordergrund dieser Strategie steht zu agieren anstelle rein reaktiv tätig zu sein. Das Unternehmen plant und handelt vorausschauend unter Einbezug umweltrelevanter Sachverhalte.

Zur Festlegung und Einordnung strategischer Stoßrichtungen sind Ökologie-Portfolios geeignete Hilfsmittel. Bei Verwendung der Dimensionen

- Umweltgefährdung einerseits und

- Vorteile ökologieorientierten Unternehmensverhaltens andererseits

lässt sich das in **Abb. 218** gezeigte Ökologie-Portfolio in Matrixdarstellung aufbauen.

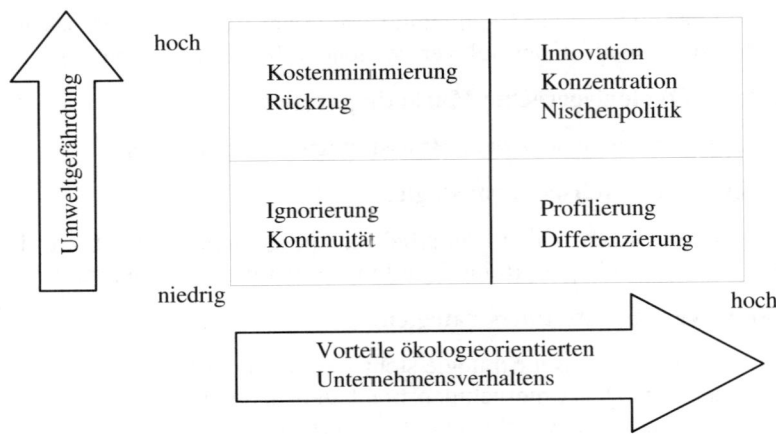

Abb. 218: Ökologie Portfolio (nach Meffert 1988, S. 141)

4.5.2 Durchsetzung der ökologiegerechten Marketingkonzeption

Grundlage für die Durchsetzung der ökologiegerechten Marketingkonzeption ist die Modifikation der Instrumente des Marketingmix. Ökologische Gesichtspunkte der modifizierten Instrumente stellen sich wie folgt dar:

Produktpolitik

Hier können rohstoffschonende oder recyclingfähige Produkte angeboten werden, indem man Rohstoffe mit größter Sparsamkeit verwendet oder knappe Rohstoffe durch andere in ausreichendem Maß vorhandene substituiert. Weitere Gesichtspunkte sind hierbei auch die ökologiegerechte Gestaltung der Verpackung oder umweltfreundliche Kundendienst- und Beratungsleistungen.

Kommunikationspolitik

Die ökologisch ausgerichtete Kommunikationspolitk soll die produktpolitischen Aktivitäten des Unternehmens unterstützen. Durch Werbung und Public-Relations-Maßnahmen bieten sich dem Unternehmen Möglichkeiten, sein Image zu verbessern und ökologische Kompetenz gegenüber den Zielgruppen zu dokumentieren. Perspektiven bieten sich hier vor allem durch unternehmensübergreifende Maßnahmen, etwa P-R-Aktionen einer ganzen Branche (z. B. Chemie- oder Automobilbranche).

Distributionspolitik

Möglichkeiten sind etwa durch so genannte Retrodistributionsysteme gegeben (Meffert 2000, S. 15). Diese sollen eine, zumindest partielle, Rückführung von ausgedienten Produkten oder Verpackungen in den Produktionsprozess ermöglichen. Weitere Möglichkeiten liegen im logistischen Bereich, so könnten etwa bevorzugt ressourcensparende Transportmöglichkeiten wie Bahn oder auch Schifffahrt gewählt werden.

Preispolitik

Die mit ökologisch bewusstem Handeln einer Unternehmung verbundenen Kostensteigerungen der Produkte müssen auf die Nachfrager übertragen werden. Diese Überwälzung könnte durch eine ökologisch orientierte Preisdifferenzierung erreicht werden, d. h. in umweltbewussten Marktsegmenten wird ein höherer Preis als in weniger umweltbewussten verlangt (Meffert 1988, S. 150). Hilfreich hierbei wäre eine hohe Transparenz der Kalkulationsgrundlagen gegenüber den Verbrauchern.

Abbildung 219 gibt einen Überblick über eine mögliche ökologiegerechte Modifikation der Instrumente des Marketing-Mix (Meffert/Kirchgeorg 1993, S. 210).

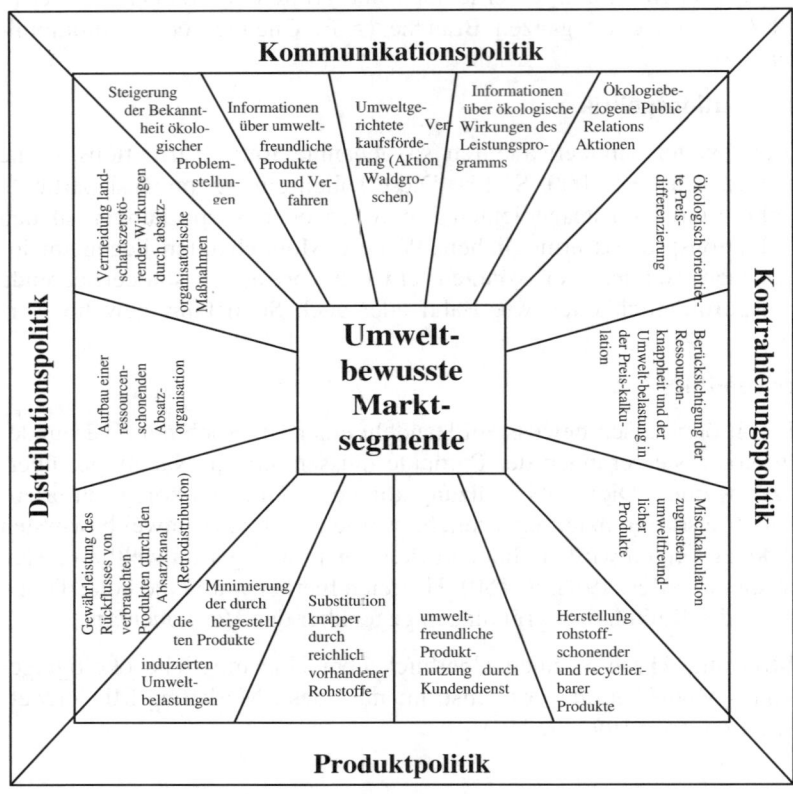

Abb. 219: Ökologiegerechter Marketing-Mix

Literaturhinweise

Ahlert, D.: Distributionspolitik, 2. Aufl., Stuttgart/New York 2002.

Ansoff, H. I.: Implanting Strategic Management, 2. Aufl., Englewood Cliffs N.J. 1990.

Backhaus, K./Erichson, B./Plinke, W./Weiber, R.: Multivariate Analysemethoden, 9. Aufl., Berlin u. a. 2000.

Becker, J.: Marketing-Konzeption, 7. Aufl., München 2002

Berekoven, L./Eckert, W./Ellenrieder, P.: Marktforschung, 9. Aufl., Wiesbaden 2001.

Beschorner, D.: Ökologische Umwelt: Herausforderung für innovatives Unternehmertum, in: Laub, U. D./Schneider, D. (Hrsg.): Innovation und Unternehmertum, Wiesbaden 1991, S. 299-321.

Bidlingmaier, J.: Marketing 1, 10. Aufl., Reinbek 1983.

Brandt, A./Hansen, U./Schoenheit, I./Werner, K. (Hrsg.): Ökologisches Marketing, Frankfurt New York 1988.

Dallmer, H.: System des Direct-Marketing - Entwicklung und Zukunftsperspektiven, in: Dallmer, H. (Hrsg.): Das Handbuch Direct-Marketing & more, 8. Aufl., Wiesbaden 2002, S. 3-16.

Diller, H.: Entwicklungstrends und Forschungsfelder der Marketingorganisation, in: Marketing-ZFP 3/1991, S. 156-163.

Diller, H.: Preispolitik, 3. Aufl., Stuttgart u. a. 2000.

Goehrmann, K. E.: Verkaufsmanagement, Stuttgart u. a. 1984.

Hammann, P./Erichson, B.: Marktforschung, 4. Aufl., Stuttgart u. a. 2000.

Hermanns, A.: Sponsoring - Zukunftsorientiertes Instrument der Marktkommunikation, in: Hermanns, A. (Hrsg.): Sport- und Kultursponsoring, München 1989, S. 1-14.

Hermanns, A./Prieß, M.: Computer Aided Selling (CAS), München 1987.

Koppelmann, U.: Produktmarketing, 6. Aufl., Stuttgart u. a. 2000.

Kotler, P./Bliemel, F.: Marketing-Management, 7. Aufl., Stuttgart 1992.

Meffert, H.: Marketing, 9. Aufl., Wiesbaden 2000.

Meffert, H.: Ökologisches Marketing als Antwort der Unternehmen auf aktuelle Problemlagen der Umwelt in: Brandt, A./ Hansen, U./ Schoenheit, I./ Werner, K. (Hrsg.): Ökologisches Marketing, Frankfurt New York 1988, S. 131-158.

Meffert, H./Kirchgeorg, M.: Marktorientiertes Umweltmanagement, 3. Aufl., Stuttgart 1998.

Meffert, H./Schubert, F.: Bedeutung der Ökologie für das Marketing - Theoretische Konzeption und empirische Ergebnisse, Dokumentationspapier Nr. 38 der wissenschaftlichen Gesellschaft für Marketing und Unternehmensführung e.V., Münster 1986, S. 2-33.

Nieschlag, R./Dichtl, E./Hörschgen, H.: Marketing, 19. Aufl., Berlin 2002.

Nork, M.: Umweltschutz in unternehmerischen Entscheidungen, Wiesbaden 1992.

Pümpin, C.: Management strategischer Erfolgspositionen, 3. Aufl., Bern/Stuttgart 1986.

Roth, K./Sander, R. (Hrsg.): Ökologische Reform der Unternehmen, Köln 1992

Scheuch, F.: Marketing, 5. Aufl., München 1996.

Schweiger, G./Schrattenecker, G.: Werbung, 5. Aufl., Stuttgart 2001.

Simon, H.: Management strategischer Wettbewerbsvorteile, in: Simon, H. (Hrsg.): Wettbewerbsvorteile und Wettbewerbsfähigkeit, Stuttgart 1988, S. 1-17.

Weis, H. Ch.: Marketing, 12. Aufl., Ludwigshafen/Rhein 2001.

F.5 Finanzierung/Finanzwirtschaft

5.1 Begriff und Aufgaben

Im Funktionsbereich Finanzen werden die ausgaben-/und einnahmerelevanten Zahlungsströme untersucht. Oberstes Ziel dieser Betrachtung ist die Erreichung und Erhaltung des finanziellen Gleichgewichts der Unternehmung. Das Gesamtgeschehen in der Unternehmung ist als Ursache und Vollzug von Geldbewegungen anzusehen und darzustellen. Realgüterbewegungen sind in die Betrachtung dann mit einzubeziehen, wenn sie finanzwirtschaftlich von Belang sind. Dem oben genannten Ziel (Sicherstellung der Liquidität = allzeitige Zahlungsbereitschaft) dienen die vier Teilaufgaben:

- Ermittlung des Kapitalbedarfs,
- Beschaffung des benötigten Kapitals,
- Verwendung des beschafften Kapitals,
- Verwaltung des Gesamtkapitals.

Dieser Sachverhalt wird augenscheinlich, wenn die Güter- und Geldströme in der Unternehmung betrachtet werden. Zum Vollzug des betrieblichen Leistungsprozesses ist eine Reihe von Gütern notwendig;

man kann sie in Verbrauchsgüter (z. B. Brennstoffe) und Gebrauchsgüter (z. B. Maschinen) unterteilen. Der Gebrauch, Verbrauch und die Umwandlung der Güter lässt sich in Form eines Stromes darstellen, der durch die Unternehmung fließt (**Abbildung 220**):

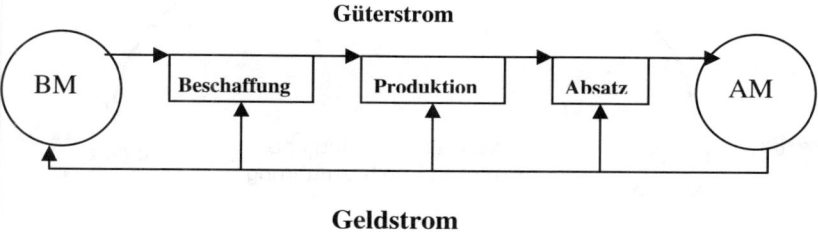

Abbildung 220: Güterstrom und Geldstrom

Jedem Güterprozess ist unmittelbar oder mittelbar ein Geldprozess zugeordnet. Ein Geldstrom entsteht durch die Geldausgaben bei der Beschaffung und Geldeinnahmen beim Absatz, der dem Güterstrom entgegengesetzt ist. In der Regel gilt:

- Geldstrom nimmt zu $\Rightarrow$ Güterstrom nimmt zu
- Geldstrom nimmt ab $\Rightarrow$ Güterstrom nimmt ab

Ein Geldprozess muss dabei nicht notwendigerweise mit einem Güterprozess verbunden sein (Beispiel: Kreditaufnahme).

Die für die betriebliche Finanzwirtschaft relevanten Zahlungsströme zeigt die **Abbildung 221** anhand des kleinen Wertumlaufs.

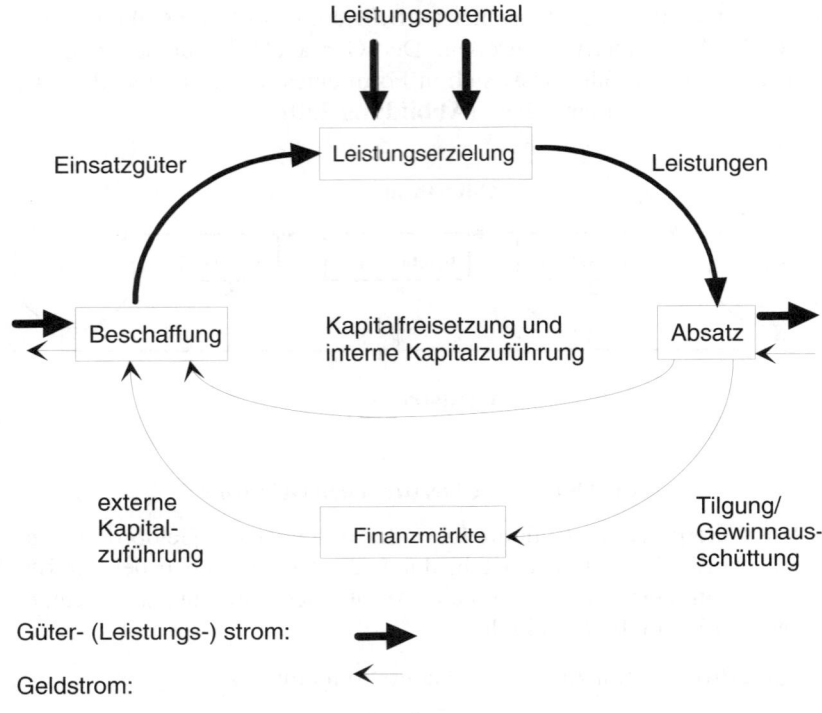

Abb. 221: Der kleine Wertumlauf nach Nicklisch (1832)

Zur Erfüllung der Ziele der Finanzwirtschaft mit den verschiedenen Teilaufgaben werden zahlreiche Informationen benötigt. Dieser Informationsbedarf und -fluss wird an ausgewählten Beispielen für die oben genannten vier Teilaufgaben dargestellt (**Abbildung 222**):

Informationsbedarf/ -fluss		
Teilaufgabe	Informations-Quellen	Informations-Fluss
Mittelbedarf bestimmen	- strategische Pläne - Absatzplan - Produktions- programmplan - Produktpro- grammplan	Marketingabteilung Obere Führungsebene Zentralbereich Finanzen Unternehmens- bereiche
Mittelbeschaffung abklären	- Eigenkapitalgeber - Fremdkapitalgeber	obere und mittlere Führungsebene Kapitalgeber
Mittelverwendung zweckgerichtet sicherstellen	- Investitionsplan - Inv. Rechnungsverfahren	mittlere und untere Führungsebene mittelverwendende Stellen
Mittelverwaltung planen, durchführen und kontrollieren	- Budgetplan - Finanzplan	z.B. Finanzen Controlling-Abtlg. Rechnungsprüfung mittelverwendende Stellen

Abb. 222: Finanzwirtschaftliches Informationsgeschehen

5.2 Liquiditätsrechnung

Liquiditätsrechnungen beschäftigen sich mit der Aufgabe der stetigen Sicherstellung der Zahlungsfähigkeit. Die daran geknüpften Fragen und Antworten führen zu folgender Gliederung (**Abbildung 223**):

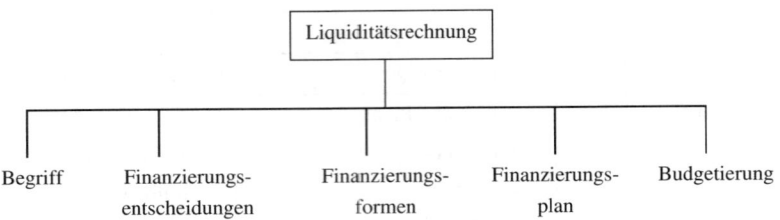

Abb. 223: Aspekte der Liquiditätsrechnung

Begriff:

Unter Liquidität versteht man die Fähigkeit einer Unternehmung – oder einer beliebigen sonstigen Organisation – allen Zahlungsverpflichtungen

- fristgerecht und

- betragsgenau

in jedem Augenblick nachzukommen. Der jeweilige Bestand an Zahlungsmitteln zu jedem betrachteten Zeitpunkt gibt Aufschluss über die Liquiditätslage einer Unternehmung. Der Tatbestand der Liquidität (kurz: Zahlungsfähigkeit) wird auch als finanzielles Gleichgewicht bezeichnet. Als zentrales Anliegen der Liquiditätsrechnung im Rahmen des Funktionalbereiches „Finanzwirtschaft" ist demnach die Sicherung der Zahlungsfähigkeit zu sehen. Die Liquidität ist in bilanzmäßiger Anschauung eine Funktion des Kapitals, also von Vermögens- und Schuldengrößen; sie wird rechnerisch mittels verschiedener Kennzahlen, den Liquiditätsgraden, gemessen.

Die zu jedem Betrachtungstag vorhandene Liquidität lässt sich aus der Gegenüberstellung von Zahlungskraft und am selben Tag zu leistenden Ausgaben ermitteln. Die Zahlungskraft ist die zu einem bestimmten Zeitpunkt vorhandene Verfügungsmacht über Zahlungsmittel:

a) im Vermögen der Unternehmung befindliche Zahlungsmittel (Bar- und Buchgeld),

b) im Vermögen der Unternehmung befindliche Zahlungsmittelsurrogate (Scheck, Wechsel, Fremdwährungen usw.), soweit sie am Betrachtungstage in gesetzliche Zahlungsmittel umgewandelt werden können (Inkasso, Diskontierung),

c) disponierbare Kredite.

Die Liquiditätsmessung mittels **Kennzahlen** geschieht im Einzelnen durch Bildung von Verhältniszahlen und/oder Differenzen bestimmter Aktivpositionen zu bestimmten Passivpositionen der Bilanz, z. B.:

$$\text{Liquidität 1. Grades} = \frac{\text{Zahlungsmittelbestand}}{\text{kurzfristige Verbindlichkeiten}}$$

$$\text{Liquidität 2. Grades} = \frac{\text{Zahlungsmittelbestand} + \text{kurzf. Forderungen}}{\text{kurzfristige Verbindlichkeiten}}$$

$$\text{Liquidität 3. Grades} = \frac{\text{Umlaufvermögen}}{\text{kurzfristige Verbindlichkeiten}}$$

Als klassische Finanzierungsregel gilt, dass die Liquidität 3. Grades einen Wert von mindestens 2 aufweisen muss. Auch der kritische Wert von 1 bezüglich der Liquidität 2. Grades hat sich als wichtige Finanzierungsregel herausgebildet (Spremann 1991, S. 202). Eine weitere Kennzahl ist das „working capital".

working capital = Umlaufvermögens - kurzfristige Verbindlichkeiten

Diese Kennzahl ist der Liquidität 3. Grades sehr ähnlich, allerdings bleibt das working capital durch eine gleichmäßige Erhöhung sowohl des Umlaufvermögens als auch der kurzfristigen Verbindlichkeiten unverändert, während die Liquidität 3. Grades eine Veränderung erfahren würde (Schierenbeck 2003, S. 644). Eine positive Differenz stellt den Teil des „geldnahen" zur Finanzdisposition zur Verfügung stehenden Vermögens dar.

Einwendungen gegenüber diesen Kennzahlen sind häufig, und beziehen sich i. d. R. auf folgende Punkte:

a) Sie sind bei Fertigstellung der Bilanz bereits veraltet.

b) Sie sind unvollständig, da nicht alle Tatbestände gebucht sind, die zu zukünftigen Einnahmen und Ausgaben führen.

c) Es fehlt ihnen die zeitliche Präzision, da in der Buchhaltung bzw. Bilanz i. d. R. nur in grobe Fristengruppen, nicht jedoch nach exakten Fälligkeitsterminen gegliedert wird.

In enger Verbindung mit dem Begriff „Liquidität" stehen folgende Begriffe:

Kapital:

Im Gegensatz zur Volkswirtschaftslehre findet man in der betriebswirtschaftlichen Literatur eine monetäre Definition: Hierunter wird allgemein der wertmäßige Ausdruck für die Gesamtheit der Sach- und Finanzmittel, die der Unternehmung (zu einem bestimmten Zeitpunkt) zur Verfügung stehen, verstanden (Schierenbeck 2003, S. 316). Es handelt sich um einen abstrakten Wertausdruck der Mittel, die zur Verwirklichung der unternehmerischen Aufgaben eingesetzt werden (Vermögen).

Vermögen:

Das bilanzielle Äquivalent des Kapitals. Es zeigt an, welche konkrete Verwendung das Kapital im Betrieb gefunden hat. Es stellt die Summe der Werte aller materiellen und immateriellen Güter, in denen das Kapital des Unternehmens investiert ist, dar.

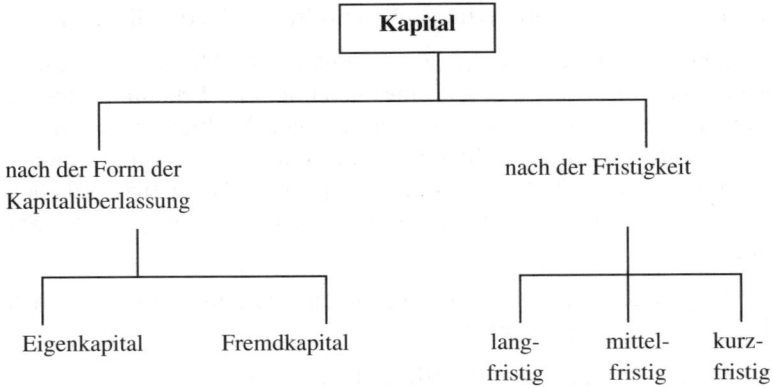

Abb. 224: Kapitalformen

Finanzierung:

Die Finanzierung umfasst das gesamte dem Unternehmen zur Verfügung gestellte Kapital und zum anderen die konkrete Verwendung des Kapitals in Form des Vermögens.

Aktiva		Passiva	
Vermögenswerte $\left\{\begin{array}{l}\text{AV}\\\text{UV}\end{array}\right.$		$\left.\begin{array}{l}\text{EK}\\\text{FK}\end{array}\right\}$ Vermögensquellen	

AV: **Anlagevermögen**   **EK:** **Eigenkapital**

UV: **Umlaufvermögen**   **FK:** **Fremdkapital**

Abb. 225: Bilanzschema

Investition:

Die Verwendung (Bindung) von Zahlungsmitteln zur Beschaffung von Produktionsmitteln oder von Finanzvermögen (Beteiligungen).

Einzahlung:

Zufluss von Zahlungsmitteln (Geldmitteln) in Form von Bar- und Buchgeld.

Auszahlung:

Abfluss von Zahlungsmitteln (Geldmitteln) in Form von Bar- und Buchgeld.

Einnahme:

Einzahlungen + Forderungszugänge + Schuldenabgänge

Ausgabe:

Auszahlungen + Forderungsabgänge + Schuldenzugänge

5.3 Finanzierungsentscheidungen

Finanzierungsentscheidungen sind in allen unternehmerischen Situationen, beginnend bei der Gründung bis hin zur Auflösung (z. B. Konkurs/Liquidation) zu vollziehen. Sie betreffen die vom betrieblichen

Wertumlauf her bekannten Strömungsgrößen, d. h. Güter- und Geldströme, und befassen sich mit der Strukturierung der betrieblichen Zahlungsströme, die einnahmen- und/oder ausgabenrelevante Ströme sein
können.

Innenbereich (Leistungsbereich)		Außenbereich (Finanzbereich)	
Ausgaben	**Einnahmen**	**Ausgaben**	**Einnahmen**
1. Beschaffung von Produktionsfaktoren einschließlich der Zinsen für Fremdkapital 2. Kapitalüberlassung an andere Wirtschaftsheiten (aktive Finanzierung)	1. Marktlichen Verwertung von Leistungen einschließlich der Zinsen für Kapitalüberlassung 2. Marktliche Verwertung nicht verzehrter Produktionsfaktoren 3. Rückzahlungen im Rahmen aktiver Finanzierung	1. Eigenkapitalentnahme 2. Fremdkapitaltilgung 3. Gewinnausschüttung 4. Steuerzahlungen	1. Eigenkapitaleinlagen 2. Fremdkapitalaufnahme 3. Öffentliche zuschüsse

Abb. 226: Betriebswirtschaftliche Zahlungsströme (Heinen 1991, S. 904)

Für die Frage der Entscheidung über Finanzierungsalternativen und im
Zusammenhang mit der Beurteilung der Finanzstruktur sind die folgenden **Ziel-** bzw. **Wahlkriterien** wesentlich:

a) Rentabilität (Minimierung des Kapitalpreises),

b) Liquidität (Gewährleistung stetiger Zahlungsbereitschaft),

c) Sicherheit (Minimierung des Verlustrisikos (Kapitalerhaltung!) und
    im Falle eines Verlustes: Minimierung des Risikos der Überschul-
    dung (Kapitalhaftung!),

d) Unabhängigkeit (durch Vermeidung besonderer Rechte Dritter bei
    der Kapitalbeschaffung).

Da diese Kriterien in konkurrierenden Zielbeziehungen stehen, ist der angestrebte Grad ihrer jeweiligen Zielerreichung von Fall zu Fall verschieden.

Unternehmensleitungen orientieren sich bei der Auswahl der Finanzierungsmittel und in ihrem Bilanzierungsverhalten an Finanzierungsregeln. Obwohl nicht unumstritten, beurteilen unternehmungsexterne Kapitalgeber an ihrer Einhaltung nach wie vor die künftige Zahlungsfähigkeit. Die klassischen Finanzierungsregeln sind normative Aussagen über Mindestrelationen, entweder bestimmter Kapitalarten zueinander oder aber bestimmter Kapitalarten zu bestimmten Vermögensarten.

Die für diese Regeln verwendeten Kennzahlen werden aus Bilanzzahlen errechnet, weshalb die Finanzierungsregeln auch Bilanzstrukturregeln genannt werden. Entsprechend der im Bilanzgliederungsschema vorgesehenen Anordnungen der jeweils heranzuziehenden Bilanzzahlen spricht man entweder von einer vertikalen Kapitalstrukturregel oder von horizontalen Kapital-Vermögensstrukturregeln.

Die Einhaltung der Finanzierungsregeln soll die Liquidität einer Unternehmung und damit ihr Fortbestehen gewährleisten helfen.

Die verschiedenen, insbesondere von der Praxis entwickelten, Finanzierungsregeln zur vertikalen und horizontalen Finanzstruktur werden den o. g. Zielkriterien z. T. nur einseitig gerecht.

a) **Eins-zu-Eins-Regel:**

Sie verlangt, dass das EK mindestens so groß sein soll wie das FK

$$EK \geq FK \Leftrightarrow \frac{EK}{FK} \geq 1$$

Bemerkung: Modifizierungen reichen von 2:1 bis 1:3

b) **Goldene Bilanzregel:**

Klassische Form: Das AV muss durch EK gedeckt sein.

Erweiterte Form: Das AV und das langfristig gebundene UV müssen durch EK und langfristiges FK gedeckt sein.

c) **Goldene Finanzierungsregel:**

Sie verlangt, dass die Investitionsdauer nicht länger als die Finanzierungsdauer sein darf (goldene Bankregel, Prinzip der Fristenentsprechung/ Fristenkongruenz).

5.4 Finanzierungsformen

Wird die Kapitalbeschaffung nach der Herkunft der Mittel untersucht, ergibt sich folgende Unterscheidung der Finanzierungsformen:

	Außen-finanzierung	Innenfinanzierung	
Fremdfinanzierung	Kreditfinanzierung	Fremdkapital durch Bildung von Rückstellungen (z. B. Pensionsrückstellungen)	Selbstfinanzierung
Eigenfinanzierung (mit EK)	Einlagen- bzw. Beteiligungsfinanzierung	Eigenkapital durch Gewinnthesaurierung (Rücklagenbildung)	
		Aus freigesetztem Kapital: Möglich durch Zurückbehalten von Aufwandsgegenwerten (Aufwand aber in der betreffenden Periode, nicht Auszahlung), z. B.: - Abschreibungswerte - Gegenwerte für Rückstellungsaufwand	
Sonderformen	- Leasing - Factoring - Franchising		

Abb. 227: Systematik der Finanzierungsformen

Die verschiedenen Ausprägungsformen der wichtigsten Finanzierungsformen sollen hier stichwortartig wiedergegeben werden.

Außenfinanzierung

*durch Dritte leihweise zur
Verfügung gestellte Zahlungsmittel*

Beteiligungsfinanzierung	**Kreditfinanzierung**
Eigenfinanzierung	Fremdfinanzierung
Eigentümer führen dem Betrieb von außen Kapital zu (Kapitalrisiko). Gewinn- und Willensbildungsbeteiligung, Haftungsgrundlage für Kredite.	Gegen vereinbartes Entgelt (Zins) befristet überlassene- Zahlungsmittel; ohne unmittelbaren Willensbildungseinfluss

Abb. 228: Außenfinanzierung

Beteiligungsfinanzierung

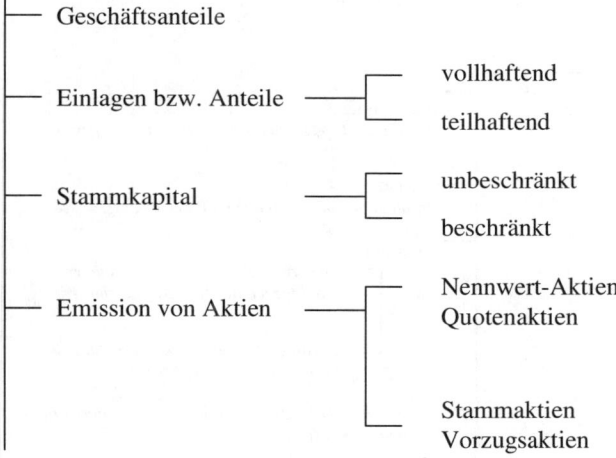

- Geschäftsanteile

- Einlagen bzw. Anteile
  - vollhaftend
  - teilhaftend

- Stammkapital
  - unbeschränkt
  - beschränkt

- Emission von Aktien
  - Nennwert-Aktien
    Quotenaktien
  - Stammaktien
    Vorzugsaktien

Abb. 229: Beteiligungsfinanzierung

Kreditfinanzierung

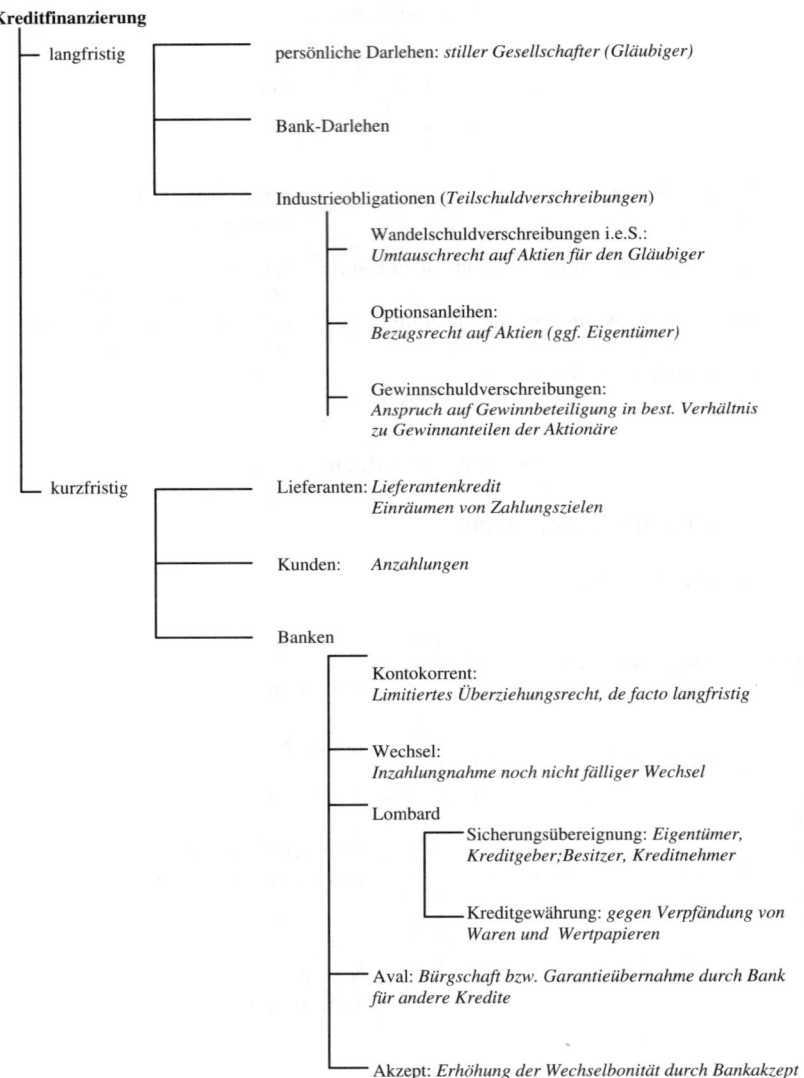

persönliche Darlehen: *stiller Gesellschafter (Gläubiger)*

Bank-Darlehen

Industrieobligationen (*Teilschuldverschreibungen*)

Wandelschuldverschreibungen i.e.S.:
Umtauschrecht auf Aktien für den Gläubiger

Optionsanleihen:
Bezugsrecht auf Aktien (ggf. Eigentümer)

Gewinnschuldverschreibungen:
Anspruch auf Gewinnbeteiligung in best. Verhältnis zu Gewinnanteilen der Aktionäre

Lieferanten: *Lieferantenkredit Einräumen von Zahlungszielen*

Kunden: *Anzahlungen*

Banken

Kontokorrent:
Limitiertes Überziehungsrecht, de facto langfristig

Wechsel:
Inzahlungnahme noch nicht fälliger Wechsel

Lombard

Sicherungsübereignung: *Eigentümer, Kreditgeber;Besitzer, Kreditnehmer*

Kreditgewährung: *gegen Verpfändung von Waren und Wertpapieren*

Aval: *Bürgschaft bzw. Garantieübernahme durch Bank für andere Kredite*

Akzept: *Erhöhung der Wechselbonität durch Bankakzept*

Abb. 230: Kreditfinanzierung

Sonderformen

Unechte Finanzierung

Leasing: *Beschaffung von Proiduktionsfaktoren gegen Miete bzw. Pacht, statt einmaliger Anschaffungsausgabe*

Factoring: *Verkauf von Forderungen an den Factor, der gegen Entgelt das Ausfallrisiko, die Buchführung und das Mahnwesen übernimmt*

Offener Factor: *tritt gegenüber Dritten in Erscheinung*

Stiller Factor: *tritt nicht in Erscheinung*

aus Abschreibungswerten: *Rückfluss der Abschreibungen in Umsätzen, nur Vermögensumschichtung (Anlagevermögen in liquide Mittel), anderweitige Verwendungsmöglichkeiten bis zur Ersatzbeschaffung*

Pensionsrückstellung: *Gewinnverkürzung durch Bildung von Pensionsrückstellungen;bis zur Fälligkeit, Nutzung für andere Verwendungsmöglichkeiten, d.h. Pensionsrückstellungen sind de jure FK, haben für die Unternehmung aber EK-Charakter*

Abb. 231: „Unechte" Finanzierung

Innenfinanzierung

Selbstfinanzierung *(Eigenfinanzierung): durch den Betrieb selbst, ohne Beanspruchung von Eigentümern und Gläubigern aus dem Überschuss für erbrachte Leistungen; Haftungsgrundlage für Kredit*

Verdeckte Selbstfinanzierung: *Bildung stiller Reserven durch Überbewertung von Passiva und Unterbewertung von Aktiva*

Offene Selbstfinanzierung: *Gewinnthesaurierung; freie und gesetzliche Rücklagen; Zuwachskapital*

Abb. 232: Innenfinanzierung

Finanzierungsentscheidungen betreffen eine Organisation immer als Ganzes, auch wenn sie jeweils nur die einzelnen Funktionalbereiche wie z. B. Beschaffung, Produktion, Vertrieb, direkt angehen. Daraus leitet sich die übergeordnete Stellung des Funktionsbereiches Finanzen (oder auch Funktionalbereich Finanzwirtschaft) ab.

Bei allen Finanzentscheidungen ist ein gewisser Zielpluralismus zu beachten, je nachdem wie die Prioritäten im unternehmerischen Zielsystem verteilt sind. Bei allen den Funktionsbereich Finanzen betreffenden Entscheidungen ist neben dem Zielsystem auf vorhandene Nebenbedingungen zu achten. Diese schränken das Entscheidungsfeld ein, und bestehen aus verschiedenen Faktoren oder deren Kombinationen, wie z. B.:

Externer Rahmen	Interner Rahmen
- Gesellschaftssystem	- Rechtsform
- Wirtschaftsordnung	- Standort
- politisches Zielsystem	- Produktprogramm
	- Unternehmensverfassung

Abb. 233: Nebenbedingungen bei Finanzentscheidungen

Eine Zuordnung dieser Finanzierungsformen (**vgl. Abbildung 234**) zum Bilanzschema ergibt folgendes Bild:

Beispiele:

für „unechte" Finanzierung: (keine Kapitalzuführung)	- Leasing - Factoring - Abschreibungsgegenwerte	kein Finanzie- rungsrisiko
für "echte" Finanzierung:	- Geschäftsanteile - Aktienemission	Eigenfinanzierung
	- Industrieobligationen - Lieferantenkredit - Wechsel	Fremdfinanzierung
	- freie Rücklagen - gesetzliche Rücklagen	Selbstfinanzierung

Abb. 234: Finanzierungsformen mit Beispielen im Bilanzschema

5.4.1 Sonderformen der Finanzierung

5.4.1.1 Leasing

Leasing gehört zu den kapitalsubstitutiven Finanzierungsformen (wie z. B. auch Subventionsfinanzierung) und bedeutet die Überlassung eines Wirtschaftsgutes durch den Hersteller dieses Gutes oder durch eine Finanzierungsgesellschaft, die es erwirbt und ihrerseits an den Vermieter für eine vertragsgemäße Nutzungsdauer vermietet. Als Gegenleistung für die Nutzung sind regelmäßige gleichbleibende Zahlungen (Leasing-Raten) evtl. auch eine Mietsonderzahlung zu erbringen. Die Unterscheidung nach verschiedenen Kriterien wie Objekt, Dauer, Inhalt etc. führt zu verschiedenen Leasingformen.

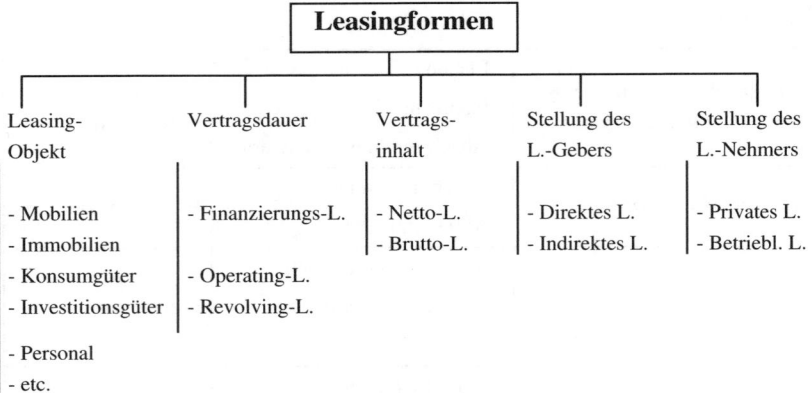

Abb. 235: Unterscheidung der Leasingformen

Als Vorteile des Leasing gegenüber anderen Finanzierungsformen werden gemeinhin angesehen:

- geringerer Finanzbedarf im Jahr der Anschaffung des Anlagegutes (als beim Kauf),

- Anpassung an den neuesten Stand der Technik (beim Operating-Leasing),

- Miete ist gewinnmindernde Betriebsausgabe (sofern der Leasing-Vertrag nicht in einen Miet-Kauf-Vertrag umgedeutet wird).

Als Nachteile sind möglich:

- hohe Mietausgaben (aber sichere Kalkulationsbasis),

- Belastung des Betriebes mit ausgabewirksamen Fixkosten während der Dauer der Grundmietzeit, die vielfach höher ist als Tilgungs- und Zinsendienst bei einem gleich großen Investitionsobjekt, das fremdfinanziert wird,

- wenn die Miete nicht als Betriebsausgabe anerkannt wird, hat der Leasing-Nehmer den Nachteil des Eigentümers, d. h. er kann als Aufwand nur die Absetzungen für die Abnutzung geltend machen, ohne wie ein wirklicher Eigentümer völlig frei über das Wirtschaftsgut verfügen zu können.

5.4.1.2 Betriebswirtschaftliche Aspekte des Leasing

Für den Leasing-Nehmer wirkt der Abschluss eines Leasing-Vertrages wie eine 100%ige längerfristige Objektfinanzierung außerhalb der Bilanz. Die dem Finanzierungs-Leasing zugrundeliegenden Leasing-Raten bieten dem Leasing-Nehmer klare Kalkulationsgrundlagen. Bei langfristigen Immobilien-Leasing-Verträgen behalten sich die Leasing-Geber Mietanpassungen vor, die jedoch an Basiskennzahlen des Rentenmarktes gekoppelt sind und auch damit Kostentransparenz für den Leasing-Nehmer ermöglichen.

Durch Leasing kann auch eine Erweiterung der Verschuldungsgrenze, also ein zusätzliches Kreditpotential erreicht werden. Dies gilt insbesondere bei sehr fungiblen Objekten, die einer möglichen Untervermietung zugeführt werden können. Die Relation Eigenkapital zu Fremdkapital sowie die Relation Anlagevermögen zu Eigenkapital wird durch diese Finanzierung außerhalb der Bilanz (das Off-Balance-Sheet-Financing) nicht belastet.

Als weiterer zu würdigender Aspekt für die Vorziehenswürdigkeit von Leasing-Verträgen gegenüber anderen Finanzierungsarten ist die mit dem Leasing verbundene Serviceleistung zu nennen. Das Leasing wird in der Regel immer dort effizient sein, wo es sich um marktgängige, grundsätzlich drittverwendungsfähige „Objekte" handelt, die jederzeit liquidiert werden können; denn nur diese berechtigen zum Nicht-Ausweis der eingegangenen Leasing-Verpflichtungen im Jahresabschluss des Leasing-Nehmers.

Aus steuerlicher Sicht sind zu beachten:

*   Der Abzugsfähigkeit der Leasing-Rate als Betriebsausgabe stehen bei einer konventionellen Finanzierung die Abschreibungsbeträge sowie die zu leistenden Kredittilgungen gegenüber.

*   Eine Erhöhung des Gewerbeertrages wird im Gegensatz zu Zinsen bei einer Fremdfinanzierung durch Leasing-Raten nicht hervorgerufen.

*   Ebenso wird das Gewerbekapital bei Leasing nicht verändert, so dass sich bei der Gewerbesteuer Vorteile gegenüber anderen Finanzierungsarten ergeben.

5.4.1.3   Finanzierungsform Wagniskapital/Venture Capital (VC)

Der Begriff „Venture Capital" kommt aus einer über 40-jährigen Tradition in den USA und bedeutet Wagniskapital; betriebswirtschaftlich gesehen handelt es sich hierbei um haftendes Eigenkapital oder auch beteiligungsähnliches Kapital.

Daneben wird der Begriff „Venture Capital" oft mit der Lösung von Investitionsproblemen im Bereich der „High Technology"-Industriesektoren verbunden. Diese so genannten Zukunftsbranchen sind:

- Automation für Büro und Fertigung,
- Biotechnologie, Gentechnologie
- Computeranwendungen in Datenbank- und Datenübermittlungssystemen,
- elektronische Bauelemente,
- Energietechnik,
- Informations- und Kommunikationstechnik,
- Medizintechnik,
- Mess-, Prüf- und Regeltechnik,
- moderne Werkstoffe und Werkstoffverbindungen,
- Prozessteuerung,
- Spezialchemikalien,
- spezielle Dienstleistungen auf Basis moderner/neuer Technologien,
- Umwelttechnik.

Wagniskapital ist demnach beteiligungsähnliches Kapital, welches kreativen und zukunftsträchtigen Unternehmen mit einer überzeugenden Geschäftsidee bei gleichzeitiger intensiver Managementberatung für bestimmte Zeit zur Verfügung gestellt wird (häufig findet sich auch der Begriff „intelligentes Kapital"). Der Wagniskapital-Geber trägt das unternehmerische Risiko mit und partizipiert während eines begrenzten, festgelegten Zeitraumes (i. d .R. 5-10 Jahre) am Gewinn (Ausnahmefall) sowie am Zuwachs (Regelfall) der Substanz. Ziel der Anlage ist es, die Beteiligung mit Gewinn (capital gain) zu veräußern, d. h. im Regelfall börsenfähig zu machen.

Unterschiedlich hohe Risiken sind in den verschiedenen Phasen der Markteinführung und der Marktdurchsetzung einer Innovation festzustellen. Vor allem in der Startphase prägt ein hohes Maß an Unsicherheit die Situation. Daher bedarf es besonderer Kriterien, um eine Beteiligung für ein VC-Projekt zu beurteilen. Man unterscheidet zwei Gruppen von Einflussfaktoren:

- Externe Parameter (z. B. Marktvolumen, Marktwachstum, Wettbewerbsposition heute und zukünftig),

- interne Parameter (z. B. die Fähigkeit des Unternehmens, funktionale Bereiche erfolgreich aufzubauen und zu führen, sowie den Prozess der strategischen Unternehmensplanung zu beherrschen).

Die Projektbeurteilung und Auswahl geschieht in 2 Schritten:

1. Vorprüfung an Hand eines Geschäftsplanes und

2. Kernprüfung in persönlicher Zusammenarbeit.

Die Vorprüfung eines Beteiligungsprojektes an Hand eines Geschäftsplanes dient vornehmlich der Beantwortung der Frage, ob das Projekt nach Größe, voraussichtlicher Reifezeit, Technologie und anderen Maßstäben als Beteiligung für eine Wagniskapital-Gesellschaft geeignet ist. Nach erfolgreicher Vorprüfung beginnt die Kernprüfung in enger Zusammenarbeit mit dem Unternehmen, das eine Beteiligung wünscht. Untersucht werden hier vornehmlich die Fragen:

1. Welche Problemlösungen bietet das Produkt? Welche Marktchancen bestehen dafür?

2. Sind die vertrieblichen und kaufmännischen Voraussetzungen bereits gegeben, um die Marktchancen zu verwirklichen?

3. Ist das vorhandene Management in der Lage, das Projekt zum Erfolg zu führen?

Wesentliches Merkmal einer Wagniskapital-Beteiligung ist auch die Management-Beratung und Betreuung des finanzierten Projektes. Dazu gehört:

- die Mitwirkung in den Gesellschaftsorganen (Beirat, Gesellschafterausschuss u. a.),

- strategische Unterstützung durch das Management-Team der VC-Gesellschaft (Fragen der Unternehmenspolitik, Unternehmensstrategie, Personalpolitik und Vertriebspolitik sowie Fragen technologischer Entwicklungen, soweit sie für das Beteiligungsunternehmen wichtig sind),

- Schaffen von Auslandsverbindungen (in Folge des kurzen technischen Lebenszyklus vieler Produkte – „Halbwertszeit" im Durchschnitt zweieinhalb Jahre – benötigt das Unternehmen schnellen Zugang zu den wichtigsten Auslandsmärkten, um das Potential seines Produktes voll ausschöpfen zu können),

- Zusammenarbeit mit Fachabteilungen der Industrie (im Rahmen der Betreuung durch VC-Gesellschaft können auch direkte Kontakte zu den entsprechenden Fachabteilungen der industriellen Investoren von der beteiligten VC-Gesellschaft oder anderen geeigneten Unternehmen hergestellt werden).

Zusammenfassend kann festgehalten werden, dass VC demnach ein Finanzierungsinstrument und gleichzeitig eine Beratungshilfe (in der Regel für die mittelständische Wirtschaft und für junge Technologiefirmen) ist.

- „Venture Capital" ist Kapital für wachstumsorientierte Unternehmen (Eigenkapital für innovative Wachstumsunternehmen).

- Management-Know how wird den Beteiligungsfirmen vermittelt und soll die Wachstumschancen dieser Unternehmen verbessern.

- VC wird über VC-Gesellschaften (in der Regel Wagniskapital-Fonds) zur Verfügung gestellt und sichert damit Unabhängigkeit von den Kapitalgebern.

- Wagniskapital wird eingesetzt bei Neugründungen und bei Kapitalerhöhungen (Verbreiterung der Eigenkapitalbasis).

- VC wird für eine begrenzte Dauer zur Verfügung gestellt.

5.4.2 Optimierung der Kapitalstruktur

5.4.2.1   Allgemeiner Ansatz

Der grundlegende kapitaltheoretische Ansatz versucht unter Rentabilitätsgesichtspunkten, das optimale Verhältnis von Eigen- und Fremdkapital durch Berücksichtigung des Leverage-Effekts zu bestimmen. Unter der Zielsetzung der langfristigen Gewinnmaximierung wird eine Unternehmung die Eigenkapitalhöhe wählen, bei der die Eigenkapitalrentabilität maximiert wird. Die Frage nach der optimalen Höhe des Eigenkapitals ist zugleich die Frage nach dem optimalen Verschuldungsgrad.

Der Leverage-Effekt beruht auf folgendem Zusammenhang: Die Gesamtkapitalkosten einer Unternehmung ergeben sich durch Addition der Eigen- und Fremdkapitalkosten. Die Kapitalkosten des Fremdkapitals (Verzinsung) sind unabhängig von der Ertragslage der Unternehmung. Kann durch das eingesetzte Fremdkapital eine Verzinsung des Gesamtkapitals erreicht werden, die höher als der fest vereinbarte Fremdkapitalzinssatz ist, so fällt der gesamte vom Fremdkapital über den festen Fremdkapitalzins hinaus erwirtschaftete Ertragsteil dem Eigenkapital zu.

Die Eigenkapitalverzinsung (ausgedrückt in Prozent) wird dann umso größer, je kleiner der prozentuale Anteil des Eigenkapitals am Gesamtkapital ist, d. h. je höher der Verschuldungsgrad der Unternehmung ist. Die Erhöhung der Eigenkapitalrentabilität durch Einsatz von Fremdkapital bei Investitionen, deren Gesamtkapitalrentabilität über dem Fremdkapitalzins liegt, wird als Leverage-Effekt bezeichnet, d. h. als Hebelwirkung zunehmender Verschuldung auf die Eigenkapitalrentabilität. Die Eigenkapitalrentabilität steigt also, solange noch eine positive Differenz zwischen der Gesamtkapitalrentabilität und den Kapitalkosten des Fremdkapitals (Effektivzins für das aufgenommene Fremdkapital) besteht. Dieser Zusammenhang lässt sich in allgemeiner Form darstellen (Wöhe 2005, S. 737).

Es seien:

EK = Eigenkapital	r_{EK} = Eigenkapitalrentabilität
FK = Fremdkapital	i_F = Zinssatz für Fremdkapital
GK = Gesamtkapital	r_{GK} = Gesamtkapitalrentabilität

(1)   Gesamtertrag = r_{GK} * (EK + FK)

(2)   Gesamtertrag = r_{EK} * EK + i_F * FK

(3) r_{GK} * (EK + FK) = r_{EK} * EK + i_F * FK

$\Leftrightarrow$ r_{EK} * EK = r_{GK} * (EK + FK) - i_F * FK

$\Leftrightarrow$ $r_{EK} = \dfrac{r_{GK} * EK}{EK} * \dfrac{r_{GK} * FK}{EK} - i_F * \dfrac{FK}{EK}$

(4) $r_{EK} = r_{GK} + (r_{GK} - i_F) * \dfrac{FK}{EK}$

Nach gleichsetzen von (1) und (2) erhält man durch elementare Umformung der Gleichung (3) den Ausdruck (4).

Somit gilt: Der Leverage-Effekt wirkt solange positiv, wie der Klammerausdruck $(r_{GK} - i_F) > 0$ ist.

- Liegt die Gesamtkapitalrentabilität über dem Fremdkapitalzins, so wächst die Eigenkapitalrentabilität mit wachsender Verschuldung.

- Ist die Gesamtkapitalrentabilität gleich dem Fremdkapitalzins, so ist unabhängig vom Verschuldungsgrad die Eigenkapitalrentabilität gleich der Gesamtkapitalrentabilität und gleich dem Fremdkapitalzins.

- Sinkt die Gesamtkapitalrentabilität unter den Fremdkapitalzins, ist sie aber noch positiv, so fällt die Eigenkapitalrentabilität vom positiven in den negativen Bereich.

- Ist die Gesamtkapitalrentabilität Null oder sogar negativ, so wird die Eigenkapitalrentabilität mit wachsendem Verschuldungsgrad negativ bzw. fällt noch stärker in den negativen Bereich.

5.4.2.2   Modifizierter Ansatz

Zugrundegelegt wird nun, dass sowohl die Eigenkapitalrentabilität r_{EK} wie auch die Gesamtkapitalrentabilität r_{GK} Zufallvariablen sind (Spremann 1991, S. 281). Diese Modellierung hat den Vorteil, ein besseres

Abbild der Realität zu sein sowie den bisher nicht berücksichtigten Aspekt des Risikos zu erfassen.

Bekannt ist, dass die wichtigsten Charakteristika der Verteilung einer Zufallsgröße der Erwartungswert und die Varianz sind. Die möglichen Realisationen der Zufallsvariable r_{GK} seien mit $r_1,...,r_n$ bezeichnet, wobei r_i mit der Wahrscheinlichkeit p_i (i=1,...,n) eintrete. Bezüglich der verwendeten Begriffe aus der Wahrscheinlichkeitstheorie sei auf Bayer et al. (Bayer et al. 1991, S. 48ff.) verwiesen.

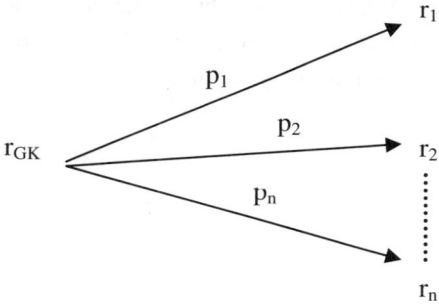

Abb. 236: Rentabilität und Rendite

Es gilt $p_1+..+p_n = 1$ und $p_i \geq 0$ für alle i. Der Erwartungswert $E(r_{GK})$ ist analog zum arithmetischen Mittel einer Häufigkeitsverteilung gebildet:

$$\mu := E(r_{GK}) = \sum_{i=1}^{n} p_i \cdot r_i$$

Die Varianz $VAR(r_{GK})$ als Maß für die Streuung der zufälligen Gesamtkapitalrentabilität eignet sich, das darin enthaltene Risiko zu quantifizieren.

$$\sigma^2 := VAR(r_{GK}) = \sum_{i=1}^{n} p_i \cdot (r_i - E(r_{GK}))^2 = E\left[(r_{GK} - E(r_{GK}))^2\right]$$

Im Folgenden wird der Verschuldungsgrad mit t:= FK/EK abgekürzt.

Bildet man den Erwartungswert $E(r_{EK})$, des Ausdruckes (4) des allgemeinen Ansatzes, so folgt:

$$(5)\; E(r_{EK}) = E(r_{GK}) + E(t \cdot (r_{GK} - i_F))$$
$$= \mu + t \cdot (\mu - i_F)$$

da $E(c+dR) = c+dE(R) = c+d\mu$ (Bayer et al. 1991, S. 48). Somit gilt, dass unter der Voraussetzung $E(r_{GK}) = \mu > i_F$ eine Anhebelung des Erwartungswertes $E(r_{EK})$ mit zunehmendem Verschuldungsgrad t stattfindet, d.h. $E(r_{EK})$ wächst mit t und nimmt proportional mit t zu. Die folgende **Abbildung 238** verdeutlicht den Zusammenhang.

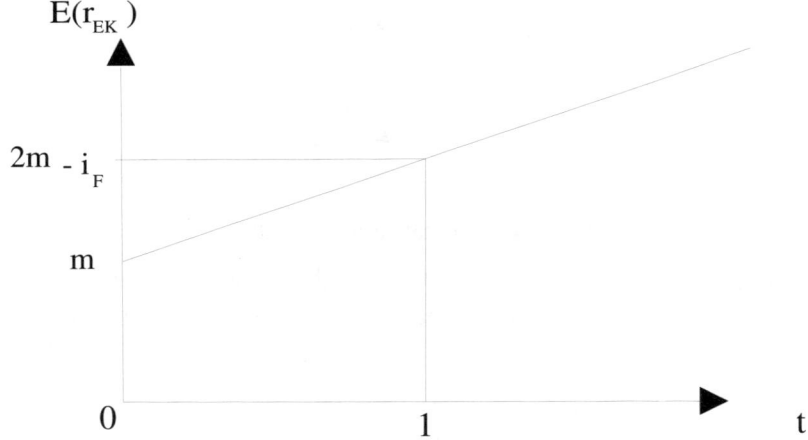

Abb. 237: Leverage-Effekt

Kritik:

Der Leverage-Effekt führt offensichtlich zu der Schlussfolgerung, dass der Eigenkapitalgeber aufgrund der Hebelwirkung einen maximalen Verschuldungsgrad präferiert. Dieser Grad hängt im Allgemeinen von Sicherheitsforderungen ab, die von den Banken gestellt werden. Zu beachten ist jedoch, dass aus der gesamten bisherigen Betrachtung der

Aspekt des Risikos ausgeklammert wurde. Das Risiko kann in diesem Zusammenhang durch die Varianz der Eigenkapitalrentabilität quantifiziert werden. Für die Varianz gilt allgemein:

$$VAR(c+dR) = d^2 VAR(R) = d\sigma^2 \quad \text{(Bayer et al. 1991, S. 51)}.$$

Damit folgt:

$$VAR(r_{EK}) = (1 + t)^2 \cdot \sigma^2$$

Somit wächst mit zunehmenden Verschuldungsgrad t die Varianz (also das Risiko) der Eigenkapitalrentabilität quadratisch. Ausführlich wird der gesamte Sachverhalt in Spremann (1991, S. 273 ff.) dargestellt.

5.5 Finanzplanung

Unter Finanzplanung versteht man:

- die systematische Erfassung,

- die Gegenüberstellung und

- den gestaltenden Ausgleich zukünftiger Zu- und Abnahmen liquider Mittel.

Ziel der Finanzplanung ist es, eine optimale Liquidität zu ermitteln, zu erreichen und zu erhalten, und den dazu nötigen Bestand an Zahlungsmitteln vorauszuplanen. Der Finanzplan steht als Teilplan innerhalb der betrieblichen Gesamtplanung und muss mit dieser gut abgestimmt sein (Interdependenz der Pläne).

Es werden verschiedene Arten von Finanzplänen unterschieden, wobei als die zwei wichtigsten Differenzierungsmerkmale gelten:

a) Unterscheidung nach der Fristigkeit: langfristiger und kurzfristiger Finanzplan,

b) Unterscheidung nach der Beziehung zum Betriebsablauf: ordentlicher und außerordentlicher Finanzplan.

Zu a)

Der langfristige Finanzplan stellt einen relativ groben Umriss- bzw. Rahmenplan dar und berücksichtigt die allgemeine wirtschaftliche Ent-

wicklung der Unternehmung. Als obere Grenze für die Planperiode gilt
der ökonomische Horizont, d. h. der überschaubare Zeitraum, für den
überhaupt noch Aussagen möglich sind. Die Fragestellung des kurzfristigen Finanzplanes, dessen obere Grenze etwa ein Jahr bildet, ist eine
ganz andere, denn die Annahmen basieren auf einer wesentlich sichere-
ren Grundlage. Er stellt die Basis für die täglichen Finanzdispositionen
dar und wird als Detailplan ausgeführt, der die Liquiditätsbedürfnisse
auf längere Zeit berücksichtigt.

Zu b)

Der ordentliche Finanzplan umfasst die im Rahmen der laufenden Geschäftstätigkeit auftretenden Finanzbewegungen wie Mieten, Einzahlungen aus Verkauf, Löhne etc. Der außerordentliche Finanzplan enthält
die Finanzbewegungen, die sich aus außerordentlichen Vorhaben ergeben, wie größere Investitionsvorhaben, Kapitalerhöhungen etc.

Der Aufbau des vollständigen Finanzplans (**Abbildung 238**) vollzieht sich nach dem angegebenen Gliederungsschema wie folgt:

```
1. Finanzgrundplan (Zahlungsplan)
      A) Einzahlungen
      B) Auszahlungen
      ---------------------------------------
      C) Über- oder Unterdeckung
2. Kreditplan
      A) Kreditrahmen
      B) Kreditbewegung
            a) Anfangsbestand
                  Zunahme (Neuverschuldung)
                  Abnahme (Tilgung)
            ---------------------------------------
            b) Über- oder Unterdeckung
            c) Endbestand
      C) Freie Kreditlinie (A) ./. Bc))
3. Eigentlicher Finanzplan (Zahlungsmittelplan)
      A) Anfangsbestand (liquide Mittel)
      B) Gesamtbewegung (Zu- bzw. Abnahme aus 1C und
2Bb)
      ---------------------------------------
      C) Endbestand (liquide Mittel)
4. Dispositionsvolumen
      A) Endbestand liquider Mittel (aus 3C))
      B) Freie Kreditlinie (aus 2C))
      ---------------------------------------------
      C) Gesamtes Dispositionsvolumen
```

Abb. 238: Aufbau des Finanzplans

Da sich die Finanzplanung mit Ein- und Auszahlungen beschäftigt, ist es nun ihre Aufgabe, die Forderungen in nach Höhe und Termin bestimmte Einzahlungen umzurechnen. Dies geschieht in der sog. Transformationstabelle, die Forderungen mit Hilfe statistischer Unterlagen in Einzahlungen transformiert. Statistische Unterlagen sind die Zahlungsgewohnheiten der Kunden, die z. B. folgendermaßen aussehen könnten:

Transformationstabelle:

20% der Forderungen werden Einzahlungen im gleichen Monat

25%   "   "   "   "   im 1. folgenden Monat

40%   "   "   "   "   im 2. folgenden Monat

10%   "   "   "   "   im 3. folgenden Monat

5%   "   "   "   "   im 4. folgenden Monat

Diese Tabelle kann natürlich durch die Skontopolitik der Unternehmung innerhalb gewisser Grenzen beeinflusst werden (Elastizität der Transformationstabelle).

In der Praxis würde der Finanzplan nicht alle 12 Monate einzeln ausweisen, denn im Januar interessieren noch nicht die Einzelzahlen für Dezember. Der Kopf des Finanzplanes sähe dann folgendermaßen aus (**Abbildung 240**):

Finanzplan für 20..

Bezeichnung	Übertrag	Jan.	Feb.	März	2.Quar.	3.Quar.	4.Quar.	Gesamt
	Soll Ist	Soll Ist	Soll Ist	Soll Ist	Soll Ist	Soll Ist	Soll Ist	Soll Ist
Einzahlungen (T€)								
...								
A.Summe Einzahlungen								
Auszahlungen (T€)								
...								
B. Summe Auszahlungen								
C. Zahlungs- mittelbestand								
Über-/Unter- deckung (A+B+C)								

Abb. 239: Finanzierungsplan

5.6 Budgetierung

Vom französischen Wort „bougette" (= Aktentasche des engl. Finanzministers) ins Englische als Budget übertragender Begriff. Daher die ursprüngliche Bedeutung als Bezeichnung für den Etat, den Voranschlag von öffentlichen Einnahmen und Ausgaben für ein Haushaltsjahr. Daneben bezeichnet Budget das Kernstück betrieblicher Planung.

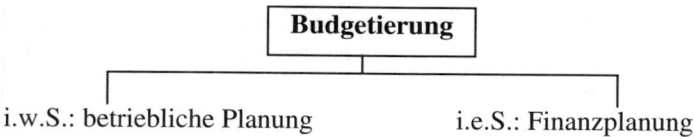

Ein direkt an die Ergebnisse der Finanzplanung anknüpfender Weg zur Koordination von Finanzierungsentscheidungen ist die Vorgabe kapitalwirtschaftlicher Prognosewerte (Budgets) an die Entscheidungsträger in der Hierarchie. Durch die dazu erforderliche Unterteilung des Finanzplans in mehrere Bereiche (z. B. Absatz, Produktion etc.), gelangt man zu den einzelnen Budgets. Durch den Vorgang der Budgetierung werden für die einzelnen Budgets Untergrenzen für die Einnahmen und Obergrenzen für die Ausgaben einer Periode festgelegt; dies erfordert einen die Gesamtplanung berücksichtigenden Abstimmprozess zwischen den verschiedenen Unternehmensbereichen.

Eine aus den Vereinigten Staaten von Amerika kommende Budgetierungsmethode ist das „**Zero Base Budgeting**". Hierbei werden am Beginn einer Planungsperiode alle zur Debatte stehenden Budgets auf Null gestellt (im Gegensatz zu der häufigeren Methode, sich an den Vorjahresbudgets zu orientieren, und diese i. d. R. zu erhöhen), und die jeweiligen Entscheidungsträger haben ihre Forderungen für ihr Budget gänzlich neu zu begründen. Es gilt also den Nachweis zu erbringen, dass und in welchem Maße die sogenannten Funktionen/Leistungen doch unentbehrlich sind und wie viel sie kosten dürfen. Ablauf und organisatorische Voraussetzungen des Zero-Base-Budgeting entsprechen im Prinzip dem der Gemeinkosten-Wertanalyse.

Im engen Zusammenhang mit der Budgetierung ist das Verfahren der **Gemeinkosten-Wertanalyse** zu sehen. Man versteht darunter die systematische Untersuchung aller Faktoren, aus denen sich die Kosten einer Leistung zusammensetzen, mit dem Ziel, diese Kosten zu senken. Ausgangspunkt ist die Vorstellung, dass der Wert der untersuchten Leistung nicht allein von ihrem Preis abhängig ist, sondern vielmehr den niedrigsten Kosten entspricht, mit denen man eine benötigte Funktion erlangen kann. Die Anwendung der Gemeinkosten-Wertanalyse bedeutet daher eine Umstellung des Denkens vom Preis her auf Funktions- und Kostenkriterien. Dieses von einer amerikanischen Beraterfirma entwickelte Verfahren wird in der Praxis häufig unter der Regie eines Unternehmensberaters durchgezogen.

Zur Untersuchung kommen dabei folgende Objekte:

- Kostenstellen,
- Kostenarten,
- Organisationsstrukturen,
- Arbeitsabläufe,
- Dienstleistungen.

Die Gemeinkosten-Wertanalyse wird in der Regel nach folgendem Stufenschema durchgeführt:

- Gründung einer Projektgruppe für das Untersuchungsobjekt,
- Unterteilung des Untersuchungsobjektes und Herausarbeiten der Relationen zwischen Kosten und Nutzen einzelner Leistungen,
- Erstellen von Vorschlägen für erreichbare Ziele aufgrund der vorangegangenen Analysen,
- Detaillierte Untersuchungen über die gemachten Vorschläge bezüglich zu erreichender Wirtschaftlichkeit und sonstiger nicht quantifizierbarer Auswirkungen,
- Festlegung der Prioritäten der zu realisierenden Vorschläge in einem Aktionsplan,
- Geschäftsleitung legt den Plan als Aktionsprogramm fest,
- Das Projektteam kontrolliert im Folgenden die Durchführung des Aktionsprogrammes.

5.7 Besondere Finanzierungsvorgänge

Neben den bisher aufgezeigten Formen und Möglichkeiten der Finanzierung zählen noch folgende, im Leben einer Unternehmung von ihrer

Gründung bis zu ihrer Auflösung möglichen Vorgänge mit in das Gebiet der Finanzierung.

Gründung: Bar- oder Sachgründung; bei Kapitalgesellschaften ist ein Mindestkapital vorgeschrieben (AG 50.000 €, GmbH 25.000 €).

Umwandlung: Überführung eines Betriebes von einer Rechtsform in eine andere.

Kapitalerhöhung: Erhöhung des Eigenkapitals durch Mittel von außen oder durch Selbstfinanzierung.

Kapitalherab-setzung: Herabsetzung des Eigenkapitals mit Rückzahlung von Geldmitteln (effektive Kapitalherabsetzung) oder ohne Rückzahlung von Geldmitteln (nominelle Kapitalherabsetzung).

Fusion: Der wirtschaftliche und juristische Zusammenschluss zweier oder mehrerer Unternehmungen zu einer Unternehmung; durch Aufnahme oder durch Neubildung.

Sanierung: - Buchtechnische Sanierung (Abstempeln oder Zusammenlegen von Aktien),
- Sanierung unter Zufluss von Mitteln.

Auseinander-setzung: Die Abrechnung zwischen Personen, die Gesellschafter einer Personengesellschaft sind (z. B. im Zusammenhang mit dem Ausscheiden aus der Gesellschaft).

Vergleich: Er besteht in Zugeständnissen und/oder Teilverzichten der Gläubiger, um eine durch Substanzverlust geschwächte Unternehmung vor dem Konkurs und damit vor der Liquidation zu bewahren.

Konkurs: Eine spezielle Art der Liquidation bei Zahlungsunfähigkeit einer Unternehmung, wenn weder eine Sanierung noch ein Vergleich angebracht erscheinen.

Liquidation: Die Versilberung aller Vermögensgegenstände und die Ausschüttung an die empfangsberechtigten Kapitaleigner.

Abwicklung: Die Abwicklung hat die Aufgabe, nach Auflösung einer Handelsgesellschaft die persönlichen und vermögensrechtlichen Bindungen der Gesellschafter zu lösen, um so die Vollbeendigung der Gesellschaft herbeizuführen (Gabler 2004, S. 42).

Eine Modifikation des Begriffes ergab sich durch die deutsche Vereinigung vom 3. Oktober 1990 nach Artikel 23 des Grundgesetzes und die Gründung der Treuhandanstalt. Die Abwicklung ist in diesem Zusammenhang als ein nötig gewordenes Verfahren zur Umstrukturierung, Sanierung und Vitalisierung aller ehemaligen Staatsbetriebe und volkseigenen Betriebe zu verstehen.

Abb. 240: Finanzierungsvorgänge

Literaturhinweise

Bayer, O./ Hackel, H./ Pieper, V./ Tiedge, J., Wahrscheinlichkeitsrechnung und mathematische Statistik, 6. Aufl., Leipzig 1991.

Eberle, P. R.: Computergestützte Investitions- und Finanzplanung für Klein- und Mittelbetriebe, Zürich 1989.

Gabler (Hrsg.): Wirtschaftslexikon, Bd. A-D, 16. Aufl., Wiesbaden 2004.

Heinen, E.: Industriebetriebslehre, 8. Auflage, Wiesbaden 1985.

Heinen, E.: Industriebetriebslehre, 9. Auflage, Wiesbaden 1991.

Schierenbeck, H.: Grundzüge der Betriebswirtschaftslehre, 15. Aufl., München/Wien 2001.

Spremann, K.: Investition und Finanzierung, 4. Aufl., München/Wien 1991.

Wöhe, G., Einführung in die Allgemeine Betriebswirtschaftslehre, 22. Aufl., München 2005.

F.6 Investition und Unternehmensbewertung

6.1 Investition

6.1.1 Begriff und Aufgaben

Unter Investition versteht man die zielgerichtete, in der Regel langfristige Kapitalbindung zur Erwirtschaftung zukünftiger autonomer Erträge. Es wird also zum gegenwärtigen Zeitpunkt eine Geldauszahlung für bestimmte Vermögensgegenstände oder Dienstleistungen mit dem Ziel getätigt, dadurch in späteren Perioden (höhere) Geldeinzahlungen zu erwirtschaften. Eine Investition besitzt demnach regelmäßig folgende Merkmale:

* Transformation eines heute verfügbaren Zahlungsmittelbestandes in andere materielle oder immaterielle Güter;

* zusätzliche Einzahlungen (oder geringere Auszahlungen) in wenigstens einer zukünftigen Periode als Folge dieser Güter; auf sie müsste ohne Realisierung des Investitionsvorhabens verzichtet werden.

Zwischen den Begriffen Finanzierung und Investition besteht also ein enger Zusammenhang.

Finanzierung: Mittelbeschaffung im Sinne von Einnahmen

Investition: Mittelverwendung im Sinne von Ausgaben

Der Abgleich von Beschaffung und Verwendung erfolgt durch die Finanzplanung. Den Gegensatz zu Investition stellt die Desinvestition dar; darunter wird die Rückgewinnung bzw. Freisetzung der in konkreten Vermögenswerten gebundenen finanziellen Mittel durch Verkauf, Liquidation oder Aufgabe verstanden. Bei endlichen Investitionen setzt sich der Investitionsprozess aus der Investitionsperiode und der Desinvestitionsperiode zusammen.

6.1.2 Investitionsarten

Es werden verschiedene Investitionsarten unterschieden, wobei deren Abgrenzung fließend ist:

1.   Realinvestitionen
2.   Finanzinvestitionen
3.   immaterielle Investitionen
4.   Gründungsinvestitionen (oder Errichtungsinvestitionen)
5.   Ersatzinvestitionen
6.   Erweiterungsinvestitionen
7.   Rationalisierungsinvestitionen
8.   Forschungsinvestitionen
9.   Fertigungsinvestitionen
10. Absatzinvestitionen
11. substitutive Investitionen
12. komplementäre Investitionen

Die Investitionsarten 1.-3. unterscheiden sich nach der Art des Investitionsobjektes. 4.-7. nach dem Zweck, 8.-10. nach der Funktion und 10.-12. nach den Interdependenzen.

Beispiele für Finanzinvestitionen sind Geldanlagen in Aktien, festverzinslichen Papieren, stillen Beteiligungen, Spareinlagen, Festgeldern, Kreditgewährung etc. Beispiele für die beiden übrigen Investitionsarten zeigt **Abbildung 242**.

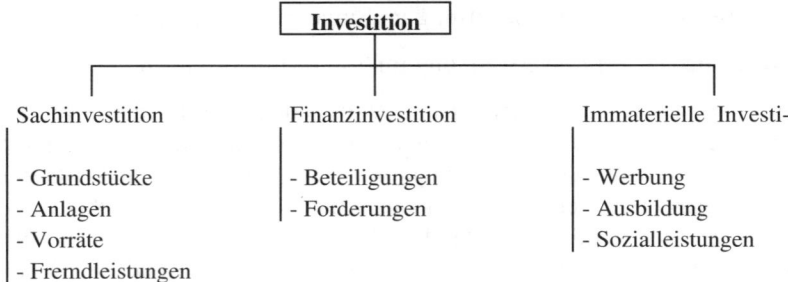

Abb. 241: Gliederung der Investitionen nach der Art der Vermögensgegenstände

Für alle Arten von Investition dienlich ist die Veranschaulichung der nötigen Begriffe in Form einer Ein- und Auszahlungsreihe.

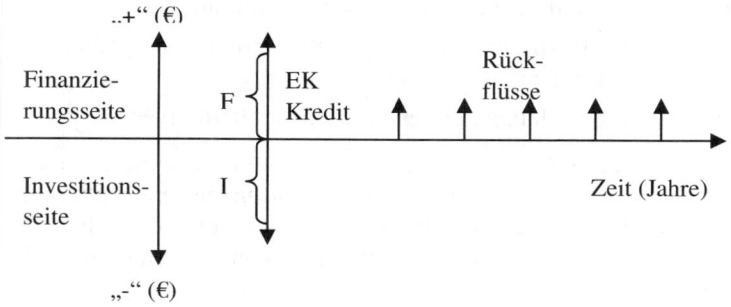

Abb. 242: Zahlungsreihe

Die Investition (Ausgabe im Jahr 1) wird z. B. finanziert durch einen Kredit im Jahr 1 und Eigenkapital; die Kapitalrückflüsse (bspw. Gewinne aus der Investition in den Jahren 2 bis 5) dienen dann einerseits zur Bedienung des Kredits und darüber hinaus zur Bildung von neuem Eigenkapital.

6.1.3 Verfahren der Investitionsrechnung

Über die Wirtschaftlichkeit einer Investition oder mehrerer Investitionsalternativen, werden mit Hilfe der Verfahren der Investitionsrechnung Aussagen herbeigeführt, die hinsichtlich der quantifizierbaren Faktoren Grundlage jeder Investitionsentscheidung sein sollten.

Wirtschaftlichkeitsrechnungsverfahren sind alle Rechenverfahren, die zur Beurteilung der Übereinstimmung von Zielsetzungen (Soll) und Zielerreichung (Ist) dienen; sie sind ein Hilfsmittel unter anderem im betrieblichen Entscheidungsprozess. Ihr Einsatz erfolgt als

• Planungsrechnung vor der Entscheidung und als

• Kontrollrechnung während und nach der Entscheidungsdurchführung.

Verfahren der Investitionsrechnung sind Verfahren der Wirtschaftlichkeitsrechnung für einfache monetäre Zielsetzungen.

Problem:	Zukünftige Konstellation der Einflussgrößen
Ziel:	Wertmaßstab zum Vergleich verschiedener Alternativen finden
Ergebnis:	Rangordnung der verschiedenen Alternativen

Da nur quantifizierbare Größen und Ereignisse für einzelne Investitionsprojekte bzw. -objekte erfasst und sichere Erwartungen unterstellt werden sowie betriebliche Interdependenzen außer acht bleiben, sollen Investitionsentscheidungen nie mit Investitionsrechnungsverfahren allein getroffen werden.

Die Erfassung nicht quantifizierbarer Größen kann mittels Argumenten-Bilanzen erfolgen (**Abbildung 243**). Der Grad der Subjektivität ist hier relativ hoch. Allerdings werden Zusammenhänge aufgezeigt und damit nachvollziehbar gemacht. Eine Investitionsentscheidung kann aufgrund einer mit den Unternehmenszielen vereinbaren Gewichtung der monetären und qualitativen Faktoren erfolgen (Wildemann 1987, S. 86 f.).

Aktiva	Passiva
• Verbesserung der Wettbewerbsposition	• Hohes Investitionsvolumen
- Höhere Flexibilität	• Unsichere Schätzungen von Investitionsvolumen und Kosteneinsparungen
- Verkürzte Produktionsanlaufzeiten	• Finanzielle Risiken
- Durchlaufzeitreduzierung	• Einführungs- und Anlaufrisiken
- Eröffnung von Kostensenkungspotentialen	• Integrations- und Anpassungsprobleme
- höhere Qualität	• Höhere Personalabhängigkeit
• Hohe Technologieattraktivität	• Technologiefixierung
• Gute Technologieposition der Unternehmung	• ...
• Hoher Nutzungsgrad	
• Ausgleich von Marktrisiken	
• Attraktive Arbeitsplätze	**Argumentengewinn**
• Baustein für stufenweise Einführung eines CIM-Systems	
• ...	

Abb. 243: Argumenten-Bilanz

Neben der Anwendung weiterer Verfahren wie z. B. der Nutzwertanalyse und der Kosten-Nutzen-Analyse sind Kriterien wie z. B. Termintreue, Lieferbereitschaft, Kundendienst, Marktmacht und ähnliche zu berücksichtigen.

Die Verfahren der Investitionsrechnung lassen sich gemäß der Darstellung in **Abbildung 244** gliedern (in Anlehnung an Perridon/Steiner 2005, S. 39 ff.). Das MAPI-Verfahren, das von George Terborgh (1962) eingeführt wurde, hat sowohl statischen wie dynamischen Charakter. Die Amortisationsrechnung kann statisch wie dynamisch formuliert werden.

Im Folgenden wird eine kurze Übersicht über die statischen und dynamischen Verfahren gegeben. Zum ausführlichen Studium sei auf Heinen (Heinen 1991, S. 907 ff.) verwiesen.

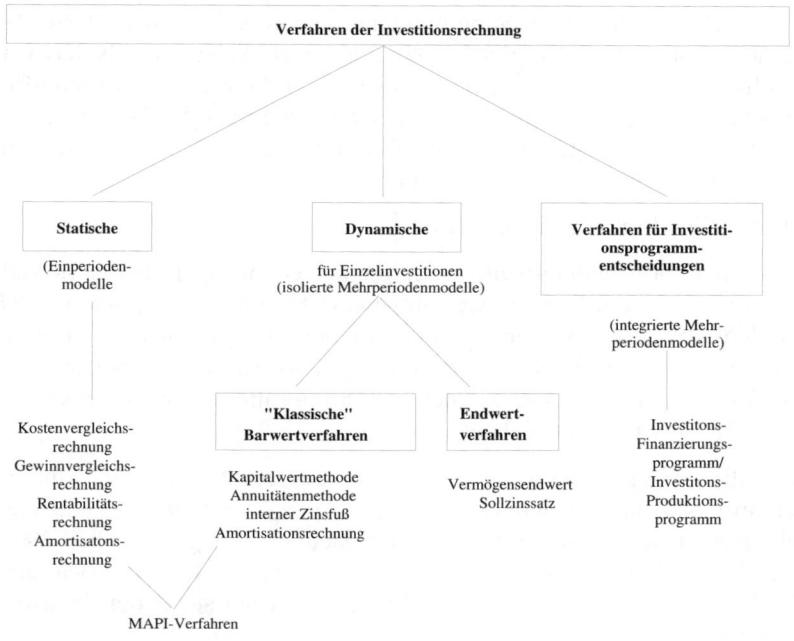

Abb. 244: Verfahren der Investitionsrechnung

6.1.3.1   Statische Verfahren

Die statischen Verfahren der Investitionsrechnung werden auch häufig als Hilfsverfahren der Praxis bezeichnet. Sie berücksichtigen nur eine Rechnungsperiode und gehen von durchschnittlichen Jahreswerten aus; damit sind die Verfahren sehr einfach zu handhaben, berücksichtigen aber weder die Rendite der zu vergleichenden Anlagen noch zeitlich später liegende, die Investitionsentscheidung betreffende Ereignisse, da nur auf die Anfangsinvestition abgestellt wird.

a)   Kostenvergleichsrechnung

Mit Hilfe der Kostenvergleichsrechnung wird ein Vergleich der in einer Periode bei einer gegebenen Kapazität anfallenden Kosten zweier oder mehrerer Investitionsobjekte durchgeführt (Wöhe 2005, S. 595).

Der Vergleich kann sowohl Ersatzinvestitionen betreffen, d.h. einen Vergleich zwischen einer alten und einer neuen Anlage sowie **Erweiterungsinvestitionen** (Vergleich mehrerer neuer Anlagen). Als **Kriterium** für die Vorteilhaftigkeit eines Objektes wird die Gesamtkostendifferenz verwendet, sofern gleiche Kapazitäten der zu vergleichenden Investitionsobjekte vorliegen. Entsprechen sich die Kapazitäten nicht, so wird ein Stückkostenvergleich durchgeführt.

b)   Gewinnvergleichsrechnung

Da es nicht notwendigerweise durch die kostengünstigere Investitionsalternative zu einem höheren Gesamtgewinn kommen muss, erweist sich die Kostenvergleichsrechnung nicht immer als geeignetes Kriterium. Diesen Mangel versucht die Gewinnvergleichsrechnung zu beheben. Es werden die bei den verschiedenen Investitionsalternativen zu erwartenden Jahresgewinne verglichen.

Im Fall von Ersatzinvestitionen bedeutet dies den Vergleich des durchschnittlichen Jahresgewinns der alten Anlage mit dem geschätzten durchschnittlichen Jahresgewinn der neuen Anlage (Wöhe 2005, S. 596). Im Fall von Erweiterungsinvestitionen werden die erwarteten durchschnittlichen Jahresgewinne der zur Auswahl stehenden Investitionsobjekte verglichen.

c)   **Rentabilitätsrechnung**

Dieses Verfahren basiert auf der Idee, die Rentabilität verschiedener Investitionsalternativen zu vergleichen. Im einfachsten Fall lautet der Ansatz:

$$\text{Rentabilität} = \frac{\text{erw. Jahresgewinn} \cdot 100}{\text{inv. Kapital}} \quad [\%]$$

Eine Verfeinerung dieser Rechnung erfolgt dadurch, dass die Rentabilitätszahl gemäß des ROI-Schemas (**Return On Investment**) in die beiden Komponenten Umsatzerfolg und Kapitalumschlag zerlegt wird. Hierdurch können etwaige strukturelle Unterschiede in dem Zustandekommen der Rentabilität bei den verglichenen Investitionsobjekten verdeutlicht werden (Schierenbeck 1993, S. 331).

$$\text{ROI} = \frac{\text{erw. Jahresgewinn}}{\text{Umsatz}} \cdot \frac{\text{Umsatz}}{\text{inv. Kapital}} \cdot 100 \quad [\%]$$

Der erste Faktor zeigt den **Umsatzerfolg**, der zweite den **Kapitalumschlag**.

Als **Entscheidungskriterium** für die Vorteilhaftigkeit eines Investitionsprojektes wird die Rentabilität des Projektes mit der vom Investor gewünschten Mindestrendite verglichen (Wöhe 2005, S. 598). Beim Vergleich mehrerer Investitionsobjekte wird das mit der höchsten Rentabilität ausgewählt.

d)   **MAPI-Verfahren**

Das MAPI-Verfahren (MAPI = Machinery Allied Products Institute), das auch den dynamischen Verfahren zugerechnet werden kann, ist eine spezielle Form des Rentabilitäts-Vergleichsverfahrens mit statischen wie auch dynamischen Elementen. Es findet vor allem in Bezug auf Ersatzinvestitionen in der Praxis häufig Anwendung. Die grundlegende Idee ist, dass die Unternehmenssituation nach der durchgeführten Investition mit der Unternehmenssituation ohne Durchführung der Investition verglichen werden muss. Im Vordergrund steht hierbei nicht die Idee des Vergleichs der absoluten Gewinn- oder Rentabilitätszahlen sondern die Ermittlung der so genannten relativen Rentabilität, die zugleich ein Dringlichkeitsmaß für die Vornahme der Investition darstellt.

Die Umsetzung für die praktische Anwendbarkeit erfolgt durch Verwendung von drei Hilfsmitteln:

- **MAPI-Formular:** alle für eine Investitionsrechnung relevanten Größen werden erfasst.

- **MAPI-Diagramme:** Aus diesen kann unter gewissen Annahmen der errechnete Kapitalverzehr des nächsten Jahres abgelesen werden.

- **MAPI-Formel:**

$$\mathrm{Re}\,ntabilit\ddot{a}t \text{ nach Steuern in \%} = \frac{B + C - D - E}{A} \cdot 100$$

Wobei die einzelnen Größen wie folgt definiert sind:

A = Nettoausgaben für das Investitionsobjekt

(Anschaffungskosten ./. Kapitalfreisetzung)

B = laufender Betriebsgewinn des nächsten Jahres

(Ertragssteigerung + Kostensenkung gegenüber dem Zustand ohne die Investition)

C = vermiedener Kapitalverzehr des nächsten Jahres

(Liquidationserlös der alten Anlage am Anfang der Periode ./. Liquidationserlös am Ende der Periode)

D = Entstehender Kapitalverzehr des nächsten Jahres

(Aus MAPI-Diagramm abzulesen)

E = Ertragsteuern

e)　　　Amortisationsrechnung

Die zentrale Frage der Amortisationsrechnung ist: Welche Zeit verstreicht bis zur Wiedergewinnung der Anschaffungsausgabe (**AA**) aus den Einnahmeüberschüssen des Projektes. Diese Zeit wird als Amortisationsdauer (**Pay-off-Periode**) bezeichnet. Durch einen Vergleich von

Soll-Amortisationszeit (**SAZ**) und Ist-Amortisationszeit (**IAZ**) wird die Vorteilhaftigkeit des Projektes entschieden. Die Ist-Amortisationszeit (Pay-off-Periode) ergibt sich, indem man die Anschaffungsauszahlung durch die jährlich erwarteten Einzahlungsüberschüsse (**EÜ**) (Einzahlungen abzüglich laufender Betriebskosten und Gewinnsteuern) dividiert.

$$IAZ = \frac{AA}{E\ddot{U}} . \text{ [Jahre]}$$

Die Soll-Amortisationszeit ist eine subjektive Schätzung des Investors. Gilt:

$$IAZ \leq SAZ,$$

so entscheidet man sich für das Projekt.

Bsp.: AA = 100 000 €; EÜ = 25 000 € pro Jahr

Es folgt, dass die IAZ 4 Jahre beträgt. Bei z. B. SAZ ≥ 4 Jahre sollte man sich für das Projekt entscheiden.

6.1.3.2 Dynamische Verfahren

Die dynamischen Verfahren der Investitionsrechnung, auch finanzmathematische Verfahren genannt, berücksichtigen den gesamten Zeitablauf einer Investition. Dies geschieht dadurch, dass die in den jeweiligen Perioden unterschiedlich anfallenden Einnahmen und Ausgaben unter Nutzung der finanzmathematischen Verfahren der Zinses-Zins-Rechnung in das Ergebnis eingehen.

6.1.3.2.1 Klassische Kalküle

Wir stellen die klassischen dynamischen Verfahren formal dar. Obwohl Finanzierung und Investition interdependente Aufgaben sind und deshalb im Prinzip nur Entscheidungen über das gesamte Investitions- und Finanzierungsprogramm möglich sind, werden im Folgenden einzelne Projekte isoliert betrachtet (Spremann 1991, S. 8). Unter der Voraussetzung eines **vollkommenen Kapitalmarktes** ist dies keine Einschränkung; insbesondere muss jeder Marktteilnehmer zu jedem beliebigen

Zeitpunkt Finanzmittel in beliebiger Höhe und mit beliebiger Laufzeit zum selben Zinssatz i aufnehmen und anlegen können.

Wir formalisieren Investitionsprojekte (IP) und Finanzierungsmaßnahmen (FM) durch Zahlungsreihen der Form:

$$z = (z_0,..,z_T) \in IR^{T+1}, \text{ wobei T die Nutzungsdauer ist.}$$

Aufgrund der diskreten Darstellung der Zahlungsreihe werden zwischen t und t-1 erwartete Einzahlungen zu z_t und in diesem Zeitraum anfallende Auszahlungen zu z_{t-1} hinzugenommen (Spremann 1991, S. 6).

Um eine Beurteilung der IPs bzw. FMs zu ermöglichen, komprimiert man die Zahlungsreihen zu einer Kennzahl f:

$$f : IR^{T+1} \rightarrow IR; \qquad z \mapsto f(z)$$

Annahmen:

(1) Entscheidungsrelevant sind nur die finanziellen Konsequenzen

(2) Entscheidung unter Sicherheit

(3) Jedes IP und jede FM lässt sich durch eine Zahlungsreihe

$$z = (z_0,..,z_T) \in IR^{T+1} \text{ darstellen.}$$

(4) Zu jedem beliebigen Zeitpunkt t = 0,..,T können Mittel in beliebiger Höhe für jede beliebige Laufzeit zum Zinssatz i (Kalkulationszinssatz) angelegt und aufgenommen werden.

a)   Kapitalwertmethode

Die wichtigste aller Kennzahlen zur Beurteilung von Investitionsprojekten und Finanzierungsmaßnahmen ist der Kapitalwert. Der Kapitalwert K_0 ist die Summe der auf den Zeitpunkt t = 0 abgezinsten Zahlungen.

$$K_0(z,i) = \sum_{n=0}^{T} \frac{z_n}{(1+i)^n}$$

Das Entscheidungskriterium, ob ein IP (bzw. eine FM) vorteilhaft ist, ist gegeben durch: $K_0(z,i) > 0$. Im Falle verschiedener Projekte mit positivem Kapitalwert ist das mit dem höchsten zu wählen. Unterstellt man, dass der verwendete Kalkulationszinsfuß beliebige Werte annehmen kann, so kann der Kapitalwert als Funktion des Kalkulationszinssatzes i aufgefasst werden, wie **Abbildung 245** verdeutlicht.

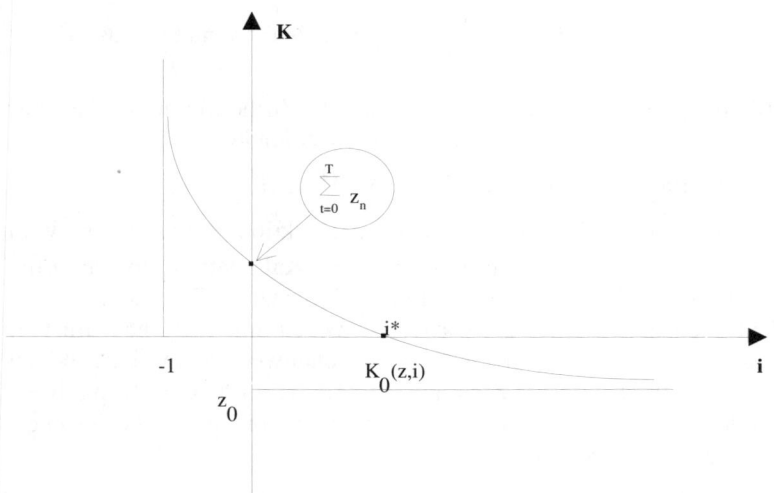

Abb. 245: Graphische Darstellung der Kapitalwertfunktion

b)   Annuitätenmethode

Die Annuitätenmethode baut auf der Kapitalwertmethode auf. Der grundlegende Gedanke ist die Transformation einer Zahlungsreihe z in eine äquivalente Zahlungsreihe z*, die über T Perioden jeweils gleich hohe Zahlungen a beinhaltet und denselben Kapitalwert besitzt. Gesucht ist also eine Zahlungsreihe

z* = (0,a,...,a). Den Faktor a leiten wir nun formal her:

$$K_0(z,i) = K_0(z^*,i) = \sum_{n=1}^{T} a\frac{1}{(1+i)^n} = a\sum_{n=1}^{T}(1+i)^{-n} = \frac{a}{(1+i)^T}\sum_{n=0}^{T-1}(1+i)^n$$

$$= \frac{a((1+i)^T - 1)}{(1+i)^T(1+i-1)} = a\frac{(1+i)^T - 1}{(1+i)^T i} = a \cdot \text{Rentenbarwertfaktor}$$

$$\Leftrightarrow \quad a = K_0(z,i)\frac{(1+i)^T i}{(1+i)^T - 1} = K_0(z,i) \cdot \text{Annuitätenfaktor}$$

Ein IP (FM) ist vorteilhaft, wenn gilt: a > 0. Zu beachten ist, dass nur Projekte mit derselben Laufzeit verglichen werden können.

c)   Methode des internen Zinsfußes i*

Die als Kapitalwertfunktion bezeichnete Funktion $K_0(z,i)$ hängt vom Zinssatz i (i ist der Kapitalmarktzins bzw. der Kalkulationszins) ab. Eine Nullstelle dieser Funktion heißt interner Zinssatz i*. Die Existenz und Eindeutigkeit des internen Zinssatzes ist nicht immer gegeben. Im Fall von Zahlungsreihen mit nur einem Vorzeichenwechsel existiert jedoch genau ein positiver interner Zinssatz. Im Falle von IP ist der Kapitalwert eine fallende Funktion, im Falle von FM eine steigende. Als Entscheidungskriterium ergibt sich somit:

IP ist vorteilhaft, genau dann wenn: i<i*

FM ist vorteilhaft, genau dann wenn: i>i*

d)   Amortisationsrechnung

Die schon bei den statischen Verfahren aufgeführte Methode wird nun dynamisch formuliert. Unter der Voraussetzung, dass es sich um ein einfaches Investitionsprojekt (d. h. nur ein Vorzeichenwechsel) handelt, kann dies wie folgt formalisiert werden:

Wähle τ so, dass

$$K^\tau(z,i) = \sum_{n=0}^{\tau}\frac{z_n}{(1+i)^n} > 0 \qquad\qquad \text{und}$$

$$K^t(z,i) = \sum_{n=0}^{t}\frac{z_n}{(1+i)^n} < 0 \qquad \text{für } t=0,...,\tau\text{-1.}$$

τ ist der Zeitpunkt, zu dem der Kapitalwert der bis dahin angefallenen Zahlungen erstmals positiv ist. Die Methode wird verwendet, wenn die zukünftigen Zahlungen mit Unsicherheiten verbunden sind und man wissen will, ab wann sich das IP lohnt.

Allgemein sind für alle Verfahren folgende Voraussetzungen zu erfüllen:

• sichere Erwartungen

• Rechnung für isolierte Investitionsprojekte (bei Vorzeichenwechsel analog für FM)

• einfache Zielsetzung

• Nichtbeachtung betrieblicher Interdependenzen

• Zurechnungsproblem gilt als gelöst

Abschließend werden in Form einer kurzen Übersicht nochmals die wichtigsten Prämissen an die einzelnen Verfahren dargestellt:

• Kostenvergleichsrechnung: gleich hohe Leistungen der verglichenen Projekte

• Gewinnvergleichsrechnung: Gewinnzurechnung wird unterstellt

• Amortisationsrechnung: nur Zeitraum bis zur Kapitalrückgewinnung wird betrachtet

• Rentabilitätsrechnung:
  - vollständige Kenntnis der Alternativen
  - Gewinnzurechenbarkeit wird unterstellt

• Kapitalwertrechnung:
  - vollständige Kenntnis der Alternativen
  - zeitliche Verteilung und Zurechung aller Ausgaben und Einnahmen bekannt

• Annuitätenmethode:
  - vollständige Kenntnis der Alternativen
  - zeitliche Verteilung und Zurechnung aller Ausgaben und Einnahmen bekannt

• Methode des internen Zinsfußes:

- vollständige Kenntnis der Alternativen
- zeitliche Verteilung und Zurechnung aller Ausgaben und Einnahmen bekannt
- es muss ein eindeutiges Ergebnis zustande kommen

6.1.3.2.2   Weitere Kalküle

Der zentrale Kritikpunkt gegenüber den klassischen Verfahren ist die Forderung des vollkommenen Kapitalmarktes. In der Realität ist der Kapitalmarkt jedoch mehr oder minder unvollkommen, d. h. ein einheitlicher Kalkulationszinssatz (Anlage- oder Habenzinssatz = Aufnahme- oder Sollzinssatz) existiert nicht. Zwei weitere Verfahren sind die **Vermögensendwertmethode** und die **Sollzinssatzmethode.**

a)   Vermögensendwertmethode

Ziel der Vermögensendwertmethode ist die Endwertmaximierung. Die Methode ist eine Verfeinerung der Kapitalwert- und Annuitätenmethode. Alle Zahlungen und damit der Vermögenswert werden auf das Ende der Planperiode bezogen. Dabei wird mit einem gespaltenen Zinssatz operiert, d. h. einem Sollzinssatz, mit dem das bereitgestellte Fremdkapital zu verzinsen ist und einem Habenzinssatz zu dem Eigenmittel und Einnahmeüberschüsse angelegt werden können (Schierenbeck 2003, S. 368).

b)   Sollzinssatzmethode

Die Sollzinssatzmethode ist eine Verallgemeinerung der Methode des internen Zinsfußes, die eng mit der Vermögensendwertmethode zusammenhängt. Die Methode trifft eine Aussage über den Zinssatz, der bei gegebenem Habenzinssatz auf das Kapital erzielt werden kann, das zu jedem Zeitpunkt während des Planungszeitraumes noch gebunden ist (Schwinn 1993, S. 1009).

Von beiden Methoden existieren verschiedene Varianten. Ausführlich werden die Methoden in (Blohm/Lüder 1991) dargestellt.

Abbildung 246 zeigt die einzelnen Verfahren der statischen und dynamischen Investitionsrechnung noch einmal im Überblick.

Stati-sche Verfah-ren	Kostenvergleichsrechnung	Bei verschiedenen Investitionsobjekten werden die mit der Erbringung der Leistung anfallenden Kosten verglichen. Bei gleicher Kapazität die Gesamtkosten, bei unterschiedlichen Kapazitäten die Stückkosten.
	Gewinnvergleichsrechnung	Es werden die zurechenbaren Gewinne (Erlöse ./. Kosten) verglichen.
	Rentabilitätsrechnung	Ermittlung und Gegenüberstellung der Rentabilität $$\frac{\text{Erlöse ./. Kosten}}{\varnothing \text{ investiertes Kapital}} * 100$$ für die verschiedenen Investitionsobjekte.
Misch-formen	Amortisationsrechnung	Als Kriterium dient die Zeitspanne, in der das investierte Kapital wieder hereingewirtschaftet wird. $$\text{Amortisationsdauer} = \frac{\text{Anschaffungswert}}{\text{Reingew. (+ Abschr.)}}$$
	MAPI-Verfahren	Rentabilitätsrechnung in Verbindung mit der Bestimmung des Zeitpunktes für Ersatzinvestitionen.

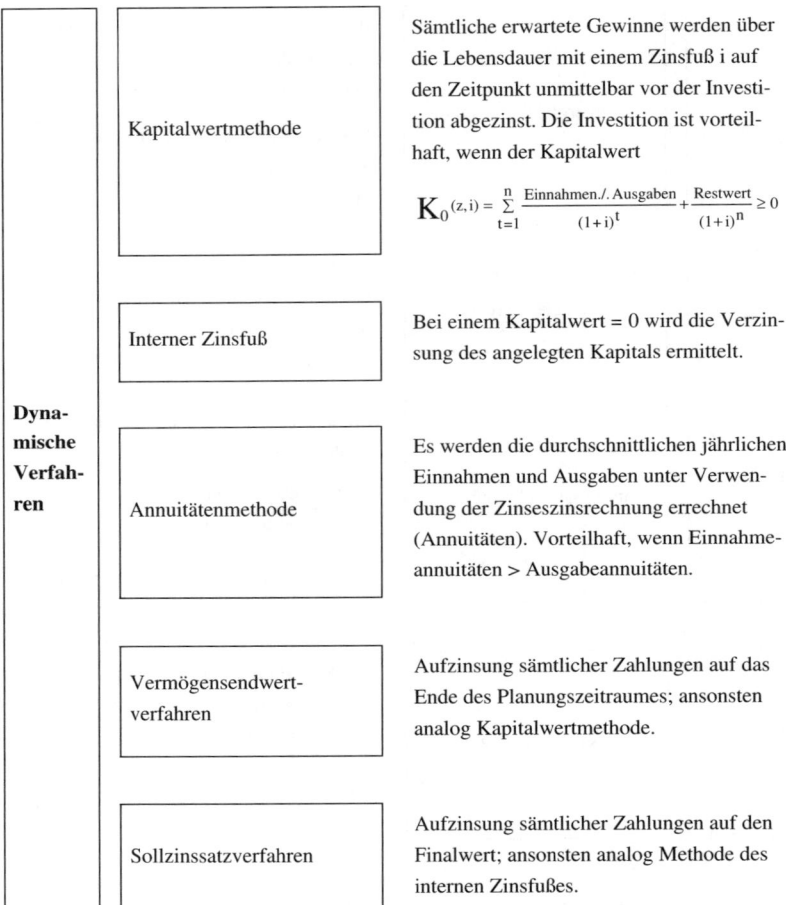

Abb. 246: Statische und dynamische Investitionsrechnung

6.1.3.3   Investitionsprogramme

Die oben besprochenen Investitionsrechnungs-Verfahren sind Verfahren
für Einzel-Objekt-Entscheidungen. Um Investitionen aber rechnerisch
nicht isoliert zu betrachten, sondern sie in den Zusammenhang mit dem
gesamten Planungsgeschehen (insbesondere der Finanz- und Produkti-

onsplanung) zu stellen, wurden zahlreiche Lösungsversuche in der Literatur vorgestellt; diese Entwicklung in der Investitionsrechnung geht dahin, Methoden zu finden, die es erlauben, das optimale Investitionsprogramm auch dann zu bestimmen, wenn die bei den oben genannten Verfahren zum Teil außerordentlich einengenden Voraussetzungen nicht oder nur zum Teil erfüllt sind. Im Wesentlichen wird unter Nutzung der Methoden der linearen Planungsrechnung (lineare Optimierung) versucht, ein Integrationsmodell der Investitionsrechnung zu bilden. D. h., dass etwa das Produktionsprogramm nicht vorgegeben wird, sondern simultan mit dem Investitionsprogramm zu ermitteln ist. Zu jedem möglichen Investitionsprogramm gehört ein gewinnmaximales Produktionsprogramm. Ziel ist es, das Investitionsprogramm zu ermitteln, dessen zugehöriges Produktionsprogramm den absolut höchsten Gewinn zu erbringen verspricht.

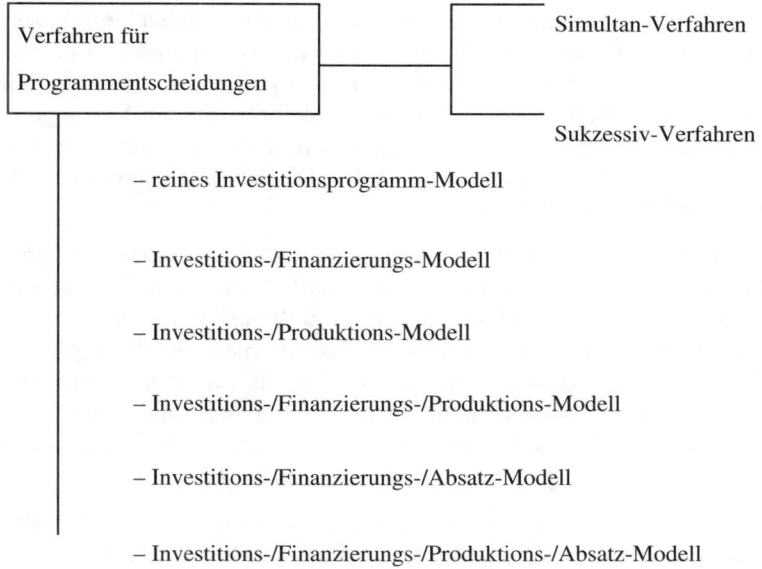

Abb. 247: Überblick über die Verfahren für Programmentscheidungen

Bei den **sukzessiven Verfahren** der Investitionsplanung erfolgt eine Aufspaltung des Investitionsproblems in mehrere Teilbereiche, aus welchen die Lösung der Gesamtaufgabe schrittweise abgeleitet wird. Da der Entscheidungsprozess in mehreren Stufen abläuft, reduziert sich der Modellumfang, was die rechnerische Lösung erleichtert. Allerdings sind optimale Lösungen hiermit nicht garantiert.

Bei den **simultanen Verfahren** wird die Investitionspolitik gleichzeitig mit dem zukünftigen Geschehen in anderen betrieblichen Teilbereichen (z. B. Beschaffung, Produktion, Absatz, Finanzierung) festgelegt; die zwischen diesen Sektoren bestehenden Interdependenzen werden explizit in die Planung einbezogen. Die Ergebnisse einer solchen Simultanplanung sind theoretisch wesentlich geeigneter als diejenigen bei isolierter Optimierung der Teilpläne, allerdings sind die entsprechenden Modelle auch erheblich komplizierter.

Beim Mehrperiodenmodell zur simultanen Bestimmung des Investitions- und Finanzierungsprogramms erfolgt die explizite Einbeziehung aller zukünftigen Investitions- und Finanzierungsmöglichkeiten bis zum Planungshorizont, soweit zu Beginn des Planungszeitraumes Informationen beschafft werden können. Gesucht wird diejenige Kombination von Investitions- und Finanzierungsmöglichkeiten, die den Vermögensendwert am Planungshorizont maximiert. Probleme bestehen insbesondere in der Datenbeschaffung und – trotz EDV-Einsatz – in der rechentechnischen Durchführbarkeit.

Bei Modellen zur simultanen Bestimmung von Investitions- und Produktionsprogrammen ist zusätzlich der Konflikt zu lösen, dass die isolierte Zurechnung der produktabhängigen Zahlungsströme auf die Projekte nicht möglich ist. Beim Mehrproduktunternehmen werden daher die Produktionskapazitäten nicht mehr im Voraus auf einzelne Produkte verteilt. Vielmehr stellen Umfang sowie Art der Nutzung durch unterschiedliche Produkte selbst Entscheidungsvariablen dar. Absatz und Finanzierung werden als Obergrenzen berücksichtigt.

Auch hier wird ein maximaler Vermögensendwert gesucht. Datenbeschaffung und rechentechnische Bewältigung sind problematisch.

6.1.4 Steuerliche Überlegungen

Der Einfluss steuerlicher Aspekte auf die Investitionstätigkeit wird bei der Beurteilung von Investitionsobjekten häufig vernachlässigt. Auch wenn durch die Berücksichtigung steuerlicher Rahmenbedingungen wesentlich mehr Größen in die Investitionsrechnung eingehen, ist die Berücksichtigung der Steuerwirkung auf die Investitionsfinanzierung für eine exakte Berechnung unerlässlich.

Die Behandlung jener Steuern, deren Kostencharakter in der Kostenrechnung klar zu Tage tritt, verursacht auch in der Investitionsrechnung keine Schwierigkeiten. Problematisch und nicht unumstritten ist die Berücksichtigung der gewinnabhängigen Steuern, insbesondere der Einkommen- und Körperschaftsteuer. Geht man vom Ziel der Gewinnmaximierung eines Unternehmens aus, so ist zunächst die Körperschaftsteuer zu berücksichtigen, um eine Investition in einem Unternehmen, das in der Rechtsform einer Kapitalgesellschaft geführt wird, einer Investition in Wertpapieren oder ähnlichem vergleichbar zu machen. Auch dann, wenn lediglich Investitionen innerhalb des Unternehmens untersucht werden, kann von der Maximierung des Nettogewinnes statt des Bruttogewinnes ausgegangen werden. Die Berücksichtigung der Einkommensteuer in der Investitionsrechnung hängt von der Stellung des Unternehmers zum Unternehmen ab. Die Einkommensteuerwirkungen werden vor allem bei der Berechnung von Erweiterungsinvestitionen bedeutungsvoll, da der Gewinn aus diesen Investitionen den Unternehmer in eine höhere Tarifzone bringt, wodurch auch die durch die bereits vorhandenen Investitionsobjekte erwirtschafteten Gewinne höher besteuert werden.

Mögliche Ansatzpunkte zur Berücksichtigung der Steuern in der Investitionsrechnung sind:

• Änderung des Kalkulations-Zinsfußes

• Berücksichtigung der Ertragsteuern als Kosten bei der Gegenüberstellung Gesamtkosten zu Bruttogewinn

• Gegenüberstellung des Nettogewinns und der Gesamtkosten (Ertragsteuern werden dabei nicht als Kosten betrachtet)

• Betrachtung und Vergleich bei verschiedenen Investitionsalternativen jeweils der Nettogewinne der Gesamtunternehmung vor und nach der Investition

- Berücksichtigung der Ertragsteuern als Ausgaben, um eine Einnahmen-Ausgaben-Reihe nach Ertragsbesteuerung zu erhalten, welche mit einem Netto-Zinssatz diskontiert wird

- Keine Berücksichtigung der Ertragsteuer-Ausgaben bei der Aufstellung der Einnahmen-Ausgaben-Reihe, aber Diskontierung mit einem Brutto-Zinsfuß

Beispielsweise geht man bei der Kapitalwertmethode von einem vollkommenen Kapitalmarkt aus, nimmt also an, dass zum einheitlichen Marktzinssatz Beträge in unbeschränkter Höhe angelegt und aufgenommen werden können. Dieser Marktzinssatz, der als Kalkulationszinsfuß dient, wird entweder von der bestmöglichen Alternativanlage oder von der günstigsten Kapitalbeschaffungsmöglichkeit abgeleitet.

Im Falle der Finanzierung mit Eigenkapital wird die Verzinsung der bestmöglichen Alternativverwendung als Kalkulationszinssatz angesetzt. Da jedoch die Gewinne aus der Alternativverwendung – mit Ausnahme steuerfreier Kapitalanlagen – der Ertragsbesteuerung unterliegen, muss eine Korrektur des Kalkulationszinsfußes erfolgen. Der Bruttokalkulationszinsfuß i der optimalen Alternativanlage ist um die Gewinnsteuerbelastung (i • s) zu vermindern. Damit dient der Zinssatz, der zu einem Kapitalwert der Nettoerträge der optimalen Alternativanlage von Null führt, als Kalkulationszinsfuß (i_S):

s = Steuersatz

$$i_S = i - i \cdot s$$

$$\boxed{i_S = (1 - s) \cdot i}$$

Erfolgt die Finanzierung einer Investition mit Fremdkapital, so muss der Betrieb die effektive Fremdkapitalverzinsung vor Steuern als Kalkulationszinsfuß verwenden. Die Zinsen auf das Fremdkapital sind – ganz oder teilweise (Gewerbesteuer) – als abzugsfähige Betriebsausgaben von den Einzahlungsüberschüssen vor Steuern abzusetzen (ausführlich dazu z. B. Wöhe/Bieg 1995).

6.1.5 Risikoaspekt bei Investitionsentscheidungen

Da Investitionsentscheidungen in die Zukunft wirken, gehen unsichere Erwartungen über die künftige Entwicklung der für das jeweilige Entscheidungsproblem relevanten Einflussgrößen in das Investitionskalkül ein. Die bisher beschriebenen Methoden beurteilen Investitionen bzw. Investitionsprogramme nach ihrer Rentabilität. Wesentlich ist jedoch auch der Gesichtspunkt des Risikos, das mit einer Investition verbunden ist. Bedeutsam für die Beurteilung eines Investitionsvorhabens sind aber sowohl Rentabilität als auch Risiko. Die Praxis berücksichtigt das Risiko, in dem die Investitionen realisiert werden, die eine relativ kurze Amortisationsdauer haben. In diesem Zeitabschnitt erscheinen die Werte dann als gesichert.

Im Rahmen der klassischen Verfahren der Investitionsrechnung werden folgende Möglichkeiten, dem Risikoaspekt Rechnung zu tragen, angewandt:

• Die Unsicherheit der verwendeten Daten wird durch Verwendung des jeweils wahrscheinlichsten Wertes eines Datums berücksichtigt;

• Neben den wahrscheinlichsten Werten kann die Rechnung zum einen mit optimistischen, zum anderen mit pessimistischen Werten durchgeführt werden, um den günstigsten wie auch den schlechtesten denkbaren Gegebenheiten Rechnung zu tragen;

• Schätzung der Werte nach dem Prinzip der kaufmännischen Vorsicht und/oder prozentuale Zu- bzw. Abschläge auf Auszahlungen und Kalkulationszinssätze bzw. Einzahlungen und Nutzungsdauern (sog. Korrekturverfahren);

• Bei der Kapitalwertmethode wird das Konzept des „kritischen" Wertes eingesetzt; d. h., dass für bestimmte variabel aufgefasste Werte der Kapitalwert berechnet wird, bzw. die Wertekombination zu bestimmen ist, bei welcher der Kapitalwert gerade Null wird. Ist nicht zu befürchten, dass dieser kritische Wert über- bzw. unterschritten wird, so kann die Entscheidung eindeutig und unbehelligt von der Unsicherheit des als variabel angesetzten Datums getroffen werden;

- Die Investitionsentscheidung wird von mehreren Kriterien abhängig gemacht; d. h., dass z. B. neben dem Rentabilitätskriterium als zweites Kriterium die pay-off-Methode zur Charakterisierung des Risikos herangezogen wird.

Im Rahmen der Integrationsmodelle der Investitionsrechnung wird die Unsicherheit der Daten durch einen Chancen-Risiken-Vergleich berücksichtigt. Als Chancen und Risiken werden die jeweils mit den Eintrittswahrscheinlichkeiten der zugrunde liegenden Datensituation gewichteten Gewinne und Verluste, die mit dem Investitionsprogramm im Ganzen verbunden sind, betrachtet.

Als weitere Möglichkeit, dem Risiko entgegen zu wirken, kann das Investitionsprogramm so gewählt werden, dass ein möglichst flexibler Produktionsapparat durch die Investition zustande kommt. Damit sind Anpassungen bei Änderungen der Datenkonstellation relativ risikoarm möglich.

Ein anderes Hilfsmittel sind Sensitivitätsanalysen. Hierbei werden in der Investitionsrechnung alternative bzw. parametrisch variable Datenkonstellationen verarbeitet. Damit soll festgestellt werden,

- in welchen Intervallen eine oder mehrere zufallsabhängige Größen schwanken dürfen, ohne dass die einmal gefundene Lösung eines Entscheidungsproblems ihre Optimalität verliert bzw. ohne dass der Zielfunktionswert (z. B. Kapitalwert, Amortisationsdauer) eine vom Investor vorgegebene Schranke unter- bzw. überschreitet (Inputorientierte Betrachtung);

- in welchem Ausmaß sich der Zielfunktionswert verändert, wenn eine oder mehrere Zufallsvariablen innerhalb der möglichen Grenzen variieren (Outputorientierte Betrachtung).

Sensitivitätsanalysen beantworten die Fragen, inwieweit eine Optimallösung bei zufallsabhängigen Datenveränderungen stabil bleibt und welche Bedeutung Zufallsschwankungen für den Grad der monetären Zielerreichung des Investors besitzen.

Als ein vielseitig anwendbares Instrument zur Planung bei unsicheren Erwartungen hat sich die Risikoanalyse erwiesen. Besonders die Wirtschaftlichkeitsrechnung von Investitionen ist ein wichtiges Anwendungsgebiet der Risikoanalyse, da sich gerade bei Investitionen, die das

Leistungspotential einer Unternehmung im allgemeinen langfristig verändern, die Einflussdaten nur sehr ungenau vorausschätzen lassen und
dadurch die klassischen Methoden der Investitionsrechnung für diese
Praxisprobleme selten geeignet sind. Die in das Modell der Risikoanalyse eingehenden Daten werden mit verschiedenen Eintrittswahrscheinlichkeiten (optimistisch, realistisch, pessimistisch) gewichtet und führen
damit zu keinem singulären Ergebnis, sondern zu einer Aussage, die
eine Wahrscheinlichkeitsverteilung des gewünschten Wertes darstellt.
Es wird also eine Erfolgszahl (z. B. die Rendite) der Wahrscheinlichkeit,
dass diese Erfolgszahl mindestens erreicht wird, gegenübergestellt. Daraus erhält man eine realistische Vorstellung von den zu erwartenden
Erfolgen.

Wahrscheinlichkeit	0,3	0,6	0,1
Alternativen	A	B	C
Rendite in Mio GE	2	3	5
	0,6	1,8	0,5

Durch die mit den Wahrscheinlichkeiten gewichtete Summe der Rendi-
ten ergibt sich also ein erwarteter Erfolg von 2,9 Mio GE.

Grundsätzlich sollten alle Investitionsentscheidungen im Rahmen des
Risiko-Managements gesehen werden. Insbesondere treffen hier die
Maßnahmen des generellen Risiko-Managements zu, die einer Erhal-
tung und erfolgreichen Weiterentwicklung der Unternehmung durch
Bewusstmachen der Risiko-Phänomene bei allen Führungs- und auch
Durchführungsprozessen dienen. Unter anderem ist ein Aufgabenkom-
plex risikobewusster Unternehmensführung die Ergebnis- und Finanz-
planung, welche durch Investitionsentscheidungen erheblich beeinflusst
wird. Risikobewusste Planung, Steuerung und Kontrolle führen zur
Ausschaltung bzw. Minimierung aller Gefahren, die den Prozess der
Zielsetzung und Zielerreichung begleiten und negativ beeinflussen
könnten.

6.1.6 Ökologische Aspekte bei Investitionen

Unternehmen stehen heute in einem Spannungsfeld zwischen Ökologie und Ökonomie.

Im Bereich der Investitionstätigkeiten einer Unternehmung sind ökologische Gesichtspunkte im Bezug auf Erweiterungs- und Ersatzinvestitionen in Form von neuen Anlagen, Technologien oder Verfahren von erheblicher Bedeutung.

Vor Jahren war der Ansatz der „3-Stufen-Prüfung für unternehmerisches Tun" (Beschorner 1989, S. 29) Grundlage für die Entscheidung bezüglich der Investition in eine neue Anlage. Wir beschreiben den Ansatz formal:

Aus der Menge der unternehmerischen Aktivitäten $\{A_1,..,A_n\}$ werden durch eine technische Prüfung P_1 die technisch ungeeigneten Alternativen eliminiert. Die verbleibende reduzierte Menge von Aktivitäten $\{B_1,..,B_m\}$ (m<n) wird einer ökonomischen Prüfung P_2 unterzogen. Hierbei können z. B. die statischen oder dynamischen Verfahren der Investitionsrechnung zum Tragen kommen. Danach wird eine ökologische Prüfung P_3 der verbliebenen Alternativen $\{C_1,..,C_k\}$ (k<m) durchgeführt. Aus dieser Menge wird die zu realisierende Aktivität R ermittelt. Während die Prüfungsvorgänge P_1, P_2, P_3 unternehmensinterne Wirkungsbereiche betrafen, muss die realisierte Aktivität noch einer Umweltpflichtprüfung U unterzogen, da sie unternehmensexterne Wirkung hat.

	P_1		P_2		P_3		U
A_1		B_1		C_1		R	
A_2		B_2		C_2			
.		.		.			
.		.		C_k			
.		B_m					
A_n							
unternehmensinterner Wirkungsbereich					externer Bereich		

Abb. 248: 3-stufige Prüfung für unternehmerisches Tun

Aufgrund der stetig zunehmenden Bedeutung der Umwelt sowohl im Bezug auf Wettbewerbsaspekte wie auch verschärfter Haftungstatbestände (Meffert/Kirchgeorg 1993, S. 81 ff.) muss der obige Ansatz jedoch modifiziert werden. Sinnvoll wäre es, die ökologische Prüfung der ökonomischen Prüfung vorzuziehen, um somit bereits im Vorfeld die ökologischen Relevanz bei der Investitionsentscheidung zu berücksichtigen.

6.2 Unternehmensbewertung

6.2.1 Grundlagen der Unternehmensbewertung

Die Unternehmensbewertung dient dazu, potentielle Preise für ganze Unternehmen oder Unternehmensteile zu ermitteln. Dabei sind alle Erfolgspotentiale des bestehenden Unternehmens und alle darauf einwirkenden Einflüsse zu berücksichtigen. In der Theorie und in der Rechtsprechung wird der Ertragswert als einzig richtige Wertgröße gesehen. Die Praxis ist dieser Auffassung gefolgt.

Die Werttheorien **(Abbildung 249)** haben maßgeblichen Einfluss auf die Unternehmensbewertung gehabt (Peemöller 1984, I 1, S. 3).

Analog zu den Grundsätzen ordnungsmäßiger Buchführung können Grundsätze ordnungsmäßiger Unternehmensbewertung (GoU) als allgemein anerkannte zweckorientierte Regeln der Unternehmensbewertung aufgefasst werden. Die GoU sollen zu zweckentsprechender Unternehmensbewertung anleiten und den Bewerter vor den Folgen von Kunstfehlern und die von der Bewertung Betroffenen vor Nachteilen schützen, die sich aus einer fehlerhaften Bewertung ergeben können.

Das IDW hat 2005 einen Standard zu den Grundsätzen der Unternehmensbewertung (S 1) herausgegeben, der von grundlegender Bedeutung für die Berufsarbeit der Wirtschaftsprüfer und darüber hinaus insgesamt für die Unternehmensbewertung ist.

Art der Wert-theorie	Begriffsbestimmung
Objektive Werttheorie	Sie geht davon aus, dass die Gegenstände über einen Wert verfügen, der ihnen wie eine Eigenschaft anhaftet. Gerade bei der Unternehmensbewertung zeigt sich aber, dass es einen derartigen objektiven Wert nicht gibt. So werden Beispiele der Unternehmensbewertung genannt, deren Ergebnisse um ein Vielfaches der niedrigsten Schätzung auseinander lagen.
Subjektive Werttheorie	Sie leitet den Wert der Güter aus ihrem Gebrauchswert ab und gibt ihm damit eine subjektive und psychologische Erklärung. Die Schwäche der subjektiven Werttheorie liegt darin, dass damit von einem Dritten der Wert nicht beurteilt werden kann.
Funktionale Werttheorie	Sie versucht den Gegensatz zwischen der objektiven und subjektiven Werttheorie durch folgenden Ansatz zu überwinden: Leitet man den Wert eines Wirtschaftsgutes in Hinblick auf eine gegebene Zielsetzung unter Berücksichtigung der Gesamtheit der Handlungsmöglichkeiten des Bewertenden ab, so entsteht zwar ein subjektiver – aber nachprüfbarer – Wert.

Abb. 249: Werttheorien und ihre Auswirkungen auf die Unternehmensbewertung

Art der Funktion	Erläuterung
Beratungsfunktion	Sie liefert Entscheidungshilfen für Käufer oder Verkäufer. Der Verkäufer will wissen, was er mindestens erzielen muss, um sich nicht zu verschlechtern, der Käufer dagegen möchte wissen, was er höchstens zahlen sollte.
Vermittlungsfunktion	Sie führt zu einem „fairen" Einigungspreis. Der Interessengegensatz zwischen Käufer und Verkäufer soll durch einen gerechten Preis überbrückt werden.
Argumentationsfunktion	Sie soll Begründungen liefern, um bei den Verhandlungen über den Kauf bzw. Verkauf die Verhandlungsposition einer Partei zu stärken.

Abb. 250: Funktionen der Unternehmensbewertung

- Maßgeblichkeit des Bewertungszwecks
- Bewertung der wirtschaftlichen Unternehmenseinheit
- Stichtagsprinzip
- Bewertung des betriebsnotwendigen Vermögens
- Gesonderte Bewertung des nicht betriebsnotwendigen Vermögens
- Unbeachtlichkeit des (bilanziellen) Vorsichtsprinzips
- Nachvollziehbarkeit der Bewertungsansätze

Abb. 251: Grundsätze zur Durchführung von Unternehmensbewertungen – IDW S 1

Im Einzelnen sind diese Grundsätze dabei inhaltlich wie folgt ausgestaltet:

- **Maßgeblichkeit des Bewertungszwecks:** In Abhängigkeit vom zu ermittelnden Unternehmenswert, bei dem es sich um einen objektivierten oder subjektiven Unternehmenswert bzw. einen Einigungswert handeln kann, sind unterschiedliche Annahmen bezüglich der Prognose und Diskontierung der künftigen Überschüsse zu treffen.

- **Bewertung der wirtschaftlichen Unternehmenseinheit:** Jede Zusammenfassung von Sachen, Rechten und/oder Personen, die mit einer wirtschaftlichen Zielsetzung versehen und in ihrem sachlichen Zusammenhang im Rahmen der Wirtschaftsordnung lebensfähig ist, kann als Unternehmen bewertet werden.

- **Stichtagsprinzip:** Der Unternehmenswert wird zu einem festgelegten Stichtag ermittelt. Dabei sind die Verhältnisse am Beurteilungsstichtag maßgeblich.

- **Bewertung des betriebsnotwendigen Vermögens:** Dieser Grundsatz umfasst eine Rehe von früheren Grundsätzen. Dazu gehören die Zahlungsstromorientierung, die Substanzbezogenheit des Erfolgs und die ertragssteuerlichen Einflüsse. An dieser Stelle wird auch unterschieden bezüglich der Ermittlung eines objektivierten Werts und der Ermittlung subjektiver Entscheidungswerte.

- **Gesonderte Bewertung des nicht betriebsnotwendigen Vermögens:** Bei der Bewertung des gesamten Unternehmens zum Ertragswert müssen die nicht betriebsnotwendigen Vermögensgegenstände einer gesonderten Bewertung unterworfen und der resultierende Wert dem Ertragswert hinzugefügt werden.

- **Unbeachtlichkeit des (bilanziellen) Vorsichtsprinzips:** Das Vorsichtsprinzip gilt nicht bei der Unternehmensbewertung. Dies findet seinen Grund darin, dass bei der Unternehmensbewertung grundsätzlich die Wahrnehmung zweiseitiger Interessen zu erfolgen hat. Der Grundsatz der Vorsicht wirkt sich stets einseitig entweder für oder gegen eine der Parteien, die an der Unternehmensbewertung beteiligt sind, aus.

- **Nachvollziehbarkeit der Bewertungsansätze:** Im Bewertungsgutachten muss deutlich werden, auf welchen Annahmen der ermittelte Wert basiert und von wem diese Annahmen stammen (Gutachter, Management, Sachverständiger).

6.2.2 Phasenmodelle

Die Planung der zukünftigen Zahlungsüberschüsse ist einerseits mit unternehmensspezifischen Unsicherheitsfaktoren, wie z. B. Managementrisiken verbunden, andererseits aber auch mit nicht unternehmensspezifischen Unsicherheitsfaktoren, wie z. B. Konjunktur, Konkurrenzreaktionen, Naturkatastrophen oder auch generellen Nachfrageverschiebungen verknüpft. Je weiter die Planung in die Zukunft hineinreicht, umso vager wird die Prognose. Trotzdem erscheint es als nicht zielführend, ab einem gewissen Zeitpunkt (z. B. nach 10 Jahren) die finanziellen Überschüsse „abzuschneiden", d. h. nicht mehr zu berücksichtigen. Dies wäre gleichbedeutend mit der i. d. R. nicht sachgerechten Annahme, das zu bewertende Unternehmen erziele ab diesem Zeitpunkt keine finanziellen Überschüsse mehr oder würde zu diesem Zeitpunkt zu einem Preis von 0 GE abgegeben. Deshalb liegt den meisten Bewertungen eine unendliche Lebensdauer des Unternehmens zugrunde. Das Problem der Prognoseunsicherheit wird durch die Kapitalisierung abgeschwächt, denn die entfernteren Zukunftsergebnisse weisen einen stetig kleiner werdenden Barwert auf. Ein Ansatz, um das Prognoseproblem zu strukturieren, besteht in der Anwendung der Phasenmethode. Für die Planung werden dabei grundsätzlich zwei oder mehr Phasen unterstellt, die zu einer vereinfachten Berücksichtigung der Prognoseunsicherheit führen sollen. Dabei sei darauf hingewiesen, dass sich Zahl und Länge der Phasen nicht schematisch wählen lassen, sondern sich nach vorgelagerten strategischen Analysen und Planungen richten.

Das IDW schlägt für den Standardfall folgendes 2-Phasen-Modell vor.

Phase 1: nähere Phase (ca. 3-5 Jahre)

In der näheren Phase lassen sich voraussichtliche Entwicklungen der finanziellen Überschüsse noch plausibel beurteilen. Deshalb erfolgt hier eine detaillierte Planung der einzelnen Einflussgrößen zur Prognose der Zahlungsströme. Der Zeitraum der ersten Phase ist abhängig von der Struktur, der Branche und den Produkten des zu bewertenden Unternehmens. Laut *IDW* wird in der Regel diese Phase eine überschaubare Zeitspanne von drei bis fünf Jahren umfassen. In Abhängigkeit von den Gegebenheiten im Einzelfall und den vorhandenen Planungsunterlagen kann die Phase aber auch einen längeren Zeitraum umfassen. Eine Möglichkeit zur Bemessung der Dauer der näheren Phase besteht darin, sich an den Produktlebenszyklen des zu bewertenden Unternehmens zu orientieren. Auch unternehmensexterne Gründe wie z. B. Änderung der Wettbewerbssituation können Anhaltspunkte sein.

Phase 2: fernere Phase

Für den Beginn der zweiten Phase wird gefordert, dass sich das zu bewertende Unternehmen zum Ende der ersten Phase in einem Gleichgewichts- bzw. Beharrungszustand befindet oder die finanziellen Überschüsse ab diesem Zeitpunkt nur noch mit einer konstanten Rate wachsen, um innerhalb der zweiten Phase mit pauschalen Fortschreibungen rechnen zu können. Hier erfolgt in der Regel eine mehr oder weniger pauschale Fortschreibung der finanziellen Überschüsse der näheren Phase. Aus diesen Daten wird ein Rest- bzw. Residualwert mit Hilfe der Barwertformel einer ewigen Rente ermittelt, wobei die Annahme eines pauschalen Wachstums durch einen Wachstumsabschlag vom Kapitalisierungszins integriert werden kann. Die Verwendung der Formel für den Barwert einer ewigen Rente bedingt, dass entweder kein Wachstum (z. B. einfache Fortschreibung der letzten Detailplanungsperiode) oder ein gleichförmiges Wachstum rechnerisch dargestellt werden können.

Zusammenfassend sind diese Aspekte unter Berücksichtigung der Vergangenheitsanalyse in **Abbildung 252** dargestellt.

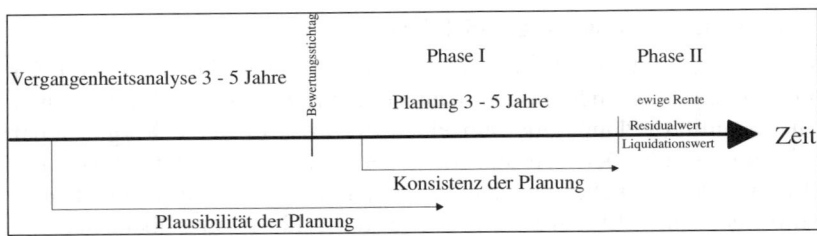

Abb. 252: Bewertungszeitpunkt und Phasenorientierung der Bewertung

6.2.3 Bedeutung und Entwicklung des Ertragswertes

Der Ertragswert bzw. Zukunftserfolgswert stellt die wichtigste Wertgröße zur Ermittlung des Unternehmenswertes dar. Der Ertragswert ist der Barwert aller zukünftigen Erfolge der Unternehmung. Zu seiner Berechnung müssen die Zukunftserfolge, ggf. der zukünftige Liquidationswert und der Kapitalisierungszinsfuß ermittelt werden.

Grundlegend für die Ertragswertkonzeption ist die Überlegung, dass ausschlaggebend für den Wert eines Unternehmens der mit diesem Unternehmen erzielbare Nutzen ist. Der auf dem Nutzen basierende Wert kann in Abhängigkeit von der gewählten Bewertungsmethode unmittelbar als Unternehmenswert angesehen werten (Gesamtwertmethode).

Die Entnahmen aus dem Unternehmen, i. S. von Stromgrößen sollen gleich dem Kapitalbetrag multipliziert mit dem Zinssatz sein.

$E = K * i$

E = Entnahmen aus dem Betrieb

K = Kapitalbetrag

i = Zinssatz

oder umgeformt (Grundform der Ertragswertermittlung)

$$K = \frac{E}{i}$$

Der Kapitalbetrag ist der Ertragswert des Unternehmens, der sich aus der Kapitalisierung der Entnahmen ergibt. Diese Diskontierung erlaubt

es, die Stromgrößen vergleichbar zu machen. Insofern basiert die Ermittlung eines Ertragswertes auf den Ideen der Investitionstheorie.

Auf der Basis dieses Grundmodells der Ertragswertermittlung lassen
sich die gegenwärtig zwei bedeutendsten Verfahren hinsichtlich ihrer
Unterschiede sowie Vor- und Nachteile vergleichen. Dabei weisen sie
hinsichtlich der Grundzüge aber auch große Ähnlichkeiten auf. Es handelt sich um die traditionelle deutsche Form der Ertragswertermittlung
(IDW-Verfahren) sowie die anglo-amerikanisch geprägten Discounted-
Cash-flow-Methoden (DCF-Methode).

Daneben haben die Multiplikatoren in der Praxis größere Bedeutung
erlangt.

6.2.4 Ertragswertverfahren nach IDW

6.2.4.1 Kapitalisierungsgröße

Dem IDW-Verfahren liegt der Gedanke des Netto-Ansatzes zugrunde,
d. h. eine Ausschüttung an die Eigenkapital-Geber bzw. Eigentümer
nach Befriedigung der Ansprüche aller anderen Interessenten.

Darüber hinaus wurde bisher die Vollausschüttung unterstellt (Vollaus-
schüttungshypothese), wodurch bei der Ermittlung der Kapitalisierungsgröße keine Körperschaftsteuer abgezogen wurde, mit der Konsequenz,
dass die Einkommensbesteuerung beim Eigenkapital-Geber, d. h. Aus-
schüttungsempfänger, erfolgen sollte.

Ausgangspunkt ist der handelsrechtliche Jahresüberschuss, der aber für
die Unternehmensbewertung zu modifizieren ist. Notwendige Modifikationen ergeben sich bspw. in folgender Hinsicht.

Bereinigungen im Hinblick auf die tatsächlichen Verhältnisse im Refe-
renzzeitraum:

- Bereinigung eines nicht periodengerechten Erfolgsausweises,
- Bereinigung aufgrund der Ausübung von Bilanzierungs- und Bewer-
  tungswahlrechten,
- Bereinigung der nicht in den Erfolgsrechnungen erfassten bzw. nicht
  dem Unternehmen innewohnenden Ertragsfaktoren,
- Folgeänderungen vorgenommener Bereinigungsvorgänge.

- Bereinigung im Hinblick auf zukünftige Verhältnisse:
- Berücksichtigung von Änderungen in den Folgejahren aufgrund der Bereinigung in den Vergangenheitsperioden,
  - Veränderung der gegeben Ergebnisstruktur

Im Rahmen der IDW-Verfahren wird darüber hinaus eine 100 % Fremdfinanzierung für den zukünftigen Finanzbedarf unterstellt, d.h. die Fremdkapitalzinsen gehen direkt in die Ermittlung des Perioden-Ertragsüberschusses ein. Dementsprechend lässt sich der modifizierte Ertragsüberschuss auf der Basis des Jahresüberschusses unter Berücksichtigung weiterer Komponenten ermitteln. Sollen IDW und DCF zum gleichen Ergebnis führen, muss von deiner Kapitalstruktur ausgegangen werden, die dann auch für Investitionen gilt.

Die grundlegende Vorgehensweise zur Ermittlung des modifizierten Ertragsüberschusses stellt sich dann wie folgt dar:

Modifiziertes operatives Ergebnis

+/- Finanzergebnis

-    sonstige Steuern

=   modifiziertes Ergebnis vor Ertragsteuern

-    Gewerbeertragsteuer

-    KSt auf nichtabziehbare Betreibsausgaben

=   **modifizierter Ertragsüberschuss** (= ausschüttbares Ergebnis)

Dabei ergibt sich der Finanzbedarf prinzipiell aus der Differenz von Investition und Abschreibungen. Er kann jedoch auch in einer differenzierten Finanzbedarfsrechnung dargestellt und bestimmt werden.

Modifiziertes operatives Ergebnis

+/- Finanzergebnis

- sonstige Steuern

= **modifiziertes Ergebnis vor Ertragsteuern**

- Gewerbeertragsteuer

- KSt auf nichtabziehbare Betreibsausgaben

- tatsächliche KSt-Belastung

= **modifizierter Ertragsüberschuss nach Steuern**

- 35 % typisierte persönliche ESt-Belastung

= **frei verfügbare Einnahmenüberschüsse des Anteilseigners nach persönlicher ESt**

Die auf diese Art und Weise zu errechnenden Einahmenüberschüsse sind gemäß der oben beschriebenen Vorgehensweise zur Bestimmung der Zukunftswerte für den gewählten Planungshorizont zu prognostizieren und bilden damit die Grundlage der Ertragswertermittlung.

6.2.4.2 Kapitalisierungszinsfuß

Der traditionellen Ertragswertmethode liegt grundsätzlich der Alternativwertgedanke i. S. einer Finanzinvestition zugrunde, weshalb die Ableitung des Kapitalisierungszinses auf dem landesüblichen Zins basieren sollte. Es sollte nach herrschender Ansicht als landesüblicher Zins, d. h. als Basiszinssatz, die Umlaufrendite für börsennotierte Bundeswertpapiere mit einer Restlaufzeit von 9 bis 10 Jahren verwendet werden.

Der Kauf eines Unternehmens ist jedoch nicht mit der Anlage in Wertpapieren vergleichbar, weshalb eine Korrektur des landesüblichen Zinses erfolgen muss. Insbesondere mit dem gewählten Risikozuschlag wird der Zins beeinflusst und damit das Bewertungsergebnis u. U. gesteuert bzw. erheblich verändert.

In den bereits erwähnten Beschlüssen des Bayerischen Obersten Landgerichts wird darauf hingewiesen dass der Senat es als zuverlässigste Methode erachtet, den Risikozuschlag als Differenz zwischen Basiszinssatz und der banküblichen Verzinsung von Großkrediten zu errechnen. Pragmatisch kann dies über die Verwendung der durchschnittlichen Verzinsung von Kontokorrentkrediten gemäß dem Monatsbericht der Deutschen Bundesbank erfolgen. Allerdings sind die Risiken im Einzelfall auch nach oben oder unten abzustimmen (BayOblG, 1996, S. 689). Hier wird vom allgemeinen Unternehmensrisiko gesprochen, das spezielle Risiko wird bereits beim Entnahmestrom erfasst. In der Rechtsprechung haben sich Zahlen von 0,5-2,0 % eingependelt (BayObLG, 1996, S. 260 bzw. S. 688).

Im IDW S 1 wird nun ausdrücklich darauf hingewiesen, dass alle Risiken insgesamt in einem Risikozuschlag zum Kapitalisierungszinssatz berücksichtigt werden sollten. Das entspricht dem DCF-Verfahren mit dem CAPM. Da es in Deutschland Probleme bereitet, den Beta-Faktor für nicht börsennotierte Unternehmen zu bestimmen, wird vorgeschlagen, mit Hilfe von Typisierungen den Risikozuschlag zu bestimmen. Dazu können am Markt beobachtete Risikoprämien herangezogen werden, die dann zu korrigieren sind, wenn das zu bewertende Unternehmen eine spezifisch geprägte Risikostruktur aufweist.

Neben dem Risikozuschlag stellt sich für die Ermittlung des Kapitalisierungszinses auch die Frage der Inflationsbereinigung. Grundsätzlich ist davon auszugehen, dass im Basiszins eine Prämie der Inflationsrisiken enthalten ist.

(1) Kapitalisierungszinssatz für Detailplanungsphase

      Basiszinssatz

+   Risikozuschlag

-     Ertragsteuersatz (typisiert)

=   Kapitalisierungszinssatz

(2) Kapitalisierungszinssatz für Phase der ewigen Rente

    Basiszinssatz

+   Risikozuschlag

−   Ertragsteuersatz (typisiert)

=   Kapitalisierungszinssatz vor Wachstumsannahmen

−   Wachstums- bzw. Inflationsabschlag

=   Kapitalisierungszinssatz

6.2.5 Discounted-Cash-flow-Methoden

Grundsätzlich sind als drei wesentliche Varianten der DCF-Methoden der Entity-Ansatz (Bruttoverfahren) mit den Ausprägungen Free Cashflows oder Total Cashflows, der Equity-Ansatz (Nettoverfahren; entspricht konzeptionell am ehesten dem Ertragswertverfahren nach IDW S 1) sowie der Adjusted Present Value-Ansatz zu unterscheiden.

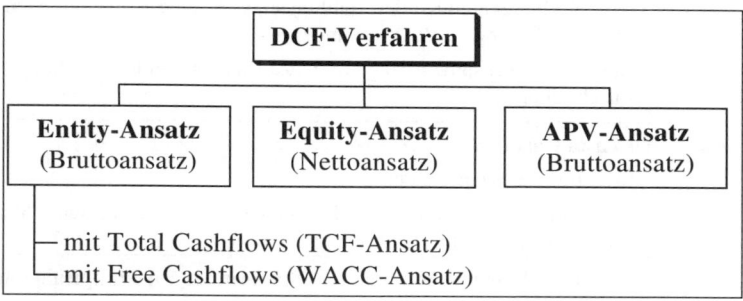

Abb. 253: Überblick über die DCF-Verfahren

Die verschiedenen Ansätze der DCF-Verfahren lassen sich unter identischen Prämissen ineinander überführen und kommen dann theoretisch zu gleichen Bewertungsergebnissen.

In der Praxis hat sich der Entity-Ansatz mit dem Free Cash Flow weitgehend durchgesetzt und soll deshalb kurz vorgestellt werden.

6.2.5.1 Kapitalisierungsgröße

Als Kapitalisierungsgröße beim WACC-Ansatz wird im ersten Schritt der Free Cashflow (FCF) verwendet. Bei seiner Ermittlung wird von der Fiktion einer vollständigen Eigenfinanzierung des Unternehmens ausgegangen. Somit wird die aus anteiliger Fremdfinanzierung resultierende Unternehmensteuerersparnis nicht berücksichtigt.

Nach der indirekten Methode ermittelt sich der FCF für Kapitalgesellschaften nach der Steuerreform 2001 wie folgt:

1		Handelsrechtliches Jahresergebnis vor Steuern (EBT)
2	–	Gewerbesteuer
3	–	Definitiv-Körperschaftsteuer (25 %)
4	**=**	**Handelsrechtliches Jahresergebnis (Jahresüberschuss)**
5	+	Fremdkapitalzinsen
6	–	Unternehmenssteuerersparnis infolge der Abzugsfähigkeit der Fremdkapitalzinsen (Tax Shield für GewSt und Definitiv-KSt)
7	**=**	**NOPLAT (Net Operating Profit Less Adjusted Taxes)**
8	+	Abschreibungen und andere zahlungsunwirksame Aufwendungen (z. B. Zuführung zu Rückstellungen)
9	–	zahlungsunwirksame Erträge (z. B. Auflösung von Rückstellungen, Zuschreibungen)
10	**=**	**Brutto Cashflow**
11	–	Investitionsauszahlungen
12	+/–	Verminderung/Erhöhung des Nettoumlaufvermögens einschließlich des Zahlungsmittelbestandes
13	**=**	**Free Cashflow vor persönlichen Steuern der Eigenkapitalgeber**
14	–	pers. Einkommensteuer des Eigentümers nach Halbeinkünfteverfahren (auf 13)
15	**=**	**Free Cashflow nach persönlichen Steuern**

Abb. 254: Free Cashflow-Ermittlung nach der indirekten Methode

Um eine vollständige Nachsteuerberechnung der Free Cashflows (Zeile 13) zu erreichen, sind diese noch um persönliche Ertragsteuern der Kapitalgeber zu korrigieren. Nach Einführung des sog. Halbeinkünfteverfahrens werden bei natürlichen Personen die ihnen zufließenden Dividenden nur zu 50 % der einkommensteuerlichen Bemessungsgrundlage zugerechnet. Auch hier wird wieder von einer vollständigen Eigenfinanzierung ausgegangen, so dass bei tatsächlicher anteiliger Fremdfinanzierung die Einkommensteuerbelastung aus Eigentümersicht zu hoch ausfällt.

Es zeigt sich, dass bei dieser Vorgehensweise im Endeffekt keine Fremdkapitalkosten abgezogen werden (Zeile 5). Die Ertragsteuern werden so angepasst, dass sie ohne die Berücksichtigung der Abzugsfähigkeit von Fremdkapital-Zinsen – also zu hoch – ermittelt werden (Zeile 2, 3 i. V. m. Zeile 6 und Zeile 14).

Um den Marktwert des Gesamtkapitals zu erhalten, sind die FCF zu diskontieren. Anschließend ist von diesem Unternehmensgesamtwert der Marktwert des Fremdkapitals zu subtrahieren um zum Unternehmenswert zu gelangen. Den Marktwert des Fremdkapitals erhält man, indem man die erwarteten Cashflows des Unternehmens an seine Fremdkapitalgeber diskontiert. Vereinfachend lässt sich der Marktwert des Fremdkapitals mit dem Buchwert der explizit verzinslichen Fremdkapitalpositionen gleichsetzen. Rückstellungen gehen nicht in den Marktwert des Fremdkapitals ein.

6.2.5.2 Kapitalisierungszins

Bei der Bestimmung des Marktwerts des Gesamtkapitals (1. Schritt) werden die FCF mit den mit Marktwerten gewogenen durchschnittlichen Kapitalkosten (Weighted Average Cost of Capital) auf den Bewertungsstichtag diskontiert. Bei den FCF handelt es sich um einen Zahlungsstrom, der sowohl den Eigen- als auch den Fremdkapitalgebern zufließt. Deshalb ist dieser mit den Opportunitätskosten der Eigen- und Fremdkapitalgeber zu kapitalisieren. Die Zähler-Nenner-Äquivalenz ist somit beachtet. Das Tax Shield wird berücksichtigt, indem die Renditeforderung der Fremdkapitalgeber bei der Berechnung der WACC um die aus der anteiligen Fremdfinanzierung resultierenden Steuervorteile, gewichtet mit der Fremdkapitalquote, gemindert wird. Formal ergeben sich die WACC nach persönlichen Steuern unter Berücksichtigung des gewerbesteuerlichen und des körperschaftsteuerlichen Tax Shields für den Rentenfall wie folgt. Es wird angenommen, dass die Rendite aus der Alternativanlage der Eigentümer nach dem Halbeinkünfteverfahren versteuert wird.

$$k_{WACC,FCF} = r_{FK}(1-0.5 \cdot s_{GewSt}) \cdot (1-s_{KSt}) \cdot (1-0.5 \cdot s_{ESt}) \cdot \frac{FK_{MW}}{GK_{MW}} + r_{EK} \cdot (1-0.5 \cdot s_{ESt}) \frac{EK_{MW}}{GK_{MW}}$$

mit:

$k_{WACC,FCF}$	Gewogene durchschnittliche Kapitalkosten im FCF-Ansatz
r_{FK}	Risikoadjustierte Renditeforderung der Fremdkapitalgeber vor pers. Steuern
r_{EK}	Risikoadjustierte Renditeforderung der EK-Geber vor pers. Steuern (inkl. operativem Risiko und Kapitalstruktur-risiko)
FK_{MW}	Marktwert des Fremdkapitals
EK_{MW}	Marktwert des Eigenkapitals (Unternehmenswert)
GK_{MW}	Marktwert des Gesamtkapitals (Unternehmensgesamtwert)
s_{GewSt}	Effektiver Gewerbesteuersatz
s_{KSt}	Definitiver Körperschaftsteuersatz (25 %)
s_{ESt}	Persönlicher Einkommensteuersatz

In der Regel werden die in die WACC einfließenden Eigenkapitalkosten aus dem CAPM abgeleitet. Hierbei ist zu beachten, dass das verwendete Beta neben dem entsprechenden operativen Risiko auch das Kapitalstrukturrisiko enthalten sollte. Zur Ermittlung der Fremdkapitalkosten kann marktorientiert vorgegangen werden. Insofern bieten sich hier die Zinssätze für Fremdkapital gleichen Risikos an, wofür i. d. R. Großkredite oder Industrieobligationen die Basis bilden. Kapitalmarkttheoretisch können die Fremdkapitalkosten wie die Eigenkapitalkosten über das

CAPM ermittelt werden. Für die Ableitung der Fremdkapitalkosten ist dann ein risikoadäquater Beta-Wert anzusetzen.

Bei der Bestimmung der WACC ergibt sich das Problem, dass die Berechnung der gewogenen durchschnittlichen Kapitalkosten die Kenntnis der Marktwerte des Eigen- und Fremdkapitals voraussetzt. Der Marktwert des Eigenkapitals ist aber die gesuchte Größe. Diese Zirkularität lässt sich bei vorgegebenem Fremdkapitalbestand (autonome Finanzierungsstrategie) durch Iteration auflösen.

6.2.6 Multiplikatoransatz

Der Multiplikatoransatz ist ein marktorientiertes Bewertungsverfahren und geht einen anderen Weg als die Ertragswertverfahren, indem er auf am Markt zustande gekommenen Preisen und dadurch auf am Markt bereits verarbeiteten Informationen aufbaut. Somit wird die Existenz eines Marktes für Unternehmen bzw. Unternehmensteile zur Grundvoraussetzung für den Multiplikatoransatz. Er steht nicht im Widerspruch zu den Ertragswertverfahren, da letztendlich die gleichen Werttreiber zu Grunde liegen.

Grundsätzlich wird beim Multiplikatoransatz der Marktpreis von vergleichbaren Unternehmen über eine Bezugsgröße (z. B. Gewinn oder Umsatz) in Relation zu dem zu bewertenden Unternehmen gesetzt. Als Marktpreise werden entweder Börsenkurse oder Preise vergangener M&A-Transaktionen verwendet. Somit wird eine zumindest annähernd gleiche Relation zwischen Unternehmenswert und Bezugsgröße beim Bewertungsobjekt und den Vergleichsunternehmen angenommen.

Der gesuchte Unternehmenswert des Bewertungsobjektes ergibt sich dann aus dem Produkt aus Multiplikator und Bezugsgröße des Bewertungsobjektes. Der Multiplikator wird hierbei i. d. R. nicht aus einem Vergleichsunternehmen allein, sondern als Durchschnitt aus einer Mehrzahl von Vergleichsunternehmen abgeleitet.

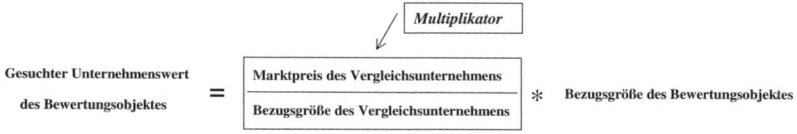

Abb. 255: Grundsätzliche Bewertungsformel nach dem Multiplikatoransatz

Bewertungsschritte:

(1) Analyse des zu bewertenden Unternehmens

(2) Auswahl von börsennotierten Vergleichsunternehmen

(3) Analyse und Bereinigung von Finanzdaten

(4) Multiplikatorenauswahl und -berechnung

(5) Unternehmenswertermittlung

(6) Interpretation (evtl. Berücksichtigung von Bewertungszu- oder -abschlägen)

In einem ersten Schritt ist das Bewertungsobjekt zu analysieren. Anhand der gleichen Kriterien erfolgt dann die Auswahl der Peer Group und geeigneter Multiplikatoren. Dieser Prozess erzwingt eine systematische Herangehensweise, die mögliche Fehlerquellen reduziert.

Die Güte der Bewertung steht und fällt mit der Auswahl geeigneter Vergleichsunternehmen. In der Realität wird es selten ein genau vergleichbares Unternehmen geben. Genau deshalb wird eine Gruppe von Unternehmen ausgewählt, die in ihrer Gesamtheit dem Bewertungsobjekt relativ nahe kommt. Des Weiteren ermöglicht die Betrachtung einer Gruppe von Unternehmen statt eines einzelnen Vergleichsunternehmens einen robusteren Vergleichsmaßstab. Hierbei wird eine mögliche Fehlbewertung eines Vergleichsunternehmens geglättet. Unterstellt wird, dass der Markt keine systematischen Bewertungsfehler aufweist. Unsystematische Bewertungsfehler werden annahmegemäß über eine Durchschnittsbildung eliminiert.

Ein Überblick über die gebräuchlichsten Multiplikatoren wird in Abb. 256 gegeben:

Bezugs-größe	Berechnung	Vor-/Nachteile (+/–)
Enterprise-Value-Multiplikatoren		
EBIT-DA	• „Earnings before Interest, Taxes, Depreciation, Amortisation" = Bereinigter Gewinn vor Zinsen, Abschreibungen und Ertragsteuern. • Substanzsteuern sind als operativer Aufwand zu berücksichtigen. • Beteiligungserträge sind i. d. R. als nicht operative Posten herauszurechnen.	+ Nicht durch unterschiedliche Abschreibungsmethoden beeinflusst. – Unterstellt identische Kapitalintensität bei Referenzunternehmen und zu bewertendem Unternehmen.
EBIT	• „Earnings before Interest and Taxes" = Bereinigter Gewinn vor Zinsen und Ertragsteuern. • Alternativ können Goodwill-Abschreibungen zurückgerechnet werden („EBITA"-Multiplikator). • Substanzsteuern sind als operativer Aufwand zu berücksichtigen. • Beteiligungserträge sind i. d. R. als nicht operative Posten herauszurechnen.	+ Berücksichtigt unterschiedliche Kapitalintensität. – Verfälschung durch unterschiedliche Abschreibungsverfahren.
CE	• „Capital Employed" = Eingesetztes Kapital = Eigenkapital plus Anteile Dritter plus Nettofinanzverbindlichkeiten abzüglich Beteiligungen.	+ Bezugnahme auf das für operative Zwecke eingesetzte Kapital. – Substanzwertbetrachtung, die die Ertragsstruktur nicht berücksichtigt.
Equity-Value-Multiplikatoren		
Jahres-überschuss (entspricht d. KGV)	• Bereinigter Jahresüberschuss (nach DVFA-Schema).	+ Steht zur Ausschüttung zur Verfügung. – Beeinflussung durch zahlreiche bilanzpolitische Maßnahmen. – Beeinflussung durch Verschuldungsgrad.

Cash Earnings	• Bereinigter Jahresüberschuss (nach DVFA-Schema) plus Abschreibungen plus Rückstellungserhöhung.	+ Stellt auf die Generierung von Einzahlungsüberschüssen ab. + Nicht durch unterschiedliche Abschreibungsregelungen beeinflusst. – Beeinflussung durch Verschuldungsgrad. – Unterstellt identische Kapitalintensität bei Referenzunternehmen und zu bewertendem Unternehmen.
Earnings Growth	• Findet in der PEG-Ratio („Price/Earnings/Growth-Ratio") Anwendung, bei der das KGV durch das erwartete durchschnittliche Gewinnwachstum pro Jahr in einem bestimmten Planungszeitraum dividiert wird.	+ Berücksichtigt das Unternehmenswachstum. – Ist wenig aussagekräftig bei Unternehmen mit geringem Wachstum. – Beeinflussung durch Verschuldungsgrad.

Abb. 256: Überblick über gebräuchliche Multiplikatoren

Literaturhinweise

Beschorner, D.: Das Institut des Umweltbeauftragten und seine Reformierbarkeit, Schriftenreihe des IÖW 34/89, Berlin 1989

Blohm, H./Lüder, K.: Investition, 8. Aufl., München 1995.

Eberle, P. R.: Computergestützte Investitions- und Finanzplanung für Klein- und Mittelbetriebe, Zürich 1989.

Heinen, E.: Industriebetriebslehre, 9. Aufl., Wiesbaden 1991

Krug, P.: Finanzwirtschaftliche Expertensysteme unter Berücksichtigung öffentlicher Finanzierungshilfen, Erlangen-Nürnberg 1988.

Lücke, W. (Hrsg.): Investitionslexikon, 2. Aufl., München 1991.

Meffert, H./Kirchgeorg, M.: Marktorientiertes Umweltmanagement, 2. Aufl., Stuttgart 1993

Peemöller, V. H.: Praxishandbuch der Unternehmensbewertung, 3. Aufl., Herne/Berlin 2005.

Perridon, L./Steiner, M.: Finanzwirtschaft der Unternehmung, 13. Aufl., München 2004.

Schierenbeck, H.: Grundzüge der Betriebswirtschaftslehre, 16. Aufl., München/Berlin 2003.

Sieben, G./Diedrich, R./ Kirchner, A./ Krautheuser, R. M.: Expertensystemgestützte Ergebnisprognose zur Unternehmensbewertung, in: DB 1990, S. 1-8.

Spremann, K.: Betriebswirtschaftstheorie 2, Discussion Papers in Economics, Universität Ulm, 1989.

Spremann, K.: Investition und Finanzierung, 4. Aufl., München Wien 1991.

Terborgh, G.: Business Investment Policy, Washington D.C. 1958, ins Deutsche übersetzt und bearbeitet von H. Albach: Leitfaden der betrieblichen Investitionspolitik, Wiesbaden 1962.

Wildemann, H.: Investitionsplanung und Wirtschaftlichkeitsrechnung für flexible Fertigungssysteme (FFS), Stuttgart 1987.

Wöhe, G.: Einführung in die allgemeine Betriebswirtschaftslehre, 22. Aufl., München 2005.

Wöhe, G./Bieg, H.: Grundzüge der betriebswirtschaftlichen Steuerlehre, 4. Aufl., München 1995